JN237454

初めてのPHP、MySQL、
JavaScript & CSS

第2版

Robin Nixon　著

永井 勝則　訳

O'REILLY®
オライリー・ジャパン

本書で使用するシステム名、製品名は、それぞれ各社の商標、または登録商標です。
なお、本文中では、™、®、©マークは省略しています。

SECOND EDITION

Learning PHP, MySQL, JavaScript, and CSS

Robin Nixon

O'REILLY®

Beijing · Cambridge · Farnham · Köln · Sebastopol · Tokyo

© 2013 O'Reilly Japan, Inc. Authorized Japanese translation of the English edition of Learning PHP, MySQL, JavaScript, and CSS, Second Edition. © 2012 Robin Nixon. This translation is published and sold by permission of O'Reilly Media, Inc., the owner of all rights to publish and sell the same.

本書は、株式会社オライリー・ジャパンが O'Reilly Media, Inc. の許諾に基づき翻訳したものです。日本語版についての権利は、株式会社オライリー・ジャパンが保有します。

日本語版の内容について、株式会社オライリー・ジャパンは最大限の努力をもって正確を期していますが、本書の内容に基づく運用結果について責任を負いかねますので、ご了承ください。

はじめに

　PHPとMySQLの組み合わせは、ダイナミックなデータベース駆動によるWebデザインを行うとき、Ruby on Railsなどの学習難易度が高いとされる統合フレームワークと比べても最も扱いやすい方法です。PHPとMySQLはオープンソースであり（競合するMicrosoft .NETフレームワークと異なり）、無償で実装できるため、Web開発に広く使用される選択肢となっています。

　PHPとMySQLのテクノロジーは、Unix/Linuxデベロッパー希望者に限らず、Windows/Apacheプラットフォームのデベロッパーになりたいと思うみなさんも習得する必要があります。そのときには同時にJavaScriptも重要です。なぜならJavaScriptはブラウザ内のダイナミックな機能性や、シームレスなインターフェイスを作成するためのAjaxによるWebサーバーとの舞台裏でのコミュニケーションを提供するからです。PHPとMySQL、JavaScriptにCSSを加えこれらを統合することで、驚くほどパワフルなWeb開発ツールを手に入れることができます。

本書の対象となる読者

　本書は効率的でダイナミックなWebサイトの作成方法を学びたいみなさんを対象にしています。その中にはWebマスターや静的な（変化しない）Webサイトの作成経験を持ち次のレベルに進みたいというグラフィックデザイナー、さらには高校や大学の学生、新卒者、さらには独学で学ぼうとする方も含まれるでしょう。

　とはいえ本書では、AjaxなどのWeb 2.0テクノロジーを学ぶ意欲のある方ならどなたでも、PHPとMySQL、JavaScript、CSSというコアテクノロジーのしっかりとした基礎を習得することができます。

前提となる知識

　本書を読み進めるには、HTMLの基本を理解し、少なくとも静的でごく単純なWebページが作成できることが前提となります。PHPやMySQL、JavaScript、CSSについてまったく知っていなくても問題ありませんが、少しでも知っているとその分だけ本書を速く読み進めることができるでしょう。

本書の構成

　本書ではまずPHP、MySQL、JavaScript、CSSのコアテクノロジーに関する概要を述べ、Web開発サーバーをインストールします。みなさんは本書のサンプルをこのサーバーで試すことができます。

次いでPHPプログラミング言語の基本に進みます。ここではシンタックスや配列、関数、オブジェクト指向プログラミングに関する基本を学びます。

PHPの基本を身につけたら次はMySQLデータベースシステムです。ここではMySQLデータベースの構造化や複雑なクエリの作成方法など、さまざまな事柄を学びます。

その後PHPとMySQLを組み合わせて使用する方法を探り、そこにHTMLのフォームやそのほかの機能を組み込んで、みなさん自身のダイナミックなWebページの作成をスタートします。

つづいてPHPとMySQL開発の実践的な側面に進みます。今後何度も使用することになるさまざまな関数を学び、クッキーとセッションの管理方法や高度なセキュリティを維持する方法を身につけます。

13章からはJavaScriptです。基本からスタートし、単純な関数やイベント処理、Document Object Modelへのアクセス方法、ブラウザ内検証やエラー処理などを見ていきます。

PHPとMySQL、JavaScriptを理解したら、17章では舞台裏でAjaxを呼び出してWebサイトに高度なダイナミック環境をもたらす方法を学びます。

その後CSSによるスタイル処理とレイアウトの方法を学び、最後の21章では本書で習得した知識やテクニックを総動員して、ソーシャルネットーワーキングサイトを構築するサンプルに取り組みます。

なお各章では適切なタイミングで、プログラミングエラーの発見やその解決に役立つすぐれたプログラミングプラクティスのポイントやティップスを加え、さらに詳しく調べたいときに参考になるWebサイトへのリンクも随時紹介しています。

推薦書籍

本書でPHPとMySQL、JavaScript、CSSによる開発方法を学んだら、みなさんのスキルアップには次の書籍が役立つでしょう。

- 「JavaScript & DHTMLクックブック 第2版 - Webエキスパート必携テクニック集」(Danny Goodman著、オライリー・ジャパン、http://www.oreilly.co.jp/books/9784873113708/)
- 「PHP in a Nutshell」(Paul Hudson著、O'Reilly、http://oreil.ly/PHP_nutshell)
- 「MySQLクイックリファレンス」(Russel J. T. Dyer著、オライリー・ジャパン、http://www.oreilly.co.jp/books/4873112524/)
- 「JavaScriptリファレンス 第6版」(David Flanagan著、オライリー・ジャパン、http://www.oreilly.co.jp/books/9784873115535/)
- 「CSS完全ガイド 第2版」(Eric A. Meyer著、オライリー・ジャパン、http://www.oreilly.co.jp/books/487311232X/)

本書のWebサイト

本書のWebサイトはhttp://lpmj.net/です。ここからは本書のサンプルファイルをダウンロードできるほか、本書に関する最新の情報を得ることができます。

コードサンプルの使い方

　本書は、あなたの仕事を助けるためのものです。一般に、本書のコードは、読者のプログラムやドキュメントで使ってかまいません。コードのかなりの部分を複製するのでない限り、私たちに許可を求める必要はありません。たとえば、本書のコードを複数使ってプログラムを書く場合は、許可は不要です。オライリーの書籍から抜き出したサンプルコードのCD-ROMを作ったり、配布したりする場合には、許可が必要になります。本書を引用して質問に答えたり、サンプルコードを引用したりする場合は、許可は不要です。本書のサンプルコードのかなりの部分を読者の製品のドキュメントに組み込む場合には、許可が必要になります。

　コード例の使い方が公正使用の範囲を超えるか、ここで許可を求められているケースに当たるような気がする場合には、permissions@oreilly.com にお気軽にご連絡ください。

凡例

本書では次のように字体を使い分けています。

太字
　　新しい用語や重要な用語を示します。

固定幅
　　プログラムリスト、文中の変数名や関数名などのプログラム要素、データベース、データ方、環境変数、文、キーワードなどを示します。

固定幅の斜体
　　ユーザー提供の値やコンテキストによって決まる値に置き換えるべきテキストを示します。

　このアイコンは、ヒントや一般的なメモ、注を表す。

　このアイコンは、特に注意すべきことを示す。

問い合わせ先

本書に関するご意見、ご質問などは、版元にお送りください。

株式会社オライリー・ジャパン

〒160-0002　　東京都新宿区坂町26番地27インテリジェントプラザビル1F
電話　　　　　03-3356-5227
FAX　　　　　03-3356-5261
電子メール　　japan@oreilly.co.jp

献辞

編集者の Andy Oram に感謝します。彼は、この難題をどう説明しようかと思い悩むわたしにすばらしいアイデアを与えてくれました。またわたしの雑多な原稿整理に大きな力を発揮してくれた Rachel Head にも感謝します。Iris Febres と Rachel Steely は本書の制作進行を細かくチェックし、Robert Romano は初版とこの第 2 版に分かりやすいイラストを提供してくれました。Ellen Troutman Zaig の詳細にわたる索引作りは見事なもので、Karen Montgomery は本書の表紙を愛らしいフクロモモンガで飾り、David Futato は本文をとても読みやすいレイアウトで仕上げてくれました。そして本書のためにさまざまな形で力を尽くしてくれた O'Reilly のみなさんに感謝します。彼らの協力なしではこれと同じものは作れなかったでしょう。

初版からの技術監修者である Derek DeHart と Christoph Dorn、Tomislav Dugandzic、Becka Morgan、Harry Nixon、Alan Solis と Demian Turner、第 2 版で新たに加えた CSS に関してとても貴重なアドバイスをくれた Albert Wiersch にお礼を述べたいと思います。そして最後、初版の誤植を指摘し技術的なミスを正してくれた読者と、この第 2 版をよりすぐれた Web 開発参考書にするために力を貸してくれたすべてのみなさんに感謝します。ありがとうございました。

目　次

はじめに v

1章　ダイナミック Web コンテンツ入門 1
1.1　HTTP と HTML：Berners-Lee の基本 2
1.1.1　要求と応答の流れ 2
1.2　PHP、MySQL、JavaScript、CSS のメリット 5
1.2.1　PHP の使用 5
1.2.2　MySQL の使用 6
1.2.3　JavaScript の使用 7
1.2.4　CSS の使用 8
1.3　Apache Web サーバー 9
1.4　オープンソースについて 10
1.5　ここまでのまとめ 10
1.6　確認テスト 11

2章　開発サーバーの設定 13
2.1　WAMP、MAMP、LAMP とは？ 13
2.2　Windows への WAMP のインストール 14
2.2.1　インストール後の確認 21
2.2.2　そのほかの WAMP 24
2.3　OS X への MAMP のインストール 24
2.3.1　MySQL の設定 27
2.3.2　インストールと設定の確認 28
2.4　Linux への LAMP のインストール 29
2.5　リモートからの使用 30
2.5.1　ログイン 30
2.5.2　FTP の使用 30

	2.6	プログラムエディタの使用	32
	2.7	IDE の使用	33
	2.8	確認テスト	34

3章　PHP 入門 35

	3.1	PHP の HTML 内への統合	35
		3.1.1　PHP パーサーの呼び出し	35
	3.2	本書のサンプル	37
	3.3	PHP の構造	37
		3.3.1　コメントの使用	37
		3.3.2　基本的なシンタックス	38
		3.3.3　変数の理解	39
		3.3.4　演算子	44
		3.3.5　変数への代入	47
		3.3.6　複数行にわたるコマンド	50
		3.3.7　変数の型付け	52
		3.3.8　定数	53
		3.3.9　echo と print コマンドの違い	55
		3.3.10　関数	55
		3.3.11　変数のスコープ	56
	3.4	確認テスト	61

4章　PHP の式と制御の流れ 63

	4.1	式	63
		4.1.1　リテラルと変数	64
	4.2	演算子	65
		4.2.1　演算子の優先順位	66
		4.2.2　結合性	68
		4.2.3　関係演算子	69
	4.3	条件	73
		4.3.1　if ステートメント	73
		4.3.2　else ステートメント	74
		4.3.3　elseif ステートメント	76
		4.3.4　switch ステートメント	77
		4.3.5　?演算子	80
	4.4	ループ	81
		4.4.1　while ループ	82
		4.4.2　do...while ループ	83

		4.4.3	for ループ 84
		4.4.4	ループを抜け出る 85
		4.4.5	continue ステートメント 87
	4.5	暗黙的なキャストと明示的なキャスト 87
	4.6	PHP の動的リンク 88
		4.6.1	実際の動的リンク 89
	4.7	確認テスト 90

5章　PHP の関数とオブジェクト 91

	5.1	PHP の関数 92
		5.1.1	関数を定義する 93
		5.1.2	値を返す 94
		5.1.3	配列を返す 96
		5.1.4	参照で渡す 97
		5.1.5	グローバル変数を返す 98
		5.1.6	変数のスコープのまとめ 99
	5.2	ファイルの include と require 99
		5.2.1	include ステートメント 99
		5.2.2	include_once の使用 100
		5.2.3	require と require_once の使用 100
	5.3	PHP のバージョンの互換性 101
	5.4	PHP のオブジェクト 101
		5.4.1	使用される用語 102
		5.4.2	クラスの宣言 103
		5.4.3	オブジェクトの作成 104
		5.4.4	オブジェクトへのアクセス 104
		5.4.5	コンストラクタ 107
		5.4.6	メソッドの記述 108
		5.4.7	プロパティの宣言 110
		5.4.8	定数の宣言 111
		5.4.9	PHP 5 のプロパティとメソッドのスコープ 111
		5.4.10	継承 114
	5.5	確認テスト 118

6章　PHP の配列 119

	6.1	基本的なアクセス 119
		6.1.1	数値でインデックス化される配列 119
		6.1.2	連想配列 121

		6.1.3	array キーワードを使った値の代入 122
	6.2	foreach...as ループ 123	
	6.3	多次元配列 125	
	6.4	配列の関数の使用 128	
		6.4.1	is_array 128
		6.4.2	count 128
		6.4.3	sort 128
		6.4.4	shuffle 129
		6.4.5	explode 129
		6.4.6	extract 130
		6.4.7	compact 131
		6.4.8	reset 132
		6.4.9	end 133
	6.5	確認テスト 133	

7章　実践的な PHP 135

	7.1	printf の使用 135	
		7.1.1	精度の設定 137
		7.1.2	ストリングの埋め合わせ 138
		7.1.3	sprintf の使用 140
	7.2	日付けと時刻の関数 140	
		7.2.1	日付けに関する定数 143
		7.2.2	checkdate の使用 143
	7.3	ファイルの処理 144	
		7.3.1	ファイルが存在するかどうかを調べる 144
		7.3.2	ファイルの作成 144
		7.3.3	ファイルの読み取り 146
		7.3.4	ファイルのコピー 147
		7.3.5	ファイルの移動 147
		7.3.6	ファイルの消去 148
		7.3.7	ファイルの更新 148
		7.3.8	同時的アクセスに備えたファイルのロック 150
		7.3.9	ファイル全体の読み取り 151
		7.3.10	ファイルのアップロード 152
	7.4	システムコール 158	
	7.5	XHTML 159	
		7.5.1	XHTML のメリット 159
		7.5.2	XHTML のバージョン 160

目次 | xiii

- 7.5.3 ルールの違い 160
- 7.5.4 HTML 4.01 ドキュメントタイプ 161
- 7.5.5 HTML 5 ドキュメントタイプ 162
- 7.5.6 XHTML 1.0 ドキュメントタイプ 162
- 7.5.7 XHTMLの検証 163
- 7.6 確認テスト 164

8章 MySQL 入門 165

- 8.1 MySQLの基本 165
- 8.2 データベースの用語に関するまとめ 166
- 8.3 MySQLへのコマンドラインからのアクセス 166
  - 8.3.1 コマンドラインのインターフェイスの開始 167
  - 8.3.2 コマンドラインインターフェイスの使用 172
  - 8.3.3 MySQLのコマンド 173
  - 8.3.4 データ型 178
- 8.4 インデックス 187
  - 8.4.1 インデックスの作成 187
  - 8.4.2 MySQLデータベースへの照会 192
  - 8.4.3 テーブルの結合 202
  - 8.4.4 論理演算子の使用 204
- 8.5 MySQL関数 205
- 8.6 phpMyAdminの導入 205
  - 8.6.1 phpMyAdminの使用 207
- 8.7 確認テスト 209

9章 MySQL のマスター 211

- 9.1 データベースの設計 211
  - 9.1.1 主キー：リレーショナルデータベースのカギ 212
- 9.2 正規化 213
  - 9.2.1 第1正規形 214
  - 9.2.2 第2正規形 216
  - 9.2.3 第3正規形 218
  - 9.2.4 正規化を使用すべきでないとき 220
- 9.3 リレーションシップ 221
  - 9.3.1 1対1 221
  - 9.3.2 1対多 222
  - 9.3.3 多対多 222
  - 9.3.4 データベースと匿名性 224

9.4 トランザクション 224
- 9.4.1 トランザクションのストレージエンジン 224
- 9.4.2 BEGIN の使用 225
- 9.4.3 COMMIT の使用 226
- 9.4.4 ROLLBACK の使用 226
- 9.4.5 EXPLAIN の使用 227

9.5 バックアップとリストア 229
- 9.5.1 mysqldump の使用 229
- 9.5.2 バックアップファイルの作成 230
- 9.5.3 バックアップファイルからのリストア 232
- 9.5.5 CSV 形式でのデータのダンプ 233
- 9.5.5 バックアップの計画 233

9.6 確認テスト 234

10章　PHP を使った MySQL へのアクセス　235

10.1 PHP を使って MySQL データベースにクエリを出す 235
- 10.1.1 PHP から MySQL を使用する手順 235
- 10.1.2 ログインファイルの作成 236
- 10.1.3 MySQL への接続 237

10.2 実践的なサンプル 242
- 10.2.1 $_POST 配列 245
- 10.2.2 レコードの消去 246
- 10.2.3 フォームの表示 246
- 10.2.4 データベースへのクエリの発行 247
- 10.2.5 プログラムを実行する 248

10.3 実践的な MySQL 249
- 10.3.1 テーブルの作成（CREATE）......................................249
- 10.3.2 テーブルの列情報の表示（DESCRIBE）.......................250
- 10.3.3 テーブルの削除（DROP）...251
- 10.3.4 データの追加（INSERT INTO）..................................251
- 10.3.5 データの取得（SELECT）...252
- 10.3.6 データの更新（UPDATE）..253
- 10.3.7 データの消去（DELETE）..253
- 10.3.8 AUTO_INCREMENT の使用 254
- 10.3.9 追加クエリの実行 256
- 10.3.10 SQL インジェクション対策 257
- 10.3.11 HTML インジェクション対策 261

10.4 確認テスト 263

11章 フォーム処理 ... 265
- 11.1 フォームの構築 ... 265
- 11.2 送信データの取得 ... 267
  - 11.2.1 register_globals：旧来の解決策 ... 268
  - 11.2.2 デフォルト値 ... 269
  - 11.2.3 入力タイプ ... 269
  - 11.2.4 入力のサニタイジング ... 277
- 11.3 サンプルプログラム ... 279
- 11.4 確認テスト ... 281

12章 クッキー、セッション、認証 ... 283
- 12.1 PHPでのクッキーの使用 ... 283
  - 12.1.1 クッキーの設定 ... 284
  - 12.1.2 クッキーへのアクセス ... 285
  - 12.1.3 クッキーの破棄 ... 286
- 12.2 HTTP認証 ... 286
  - 12.2.1 ユーザー名とパスワードの保持 ... 289
  - 12.2.2 ソルト ... 290
- 12.3 セッションの使用 ... 294
  - 12.3.1 セッションの開始 ... 294
  - 12.3.2 セッションの終了 ... 297
  - 12.3.3 セッションのセキュリティ ... 299
- 12.4 確認テスト ... 302

13章 JavaScriptを探る ... 305
- 13.1 JavaScriptとHTMLテキスト ... 305
  - 13.1.1 スクリプトをドキュメントのヘッダ内で使用する ... 307
  - 13.1.2 旧式のブラウザや標準的でないブラウザ ... 307
  - 13.1.3 JavaScriptファイルを含める ... 308
  - 13.1.4 JavaScriptエラーのデバッグ ... 309
- 13.2 コメントの使用 ... 311
- 13.3 セミコロン ... 311
- 13.4 変数 ... 312
  - 13.4.1 ストリングの変数 ... 312
  - 13.4.2 数値の変数 ... 313
  - 13.4.3 配列 ... 313
- 13.5 演算子 ... 314
  - 13.5.1 算術演算子 ... 314

	13.5.2 代入演算子 315
	13.5.3 比較演算子 315
	13.5.4 論理演算子 316
	13.5.5 インクリメントとデクリメント 316
	13.5.6 ストリングの連結 316
	13.5.7 文字のエスケープ 317
13.6	変数の型付け 317
13.7	関数 318
13.8	グローバル変数 319
	13.8.1 ローカル変数 319
13.9	Document Object Model（DOM） 320
	13.9.1 しかしそれほど単純ではない 322
	13.9.2 DOM の使用 324
13.10	確認テスト 325

14章　JavaScript の式と制御フロー 327

14.1	式 327
	14.1.1 リテラルと変数 328
14.2	演算子 329
	14.2.1 演算子の優先順位 329
	12.2.2 結合性 330
	14.2.3 関係演算子 331
14.3	with ステートメント 333
14.4	onerror の使用 334
14.5	try...catch の使用 335
14.6	条件 336
	14.6.1 if ステートメント 336
	14.6.2 switch ステートメント 338
	14.6.3 ？演算子 339
4.7	ループ 340
	14.7.1 while ループ 340
	14.7.2 do...while ループ 340
	14.7.3 for ループ 341
	14.7.4 ループを抜け出る 342
	14.7.5 continue ステートメント 343
14.8	明示的なキャスト 343
14.9	確認テスト 344

15章　JavaScript の関数、オブジェクト、配列 345

- 15.1　JavaScript の関数 345
  - 15.1.1　関数の定義 345
  - 15.1.2　値を返す 347
  - 15.1.3　配列を返す 349
- 15.2　JavaScript のオブジェクト 350
  - 15.2.1　クラスの宣言 350
  - 15.2.2　オブジェクトの作成 352
  - 15.2.3　オブジェクトへのアクセス 352
  - 15.2.4　prototype キーワード 353
- 15.3　JavaScript の配列 356
  - 15.3.1　数値でインデックス化される配列 356
  - 15.3.2　連想配列 357
  - 15.3.3　多次元配列 358
  - 15.3.4　配列のメソッドの使用 359
- 15.4　確認テスト 365

16章　JavaScript と PHP による検証とエラー処理 367

- 16.1　JavaScript を使ったユーザー入力の検証 367
  - 16.1.1　validate.html ドキュメント（パート 1） 367
  - 16.1.2　validate.html ドキュメント（パート 2） 370
- 16.2　正規表現 374
  - 16.2.1　メタ文字によるマッチ 374
  - 16.2.2　あいまいな文字マッチング 375
  - 16.2.3　かっこを使ったグループ化 376
  - 16.2.4　文字クラス 377
  - 16.2.5　さらに複雑な例 378
  - 16.2.6　メタ文字のまとめ 380
  - 16.2.7　全体的な修飾子 382
  - 16.2.8　JavaScript での正規表現の使用 383
  - 16.2.9　PHP での正規表現の使用 383
- 16.3　フォームを PHP で検証した後再表示する 384
- 16.4　確認テスト 390

17章　Ajax の使用 391

- 17.1　Ajax とは？ 392
- 17.2　XMLHttpRequest の使用 392
- 17.3　POST 要求を介した Ajax の実装 394

	17.3.1	readyState プロパティ 396
	17.3.2	サーバーサイドの Ajax 処理 398
17.4	POST の代わりに GET を使用する 399
17.5	XML 要求の送信 402
	17.5.1	XML について 404
	17.5.2	XML を使用する理由 406
17.6	Ajax フレームワークの使用 406
17.7	確認テスト 407

18章　CSS入門 409

18.1	スタイルシートのインポート 410
	18.1.1	スタイルシートの HTML 内からのインポート 410
18.2	埋め込みによるスタイル設定 411
	18.2.1	ID の使用 411
	18.2.2	クラスの使用 411
18.3	CSS ルール 412
	18.3.1	セミコロンの使用 412
	18.3.2	複数の割り当て 412
	18.3.3	コメントの使用 413
18.4	スタイルのタイプ 414
	18.4.1	デフォルトスタイル 414
	18.4.2	ユーザースタイル 414
	18.4.3	外部スタイルシート 415
	18.4.4	内部スタイル 415
	18.4.5	インラインスタイル 415
18.5	CSS セレクタ 416
	18.5.1	タイプセレクタ 416
	18.5.2	子孫セレクタ 416
	18.5.3	子セレクタ 417
	18.5.4	隣接セレクタ 418
	18.5.5	ID セレクタ 419
	18.5.6	クラスセレクタ 420
	18.5.7	属性セレクタ 420
	18.5.8	ユニバーサルセレクタ 421
	18.5.9	グループによる選択 422
18.6	CSS のカスケード処理 423
	18.6.1	スタイルシートの作成者による優先順位 423
	18.6.2	スタイルシートの作成方法による優先順位 423

		18.6.3	スタイルシートのセレクタによる優先順位	424
	18.7		\<div\> と \<span\> の違い	426
	18.8		計測単位	428
	18.9		フォントとタイポグラフィ	430
		18.9.1	font-family	430
		18.9.2	font-style	431
		18.9.3	font-size	431
		18.9.4	font-weight	432
	18.10		テキストのスタイル管理	432
		18.10.1	装飾	432
		18.10.2	間隔	433
		18.10.3	整列	433
		18.10.4	大文字、小文字変換	433
		18.10.5	インデント	434
	18.11		CSS のカラー	434
		18.11.1	カラーの省略表記	435
		18.11.2	グラデーション	435
	18.12		要素の配置	437
		18.12.1	絶対配置	437
		18.12.2	相対配置	437
		18.12.3	固定配置	438
		18.12.4	配置方法の比較	438
	18.13		擬似クラス	440
	18.14		擬似要素	442
	18.15		ルールの省略表記	442
	18.16		ボックスモデルとレイアウト	443
		18.16.1	マージンの設定	443
		18.16.2	境界の適用	445
		18.16.3	パディングの調整	446
		18.16.4	オブジェクトのコンテンツ	448
	18.17		確認テスト	448
19 章	CSS3 による高度な CSS			449
	19.1		CSS3 の属性セレクタ	449
		19.1.1	ストリングの一部にマッチ	450
	19.2		box-sizing プロパティ	451
	19.3		CSS3 の背景	451
		19.3.1	background-clip プロパティ	452

	19.3.2	background-origin プロパティ	455
	19.3.3	background-size プロパティ	455
	19.3.4	複数の背景	456
19.4	CSS3 の境界		458
	19.4.1	border-color プロパティ	458
	19.4.2	border-radius プロパティ	459
19.5	ボックスシャドウ		462
19.6	要素のオーバーフロー		462
19.7	マルチカラムレイアウト		463
19.8	カラーと不透明度		465
	19.8.1	HSL カラー	465
	19.8.2	HSLA カラー	465
	19.8.3	RGB カラー	466
	19.8.4	RGBA カラー	466
	19.8.5	opacity プロパティ	467
19.9	テキストエフェクト		467
	19.9.1	text-shadow プロパティ	467
	19.9.2	text-overflow プロパティ	467
	19.9.3	word-wrap プロパティ	468
19.10	Web フォント		469
	19.10.1	Google の Web フォント	469
19.11	変換		470
19.12	トランジション（時間経過にともなう変化）		472
	19.12.1	トランジションさせるプロパティ	472
	19.12.2	トランジションにかける時間	473
	19.12.3	トランジションの遅延	473
	19.12.4	トランジションのタイミング	473
	19.12.5	簡略化したシンタックス	474
19.13	確認テスト		476

20章 JavaScript からの CSS へのアクセス ... 477

20.1	再度、getElementById メソッド		477
	20.1.1	O 関数	477
	20.1.2	S 関数	478
	20.1.3	C 関数	479
	20.1.4	関数のインクルード	481
20.2	JavaScript から CSS プロパティへのアクセス		482
	20.2.1	よく使用されるプロパティ	482

		20.2.2 そのほかのプロパティ 483
	20.3	インライン JavaScript 485
		20.3.1 this キーワード 486
		20.3.2 スクリプトの中でオブジェクトにイベントを追加する 486
		20.3.3 割り当てることのできるイベント 487
	20.4	新しい要素の追加 488
		20.4.1 要素の削除 490
		20.4.2 要素を追加し削除する別の方法 490
	20.5	割り込みの使用 491
		20.5.1 setTimeout の使用 491
		20.5.2 タイムアウトのキャンセル 492
		20.5.3 setInterval の使用 493
		20.5.4 割り込みを使ったアニメーション 495
	20.6	確認テスト 497

21章 総まとめ 499

	21.1	ソーシャルネットワーキングの設計 499
	21.2	Web サイトについて 500
	21.3	functions.php 500
		21.3.1 プロジェクトで使用する主要関数 500
	21.4	header.php 502
	21.5	setup.php 504
	21.6	index.php 506
	21.7	signup.php 507
		21.7.1 ユーザー名の可用性のチェック 507
	21.8	checkuser.php 510
	21.9	login.php 511
	21.10	profile.php 513
		21.10.1 "about me" テキストの追加 513
		21.10.2 プロファイル用イメージの追加 513
		21.10.3 イメージ処理 514
		21.10.4 現在のプロファイルの表示 514
	21.11	members.php 517
		21.11.1 ユーザーのプロファイルの表示 517
		21.11.2 友達の追加と削除 517
		21.11.3 メンバーの一覧表示 518
	21.12	friends.php 520
	21.13	messages.php 523

  21.14 logout.php 526
  21.15 styles.css 527

付録A 確認テストの模範解答 531

付録B オンラインリソース 547

付録C MySQLのFULLTEXTストップワード 551

付録D MySQLの関数 555

索　引 569

1章
ダイナミック Web コンテンツ入門

　World Wide Web は元々 1990 年代初頭にある特定の問題を解決するために考案されたネットワークですが、今ではそのときの概念をはるかに超えて進化をつづけています。当時 CERN（欧州原子核研究機構、高エネルギー物理実験を行うため世界最大のハドロン衝突型加速器を建設した研究所）では最先端の実験が行われており、その膨大なデータを世界中に散らばる科学者に届ける必要がありました。

　このころインターネットはすでに存在し、数十万台のコンピュータが接続していました。CERN フェローの Tim Berners-Lee はハイパーリンクの仕組みを使って、後に Hyper Text Transfer Protocol、つまり HTTP と呼ばれることになる、コンピュータ間を移動する方法を考案しました。彼はまた HTML、すなわち Hyper Text Markup Language という名前のマークアップ言語も作成し、これらを連動させるために世界で初めてとなる Web ブラウザと Web サーバーも記述しました。

　われわれは今でこそこれらのツールを当たり前のように使用していますが、当時は実に画期的な概念でした。このころ家庭ではモデムを使って、単一のコンピュータがホストする BBS（電子掲示板）へダイヤルアップ接続するのが一般的でした。BBS ではそのサービスを受けるユーザーとだけ情報のやりとりが行えました。したがって会社の同僚や友人と電子的に効率よくやりとりするには複数の BBS のメンバーになる必要がありました。

　この状況は Berners-Lee によって一変し、1990 年代半ばまでに 3 つの主要なグラフィカル Web ブラウザが 500 万のユーザー獲得を競って相次いで登場しました。しかしほどなく、ある欠落が明らかになりました。そう、テキストとグラフィックのページにハイパーリンクを使ってユーザーを別のページに送るという概念自体は素晴らしいのですが、コンピュータやインターネットは実際には、コンテンツをダイナミックに変更したいというユーザーの個々の希望をたちまちに満たすことができるという事実がそこには反映されていなかったのです。テキストのスクロールやアニメーション GIF などはあったにせよ、Web の使用は味気のない、平板な体験にとどまっていました。

　しかし現在では、ショッピングカートや検索エンジン、ソーシャルネットワークなどによって、われわれの Web の使い方は明らかに変化しています。本章では、Web を構成するさまざまな要素と、リッチでダイナミックな体験の提供に役立つソフトウェアを簡単に見ていきます。

> 頭文字や略号は適切に使用する必要がありますが、本書では適宜説明を加えていきます。それが何を表しどのような意味を持つのかについて、その詳細は本書を進むにつれ明らかになるので、今は何も心配いりません。

1.1 HTTPとHTML：Berners-Leeの基本

HTTPは、エンドユーザーのコンピュータで動作するブラウザとWebサーバーとの間で行われる要求（リクエスト）と応答（レスポンス）を制御する通信規格です。サーバーの仕事は、クライアントからの要求を受け取り、通常は要求されたWebページを提供（サーブ）することで（このためサーバーと呼ばれます）、要求に意味のある方法で応えようとすることです。サーバー（奉仕者）に対応するのはクライアント（依頼者）なので、クライアントはWebブラウザとそれが動作するコンピュータ両方を表す用語として使用されます。

クライアントとサーバーの間には、ルーターやプロキシ、ゲートウェイなどが存在する場合があります。これらは、クライアントとサーバー間で要求と応答を正確に伝達するための異なる役割を持っており、この情報の送信には通常、インターネットが使用されます。

Webサーバーは多くの場合、複数の接続を同時に処理することができ、クライアントとやりとりしていないときでも、入ってくる接続要求の監視に時間を割いています。要求が到着すると、サーバーは受け取りの確認として応答を送り返します。

1.1.1 要求と応答の流れ

最も基本的なレベルで言うと、要求と応答の処理は、Webサーバーに対してWebページの送信を求める

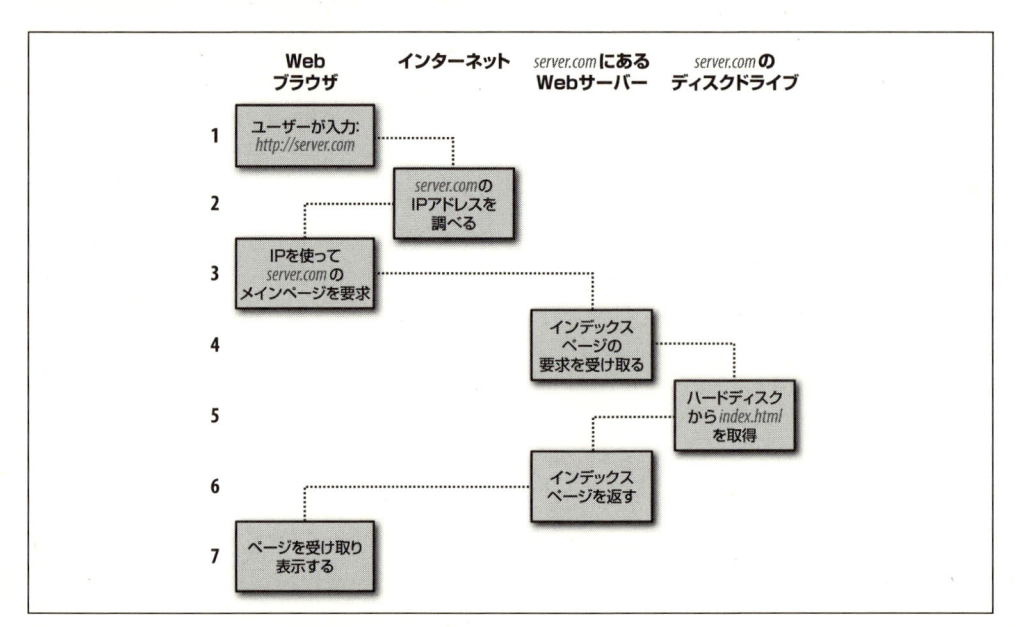

図1-1：クライアント/サーバー間の基本的な要求/応答の流れ

Webブラウザと、そのページを送り返すサーバーから構成されます。ページを返されたブラウザはページの表示を引き受けます（図1-1参照）。

要求と応答は次の流れで行われます。

1. ブラウザのアドレスバーに http://server.com が入力されます。

2. ブラウザは server.com の IP アドレスを調べます。

3. ブラウザは server.com にあるホームページの要求を出します。

4. 要求はインターネットを伝わり、server.com の Web サーバーに到着します。

5. 要求を受け取った Web サーバーはそのハードディスクから Web ページを探します。

6. サーバーはその Web ページを取得し、それをブラウザに返します。

7. ブラウザが Web ページを表示します。

この処理は平均的な Web ページでは、ページ内のグラフィック、埋め込まれたビデオファイルや Flash ファイル、CSS テンプレートなどについてもオブジェクトごとに 1 回行われます。

上記の 2 でブラウザが調べるのは server.com の IP アドレスです。インターネットに接続されたコンピュータは、みなさんのマシンも含めどれも IP アドレスを持っていますが、Web サーバーへのアクセスには通常、google.com (http://google.com) といった名前が使用されます。おそらくみなさんもご存知のように、ブラウザはドメインネームサービス（DNS）と呼ばれるインターネットサービスを参照してサーバーに関連づけられた IP アドレスを調べ、それを使ってそのコンピュータとやりとりします。

この流れは、ダイナミックな Web ページでは PHP と MySQL が加わるので少し複雑になります（図1-2参照）。

以下がその順番です。

1. ブラウザのアドレスバーに http://server.com が入力されます。

2. ブラウザは server.com の IP アドレスを調べます。

3. ブラウザはそのアドレスに Web サーバーのホームページの要求を出します。

4. 要求はインターネットを伝わり、server.com の Web サーバーに到着します。

5. 要求を受け取った Web サーバーはそのハードディスクから Web ページを取得します。

6. ホームページをメモリに保持した Web サーバーは、そのページが PHP スクリプトを含んだファイルであることを知り、スクリプトを解釈し実行する PHP インタープリタ（プログラムを解釈して実行するソフトウェア）にページを渡します。

7. PHP インタープリタは PHP コードを実行します。

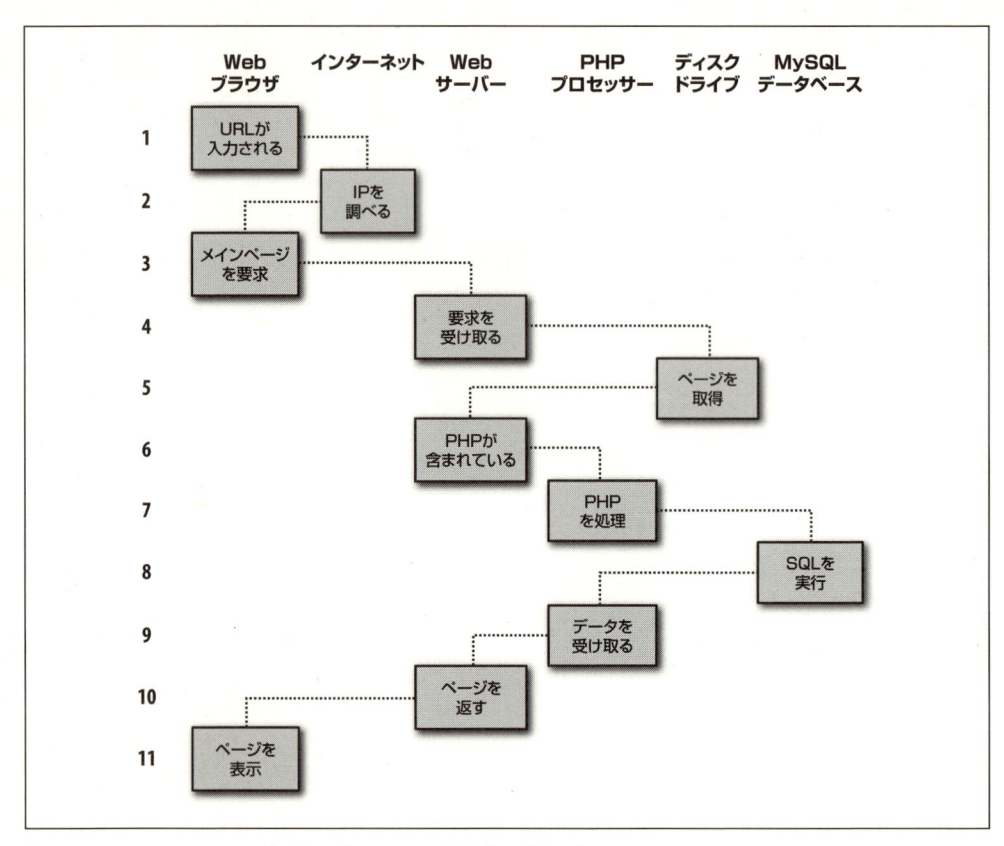

4 | 1章 ダイナミック Web コンテンツ入門

```
       Web      インターネット    Web      PHP      ディスク   MySQL
     ブラウザ              サーバー   プロセッサー   ドライブ  データベース
  1  [URLが
      入力される]
  2             [IPを
                調べる]
  3  [メインページ
      を要求]
  4                      [要求を
                          受け取る]
  5                                            [ページを
                                                取得]
  6                      [PHPが
                          含まれている]
  7                                [PHP
                                    を処理]
  8                                                      [SQLを
                                                          実行]
  9                                [データを
                                    受け取る]
 10                      [ページを
                          返す]
 11  [ページを
      表示]
```

図 1-2：クライアント / サーバー間のダイナミックな要求 / 応答の流れ

8. PHP コードに MySQL ステートメントが含まれている場合には、PHP インタープリタはそれを MySQL データベースエンジンに渡します。

9. MySQL データベースはステートメントの結果を PHP インタープリタに返します。

10. PHP インタープリタは、PHP コードの実行結果を、MySQL データベースからの結果とともに、Web サーバーに返します。

11. Web サーバーは要求してきたクライアントにページを返します。クライアントはページを表示します。

この過程を知ることは、3 つの要素の連携の仕方が理解できるという点で有用ですが、これはすべて自動的に行われるので、実際にはその詳細まで気にする必要はありません。

ブラウザに返された HTML ページには JavaScript が含まれている場合もあります。JavaScript はクライアントによってローカルで解釈され（Web ブラウザが自分で解釈し）ます。JavaScript は別の要求を、イメージなどの埋め込みオブジェクトと同じように、開始することができます。

1.2 PHP、MySQL、JavaScript、CSS のメリット

本章の冒頭では Web 1.0 を述べましたが、実はその後ほどなく Java や JavaScript、JScript（JavaScript に似た Microsoft 製のスクリプト言語）、ActiveX などによって盛んにブラウザの機能を強化する Web1.1 の時代に突入しました。サーバーサイドでは、Perl（PHP 言語に代わるサーバーサイド言語）などのスクリプト言語を使った Common Gateway Interface（CGI）やサーバーサイドスクリプティング（あるファイルの内容やシステムコールの出力を別のファイルにダイナミックに挿入すること）が進展しました。

この騒ぎが収まると、3 つのテクノロジーがほかより抜きん出て躍進しました。Perl は依然として強い支持を受ける人気の高いスクリプト言語でしたが、PHP はその単純明快さと MySQL データベースプログラムへのリンクが初めから組み込まれていることから、Perl の倍のユーザーを獲得しました。そして CSS（Cascading Style Sheets）をダイナミックに操作する方程式の必須要素となっていた JavaScript は、Ajax のクライアントサイドを処理するというパワーが求められる仕事までこなすようになりました。Ajax（後の「JavaScript の使用」節で述べます）下にある Web ページは、データ処理と Web サーバーへの要求の送信を、ユーザーにそれと知らせることなく、バックグラウンドで実行します。

PHP と MySQL の"共生"がこれらの躍進にひと役買ったのは間違いのないところではありますが、デベロッパーを最初に引きつけたのは何だったのでしょう？　単純な答えは、これらのテクノロジーを使用すると Web サイトにダイナミックな要素が手早く簡単に作成できるから、と言うよりしかたありません。MySQL は動作が速くパワフルでしかも使用が容易なデータベースシステムで、Web サイトで必要になるさまざまなデータをそこから得ることができます。MySQL からのデータの取得と保持に PHP を連携させると、ソーシャルネットワーキングサイトの開発や Web 2.0 に取り組む際に必要な基本機能を手にすることができます。

そして JavaScript と CSS をそこに組み入れると、ダイナミックでインタラクティブに機能する Web サイトを構築するための具体的な方法が得られるのです。

1.2.1 PHP の使用

PHP を使用すると、Web ページにダイナミックなアクティビティを簡単に埋め込むことができます。ページに .php という拡張子をつけると、それがそのままこのスクリプト言語にアクセスするファイルになります。デベロッパーから見ると、コードはただ次のように記述するだけです。

```
<?php
  echo "Hello World. Today is ".date("l").". ";
?>
How are you?
```

開始の <?php は、Web サーバーに対して、この後につづく ?> コマンドまでのすべてのコードを PHP プログラムに解釈させろ、ということを言っています。この構造の外にあるものはすべて、素の HTML としてクライアントに送られます。したがってテキスト "How are you?" はそのままブラウザに表示されます。一方 PHP タグ内ではビルトインの（初めから組み込まれている）date 関数が、サーバーのシステム時刻にもとづいてその日の曜日を表示します。

したがってこの 2 つの部分からの最終的な出力は、たとえば次のようになります。

Hello World. Today is Wednesday. How are you?

PHPは柔軟な言語なので、次のようにPHP構造（<?phpと?>）とPHPコードを並べて記述するデベロッパーもいます。

Hello World. Today is <?php echo date("l"); ?>. How are you?

情報のフォーマット（書式化）や出力にはほかにも方法があり、これについてはPHPの章で解説します。ここでのポイントは、WebデベロッパーはPHPを使用することで、C言語などで記述したコードほどではないにせよ、HTMLコードとシームレスに統合できるかなり高速なスクリプト言語が手に入る、ということです。

> 本書の進行に合わせてPHPサンプルを実際に記述していくときには、サンプルコードの前後に<?phpと?>を忘れずに追加し、PHPインタープリタに処理させる必要があります。これを簡単にするために、前もってPHPタグを記述したexample.phpのような名前をつけたファイルを用意しておくのもよいでしょう。

PHPを使用すると、Webサーバーを制限なくコントロールできるようになります。実行中のHTMLの修正やクレジットカードの処理、データベースへの詳細なユーザー情報の追加、第三者のWebサイトからの情報の取得など、希望するさまざまな操作一切を、HTML自体も含む同一のPHPファイルから実現することが可能になります。

1.2.2　MySQLの使用

　もちろん、HTML出力のダイナミックな変更が可能になっても、ユーザーがWebサイトの使用時に行った変更を追跡する手段がないことには大した効果はありません。Webの初期の時代、多くのサイトはユーザー名やパスワードなどのデータの保持に"フラットな"（何の変哲もないただの）テキストファイルを使用していました。この方法は、複数の同時アクセスによってデータが破損しないようにファイルが適切にロックされていない場合、問題を引き起こす恐れがありました。またフラットなファイルは本質的にただ大きくなる一方で挙句に管理不能に陥るものであり、たとえタイミングが妥当であっても、それを使った複雑な検索の実行やファイルの統合は難しいと言わざるを得ません。

　ここで必要になるのが、構造化されたクエリ（問い合わせ、照会）が実行できるリレーショナルデータベースです。中でもMySQLはインターネットの膨大な数のWebサーバーにインストールされフリーで使用できるため、この問題に抜群の力を発揮します。MySQLは堅牢かつ高速なデータベース管理システムで、英文に似たコマンドで制御できます。

　MySQL構造の最上位にあるのはデータベースで、ユーザーはそこにデータを含んだ1つまたは複数のテーブルを持つことができます。たとえばusersという名前のテーブルを使用するとき、その内部にsurname、firstname、email用の列（カラム）があるとすると、そこに次のようなコマンドでユーザーを追加することができます。

```
INSERT INTO users VALUES('Smith', 'John', 'jsmith@mysite.com');
```

もちろんこの前には、データベースを作成しテーブルを作成して、適切なフィールドを設定するためのコマンドを発行しておく必要がありますが、この INSERT コマンドを見ると、データベースへの新しいデータの追加は簡単に行えることが分かるでしょう。INSERT コマンドは SQL（Structured Query Language の略語）の1つの例です。SQL は1970年代初めに設計された言語で、最も古いプログラミング言語の1つである COBOL を想起させます。しかしデータベースのクエリにうまく適合するという理由から今もなお使いつづけられています。

データを調べるのも同様に簡単です。ユーザーのメールアドレスが分かっていて、その名前を調べたい場合には、次のような MySQL クエリが発行できます。

```
SELECT surname,firstname FROM users WHERE email='jsmith@mysite.com';
```

すると MySQL は Smith と John、さらにはこのメールアドレスに関連づけられているほかの名前もある場合にはそのペアも返します。

みなさんが期待されている通り、MySQL では単純な INSERT や SELECT コマンドだけでなく、相当程度のことまで実行できます。たとえば複数のテーブルを異なる基準にしたがって結合したり、結果をさまざまな順番で求めたり、また一部しか分かっていないストリングを使って部分的に一致する検索を実行したり、n 番めの結果だけを返すといったことができます。

PHP を使用するとそこから直接 MySQL を呼び出すことができます。これは、MySQL プログラムを自分で実行したりコマンドラインのインターフェイスを使用する必要がないということです。MySQL からの結果は処理に使用できる配列に保持できるので、前の検索結果にもとづいて複数の検索を実行し、必要なデータ項目を求めるといったことも可能になります。

さらにパワーアップさせたい場合には、よく使用する操作やスピードを上げるときに呼び出すことのできる追加的な関数が MySQL には組み込まれています。

1.2.3　JavaScript の使用

本書で述べるコアテクノロジーの中で最も古い JavaScript は、HTML ドキュメントのすべての要素にスクリプトからアクセスできるようにするために作成されました。別の言い方をすると JavaScript は、フォームに入力されたメールアドレスの有効性の検証や、"本当によろしいですか？" といった確認の表示など、ダイナミックなユーザーインタラクションを行うための手段を提供します（ただしセキュリティが問題になる場合には、JavaScript に依存せず、必ず Web サーバーで実行すべきです）。

JavaScript は CSS（次節参照）とタッグを組むと、サーバーが新しいページを返すという方法によらない、ユーザーの目の前で変化するダイナミックな Web ページの影の実力者となります。

しかしながら JavaScript はまた、ブラウザの設計者が選定した実装方法による相違によって、その使用には注意が必要な場面が多々あります。これは主に、ブラウザのメーカーがライバルとの互換性を犠牲にしてまで自社ブラウザに追加機能を入れ込もうとしたことに起因しています。

ありがたいことに、ブラウザのデベロッパーは今では本来の姿に立ち戻り、ブラウザ間に完全な互換性を持たせる必要性を十分に認識しているので、Web デベロッパーは複数の例外を捕捉するコードを書く必要

がなくなりました。何百万もの古いブラウザが今後も使用されるという問題は依然としてあるものの、こういった非互換に関する問題を解決する方法も存在します。本書ではブラウザ間の相違を安全に無視できるテクニックも探っていきます。

とは言え差し当たり今は、すべてのブラウザで使用できる基本的な JavaScript の使い方を見ておきましょう。

```
<script type="text/javascript">
  document.write("Hello World. Today is " + Date() );
</script>
```

このコードスニペット（断片）は Web ブラウザに対し、<script> と </script> タグで囲まれた部分はすべて JavaScript として解釈しろと言っています。するとブラウザはこれを、"Hello World. Today is " というテキストを現在のドキュメントに書き込み、その後に JavaScript 関数の Date を使って日付けを追加することだと解釈します。結果は次のようになります。

Hello World. Today is Thu Jan 01 2015 01:23:45

> JavaScript のバージョンを正確に指定する必要のない場合には、type="text/javascript" を省略し、<script> だけで JavaScript の解釈を始めることができます。

すでに述べたように、JavaScript は元々 HTML ドキュメントにあるさまざまな要素をダイナミックに制御するために開発された言語なので今でもその主な用途は変わりませんが、近年では Ajax に使用される場合も多々あります。Ajax（エイジャックス、アジャックス）は Web サーバーにバックグラウンドでアクセスする処理を表す用語です（初めは Asynchronous JavaScript and XML を意味していましたが、今ではもう古くなってしまいました）。

Ajax は Web 2.0 を支える主要な処理です（Web 2.0 という用語は本書出版社の創立者であり CEO の Tim O'Reilly によって広く普及しました）。Web 2.0 では Web ページを丸ごとリロード（再読み込み）する必要がないので、ページはスタンドアロンの（単独で動作する）プログラムのようにスタートします。動作の速い Ajax 呼び出しを使用すると、Web ページの単一要素を取得しそれを更新することができます。たとえばソーシャルネットワーキングサイトの写真の変更や、問いに答えるときのクリックするボタンの置換といった操作です。Ajax については 17 章で見ていきます。

1.2.4　CSS の使用

近年の CSS3 標準の登場により、CSS は、これまで JavaScript だけがサポートしていたダイナミックなインタラクティビティまで提供できるようになりました。たとえば HTML 要素のスタイル処理によって、要素のサイズやカラー、境界線、スペース量の変更などが行えるだけでなく、CSS を数行使用するだけで、アニメーションするトランジション（時間経過にともなう変化）やトランスフォーメーション（変換、変形）を Web ページに追加することができます。

CSS の使用は実に簡単で、Web ページの初めに <style> と </style> タグの間にルールを挿入するだけで

す。

```
<style>
  p
  {
    text-align:justify;
    font-family:Helvetica;
  }
</style>
```

このルールは、<p> タグに含まれる段落が均等割り付けになるようにデフォルトを変更し、その使用フォントを Helvetica に設定します。

18 章で学ぶように CSS ルールの決め方にはさまざまな方法があり、またルールはタグ内に直接入れることも、セットにして外部ファイルに保存しそれを読み込むこともできます。この柔軟性によって HTML の正確なスタイル処理以上のことが可能になります。本書では、たとえばマウスポインタが重なったオブジェクトを、ビルトインのフーバー（hover）機能を使ってアニメーションする方法を見ていきます。また JavaScript から HTML 要素やその CSS プロパティ（属性）にアクセスする方法も学びます。

1.3 Apache Web サーバー

ここまで見てきた PHP、MySQL、JavaScript、CSS に加え、実はダイナミック Web には Web サーバーという 5 番めのヒーローがいます。本書の場合これは Apache Web サーバーです。本章ではサーバーとクライアント間での HTTP によるやりとりに少し触れましたが、実際には舞台裏でもっと多くのことが行われています。

たとえば Apache は HTML ファイルを提供するだけでなく、イメージや Flash ファイルから MP3 オーディオファイル、RSS（Really Simple Syndication）フィードまで、広範囲にわたるさまざまなファイルを処理します。HTML ページで Web クライアントが出くわす各要素もまたサーバーに要求され、サーバーはそれを提供します。

これらのオブジェクトは GIF のような静的（変化しない）ファイルである必要はありません。オブジェクトはすべて PHP スクリプトなどのプログラムから生成することもできます。そうです、PHP では実行時でもそれより前の時点でも、イメージやそのほかのファイルを作成することができるのです。

そのためには通常、Apache や PHP にモジュールを前もってコンパイルしておくか、実行時に呼び出します。GD（Graphics Draw を短くした呼び名）ライブラリはモジュールの 1 つの例で、PHP でグラフィックを作成したり処理するときに使用されます。

また Apache 自体にもさまざまなモジュールが備わっています。PHP モジュールに加え、Web プログラマーに最も重要なのはセキュリティを処理するモジュールです。ほかの例としては、Web サーバーがさまざまなタイプの URL を処理し内部的な要件に沿った書き換えをできるようにする Rewrite モジュールや、頻繁に要求されるページをキャッシュから提供しサーバーの負担を軽減する Proxy モジュールなどがあります。

1.4　オープンソースについて

オープンソースであるかないかがそのテクノロジーの人気の理由になるのか、という議論はしょっちゅう行われますが、PHP と MySQL、Apache はこのカテゴリの中で最もよく使用される三大ツールです。

オープンソースであるということは、プログラマーたちが希望し必要とする機能を、誰もが見て変更できる元のコードを使って自分たちのコミュニティで開発してきた、ということを意味します。そのときにはバグも見つかるでしょうし、セキュリティ違反もそうなる前に回避することができます。

オープンソースにはもう 1 つ、すべてのプログラムは無償で使用できるというメリットがあります。これは、Web サイトの規模を拡大しサーバーをさらに追加したい場合でも、ライセンスの追加購入を心配する必要がなく、最新バージョンにアップグレードするかどうか決めるときにも、予算をチェックする必要がないということです。

1.5　ここまでのまとめ

PHP と MySQL、JavaScript、CSS の本当の美しさは、これらが一体となってダイナミックな Web コンテンツを生み出す素晴らしい方法だという点にあります。PHP は Web サーバー上の主要な仕事をすべて処理し、MySQL はそのすべてのデータを管理します。そして CSS と JavaScript のコンビが実際の Web ページの表現を担います。JavaScript はまた、Web サーバーか Web ページで何らかの更新が必要になった場合、いつでもサーバーの PHP と交信することができます。

では最後に、ここまで本章で見たきたポイントをプログラムコードを使わず、多くの Web サイトで使用されている一般的な Ajax 機能を通しておさらいしておきましょう。これは、ユーザーが新しいアカウントを作成するとき、希望するユーザー名がそのサイトですでに使われているかどうかを調べる機能で、Gmail のアカウント作成がそのよい例です（図 1-3 参照）。以下ではこの Ajax 機能と本書のコアテクノロジーがどのように組み合わされているかを確認します。

この Ajax 処理には次のような手順がともないます。

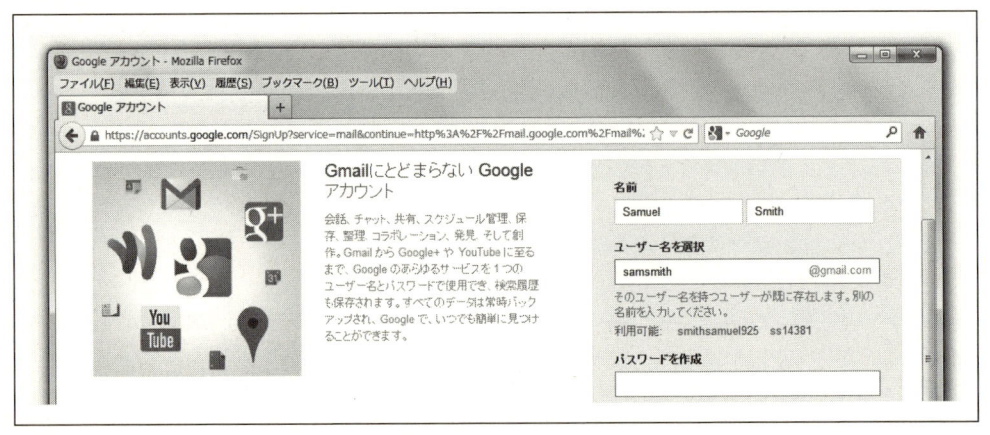

図 1-3：Gmail では Ajax を使ってユーザー名の可用性を調べている

1. サーバーは Web フォームを作成する HTML を出力します。これはユーザー名やファーストネーム、ラストネーム、メールアドレスといった必要事項の入力を求めるフォームです。

2. サーバーは同時に、HTML に JavaScript を追加します。これは、ユーザー名入力用ボックスを監視し、テキストが入力されたかどうかと、その入力ボックスの選択がユーザーの別の入力ボックスのクリックにより解除されたかどうかを調べるためのコードです。

3. テキストが入力されそのフィールドの選択が解除されると、バックグラウンドで JavaScript コードが入力されたユーザー名を Web サーバーの PHP スクリプトに渡して、応答を待ちます。

4. Web サーバーはユーザー名を調べ、その名前がすでに使用されているかどうかに関する応答を JavaScript に返します。

5. JavaScript はユーザー名入力用ボックスの近くに、そのユーザー名が使用可能かどうかを示すテキストを、おそらくは緑のチェックマークか赤の X マークとともに表示します。

6. ユーザー名が使用できないにもかかわらずユーザーがフォームを送信した場合には、JavaScript がそれを中断し、ほかのユーザー名を選択する必要があることを(もっと大きなグラフィックや警告ボックスなどを使って)再び強調表示します。

7. なおこの処理の高度な改良版として、ユーザーの求めたユーザー名を元に、使用可能な代替候補を示す方法もあります。

これはすべてバックグラウンドで密かに行われるので、シームレスで快適なユーザー体験を促進します。Ajax を使用しない場合には、フォーム全体をサーバーに送信しなければならず、サーバーからは誤りを強調表示する HTML を返す必要があります。これも有効な解決策ではありますが、ダイナミックに変化するフォームフィールド処理と比べると、整然さと心地よさの点で大きな開きがあります。

Ajax は単純な入力検証のほかにもさまざまなことに使用できます。本書の 17 章では Ajax を使って実現できる多くの事柄を探っていきます。

1 章では本書のコアテクノロジーである PHP と MySQL、JavaScript、CSS(と Apache)の概要を学び、それらが互いにどのように連携して機能するかを学びました。次章では学習に使用するみなさん自身の Web 開発サーバーのインストール方法を解説します。本書では各章の最後に次のような確認テストを用意しています。次章に進む前にぜひ挑戦してみてください。

1.6 確認テスト

1. ダイナミックな Web ページの作成に必要な 4 つの構成要素は何ですか?

2. HTML は何を略したものですか?

3. MySQL という名前に SQL という文字が含まれているのはなぜですか?

4. PHP と JavaScript は両方とも、Web ページにダイナミックな結果を生成するプログラミング言語

ですが、大きな違いは何ですか？　またなぜ両方を使用するのですか？

5. CSS は何を略したものですか？

6. オープンソースのツールでバグに出くわした場合（めったにないことですが）、どうすればそれが修正できると思いますか？

テストの模範解答は付録 A に記載しています。

2章
開発サーバーの設定

インターネットアプリケーションを開発したくても自分用の開発サーバーがないと、テストする前に必ず、加えた修正をWeb上のサーバーにアップロードしなくてはなりません。

これは、たとえ高速なブロードバンド接続であっても、相当な開発時間のロスにつながります。しかしローカルコンピュータでのテストは実に簡単で、ただ更新を保存し（通常はアイコンを1回クリックするだけです）、ブラウザの再読み込みボタンをクリックするだけです。

開発サーバーを持つもう1つのメリットは、コードを記述しテストする際、やっかいなエラーやセキュリティの問題を気にする必要がないということです。これに対しパブリックなWebサイトでは、開発中のアプリケーションを第三者に見られたり使用されている可能性が否定できません。問題は、おそらくファイアーウォールやそのほかの防御手段で守られている家庭やスモールオフィスのシステムで作業している間に解決しておくのがベストです。

自分用の開発サーバーが手に入ると、これまで開発サーバーなしでよくやって来られたなぁと思えるほど快適になります。その設定は難しくありません。PCとMac、Linuxシステムに関する適切な指示を述べた、以降の節の手順にしたがうだけです。

本章で取り上げるのは1章で述べたWeb体験のサーバー側です。しかし、みなさんの作業結果をテストするときには、特に以降の章でJavaScriptとCSSの使用を開始するときには、みなさんに扱いやすいシステム上で動作する主要なWebブラウザすべてを揃えておく必要があります。少なくともInternet Explorer、Mozilla Firefox、Opera、Safari、Google Chromeが必要です。

Webサイトをモバイルデバイスからでもきちんと見えるようにしたい場合には、Apple iOSやGoogle Androidなどの可能な限りさまざまなスマートフォンやタブレットの機種を準備する努力も必要になります。

2.1 WAMP、MAMP、LAMPとは？

WAMPとMAMP、LAMPはそれぞれ、"Windows、Apache、MySQL、PHP"、"Mac、Apache、MySQL、PHP"、"Linux、Apache、MySQL、PHP"の略語です。これらはダイナミックなインターネットWebページの開発用の、完全に機能する設定を表しています。

WAMP、MAMP、LAMPは、各種プログラムがバンドル（同梱）され関連づけられたパッケージの形式で提供されるので、個別にインストールし設定する必要はありません。これは、1つのプログラムをダウン

ロードしインストールして簡単な手順にしたがうだけで、Web 開発サーバーが起動し、最小限の手数でまたたく間に動作するようになる、ということを意味しています。

インストール時にはいくつかのデフォルト設定が作成されますが、WAMP、MAMP、LAMP はローカル使用に最適化されているので、デフォルトのセキュリティ設定（コンフィグレーション）がプロダクション用（実際に運用する）Web サーバーほど厳密ではありません。この理由からみなさんは、この設定をプロダクションサーバーに使用してはいけません。

とは言え、Web サイトや Web アプリケーションの開発やテスト目的では、インストール時のデフォルト設定でまったく問題ありません。

> 開発システムの構築に WAMP、MAMP、LAMP を使用しないみなさんは、そのさまざまな部分を自分でダウンロードし統合することになりますが、すべてを完全に設定するには相当の時間が必要で、その方法を調べるのもかなり大変になることを覚悟しておくべきです。しかし必要な構成要素がすべてすでにインストールされ適切に統合できている場合には、本書のサンプルもうまく動作するでしょう。

2.2　Windows への WAMP のインストール

WAMP サーバーには複数のものが利用可能で、それぞれ少しずつ設定方法が異なりますが、おそらくは Zend Server Free Edition が最適でしょう。と言うのもこれはフリーで使用でき、PHP のデベロッパーたちによって作成されているからです。Zend Server Free Edition は http://tinyurl.com/zendfree からダウ

図 2-1：Zend Server Free Edition がダウンロードできる Zend Web サイト

ンロードできます。

　ダウンロードページにアクセスすると、みなさんが使用しているコンピュータ（Linux、Windows、Mac OS X、IBM i）に合ったインストーラの表が表示されます。表の一番上には最新の安定リリースがリストアップされるので、このファイルのダウンロードをおすすめします（本書で言うと 6.0.1/PHP 5.4 for Windows です）。

> 本章で紹介している画面写真やオプションは、みなさんが本書を読まれるときには変わっている可能性がありますが、通常は本章と同じような方法で作業を進めると希望する結果が得られます。

　ダウンロードしたらインストーラを起動します。すると図 2-2 に示すウィンドウが開きます。

　[Next] をクリックします。するとライセンスへの同意が求められるので、次に進むにはこれに同意します（I accept のチェックボックスを選択し、[Next] をクリックします）。[Setup Type] 画面が表示されるので、ここでは MySQL サーバーもインストールできるように [Custom] オプションを選択します（図 2-3 参照）。[Next] をクリックします。

　[Custom Setup] ウィンドウが表示されたら、オプションリストの最下部までスクロールダウンし、[MySQL Server] のチェックボックスをクリックして選択します（図 2-4 参照）。[Next] をクリックします。

　表示される [Web Server] ウィンドウ（図 2-5 参照）では、IIS Web サーバーがすでにインストールされている場合であっても、本書のサンプルは Apache 向けに作成しているので、Apache Web サーバーのイン

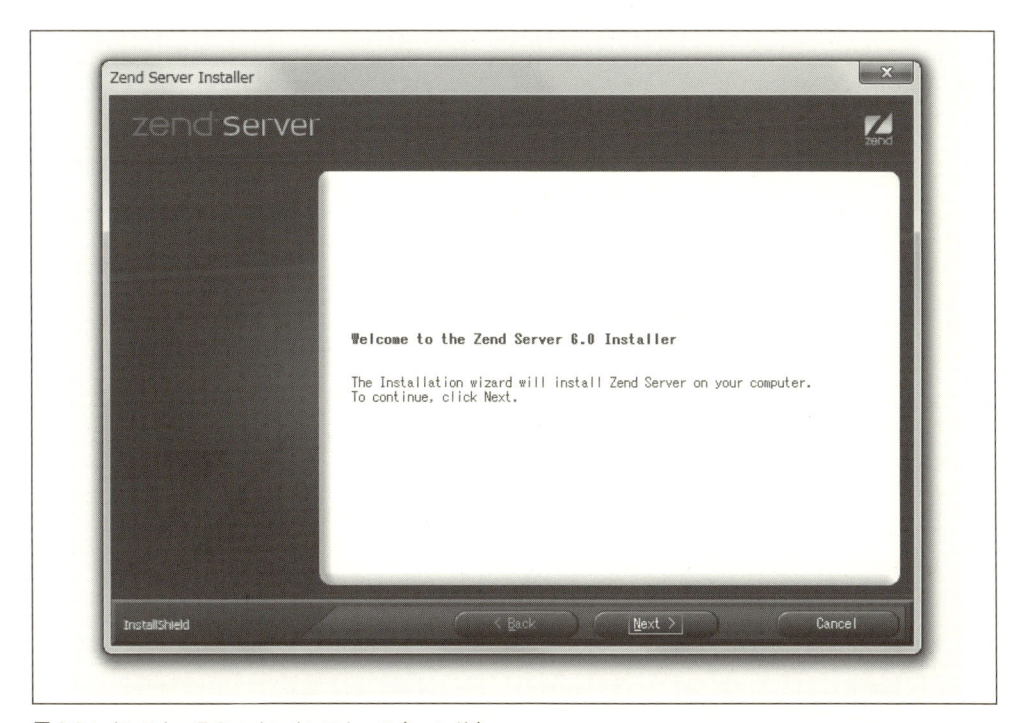

図 2-2：インストーラのメインインストールウィンドウ

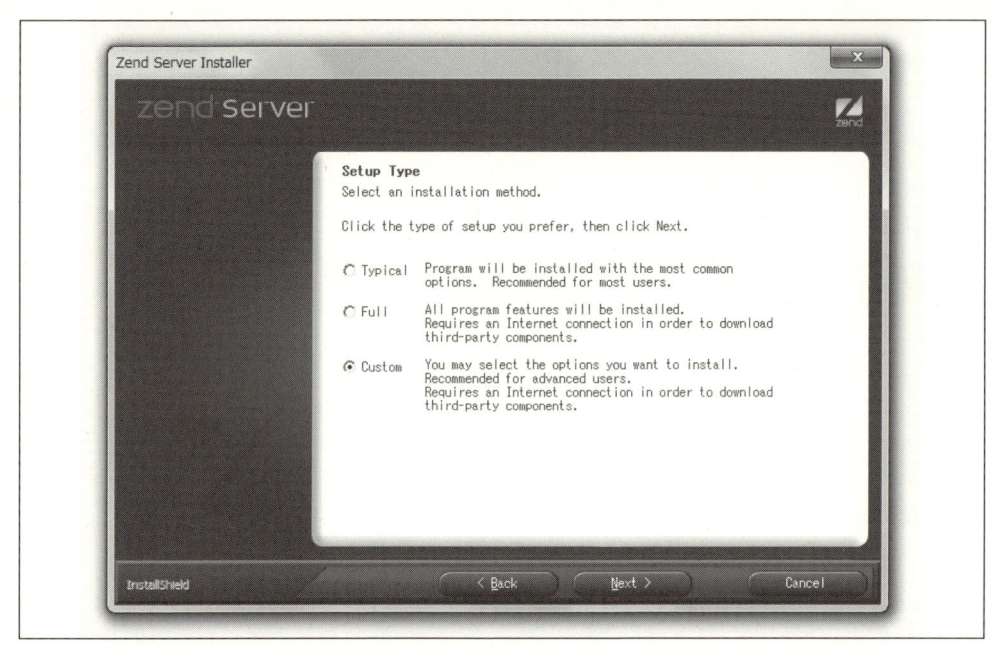

図2-3：[Custom] インストールオプションを選択する

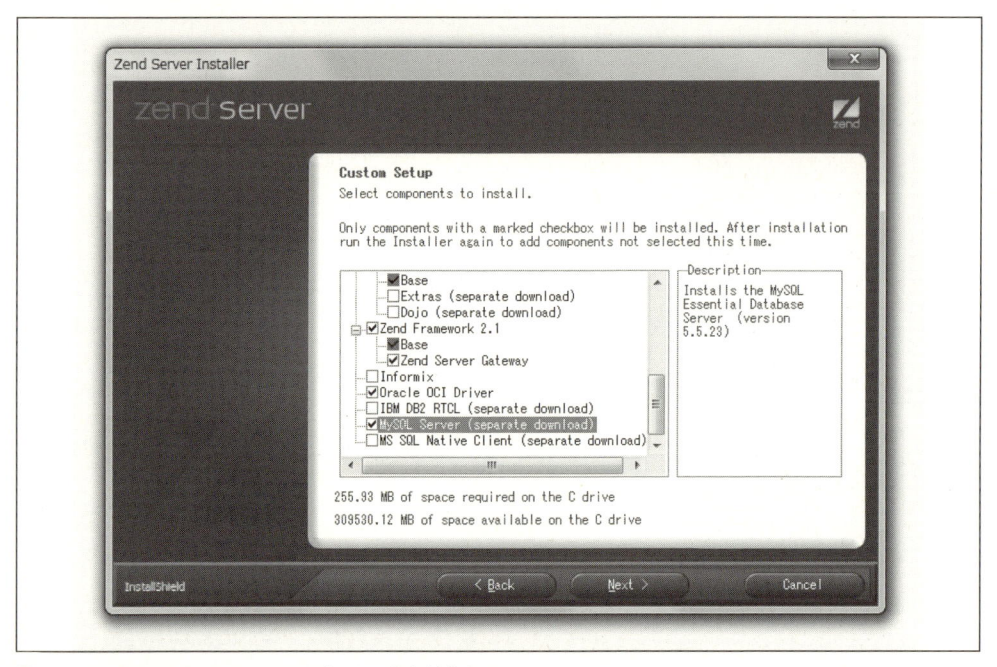

図2-4：[MySQL Server] のチェックボックスを有効化する

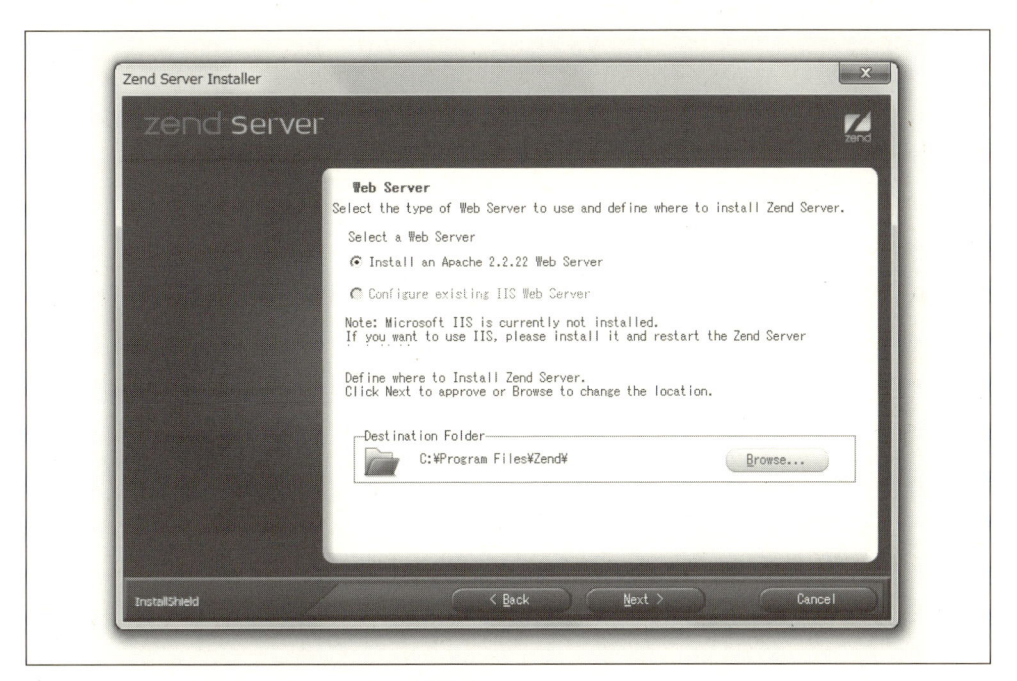

図 2-5：Apache Web サーバーのインストールを選択する

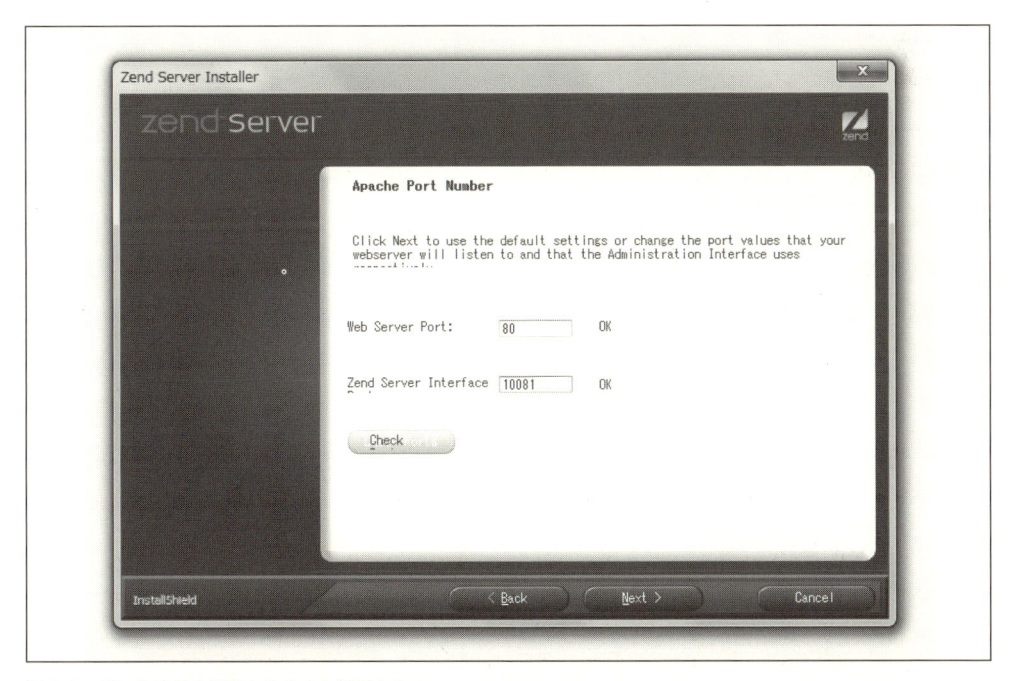

図 2-6：ポート番号の数値をそのまま使用する

ストールを推奨します。[Next] をクリックします。

次の [Apache Port Number] ウィンドウでは、図 2-6 に示すようにデフォルトのまま変更しません（Web サーバーのポート番号の 80、Zend サーバーのインターフェイスポート番号の 10081 をそのまま使用します）。[Next] をクリックします。

> Web サーバーと Zend サーバーのいずれかのポート番号の設定で、その番号がすでに使用されていると表示された場合には（これは通常、お使いのコンピュータにほかの Web サーバーがすでにインストールされていることに起因します）、Web サーバーには 8080（または 8000）、Zend サーバーには 10082 の値を試してみてください。ただしこれらの値は、後から Web ページや Zend サーバーにアクセスするときに忘れずに使用する必要があります。たとえば、Web ブラウザでは http://localhost/index.html ではなく、http://localhost:8080/index.html を使ってアクセスします（localhost の後に :8080 を加えます）。

ポートの割り当てが終わると、図 2-7 に示すウィンドウが表示されます。[Install] をクリックするとインストールが始まります。

インストール中にはいくつかのファイルがダウンロードされるので、プログラムの設定に進むまで少し時間がかかります。インストールが完了するとソフトウェアの使用が開始できるメッセージが表示されるので、[Finish] をクリックします。少し待つとデフォルトのブラウザが自動的に起動し、図 2-8 に示すライセンス条項のページが開かれます。ここから設定に進むにはライセンス条項に同意する必要があります（ページ下部のチェックボックスをクリックします）。[Next] をクリックします。

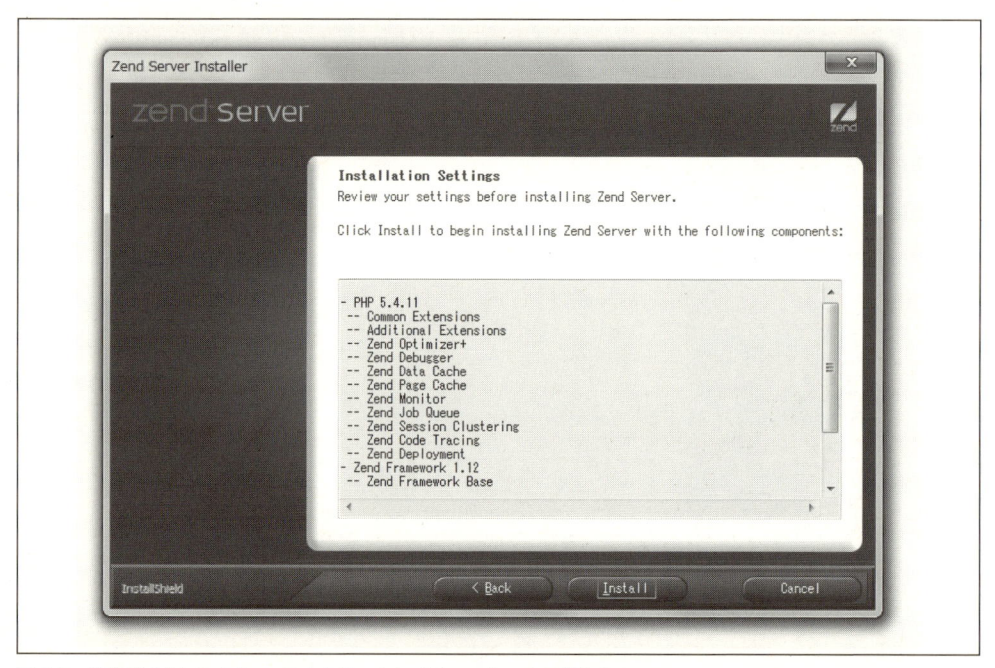

図 2-7：準備ができたので [Install] をクリックしてインストールを開始する

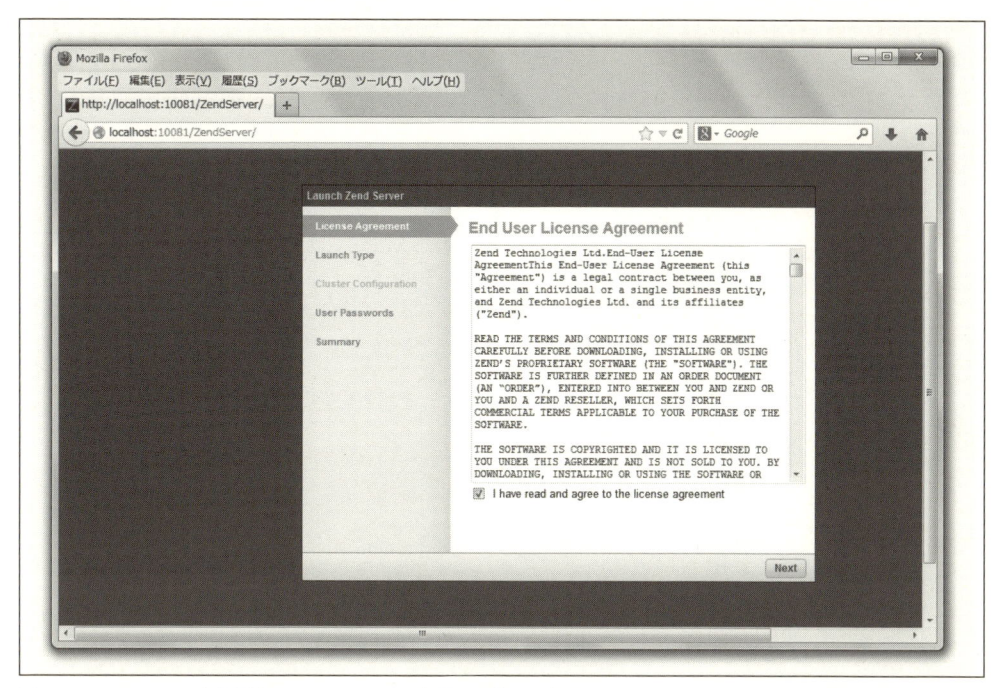

図2-8：Zend Server を使用するにはライセンス条項に同意する必要がある

　次のページはサーバーの使用方法です。本書で見ていくサンプルを試す目的には [Development] の選択が適切です。(図2-9 参照)。[Next] をクリックします。

　次のページでは 'admin' ユーザー用のパスワードを設定します（図2-10 参照）。'developer' の方は入力する必要はありません。パスワードを選定したらそれを入力し、[Next] をクリックします。

　最後のサマリー画面が表示されます（図2-11 参照）。ここでは [Submit] をクリックして設定を完了します。

　少し待った後、ブラウザは図2-12 の Welcome ページを表示します（自動的に表示されない場合は右端の [Welcome] タブをクリックします）。ここからはサーバーの管理画面に進むことができます。

　この画面には、ブラウザに http://localhost:10081 を入力するといつでも戻ることができます（Zend サーバーインターフェイスポートに 10081 以外の値を指定した場合には、http://localhost:10082 のように、コロンの後にその番号をつづけて入力します）[†]。

[†] 訳注：本翻訳書では MySQL が使用する文字コードを UTF-8 形式に設定します。そのためには Zend Server をインストールしたフォルダ（C:\Program Files\Zend など）の MySQL55\bin フォルダにある MySQLInstanceConfig.exe をダブルクリックして MySQL Server Instance Configuration Wizard を起動します。[Next] ボタンを9回ほどクリックして、デフォルトの文字セットを選択する画面で [Best Support For Multilingualism] チェックボックスをクリックして選択します。2回 [Next] ボタンをクリックし、[Modify Security Settings] のチェックは解除し、さらに [Next] ボタンを1回クリックして、最後 [Execute] ボタンをクリックします。ウィザードの作業が終わったら [Finish] ボタンが表示されるので、これをクリックしウィザードを閉じます。

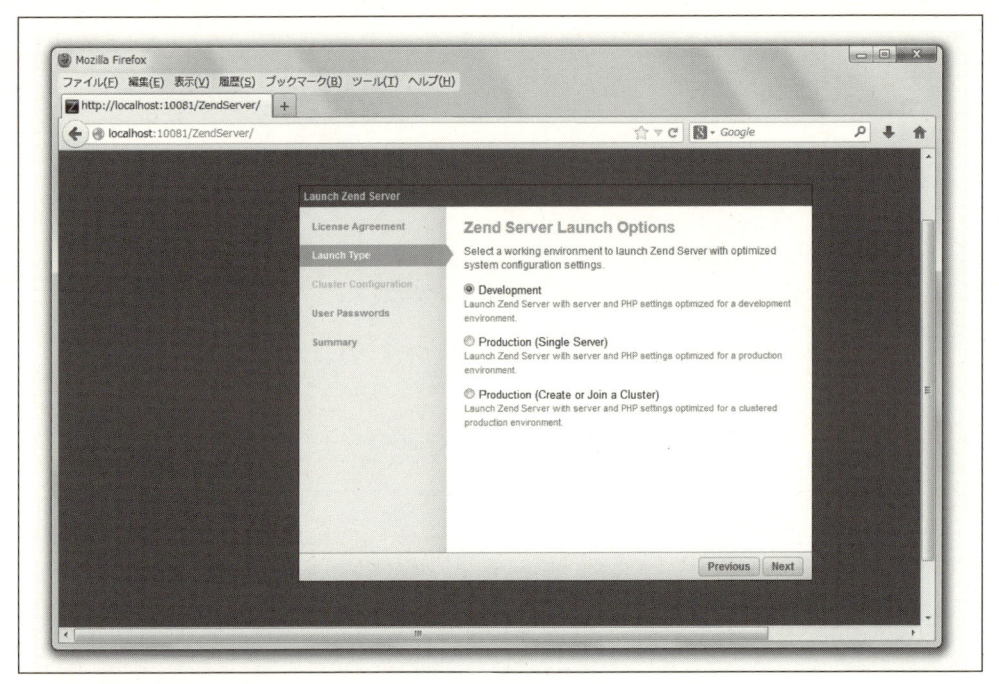

図2-9：[Development] オプションを選択

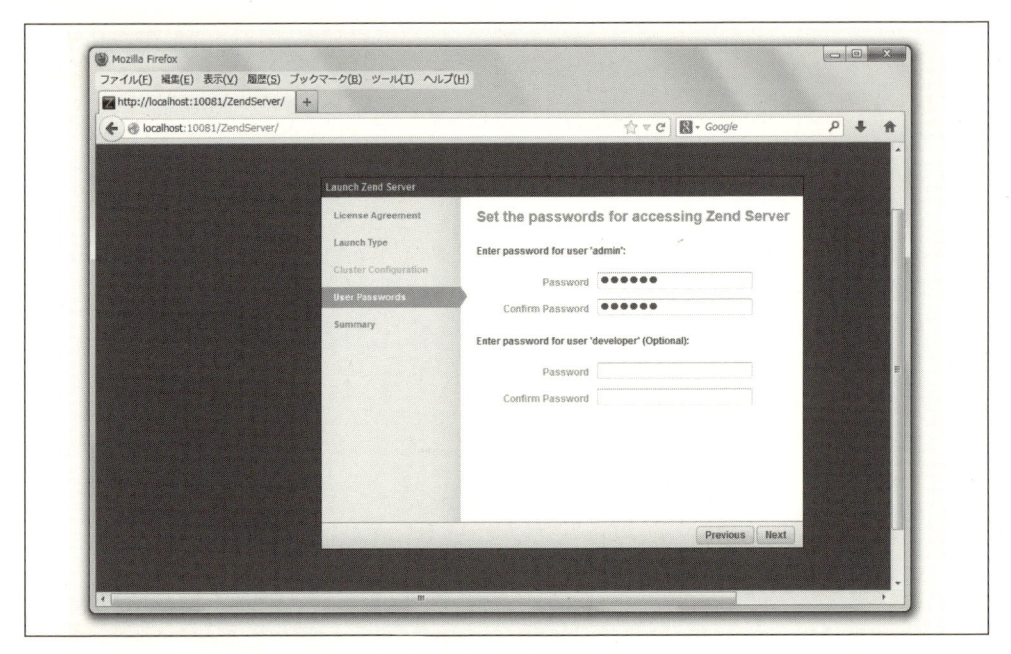

図2-10：パスワードを2回入力する

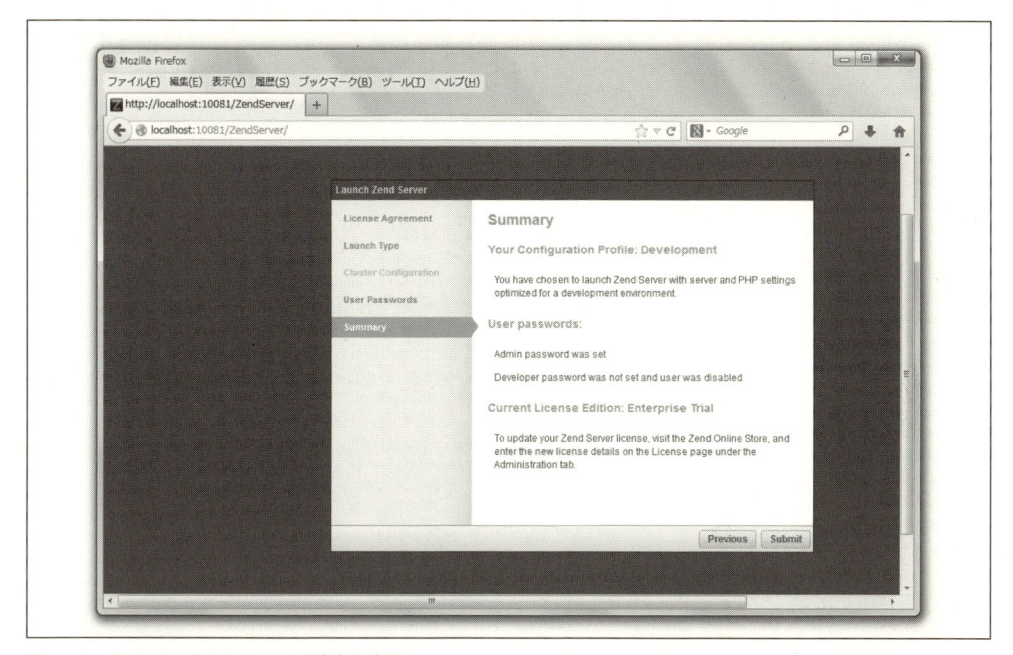

図 2-11：[Submit] をクリックして設定を完了

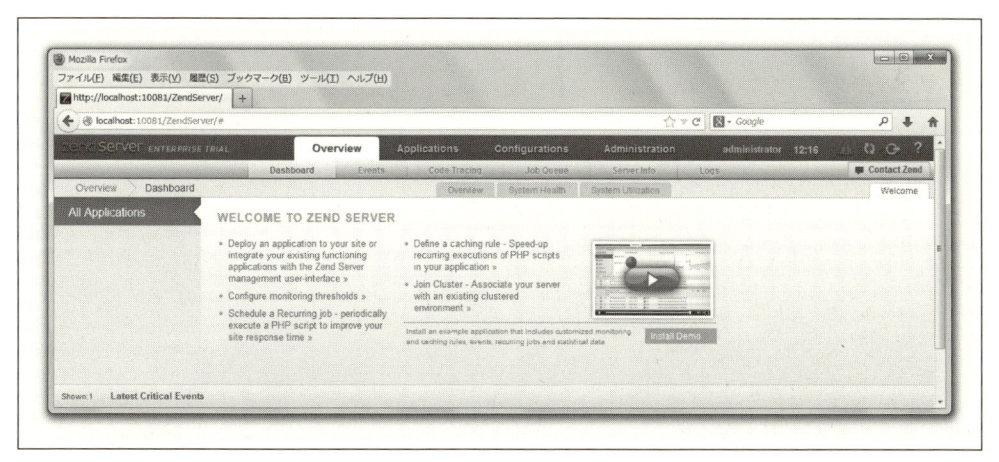

図 2-12：Zend Server の Welcome ページ

2.2.1 インストール後の確認

　この時点でまずやっておかなければならないのは、インストールがうまくいったかどうかの確認です。そのためにはデフォルトの Web ページが表示されるかをテストします。このページはサーバーのドキュメントルートフォルダにあります。ブラウザのアドレスバーに次のいずれかの URL を入力します。図 2-13 に示すページが表示されるとテストは成功です。

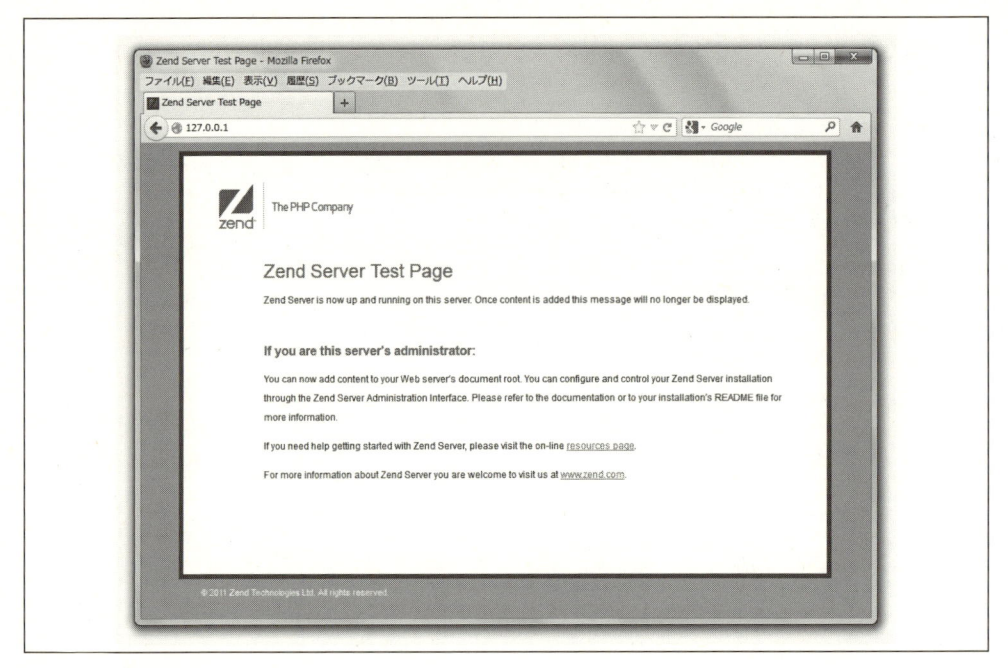

図2-13：Zend Server のデフォルトのホームページ

```
http://localhost
http://127.0.0.1
```

localhost はローカルコンピュータ（つまりお使いのコンピュータ自体）を URL で指定するために使用されます。localhost は 127.0.0.1 という IP アドレスに対応しているので、Web サーバーのドキュメントルートを開くときには localhost と 127.0.0.1 の両方が使用できます。

> インストール時に 80 以外のポート番号（8080 など）を選択した場合には、http://localhost:8080 のように、URL の後にセミコロンと指定した番号の値をつづける必要があります。これは本書のサンプルを開くときも同様です。たとえば 80 のポート番号では http://localhost/example.php で開くページを、http://localhost:8080/example.php で開く必要があります（8080 でない場合はその数値を使用します）。

ドキュメントルートはメインの Web ドキュメントを入れるディレクトリで、基本 URL を指定したときに参照されます。ローカルサーバーの場合には http://localhost です。
Zend Server はデフォルトで、このディレクトリを次の場所に配置します。

```
C:\Program Files\Zend\Apache2\htdocs       // 32 ビットコンピュータの場合
C:\Program Files (x86)\Zend\Apache2\htdocs // 64 ビットコンピュータの場合
```

お使いのコンピュータが 32 ビットか 64 ビットか分からない場合には、まず 1 つめのディレクトリに移動してみます。これが存在すれば 32 ビットマシンです。存在しない場合、それは 64 ビットのコンピュータなので、2 つめのディレクトリが見つかるはずです。

次は Zend Server に必要な設定がすべて正しく行われたかどうかを、定番の "Hello World" ファイルの作成を通して確認しましょう。Windows のメモ帳やそのほかのプログラム、またはテキストエディタを使って、次の小さな HTML ファイルを作成します（Microsoft Word などのリッチなワードプロセッサは、プレーンテキストで保存する以外は使用してはいけません）。

```
<html>
  <head>
    <title>A quick test</title>
  </head>
  <body>
    Hello World!
  </body>
</html>
```

入力したら、test.html というファイル名で、前述したドキュメントルートディレクトリに保存します。メモ帳を使っている場合には、保存するとき [ファイルの種類] を [テキスト文書 (*.txt)] から [すべてのファイル (*.*)] に変更します[†]。

するとこのページはブラウザから次の URL を入力することで呼び出せるようになります（図 2-14 参照）。

http://localhost/test.html

これでインストールが問題なく行われ、その結果 WAMP が適切に動作していることが確認できました。しかし何らかの問題があった場合には、http://tinyurl.com/zenddocs にあるオンラインヘルプを調べてください。問題はおそらくここで解決するでしょう。

図 2-14：初めての Web ページ

[†] 訳注：HTML や PHP、JavaScript、CSS ファイルを保存するときには、UTF-8 形式で保存します。

2.2.2 そのほかの WAMP

ソフトウェアをアップデートすると、動作が期待したものと変わってしまう場合があります。またアップデートによって新たなバグが持ち込まれる可能性もあります。Zend Server に関する問題に遭遇し、それが解決できない難問の場合には、Web から入手できるほかのさまざまな解決方法を選びたくなるかもしれません。

その場合でも本書のサンプルは同じように使用できますが、各 WAMP で提供される指示にしたがう必要があります。それは前述した Zend Server CE の導入手順ほどやさしくないかもしれません。

以下は私見によるそのほかの WAMP の選択肢です。

- EasyPHP: http://www.easyphp.org
- XAMPP: http://www.apachefriends.org/jp/xampp.html
- WAMPServer: http://wampserver.com/en/
- Glossword WAMP: http://glossword.biz/glosswordwamp/

2.3 OS X への MAMP のインストール

Zend Server Free Edition はまた OS X でも使用できます。これは図 2-15 に示す http://tinyurl.com/zendfree からダウンロードできます。

ダウンロードページにアクセスすると、みなさんが使用しているコンピュータ（Linux、Windows、Mac

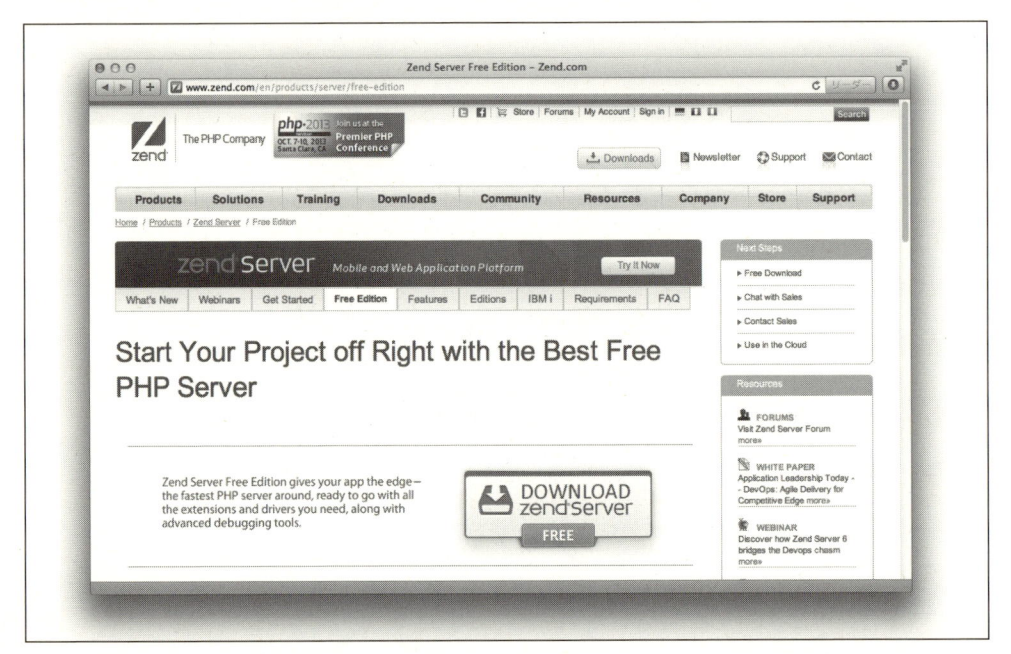

図 2-15：Zend Server は Zend Web サイトからダウンロードできる

OS X、IBM i）に合ったインストーラの表が表示されます。表の一番上には最新の安定リリースがリストアップされるので、このファイルのダウンロードをおすすめします（本書で言うと 6.0.1/PHP 5.4 for Mac OS X です）。

ダウンロードが完了したら、.dmg ファイルをダブルクリックします。システムによるファイルの検証が行われた後、図 2-16 に示すウィンドウが現れます。"README" ファイルをダブルクリックすると、インストール方法などに関する説明を読むことができます。インストールを開始するには "Zend Server" をダブルクリックします。すると図 2-17 に示すインストールウィンドウが開きます。

[続ける] をクリックします。[大切な情報] が表示されるのでこれを読み、再度 [続ける] をクリックします。すると図 2-18 に示す画面が表示されます。ここではインストール先を決めることができます。デフォルトは Macintosh HD（Mac の名前）です。準備ができたら [インストール] をクリックします。システムがパスワードの入力を求めてきたらそれを入力します。

インストール中、追加的なソフトウェアをインストールするかどうかをシステムが聞いてきた場合には、すべて [インストール] ボタンをクリックしてそれを許可することを推奨します。インストールが完了したらその旨が表示されるので [閉じる] をクリックしてインストーラを閉じます。

設定を開始するには、[アプリケーション] フォルダに作成された Zend Server プログラムをダブルクリックします。するとデフォルトの Web ブラウザが起動し図 2-8 のページを表示します。ここからは図 2-8 から図 2-11 に示した指示にしたがいます。すると図 2-12 に示す Welcome 画面が表示されます。

図 2-16：" Zend Server" をダブルクリックしてインストール

図 2-17：Zend Server インストーラ

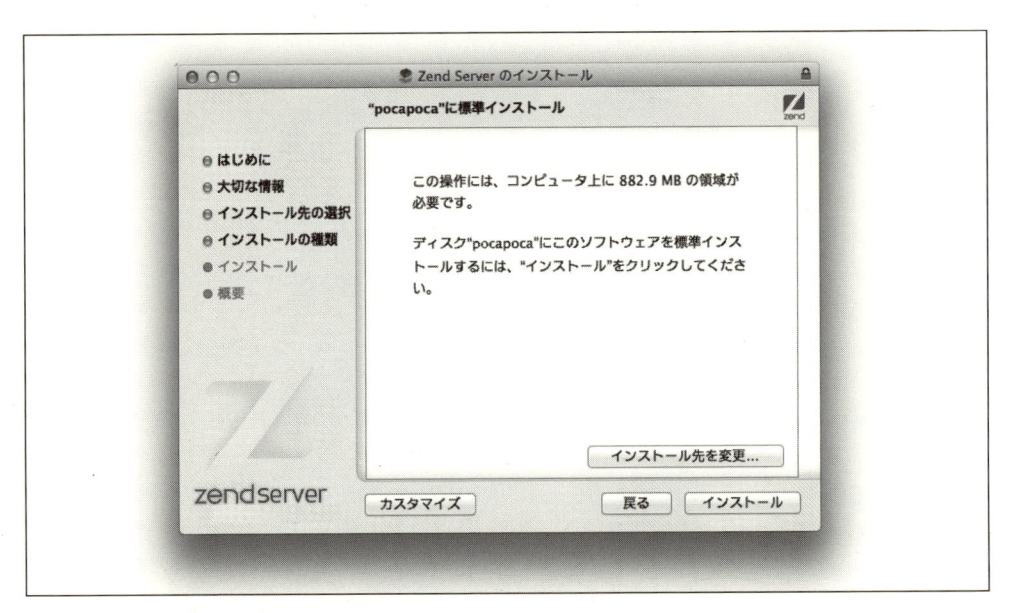

図 2-18：インストール先を決める

2.3.1 MySQL の設定

インストーラは残念ながら、MySQL の開始、停止、リスタートに必要なコマンドの設定を行わないので、これを手動で行う必要があります。ターミナル（[アプリケーション] → [ユーティリティ] → [ターミナル]）を開き、次のコマンドを入力します。

```
sudo nano /usr/local/zend/bin/zendctl.sh
```

システム用のパスワードを入力すると Nano テキストエディタが開きます。キーボードの下キーを使ってカーソルを下に移動し、MySQL_EN="false" の "false" を "true" に変更します。

カーソルをさらに次の行まで下に送ります。

```
case $1 in
        "start")
```

その下には次のインデントされた行があります。

```
            $0 start-apache %
```

この行のすぐ下に、次のコード行を入力します。

```
            $0 start-mysql %
```

これにより MySQL がスタートできるようになります。カーソルをさらに下に送り、次の箇所を探します。

```
        "stop")
```

この下にはインデントされた次の行があります。

```
            $0 stop-apache %
```

そのすぐ下に次のコード行を記述します。

```
            $0 stop-mysql %
```

これにより MySQL が停止できるようになります。修正が終わったら、control-x キーを押して編集モードを抜けます。そして y キーを押して変更を保存し、return キーを押してファイルを保存します。

Mac の起動時に MySQL をスタートさせる

Mac の起動時に MySQL をスタートさせるには、[ターミナル] から次のコマンドを発行します（システムのパスワードの入力が求められるので入力します）。

```
cd /Library/StartupItems/ZendServer_init/
sudo rm zendctl.sh
sudo ln -s /usr/local/zend/bin/zendctl.sh ./
```

Mac の設定は以上です。しかしまだ MySQL がスタートしていないので次のコマンドを発行する必要があります。これで準備は整いました。

```
sudo /Library/StartupItems/ZendServer_init/zendctl.sh restart
```

2.3.2　インストールと設定の確認

インストールと設定が適切に行えたかどうかは Web ブラウザに次のどちらかの URL を入力することで確認できます。ブラウザには図 2-13 に示す結果が表示されます。

http://localhost:10088
http://127.0.0.1:10088

この localhost はローカルコンピュータを指しており、これはまた 127.0.0.1 という IP アドレスに対応しています。:10088 を入力するのは、多くの Mac コンピュータでは Web サーバーがすでに稼働しているので、その衝突を避けるためです。したがってみなさんは、本書のすべてのサンプルで http://localhost を指しているとき、その後に忘れずに :10088 を加える必要があります。たとえば test.php を使用したいときには、http://localhost:10088/test.php という URL を使用します。

> お使いの Mac で Zend Server 以外に稼働している Web サーバーがない場合には、次の場所にあるファイルを編集して（ただしパーミッションが必要です）、40 行めほどにある Listen 10088 という行を Listen 80 に変更し、Zend Server をポート 80 で動作するデフォルトサーバーにすることができます。
>
> /usr/local/zend/apache2/conf/httpd.conf
>
> 変更したら [ターミナル] から次のコマンドを発行して、サーバーをリスタートさせます。
>
> sudo /usr/local/zend/bin/zendctl.sh restart

ブラウザに http://localhost か http://localhost:10088 を指定して表示されるページは、サーバーのドキュメントルートにある index.html ファイルです。ドキュメントルートはメインの Web ドキュメントを入れるディレクトリで、基本 URL を指定したときに参照されます。ローカルサーバーの場合には http://localhost です。

Zend Server はデフォルトで、ドキュメントルートのフォルダとして次の場所を使用します[†]。

[†] 訳注：/usr/local/zend/apache2/htdocs に移動するには、Finder の [移動] メニューから [フォルダへ移動] を選択し、表示されるテキストフィールドに移動先を入力して [移動] ボタンをクリックします。

```
/usr/local/zend/apache2/htdocs
```

次はZend Serverに必要な設定がすべて正しく行われたかどうかを、定番の"Hello World"ファイルの作成を通して確認しましょう。テキストエディットやそのほかのプログラム、またはテキストエディタを使って、次の小さなHTMLファイルを作成します（Microsoft Wordなどのリッチなワードプロセッサは、プレーンテキストで保存する以外は使用してはいけません）。

```
<html>
  <head>
    <title>A quick test</title>
  </head>
  <body>
    Hello World!
  </body>
</html>
```

入力したら、test.htmlというファイル名で、前述したドキュメントルートディレクトリに保存します。するとこのページはブラウザから次のURLを入力することで呼び出せるようになります（図2-14参照）。

```
http://localhost:10088/test.html
```

これでインストールが問題なく行われ、その結果MAMPが適切に動作していることが確認できました。しかし何らかの問題があった場合には、http://tinyurl.com/zendcedocs にある総合的なドキュメンテーションを調べてください（または http://files.zend.com/help/Zend-Server-6/zend-server.htm）。問題はおそらくここで解決するでしょう。

> 本書ではURLが非常に長い場合、その入力を容易にするために、URL短縮サービスのtinyurl.com（http://tinyurl.com/）を使用しています。たとえば http://tinyurl.com/zendcedocs という入力によって、http://files.zend.com/help/Zend-Server-Community-Edition/zend-server-community-edition.htm という長いURLが参照できます。

2.4　LinuxへのLAMPのインストール

本書は主にPCとMacユーザーを対象にしていますが、本書のサンプルはLinuxコンピュータでも同じように動作します。とは言え、Linuxには有名なディストリビューションが数多くあり、それぞれでLAMPのインストール方法が少しずつ異なるので、本書ではそれらを逐一取り上げることはできません。

また多くのLinuxバージョンにはWebサーバーとMySQLがプリインストールされているので、お使いのLinuxコンピュータには必要な準備がもう整っているかもしれません。これを確認するには、ブラウザに次のURLを入力して、デフォルトのドキュメントルートのWebページが表示されるかどうかを調べてください。

```
http://localhost
```

これが動作する場合、コンピュータには Apache サーバーがインストールされていると考えられます。また MySQL も設定され稼働しているかもしれないので、システム管理者にたずねてみてください。

Web サーバーがインストールされていない場合には、次の URL からダウンロードできる Zend Server が使用できます。

http://tinyurl.com/zendfree

必要な説明とヘルプはダウンロードページに詳しく書かれているので、それに厳密にしたがうか提供されているスクリプトを使うかすると、本書のすべてのサンプルを動作させることができるようになります。

2.5 リモートからの使用

PHP と MySQL に関してすでに設定されている Web サーバーにアクセスできる場合には、それを Web 開発に使用することもできます、ただし高速で接続できる環境がない限り、必ずしもベストな選択肢とは言い切れません。ローカルでの開発では、アップロードによる遅延がまず発生しない環境でさまざまな修正がテストできます。

またリモートにある MySQL へのアクセスが面倒になる場合もあります。Telnet や SSH 接続を使ってサーバーにアクセスし、コマンドラインから手作業でデータベースを作成したりパーミッションを設定する必要があるかもしれません。Web ホスティング会社に問い合わせると、このための最良の方法を提示し MySQL アクセス用のパスワードを提供してくれるかもしれません（無論、サーバーへのアクセス方法とともに）。

2.5.1 ログイン

Windows ユーザーには少なくとも、Telnet や SSH 接続用の PuTTY (http://www.putty.org/) などのプログラムをインストールしておくことをおすすめします（SSH は Telnet より安全性がかなり高いことを覚えておいてください）。

Mac では初めから SSH が使用できます。ターミナル([アプリケーション] → [ユーティリティ] → [ターミナル]) を起動し次のコマンドを入力すると、SSH を使ってサーバーにログインすることができます。

ssh *mylogin@server.com*

server.com はログインするサーバーの名前で、*mylogin* はログインするユーザー名です。ログイン時にはそのユーザー用のパスワードの入力が求められ、適切なものを入力するとログインすることができます。

2.5.2 FTP の使用

ファイルを Web サーバーに送信したり Web サーバーから受信するには、FTP プログラムを使用します。Web で検索すると良さそうなものが多数見つかるので、自分に合ったものを選ぶには時間がかかるかもしれません。

わたしがおすすめするのは FireFTP で、次の特長があります。

- FireFTP は Firefox Web ブラウザのアドオンなので、Firefox が動作するプラットフォームならどれでも使用できます。

- FireFTP の呼び出しはブックマークの選択くらい単純です。

- FireFTP はこれまでわたしが出会った中で最も速く容易に使用できる FTP プログラムの 1 つです。

> 「そう言われても、わたしは Microsoft Internet Explorer を使っているので、FireFTP は使えません」という方もおられるでしょう。しかし Web ページを開発しようと思われているみなさんはいずれにせよ、本章の初めで述べたように、主要ブラウザをすべてお使いの PC にインストールする必要があります。

FireFTP をインストールするには、Firefox を使って http://fireftp.mozdev.org/ を開き、[Download FireFTP] リンクをクリックします。FireFTP は 300kb ほどしかないのでインストールはすぐに終わります。インストールしたら Firefox を再起動します。FireFTP には [ツール] → [Web 開発] からアクセスできます（図 2-19 参照）。

もう 1 つのすぐれた FTP プログラムは、オープンソースの FileZilla です。これは、Windows と Linux、OS X 10.5 またはそれ以降のものが http://filezilla-project.org/ から入手できます。

もちろん、すでにお使いの FTP プログラムがある場合には、引きつづきそれを使ってください。

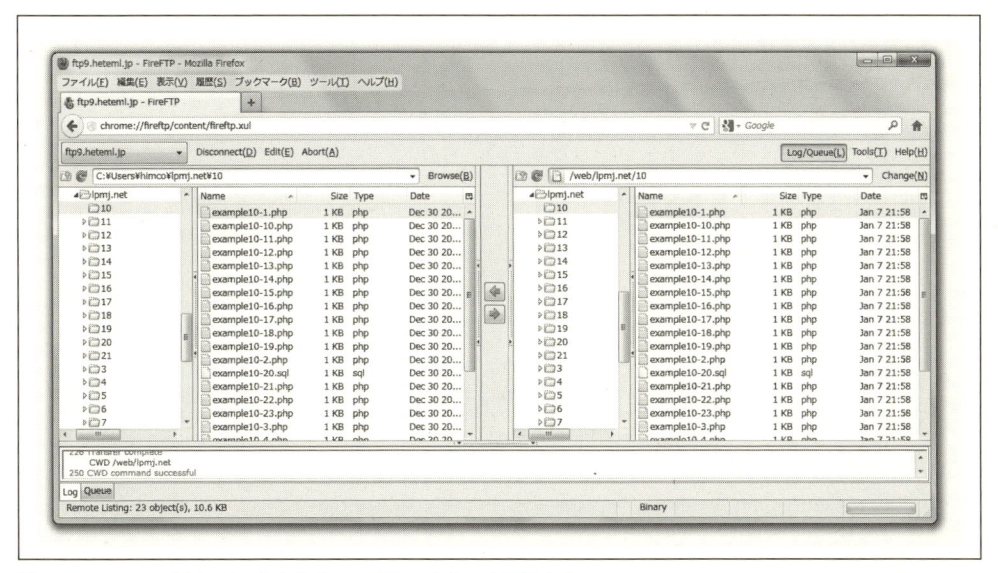

図 2-19：FireFTP は Firefox 内からのフル FTP アクセスを提供する

2.6 プログラムエディタの使用

　HTML と PHP、JavaScript、CSS の編集は単純なテキストエディタでも十分可能ですが、専用のプログラムエディタには、色付けによるシンタックスの強調表示など、作業に役立つさまざまな機能が備わっています。今日のプログラムエディタは非常に賢く、シンタックスエラーの場所を、コードを実行する前でも指摘することができます。モダンなエディタを1回でも使った人は、これまでそれなしでどうやってやって来られたのだろうと思うほどです。

　すぐれたプログラムはたくさんありますが、わたしは、フリーで OS X や Windows、Linux/Unix で使用できるという理由から、Editra を選びました。Editra は http://editra.org/ ページの上部にある [Download] リンクからダウンロードできます。ここからはまた Editra のドキュメンテーションも入手できます。

　図 2-20 からも分かるように、Editra はシンタックスを色付けして適切に強調表示するので、そこで行われていることが理解しやすくなります。またカーソルを角かっこや中かっこの横に置くと、それに対応する片方のかっこが強調表示されるので、かっこが多いのか少ないのかを調べるときに役立ちます。Editra にはほかにも多くの機能が備わっており、使用時に見つけ出すのも楽しみです。

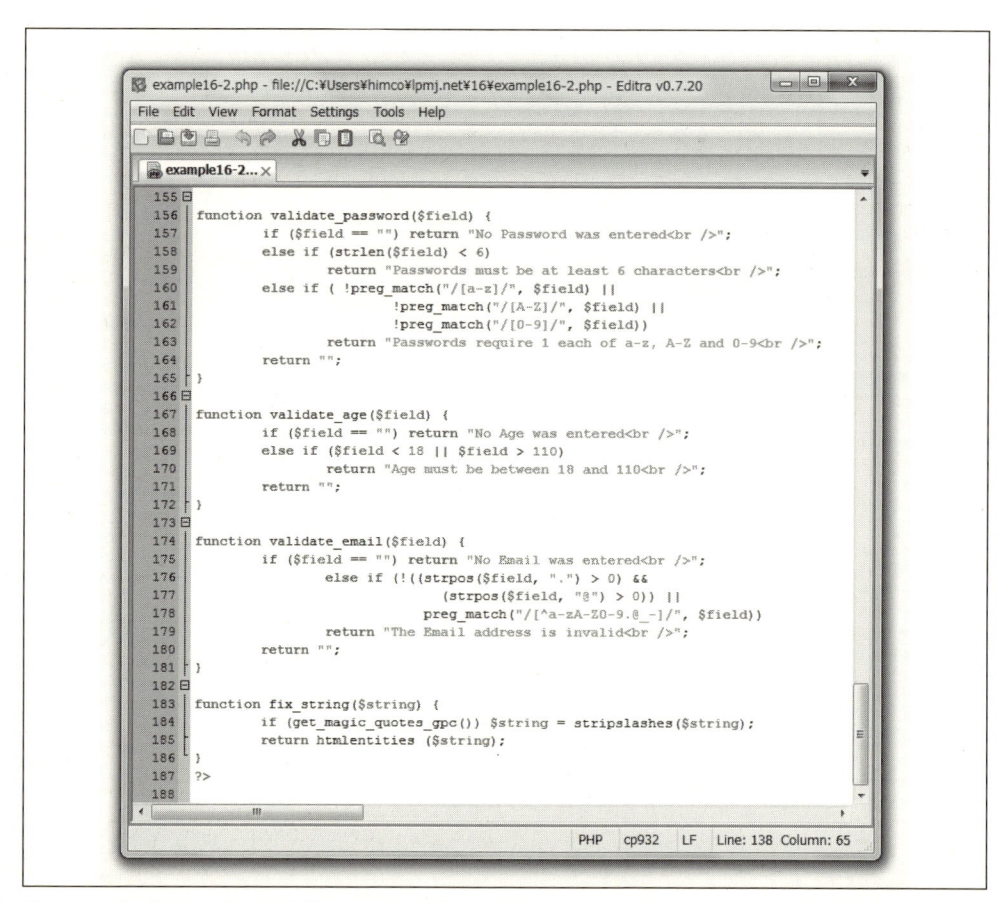

図 2-20：プログラムエディタは単純なテキストエディタよりもはるかに優秀

とは言え、ほかにお好みのプログラムエディタがある場合には、それを使ってください。扱い慣れたプログラムを使用することはつねに良い考えです。

2.7　IDE の使用

プログラミングの生産性は専用のプログラムエディタでもアップしますが、統合開発環境（IDE）と比べると、その有効性も少し色あせて見えます。IDE では関数の記述やエディタ内でのデバッグ、プログラムのテストといったさまざまな追加的な機能が提供されます。

図 2-21 は、有名な IDE の phpDesigner のメインフレームに PHP プログラムを読み込んだところです。右の Code Explorer には、ここで使用されているさまざまなクラスや関数、変数がリスト表示されます。

IDE を使った開発では、コードにブレークポイントを設定し、全コード（またはその部分）が実行できます。コードの実行はブレークポイントで停止するので、プログラムのその時点での状態に関する情報を得ることができます。

本書のサンプルは、プログラミング学習の補助として、IDE に読み込んだ後、Web ブラウザを呼び出すことなくそこで実行できるように作成しています。

IDE はプラットフォームによってさまざまなものがあり、その多くは商用ですが、中にはフリーのもの

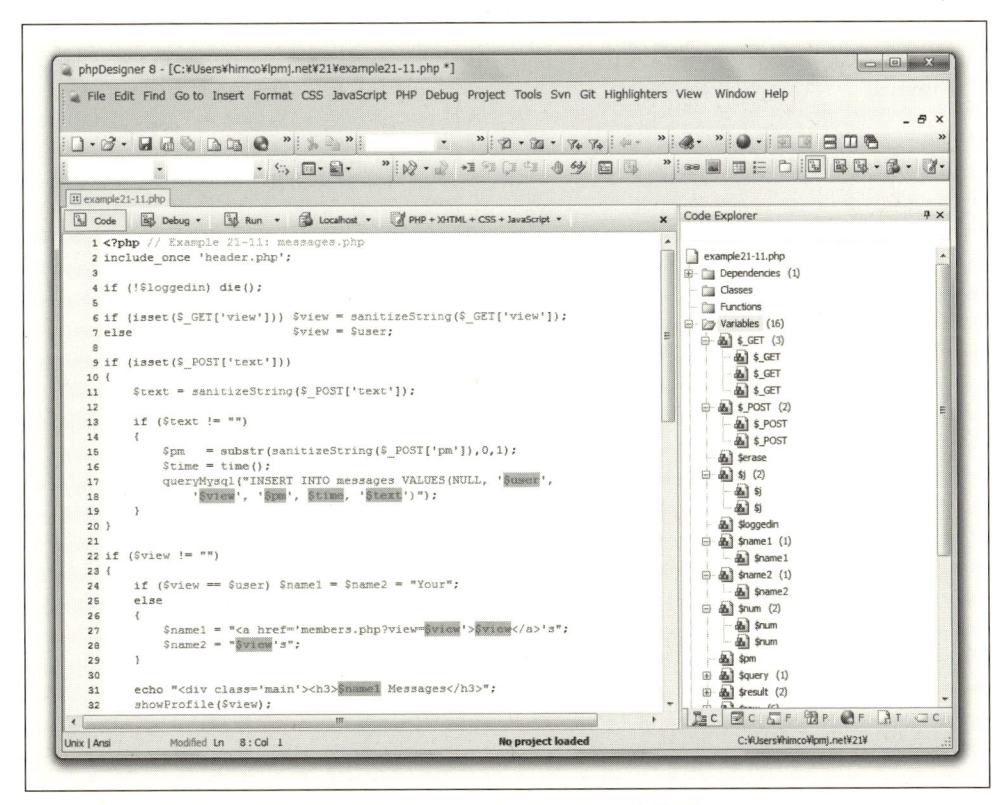

図 2-21：phpDesigner などの IDE を使用すると、PHP 開発がより速く、容易になる

もあります。表 2-1 は有名な PHP IDE とそのダウンロード URL の一覧です。IDE の選択はかなり個人的な好みの問題なので、IDE を使ってみようと思われる方には、まずいくつかダウンロードして試用されることをおすすめします。これらの IDE にはトライアル版やフリー版があるので、無償で試用することができます。

プログラムエディタや IDE のインストールにはきちんと時間をかけてください。インストールが済んだら以降の章のサンプルを入力したりテストできるようになります。

これらのツールが準備できたら次の 3 章で進んでください。3 章では PHP を深く掘り下げ、言語自体の構造や HTML との統合の仕方を見ていきます。ただしその前に、本章で学んだ新しい知識の復習として、次の設問に挑戦してみてください。

表 2-1：おすすめする PHP IDE

IDE	ダウンロード URL	価格	Win	Mac	Lin
Eclipse PDT	http://eclipse.org/pdt/downloads/	フリー	✓	✓	✓
Komodo IDE	http://activestate.com/Products/komodo_ide	$245	✓	✓	✓
NetBeans	http://www.netbeans.org	フリー	✓	✓	✓
phpDesigner	http://mpsoftware.dk	$39	✓		
PHPEclipse	http://phpeclipse.de	フリー	✓	✓	✓
PhpED	http://nusphere.com	$119	✓		✓
PHPEdit	http://phpedit.com	$119	✓		
Zend Studio	http://zend.com/en/downloads	$395	✓	✓	✓

2.8 確認テスト

1. WAMP、MAMP、LAMP とはそれぞれ何のことですか？

2. IP アドレスの 127.0.0.1 と、URL の http://localhost に共通するものは何ですか？

3. FTP プログラムの使用目的は？

4. リモートにある Web サーバーを使用する主なデメリットには何がありますか？

5. 単純なテキストエディタではなく、プログラムエディタを使用するのはなぜよいのですか？

テストの模範解答は付録 A に記載しています。

3章
PHP入門

　1章では、PHPはサーバーにダイナミックな出力を生成させるために使用される言語で、その出力はブラウザがページを要求するたびに別のものに変えることもできる、と述べました。本章はこの単純でしかしパワフルな言語の学習を開始する章です。PHPの学習は6章までつづきます。

　PHPの開発には2章で挙げたいずれかのIDEの使用をおすすめします。IDEによって入力ミスを防ぐことができ、機能で劣るエディタと比べて学習効率が飛躍的に向上します。

　これらの開発環境の多くでは、本章で述べるPHPコードをその中で実行しその出力を表示することができます。本章ではWebページで出力結果（ユーザーに最終的にどう見えるか）が確認できるように、HTMLファイルにPHPを埋め込む方法も紹介します。しかしこの手順は初めこそわくわくするかもしれませんが、今の段階では大して重要ではありません。

　実際に制作するみなさんのWebページは、PHPとHTML、JavaScript、MySQLステートメント、そしてCSSレイアウトの連合体で、それぞれのページからはリンクのクリックやフォーム入力などを使ってユーザーを別のページに導くことができます。しかし言語を学ぶときにはあまり複雑にならないようにすることも大切です。本章で重視するのはPHPコードを記述し、そこから期待通りの出力が得られることで、少なくともそこに実際表示された結果を理解することです。

3.1　PHPのHTML内への統合

　PHPドキュメントにはデフォルトで拡張子 .php がつきます。Webサーバーは要求されたファイルにこの拡張子を見つけると、自動的にそれをPHPプロセッサーに渡します。Webサーバーにはもちろん高度な設定を行うことができるので、Webデベロッパーの中には、主にPHPを使用していることを隠すために、ファイルに .htm や .html を強制的に付加しつつPHPプロセッサーに処理させる人もいます。

　みなさんのPHPプログラム（.phpファイルのこと）には、Webブラウザの表示に適したクリーンなファイルを渡す責任があります。最も単純なのはHTMLを出力するだけのPHPドキュメントです。これは、index.html のような通常のHTMLファイルを index.php に名前を変えて保存し、それをWebブラウザで開くことで証明できます。結果は元の .html とまったく変わりません。

3.1.1　PHPパーサーの呼び出し

　PHPコマンドを呼び出すには、新しいタグを覚える必要があります。タグは次のように始まります。

```
<?php
```

お気づきのように、このタグは閉じられていません。なぜなら、PHP の全体がこのタグの中に置かれ、次の閉じるタグで終了すると見なされるからです。

```
?>
```

小さな "Hello World" プログラムはサンプル 3-1 のように記述できます。

サンプル 3-1：PHP を呼び出す

```
<?php
echo "Hello world";
?>
```

このタグは柔軟に使用できます。プログラマーの中には、ドキュメントの先頭でタグを開き、ドキュメントの最後でタグを閉じて、全部の HTML を PHP コマンドから直接出力する方法を取る人もいます。

これに対し、ダイナミックなスクリプト処理が必要な場所にタグを置いて、できるだけ少量の PHP コードを挿入し、後は通常の HTML ドキュメントのままにしておくプログラマーもいます。

後者は、そのコーディングスタイルによってコードの実行がより速くなると主張するプログラマーです。前者のプログラマーはこれに対し、コードが速く実行されるといってもそれはごくわずかで、1 ドキュメントの中で何度も PHP の実行を開始したり止めたりする余計な複雑性を正当化する理由にはならない、という意見を持っています。

みなさんも今後学習を進めるにつれて、自分好みの PHP 開発スタイルを見出されるでしょうが、わたしは、本書のサンプルを理解しやすくするために、PHP と HTML 間の移動をできるだけ少なくする方法を取っています。これは通常、1 ドキュメントでせいぜい 1 回か 2 回です。

話は変わって、PHP には少し異なる形式も存在します。インターネットで PHP サンプルを探すと、開いて閉じるシンタックス（開始タグと終了タグ）が次のように使用されているコードが見つかります。

```
<?
echo "Hello world";
?>
```

ここでは PHP パーサーの呼び出しが明確ではありませんが、これも有効な、よく使用されるもう 1 つのシンタックスです。とは言え、これは XML と互換性がなく、今では推奨されないのでみなさんは使用すべきではありません（今後の PHP ではサポートされなくなる可能性もあります）。

> ファイルに PHP コードのみ記述する場合には、終了タグ（?>）は省略できます。これにより PHP ファイルからの空白文字の余計な漏出（?> の後に空白文字があるとそれも出力されます）を防ぐことができるので、この省略は良いプラクティスです（特にオブジェクト指向のコードを記述するときには重要です）。

3.2　本書のサンプル

本書ではサンプルの入力にかかる手数を省くために、Web サイトの http://lpmj.net にサンプルコードをまとめた ZIP ファイルを用意しています。図 3-1 に示すページ上部にある [Download 2nd Ed. Examples] リンクをクリックすると、2nd_edition_examples.zip ファイルがダウンロードできます。

サンプルファイルは章ごとにフォルダに分け、example3-1.php のように登場順に番号を振っています（本書の本文中などでは「サンプル 3-1」のように表記しています。）。ZIP ファイルにはまた named_examples という名前のフォルダも含まれています。これには、わたしが推奨する分かりやすい名前を使った同じファイルが含まれています（たとえばこの後出てくるサンプル 3-4 のファイルは test1.php という名前で含まれています）。

3.3　PHP の構造

本節ではかなり多くの事柄を見ていきます。内容自体はそう難しくはありませんが、今後の土台となる事柄なので、飛ばさず順番に読んでいってください。また本章の終わりにもいくつかの設問を用意しているので、みなさんの理解度のチェックに利用してください。

3.3.1　コメントの使用

PHP コードには 2 通りの方法でコメントを追加することができます。1 つめは 1 行をコメントにする方法で、次のように行の頭にフォワードスラッシュ（/）を 2 つつけます。

図 3-1：本書サンプルファイルは http://lpmj.net からダウンロードできる

```
// これはコメント
```

この1行コメントは、エラーが発生すると思われる1行を一時的にプログラムからはずしたい場合に便利です。たとえば、次のデバッグ目的の1行はそれが必要になるまで隠しておくことができます。

```
// echo "X equals $x";
```

1行コメントはまた、コード行の後にそのままつづけて、そこで行う動作の説明書きに使用することもできます。

```
$x += 10; // $x を 10 だけインクリメントする
```

複数行にわたるコメントが必要なときには、2つめのタイプの複数行コメントを次のように使用します。

サンプル 3-2：複数行コメント

```
<?php
/* これは複数行
   コメント。
   この部分は
   解釈されない。*/
?>
```

複数行コメントは文字 /* と */ をペアで使用します。コメントは /* から始まり */ で終わります。コード内のほとんどどこにでも使用できます。すべてではありませんが多くのプログラマーは、動作しないコードや何らかの理由で解釈させたくないコード全体を一時的にコメントアウト（実行されないように除外）するときに使用します。

> /* と */ の使用で犯しがちなのが、これらの文字を使ってすでにコメントアウトしているのに、それを含むさらに大きなコード部を /* と */ で囲んでコメントアウトする誤りです。コメントはこの方法ではネスト（入れ子に）できません。PHP インタープリターはどこがコメントの終わりか分からないので、エラーメッセージを表示します。とは言え、シンタックスの強調表示機能を持ったプログラムエディタや IDE を使っている場合には、このタイプのミスは容易に判断できます。

3.3.2 基本的なシンタックス

PHP は C と Perl に根ざしたシンプルな言語で、見た目は Java に似ています（シンタックスの多くは C、Perl、Java からの転用です）。PHP は非常に柔軟ですが、シンタックス（構文、書き方）と構造の学習に必要なルールはさほど多くありません。

セミコロン

みなさんはおそらくここまで見てきたサンプルで、PHP のコマンドは次のようにセミコロン（;）で終わ

ることに気づかれたでしょう。

```
$x += 10;
```

今後みなさんがPHPで出会うエラーの原因の中で最も多いのはおそらく、このセミコロンのつけ忘れです。セミコロンを忘れるとPHPは複数のステートメントを1つのステートメントのように扱うのでそれが理解できず、"Parse error"メッセージが発生します。

$ 記号

$ 記号は現在、プログラミング言語によって異なるさまざまな方法で使用されています。たとえばBASIC言語を書いたことのある方なら、$を変数名の末尾につけてそれがストリング（文字列）であることを示すために使用されたでしょう（A$=" 文字 "）。

しかしPHPでは、$は必ず変数の前につける必要があります。これはPHPパーサーをより速く動作させるために必要な処置で、PHPパーサーはこれを見つけたときすぐにそれが変数だと理解するようになります。変数は数である場合やストリング、配列の場合もありますが、これらはサンプル3-3のように記述します。

サンプル3-3：タイプの異なる3つの変数
```
<?php
$mycounter = 1;
$mystring = "Hello";
$myarray = array("One", "Two", "Three");
?>
```

実を言うと、覚えておく必要のあるシンタックスはほぼこれで終わりです。コードのインデント（字下げ）やレイアウトにうるさいPythonなどの言語と違い、PHPではコードのインデントやスペースは自分の好きなように使用できます（または使用しないことも可能です）。とは言うものの実際には、空白（ホワイトスペース）の適切な使用が一般的には推奨されます（コード全体にわたる説明コメントとともに）。これはみなさんが後からそのコードに戻ったときの理解に役立つほか、ほかのプログラマーがみなさんのコードをメンテナンスする際の助けになります。

3.3.3 変数の理解

PHPの変数を理解するときの助けになる簡単な比喩があります。変数は小さな（または大きな）マッチ箱です。マッチ箱には色を塗り、その上に名前を書くことができます。

ストリング変数

usernameと書いたマッチ箱を想像してください。そしてFred Smithと書いた紙をマッチ箱に入れます（図3-2参照）。これは、ストリングの値を変数に入れる次のコードと同じです。

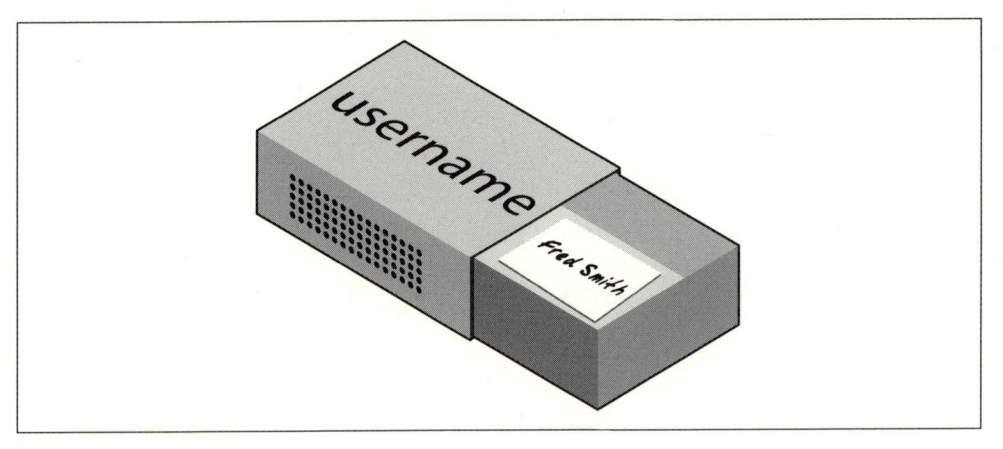

図3-2：変数は、中にアイテムを入れたマッチ箱と考えることができる

```
// 変数 $username に "Fred Smith" というストリング値を割り当てる
$username = "Fred Smith";
```

引用符（""）は、"Fred Smith" が文字の**ストリング**（連なり）であることを示します。ストリングは必ず、二重引用符（""）か一重引用符（''）で囲む必要があります。この2種類の引用符には微妙な違いがありますが、これについては後述します。箱の中にあるものを見たいときには、それを開け、紙を取り出して読みます。PHPではこれを次のように行います。

```
// 変数 $username を echo コマンドで出力する。結果は "Fred Smith"
echo $username;
```

変数は次のように別の変数に割り当てる（代入する）こともできます（紙をコピーして、それを別のマッチ箱に入れるようなものです）。

```
$current_user = $username;
```

PHPを試したくてうずうずしている方は、本章のサンプルを2章で推奨したIDEに読み込むと、結果をすぐに確認することができます。または次のサンプル3-4のコードをプログラムエディタに入力し、それをtest1.phpという名前でサーバーのドキュメントルートディレクトリに保存します（2章で述べたように）。

サンプル3-4：初めての PHP プログラム

```
<?php // test1.php
$username = "Fred Smith";
echo $username;
echo "<br />";
$current_user = $username;
echo $current_user;
?>
```

このサンプルは、ブラウザのアドレスバーに次の URL を入力すると呼び出すことができます。

http://localhost/test1.php

> 2章で述べた Web サーバーのインストールで 80 以外のポート番号を割り当てたみなさんは、このサンプルに限らず以降のすべてのサンプルを実行するとき、URL にそのポート番号も加える必要があります。たとえば 8080 に変更した場合の URL は次のようになります。
>
> http://localhost:8080/test1.php
>
> なおこの注意はこれを最後とします。今後サンプルや自分で書いたコードを実行する場合には、くれぐれもポート番号の付加を忘れないようにしてください。

このコードを実行すると、Fred Smith という名前が2つ表示されます。1つめは echo $username というコマンドの結果で、2つめは echo $current_user というコマンドの結果です[†]。

数値の変数

変数にはストリングだけでなく、数値を入れることもできます。マッチ箱の比喩で言うと、$count という名前の変数に 17 という数値を入れるのは、count と書いたマッチ箱にビーズを 17 個入れることと同じです。

```
// 変数 $count に数値 17 を割り当てる（代入する）
$count = 17;
```

数値には浮動小数点数（小数点のついた数値）を使うこともできます。シンタックスは変わりません。

```
$count = 17.5;
```

マッチ箱の中身を確認するには、箱を開けてビーズの数を数えます。PHP では $count の値を別の変数に割り当てるか、または単に echo $count を使って値を Web ブラウザに出力します。

配列

では配列とは何でしょう？　配列は複数のマッチ箱をくっつけたようなものと考えることができます。たとえば、$team という名前の配列に、メンバーが 5 人いるサッカーチームのプレイヤー名を入れたいとしましょう。そのためにはマッチ箱を 5 つ並べてそれぞれ接着し、5 枚の紙にプレイヤーの名前を 1 つずつ書い

[†] 訳注：**サンプルコードの実行方法**：たとえば IDE の phpDesigner を使っている場合には、メニューの [File] → [Open]（またはツールバーの左から 2 つめのアイコン）をクリックし、サンプルファイルか記述した PHP ファイルを開きます。すると phpDesigner のメインウィンドウにコードが表示されます。これを実行するにはメインウィンドウ上部に表示されている [Run] ボタンをクリックします。プログラムエディタを使用している場合には、PHP ファイルをサーバーのドキュメントルートディレクトリ（たとえば C:\Program Files\Zend\Apache2\htdocs）に置いて、Web ブラウザから http://localhost/test1.php を開きます。

図3-3：配列は複数のマッチ箱を1つにつなげたようなもの

て、1つのマッチ箱の中に1枚ずつ入れます。

　くっつけたマッチ箱の上にはteamと書きます（図3-3参照）。これと同じことをPHPでは次のように記述します。

```
$team = array('Bill', 'Joe', 'Mike', 'Chris', 'Jim');
```

このシンタックスはここまで見てきたものよりも複雑ですが、この配列を作成するコードは、

```
array();
```

とそのかっこに入れた5つのストリングで構成されます。ストリングはそれぞれ一重引用符で囲まれています。

　プレイヤー4が誰か知りたい場合には、次のコマンドが使用できます。

```
echo $team[3]; // Chris という名前が表示される
```

このステートメントで4ではなく3を使っているのは、PHPの配列の最初のエレメント（要素）は実は、0番めのエレメントであるからです。したがってプレイヤーの番号は0から4ということになります[†]。

2次元配列

　配列でできることはもっとあります。たとえば前のマッチ箱は一次元的に並んでいましたが、マッチ箱は2次元にでも3次元にでも並べることができます。

[†] 訳注：配列の中のエレメントを指すには、配列の名前に角かっこ（[ ]）をつづけ、そこに配列内のエレメントの場所（インデックス位置）を指定します。たとえば配列$teamの最初のエレメントであるBillは$team[0]で指し示すことができます。配列内のエレメントの位置は0から数え始めるということは覚えておく必要があります。

図3-4：マッチ箱で多次元配列を表した

　2次元配列の例として、三目並べ（3x3の升目に○と×を並べるゲーム）の進行を追跡したい場合を考えてみましょう。これには3x3の正方形に合計9つのセルを並べたデータ構造が必要です。これをマッチ箱で表すには、図3-4に示すような3行3列の行列が考えられます。

　マッチ箱にはプレーの進行に合わせて"○"か"×"を書いた紙を入れていきます。これをPHPコードで行うには、サンプル3-5のように、3つの配列を含む配列（中に別の配列を3つ持つ配列）を設定する必要があります。この例ではゲームはすでに始まっています。

サンプル3-5：2次元配列の定義

```
<?php
$oxo = array(array('x', '', 'o'),
             array('o', 'o', 'x'),
             array('x', 'o', '' ));
?>
```

　一見複雑そうに見えますが、配列の基本的なシンタックスを理解していればそう難しくはありません。外側に1つ大きなarray()があり、そのarray()の中に3つのarray()があるという構造です。
　この配列（$oxo）の2行めの3つめのエレメントを返すには、次のPHPコマンドを使用します。これを実行すると "x" が表示されます。

```
echo $oxo[1][2];
```

> 配列のインデックス（エレメントの配列内の位置を示す番号）は1からではなく0から始まります。したがって $oxo[1][2] の [1] は2つめの配列（array('o', 'o', 'x')）を指し（参照し）、[2] はその配列の3番めの位置を参照します。これはマッチ箱で言うと、上から2つめの行の左から3つめの箱の中身です。

前述したように、多次元配列は配列内にさらに配列を作成することで作成できますが、本書で扱うのは2次元までの配列です。

配列をどう使えばよいのかまだ理解できないと思われている方も心配はいりません。配列については6章でさらに詳しく見ていきます。

変数に名前をつけるときのルール

PHPで変数を作成するときには、次の4つのルールにしたがう必要があります。

- 変数名はアルファベットか_（アンダースコア）文字で始めなくてはいけません。
- 変数名に使用できるのはa-z、A-Z、0-9の英数字と_（アンダースコア）だけです。
- 変数名にスペースを含めることはできません。変数名を複数の単語からこしらえたい場合には、単語を_（アンダースコア）で区切ります（$user_nameのように）。
- 変数名には大文字小文字の区別があります。つまり変数$High_Scoreと変数$high_scoreは異なる変数として扱われます。

3.3.4 演算子

演算子は数計算やストリング、比較、論理に関係する命令で、加減乗除もこれに含まれます。PHPでは単純な算術のように見えます。たとえば次のステートメントは8を出力します。

```
echo 6 + 2;
```

PHPで実現できる具体的なトピックに進む前に、本節で少し時間を取ってPHPのさまざまな演算子を学んでおきましょう。

算術演算子

算術演算子はみなさんの予想通りのことを行う演算子で、数値の計算に使用されます。加減乗除の主要な演算に加え、剰余（割った余りを求める計算）や値のインクリメント（1だけ増やす）とデクリメント（1だけ減らす）にも使用されます（表3-1参照）。

表3-1：算術演算子

演算子	説明	例
+	加算	$j+1（変数$jに1を足す）
-	減算	$j-6（変数$jから6を引く）
*	乗算	$j*11（変数$jに11を掛ける）
/	除算	$j/4（変数$jを4で割る）
%	剰余算（割った余り）	$j%9（変数$jを9で割った余りを求める）

表 3-1：算術演算子（続き）

演算子	説明	例
++	インクリメント	++$j（変数 $j に 1 を足す）
--	デクリメント	--$j（変数 $j から 1 を引く）

代入演算子

代入演算子は値を変数に割り当てる（代入する）ために使用されます。代表的なのが最も単純な =（イコール、等記号）で、ほかに += や -= などがあります（表 3-2 参照）。+= 演算子は左辺の変数に右辺の値を加算します（左辺の値を丸ごと置き換えるのではありません）。したがって値 5 が代入されている変数 $count を使った次のステートメントは変数 $count を 6 に設定します。

    // 変数 $count の値に 1 を加え、その結果を $count に代入する
    $count += 1;

これは次の代入ステートメントと同じです。

    $count = $count + 1;

表 3-2：代入演算子

演算子	例	同等
=	$j = 15（変数 $j に 15 を代入）	$j = 15
+=	$j += 5（変数 $j の値に 5 を足した結果を変数 $j に代入）	$j = $j+5
-=	$j -= 3（変数 $j の値から 3 を引いた結果を変数 $j に代入）	$j = $j-3
*=	$j *= 8（変数 $j の値に 8 を掛けた結果を変数 $j に代入）	$j = $j*8
/=	$j /= 16（変数 $j の値を 16 で割った結果を変数 $j に代入）	j = $j/16
.=	$j .= $k（変数 $j の値に変数 $k の値を結合した結果を変数 $j に代入）	$j = $j.$k
%=	$j %= 4（変数 $j の値を 5 で割った余りの結果を変数 $j に代入）	$j = $j%4

ストリングには独自の演算子、．（ピリオド）があります。これについては後の「ストリングの連結」節で見ていきます。

比較演算子

比較演算子は通常、2 つのアイテムを比べる必要のある if ステートメントなどの構造内で使用されます。たとえば、インクリメント（1 だけ大きく）している変数が特定の値に達したかどうかや、別の変数がある設定値よりも小さいかどうかを調べたいような場合などです（表 3-3 参照）。

表 3-3：比較演算子

演算子	説明	例
==	左辺は右辺に等しい	$j == 4
!=	左辺は右辺に等しくない	$j != 21
>	左辺は右辺よりも大きい	$j > 3
<	左辺は右辺よりも小さい	$j < 100
>=	左辺は右辺に等しいか右辺よりも大きい（以上）	$j >= 15
<=	左辺は右辺に等しいか右辺よりも小さい（以下）	$j <= 8

= と == の違いに注意してください。= は代入演算子で、== は比較演算子です。あたふたとコードを記述しているようなときにはベテランプログラマーでさえ = と == を取り違えることがあるので、注意が必要です。

論理演算子

これまで使ったことがない方には、論理演算子は最初、小難しく見えるかもしれません。論理演算子は論理を英語で使うようなものだと考えてください。たとえば "If the time is later than 12 PM and earlier than 2 PM, then have lunch."（もし時刻が 12PM（お昼の 12 時）より後で 2PM より前なら、ランチにしましょう）という場合、PHP では次のようなコードを記述します（24 時間表記を使用）。

```
// もし変数 $hour が 12 よりも大きく、かつ 14 よりも小さいなら、dolunch する
if ($hour > 12 && $hour < 14) dolunch();
```

ここでは、実際にランチに行く命令のセットを dolunch という名前の関数に移しています（dolunch は後で作成する必要があります）。英語の then は暗黙的に（ほっといても）含まれているために不要なので、省略されます。

この例でも分かるように、論理演算子は通常、2 つの比較演算子の結果を組み合わせます（論理演算子 && が $hour > 12 と $hour < 14 の結果を結びつけます）。論理演算子はまた、別の論理演算子へのインプット（入力情報）にもなります（"If the time is later than 12 PM and earlier than 2 PM, or if the smell of a roast is permeating the hallway and there are plates on the table..."（もし時刻が 12PM より後で 2PM より前か、またはローストのおいしそうな匂いが廊下まで広がりテーブルに皿があったら））。一般的に、TRUE（真）か FALSE（偽）の値を持つものは、論理演算子のインプットになることができます。論理演算子は真または偽の 2 つのインプットを取り、真または偽の結果を生み出します。

表 3-4 では論理演算子を示しています。

表3-4：論理演算子

演算子	説明	例
&&	論理積（かつ）	$j == 3 && $k == 2 （変数 $j が 3 でかつ変数 $k が 2 なら TRUE）
and	優先順位の低い論理積（かつ）	$j == 3 and $k == 2
||	論理和（または）	$j < 5 || $j > 10 （変数 $j が 5 より小さいかまたは 10 より大きいなら TRUE）
or	優先順位の低い論理和（または）	$j < 5 or $j > 10
!	否定（でない）	!($j == $k) （変数 $j と変数 $k が等しくないなら TRUE）
xor	排他的論理和	$j xor $k （本文内で後述）

&& と and、|| と or は多くの場合置き換えることが可能ですが、and と or の演算の優先順位は低いので、場合によってはかっこでくくって演算を強制的に行う必要があります。また次のステートメントのように、and か or しか使用できない場合もあります（ここでは or 演算子を使っています）。これについては 10 章で解説します。

```
mysql_select_db($database) or die(" データベースが選択できません。");
```

論理演算子の中で異彩を放つのが xor です。これは "exclusive or" の略で、どちらかの値が TRUE の場合に TRUE 値を返し、インプットが両方とも TRUE か FALSE の場合には FALSE 値を返します。いささか複雑なので、みなさんが家庭用の洗浄剤を自分で調合する場合を例に考えてみましょう。アンモニアと（塩素系）漂白剤はすぐれた洗浄剤になるので使用したくなりますが、これらは混合できません。なぜなら有毒なガスが発生するからです。したがって両方は使用できず、どちらか一方を使用することになります。これを PHP で表すと次のようになります。

```
$ingredient = $ammonia xor $bleach;
```

$ingredient は、$ammonia か $bleach のどちらかが TRUE なら、TRUE に設定されますが、両方が TRUE かまたは FALSE の場合には、FALSE に設定されます。

3.3.5　変数への代入

値を変数に代入するシンタックスはつねに、変数 = 値です。値をほかの変数に再代入するシンタックスは、他の変数 = 値です。

また後々役立つ、ほかの演算子との組み合わせもあります。たとえば前に見た次のコードは、

```
$x += 10;
```

PHP パーサーに対して、右辺の値（今の場合は 10）を変数 $x に加算するよう伝えます。減算も同様です。

```
$y -= 10;
```

変数のインクリメントとデクリメント

変数に 1 だけ足したり 1 だけ引く演算は頻繁に行われるので、PHP ではこのための演算子が提供されています。次のコードはそれぞれ、+= と -= による演算の代わりに使用できます。

```
++$x;
--$y;
```

テスト (if ステートメント) と併用すると、次のコードが使用できます。

```
if (++$x == 10) echo $x;
```

このコードは PHP に対し、まず $x の値をインクリメントし、次いで $x が値 10 を持っているかどうかをテストし、そうである場合には、$x の値を出力するよう伝えています。また次のように、値をテストしてから変数をデクリメント (またはインクリメント) することもできます。

```
if ($y-- == 0) echo $y;
```

この結果は前と微妙に異なります。たとえば $y に、ステートメントの実行前、0 が代入されているとしましょう。比較の結果は TRUE になり、$y は比較の実行後、-1 に設定されます。では echo ステートメントは 0 か -1 のどちらを表示するのでしょうか？ 結果を推測し、実際にこのステートメントを PHP プロセッサーで試してみてください。ただしこの組み合わせは紛らわしいので、推奨されるプログラミングスタイルとしてではなく、あくまでも学習目的の一例ととらえてください。

簡単に言うと、変数のインクリメントまたはデクリメントがテストの前後どちらに行われるかは、インクリメント演算子またはデクリメント演算子が変数の前後どちらにあるかによって決まります。

さて echo ステートメントは 0 か -1 のどちらを出力したでしょう？ 答えは -1 です。なぜなら $y は、if ステートメントでアクセスされてすぐ、echo ステートメントの前にデクリメントされるからです。

ストリングの連結

ストリングを連結する (文字と文字をつなぐ) には、. (ピリオド) 演算子を使って、ある文字のストリング (連なり) を別の文字のストリングに付加します。最も単純なのは次の方法です。

```
echo "You have " . $msgs . " messages.";
```

変数 $msgs に値 5 が設定されているとすると、このコード行の出力は次のようになります。

```
You have 5 messages.
```

+= 演算子を使って数値の変数に値が加算できるのと同じように、.= を使用すると、次のようにあるスト

リングを別のストリングに付加することができます。

```
$bulletin .= $newsflash;
```

`$bulletin` にニュース速報が含まれ、`$newsflash` に最新のニュースフラッシュが含まれているとすると、このコマンドによって、ニュースフラッシュがニュース速報に加えられるので、`$bulletin` は両方のテキストのストリングを持つことになります。

ストリングのタイプ

PHPでは、使用する引用符のタイプによって2つのタイプのストリングがサポートされています。リテラルのストリング（そのままの文字）を、中身をそのまま保って代入したい場合には、次のように一重引用符（' '）を使用すべきです。

```
// '' で囲まれているので、$variable もストリングとして扱われる
$info = 'Preface variables with a $ like this: $variable';
```

この場合、一重引用符文字で囲んだ文字はすべて `$info` に代入されます。ここで二重引用符を使用した場合、PHPは `$variable` を変数として評価しようとします。ストリング内に変数の値を含めたい場合には、二重引用符を使用します。

```
// "" で囲まれているので、$count は変数として扱われる
echo "There have been $count presidents of the US";
```

お気づきのように、このシンタックスは連結のより単純な形式も提供しており、ストリングにストリングを加えるとき、ピリオドを使ったり開始と終了の引用符を記述する必要がありません。これは変数展開と呼ばれます（上記の例で言うと、変数 `$count` は実行時、その値に置き換えられて出力されます）。アプリケーションの中にはこれを広範囲に使用するものもあれば、まったく使用しないものもあります。

文字のエスケープ

ストリングには、正しく解釈されない可能性のある、特殊な意味を持つ文字を含ませたい場合があります。たとえば、次のコード行は動作しません。なぜなら、PHPパーサーには sister's で使われているアポストロフィが（'）ストリングの終わりを意味するからです。その結果、後のコードはエラーとして却下されます。

```
$text = 'My sister's car is a Ford'; // 誤りのあるシンタックス
```

これを訂正するには、問題となっている引用符の直前にバックスラッシュ（\）を追加します。これによりPHPに対して、その文字を解釈せず、リテラルに（そのままの文字として）扱うように伝えることができます。

```
// ' の前に \ を追加
$text = 'My sister\'s car is a Ford';
```

この方法は、PHPが特殊な文字を解釈しようとしてエラーを返すほとんどすべての状況で利用できます。たとえば、次の二重引用符で囲まれたストリングは適切に代入されます。

```
$text = "My Mother always said \"Eat your greens\".";
```

エスケープ文字（\）はまた、タブやニューライン（改行）、キャリッジリターン（復帰）などさまざまな特殊文字のストリングへの挿入にも使用できます。みなさんの想像通り、タブは \t、ニューラインは \n、キャリッジリターンは \r で表します。次のコードはタブを使って見出し行をレイアウトする例です。とは言えこれは単にエスケープを説明するだけのもので、Webページのレイアウトにはもっと良い方法があります。

```
$heading = "Date\tName\tPayment";
```

バックスラッシュを前につけたこれらの特殊な文字は二重引用符で囲んだストリング内でのみ機能し、一重引用符で囲んだストリングではタブではなく無様な \t が表示されます。一重引用符で囲んだストリングでは、エスケープしたアポストロフィ（\'）とエスケープしたバックスラッシュ（\\）だけがエスケープした文字として認識されます。

3.3.6 複数行にわたるコマンド

PHPから多量のテキストを出力する必要がある場合、echo（や print）ステートメントをいくつも記述するのは時間がかかり面倒です。PHPではこのような場合に使用できる2つの便利な方法があります。1つめはサンプル3-6に示すように、ただ複数行を引用符で囲む方法です。変数も、サンプル3-7に示すように使用できます。

サンプル3-6：複数行にわたる echo ステートメント

```
<?php
$author = "Alfred E Newman";

echo "This is a Headline

This is the first line.
This is the second.
Written by $author.";
?>
```

サンプル 3-7：複数行にわたるストリングの代入
```
<?php
$author = "Alfred E Newman";

$text = "This is a Headline

This is the first line.
This is the second.
Written by $author.";
?>
```

PHP ではまた、**ヒアドキュメント**（here-document または短く heredoc）と呼ばれる、<<< 演算子を使った方法も提供されています。これは、テキスト内の（強制）改行や（インデントも含む）空白をそのままにしたストリングリテラルを指定する方法で、サンプル 3-8 のように使用します。

サンプル 3-8：複数行にわたる echo ステートメントの別の方法
```
<?php
$author = "Alfred E Newman";

echo <<<_END
This is a Headline

This is the first line.
This is the second.
- Written by $author.
_END;
?>
```

このコードは PHP に対して、2 つの _END タグの間にあるものをすべて、二重引用符で囲まれたストリングであるかのように出力するよう伝えます。これは何を意味しているかと言うと、たとえばデベロッパーが HTML の大部分を直接 PHP コードに書き込んで、特定のダイナミックな箇所を PHP 変数と置き換えることができるということです。

終了の _END; タグは必ず新しい行の先頭になければならず、その行にほかの文字があってもいけません。これはコメントや単一のスペースについても当てはまります。タグ名は一度複数行ブロックを閉じたら、同じものが再度使用できます。

<<<_END..._END; というヒアドキュメントの構造を使用すると、改行のための \n 文字を追加する必要はなく、ただ実行キーを押して新しい行を始めるだけで済むことを覚えておいてください。また二重引用符や一重引用符で囲んだストリングと異なり、ヒアドキュメント内では二重引用符も一重引用符も好きなものが自由に使用でき、バックスラッシュ（\）を前につけてエスケープする必要もありません。

サンプル3-9では、同じシンタックスを使って複数行を変数に代入する方法を示しています。

サンプル3-9：複数行ストリングの変数への代入
```
<?php
$author = "Alfred E Newman";

$out = <<<_END
This is a Headline

This is the first line.
This is the second.
- Written by $author.
_END;
?>
```

変数 $out には2つのタグ間の内容が入ります。代入ではなく付加する場合には、= の代わりに .= を使用します。

初めの _END の直後にセミコロンをつけないように注意してください。ここにセミコロンをつけると、複数行ブロックが始まる前に終わってしまい、"Parse error" メッセージの原因になります。セミコロンをつけるのは終了の _END タグの後だけです。ブロック内のセミコロンは通常のテキスト文字として安全に使用できます。

ところで、この _END タグは、PHPコードのほかの場所では使いそうもないという理由から、ここまでのサンプルのために私が選定したただのタグです。タグは _SECTION1 でも _OUTPUT でも好きなものが使用できます。また変数や関数と区別しやすいように、一般的やプラクティス（慣習）としてタグの最初にアンダースコアがつけられます。とは言えこれは必ずしたがわなくてはならない決まりではありません。

> 複数行にわたるテキストのレイアウトは多くの場合、PHPコードを読みやすくするためだけのものです。なぜならWebページに表示されると、書式はHTMLルールの担当となり、空きが埋められるからです（しかし $author は引きつづき変数の値に置き換えられます）。
> したがって、ここまでの複数行サンプルをブラウザにロードしても、ブラウザはどれも改行をただのスペースとして扱うので、文字は複数行では表示されません。しかしブラウザの[ページのソースを表示]機能を使用すると、改行が正しく行われ、文字が複数行にわたって表示されることが確認できます。

3.3.7 変数の型付け

PHPは型付けが非常にゆるい言語です。これは、PHPの変数は使用する前に宣言する必要はなく、変数へのアクセス時、PHPがつねにその文脈で必要な型に変数を変換する、ということを意味しています。

たとえば、複数桁の数値を作成しそこからn桁めの数字を抜き出すことができますが、これは単にその数値がストリングだと仮定することで実現されています。次のサンプル3-10では、数値12345と67890を掛け、その結果の838102050を変数 $number に代入しています。

サンプル 3-10：数値からストリングへの自動的な変換

```
<?php
$number = 12345 * 67890;
echo substr($number, 3, 1);
?>
```

$number は代入される時点で数値の変数です（掛け算の計算結果が代入されるので）。しかし 2 行めには PHP 関数の substr への呼び出しがあります。この関数はここでは、$number から返された数値に対し、数値の 4 番めで始まる 1 文字を求めています（0 から数え始めることを思い出してください）。PHP はこれを実行するため、$number を 9 文字のストリングに変換して、substr がそれにアクセスしその文字（今の場合は 1）を返せるようにしているのです。

ストリングから数値への変換もこれと同様です。サンプル 3-11 では、変数 $pi をストリング値に設定していますが、これは 3 行めの円の面積を求める公式（半径 x 半径 x 円周率）によって、自動的に浮動小数点数（小数値を持った数値）に変換されます。結果は数値の 78.5398175 です。

サンプル 3-11：ストリングから数値への自動的な変換

```
<?php
$pi = "3.1415927";
$radius = 5;
echo $pi * ($radius * $radius);
?>
```

これが実際に意味するのは、みなさんは変数の型に関してあまり気にする必要はない、ということです。変数にはつじつまの合った値を割り当てるだけです。すると PHP がそれを必要に応じて変換してくれます。変数の値を調べたいときには、echo ステートメントなどを使ってそれを求めるだけです。

3.3.8 定数

定数も変数のように後からアクセスできる情報を保持しますが、"不変" という点で変数と異なります。定数は一度定義すると、その値はプログラムの残りの部分のために設定され、変えることができません。

定数の用途の 1 つに、サーバールート（Web サイトの主要ファイルを置いておくフォルダ）の場所の保持があります。この定数は次のように定義できます。

```
define("ROOT_LOCATION", "/usr/local/www/");
```

その中身を読み取りたいときでも、通常の変数と同じようにこの定数を参照するだけです（ただし定数に $ はついてません）。

```
$directory = ROOT_LOCATION;
```

このようにしておくと、今後みなさんの PHP コードを、フォルダ構成の異なる別のサーバーで実行することになったときでも、コードの 1 行を変更するだけで済むようになります。

> 定数に関して覚えておいていただきたいことは、(通常の変数のように) 前に $ をつけてはいけないことと、定数は define 関数によってのみ定義できる、ということです。

一般的に、定数の名前には大文字だけを使用することが良いプラクティス (したがうべきすぐれた規範) とされます。これは特に、みなさんのコードをほかの人が読む場合に当てはまります。

定義済みの定数

PHP には、初心者のみなさんが通常はあまり使いそうにもない既成の定数が数多く、前もって定義されています。しかし中には、便利なことがすぐに分かる、マジック定数と呼ばれる定数がいくつかあります。マジック定数の名前には必ず前と後ろにアンダースコアがついているので、みなさんが自分の定数に名前をつけるとき間違って同じ名前をつける心配もありません。表3-5ではマジック定数を詳しく説明しています。

表 3-5：PHP のマジック定数

マジック定数	説明
__LINE__	ファイルの現在の行番号。
__FILE__	ファイルのフルパスとファイル名。インクルードされるファイル内で使用すると、インクルードされたファイル名が返される。PHP 4.0.2 ではつねに、シンボリックリンクが解決された絶対パスになるが、それより前のバージョンでは相対パスを含む場合もある。
__DIR__	ファイルのディレクトリ。インクルードされるファイル内で使用すると、インクルードされたファイルのディレクトリが返される。これは dirname(__FILE__) と同じ。ディレクトリ名には、ルートディレクトリである場合をのぞいて、末尾にスラッシュはつかない (PHP 5.3.0 で追加)。
__FUNCTION__	関数名 (PHP 4.3.0 で追加)。PHP 5 では、宣言時の関数名を返す (大文字小文字の区別有り)。PHP 4 では値はつねに小文字。
__CLASS__	クラス名 (PHP 4.3.0 で追加)。PHP 5 では、宣言時のクラス名を返す (大文字小文字の区別有り)。PHP 4 では値はつねに小文字。
__METHOD__	クラスのメソッド名 (PHP 5.0.0 で追加)。メソッド名は宣言時のものが返される (大文字小文字の区別有り)。
__NAMESPACE__	現在の名前空間の名前 (大文字小文字の区別有り)。この定数はコンパイル時に定義される (PHP 5.3.0 で追加)。

これらの定数の便利な用途の1つにデバッグ目的の使用があります。コード行を挿入し、プログラムフロー (プログラムの処理の流れ) がそこまで達しているかどうかを調べたいときに利用できます。

```
echo "This is line " . __LINE__ . " of file " . __FILE__;
```

これにより、この行が現在のファイル内のそのプログラムの行で実行され、Web ブラウザに出力されます。

3.3.9 echo と print コマンドの違い

ここまで、サーバーから Web ブラウザにテキストを出力するときには、echo コマンドをさまざまな方法で使ってきました。あるときにはストリングリテラルを出力し、またあるときは連結したストリングや評価した変数を出力したり、複数行にわたる出力も行いました。

しかし echo に代えて print を使用する方法もあります。echo と print はよく似ていますが、print はパラメータを1つ取る実際の関数で、echo は PHP の言語構造（前もって組み込まれている、関数のように振る舞うキーワード）です。

echo コマンドは全般的に、print の通常のテキスト出力よりも少し高速です。なぜなら echo は関数でなく、戻り値を設定しないからです。

関数でない echo は複雑な式の中では使用できませんが、print ではこれが可能です。次のコードは、print を使って変数の値が TRUE か FALSE かを出力させる例です。これと同じ方法は echo では使用できません。echo で実行しようとすると "Parse error" メッセージが発生します。

```
$b ? print "TRUE" : print "FALSE";
```

引用符は単に、変数 $b が TRUE であるか FALSE であるかを調べる方法として使っているだけです。このコードでは、$b が TRUE の場合にはコロン（:）の左にあるコマンドが実行され、$b が FALSE の場合にはコロンの右にあるコマンドが実行されます。

とは言え本書では多くの場合で echo を使用します。またみなさんにも、PHP 開発で print を使用する必要性を見つけるときが来るまで echo の使用をおすすめします。

3.3.10 関数

関数は、特定の作業を実行するコード部を切り離すために使用されます。たとえばみなさんにも今後、日付けを調べてそれをある一定のフォーマットで返す作業が必要になるときが来るかもしれません。これは関数に切り替える好例です。そこで使用するコードはたった3行かもしれませんが、それを何十回もプログラムにペーストしなければならないとしたら、関数を使わない限り、プログラムは無用に大きく複雑になってしまいます。またそのデータ形式を後から変えなければならなくなった場合でも、コードを関数に移しておくと、1ヶ所を変えるだけで済みます。

コードを関数に記述するとソースコードが短くなり、読みやすくなります。また関数は、それをさまざまに実行させるパラメータを受け取ることができるのでより機能的になります。関数はさらに、それを呼び出したコードに値を返すこともできます。

関数を作成するには、サンプル 3-12 に示す要領で関数を宣言します。

サンプル 3-12：単純な関数の定義

```
<?php
function longdate($timestamp)
{
    return date("l F jS Y", $timestamp);
}
?>
```

この関数は入力として Unix のタイムスタンプ（1970 年 1 月 1 日 00:00 AM からの経過秒数にもとづいて日付けと時刻を表した整数）を取り、PHP の date 関数を適切なフォーマットストリングを使って呼び出して、Monday August 1st 2016 という書式で日付けを返します。パラメータは初めのかっこの中にいくつでも渡すことができますが、ここでは 1 つ（$timestamp）だけ渡しています。中かっこ（{ と }）は、この関数の呼び出し時に実行されるすべてのコードを囲みます。

この関数を使って今日の日付けを出力するには、コード内に次の呼び出しを記述します。

```
echo longdate(time());
```

この呼び出しでは、ビルトインの（PHP に組み込まれている）time 関数を使って現在の Unix タイムスタンプを取得し、それを longdate 関数に渡しています。longdate 関数は適切なストリングを echo コマンドに返すので、結果が表示されます。たとえば 17 日前の日付けを出力したい場合には、次の呼び出しを発行します。

```
echo longdate(time() - 17 * 24 * 60 * 60);
```

ここで longdate 関数に渡しているのは、Unix タイムスタンプ（time()）から 17 日分の秒数を引いた数値です（17 日 x 24 時間 x 60 分 x 60 秒）。

関数は複数のパラメータを受け取り、複数の結果を返すこともできます。このテクニックについては以降の章で紹介します。

3.3.11　変数のスコープ

プログラムが非常に長い場合には適切な変数名がなくなってしまう可能性がありますが、PHP では変数のスコープ（変数が見える範囲）を決めることができます。別の言い方をすると、PHP に対して、たとえば変数 $temp を特定の関数内でだけ使用し、関数の実行後はそれを使ったことを忘れてほしい、と伝えることができます。これは実を言うと、PHP 変数のデフォルトのスコープです。

あるいは PHP に対して、変数はグローバルなスコープにある（どこからでも見える）と知らせることもできます。するとその変数にはプログラムのどの部分からでもアクセスできるようになります。

ローカル変数

ローカル変数は、関数内で作成されそこでだけアクセスできる変数です。ローカル変数は一時的な変数で、関数によって返される前、部分的に処理された結果の保持に使用されます。

ローカル変数のセットの例に、関数に渡す引数のリストがあります。前節では $timestamp という名前のパラメータを受け取る関数を定義しましたが、これは関数本体の中でだけ意味を持ち、関数の外ではその値の取得も設定もできません。

ローカル変数のもう 1 つの例として、少し手を加えたサンプル 3-13 の longdate 関数を見てください。

サンプル 3-13：longdate 関数の拡張版

```php
<?php
function longdate($timestamp)
{
    $temp = date("l F jS Y", $timestamp);
    return "The date is $temp";
}
?>
```

ここでは date 関数が返す値を一時変数の $temp に代入し、それを挿入したストリングを関数から返しています。関数が値を返すとすぐ、$temp の値はまるでそこで使われなかったかのようにクリア（消去）されます。

次は変数スコープの影響を見てみましょう。サンプル 3-14 ではまた少しコードを変え、$temp を longdate 関数を呼び出す前に作成しています。

サンプル 3-14：longdate 関数内での $temp へのアクセスは失敗する

```php
<?php
$temp = "The date is ";
echo longdate(time());

function longdate($timestamp)
{
    return $temp . date("l F jS Y", $timestamp);
}
?>
```

$temp は longdate 関数の中で作成していず、パラメータとしても渡していないので、longdate 関数では $temp にアクセスできません。したがってこのコードでは日付けだけが出力され、その前のテキストは出力されません。実際最初に、"Notice: Undefined variable: temp" というエラーメッセージも表示されます[†]。

これは、関数内で作成された変数はデフォルトでその関数内でしか通用せず、関数の外で作成された変数には、その関数外のコードからしかアクセスできないからです。

サンプル 3-14 は、サンプル 3-15 やサンプル 3-16 の方法で修正することができます。

[†] 訳注：date 関数を適切に使用するには、サーバーのタイムゾーンを設定する必要があります。Zend Server でタイムゾーンを設定するには、まず Web ブラウザから http://localhost:10081/ を開き、パスワードを入力して Zend Server にログインします。次に [Monitor] タブの [Dashboard] にある [Change PHP directive Values] リンクをクリックし、表示されるページの [date] をクリックします。するとタイムゾーンに設定できるテキストフィールドが現れるので、ここに Asia/Tokyo と入力して、ページ右上にある [Save Changes] ボタンをクリックします。また PHP のエラーが Web ブラウザで表示されるようにするには、[date] の下にある [Error Handling and Logging] をクリックします。すると設定項目が 3 つ表示されるので、一番上の [display_errors - Display errors in HTML script output] 項目用のチェックボックスの [On] をクリックして有効化し、ページ右上にある [Save Changes] ボタンをクリックします。変更を有効化するには右下にある [Restart PHP] ボタンをクリックします。

サンプル 3-15：$temp をそのローカルスコープ内で参照するように修正した方法

```php
<?php
$temp = "The date is ";
echo $temp . longdate(time());

function longdate($timestamp)
{
    return date("l F jS Y", $timestamp);
}
?>
```

サンプル 3-15 では $temp への参照を関数の外に移しています。この参照は、変数が定義されたスコープと同じスコープにあります。

サンプル 3-16：$temp を引数として渡すもう 1 つの方法

```php
<?php
$temp = "The date is ";
echo longdate($temp, time());

function longdate($text, $timestamp)
{
    return $text . date("l F jS Y", $timestamp);
}
?>
```

サンプル 3-16 の解決策では、longdate 関数に $temp を引数として渡しています。longdate 関数はそれを $text という名前の一時的な変数に読み取り、希望する結果を出力しています。

> 変数のスコープを忘れると多くの場合プログラミングエラーになるので、変数スコープがどのように機能するかを覚えておくことが、極めて分かりづらい問題をデバッグするときの助けになります。あえて言うと、変数のスコープは、その変数を特に宣言しない限り、それが初めて作成されたかアクセスされた場所が関数の中であるか外であるかによって、現行の関数か関数外のコードに制限されます。

グローバル変数

場合によっては、変数にすべてのコードからアクセスできるようにしたいという理由で、グローバルなスコープを持つ変数がほしいときがあります。またデータには大きく複雑になるものもあり、そのようなデータを関数に引数としてずっと渡しつづけたくはないでしょう。

変数をグローバルなスコープを持つ変数として宣言するには、キーワードの global を使用します。たとえばみなさんの Web サイトにユーザーがログインできる機能が備わっていて、サイトとやりとりしているのはログインしたユーザーなのかゲストなのかをすべてのコードで分かるようにしたい場合、その 1 つの解

決策に `$is_logged_in` のようなグローバル変数の作成があります。

```
global $is_logged_in;
```

ログインを処理する関数では、この変数をログインが成功した場合に 1 に、失敗した場合に 0 に設定するだけです。この変数のスコープはグローバルなので、この変数にはプログラム内のどのコード行からでもアクセスできます。

ただしグローバル変数の使用には注意が必要です。この変数は、希望する結果がほかの方法ではどうしても得られない場合にのみ作成するようにします。プログラムは一般的に、小さな部分に分けデータを分離しておいた方がバグが少なく、メンテナンスも容易です。何千行にも及ぶプログラムがあり（みなさんもいつか扱うようになります）、グローバル変数がある時点で間違った値を持っていたと分かったとき、誤って設定したコードを探すのにどれだけの時間がかかるか、考えるだけでうんざりです。

またグローバル変数を多く作りすぎると、同じ名前をローカルでも使用してしまう恐れがあります。実際にはグローバルで宣言しているのに、それをローカルで使用していると勘違いする危険性も生まれます。あらゆる種類の妙なバグはこういった状況から発生します。

> わたしは、ひと目で変数のスコープが分かるように、グローバル変数の名前を全部大文字にするという慣習的な方法を使用する場合があります（定数をすべて大文字にするという推奨と同じです）。

静的変数

「ローカル変数」節では、変数の値は関数の終了時に消えてなくなると述べました。関数は、それが実行されるたびに変数の新しいコピーを作成するので、以前の設定は無効になります。

ではちょっと面白い質問です。関数内に、コードのほかの部分からは一切アクセスさせたくないローカル変数があり、その値を関数が次回呼び出されるときにも取っておきたい場合、どうすればよいでしょう？これはおそらく、関数が何回呼び出されたかを追跡するカウンタが欲しいような場合です。解決する方法には静的変数の使用があります。サンプル 3-17 はその例です。

サンプル 3-17：静的変数を使った関数

```php
<?php
function test()
{
    static $count = 0;
    echo $count;
    $count++;
}
?>
```

この test 関数の 1 行めで作成しているのが `$count` という名前の静的変数で、値 0 で初期化して（最初の値を代入して）います。次の行ではその値を出力し、最後の行でインクリメントしています（これにより、呼び出し回数が追跡できます）。

関数が次に呼び出されるとき、$count はすでに宣言されているので、関数の 1 行めは飛ばされます。次いで前にインクリメントされた $count の値が表示され、変数が再びインクリメントされます。

静的変数を使用する場合、その宣言時には式の結果は代入できないということを知っておく必要があります。静的変数はすでに確定している値でしか初期化できません（サンプル 3-18 参照）。

サンプル 3-18：静的変数の許される宣言と許されない宣言

```
<?php
static $int = 0; // 許される
static $int = 1+2; // 許されない（Parse error が発生）
static $int = sqrt(144); // 許されない
?>
```

スーパーグローバル変数

PHP 4.1.0 からいくつかの定義済み変数が使用できるようになりました。これらは、PHP 環境から提供され、プログラム内でどこからでもアクセスできるグローバルな変数という意味で、スーパーグローバル変数と呼ばれます。

スーパーグローバル変数は連想配列として構造化され、現在実行中のプログラムやその環境に関する有用な数多くの情報が含まれています（表 3-6 参照）。連想配列については 6 章で見ていきます。

表 3-6：PHP のスーパーグローバル変数

スーパーグローバル変数	説明
$GLOBALS	スクリプトのグローバルスコープに現在定義されているすべての変数。変数名が配列のキーになる。
$_SERVER	ヘッダやパス、スクリプト位置などの情報。この配列のエントリは Web サーバーが作成するが、すべての Web サーバーがそれらを全部提供する保証はない。
$_GET	HTTP の GET メソッドを通して現行スクリプトに渡される変数。
$_POST	HTTP の POST メソッドを通して現行スクリプトに渡される変数。
$_FILES	HTTP の POST メソッドを通して現行スクリプトにアップロードされるアイテム。
$_COOKIE	HTTP のクッキーを通して現行スクリプトに渡される変数。
$_SESSION	現行スクリプトで使用できるセッション変数。
$_REQUEST	ブラウザから渡される情報の内容。デフォルトでは $_GET と $_POST、$_COOKIE。
$_ENV	環境変数として現行スクリプトに渡される変数。

スーパーグローバル変数の名前にはすべて、1 つのアンダースコアと大文字が使用されるので、みなさん自身の変数を作成するときには、無用な混乱を避けるため、この方法による名前づけはしないようにしてください。

ではスーパーグローバル変数の使い方の例として、多くのサイトで必要とされる情報を少し見てみましょう。スーパーグローバル変数が提供する多くの情報の 1 つに、ユーザーを現在の Web ページに差し向けた

ページ（つまりリンク元）の URL があります。その情報には次のようにアクセスできます。

```
$came_from = $_SERVER['HTTP_REFERER'];
```

実に単純です。ユーザーが URL をブラウザに直接入力するなどして、みなさんの Web ページに直接やって来た場合には、$came_from には空のストリングが設定されます。

スーパーグローバル変数とセキュリティ

　スーパーグローバル変数の使用を始めるには、それに先立つ重要な注意事項があります。なぜならスーパーグローバル変数は、Web サイトに侵入しようとするハッカーによってセキュリティ上の弱点を見つけるためによく使用されるからです。ハッカーが企てるのは、$_POST や $_GET、そのほかのスーパーグローバル変数の Unix や MySQL コマンドなどの悪意あるコードを使った読み取りです。みなさんが何も知らずにそのコードにアクセスすると、大切なデータが損害を受けたり極秘データが開示されたりする恐れがあるのです。

　スーパーグローバル変数は使用する前に必ず**サニタイズ**（消毒）すべきです。その 1 つの方法は PHP の htmlentities 関数を使った方法です。この関数はすべての文字を HTML エンティティ（HTML 上で表示できる文字）に変換します。たとえば "より小さい" 文字（<）と "より大きい" 文字（>）は、安全性に問題なくレンダリング（表示）されるように、ストリングの < と > に変換されます。引用符やバックスラッシュなども同様です。

　したがって $_SERVER（やそのほかのスーパーグローバル変数）にアクセスする方法としては、次の方がずっとすぐれています。

```
$came_from = htmlentities($_SERVER['HTTP_REFERER']);
```

　本章では PHP の使用に関する基本を学びました。次の 4 章ではここで学んだ知識を使って、式の構築とプログラムフローの制御、つまり実際のプログラミングをスタートさせます。

　しかしその前に、次の設問に挑戦して、本章の内容を完全に消化できたことを確認してください。

3.4　確認テスト

1. PHP にプログラムコードの解釈を始めさせるタグは何ですか？　またそのタグの省略版は？

2. コメントタグの 2 タイプには何がありますか？

3. PHP ステートメントの最後につけなければならない文字は何ですか？

4. PHP の変数名の前につけなければならない記号は何ですか？

5. 変数が保持できるものは何ですか？

6. $variable = 1 と $variable == 1 にはどういう違いがありますか？

7. 変数名にアンダースコアが使用でき（$current_user）、ハイフンが使用できない（$current-user）

のはなぜだと思いますか？

8. 変数名は大文字小文字で区別されますか？

9. 変数名にスペースは使用できますか？

10. ある変数の型を、ストリングから数のように、別の型に変換するにはどのようにしますか？

11. ++$j と $j++ の違いは？

12. 演算子の && と and は相互に交換可能ですか？

13. 複数行にわたる echo や代入はどのようにすると作成できますか？

14. 定数は再定義できますか？

15. 引用符をエスケープするには？

16. echo と print コマンドにはどのような違いがありますか？

17. 関数の目的とは？

18. 変数を、PHP プログラムのすべての部分からアクセスできるようにするにはどのようにしますか？

19. 関数内で生成したデータをプログラムのほかの場所に移す 2 つの方法とは何ですか？

20. ストリングを数とつなぐ（連結する）と、結果は何になりますか？

テストの模範解答は付録 A に記載しています。

4章
PHPの式と制御の流れ

本章では3章で取り上げたいくつかのトピックを、選択（分岐）や複雑な式の作成などの中でさらに詳しく探っていきます。前章ではPHPの基本的な機能やシンタックスに重点を置き、高度なトピックに触れませんでしたが、この4章では前章を下地に、実際のPHPプログラミングの働きとプログラムの流れを制御する方法についてその基礎を詳しく学んでいきます。

4.1 式

まずは、すべてのプログラミング言語の最も基本的な部分である式から見ていきましょう。

式は値や変数、演算子、関数の組み合わせで、結果として値を返します。代数を学んだことのある方なら次のようなものが式だと思われるでしょう。

```
y = 3(abs(2x) + 4)
```

PHPではこれを次のように記述します。

```
$y = 3 * (abs(2*$x) + 4);
```

返される値（今の場合はyや$y）は、数値やストリング値、Boolean値（Booleanは19世紀のイギリスの数学者、George Booleの名前から取られました）などの場合があります。みなさんはここまでで数とストリングにはなじまれたでしょうが、Booleanという型には説明が必要でしょう。

Boolean値はTRUE（真）かFALSE（偽）になることができます。たとえば 20 > 9（20は9よりも大きい）という式はTRUEで、5 == 6（5は6に等しい）という式はFALSEです（Boolean演算はこの後本章で見て行くANDやOR、XORなどの演算子を使って行います）。

ここではTRUEやFALSEという大文字を使っていることに注意してください。これは、TRUEとFALSEがPHPであらかじめ定義されている定数であるからです。とは言えtrueとfalseも定義されているので、希望する場合には小文字を使うこともできます。実を言うと、PHPではtrueとfalseの再定義は許されないので、小文字の方が間違いがありません。大文字は再定義される可能性があり、これは、サードパーティ製のコードをインポートする（読み込む）場合に思い起こすべきポイントです。

サンプル4-1は簡単な式の例です。各行ではまず文字aからdを出力し、づづけてコロンと式の結果を出

力しています（
 タグは改行し、出力を HTML で 4 行にするために使っています）。

サンプル 4-1：4 つの簡単な Boolean 式

```
<?php
echo "a: [" . (20 > 9) . "]<br />";
echo "b: [" . (5 == 6) . "]<br />";
echo "c: [" . (1 == 0) . "]<br />";
echo "d: [" . (1 == 1) . "]<br />";
?>
```

出力結果は次のようになります。

```
a: [1]
b: []
c: []
d: [1]
```

式 a: と d: は両方とも TRUE に評価され、値 1 を持つことに注目してください。これに対し b: と c: は FALSE に評価され、値が表示されません。これは、PHP の定数 FALSE は NULL、つまりなにもないものとして定義されているからです。これを検証するには、サンプル 4-2 のコードが使用できます。

サンプル 4-2：TRUE と FALSE 値の確認

```
<?php // test2.php
echo "a: [" . TRUE . "]<br />";
echo "b: [" . FALSE . "]<br />";
?>
```

このコードからは次の結果が出力されます。

```
a: [1]
b: []
```

なおプログラミング言語の中には FALSE が 0、場合によっては -1 と定義されているものがあるので、各言語で FALSE の定義を調べてみるのも面白いでしょう。

4.1.1　リテラルと変数

　式の最も単純な形式はリテラルです。リテラルは、数値の 73 やストリングの "Hello" など、それ自体が評価の結果になるものを言います。式はまた、評価の結果代入された値になる変数の場合もあります。これらは両方とも値を返すので、式の一種に含まれます。

　サンプル 4-3 では 5 つの異なるリテラルを示しています。これらはすべて値を返しますが、タイプが異なります。

サンプル 4-3：5種類のリテラル

```php
<?php
$myname = "Brian";
$myage = 37;
echo "a: " . 73 . "<br />";        // 数値リテラル
echo "b: " . "Hello" . "<br />";   // ストリングリテラル
echo "c: " . FALSE . "<br />";     // 定数リテラル
echo "d: " . $myname . "<br />";   // ストリング変数のリテラル
echo "e: " . $myage . "<br />";    // 数値変数のリテラル
?>
```

予想通り、c: をのぞいてコードはすべて値を返します。c: は FALSE に評価されるので、次の出力結果に示すように何も表示されません。

a: 73
b: Hello
c:
d: Brian
e: 37

式を演算子と組み合わせて使用すると、有意な評価結果が得られる複雑な式が作成できます。

式を代入や制御フロー構造と組み合わせるとステートメントになります。サンプル 4-4 ではこのようなステートメントの例を2つ示しています。1つめは式 366 - $day_number の結果を変数 $days_to_new_year に代入し、2つめは、式 $days_to_new_year < 30 が TRUE に評価された場合にのみ、メッセージを出力しています。

サンプル 4-4：式とステートメント

```php
<?php
$days_to_new_year = 366 - $day_number; // 式と
if ($days_to_new_year < 30)
{
    echo "Not long now till new year"; // ステートメント
}
?>
```

4.2　演算子

PHP では、算術やストリング、論理演算子から、代入、比較などに使用する演算子まで、パワフルな演算子が数多く提供されています（表 4-1 参照）。

表 4-1：PHP の演算子の種類

演算子	用途	例
算術	基本的な算術	$a + $b
配列	配列の結合	$a + $b
代入	値の代入	$a = $b + 23
ビット	バイト内のビット操作	12 ^ 9
比較	2つの値の比較	$a < $b
実行	バッククォート（``）の内容の実行	`ls -al`
インクリメント / デクリメント	1だけ加算または減算	$a++
論理	Boolean 比較	$a and $b
ストリング	結合	$a . $b

演算子はタイプによって、それが取るオペランド（演算の対象となる値や変数）の数が異なります。

- インクリメント（$a++）や否定（!$a）などの単項演算子はオペランドを1つ取ります。
- PHP 演算の多くの場面で使われる二項演算子（加算、減算、乗算、除算等が含まれます）はオペランドを2つ取ります。
- x ? y : z という形式の三項演算子は1行の簡潔な if ステートメントのようなもので、2つの式のどちらかを3つめの式の結果によって選択します。この条件演算子はオペランドを3つ取ります。

4.2.1　演算子の優先順位

演算子が実行される順番の優先度がまったく同じだったとしたら、演算子は PHP が出会った順番で処理されることになります。実際、多くの演算子の優先順位は同じです。サンプル 4-5 はその例を示しています。

サンプル 4-5：次の3つの式は等価

```
1 + 2 + 3 - 4 + 5
2 - 4 + 5 + 3 + 1
5 + 2 - 4 + 1 + 3
```

各式の結果は、数値（とその前にある演算子）がその式内を移動したとしても値 7 のまま変わりません。なぜならここで使われている + と - 演算子は同じ優先順位を持っているからです。これと同じことは乗算と除算でも試すことができます（サンプル 4-6 参照）。

サンプル 4-6：次の3つの式も等価

```
1 * 2 * 3 / 4 * 5
2 / 4 * 5 * 3 * 1
5 * 2 / 4 * 1 * 3
```

式の結果はつねに 7.5 です。しかしサンプル 4-7 のように、式の中に優先順位の異なる演算子を混ぜると、事態は変わってきます。

サンプル 4-7：優先順位の異なる演算子を混ぜて使った 3 つの式
```
1 + 2 * 3 - 4 * 5
2 - 4 * 5 * 3 + 1
5 + 2 - 4 + 1 * 3
```

演算子に優先順位がなかったとしたら、この 3 つの式の結果はそれぞれ 25、-29、12 になります。しかし乗算と除算は加算と減算より優先順位が高いので、式の乗算と除算を計算する部分には目に見えないかっこが加えられることになります。このかっこはサンプル 4-8 のようにつけられます。

サンプル 4-8：暗黙的なかっこを表示すると
```
1 + (2 * 3) - (4 * 5)
2 - (4 * 5 * 3) + 1
5 + 2 - 4 + (1 * 3)
```

すると PHP は明確に、かっこでくくられたサブ式をまず評価し、サンプル 4-9 に示すようにその式の値を抽出します。

サンプル 4-9：まずかっこ内のサブ式を評価する
```
1 + (6) - (20)
2 - (60) + 1
5 + 2 - 4 + (3)
```

したがってこれらの式の最終結果はそれぞれ -13、-57、6 になります（これは、演算子に優先順位がないと仮定したときの 25、-29、12 という結果とはまったく異なります）。

無論、演算子のデフォルトの優先順位は、自分でかっこを挿入することで無効にし、演算子に優先順位がないと仮定した元の結果に強制的に変えることもできます（サンプル 4-10 参照）。

サンプル 4-10：強制的に左から右に評価する
```
((1 + 2) * 3 - 4) * 5
(2 - 4) * 5 * 3 + 1
(5 + 2 - 4 + 1) * 3
```

ここではかっこを適切に挿入することで、それぞれ 25、-29、12 の値を得ています。
表 4-2 は PHP の演算子の優先順位を高い順に示しています。

表 4-2：PHP の演算子の優先順位（高い順）

演算子	タイプ
()	かっこ
++ --	インクリメント / デクリメント
!	論理
* / %	算術
+ - .	算術とストリング
<< >>	ビット
< <= > >= <>	比較
== != === !==	比較
&	ビット（とリファレンス）
^	ビット
|	ビット
&&	論理
||	論理
? :	三項
= += -= *= /= .= %= &= != ^= <<= >>=	代入
and	論理
xor	論理
or	論理

4.2.2　結合性

　ここまで、式の処理は左から右に進み、演算子の優先順位が影響する場合はその例外になるということを見てきましたが、演算子の中にはその逆の、右から左に進む処理を必要とするものもあります。処理のこの向きは演算子の結合性と呼ばれます[†]。

　結合性は、優先順位を明示的に強制しない場合に重要になります。表 4-3 は右から左への結合性を持つ演算子のリストです。

表 4-3：右から左への結合性を持つ演算子

演算子	説明
new	新しいオブジェクトの作成
!	論理否定
~	ビット否定
++ --	インクリメントとデクリメント

[†] 訳注：演算子の優先順位は、2つの式がどれだけ緊密に結合しているかという度合いを示します。これが等しい場合には、その結合性（左から右に処理されるか、右から左に処理されるか）によって評価の順番が決まります。

表 4-3：右から左への結合性を持つ演算子（続き）

演算子	説明
+ -	単項プラスと単項マイナス
(int)	整数へのキャスト
(double)	浮動小数点数へのキャスト
(string)	ストリングへのキャスト
(array)	配列へのキャスト
(object)	オブジェクトへのキャスト
@	エラーレポートの抑制
=	代入

例として、サンプル 4-11 の代入演算子を見てください。ここでは 3 つの変数すべてが 0 に設定されます。

サンプル 4-11：複数の代入を一度に行うステートメント

```
<?php
$level = $score = $time = 0;
?>
```

この複数の代入が可能なのは、一番右の式がまず評価され、次いで右から左の方向に処理されているからです。

> PHP 初心者であるみなさんは、往々にしてはまりがちなこの演算子の結合性を回避する方法を身につけるべきです。それは、サブ式は必ずかっこで囲み、評価順を強制的に変える方法です。これはまた、みなさんのコードをメンテナンスする別のプログラマーがそのコードを理解するときにも役立ちます。

4.2.3 関係演算子

関係演算子は 2 つのオペランドをテストし、TRUE か FALSE の Boolean による結果を返します。関係演算子には、等価、比較、論理演算子の 3 つのタイプがあります。

等価演算子

等価演算子は本章ですでに何度か目にしている == （2 つの等記号）です。これは、等記号 1 つで表される代入演算子（=）と混同しないことが重要です。サンプル 4-12 では最初のステートメントで値を代入し、次いで等価性（等しいかどうか）をテストしています。

サンプル 4-12：値の代入と等価性のテスト

```
<?php
$month = "March";
if ($month == "March") echo "It's springtime";
?>
```

このように、等価演算子は TRUE か FALSE を返すので、たとえば if ステートメントを使った条件がテストできます。しかし PHP はゆるく型付けされる言語なので、話はこれでは終わりません。等価式の 2 つのオペランドの型が異なる場合、PHP はそれらを最も理にかなった型に変換します。

たとえば、全部が数字で構成されるストリングは、数値と比較されるとき、数値に変換されます。サンプル 4-13 の $a と $b は異なるストリングなので、2 つの if ステートメントはともに結果を出力しないだろうと予想できます。

サンプル 4-13：等価演算子と厳密等価演算子

```
<?php
$a = "1000";
$b = "+1000";
if ($a == $b) echo "1";
if ($a === $b) echo "2";
?>
```

しかしこのサンプルを実行すると 1 が出力されます。これは、1 つめの if ステートメントが TRUE と評価されたということです。その理由は、この 2 つのストリングがまず数値に変換され、1000 と +1000 が数として同じ値に見なされるからです。

一方、2 つめの if ステートメントでは、等記号が 3 つ並んだ**厳密等価演算子**（===）を使っています。この演算子では PHP による自動的な型の変換が行われません。したがって $a と $b はストリングとして比較され、異なるものと評価されるので、何も出力されません。

演算子の優先順位の強制的な変更と同様、PHP にオペランドの型変換を行わせたくない場合には、厳密等価演算子を使って PHP のこの振る舞いをオフにすることができます。

オペランド同士が等しいかどうかが等価演算子でテストできるように、それらが等しくないかどうかは**不等価演算子**（!=）でテストできます。サンプル 4-14 を見てください。これはサンプル 4-13 を書き直したもので、等価演算子と厳密等価演算子をそれぞれその逆の演算子に置き換えています。

サンプル 4-14：不等価演算子と厳密不等価演算子

```
<?php
$a = "1000";
$b = "+1000";
if ($a != $b) echo "1";
if ($a !== $b) echo "2";
?>
```

1つめの if ステートメントでは 1 は出力されません。これは、$a と $b が数として等しくないかどうかを調べているからです。

これに対し 2 つめの if ステートメントでは、$a と $b が現状のオペランドの型においても同じでないかどうかを調べています。この答えは TRUE、つまりこれらは厳密に同じでないので、結果として 2 が出力されます。

比較演算子

比較演算子を使用すると、単なる等価性や不等価性のテスト以上のことが行えます。PHP では、> (より大きい) や < (より小さい、未満)、>= (より大きいか等しい、以上)、<= (より小さいか等しい、以下) といった演算子も提供されています。サンプル 4-15 はこれらの使用例です。

サンプル 4-15：4 つの比較演算子

```
<?php
$a = 2; $b = 3;
if ($a > $b) echo "$a is greater than $b<br />";
if ($a < $b) echo "$a is less than $b<br />";
if ($a >= $b) echo "$a is greater than or equal to $b<br />";
if ($a <= $b) echo "$a is less than or equal to $b<br />";
?>
```

この例では $a は 2 で、$b は 3 なので、次の出力が得られます。

2 is less than 3
2 is less than or equal to 3

サンプルの $a と $b の値を変更し、その結果を確認してみてください。また両方に同じ値を設定し、結果がどうなるかも試してみてください。

論理演算子

論理演算子は真か偽の結果を生み出すので、Boolean 演算子とも呼ばれます。この演算子には表 4-4 に示す 4 つがあります。

表 4-4：論理演算子

論理演算子	説明
AND	両方のオペランドが TRUE の場合、TRUE
OR	いずれかのオペランドが TRUE の場合、TRUE
XOR	2 つのオペランドの 1 つが TRUE の場合、TRUE
NOT	オペランドが FALSE なら TRUE、またはオペランドが TRUE なら FALSE

これらの演算子はサンプル 4-16 のように使用します。PHP では NOT（否定）の場合！記号を使用します。またこれらの演算子には大文字と小文字が使用できます。

サンプル 4-16：論理演算子の使用例

```
<?php
$a = 1; $b = 0;
echo ($a AND $b) . "<br />";
echo ($a or $b)  . "<br />";
echo ($a XOR $b) . "<br />";
echo !$a         . "<br />";
?>
```

この例の結果は上から、NULL、1、1、NULL になります。これは、2 つめと 3 つめの echo ステートメントだけが TRUE に評価されているということです（なにもないという意味の NULL は値 FALSE を表します）。AND ステートメントが値 TRUE を返すには、両方のオペランドが TRUE である必要があります。また 4 つめのステートメントで、$a の値に対して NOT が実行されると、$a の値は TRUE（値 1）から FALSE に変わります。サンプルの $a と $b の値に 1 と 0 をさまざまに指定して、その結果がどうなるか確認してみてください。

> 実際にコードを記述するときには、AND と OR の優先順位はこれらの別バージョンの && と || よりも低いことに十分留意する必要があります。複雑な式ではこの理由から、&& と || を使った方が安全かもしれません。

OR 演算子では、1 つめの（左の）オペランドが TRUE に評価された場合、2 つめの（右の）オペランドが評価されないので（左が TRUE ならもう右を調べる必要がないので）、これを if ステートメントで使用するとき、意図しない問題を引き起こす場合があります。次のサンプル 4-17 の関数 getnext は、$finished が値 1 を持つ場合、決して呼び出されません。

サンプル 4-17：OR 演算子を使ったステートメント

```
<?php
if ($finished == 1 OR getnext() == 1) exit;
?>
```

if ステートメントの実行時に getnext を毎回呼び出す必要がある場合には、サンプル 4-18 のようにコードを書き直します。

サンプル 4-18：getnext を毎回呼び出すように修正した if...OR ステートメント

```
<?php
$gn = getnext();
if ($finished == 1 OR $gn == 1) exit;
?>
```

このようにすると、関数 getnext のコードが必ず実行され、if ステートメントのテストの前に、関数が返した値が $gn に保持されます。

> getnext を確実に実行する別の解決策に、getnext が最初の式に来るように単純に2つを入れ替える方法もあります。

表 4-5 では論理演算子のすべての組み合わせとその結果を示しています。また !TRUE は FALSE に等しく、!FALSE は TRUE に等しいことも覚えておいてください。

表 4-5：PHP の論理式の組み合わせとその結果

| 入力 | | 演算子と結果 | | |
a	b	AND	OR	XOR
TRUE	TRUE	TRUE	TRUE	FALSE
TRUE	FALSE	FALSE	TRUE	TRUE
FALSE	TRUE	FALSE	TRUE	TRUE
FALSE	FALSE	FALSE	FALSE	FALSE

4.3 条件

条件はプログラムフロー（プログラムの流れ）を変化させます。条件を使用すると、ある事柄に関して質問を投げかけ、返ってくる答えに対してさまざまな方法で応えることができます。条件は Web ページをダイナミックにする要であり、そもそも PHP を使用する目的もここにあります。なぜなら条件によって、ページを表示するたびにその出力を別の内容に容易に変更できるからです。

ループしない（繰り返さない）タイプの条件には、if と switch ステートメント、? 演算子の3つがあります。ループしない条件というのは、アクションがステートメント主導で実行され、プログラムフローが次に進むという意味です。これに対しループする条件（この後見ていきます）は、ある条件が満たされるまで、コードを繰り返し実行します。

4.3.1 if ステートメント

プログラムフローの考え方の1つに、一車線道路に見なす方法があります。これはほぼ真っすぐですが、行く手には時々、進むべき方向を示す標識があります。

if ステートメントは、ある条件が TRUE の場合にはそこを回らなければならない迂回路のようなものです。条件が TRUE なら、迂回路に入りそこを進みます。やがて元のルートと合流したら、再びそのルートを進みます。また条件が TRUE でない場合には、迂回路を無視し、そのまま進みます（図 4-1 参照）。

if 条件の内容には、等価性や比較、ゼロや NULL、さらには関数（ビルトイン関数でも自作の関数でも構いません）が返す値のテストなど、PHP の有効な式であれば何でも使用できます。

if 条件が TRUE の場合に起こすアクションは通常、中かっこ（{}）に置きます。中かっこは単一ステートメントのみ実行する場合には省略できますが、必ず使用するようにすると、追跡が難しくなるバグが生じにくくなります。たとえば後から条件に1行加えるとき、中かっこの追加を忘れると、その行は評価されなく

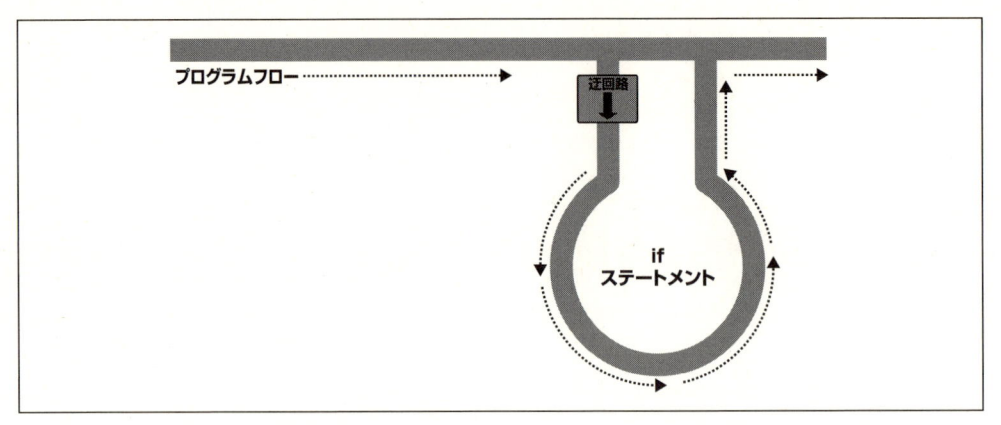

図4-1：プログラムフローは一車線道路のようなもの

なります（ただし本書の多くのサンプルでは、紙面の節約やコードの明瞭性から、単一ステートメントの場合には中かっこを省略しています）。

　サンプル4-19では、月末に各種請求の支払いを済ませる場面を想像してください。銀行の預金残高のやりくりです。

サンプル4-19：中かっこを使ったifステートメント

```
<?php
if ($bank_balance < 100)
{
    $money        = 1000;
    $bank_balance += $money;
}
?>
```

　ここではまず、預金残高（$bank_balance）が100ドル（またはみなさんの通貨）未満かどうかを調べています。その場合には、自分で100ドル払って残高に加えます（お金を稼ぐことがこんなに単純だったらよいのですが……）。

　残高が100ドルかそれより多い場合には、この2行の条件ステートメントは無視され、プログラムフローは次の行（ここでは示していません）に飛びます。

　本書では、開く中かっこ（始めの{）を新しい行の頭に置いて記述しています。中にはそうでなく、条件式の右に記述する人々もいますが、PHPでは、（半角）スペース、改行、タブのホワイトスペース文字は好きなように設定できるので、どちらの方法でも構いません。とは言えコードは、タブを使って条件の各レベルをインデントする方が読みやすく、デバッグも容易になります。

4.3.2　elseステートメント

　時には、条件がTRUEでない場合、メインのプログラムにすぐに戻らず、ほかのことを実行したい場合も

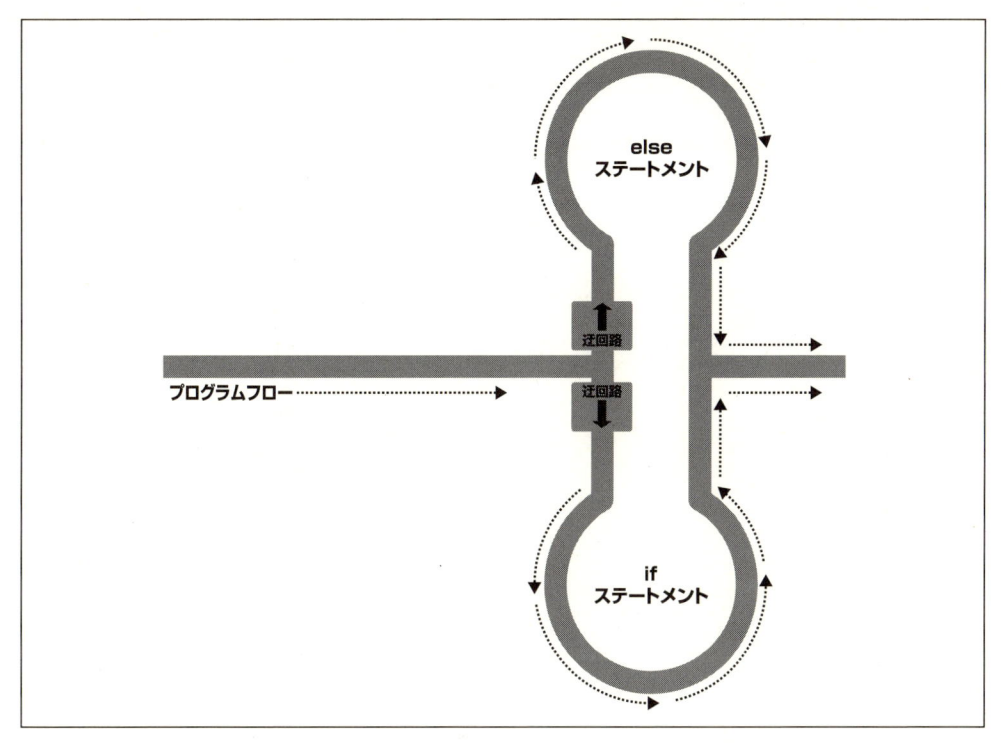

図4-2：今度の道路には、if 迂回路と else 迂回路がある

あります。else ステートメントはこういったときに使用します。else ステートメントでは、図4-2 に示すように、2つめの迂回路を設定することができます。

　if...else ステートメントでは、条件が TRUE の場合には最初の条件ステートメントが実行されますが、条件が FALSE の場合には、2つめの条件ステートメントが実行されます。この時選択肢は2つありますが、どちらか1つが必ず実行され、両方が実行される、または両方が実行されないという状況は有り得ません。サンプル 4-20 では、if...else 構造を示しています。

サンプル 4-20：中かっこを使った if...else ステートメント

```php
<?php
if ($bank_balance < 100)
{
    $money         = 1000;
    $bank_balance += $money;
}
else
{
    $savings      += 50;
    $bank_balance -= 50;
}
?>
```

この例では、銀行に100ドル以上あることが確認されたらelseステートメントが実行され、預金から貯蓄口座へ50ドル回します。

中かっこは、ifステートメントと同様、条件ステートメントが1つしかない場合にはelseでも省略できます（とは言え、中かっこはつねに使用するようにしてください。後からでも容易にステートメントが追加できます）。

4.3.3 elseifステートメント

また、一連の条件にもとづいた、複数の異なる可能性がほしい場合もあります。これはelseifステートメントで実現できます。想像されているようにこれはelseステートメントと似ていますが、条件コードの前に条件式をさらに置ける点が異なります。サンプル4-21はif...elseif...else構造の例です。

サンプル4-21：中かっこを使ったif...elseif...elseステートメント

```
<?php
if ($bank_balance < 100)
{
    $money        = 1000;
    $bank_balance += $money;
}
elseif ($bank_balance > 200)
{
    $savings      += 100;
    $bank_balance -= 100;
}
else
{
    $savings      += 50;
    $bank_balance -= 50;
}
?>
```

ifとelseステートメントの間に挿入されたこのelseifステートメントは、預金残高（$bank_balance）が200ドルより多いかどうかを調べ、多い場合には貯金に100ドル回します。

少しやり過ぎかもしれませんが、ここからは図4-3のような複数の迂回路の分岐を思い浮かべることができきます。

> elseステートメントは、if...elseステートメントかif...elseif...elseステートメントを終わらせます。最後のelseは必要ない場合には省けますが、elseifの前に置くことはできません。またelseifをifステートメントの前に置くこともできません。

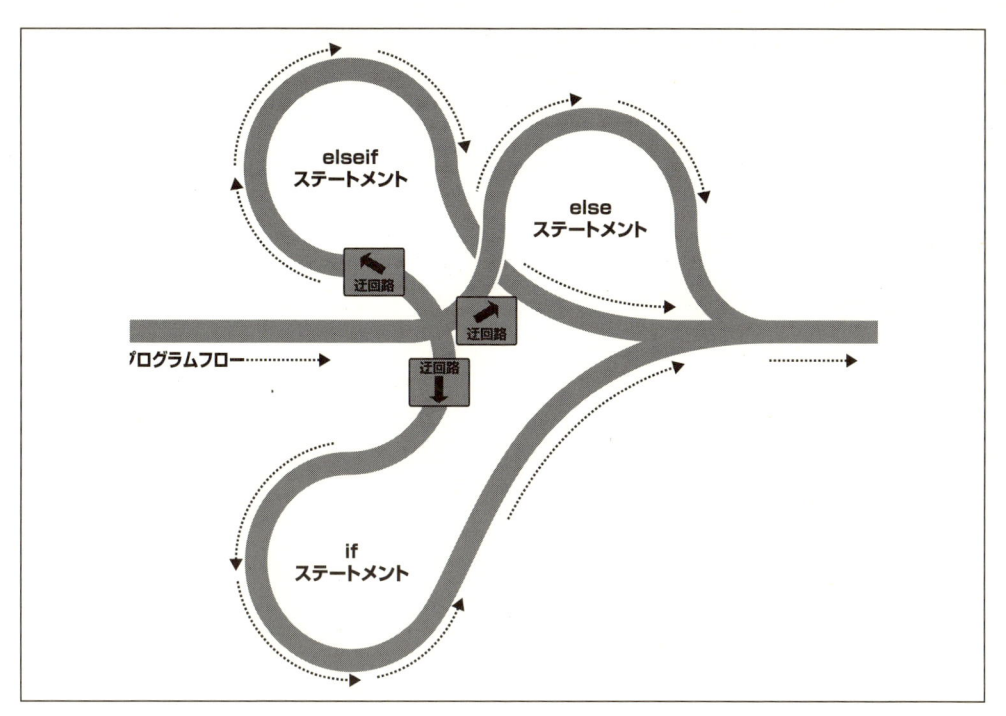

図 4-3：if と elseif、else 迂回路を持つ道路

　elseif ステートメントは好きなだけ使用できますが、elseif ステートメントの数が増えるにしたがい、switch ステートメントの使用が適切になります（みなさんの必要性に合っている場合）。これについては次で見ていきます。

4.3.4　switch ステートメント

　switch ステートメントは、1つの変数や式の結果が複数の値を持つ可能性があり、そこから別々の関数を呼び出す場合に便利です。

　たとえば、1つのストリングをユーザーの要求にしたがってメインメニューのコードに渡す PHP 駆動のメニューシステムがあり、その選択肢に Home、About、News、Login、Link があったとしましょう。これらには、ユーザーの入力に応じて変数 $page を設定します。

　これを if...elseif を使って書くと、サンプル 4-22 のようなコードが記述できます。

サンプル 4-22：複数行に及ぶ if...elseif ステートメント

```
<?php
if ($page == "Home") echo "You selected Home";
elseif ($page == "About") echo "You selected About";
elseif ($page == "News") echo "You selected News";
elseif ($page == "Login") echo "You selected Login";
```

サンプル 4-22：複数行に及ぶ if...elseif ステートメント（続き）

```php
    elseif ($page == "Links") echo "You selected Links";
?>
```

これを同じことを、switch ステートメントを使って書くとサンプル 4-23 のようになります。

サンプル 4-23：switch ステートメント

```php
<?php
switch ($page)
{
    case "Home":
        echo "You selected Home";
        break;
    case "About":
        echo "You selected About";
        break;
    case "News":
        echo "You selected News";
        break;
    case "Login":
        echo "You selected Login";
        break;
    case "Links":
        echo "You selected Links";
        break;
}
?>
```

ご覧のように、$page が出てくるのは switch ステートメントの最初 1 回だけです。その後は case コマンドが一致について調べます（$page がたとえば "Home" に一致するかなど）。一致したときには、そこに書かれている条件ステートメントが実行されます。無論実際のプログラムでは、ここにはユーザーが何を選択したかといった単純なことではなく、ページを表示したりページへジャンプするコードを記述します。

> switch ステートメントについて覚えておくべきことは、case コマンド内では中かっこを使わないということです。case コマンドはコロンで開始し、break; ステートメントで終えます。中かっこは、switch ステートメントの case のリスト全体を囲むために使用します。

抜け出る

条件が満たされ、switch ステートメントから抜け出たい場合には、break コマンドを使用します。このコマンドは PHP に対して、switch ステートメントから抜け、次のステートメントにジャンプするよう伝えま

す。

　サンプル 4-23 の break コマンドを全部削除すると、"Home" の case が TRUE に評価された場合、すべての case が実行されることになります。また、たとえば $page が値 "News" を持っていた場合、それ以降のすべての case コマンドが実行されます。これは熟慮が求められる意図的な方法で、高度なプログラミングでは使用されますが、みなさんは通常、case 条件の実行が終わるたびに必ず break コマンドを忘れずに発行するようにします。実際、break ステートメントの記述漏れはありがちなミスです。

デフォルトアクション

　switch ステートメントの標準的な要件として、どの case 条件も満たされなかった場合に実行されるデフォルトのアクションがあります。たとえば、サンプル 4-23 のメニューコードには、最後の中かっこの直前にサンプル 4-24 のコードが追加できます。

サンプル 4-24：サンプル 4-23 に加えるデフォルトのステートメント

```
    // 選択が不明な場合
    default: echo "Unrecognized selection";
        break;
```

　この break ステートメントは必ずしも必要ではありません。なぜなら、このデフォルトのアクションは最後のサブステートメントであり、プログラムフローは自動的に閉じる中かっこ (}) に進むからです。しかし default ステートメントをもっと上位に置く場合には、プログラムフローがその後のステートメントに進まないように、break コマンドが必要になります。一般的には、つねに break コマンドを加えるようにするのが最も安全なプラクティスです。

もう 1 つのシンタックス

　希望する場合には、switch ステートメントの最初の中かっこの代わりにコロン（:）を、最後の中かっこの代わりに endswitch コマンドを、サンプル 4-25 のように使用することもできます。しかしこの方法はあまり使用されないので、ここではみなさんがサードパーティ（第三者）のコードで見かけたときのために触れておきます。

サンプル 4-25：switch ステートメントのもう 1 つのシンタックス

```
<?php
switch ($page):
    case "Home":
        echo "You selected Home";
        break;

    // etc...

    case "Links":
```

サンプル 4-25：switch ステートメントのもう 1 つのシンタックス（続き）
```
        echo "You selected Links";
        break;
endswitch;
?>
```

4.3.5　? 演算子

　if と else ステートメントの冗長性を避ける方法の 1 つに、もっとコンパクトな三項演算子、? の使用があります。これは通常の 2 つより多い 3 つのオペランドを取る点が特徴的です。

　この演算子については、3 章で print と echo ステートメントの違いを述べたとき、print で使用でき、echo で使用できない演算子の例として簡単に触れました。

　? 演算子には、評価する式が実行用の 2 つのステートメントとともに渡されます。1 つは式が TRUE に評価されたときに実行されるステートメントで、もう 1 つは式が FALSE に評価されたときに実行されるステートメントです。

　サンプル 4-26 は、車の燃料切れに関する警告をデジタルダッシュボードに表示するときに使用できそうなコードです。

サンプル 4-26：? 演算子の使用
```
<?php
echo $fuel <= 1 ? "Fill tank now" : "There's enough fuel";
?>
```

　このステートメントでは、燃料が 1 ガロンかそれより少ないなら（言い換えると、$fuel が 1 以下に設定されているなら）、ストリング "Fill tank now"（今すぐ給油）が前の echo ステートメントに返されます。そうでない場合には、ストリング "There's enough fuel"（まだ十分）が返されます。また ? ステートメントで返された値を変数に代入することもできます（サンプル 4-27 参照）。

サンプル 4-27：? 条件の結果を変数に代入
```
<?php
$enough = $fuel <= 1 ? FALSE : TRUE;
?>
```

　この $enough には、燃料が 1 ガロン以上あるときのみ値 TRUE が代入されます。そうでないときには値 FALSE が代入されます。

　? 演算子がよく分からない場合には、if ステートメントを使いつづけても構いませんが、ほかの人が書いたコードを読むときのことを考えると、? 演算子には慣れておくべきです。? 演算子は通常、同じ変数が複数回使用されるので、解読が少し難しくなります。たとえば次のようなコードは非常によく使われます。

```
$saved = $saved >= $new ? $saved : $new;
```

これは全体を部分に分けて考えると、コードが何を行っているかが理解できます。

```
$saved =                    // $save の値を設定
        $saved >= $new      // $save を $new と比較
    ?                       // はい、比較は TRUE です
        $saved              // その場合には $save の現在値を代入
    :                       // いいえ、比較は FALSE です
        $new;               // その場合には $new の値を代入
```

　これは、プログラムの進行時、関係する値の最大値を追跡するための簡潔な方法です。最大値は $saved に保持し、それを新しい値を得るたびに $new と比較します。? 演算子に習熟したプログラマーは、こういった簡潔な比較ができる点において、? 演算子の方が if ステートメントより便利だと感じます。? 演算子は、こういったコンパクトなコードの記述に使用される以外でも、変数を関数に渡す前に、それが設定済みであるかどうかをテストするなど、何らかの決定をインラインで行うときによく使用されます。

4.4　ループ

　コンピュータの素晴らしい点の 1 つに、計算作業を速く飽きずに繰り返せることがあります。プログラムでは通常、たとえばユーザーの値の入力や、しかるべき結果への到達など、何らかの事象が発生するまで、一連の同じコードを何度も繰り返したい場合があります。PHP のさまざまなループ構造では、このための完璧な方法が提供されています。

　この仕組みをイメージするために、図 4-4 を見てください。これは if ステートメントの解説で使った道路の比喩とほとんど同じですが、迂回路がループしている点が異なります。ここに入った車は、プログラムの適切な条件下でのみ抜けることができます。

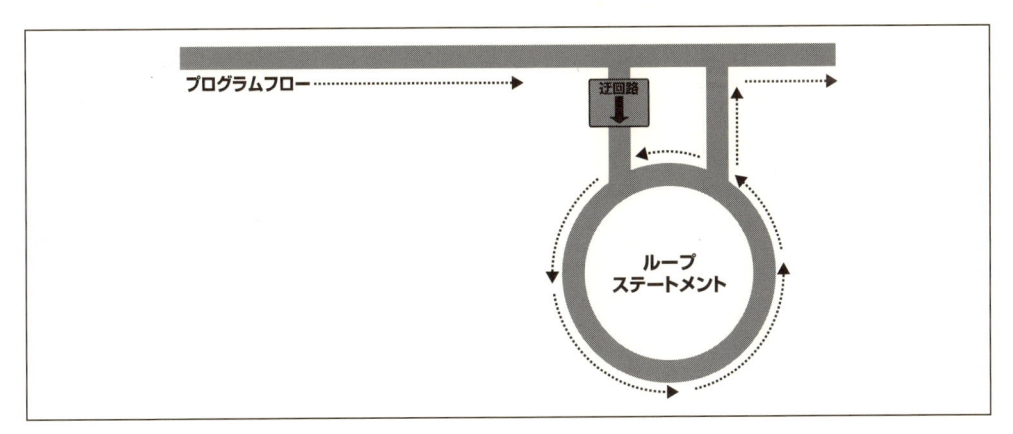

図 4-4：ループはロータリーのようなもの

4.4.1 while ループ

ではサンプル 4-26 の車の燃料をデジタルダッシュボードで継続的にチェックするよう、while ループを使って変更してみましょう（サンプル 4-28 参照）。

サンプル 4-28：while ループ

```php
<?php
$fuel = 10;
while ($fuel > 1)
{
    // 運転を続行
    echo "There's enough fuel";
}
?>
```

実際にはテキストの出力ではなく緑のライトを点けたいところですが、ここでのポイントは、while ループの中には燃料に関してポジティブな意思を示すものが置ける、ということです。なおみなさんがこのサンプルを試す場合には、ブラウザの停止ボタンをクリックするまでストリングが出力されつづけるので注意してください。

> if ステートメントと同様、while ステートメント内のステートメントの保持には、1 ステートメントの場合をのぞき、中かっこが要ります。

while ループの例をもう 1 つ、12 の掛け算表を表示するサンプル 4-29 を見てください。

サンプル 4-29：12 の掛け算表を出力する while ループ

```php
<?php
$count = 1;
while ($count <= 12)
{
    echo "$count times 12 is " . $count * 12 . "<br />";
    ++$count;
}
?>
```

ここではまず変数 $count を値 1 に初期化し、次いで while ループを $count <= 12 という比較式で開始しています。このループの実行は、変数が 12 より大きくなるまでつづき、次の結果が出力されます。

```
1 times 12 is 12
2 times 12 is 24
3 times 12 is 36
... 以降省略 ...
```

ループ内では、ストリングが $count に 12 を掛けた値とともに出力されます。ここではまた読みやすくするため、
 を加えて強制的に改行しています。その後 $count をインクリメントし、最後に中かっこが来ます。これは PHP に対して、ループの最初に戻るよう伝えます。

　この時点で $count は再び 12 より大きいかどうかテストされます。$count は今 12 以下ですが、その値は 2 です。これが後 11 回つづくと、$count は 13 になります。そのときには while ループ内のコードはスキップされ、コードの実行はループの次のコードに進みます。今の場合で言うと、ループの後にコードはないので、プログラムが終了します。

　++$count ステートメントがもしここになかったら（$count++ でも同様です）、このループは前のサンプルと同じように動作します。つまり際限なく何度も何度も 1 * 12 の結果を出力しつづけます。

　このループはもっとスマートに書くことができます。おそらくみなさんはこの方がお好きでしょう。サンプル 4-30 を見てください。

サンプル 4-30：サンプル 4-29 の短縮版
```
<?php
$count = 0;
while (++$count <= 12)
    echo "$count times 12 is " . $count * 12 . "<br />";
?>
```

　この例では、while ループ内にあった ++$count を削除し、ループの条件式に直接置いています。するとここでは、PHP がループの各繰り返しの最初で変数 $count に出会い、インクリメント演算子が前についていること（++$count）に気づくので、まず変数をインクリメントしてからそれを値 12 と比較するようになります。したがってここでは $count を前の 1 ではなく、0 に初期化する必要があります。なぜなら $count は、コードの実行がループに入るとすぐインクリメントされるからです。初期値を 1 のまま変更しないと、$count が 2 から 12 の結果が出力されます。

4.4.2　do...while ループ

　do...while ループは while ループを少し変えたバージョンで、コードのブロックを少なくとも 1 回は実行し、条件をその後で評価したいときに使用されます。サンプル 4-31 は、do...while ループを使って 12 の掛け算表を表示する修正版です。

サンプル 4-31：12 の掛け算表を出力する do...while ループ
```
<?php
$count = 1;
do
    echo "$count times 12 is " . $count * 12 . "<br />";
while (++$count <= 12);
?>
```

　ここでは、$count の初期値を 0 から 1 に戻していることに注意してください。なぜならこのループのコー

ドは、変数をインクリメントする機会を得る前に、すぐに実行されるからです。しかしそれ以外はサンプル 4-29 とよく似ています。

なお、do...while ループ内に 2 行以上のステートメントを記述するときには、サンプル 4-32 に示すように、中かっこをつけるのを忘れないようにしてください。

サンプル 4-32. サンプル 4-31 の中かっこつき版

```php
<?php
$count = 1;
do {
    echo "$count times 12 is " . $count * 12;
    echo "<br />";
} while (++$count <= 12);
?>
```

4.4.3　for ループ

ループの最後は for ループです。これは、ループに入るとき変数を設定し、ループの繰り返し中に条件をテストして、さらに各繰り返しの後に変数を変更する機能を合わせ持つ、最もパワフルなループです。

サンプル 4-33 は、for ループを使った掛け算表プログラムの書き方の例です。

サンプル 4-33：for ループを使った 12 の掛け算表

```php
<?php
for ($count = 1 ; $count <= 12 ; ++$count)
    echo "$count times 12 is " . $count * 12 . "<br />";
?>
```

これを見ると、コード全体が 1 つの条件式を含む単一の for ステートメントまで短くなっていることが分かります。ここでは何が起こっているのでしょう？ for ステートメントは次の 3 つのパラメータを取ります。

- 初期化式

- 条件式

- 変化式

これらは、for (式 1; 式 2; 式 3) のように、セミコロン（;）で区切られます。初期化式は、ループの 1 回めの繰り返しの開始時に実行されます。掛け算表のコードで言うと、$count が値 1 に初期化されます（$count = 1）。次いでループが繰り返されるたびに、条件式（$count <= 12）がテストされます。ループに入るのはこの条件が TRUE のときだけです。そして最後、変化式が各繰り返しの終わりで実行されます。掛け算表のコードで言うと、変数 $count がインクリメントされます（++$count）。

forループのこの構造では、ループを制御するコード（たとえばwhileの++$countなど）をループ本体内に置く必要性がなく、繰り返し実行したいステートメントを記述するだけで済みます。

ただし、本体内で複数のステートメントを実行したい場合には、forループでも中かっこが必要です（サンプル 4-34 参照）。

サンプル 4-34：サンプル 4-33 の for ループに中かっこを追加した

```php
<?php
for ($count = 1 ; $count <= 12 ; ++$count)
{
    echo "$count times 12 is " . $count * 12;
    echo "<br />";
}
?>
```

では、forとwhileループはどんな場合に使えばよいのでしょう？ forループは、定期的に変化する単一の値を想定して設計されており、値は通常インクリメントされます。たとえば、ユーザーから選択リストを受け取り、それぞれを順番に処理したいような場合です。しかし変数は好きなようにその形を変えることが可能で、forステートメントのもっと複雑な形式では、3つの各パラメータで、複数の演算が実行できます（ただし理解が難しいので、初心者のみなさんにはおすすめしません）。

```php
for ($i = 1, $j = 1 ; $i + $j < 10 ; $i++ , $j++)
{
    // ...
}
```

ポイントはコンマ（,）とセミコロン（;）の区別です。3つのパラメータはセミコロンで区切られている必要があります。各パラメータ内では、複数のステートメントをコンマを使って区切ります。したがってこの例では、1つめと3つめのパラメータにそれぞれ2つのステートメントがあることになります。

```
$i = 1, $j = 1    // $iと$jを初期化
$i + $j < 10      // 終了する条件
$i++ , $j++       // 各繰り返しの終わりで$iと$jを変更
```

ではwhileステートメントがforステートメントより適切なのはどんな場合でしょう？ それは、条件が変数への定期的で単純な変更では決まらない場合です。たとえば、特殊な入力やエラーを調べ、それが発生したときにループを終了させたい場合には、whileステートメントを使用します。

4.4.4 ループを抜け出る

forループを抜けるには、switchステートメントのときと同じbreakコマンドを使用します。この手順は、たとえばステートメントのどれかがエラーを返し、ループの安全な実行が難しくなったときに必要になります。

これは、ディスクが一杯になったためにファイルへの書き込みがエラーを返すサンプル 4-35 のような場合です。

サンプル 4-35：エラーを捕捉する for ループを使ってファイルへの書き込みを実行

```
<?php
$fp = fopen("text.txt", 'wb');

for ($j = 0 ; $j < 100 ; ++$j)
{
    $written = fwrite($fp, "data");
    if ($written == FALSE) break;
}

fclose($fp);
?>
```

このコードは、みなさんがここまでに見て来た中で最も難しい部類に入りますが、実は、このファイル処理はこの後見ていきます。ここでは差し当たり、1 行めで text.txt という名前のファイルをバイナリ書き込みモードで開き、ファイルへのポインタを変数 $fp に返すという作業を行っている、ということを覚えておいてください。$fp は開いたファイルを後で参照するときに使用します[†]。

その後ループでは、0 から 99 まで 100 回繰り返し処理を行い、data というストリングをファイルに書き込んでいます。書き込んだ後には毎回、変数 $written に fwrite 関数が適切に書きこんだ文字数を表す値（今の場合は data の 4）が代入されます。しかしエラーが発生した場合には fwrite 関数が FALSE を返すので、これが $written に代入されます。

fwrite 関数のこの振る舞いによって、変数 $written が FALSE に設定されたかどうかは容易に調べることができます。$written が FALSE の場合にはループを抜けて（break;）次のステートメントに進み、ファイルを閉じます（fclose($fp);）。

このコードを改良したいと思うみなさんは、次の行を、

`if ($written == FALSE) break;`

NOT 演算子（!）を使って、次のように単純化することができます。

`if (!$written) break;`

実を言うと、ループ内の 2 つのステートメントは次の 1 行に短くすることもできます。

`if (!fwrite($fp, "data")) break;`

[†] 訳注：サンプル 4-35 を試す場合には、PHP ファイルと同じ階層に text.txt という名前の空のテキストファイルを置きます。PHP コードを実行し、text.txt ファイルを開くと data という文字が 100 個書き込まれていることが分かります。

break コマンドはみなさんが思われているよりもはるかにパワフルです。複数階層にネストされているコードから抜けたい場合には、break コマンドにつづけて、次のように抜けたい階層数を指定することができます。

```
break 2;
```

4.4.5　continue ステートメント

continue ステートメントは break ステートメントと少し似ていますが、現行のループ処理を停止し、次回のループに移るよう PHP に命令する点が異なります。continue ステートメントが抜けるのはループそのものではなく、その時点での繰り返しです。

continue のこの特質は、コードが現行ループのどこまで実行されるか不明で、プロセッササイクルを節約したい場合やエラーの発生を回避したい場合に役立ちます。サンプル 4-36 では、continue ステートメントを、変数 $j が値 0 を持ったときに発生するゼロで割り算するエラーの回避に使用しています。

サンプル 4-36：continue を使ってゼロで割り算するときのエラーを捕捉する
```
<?php
$j = 10;
while ($j > -10)
{
    $j--;
    if ($j == 0) continue;
    echo (10 / $j) . "<br />";
}
?>
```

$j に代入される 9 から -10 までの値で 10 を割った結果は、値が 0 の場合をのぞいて、すべて表示されます。$j が 0 である場合にだけ、continue ステートメントが発行され、実行がループの次回の繰り返しにスキップされます。

4.5　暗黙的なキャストと明示的なキャスト

PHP はゆるく型付けされる言語なので、変数をただ使用するだけでその変数と型を宣言することができます。PHP はまた、必要な場合には値をある型から別の型に自動的に変換します。これは暗黙的なキャスト（型の変換）と呼ばれます。

しかし、PHP の暗黙的なキャストがいらない場合もあります。次のサンプル 4-37 の割り算には整数を使っています。PHP はデフォルトで、この出力を最も精度の高い値になるように、4.6666666666667 という浮動小数点数に変換します。

サンプル 4-37：この式は浮動小数点数を返す

```
<?php
$a = 56;
$b = 12;
$c = $a / $b;
echo $c;
?>
```

しかし $c に整数値が欲しい場合にはどうすればよいのでしょう？　これにはさまざまな方法がありますが、その1つに、$a / $b の結果を整数に強制的にキャストする方法があります。そのためには次のように、整数への型キャスト、(int) を使用します。

```
$c = (int) ($a / $b);
```

これは明示的なキャストと呼ばれます。ここでは、式全体の値を整数に確実にキャストするために、その式をかっこで囲んでいる点に注意してください。そうしない場合、変数 $a だけが整数にキャストされ、$b による割り算によって再度浮動小数点数が返されることになり、これでは意味がありません。

明示的な型キャストには表 4-6 に示すものが使用できます。しかしキャストは通常、PHP のビルトイン関数を使うことでその必要性が回避できます。たとえば整数値が欲しいときには、intval 関数が使用できます。本書のほかの場所でも当てはまることですが、ここでキャストを説明しているのは、みなさんが第三者のコードでキャストを目にしたときに理解できるようにするためです。

表 4-6：PHP の型キャスト

型変換	説明
(int) (integer)	小数点以下を切り落とすことによる整数へのキャスト
(bool) (boolean)	Boolean へのキャスト
(float) (double) (real)	浮動小数点数へのキャスト
(string)	ストリングへのキャスト
(array)	配列へのキャスト
(object)	オブジェクトへのキャスト

4.6　PHP の動的リンク

PHP はプログラミング言語であり、そこからの出力をユーザーごとにまったく違うものに変えることができるので、Web サイト全体を単一の PHP Web ページで運営することも可能です。ユーザーが何かをクリックするたびに、その同じ Web ページに詳細を送り返し、そこで次に行うことを、そこに保持されているさまざまなクッキーやセッションにもとづいて決めることができます。

とは言え、Web サイト全体をこのように構築することは可能ではありますが、おすすめできません。なぜならそこでは、ユーザーが取り得るあらゆる行動を考慮する必要があり、それによりソースコードが肥大化して手に負えなくなるからです。

そうではなく、Webサイトはさまざまな部分（モジュール）に分けて開発する方がよほど合理的です。たとえばWebサイトへの会員登録（サインアップ）は1つの個別的な処理で、これにはメールアドレスの検証やユーザー名がすでに使われていないかどうかの確認といった要件がともないます。

2つめのモジュールは、ユーザーがWebサイトの主要部に移る前のログイン部かもしれません。ユーザーのログイン後には、ユーザーがコメントを残すことのできるメッセージモジュールや、リンクと役立つ情報を備えたモジュール、またイメージがアップロードできるモジュールなどが作成できるでしょう。

Webサイトは、クッキーやセッション変数（これらについては以降の章で詳しく見ていきます）などを使ったユーザーを追跡する手段を構築しさえすれば、それぞれが自己完結した合理的なPHPコード（つまりモジュール）に分割することができます。その結果、みなさんが行う作業は、今後の新機能の開発にせよ以前の機能のメンテナンスにせよ、従来よりもはるかに容易になります。

4.6.1 実際の動的リンク

今日のWebで人気のあるPHP駆動アプリケーションと言えば、ブログプラットフォームのWordPressでしょう（図4-5参照）。ブロガーやブログの読者であるみなさんは気づいていないかも知れませんが、WordPressの主要部にはすべてそれ用のメインPHPファイルがあてがわれています。そしてそれらが使用する大量の汎用的な共有関数は別のファイルに収められ、メインPHPページが必要に応じてそれらを読み

図4-5：WordPressブログプラットフォームはPHPで記述されている

込むという仕組みになっています。

　プラットフォーム全体は舞台裏のセッショントラッキングによって結びついているので、サブセクションの遷移にはほとんど気づきません。みなさんがWebデベロッパーとしてWordPressを微調整するときでも、必要なファイルは簡単に見つかり、その修正も容易で、テストやデバッグもそれと関係のないプログラム部に余計な影響を及ぼさずに行うことができます。

　次にWordPressを使うときには、特にブログを運営されている方は、ぜひブラウザのアドレスバーに注目してください。ページを操作するたびに別のPHPファイルが使用されていることが分かります。

　本章では非常に多くの基本的な事柄を見てきました。ここまで進んで来られたみなさんならもう小さなPHPプログラムが作成できるでしょう。しかしその前に、また関数やオブジェクトを取り上げる次章に進む前に、本章で得た新しい知識を以下の設問でテストしてみてください。

4.7　確認テスト

1. TRUEとFALSEを実際に表す、根本的な値はそれぞれ何ですか？
2. 式の最も単純な2つの形式は何ですか？
3. 単項、二項、三項演算子の違いは何ですか？
4. 演算子の優先順位を自分で変えるときの最良の方法は何ですか？
5. 演算子の結合性とは何を意味しますか？
6. ===（厳密等価演算子）はどのようなときに使用しますか？
7. 条件ステートメントの3タイプとは何ですか？
8. ループの現在の繰り返しを飛ばし、次のループに移るために使用するコマンドは？
9. forループがwhileループよりパワフルな理由は？
10. ifとwhileステートメントで使用されるさまざまなデータ型の条件式は、具体的にどのように解釈されますか？

テストの模範解答は付録Aに記載しています。

5章
PHPの関数とオブジェクト

　すべてのプログラミング言語には基本的な要件として、データを保持する場所やプログラミングの流れを変える手段のほか、式の評価やファイル管理、テキスト出力といった細かな事柄が求められます。PHPにはこれらに加え、elseやelseifなどの、プログラミングを楽にするツールが備わっています。とは言え、みなさんのツールキットにこれらが全部揃っていたとしても、プログラミングは扱いにくくなる場合があり、特に似たようなコードをそれが必要になるたびに毎回書き直さなくてはならないような場合には、実に退屈な作業になります。

　ここで登場するのが関数とオブジェクトです。関数は、みなさんが想像されているように、ある具体的な働きを実行し、場合によっては値を返すステートメントのセットです。何度も使用するコード部は、それを抜き出し関数に入れることができます。そのコードを使用したいときに関数をその名前で呼び出すことができます。

　関数には、連続したインラインコードに優る多くのメリットがあります。

- コードの記述量が少なくて済むようになります。

- シンタックスエラーやそのほかのプログラミングエラーが減ります。

- プログラムのファイルの読み込みにかかる時間が減ります。

- 関数は、呼び出される回数に関係なく、どれも1度だけコンパイル（機械語に変換）されるので、プログラムの実行にかかる時間が短くなります。

- 引数（関数に渡す値）を取ることができるので、汎用的にも特定の場合にも使用できます。

　オブジェクトはこの概念をさらに進めたもので、1つまたは複数の関数やそれらが使用するデータを、クラスと呼ばれる単一の構造に取り込みます。

　本章では、関数の定義からその呼び出し、値の受け取りや渡し方まで、関数の使用に関するすべてを学びます。この知識を身につけると、関数を作成し、それをみなさん独自のオブジェクトで使用できるようになります（この場合関数はメソッドと呼ばれます）。

5.1　PHPの関数

　PHPには、それを非常にリッチな言語たらしめている、何百ものビルトイン（組み込み済みの）関数が備わっています。関数を使用するには、それを名前で呼び出します。たとえばprint関数は次のように使用できます。

```
print("print is a function");
```

　このかっこはPHPに対して、これは関数なのだ、ということを言っています。かっこをつけないとPHPは定数と解釈します。すると次のような警告が表示されるかもしれません。

```
// 未定義の定数、fnameを使用しているが、これは 'fname' だと思われる
Notice: Use of undefined constant fname - assumed 'fname'
```

　この後には、みなさんはコード内でリテラルストリングを使いたかったのだろうという仮定にもとづいたテキストストリングのfnameが表示されます（実際にfnameという名前の定数があった場合、PHPはその値を使用するので、事態はさらにややこしくなります）。

> 厳密に言うと、printは一般に、言語構造と呼ばれる擬似関数です。関数との違いは、次のようにかっこが省略できる点にあります。
>
> ```
> print "print doesn't require parentheses";
> ```
>
> ほかの関数では、それを呼び出すとき必ず、たとえ中が空であっても（これはその関数に引数を渡さないということです）、かっこをつける必要があります。

　関数は引数をいくつでも取ることができます（引数を渡さないこともできます）。たとえば次のphpinfoは、現在インストールされているPHPの情報を数多く表示する関数ですが、引数を取りません。この関数を呼び出すと図5-1に示すような結果が得られます。

```
phpinfo();
```

> phpinfoは、現在インストールされているPHPに関する情報を得るための非常に便利な関数ですが、同時にそれはハッカーにとってもおいしい情報です。したがってこの関数への呼び出しはWeb上で実行されるコードに残しておいてはいけません。

　ビルトイン関数の中には、サンプル5-1に示すように、1つまたはそれ以上の引数を取るものがあります。

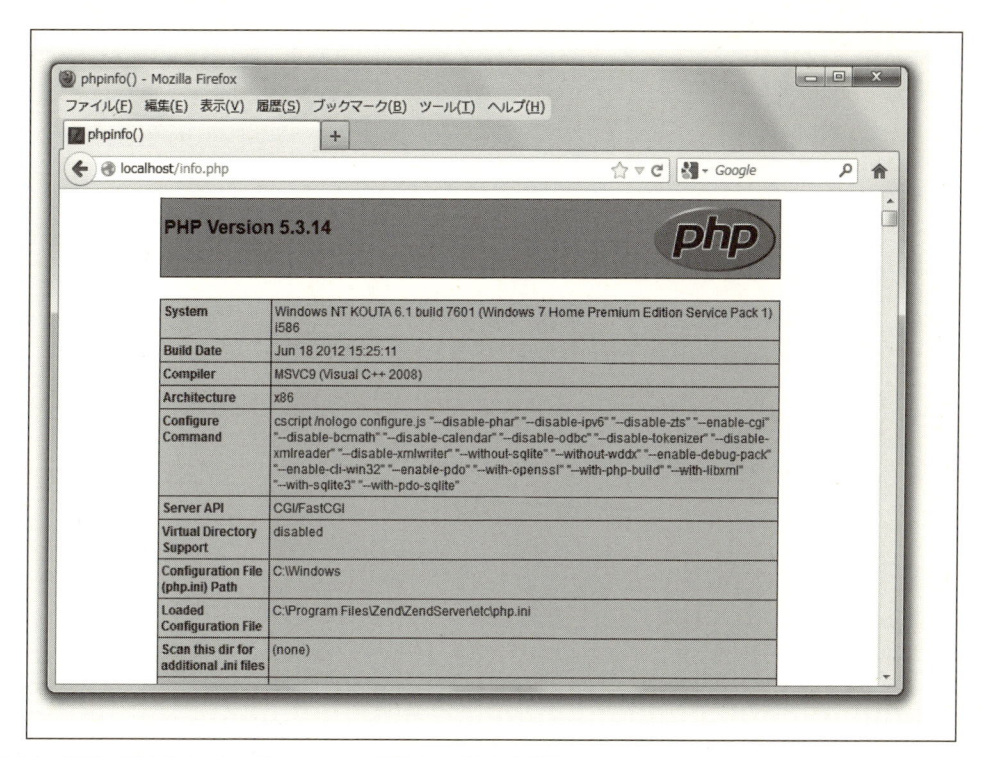

図 5-1：PHP にビルトインされている phpinfo 関数を呼び出した結果

サンプル 5-1：3 つのストリング関数

```
<?php
echo strrev(" .dlrow olleH"); // ストリングの並びを逆にする
echo str_repeat("Hip ", 2);    // ストリングを繰り返す
echo strtoupper("hooray!");    // ストリングを大文字にする
?>
```

3 つのストリング関数を使ったこの例からは、次のテキストが出力されます。

Hello world. Hip Hip HOORAY!

ご覧のように、strrev 関数はストリング内の文字の順番を逆にし、str_repeat はストリング "Hip " を 2 回繰り返し（回数は 2 つめの引数で指定します）、strtoupper は "hooray!" を大文字に変換します。

5.1.1 関数を定義する

関数の定義には次のシンタックスを使用します。

```
function function_name([parameter [, ...]])
{
    // ステートメント
}
```

この1行めは以下を示しています。

- 定義は function で始める。
- その後関数の名前をつづける。名前には英数字とアンダースコアが使用できるが、先頭の文字は英字かアンダースコアでなくてはならない。
- かっこは必ずつける。
- パラメータはオプションで、複数ある場合にはコンマで区切る（角かっこはオプションであることを示し、関数のシンタックスではありません）。

関数名は大文字小文字の違いで区別されません（ケースインセンシティブと言います）。したがってPRINT や Print、PrInT はどれも同じ print 関数を指します。

開く中かっこ（{）は、関数が呼び出されたときに実行するステートメントの始まりで、これには相棒の閉じる中かっこ（}）が必要です。ステートメントには1つまたは複数の return ステートメントを含むことができます。return ステートメントは関数の実行を強制的に終わらせ、プログラムの実行を関数を呼び出したコードに戻します。return ステートメントに値が指定されている場合には、次で見ていくように、その呼び出し元のコードはその値を受け取ることができます。

5.1.2 値を返す

ここでは人のフルネームを小文字に変換し、名前の最初の文字を大文字にする簡単な関数を見ていきます。

サンプル 5-1 ではビルトイン関数の strtoupper 関数の例を紹介しましたが、今作成しようとする関数では、その姉妹関数の strtolower を使用します。

```
$lowered = strtolower("aNY # of Letters and Punctuation you WANT");
echo $lowered;
```

このテストコードは次の結果を出力します。

```
any # of letters and punctuation you want
```

しかし名前を全部小文字にしたいのではなく、名前の各部の1文字めは大文字にします（ただし Mary-Ann や Jo-En-Lai といったケースは対象外）。ありがたいことに PHP には、ストリングの最初の文字を大文字にする ucfirst 関数があります。

```
$ucfixed = ucfirst("any # of letters and punctuation you want");
echo $ucfixed;
```

このコードからは次の出力が得られます。

```
Any # of letters and punctuation you want
```

これでプログラム設計のとっかかりを得ることができます。つまり、1文字めが大文字の単語を得るには、まず strtolower を対象のストリングに関して呼び出し、次にその結果に関して ucfirst を呼び出せばよいのです。これには、strtolower への呼び出しを ucfirst 内にネスト（入れ子に）する方法があります。ではなぜこのようなことが可能なのか、その理由を探っていきましょう（コードが評価される順番を理解することは非常に重要です）。

たとえば次のような print 関数への呼び出しがあったとします。

```
print(5-8);
```

式 5-8 が最初に評価され、-3 が出力されます（前章で見たように、PHP は結果を表示するためにそれをストリングに変換します）。式に関数が含まれている場合、その関数もその時点で評価されます。

```
print(abs(5-8));
```

PHP はこの短いステートメントを実行するときに次の作業を行います。

1. 5-8 を評価し、-3 を生み出します。

2. abs 関数を使って、-3 を 3 に変更します。

3. 結果をストリングに変換し、それを print 関数を使って出力します。

言い換えると、PHP は各要素をかっこの内側から外へと評価します。PHP が取るこの手順は、次のコードを呼び出したときでも変わりません。

```
ucfirst(strtolower("aNY # of Letters and Punctuation you WANT"));
```

PHP はこのストリングをまず strtolower に渡し、次いで ucfirst に渡します。このときにも前に見たときと同じように、まず全ストリングが小文字に変換され、次いでその1文字めが大文字化されます。そして次のストリングが生み出されます。

```
Any # of letters and punctuation you want
```

では以上を踏まえて、3つの名前を取り、各名前の先頭だけを大文字にする関数を定義しましょう（サンプル 5-2 参照）。

サンプル 5-2：フルネームを整える

```php
<?php
echo fix_names("WILLIAM", "henry", "gatES");

function fix_names($n1, $n2, $n3)
{
    $n1 = ucfirst(strtolower($n1));
    $n2 = ucfirst(strtolower($n2));
    $n3 = ucfirst(strtolower($n3));
    return $n1 . " " . $n2 . " " . $n3;
}
?>
```

このようなコードは今後みなさんにも必要になるかもしれません。と言うのも、CapsLock キーをオンにしたままのユーザーや、大文字の挿入場所を間違えて入力したり、大文字の入力をすっかり忘れてしまうユーザーが多いからです。このサンプルからは次の結果が出力されます。

```
William Henry Gates
```

5.1.3　配列を返す

　1つの値を返す関数は前節で見た通りですが、関数からはまた複数の値を得ることもでき、その方法も何通りかあります。

　1つめの方法は、複数の値を配列に入れて返す方法です。3章で見たように、配列は一列に連続して並んだ値の集まりのようなものです。サンプル 5-3 は、関数から返す値に配列を使った例です。

サンプル 5-3：複数の値を配列で返す

```php
<?php
$names = fix_names("WILLIAM", "henry", "gatES");
echo $names[0] . " " . $names[1] . " " . $names[2];

function fix_names($n1, $n2, $n3)
{
    $n1 = ucfirst(strtolower($n1));
    $n2 = ucfirst(strtolower($n2));
    $n3 = ucfirst(strtolower($n3));
    return array($n1, $n2, $n3);
}
?>
```

　名前を結合して1つのストリングにしないこの方法には、3つの名前をそれぞれ別個に維持できるというメリットがあります。ユーザーを参照したい場合、返されたストリングから名前を抽出しなくても、単に元のファーストネームやラストネームを使用するだけで済みます（重複した名前のユーザーがいない場合）。

5.1.4 参照で渡す

PHP で変数名の前に＄記号をつけることは、値そのものではなく、変数の値への参照を渡すよう、パーサーに伝えることを意味します。この概念の理解は簡単ではないので、3章で述べたマッチ箱の比喩で考えてみましょう。

図 5-2 を見ながら、次の作業を思い浮かべてください。紙片をマッチ箱から取り出しそこに書かれている文字を読み取ってそれを別の紙片にコピーし元の紙片を箱に戻してコピーを関数に渡すのではなく、ただ元の紙片に縫い糸の端を結びつけ、もう一方の端を関数に渡すのです。

すると関数はその糸をたどって、アクセスするデータを見つけることができます。この仕組みによって、その関数で使用するためだけに変数のコピーを作成するという負荷を避けることができます。さらによいことに、関数で変数の値が変えられるようになります。

これはつまり、サンプル 5-3 は、関数のすべてのパラメータに参照を渡すように書き直すことができる、ということです。関数はサンプル 5-4 に示すように修正できます。

サンプル 5-4：関数から値を参照で返す

```php
<?php
$a1 = "WILLIAM";
$a2 = "henry";
$a3 = "gatES";

echo $a1 . " " . $a2 . " " . $a3 . "<br />";
fix_names($a1, $a2, $a3);
echo $a1 . " " . $a2 . " " . $a3;

function fix_names(&$n1, &$n2, &$n3)
{
    $n1 = ucfirst(strtolower($n1));
    $n2 = ucfirst(strtolower($n2));
    $n3 = ucfirst(strtolower($n3));
}
?>
```

図 5-2：参照は変数に結びつけた縫い糸

ここでは関数にストリングを直接渡すのではなく、まずストリングを変数に代入し、処理前の値の確認として変数を出力しています。次いで前と同様に関数を呼び出しますが、今度の関数では各パラメータの前に & 記号をつけています。この & 記号は PHP に対して、変数の参照を渡すということを伝えます。

これにより変数 $n1 と $n2、$n3 は、$a1 と $a2、$a3 の値につながった "縫い糸" に結びつけられます。別の言い方をすると、値は 1 つのグループとして存在し、値にアクセスできる変数名のセットは 2 つある、ということです。

したがって関数 fix_names で $n1 と $n2、$n3 に新しい値を代入するだけで、$a1 と $a2、$a3 の値が更新されることになります。サンプル 5-4 からは次の出力が得られます。

```
WILLIAM henry gatES
William Henry Gates
```

ご覧のように、echo ステートメントでは両方とも、$a1 と $a2、$a3 の値しか使っていません。

> 値を参照で渡すときには注意が必要です。元の値を取っておきたい場合には、変数のコピーを作成し、そのコピーを参照で渡します。

5.1.5 グローバル変数を返す

関数にはまた、外部で作成された変数にアクセスさせることも可能です。そのためにはその変数を関数内からグローバル変数として宣言します。global キーワードにその変数の名前をつづけることで、コードのどこからでもその変数にアクセスできるようになります（サンプル 5-5 参照）。

サンプル 5-5：値をグローバル変数で返す

```php
<?php
$a1 = "WILLIAM";
$a2 = "henry";
$a3 = "gatES";

echo $a1 . " " . $a2 . " " . $a3 . "<br />";
fix_names();
echo $a1 . " " . $a2 . " " . $a3;

function fix_names()
{
    global $a1; $a1 = ucfirst(strtolower($a1));
    global $a2; $a2 = ucfirst(strtolower($a2));
    global $a3; $a3 = ucfirst(strtolower($a3));
}
?>
```

この関数にはパラメータを渡す必要はなく、関数もパラメータを受け取る必要はありません。これらの変数は1度宣言されたらグローバルでありつづけるので、その関数を含むプログラムのどこからでも使用できます（PHPでは、グローバル変数を関数内部で使用する場合、その関数内でグローバルとして宣言します）。

とは言え、値を返す場合、スコープをできるだけローカルに留めておくには、値は配列や参照を使って返すようにすべきです。そうしないと関数のメリットを失うことになります。

5.1.6　変数のスコープのまとめ

3章で学んだことを確認しておきましょう。

- ローカル変数には、それを定義したコード部からのみアクセスできます。たとえば関数の外にある変数には、関数やクラスなどの外にあるすべてのコードからアクセスできます。変数が関数内にある場合、その変数にアクセスできるのはその関数内だけで、その値は関数の実行後に失われます。

- グローバル変数にはすべてのコード部からアクセスできます。

- 静的変数にはそれを宣言した関数内でのみアクセスでき、その値は何度呼び出しても変わりません。

5.2　ファイルのincludeとrequire

PHPプログラミングの腕前が上がってくると、何度も必要になる関数のライブラリを構築したくなったり、ほかのプログラマーが作成したライブラリを使用するようになります。

これらの関数はみなさんのコードにペーストする必要はなく、別のファイルに保存し、コマンドを使って組み込むことができます。これを実行するコマンドには、includeとrequireという2つのタイプがあります。

5.2.1　includeステートメント

includeを使用すると、PHPに対して、特定のファイルを取得しその中身を全部読み込むように求めることができます。これはちょうど、インクルードするファイルを現在のファイルの挿入ポイントにペーストするようなものです。サンプル5-6では、library.phpという名前のファイルをインクルードする方法を示しています。

サンプル5-6：PHPファイルのインクルード

```
<?php
include "library.php";

// みなさんのコード
?>
```

5.2.2 include_once の使用

include ディレクティブ（命令）は発行されるたびに、要求されたファイルがすでに挿入されている場合でも、そのファイルを毎回インクルードします。たとえば、library.php には多くの有用な関数が含まれているので、みなさんはそれをインクルードしたいと思っているとしましょう。みなさんはまた、library.php をインクルードする別のライブラリもインクルードしたいと思っています。しかしこの場合、みなさんはこのネストにより library.php を 2 度インクルードすることになります。その結果エラーメッセージが発生します。なぜならみなさんは、同じ定数や関数を複数回定義しようとしたからです。これを回避するには、include の代わりに include_once を使用します（サンプル 5-7 参照）。

サンプル 5-7：PHP ファイルを 1 度だけインクルードする

```
<?php
include_once "library.php";

// みなさんのコード
?>
```

すると PHP は、同じファイルをインクルードする別の include か include_once に出会ったとき、そのファイルがロード済みかどうかを検証し、ロードされている場合には、その include か include_once を無視します。PHP は、そのファイルが実行済みかどうかを決めるとき、すべての相対パスを解決して（絶対パスに直して）、ファイルへの絶対パスがみなさんのインクルードパスにみつかるかどうかを調べます。

> 一般的にはおそらく、一貫して include_once を用い、基本的な include ステートメントは使わないのがベストです。このようにするとファイルを何度もインクルードする問題は決して発生しません。

5.2.3 require と require_once の使用

include と include_once の潜在的な問題は、PHP は要求されたファイルのインクルードを試行するだけで、そのファイルが見つからなかった場合でもプログラムの実行が継続される点にあります。

必要不可欠なファイルのインクルードには、require を使用します。わたしは、include_once を使う同じ理由から、require を使用する必要があるときにはつねに require_once の一貫した使用をおすすめします（サンプル 5-8 参照）。

サンプル 5-8：PHP ファイルを 1 度だけ要求

```
<?php
require_once "library.php";

// みなさんのコード
?>
```

5.3 PHPのバージョンの互換性

PHPは今も開発がつづけられている言語なので、複数のバージョンが存在します。特定の関数が使用できるかどうかを調べたいときには、定義済み関数とユーザーが作成した関数すべてを調べる function_exists 関数を使用します。

サンプル 5-9 は、PHP バージョン 5 固有の array_combine 関数を調べる例です。

サンプル 5-9：関数が存在するかどうかを調べる

```
<?php
if (function_exists("array_combine"))
{
    // 関数は存在する
    echo "Function exists";
}
else
{
    // 関数は存在しないので、自分で記述
    echo "Function does not exist - better write our own";
}
?>
```

このようなコードを使用すると、プログラムのコードをPHPの古いバージョンでも実行したい場合に同じことを行う必要のあるPHPの新しいバージョンの機能を特定することができます。みなさんが記述する関数はビルトイン関数よりも実行に時間がかかるかもしれませんが、少なくともそのコードは可搬性の点ではるかにすぐれています。

また phpversion 関数を使用すると、コードを実行している PHP のバージョンを知ることができます。次のような結果が返されますが、これは PHP のバージョンによって変わります。

5.3.14

5.4 PHPのオブジェクト

関数は、プログラムの移動をごく基本的な GOTO や GOSUB ステートメントに委ねていたプログラミング初期の時代をはるかに凌ぐ、大幅に強化されたプログラミングパワーの象徴です。オブジェクト指向プログラミング（OOP）ではこの関数がまったく新しいレベルで使用されます。

とは言え、再利用可能なコードを関数に凝縮するコツをつかみさえすれば、オブジェクトで関数とそのデータを包み込むという考えはそれほど大きな飛躍でもありません。

ではこれを、構成要素を多く持つソーシャルネットワーキングサイトを例に考えてみましょう。必要な処理の中には、すべてのユーザーに対して行うものがあります。そこでは、新しいユーザーがサインアップ（登録）でき、既存のユーザーが自分の詳細情報を編集できるといったことが求められるでしょう。標準的なPHPでは、これを処理する関数をいくつか記述し、全ユーザーを追跡するためのMySQLデータベースへの呼び出しを埋め込むといった方法が取られます。

しかしこの作業は、対象ユーザーをオブジェクトで表すことができたらどれだけ容易になるか、想像してみてください。これを行うには、ユーザーの処理に必要なすべてのコードと、そのクラス内でのデータ操作に必要なすべての変数を含む、たとえば User というような名前のクラスを作成します。すると、ユーザーのデータ操作が必要になったときには、ただ User クラスを使って新しいオブジェクトを作成するだけで、その操作を行うことができるようになります。

　この新しいオブジェクトは、実際のユーザーと同じように扱うことができます。たとえばオブジェクトには、名前やパスワード、メールアドレスを渡すことができます。すると、その名前のユーザーがすでに存在するかどうかを調べ、存在しない場合には、その属性を使って新しいユーザーを作成するといったことが可能になります。その気になれば、インスタントメッセージングを行うオブジェクトや、2人のユーザーが友人かどうかを管理するオブジェクトを作成することもできます。

5.4.1　使用される用語

　オブジェクトを使ってプログラムを作成するときには、コードとデータから成る、クラスと呼ばれる合成物を設計する必要があります。クラスを元にした新しいオブジェクトは、そのクラスのインスタンス（実体）と呼ばれます。

　オブジェクトに関連するデータはオブジェクトのプロパティと呼ばれ、オブジェクトが使用する関数はメソッドと呼ばれます。クラスを定義するときには、プロパティの名前とメソッドのコードを与えます。図 5-3 はジュークボックスの写真で、これはオブジェクトに見立てることができます。ジュークボックスの中にある CD はプロパティで、正面パネルにあるボタンを押すという動作は CD を再生するメソッドに当たります。またコインを入れるスロット（オブジェクトを有効化するメソッド）やディスクリーダー（CD から音楽を取得するメソッド）もあります。

　オブジェクトを作成するときには、カプセル化を使用するのがベストです。カプセル化とは、クラスのメ

図5-3：ジュークボックス：自己完結したオブジェクトの好例

ソッドはそのクラスのプロパティを操作するためだけに使用する、という方針でクラスを記述することを言います。別の言い方をすると、オブジェクトのデータには外のコードからアクセスさせない、ということです。クラスに与えるメソッドはオブジェクトのインターフェイスと呼ばれます。

　カプセル化を使用すると、誤りのあるコードの修正がクラスの中だけで済むので、デバッグが容易になります。またプログラムをアップグレードするときでも、適切なカプセル化を使用し同じインターフェイスを維持していれば、新しい置き換え用クラスを開発しそれを完全にデバッグしてから、前のクラスと入れ替えることが可能になります。万が一うまく動作しなかった場合でも、一旦前のクラスに戻し正常に機能するようにしてから、新しいクラスの問題の修正に取りかかることができます。

　クラスを作成するようになると、似てはいるがまったく同じではない別のクラスが必要になる場合があります。そのとき取れる手早い方法に、継承を使った新しいクラスの定義があります。継承を使用すると、新しいクラスは、それが継承する元のクラスのプロパティをすべて持つことができます。このとき継承元のクラスはスーパークラスと呼ばれ、新しいクラスはサブクラス（または**派生クラス**）と呼ばれます。

　ジュークボックスの例で言うと、音楽に加えビデオも再生できるジュークボックスは、まず元のジュークボックス（スーパークラス）からすべてのプロパティとメソッドを継承した新しいクラス（サブクラス）を作成し、これに新しいプロパティ（ビデオ）と新しいメソッド（ムービープレイヤー）を追加することで作成できます。

　このシステムのずば抜けたメリットは、スーパークラスのスピードやそのほかの側面が改良されると、そのサブクラスも同様のメリットが享受できる点にあります。

5.4.2　クラスの宣言

　オブジェクトを使用するにはまず、クラスを class キーワードを使って定義する必要があります。クラス定義には、クラス名（大文字小文字の区別があります）とそのプロパティやメソッドが含まれます。サンプル 5-10 では、$name と $password という 2 つのプロパティを持つ User という名前のクラスを定義しています（プロパティには public キーワードをつけています。これについては、後の「PHP5 のプロパティとメソッドのスコープ」節を参照）。ここでは、このクラスの新しいインスタンスを $object という名前で作成しています。

サンプル 5-10：クラスの宣言とオブジェクトのテスト

```
<?php
$object = new User;
print_r($object);

class User
{
    public $name, $password;
    function save_user()
    {
        echo "Save User code goes here";
    }
}
?>
```

ここではまた、`print_r`という名前の非常に役立つ関数も使っています。`print_r`は PHP に対して、人間が判読できる形式で変数の情報を表示するよう求めます（_r は in human-readable format を表しています）。この新しい `$object` の場合には、以下が出力されます。

```
User Object
(
    [name] =>
    [password] =>
)
```

ただしブラウザではすべてのホワイトスペースが圧縮されるので、実際の出力は次のように少し読みにくくなります（上記の出力はブラウザの [ページのソースを表示] 機能で見ることができます）。

```
User Object ( [name] => [password] => )
```

いずれにせよ、この出力が言っているのは、`$object` はユーザーが定義したオブジェクトであり、name と password というプロパティを持っている、ということです。

5.4.3　オブジェクトの作成

特定クラスのオブジェクトを作成するには、new キーワードを `$object = new Class` のように使用します。これには次の2通りがあります。

```
$object = new User;
$temp = new User('name', 'password');
```

1行めはオブジェクトを User クラスで作成しているだけですが、2行めでは、その呼び出しにパラメータを渡しています。

クラスには必ず引数を取らせることも、まったく取らせないこともできます。また引数を必須でなく取らせることも可能です。

5.4.4　オブジェクトへのアクセス

ではサンプル 5-10 にコードをもう少し追加し、その結果を見てみましょう。サンプル 5-11 は前の拡張版で、オブジェクトのプロパティを設定し、メソッドを呼び出しています。

サンプル 5-11：オブジェクトを作成しやりとりする

```
<?php
$object = new User;
print_r($object); echo "<br />";

$object->name = "Joe";
```

サンプル 5-11：オブジェクトを作成しやりとりする（続き）
```
    $object->password = "mypass";
    print_r($object); echo "<br />";

    $object->save_user();

    class User
    {
        public $name, $password;
        function save_user()
        {
            echo "Save User code goes here";
        }
    }
    ?>
```

ご覧のように、オブジェクトのプロパティにアクセスするシンタックスは、$object->property です。同様に、メソッドを呼び出すには、$object->method() のようにします。

このときプロパティとメソッドの名前には $ 記号を前につけない点に注意してください。前に $ 記号をつけると、コードは、変数内の値を参照しようとするので動作しません。たとえば式 $object->$property は、$property という名前の変数に割り当てられた値を探し（その値はストリングの "brown" だとしましょう）、プロパティ $object->brown を参照しようとします。$property が未定義の場合には、$object->NULL を参照することになるのでエラーの原因になります。

ブラウザの [ページのソースを表示] 機能を使用すると、サンプル 5-11 は次のように出力されます。

```
    User Object
    (
        [name] =>
        [password] =>
    )
    User Object
    (
        [name] => Joe
        [password] => mypass
    )
    Save User code goes here
```

ここでも print_r は、プロパティを代入する前と後に $object を与えられることで、そのすぐれた機能を発揮しています。本書では今後 print_r ステートメントの使用を割愛しますが、本書を読み進めていく際 print_r をコードに適宜挿入すると、そこで起こっていることの正確な理解に役立ちます。

また save_user メソッド内のコードは、このメソッドへの呼び出しを通して実行されていることが分かります。ここではコードの作成を想起させるストリングを出力しています。

> 関数とクラス定義は、コード内のこれらを使用するステートメントの前でも後でも、どこにでも置くことができますが、通常はファイルの終わりに置くのが良いプラクティスとされます。

オブジェクトのクローン

作成したオブジェクトをパラメータとして渡すとき、そのオブジェクトは参照で渡されます。マッチ箱の比喩で言うとこれは、マッチ箱にあるオブジェクトからそれに結びつけられた糸が何本も伸びているようなもので、オブジェクトにはこの糸をたどることでアクセスできます（どの糸からも同じオブジェクトにたどり着きます）。

別の言い方をすると、オブジェクトを割り当てるということは、そのオブジェクトを丸ごとコピーするのではない、ということです。サンプル 5-12 ではこれを示しています。ここでは User クラスをごく単純に、メソッドを持たない、name プロパティだけを持つクラスとして定義しています。

サンプル 5-12：オブジェクトのコピー？

```php
<?php
$object1 = new User();
$object1->name = "Alice";
$object2 = $object1;
$object2->name = "Amy";
echo "object1 name = " . $object1->name . "<br />";
echo "object2 name = " . $object2->name;

class User
{
    public $name;
}
?>
```

ここではまず、オブジェクトを $object1 という名前で作成し、その name プロパティに値 "Alice" を代入しています。次いで $object2 を、$object1 の値を代入することで作成し、$object2 の name プロパティに値 "Amy" を代入しています。これにより $object1 の name は "Alice" で、$object2 の name は "Amy" になると思えるのですが、このサンプルからは次の結果が出力されます。

```
object1 name = Amy
object2 name = Amy
```

どうしてこうなったのでしょう？ $object1 と $object2 は両方とも同じオブジェクトを参照しています。したがって $object2 の name プロパティを "Amy" に変えることは同時に、$object1 のプロパティを設定することでもあるのです。

この紛らわしさを避けるには、clone 演算子を使用します。clone はクラスの新しいインスタンスを作成

し、元になるインスタンスのプロパティ値を新しいインスタンスにコピーします。サンプル 5-13 はこれを説明するための例です。

サンプル 5-13：オブジェクトのクローン

```php
<?php
$object1 = new User();
$object1->name = "Alice";
$object2 = clone $object1;
$object2->name = "Amy";
echo "object1 name = " . $object1->name . "<br>";
echo "object2 name = " . $object2->name;

class User
{
    public $name;
}
?>
```

結果はほらこの通り。このサンプルからは初めに期待した通りの結果が次のように出力されます。

```
object1 name = Alice
object2 name = Amy
```

5.4.5　コンストラクタ

新しいオブジェクトを作成するときには、呼び出すクラスに引数のリストを渡すことができます。引数は、コンストラクタと呼ばれる、クラス内の特殊なメソッドに渡されます。コンストラクタはさまざまなプロパティを初期化します。

これまでこのメソッドには、サンプル 5-14 で示すように、クラスと同じ名前が使用されました（コンストラクタはオブジェクトの生成時に自動的に呼び出される特殊なメソッドで、クラスに記述するときにはクラスと同じ名前で定義しました）。

サンプル 5-14：コンストラクタメソッドの作成

```php
<?php
class User
{
    // コンストラクタメソッド
    public function User($param1, $param2)
    {
        // コンストラクタのステートメントをここに記述
        $username = "Guest";
    }
}
?>
```

しかし PHP 5 では、コンストラクタの名前づけに関してより論理的な方法が採用され、メソッド名に __cunstruct が使用されます（cunstruct の前にアンダースコア文字を 2 つつけます）。サンプル 5-15 はその例です。

サンプル 5-15：PHP 5 でのコンストラクタメソッドの作成

```php
<?php
class User
{
    // コンストラクタメソッド
    public function __construct($param1, $param2)
    {
        // コンストラクタのステートメントをここに記述
        $username = "Guest";
    }
}
?>
```

PHP 5 のデストラクタ

この新しい PHP 5 ではデストラクタメソッドを作成することもできます。この機能は、オブジェクトへの参照がひとつもなくなったときや、スクリプトが最後まで到達したときに有用です。サンプル 5-16 はデストラクタメソッドの作成方法を示しています。

サンプル 5-16：PHP 5 でのデストラクタメソッドの作成

```php
<?php
class User
{
    public function __destruct()
    {
        // デストラクタのコードをここに記述
    }
}
?>
```

5.4.6 メソッドの記述

ここまで見てきたように、メソッドの宣言は関数の宣言と似ていますが、いくつか違いがあります。たとえば 2 つのアンダースコア文字（__）で始まるメソッド名は PHP で予約されているので、みなさんはメソッドをこの形式で作成すべきではありません。

またメソッドでは、$this という名前の特殊な変数にアクセスできます。$this は、今対象になっているオブジェクト（カレントオブジェクト）のプロパティへのアクセスに使用できます。サンプル 5-17 を見てください。この User クラスでは、これまでになかった get_password という名前のメソッドを定義しています。

5.4　PHPのオブジェクト

サンプル 5-17：メソッド内での変数 $this の使用

```php
<?php
class User
{
    public $name, $password;

    function get_password()
    {
        return $this->password;
    }
}
?>
```

get_password が行うのは、$this 変数を使ってカレントオブジェクトにアクセスし、そのオブジェクトの password プロパティの値を返すことです。-> 演算子を使うときには、プロパティ $password から $ を省く点に注意してください。$ を残したままにすると、特にこの機能を初めて使用するときに典型的なエラーが発生します。

次のコードはサンプル 5-17 のクラス定義の使用例です。

```php
$object = new User;
$object->password = "secret";
echo $object->get_password();
```

これを実行すると、パスワードに指定した "secret" が出力されます。

PHP 5 の静的メソッド

PHP 5 を使用する場合にはまた、メソッドを静的として定義できます。これはそのメソッドを、オブジェクトからではなく、クラスから呼び出すということです。静的メソッドはオブジェクトのプロパティにはアクセスできません。サンプル 5-18 では、静的メソッドの作成とアクセスの仕方を示しています。

サンプル 5-18：静的メソッドを作成しアクセスする

```php
<?php
User::pwd_string();

class User
{
    // 静的メソッド
    static function pwd_string()
    {
        echo "Please enter your password";
    }
}
?>
```

ここでは静的メソッドの呼び出しに、クラス自体とダブルコロン（::）を使っている点に注目してください（:: はスコープ解決演算子と呼ばれます）。静的メソッドは、クラスの特定のインスタンスではなく、クラスそのものに関係するアクションの実行に役立ちます。静的メソッドの例は後のサンプル 5-21 でも見ていきます。

> 静的メソッドから $this->property やオブジェクトのそのほかのプロパティにアクセスしようとすると、エラーメッセージが発せられます。

5.4.7 プロパティの宣言

クラス内のプロパティは、それが初めて使用されるとき暗黙的に定義されるので、必ずしも明示的に定義する必要はありません。サンプル 5-19 はこれを示すための例で、この User クラスはプロパティもメソッドも持っていません（明示的に定義していません）が、サンプル 5-19 は正当なコードです。

サンプル 5-19：プロパティの暗黙的な定義

```php
<?php
$object1 = new User();
$object1->name = "Alice";
echo $object1->name;

class User {}
?>
```

このコードでは、PHP が変数 $object1->name をみなさんに代わって暗黙的に宣言するので、何の問題もなくストリング "Alice" が出力されます。しかしこのプログラミング手法は、発見がひどく難しいバグが紛れ込む要因になる恐れがあります。なぜなら name がクラスの外で宣言されているからです。

みなさん自身やみなさんのコードをメンテナンスする人のためにアドバイスしておくと、プロパティはつねにクラス内で明示的に定義する癖をつけるようにしてください。そうしておいて良かったと思えるときが必ずやって来ます。

またクラス内でプロパティを宣言するときには、デフォルト値を代入するようにします。この値は変化しない、確定した値でなくてはならず、関数や式の結果は使用できません。サンプル 5-20 では代入するデフォルト値についての正当な代入と無効な代入を示しています。

サンプル 5-20：プロパティの正当な宣言と無効な宣言

```php
<?php
class Test
{
    public $name = "Paul Smith"; // 正当
    public $age  = 42;           // 正当
    public $time = time();       // 無効 - 関数を呼び出している
    public $score = $level * 2;  // 無効 - 式を使用している
```

サンプル 5-20：プロパティの正当な宣言と無効な宣言（続き）
```
    }
?>
```

5.4.8 定数の宣言

define 関数を使うとグローバルな定数が作成できますが、定数はクラスでも定義できます。一般的に良いとされるプラクティスとして、定数にはそれを目立たせるために大文字が使用されます（サンプル 5-21 参照）。

サンプル 5-21：クラス内での定数の定義
```php
<?php
Translate::lookup();  // 静的メソッドの呼び出し

class Translate
{
    // 定数を定義
    const ENGLISH = 0;
    const SPANISH = 1;
    const FRENCH = 2;
    const GERMAN = 3;
    // ...

    // 静的メソッド
    static function lookup()
    {
        // クラスの定数を参照
        echo self::SPANISH;
    }
}
?>
```

定数には、self キーワードとダブルコロン演算子を使って直接アクセスできます（self はカレントクラスを表します）。このコードでは、インスタンスを作成せず、1 行めでダブルコロン演算子を使ってクラスを直接呼び出している点に注目してください。このコードを実行すると、みなさんの予想通り、値 1 が出力されます。

定数は 1 度定義したら後から変更できないということを覚えておいてください。

5.4.9　PHP 5 のプロパティとメソッドのスコープ

PHP 5 では、プロパティとメソッドのスコープを制御するための 3 つのキーワードが提供されています。

public
: 変数が var や public キーワードで宣言されたときや、変数が初めて使用される際暗黙的に宣言されたときにはデフォルトで public のプロパティになります。キーワード var で変数を宣言する方法は互換性を保つため引きつづきサポートされるので、var と public は交換可能です（ただし推奨されません）。メソッドはデフォルトで public になります。

protected
: protected で宣言されたメンバー（プロパティとメソッド）には、そのオブジェクトのクラスのメソッドと、すべてのサブクラスのメソッドからのみ参照できます。

private
: private で宣言されたメンバーには、同じクラスのメソッドからのみ参照できます。サブクラスからは参照できません。

どれを使用するかは以下を基準に決めます。

- クラスのメンバーに外部のコードからアクセスし、このクラスを拡張するクラスにもそのメンバーを継承させるときには、public を使用します。
- クラスのメンバーに外部のコードからアクセスせず、このクラスを拡張するクラスにもそのメンバーを継承させるときには、protected を使用します。
- クラスのメンバーに外部のコードからアクセスせず、このクラスを拡張するクラスにそのメンバーを継承させないときには、private を使用します。

サンプル 5-22 では、この 3 つのキーワードの使い方を示しています。

サンプル 5-22：プロパティとメソッドのスコープを変える

```php
<?php
class Example
{
    var $name = "Michael";   // public と同じだが非推奨
    public $age = 23;        // public プロパティ
    protected $usercount;    // protected プロパティ

    private function admin() // private メソッド
    {
        // 管理者用コードをここに記述
    }
}
?>
```

静的なプロパティとメソッド

ほとんどのデータとメソッドはクラスのインスタンスに適用します。User クラスで言うとこれは、特定のユーザーのパスワードを設定したり、特定のユーザーが登録済みかどうかを調べる作業に当たります。こういった作業は個々のユーザーごとに行う必要があるので、そのインスタンス自体のプロパティとメソッドを使うことになります。

しかし場合によっては、クラス全体に関わるデータを保持したいときもあります。たとえば、ユーザーの登録数を報告するには、User クラス全体に作用する変数が必要です。PHP ではこういったデータを保持するために静的なプロパティとメソッドが用意されています。

サンプル 5-18 で触れたように、クラスのメンバーを static で宣言すると、クラスをインスタンス化せずにアクセスできます。static で宣言したプロパティにはクラスのインスタンスからは直接アクセスできず、静的メソッドからアクセスできます。

サンプル 5-23 では、静的プロパティと public メソッドを持つ Test という名前のクラスを定義しています。

サンプル 5-23：静的プロパティを持ったクラスの定義

```php
<?php
$temp = new Test();
echo "Test A: " . Test::$static_property . "<br />";
echo "Test B: " . $temp->get_sp() . "<br />";
echo "Test C: " . $temp->static_property . "<br />";

class Test
{
    // 静的プロパティ
    static $static_property = "I'm static";

    // public メソッド
    function get_sp()
    {
        return self::$static_property;
    }
}
?>
```

このコードを実行すると、次の出力が返されます。

```
Test A: I'm static
Test B: I'm static

Notice: Undefined property: Test::$static_property
Test C:
```

このサンプルからはまず TestA で、プロパティ $static_property はダブルコロン演算子を使ってクラス自体から直接参照できる、ということが分かります。また Test B では、$static_property の値は、Test クラスから作成したオブジェクト $temp の get_sp メソッドを呼び出すことで取得できることが分かります。しかし Test C は失敗しています。なぜなら静的プロパティの $static_property はオブジェクト $temp からアクセスできないからです。

ここではまた、メソッド get_sp でキーワード self を使って $static_property にアクセスしている方法に注目してください。これは、静的なプロパティや定数にクラス内で直接アクセスする方法です。

5.4.10 継承

記述したクラスからはサブクラスを派生させることができます。これにより面倒なコードの書き直しにかかる時間が大幅に減ります。記述する必要のあるクラスに似たクラスを使って、これをサブクラスに拡張し、異なる部分を修正するだけです。そのためには extends 演算子を使用します。

サンプル 5-24 では、extends 演算子を使ってクラス Subscriber を User クラスのサブクラスとして宣言しています。

サンプル 5-24：クラスの継承と拡張

```php
<?php
$object            = new Subscriber;
$object->name      = "Fred";
$object->password  = "pword";
$object->phone     = "012 345 6789";
$object->email     = "fred@bloggs.com";
$object->display();

class User
{
    public $name, $password;

    function save_user()
    {
        echo "Save User code goes here";
    }
}

class Subscriber extends User
{
    public $phone, $email;

    function display()
    {
        echo "Name: "  . $this->name     . "<br />";
        echo "Pass: "  . $this->password . "<br />";
        echo "Phone: " . $this->phone    . "<br />";
```

サンプル 5-24：クラスの継承と拡張（続き）

```
        echo "Email: " . $this->email;
    }
}
?>
```

　元の User クラスは、$name と $password という 2 つのプロパティと、現在のユーザーをデータベースに保存するメソッドを持っています。Subscriber ではこのクラスを拡張し、$phone と $email プロパティ、display メソッドを追加しています。このメソッドは、変数 $this を使ってカレントオブジェクトのプロパティを表示します。これにより、アクセスするオブジェクトが持っている現在の値が分かります。このコードからは以下が出力されます（Subscriber クラス自体では定義していない $name と $password も出力される点に注目してください。これは Subscriber が User のサブクラスであるからです）。

```
Name:  Fred
Pass:  pword
Phone: 012 345 6789
Email: fred@bloggs.com
```

parent 演算子

　サブクラスで、その親クラス（スーパークラス）のメソッドと同じ名前のメソッドを記述すると、そのステートメントは親クラスのステートメントをオーバーライドし（無効にして覆し）ます。これが希望しない振る舞いである場合には、親のメソッドにアクセスする必要があります。そのためには parent 演算子を使用します（サンプル 5-25 参照）。

サンプル 5-25：メソッドのオーバーライドと parent 演算子の使用

```
<?php
$object = new Son;
$object->test();
$object->test2();

class Dad
{
    function test()
    {
        echo "[Class Dad] I am your Father<br />";
    }
}

class Son extends Dad
{
    // オーバーライド
    function test()
    {
```

サンプル 5-25：メソッドのオーバーライドと parent 演算子の使用（続き）
```
        echo "[Class Son] I am Luke<br />";
    }
    function test2()
    {
        // parent の使用
        parent::test();
    }
}
?>
```

このサンプルでは、Dad クラスを作成し、また Dad クラスのプロパティとメソッドを継承するサブクラスの Son クラスを作成しています。Son クラスでは test メソッドをオーバーライドしています。したがって 2 行めで Son オブジェクトの test メソッドが呼び出されると（$object->test();）、Son の新しいメソッドが実行されます。Son オブジェクトから、Dad クラスのオーバーライドされる test メソッドを実行するには、Son クラスの test2 メソッドで行っているように、parent 演算子を使う方法しかありません。このサンプルからは以下が出力されます。

```
[Class Son] I am Luke
[Class Dad] I am your Father
```

カレントクラスから確実にメソッドを呼び出したい場合には、self キーワードを次のように使用します。

```
self::method();
```

サブクラスのコンストラクタ

クラスを拡張し、そこでみなさん自身のコンストラクタを宣言するときには、PHP は親クラスのコンストラクタメソッドを自動的に呼び出さない、ということをよく覚えておく必要があります。すべての初期化コードが確実に実行されるように、サブクラスではつねに親クラスのコンストラクタを呼び出すようにすべきです（サンプル 5-26 参照）。

サンプル 5-26：親クラスのコンストラクタの呼び出し
```
<?php
$object = new Tiger();
echo "Tigers have...<br>";
echo "Fur: " . $object->fur . "<br />";
echo "Stripes: " . $object->stripes;

class Wildcat
{
    public $fur; // 山猫は毛を持っている
```

サンプル 5-26：親クラスのコンストラクタの呼び出し（続き）

```php
    function __construct()
    {
        $this->fur = "TRUE";
    }
}

class Tiger extends Wildcat
{
    public $stripes; // 虎は縞模様

    function __construct()
    {
        parent::__construct(); // まず親のコンストラクタを呼び出す
        $this->stripes = "TRUE";
    }
}
?>
```

このサンプルでは典型的な方法で継承の良さを活かしています。Wildcat クラスでは $fur プロパティを作成しています。これは再利用したいプロパティなので、Tiger クラスでは $fur を継承し、新たに別の $stripes プロパティを作成しています。両方のコンストラクタが呼び出されているかどうかは、プログラムを出力結果を見れば分かります。

```
// 虎は山猫から受け継いだ毛と、独自の縞模様を持つ
Tigers have...
Fur: TRUE
Stripes: TRUE
```

final メソッド

サブクラスからスーパークラスのメソッドをオーバーライドをさせないようにしたい場合には、final キーワードを使用します。サンプル 5-27 はその使用例です。

サンプル 5-27：final メソッドの作成

```php
<?php
class User
{
    // この copyright メソッドはサブクラスからオーバーライドされない
    final function copyright()
    {
        echo "This class was written by Joe Smith";
    }
}
?>
```

ここまで本章の内容をしっかり消化されたみなさんは、PHP でできることについて自信を深められたことでしょう。みなさんはもうやすやすと関数が使用でき、その気になれば、オブジェクト指向のコードも記述できるはずです。次の 6 章は PHP に関する探索の最初の仕上げとして、PHP 配列の使用を見ていきます。

5.5 確認テスト

1. 関数を使用する大きなメリットは何ですか？
2. 関数は値を何個返すことができますか？
3. 変数に名前でアクセスすることと参照でアクセスすることにはどんな違いがありますか？
4. PHP のスコープの意味は何ですか？
5. PHP ファイルを別の PHP ファイルに組み込むにはどのようにしますか？
6. オブジェクトは関数とどう違いますか？
7. PHP では新しいオブジェクトをどのようにして作成しますか？
8. 既存のクラスからサブクラスを作成するにはどのようなシンタックスを使用しますか？
9. オブジェクトを作成するとき、初期化を行うコード部はどのようにして呼び出せますか？
10. クラスのプロパティを明示的に宣言するのはなぜ良い考えなのですか？

テストの模範解答は付録 A に記載しています。

6章
PHP の配列

3章ではPHPの配列について簡単に触れました。本章では配列を使ってできることをさらに深く見ていきます。Cなどの強く型付けされる言語を扱ったことのある方なら、PHP配列の優雅さと単純さにきっと驚かれるでしょう。

配列はPHPをここまで人気ある言語に押し上げた要素の1つです。複雑なデータ構造を処理する、長ったらしいコードの記述を排除するだけでなく、配列は驚異的なスピードを保ったままデータにアクセスする非常に多くの方法を提供します。

6.1 基本的なアクセス

本書ではここまで、配列はマッチ箱を互いに接着した集まりのようなものと見なしてきましたが、配列はまたビーズのつながりとして考えることもできます。ビーズは数やストリング、別の配列にもなれる変数を表します。つながったビーズはそれぞれ自分の位置を持ち、(両端は例外ですが) 自分の両側には別の要素があります。

配列の要素(エレメント)は数値のインデックスで参照でき、また英数字の識別子が利用できるものもあります。ビルトイン関数を使用すると、配列のエレメントをソートしたり、エレメントの追加や削除、特殊なループによる各アイテムの処理を行うことができます。また配列の中に1つまたは複数の配列を入れることで、2次元や3次元、それ以上の多次元配列を作成することもできます。

6.1.1 数値でインデックス化される配列

ここからみなさんは、地方のとある事務用品会社用の簡単なWebサイトを作成するプロジェクトに携わっていて、現在その中の各種用紙を扱う部門の作業をしていると仮定してください。このカテゴリに含まれるさまざまな在庫アイテムを管理する方法の1つに、アイテムを、数値でインデックス化される配列(数値添え字配列)に入れる方法があります。サンプル6-1はそのためのごく簡単な例です。

サンプル6-1:配列にアイテムを追加

```
<?php
$paper[] = "Copier";
$paper[] = "Inkjet";
```

サンプル 6-1：配列にアイテムを追加（続き）

```php
$paper[] = "Laser";
$paper[] = "Photo";

print_r($paper);
?>
```

このサンプルでは、配列 $paper に値が割り当てられるたびに、配列内で最初に空いている位置がその値の保持に使用され、次回の値の挿入に備えて、PHP の内部ポインタが次の空いた位置を指し示すためにインクリメントされます。print_r 関数（変数や配列、オブジェクトの中身を出力します）は、値が配列に適切に入ったかどうかの検証に使用しています。結果として以下が出力されます。

```
Array
(
    [0] => Copier
    [1] => Inkjet
    [2] => Laser
    [3] => Photo
)
```

サンプル 6-1 のコードは、各アイテムの配列内の正確な位置を指定したサンプル 6-2 のコードで書き換えることができます。しかしこの方法では入力作業が増え、配列に用紙アイテムを挿入したり削除したい場合、コードのメンテナンスが面倒になります。したがって別の順番を指定したいのでない限り、通常は単にPHP に実際の位置番号を処理させる方がよいでしょう。

サンプル 6-2：明示的な位置を使って、配列にアイテムを追加

```php
<?php
$paper[0] = "Copier";
$paper[1] = "Inkjet";
$paper[2] = "Laser";
$paper[3] = "Photo";

print_r($paper);
?>
```

この 2 つのサンプルの出力結果はまったく同じですが、開発する Web サイトでは print_r は使わないでしょう。サンプル 6-3 は Web サイトから提供しているさまざまなタイプの用紙を出力する方法です。

サンプル 6-3：配列にアイテムを追加し、それを取得する

```php
<?php
$paper[] = "Copier";
$paper[] = "Inkjet";
```

サンプル 6-3：配列にアイテムを追加し、それを取得する（続き）
```php
    $paper[] = "Laser";
    $paper[] = "Photo";

    for ($j = 0 ; $j < 4 ; ++$j)
        echo "$j: $paper[$j]<br>";
?>
```

これを実行すると、次の出力が得られます。

```
0: Copier
1: Inkjet
2: Laser
3: Photo
```

さて、ここまで配列にアイテムを追加する方法を2つ、アイテムを参照する方法を1つ取り上げました。無論 PHP ではもっと多くの方法が提供されています。これらについてはすぐ見ていきますが、その前に配列のタイプをもう1つ紹介しましょう。

6.1.2 連想配列

配列のエレメントをインデックスで追跡する方法には何の問題もありませんが、何番がどの製品を参照しているか（その製品は何番めの位置にあるか）を覚えておかなければならないという点で、追加的な作業が必要になります。またほかのプログラマーがそのコードを見たときにもすぐには理解できないでしょう。

ここで登場するのが連想配列です。連想配列を使用すると、配列のアイテムを数値（インデックス番号、つまり何番めにあるか）でなく、名前で参照することができます。サンプル 6-4 は前のコードの拡張版で、配列の各エレメントにそれを識別するための名前と説明的なストリング値を与えています。

サンプル 6-4：連想配列にアイテムを追加し、それにアクセスする
```php
<?php
$paper['copier'] = "Copier & Multipurpose";
$paper['inkjet'] = "Inkjet Printer";
$paper['laser']  = "Laser Printer";
$paper['photo']  = "Photographic Paper";

echo $paper['laser'];
?>
```

ここでは各アイテムは、数値の代わりに（数値は配列内でのアイテムの位置以外、役立つ情報を伝えません）、ユニークな（ほかと異なる一意の）名前を持ちます。これは echo ステートメントのように、ほかの場所で参照したいときに使用できます（ここでは単に Laser Printer が出力されるだけです）。この名前（copier や inkjet など）はインデックスまたはキーと呼ばれ、それに割り当てられたアイテム（"Laser

Printer" など) は**値**と呼ばれます。

　PHP のこの非常にパワフルな機能は XML や HTML からの情報の抽出によく使用されます。たとえば、検索エンジンなどで使用される HTML パーサーは、Web ページの全要素を、名前でページの構造を表す連想配列に入れます。

```
$html['title'] = "My web page";
$html['body']  = "... body of web page ...";
```

　このプログラムまた、ページで見つけたすべてのリンクを取り出して別の配列に入れたり、見出しと小見出し全部を別の配列に入れるといった作業を行うかもしれません。連想配列を使用すると、こういったアイテムすべてを参照するコードの記述とデバッグが容易になります。

6.1.3　array キーワードを使った値の代入

　ここまで配列に値を割り当てるときには、新しいアイテムを 1 個ずつ追加する方法を取ってきました。キーを指定するにせよ、数値の識別子を指定するにせよ、または PHP に暗黙的に数値の識別子を割り当てさせるにせよ、まだるっこしい方法であることに変わりはありません。しかし、もっとコンパクトで速い方法に array キーワードの使用があります。サンプル 6-5 は、この方法を使って数値添え字配列と連想配列に値を入れる例です。

サンプル 6-5：array キーワードを使って配列にアイテムを追加する

```php
<?php
$p1 = array("Copier", "Inkjet", "Laser", "Photo");

echo "p1 element: " . $p1[2] . "<br>";

$p2 = array('copier' => "Copier & Multipurpose",
            'inkjet' => "Inkjet Printer",
            'laser'  => "Laser Printer",
            'photo'  => "Photographic Paper");

echo "p2 element: " . $p2['inkjet'] . "<br>";
?>
```

　このスニペット (短いコード) の前半では、製品の短い説明を配列 $p1 に割り当てています。アイテムは 4 つあるので、0 から 3 までのスロットが埋められます。したがって echo ステートメントからは次の結果が出力されます。

```
p1 element: Laser
```

　スニペットの後半では、関連する識別子 (つまり名前) とそれに付随する長い製品説明 (つまり値) を、index => value の形式で配列 $p2 に割り当てています。=> の使用は通常の代入演算子 (=) と似ています

が、値は変数ではなくインデックスに割り当てられます。インデックスはその値に結びつけられ、新しい値が再代入されない限り、その関係は不可分に保たれます。echo コマンドは次の結果を出力します。

```
p2 element: Inkjet Printer
```

$p1 と $p2 が異なるタイプの配列であることは次のコマンドで検証できます。これをコードに追加すると、エレメントの指定方法がそれぞれ不正確なので、"Undefined index"（インデックスが未定義）か"Undefined offset"（オフセットが未定義）エラーを引き起こします。

```
// インデックス番号を指定すべきところを、名前を使っている
echo $p1['inkjet'];  // Undefined index
// 名前を指定すべきところを、インデックス番号を使っている
echo $p2[3];         // Undefined offset
```

6.2　foreach...as ループ

PHP の制作者たちは実際、この言語を使いやすくするためならどんな苦労も惜しまない人々です。彼らはすでに提供していたループ構造に満足することなく、特に配列向けの foreach...as ループを追加しました。このループを使用すると、配列内の全アイテムを1つずつ処理し、それを使って作業を行うことができます。

この処理は最初のアイテムで始まり、最後のアイテムで終わるので、配列にアイテムが何個あるかを知る必要がありません。サンプル 6-6 は、サンプル 6-3 を foreach を使って書き直した例です。

サンプル 6-6：foreach...as を使って数値添え字配列を調べる

```php
<?php
$paper = array("Copier", "Inkjet", "Laser", "Photo");
$j = 0;

foreach ($paper as $item)
{
    echo "$j: $item<br>";
    ++$j;
}
?>
```

PHP は foreach ステートメントに出会うと、まず配列内の最初のアイテムを取り出し、それを as キーワードで指定された変数に代入します。そして制御フローが foreach に戻るたびに、次の配列エレメントを as キーワードの変数に代入します。今の場合で言うと、変数 $item は配列 $paper の 4 つの各値に順に設定されます。すべての値が使用されると、ループの実行が終了します。このサンプルから出力される結果はサンプル 6-3 と同じです。

つづいて foreach を連想配列で使用する方法を見ていきましょう。サンプル 6-7 はサンプル 6-5 の後半を foreach を使って書き直した例です。

サンプル 6-7：foreach...as を使って連想配列を調べる

```php
<?php
$paper = array('copier' => "Copier & Multipurpose",
               'inkjet' => "Inkjet Printer",
               'laser' => "Laser Printer",
               'photo' => "Photographic Paper");

foreach ($paper as $item => $description)
    echo "$item: $description<br>";
?>
```

連想配列には数値のインデックスは必要ないので、ここでは変数 $j は使用しません。配列 $paper の各アイテムは、キー / 値のペアである変数 $item と $description として処理され、その値が毎回使用されます。このコードからは次の結果が出力されます。

```
copier: Copier & Multipurpose
inkjet: Inkjet Printer
laser: Laser Printer
photo: Photographic Paper
```

foreach...as に代わるシンタックスとして、list 関数と each 関数を組み合わせて使うこともできます（サンプル 6-8 参照）。

サンプル 6-8：list と each を使って連想配列を調べる

```php
<?php
$paper = array('copier' => "Copier & Multipurpose",
               'inkjet' => "Inkjet Printer",
               'laser' => "Laser Printer",
               'photo' => "Photographic Paper");

while (list($item, $description) = each($paper))
    echo "$item: $description<br>";
?>
```

このサンプルでは while ループを設定して、each 関数が FALSE の値を返すまでループを継続させています。each 関数は foreach と同様の働きをし、配列 $paper からキー / 値のペアを含む配列を返して、内部ポインタを $paper の次のペアに移します。返すペアがなくなったら FALSE を返します。

list 関数はその引数として配列（今の場合で言うと each 関数が返すキー / 値のペアの配列）を取り、その配列の値を、かっこ内にリストされている変数に割り当てます。

list 関数の動作はサンプル 6-9 を見るとさらにはっきりします。ここでは配列を "Alice" と "Bob" という 2 つのストリングで作成し、それを list 関数に渡しています。これらのストリングは変数 $a と $b に値として代入されます。

サンプル 6-9：list 関数の使用

```php
<?php
list($a, $b) = array('Alice', 'Bob');
echo "a=$a b=$b";
?>
```

このコードからは次の結果が出力されます。

a=Alice b=Bob

配列の処理には好きな方法が使用できます。foreach...as は、as の後の変数に代入される値を抽出するループの作成に、each 関数はみなさん独自のループシステムの作成に使用できます。

6.3 多次元配列

PHP の配列シンタックスのシンプルな設計機能によって、多次元の配列を作成することができます。実際、この多次元配列は何次元のものでも作成できます（3次元を超える配列を必要とするアプリケーションはまずありませんが）。

この機能は、配列は別の配列を丸ごと自分の一部として含むことができ、さらに別の配列はこの配列を自分の一部として含むことができ、これをどこまでもつづけることができる、ということで、「大きなノミの背中には自分を噛んだ小さなノミがいて、そのノミの背中にはさらに小さなノミがいて、これがずっとつづく」という古い諺と同じです。

ではこの多次元配列を、前のサンプルの連想配列を拡張して作成し、その仕組みを見ていきましょう（サンプル 6-10 参照）。

サンプル 6-10：多次元の連想配列の作成

```php
<?php
$products = array(
    'paper' => array(
        'copier' => "Copier & Multipurpose",
        'inkjet' => "Inkjet Printer",
        'laser' => "Laser Printer",
        'photo' => "Photographic Paper"),

    'pens' => array(
        'ball' => "Ball Point",
        'hilite' => "Highlighters",
        'marker' => "Markers"),

    'misc' => array(
        'tape' => "Sticky Tape",
        'glue' => "Adhesives",
        'clips' => "Paperclips") );
```

サンプル 6-10：多次元の連想配列の作成（続き）
```
    echo "<pre>";
    foreach ($products as $section => $items)
        foreach ($items as $key => $value)
            echo "$section:\t$key\t($value)<br>";
    echo "</pre>";
    ?>
```

　コードが長くなるので、ここではその内容を分かりやすくするため、出てくる要素の名前をいくつか変えています。たとえば、前に $paper と呼んでいた配列はそれより大きな $products というメインの配列の 1 部です。配列 $products は paper、pens、misc という 3 つのアイテムを含み、これらはそれぞれ、キー / 値のペアを持つ別の配列です。

　必要な場合、これらのサブ配列にはさらに配列を含ませることもできます。たとえば ball の下に、オンラインストアで入手できるボールペンの全種と全色を持った配列を含ませることができます。しかしここではそこまで掘り下げず深度 2 までに留めています。

　配列にデータが入ったら、ネストした foreach...as ループを使ってさまざまな値を出力しています。外側のループでは配列の最上位からメイン部を抽出し、内側のループではメイン各部内のカテゴリに当たるキー / 値のペアを抽出しています。

　配列の各レベルはどれもキー / 値のペアとして同じように動作することを覚えている限り、どのレベルのエレメントでもあってもそれにアクセスするコードは容易に記述できます。

　echo ステートメントでは、タブを出力するエスケープ文字 \t を利用しています。タブは Web ブラウザにとっては重要ではありませんが、ここでは <pre>...</pre> タグによるレイアウトの中で使用しています。このタグは Web ブラウザに、タブや改行などのホワイトスペースを無視せず、テキストを整形し等幅でフォーマットするように伝えます。このコードからの出力結果は次のようになります。

```
paper:   copier   (Copier & Multipurpose)
paper:   inkjet   (Inkjet Printer)
paper:   laser    (Laser Printer)
paper:   photo    (Photographic Paper)
pens:    ball     (Ball Point)
pens:    hilite   (Highlighters)
pens:    marker   (Markers)
misc:    tape     (Sticky Tape)
misc:    glue     (Adhesives)
misc:    clips    (Paperclips)
```

　配列内の特定のエレメントには、次のように角かっこ（[ ]）を使って直接アクセスすることができます。

```
echo $products['misc']['glue'];
```

　このコードは値 "Adhesives" を出力します。

また、英数字の識別子ではなく、インデックスで直接アクセスする多次元の配列を作成することもできます。サンプル 6-11 は、各駒をゲームの開始位置に置いたチェスのボードを作成します。

```php
<?php
$chessboard = array(
    array('r', 'n', 'b', 'q', 'k', 'b', 'n', 'r'),
    array('p', 'p', 'p', 'p', 'p', 'p', 'p', 'p'),
    array(' ', ' ', ' ', ' ', ' ', ' ', ' ', ' '),
    array(' ', ' ', ' ', ' ', ' ', ' ', ' ', ' '),
    array(' ', ' ', ' ', ' ', ' ', ' ', ' ', ' '),
    array(' ', ' ', ' ', ' ', ' ', ' ', ' ', ' '),
    array('P', 'P', 'P', 'P', 'P', 'P', 'P', 'P'),
    array('R', 'N', 'B', 'Q', 'K', 'B', 'N', 'R'));

echo "<pre>";
foreach ($chessboard as $row)
{
    foreach ($row as $piece)
        echo "$piece ";
    echo "<br />";
}
echo "</pre>";
?>
```

このサンプルでは黒駒を小文字で、白駒を大文字で表しています。r はロック、n はナイト、b はビショップ、k はキング、q はクイーン、p はポーンを表します。ここでもネストした foreach...as ループを使って配列を走査し、その内容を表示します。外側のループでは各行を変数 $row に入れます。$chessboard では各行にサブ配列を使っているので、$row 自体も配列です。このループにはステートメントを 2 つ記述するので、中かっこで閉じます。

内側のループでは行内の各マスを処理し、$piece が保持する文字とスペースを出力します（スペースを加えるのは出力を正方形、つまり等幅にするためです）。このループにはステートメントが 1 つしかないので、必ずしも中かっこを使う必要はありません。また出力が以下のように適切に表示されるように、foreach...as の外側で <pre> と </pre> を使っています。

```
r n b q k b n r
p p p p p p p p



 
 
P P P P P P P P
R N B Q K B N R
```

配列のエレメントには、次のように角かっこを使って直接アクセスすることができます。

```
echo $chessboard[7][3];
```

このステートメントからは大文字のQが出力されます。これはボードの左上隅から下に8、右に4つ行ったマスです（配列のインデックスは1ではなく0から数え始めることを思い出してください）。

6.4 配列の関数の使用

前に list と each 関数を紹介しましたが、PHPにはほかにも配列を処理するための関数が数多く存在し、その一覧は http://php.net/manual/ja/ref.array.php で見ることができます。ただし基本的な関数はしっかり時間をかけて理解すべきなので、以下ではそれらについて見ていきましょう。

6.4.1 is_array

配列と変数は同じ名前空間を共有します。これは、ストリングの変数に $fred という名前をつけ、さらに配列の変数に $fred という名前をつけることはできない、ということです。変数が配列なのかどうか不確かで調べたい場合には、次のように is_array 関数を使用します。

```
echo (is_array($fred)) ? "Is an array" : "Is not an array";
```

なお $fred に値が代入されていない場合には、"Undefined variable" メッセージが生成されます。

6.4.2 count

each 関数と foreach...as ループ構造は配列の中身を走査するためのすぐれた方法ですが、配列にはエレメントがいくつあるのかを知りたい場合があり、エレメントを直接参照するときなどは特にそうです。配列の最上位にあるすべてのエレメント数を数えるには、次のコマンドを使用します。

```
echo count($fred);
```

多次元配列に含まれるエレメント数を知りたいときには、次のステートメントを使用します。

```
echo count($fred, 1);
```

2つめのパラメータはオプションで、使用するモードを設定します。0を指定すると最上位のみカウントし、1を指定するとすべてのサブ配列エレメントも含めた再帰的なカウントを実行します。

6.4.3 sort

ソート（エレメントの並び変え）はよく行われる作業で、PHPにはソート用のビルトイン関数が提供されています。最も単純な形式では、次のように使用されます。

```
sort($fred);
```

sort はほかのいくつかの関数とは異なり、ソートしたエレメントの新しい配列を返すのではなく、与えられた関数に直接作用します（エレメントの並び自体が変わります）。sort は成功したときには TRUE を、エラーがあったときには FALSE を返します。またいくつかのフラグもサポートしています。よく使用されるのは、エレメントを数値で強制的にソートする SORT_NUMERIC と、ストリングで強制的にソートする SORT_STRING です。

```
sort($fred, SORT_NUMERIC); // エレメントを数値として比較
sort($fred, SORT_STRING);  // エレメントをストリングとして比較
```

また rsort 関数を使用すると、配列を逆順にソートできます。

```
rsort($fred, SORT_NUMERIC);
rsort($fred, SORT_STRING);
```

6.4.4　shuffle

たとえばトランプゲームを作成するときなど、配列のエレメントをランダムな順番に置きたい場合があります。

```
shuffle($cards); // $cards 配列のエレメントの順番をランダムにする
```

shuffle も sort のように与えられた配列に直接影響し、成功したら TRUE を失敗したら FALSE を返します。

6.4.5　explode

explode は非常に便利な関数で、単一文字（または文字のストリング）で区切られた複数アイテムのストリングを取り、各アイテムを配列に入れます。手近な例が次のサンプル 6-12 です。explode を使用すると、1 つのセンテンスを分割して、そこで使われている全単語を含む配列に変えることができます。

サンプル 6-12：ストリングを、スペースで区切って配列に入れる

```php
<?php
$temp = explode(' ', "This is a sentence with seven words");
print_r($temp);
?>
```

このサンプルからは次の出力が得られます（Web ブラウザでは 1 行で表示されます）。

```
Array
(
    [0] => This
    [1] => is
    [2] => a
    [3] => sentence
```

```
        [4] => with
        [5] => seven
        [6] => words
)
```

1つめのパラメータはデリミタ（区切り文字）で、これはスペースや単一文字である必要はありません。サンプル 6-13 はこの応用形です。

サンプル 6-13：ストリングを *** で区切って配列に入れる

```
<?php
$temp = explode('***', "A***sentence***with***asterisks");
print_r($temp);
?>
```

サンプル 6-13 からは次の出力が得られます。

```
Array
(
        [0] => A
        [1] => sentence
        [2] => with
        [3] => asterisks
)
```

6.4.6　extract

配列に含まれるキー / 値のペアが PHP の変数に変換できると便利な場合があります。たとえば、フォームから PHP に送られてきた $_GET や $_POST 変数を処理するときなどです。

Web からフォームが送信されると、Web サーバーは各変数を PHP スクリプトから使用できるグローバルな配列に入れます。変数が GET メソッドを使って送信された場合、その変数は $_GET という名前の連想配列に入れられ、POST メソッドを使って送信された変数は $_POST という名前の連想配列に入れられます。

これらの連想配列はもちろん、ここまでのサンプルで示した方法で処理することもできますが、送られてきた値を後から使用できるようにただ変数に保持しておきたいときもあります。その場合には次のように、作業を PHP に自動的に行わせることができます。

```
extract($_GET);
```

したがって、たとえばクエリーストリングのパラメータ q が、値 "Hi there" と関連づけられ PHP スクリプトに送信されたとすると、$q という名前の新しい変数が作成され、値 "Hi there" が代入されます。

ただしこの方法には注意がいります。と言うのも、extract で抽出した変数がすでに定義されている変数とコンフリクトした場合、既存の値が上書きされてしまうからです。これを避けるには、extract で提供されている多くのパラメータのいずれかを、次のように使用します。

```
// すべての変数名に接頭辞 'fromget' をつける
extract($_GET, EXTR_PREFIX_ALL, 'fromget');
```

この場合で言うと、すべての新しい変数は指定された接頭辞にアンダースコアを加えたストリングで始まります。つまり $q は $fromget_q になります。わたしは、$_GET と $_POST 配列や、ユーザーがキーを制御できる配列の処理に extract を使うときには、このようなパラメータの使用を強くおすすめします。なぜなら悪意あるユーザーから、一般に使用される変数名を意図的に上書きするキーが送り付けられ、Web サイトが損害を被る恐れがあるからです[†]。

6.4.7 compact

また extract と逆の、変数とその値から配列を作成する compact を使用したいときもあります。サンプル 6-14 ではこの関数の使い方を示しています。

サンプル 6-14：compact 関数の使用

```
<?php
$fname = "Elizabeth";
$sname = "Windsor";
$address = "Buckingham Palace";
$city = "London";
$country = "United Kingdom";

$contact = compact('fname', 'sname', 'address', 'city', 'country');
print_r($contact);
?>
```

サンプル 6-14 からは次の結果が出力されます。

```
Array
(
    [fname] => Elizabeth
    [sname] => Windsor
    [address] => Buckingham Palace
    [city] => London
    [country] => United Kingdom
)
```

compact 関数には、頭に $ 記号を付けた変数ではなく、引用符で囲んだ変数名を指定する必要があります。これは、compact が変数名の配列からその名前を持つ変数を探すからです。

[†] 訳注：extract 関数の簡単なテストは次のように作成できます。
```
extract($_GET);
echo $q;
```
Web ブラウザから、PHP ファイル名の後に ?q="Hi there" を続けた URL を開きます。この q はクエリーストリングのパラメータ名で、"Hi there" はその値です。Web ブラウザには $p の出力によって、この値が表示されます。

この関数はまた、次のサンプル 6-15 で示すように複数の変数とその値を確認したいときなど、デバッグ用途にも使用できます。

サンプル 6-15：デバッグに役立つ compact の使用方法

```
<?php
$j = 23;
$temp = "Hello";
$address = "1 Old Street";
$age = 61;

print_r(compact(explode(' ', 'j temp address age')));
?>
```

これは、explode 関数を使ってストリングのすべての単語を配列に抽出し、それを compact 関数に渡すことで機能します。その後 compact 関数の返す配列が print_r に渡され、その中身が出力されます。

このデバッグ機能を利用する場合、print_r のコード行をコピー&ペーストして変数の名前を変えるだけで、複数の変数値の手早い確認に使用できます。このサンプルでは次の結果が出力されます。

```
Array
(
    [j] => 23
    [temp] => Hello
    [address] => 1 Old Street
    [age] => 61
)
```

6.4.8 reset

foreach...as 構造や each 関数を使って配列を処理するときには、次に配列のどのエレメントを返すかをメモする配列の内部ポインタが働いています†。コードで配列の先頭に戻る必要がある場合には、reset を発行します。この関数はまた最初のエレメントの値を返します。以下はその使用方法です。

---

† 注：配列の内部ポインタの操作は次の例を見るとうまく理解できます。current はポインタが現在指しているエレメントを返し、next はポインタを 1 つ進める関数です。

```
$array = array('one', 'two', 'three');

// 内部ポインタはデフォルトで、配列の先頭を指している
echo current($array) . "<br />\n"; // "one"

// ポインタを2つ進める
next($array);
next($array);
echo current($array) . "<br />\n"; // "three"

// リセットしてポインタを先頭に戻す
reset($array);
echo current($array) . "<br />\n"; // "one"
```

```
reset($fred);          // 戻り値は捨てられる
$item = reset($fred); // 配列の最初のエレメントを $item に保持
```

6.4.9 end

また PHP の配列の内部ポインタは end 関数を使って配列の最後のエレメントに移すこともできます。この関数はその最後のエレメントの値を返し、次の例のように使用できます。

```
end($fred);
$item = end($fred);
```

PHP の基本に関する学習は本章で終わりです。みなさんは、ここまでに学んだスキルを活かすとかなり複雑なプログラムでも記述することができるでしょう。次章では広く実践的な作業に使用される PHP を見ていきます。

6.5　確認テスト

1. 数値添え字配列と連想配列にはどのような違いがありますか？

2. array キーワードの主なメリットは？

3. foreach と each の違いは？

4. 多次元配列はどのようにして作成しますか？

5. 配列のエレメント数はどのようにして求めますか？

6. explode 関数の目的は何にありますか？

7. PHP の内部ポインタを配列の最初のエレメントに戻すにはどのようにしますか？

テストの模範解答は付録 A に記載しています。

7章
実践的なPHP

前章まではPHP言語の構成要素を見てきました。本章では、日常的に行う重要な作業の実行方法の学習を通して、みなさんの新しいプログラミングスキルを構築していきます。具体的には、日付と時刻の高度な管理など、ストリング処理を管理する最良の方法を学びます。これにより、Webブラウザに希望通りの結果を表示する明快かつ簡潔なコードが獲得できます。またファイルの作成や読み取りなどのファイル操作と、ユーザーによるファイルのアップロードを可能にする方法も学びます。

本章後半では、HTMLに似た後任のXHTMLマークアップ言語を包括的に紹介します（RSSフィードなどのデータの保持に使用されるXMLシンタックスに準拠した言語です）。本章のこれらのトピックを学ぶことで、国際的なWeb標準に準拠した実践的なPHPプログラミングとPHP開発両方の理解を高めることができます。

7.1　printfの使用

すでに何度も使用しているprintとechoは単にテキストをブラウザに出力するだけですが、さらにパワフルなprintf関数では、ストリング内に特殊なフォーマット文字を入れることで出力形式が制御できます。printfに指定するフォーマット文字は、表示にそのフォーマットを使用することを示す引数です。たとえば次の例では、%dを変換指定子として使って値3を10進数で表示します（dはdecimalのd）。

```
// 3を10進数で表示するので、%dは3
printf("There are %d items in your basket", 3);
```

この%dを%bに置き換えると、値3は2進数の11で表示されます（bはbinaryのb）。表7-1ではサポートされる変換指定子を示しています。

表 7-1：printf の変換指定子

指定子	引数 arg に対する変換動作	例（arg が 123 の場合）
%	% 文字を表示（arg は不要）	%
b	arg を 2 進数整数として表示	1111011
c	arg を表す ASCII 文字を表示	{
d	arg を符号付き 10 進数整数として表示	123
e	arg を指数表記で表示	1.23000e+2
f	arg を浮動小数点数として表示	123.000000
o	arg を 8 進数整数として表示	173
s	arg をストリングとして表示	123
u	arg を符号なし 10 進数整数として表示	123
x	arg を小文字の 16 進数で表示	7b
X	arg を大文字の 16 進数で表示	7B

printf 関数の指定子は、同数の引数を関数に渡し指定子の頭に % 記号をつけている限り、いくつでも使用できます。したがって次のコードは有効で、「My name is Simon. I'm 33 years old, which is 21 in hexadecimal」を出力します。

```
// %s は Simon を、%d は 33 を 10 進数の整数で、%X は 33 を大文字の 16 進数で表示
printf("My name is %s. I'm %d years old, which is %X in hexadecimal",'Simon', 33, 33);
```

引数をどれか抜かすと、引数が少ないというパースエラー（構文のエラー）が表示され、その場合コンマ (,) が残っていると、予期しない右かっこがあるというエラーが表示されます。

printf のより実践的な例に、10 進数を使った HTML のカラー設定があります。たとえば使用したいカラーが赤 65、緑 127、青 245 で、これを自分で 16 進数に変換したくない場合には、次の方法が簡単です。

```
//65、127、245 をそれぞれ %X で大文字の 16 進数に変換する
printf("<font color='#%X%X%X'>Hello</font>", 65, 127, 245);
```

アポストロフィで囲んだカラー指定の形式（'#%X%X%X'）に注意してください。ここにはまずカラー指定に必要な # 記号がいります。その後は 3 つのフォーマット指定子（%X）です。これらはそれぞれ 3 つの引数 (65、127、245) に対応しています。このコマンドからは次の結果が出力されます。

```
// %X によって、65 は 41 に、127 は 7F に、245 は F5 に変換される
<font color='#417FF5'>Hello</font>
```

通常 printf に指定する引数には変数や式の使用が便利です。たとえばカラー値を $r、$g、$b という 3 つの変数にカラー値を保持しておくと、次の方法でより暗いカラーが作成できます。

```
printf("<font color='#%X%X%X'>Hello</font>", $r-20, $g-20, $b-20);
```

7.1.1 精度の設定

printf 関数では、変換タイプの指定だけでなく、表示する結果の精度を設定することができます。たとえば、ドル通貨は通常2桁の精度で表示されます（$123.45のように）。しかし計算後の値の精度はこれより高い場合があります（たとえば$123.42/12の計算結果は$10.285です）。こういった値を内部に正確に保持しつつ表示を2桁精度にするには、%記号と変換指定子の間にストリングの".2"を挿入します。

```
// % と f の間に .2 を挿入
printf("The result is: $%.2f", 123.42 / 12);
```

このコマンドからは次の結果が出力されます。

```
// 小数第2位まで表示した
The result is $10.29
```

しかし実際にはさらに制御することができます。指定子の前に値を置くことで、出力の空きを0やスペースで埋め合わせることができます（指定した値の文字数になるまで0やスペースで空きを埋めます）。サンプル7-1では可能な4つの組み合わせを示しています。

サンプル7-1：精度の設定

```
<?php
echo "<pre>"; // スペースを表示できるようにする

// 15 スペースになるまで空きを埋める
printf("The result is $%15f\n", 123.42 / 12);

// 15 スペースになるまで空きを 0 で埋める
printf("The result is $%015f\n", 123.42 / 12);

// 2桁精度で表示し、15 スペースになるまで空きを埋める
printf("The result is $%15.2f\n", 123.42 / 12);

// 2桁精度で表示し、15 スペースになるまで 0 で空きを埋める
printf("The result is $%015.2f\n", 123.42 / 12);

// 2桁精度で表示し、15 スペースになるまで空きを # で埋める
printf("The result is $%'#15.2f\n", 123.42 / 12);
?>
```

このサンプルの出力結果は次のようになります。

```
The result is $        10.285000
The result is $00000010.285000
The result is $           10.29
The result is $000000000010.29
The result is $##########10.29
```

一見複雑そうに見えますが、動作は右から左に見ていくと実際には単純です（表7-2参照）。

- 一番右の文字は変換指定子です。%15f の場合で言うと、浮動小数点数として表示する f です。
- 変換指定子のすぐ左にピリオドと数字（精度指定子）がある場合、それは浮動小数点数として何桁まで出力するかを指定します（%015.2f で言うと .2 なので、小数第2位まで出力します）。
- 精度指定子が存在するかどうかに関係なく数字がある場合、それは出力する文字数を表します。前の例で言うと 15 文字です。埋め合わせはこの文字数になるまで行われます（%015.2f で言うと、15 文字 - 10.29 の 5 文字 = 10 文字分が埋められます）。
- % 記号の右には埋め合わせに使用する文字が指定できます。指定しない場合にはデフォルトでスペースが使用されます（%15f ではこれを指定していないので、空きはスペースで埋められます）。0 を指定すると 0 で埋められます。0 かスペース以外の埋め合わせ文字が必要な場合には、'# のように、使用したい文字の前に一重引用符をつけます。
- 一番左には変換を開始する % 記号が来ます。

表 7-2：変換指定子の構成要素

変換開始	埋め合わせ文字	出力表示幅	精度	変換指定子	例	
%		15		f	%15f	10.285000
%	0	15	.2	f	%015.2f	000000000010.29
%	'#	15	.4	f	%'#15.4f	########10.2850

7.1.2　ストリングの埋め合わせ

ストリングに対しても必要な長さの埋め合わせを行い（数値で行ったように）、埋め合わせに使用する文字を選定したり、文字の整列を左や右に設定することができます。サンプル2はそのさまざまな例です。

サンプル 7-2：ストリングの埋め合わせ

```php
<?php
echo "<pre>"; // スペースを表示できるようにする

$h = 'House';
```

サンプル 7-2：ストリングの埋め合わせ（続き）
```
// ストリングの標準的な出力。s は引数をストリングとして表示
printf("[%s]\n", $h);

// 出力表示幅は 10 文字、デフォルトのスペースと右寄せを使用
printf("[%10s]\n", $h);

// デフォルトのスペースと、"-" を指定して左寄せ
printf("[%-10s]\n", $h);

// 埋め合わせ文字に 0 を指定
printf("[%010s]\n", $h);

// 埋め合わせ文字にカスタムの # を指定
printf("[%'#10s]\n\n", $h);

$d = 'Doctor House';

// 右寄せして 8 文字に切り捨て
printf("[%10.8s]\n", $d);

// 左寄せして、6 文字に切り捨て
printf("[%-10.6s]\n", $d);

// 左寄せして、'@' で埋め合わせ、6 文字に切り捨て
printf("[%-'@10.6s]\n", $d);
?>
```

なおここでは Web ページで適切なレイアウトで表示されるように、<pre> タグを使って、スペース全部と表示するストリング末尾の改行文字（\n）を保護している点に注意してください。このサンプルの出力結果は次のようになります。

```
[House]
[     House]
[House     ]
[00000House]
[#####House]

[  Doctor H]
[Doctor    ]
[Doctor@@@@]
```

パディング値（出力表示幅）を指定しても、その値に等しいかそれより長いストリングでは、それを短くする切り捨て値を指定しない限り、パディング値は無視されます。

表7-3では、ストリングの変換指定子に使用できる構成要素をまとめています。

表7-3：ストリングの変換指定子の構成要素

変換開始	左/右寄せ	埋め合わせ文字	出力表示幅	切り捨て	変換指定子	例	結果
%					s	[%s]	[House]
%	-		10		s	[%-10s]	[House]
%		'#	8	.4	s	[%'#8.4s]	[####Hous]

7.1.3　sprintfの使用

変換結果を直接出力することはまずないでしょうが、コード内では使用する必要があります。ここで登場するのが sprintf 関数です。この関数を使用すると、出力をブラウザではなくほかの変数に送ることができます。

sprintf を使った変換は、次の例に示すようにいたって簡単です。ここでは RGB カラーの 65、127、245 を表す 16 進数ストリングを $hexstring に返しています。

```
$hexstring = sprintf("%X%X%X", 65, 127, 245);
```

または後の表示に備えて取っておくこともできます。

```
$out = sprintf("The result is: $%.2f", 123.42 / 12);
echo $out;
```

7.2　日付けと時刻の関数

PHP は、日付けと時刻の追跡に標準的な Unix タイムスタンプを使用します。これは 1970 年 1 月 1 日午前 0 時を基点とする経過秒数です。現在のタイムスタンプ（つまり今の瞬間が 1970 年 1 月 1 日午前 0 時から何秒たったか）を求めるには、次の time 関数を使用します。

```
echo time();
```

この値は秒数なので、この瞬間の 1 週間後のタイムスタンプを得るには、次のように、返される値に 1 週間分の秒数（7 日× 24 時間× 60 分× 60 秒）を加えます。

```
echo time() + 7 * 24 * 60 * 60;
```

特定日時のタイムスタンプを作成したい場合には、mktime 関数を使用します。次のコードは、2000 年 1 月 1 日 12:00 AM（午前 0 時）の 0 分 0 秒を表す 946684800 というタイムスタンプを出力します[†]。

[†] 訳注：このコードを日本のタイムゾーンに設定されたコンピュータで実行すると、946684800 よりも 9 時間分大きいタイムスタンプ値が出力されます。

```
// mktime(時,分,秒,月,日,年,)
// 2000年1月1日12:00 AM（午前0時）0分0秒
echo mktime(0, 0, 0, 1, 1, 2000);
```

mktime には、左から順に、次のパラメータを渡します。

- 時数（0-23）
- 分数（0-59）
- 秒数（0-59）
- 月数（1-12）
- 日数（1-31）
- 年数（1970-2038、または PHP 5.1.0 以降と 32 ビット符号付きのシステムでは 1901-2038）

> みなさんはこれを見て、年数はなぜ 1970 から 2038 に限定されているのかと疑問を持たれるでしょう。これは、Unix の最初の開発者が、1970 年より前の日時を必要とするプログラマーはいないと想定して、1970 年の最初を起点の日時として選んだからです。ありがたいことに PHP バージョン 5.1.0 では、符号付き 32 ビット整数のタイムスタンプがサポートされているので、1901 年から 2038 年までの日時が利用できます。しかし当時の Unix 設計者たちはまた、70 年後には誰も Unix を使っていないだろうという思い込みから、タイムスタンプは 32 ビット値で保持すれば十分だろうと考えました。それが将来、深刻な問題を引き起こす要因になるとは夢にも思わずに。そう、このタイムスタンプに保持できる日時が 2038 年 1 月 19 日までなのです。この問題は今、Y2K38 バグ（2038 年問題）として世界の注目を集めています。西暦を 2 桁の値に保持したことから発生した "ミレニアムバグ"（2000 年問題）とよく似ていますが、その期限が迫る前にうまく解決されるのを願うばかりです。

日付けの表示には、date 関数を使用します。この関数ではたくさんのフォーマットオプションがサポートされているので、希望に添ったさまざまな方法で日付けを表示することができます。date 関数は次のように使用します。

```
date($format, $timestamp);
```

パラメータ $format はフォーマット指定子（表 7-4 参照）を含むストリングで、$timestamp は Unix タイムスタンプです。指定子の完全な一覧は http://php.net/manual/ja/function.date.php を参照してください。次のコマンドは、今の日付けと時刻を "Thursday April 15th, 2010 - 1:38pm" というフォーマットで出力します。

```
echo date("l F jS, Y - g:ia", time());
```

表 7-4：date 関数の主なフォーマット指定子

フォーマット	説明	戻り値
日の指定子		
d	月の日、2桁（頭に0がつく）	01 から 31
D	週の曜日、3文字	Mon から Sun
j	月の日（頭に0がつかない）	1 から 31
l	週の曜日、フルスペル	Sunday から Saturday
N	週の曜日、Monday から Sunday を数値で表す	1 から 7
S	月の日の序数（何番めを表す英語）、指定子 j とよく併用される	st、nd、rd、th
w	週の曜日、Sunday から Saturday を数値で表す	0 から 6
z	年間の通算日	0 から 365
週の指定子		
W	年の第何週めか	01 から 52
月の指定子		
F	月の名前、フルスペル	January から December
m	月の数字（頭に0がつく）	01 から 12
M	月の名前、3文字	Jan から Dec
n	月の数字（頭に0がつかない）	1 から 12
t	指定された月は何日あるか	28 か 29、30 または 31
年の指定子		
L	閏年であるかどうか	1 なら閏年、0 なら閏年でない
Y	年、4桁	0000 から 9999
y	年、2桁	00 から 99
時刻の指定子		
a	午前または午後、小文字	am または pm
A	午前または午後、大文字	AM または PM
g	時、12時間表記（頭に0がつかない）	1 から 12
G	時、24時間表記（頭に0がつかない）	1 から 24
h	時、12時間表記（頭に0がつく）	01 から 12
H	時、24時間表記（頭に0がつく）	01 から 24
i	分（頭に0がつく）	00 から 59
s	秒（頭に0がつく）	00 から 59

7.2.1 日付けに関する定数

date コマンドとの併用で日付けを特定のフォーマットで返す便利な定数が多くあります。たとえば、date(DATE_RSS) は、現在の日付けと時刻を RSS フィードの有効な形式（Tue, 05 Feb 2013 14:08:36 +0900）で返します。よく使用される定数には次のものがあります（出力例は訳者のコンピュータからのものです）。

DATE_ATOM
: Atom フィード用の形式。"Y-m-d\TH:i:sP" というフォーマットが使用されます。出力例は " 2013-02-05T14:19:23+09:00 "。

DATE_COOKIE
: Web サーバーや JavaScript から設定されるクッキー用の形式。PHP フォーマットは "l, d-M-y H:i:s T"、出力例は "Tuesday, 05-Feb-13 14:30:17 JST"。

DATE_RSS
: RSS フィード用の形式。PHP フォーマットは " D, d M Y H:i:s O "、出力例は " Tue, 05 Feb 2013 14:33:55 +0900 "。

DATE_W3C
: これは World Wide Web Consortium 用の形式。PHP フォーマットは "Y-m-d\TH:i:sP"、出力例は " 2013-02-05T14:38:42+09:00"。

定数の一覧は http://php.net/manual/ja/class.datetime.php で読むことができます。

7.2.2　checkdate の使用

ここまで有効なデータをさまざまなフォーマットで表示する方法を見てきましたが、ではユーザーがみなさんのプログラムに有効な値を送信したかどうかはどうやって調べればよいのでしょう？　その答えは、月と日、年を checkdate 関数に渡す、です。この関数は日付けが有効な場合には TRUE の値を、そうでない場合には FALSE を返します。

たとえば 2 月 30 日という入力はつねに無効な日付けです。サンプル 7-3 はそのような場合に使用できるコードで、与えられた日付けを調べて、それが日付けとして無効であることを示します。

サンプル 7-3：日付けの有効性を調べる

```php
<?php
$month = 9;    // 9月（30日までしかない）
$day = 31;     // 31日
$year = 2012;  // 2012年

if (checkdate($month, $day, $year)) echo "Date is valid";
else echo "Date is invalid";
?>
```

7.3 ファイルの処理

MySQL は確かにパワフルですが、Web サーバーにデータを保持する唯一の（または必ずしもベストな）方法ではなく、ハードディスクにあるファイルに直接アクセスする方が高速で便利な場合もあります。これは、アップロードしたユーザーアバターなどのイメージやログファイルを変更するときなどに有効な方法です。

とは言え、まず注意が必要なのはファイル名のつけ方です。さまざまな PHP インストール環境で使用されるコードを記述する場合、そのシステムで大文字小文字が区別されるかどうかを知る手だてはありません。たとえば、Windows や Mac OS X ではファイル名に大文字小文字の違いはありませんが、Linux や Unix では大文字小文字が区別されます。したがって、システムはつねに大文字小文字を区別するものと考え、習慣としてファイル名は一貫してすべて小文字で記述するようにします。

7.3.1 ファイルが存在するかどうかを調べる

ファイルがすでに存在するかどうかを調べるには、file_exists 関数を使用します。この関数は TRUE か FALSE を返します。

```php
if (file_exists("testfile.txt")) echo "File exists";
```

7.3.2 ファイルの作成

このとき testfile.txt が存在していなかったとして、これを作成しそこに 2、3 行書きこんでみましょう。サンプル 7-4 を入力し、testfile.php という名前で保存します。

サンプル 7-4：単純なテキストファイルの作成

```php
<?php // testfile.php
$fh = fopen("testfile.txt", 'w') or die("Failed to create file");
$text = <<<_END
Line 1
Line 2
Line 3

_END;
fwrite($fh, $text) or die("Could not write to file");
fclose($fh);
echo "File 'testfile.txt' written successfully";
?>
```

これを Web ブラウザで実行します。問題がなければ "File 'testfile.txt' written successfully" というメッセージが表示されます。エラーメッセージを受け取った場合には、お使いのハードディスクが一杯か（めったにないでしょうが）、多くの場合はみなさんがファイルの作成や書き込みパーミッションを持っていないことが原因です。その場合には、お使いの OS に合った方法で保存フォルダの属性を変更する必要があります。ファイルの作成と書き込みが成功した場合には、testfile.php プログラムを保存したフォルダに testfile.

txtが存在しているはずです。これをテキストエディタかプログラムエディタで開くと、次の内容が書かれています。

```
Line 1
Line 2
Line 3
```

これはいたって簡単なサンプルですが、すべてのファイル処理で必要な手順の流れを示しています。

1. コードは必ずファイルを開くところから開始します。これはfopenへの呼び出しによって行います。

2. 次いでほかの関数を呼び出します。ここではfwriteを使ってファイルに書き込みを行っていますが、既存のファイル内容の読み取り（freadやfgetsを使って）やそのほかのことが行えます。

3. ファイルを閉じて終了します（fclose）。プログラムはその終了時、これをみなさんに代わって行いますが、終了するときにはみなさんが自分でファイルを閉じ、きれいに後始末すべきです。

開いたファイルには、PHPがアクセスし管理するためのファイルリソースが必要です。前のサンプルでは、変数$fh（これはfile handleの略でわたしが選んだ名前です）をfopen関数が返す値に設定しています。これ以降、開いたファイルにアクセスするfwriteやfcloseなどのファイル処理関数には、アクセスするファイルを特定するパラメータとして$fhを渡す必要があります。$fh変数の中身について気にする必要はありません。これは、PHPがファイルに関する内部情報の参照に使用する数値です。みなさんはただほかの関数にこの変数を渡せばよいのです。

fopenは失敗時、FALSEを返します。前のサンプルでは、この失敗を捕捉し応答する簡単な方法、つまりdie関数を呼び出してプログラムを終了させユーザーにエラーメッセージを提供するという方法を示しています。Webアプリケーションはこのような荒っぽい方法で終了させてはいけません（代わりにエラーメッセージを示すWebページを作成します）が、テスト目的の場合にはこれで十分です[†]。

fopen呼び出しの2つめのパラメータに注目してください。これはただの文字wですが、fopenに対して、ファイルを書き込みモードで開くよう伝えます。fopen関数はファイルが存在していない場合、そのファイルを作成するので、これらの機能をいい加減に使用すると痛い目に遭うことになります。つまりファイルが存在している場合には、wモードパラメータによってfopenは古い中身を消去するのです（新しい内容を何も書きこまない場合でも）[††]。

ここで使用できるモードパラメータにはいくつかの種類があります（表7-5参照）。

[†] 訳注：たとえばWindowsでは次のようにすると、fopenの失敗が再現できます。作成されたtestfile.txtを右クリックし、表示される[プロパティ]の[一般]タブにある[属性]の[読み取り専用]チェックボックスをクリックして有効化します。ブラウザから再度testfile.phpを実行すると、" failed to open stream: Permission denied "というエラーが発生し、die関数に指定した" Failed to create file "が表示されます。

[††] 訳注：ファイルを開くときには、ファイルを読み取りたいのか、書き込みたいのか、または読み取って書き込みたいのかをモードで指定します。ファイルポインタは読み取りや書き込みを開始するファイル内の位置のことで、これがファイルの先頭に来ると、そこから読み取りや書き込みが始まります。ファイルポインタを先頭に置いて書き込みを開始すると、ファイルの前の内容は消去されて指定した内容が書き込まれます。ファイルポインタをファイルの最後に置いて書き込みを行うと、書き込む内容はファイルの既存の内容の後に付加されます。

表 7-5：fopen のモードパラメータ

モード	動作	説明
'r'	ファイルを最初から読み取る。	ファイルを読み取りのみで開く。ファイルポインタをファイルの先頭に置く。ファイルがまだ存在していない場合には FALSE を返す。
'r+'	ファイルを最初から読み取り、書き込みを可能にする。	ファイルを読み取りと書き込みで開く。ファイルポインタをファイルの先頭に置く。ファイルがまだ存在していない場合には FALSE を返す。
'w'	ファイルの最初から書き込みを行い、ファイルを切り詰める（空にする）。	ファイルを書き込みのみで開く。ファイルポインタをファイルの先頭に置き、ファイルサイズをゼロにする。ファイルが存在しない場合には、作成を試行する。
'w+'	ファイルの最初から書き込みを行い、ファイルを切り詰め（空にし）、読み取りを可能にする。	ファイルを読み取りと書き込みで開く。ファイルポインタをファイルの先頭に置き、ファイルサイズをゼロにする。ファイルが存在しない場合には、作成を試行する。
'a'	ファイルの終端に付加する。	ファイルを書き込みのみで開く。ファイルポインタをファイルの終端に置く。ファイルが存在しない場合には、作成を試行する。
'a+'	ファイルの終端に付加し、読み取りを可能にする。	ファイルを読み取りと書き込みで開く。ファイルポインタをファイルの終端に置く。ファイルが存在しない場合には、作成を試行する。

7.3.3　ファイルの読み取り

テキストファイルを読み取るより簡単な方法は、fgets 関数を使って 1 行を丸ごと取得する方法です（fgets の s は "string" の s と見なしてください）。サンプル 7-5 はその例です。

サンプル 7-5：fgets によるファイルの読み取り
```
<?php
$fh = fopen("testfile.txt", 'r') or
    die("File does not exist or you lack permission to open it");
$line = fgets($fh);
fclose($fh);
echo $line;
?>
```

サンプル 7-4 でファイルを作成している場合には、ファイルの 1 行めを得ることができます。

Line 1

また複数行や複数行の一部は、サンプル 7-6 に示すように fread 関数で取得できます。

サンプル 7-6：fread によるファイルの読み取り

```
<?php
$fh = fopen("testfile.txt", 'r') or
 die("File does not exist or you lack permission to open it");
$text = fread($fh, 3);
fclose($fh);
echo $text;
?>
```

この fread 呼び出しでは 3 文字を要求しているので、プログラムは次の結果を表示します。

Lin

fread 関数は通常、バイナリデータに使用されます。複数行に渡るテキストデータに使用するときには、改行文字もカウントされることを覚えておいてください。

7.3.4 ファイルのコピー

次は、testfile.txt のクローンを作成する copy 関数を試してみましょう。サンプル 7-7 を入力して copyfile.php という名前で保存し、ブラウザでプログラムを呼び出します。

サンプル 7-7：ファイルのコピー

```
<?php // copyfile.php
copy('testfile.txt', 'testfile2.txt') or die("Could not copy file");
echo "File successfully copied to 'testfile2.txt'";
?>
```

copyfile.php を保存したフォルダを開くと、testfile2.txt という名前の新しいファイルが作成されていることが分かります。また、コピーに失敗したときプログラムを終了させたくない場合には、サンプル 7-8 に示す別のシンタックスが使用できます。

サンプル 7-8：ファイルをコピーする別のシンタックス

```
<?php // copyfile2.php
if (!copy('testfile.txt', 'testfile2.txt')) echo "Could not copy file";
else echo "File successfully copied to 'testfile2.txt'";
?>
```

7.3.5 ファイルの移動

ファイルを移動するには、rename 関数を使用します（サンプル 7-9 参照）。

サンプル 7-9：ファイルの移動（ファイル名の変更）

```php
<?php // movefile.php
if (!rename('testfile2.txt', 'testfile2.new'))
    echo "Could not rename file";
else echo "File successfully renamed to 'testfile2.new'";
?>
```

rename 関数はディレクトリに対しても使用できます。元のファイルやディレクトリが存在しない場合に発せられる警告メッセージを回避するには、まず file_exists 関数を使ってその存在をチェックします[†]。

7.3.6　ファイルの消去

ファイルを消去するということは、ファイルシステムからファイルを削除するということで、それにはサンプル 7-10 に示すように、unlink 関数を使用します。

サンプル 7-10：ファイルの消去

```php
<?php // deletefile.php
if (!unlink('testfile2.new')) echo "Could not delete file";
else echo "File 'testfile2.new' successfully deleted";
?>
```

ハードディスクにあるファイルに直接アクセスするときにはまた、ファイルシステムを危険にさらすようなことがあってはなりません。たとえば、ファイルをユーザー入力にもとづいて消去する場合には、ファイルが安全に消去でき、ユーザーによる消去が許可されていることを必ず確認しなければいけません。

ファイルが存在しない場合には、ファイルの移動と同様、ファイルを消去するときにも警告メッセージが表示されます。これは、unlink を呼び出す前に file_exists を使ってファイルの存在をチェックすることで回避できます。

7.3.7　ファイルの更新

保存したファイルにデータを追加したい場合はよくありますが、これは多くの方法で実現できます。その 1 つは表 7-5 に示した付加書き込みモード（'a' か 'a+'）を使う方法です。また、書き込みをサポートする別のモードを使って読み取りと書き込みでファイルを開き、書き込みを開始したい位置にファイルポインタを移す方法もあります。

ファイルポインタは次回のファイルアクセスを開始するファイル内の位置です。これは、ファイルハンドル（サンプル 7-4 で変数 $fh に保持したものです）とは別のものです。ファイルハンドルはアクセスするファイルの詳細を保持します。

後者の方法は次のサンプル 7-11 で試すことができます。入力したファイルを update.php という名前で保存し、ブラウザから実行します。

[†] 訳注：ファイルの移動は、たとえば rename('testfile2.txt', 'test/testfile2.txt') といった使い方で行うことができます（移動先ディレクトリが存在していることを前提として）。

サンプル 7-11：ファイルの更新
```
<?php // update.php
$fh = fopen("testfile.txt", 'r+') or die("Failed to open file");
$text = fgets($fh);
fseek($fh, 0, SEEK_END);
fwrite($fh, "$text") or die("Could not write to file");
fclose($fh);
echo "File 'testfile.txt' successfully updated";
?>
```

このプログラムは、'r+' モードに設定した読み取りと書き込みで testfile.txt を開きます。このときファイルポインタは 'r+' モードによってファイルの先頭に置かれます。次いで、fgets 関数を使ってファイルから 1 行を読み取ります（最初の改行まで）。その後 fseek 関数を呼び出してファイルポインタをファイルの終端に移動させ、fgets 関数で抽出したテキスト行（$text）をファイルの終端に付加して、ファイルを閉じます。この操作により testfile.txt の内容は次のように更新されます。

```
Line 1
Line 2
Line 3
Line 1
```

　testfile.txt の 1 行め（Line 1）がコピーされ、ファイルの最後に付加されたことが分かります。
　fseek 関数には、ファイルハンドルの $fh のほかに、0 と SEEK_END というパラメータも渡しています。SEEK_END は fseek 関数に、ファイルポインタをファイルの終端に移動するよう伝え、0 のパラメータ（offset）はそこからいくつ戻るかを伝えます。ここで 0 を使用しているのは、ポインタをそのままファイルの終端に置いておく必要があるからです（つまり SEEK_END でファイルの終端に移動し、そこから 0 戻るということです）。
　fseek 関数にはほかに、SEEK_SET と SEEK_CUR という 2 つのシークオプションがあります。SEEK_SET は fseek 関数に対し、前の offset パラメータで指定された位置にファイルポインタを設定するように伝えます。次のコードはファイルポインタを位置 18 に移動します。

```
fseek($fh, 18, SEEK_SET);
```

　SEEK_CUR は、ファイルポインタの現在位置に offset パラメータで指定された値を加えた場所に、ファイルポインタを設定します。したがってファイルポインタが位置 18 にある場合、次の呼び出しはファイルポインタを位置 23 に移動します。

```
fseek($fh, 5, SEEK_CUR);
```

　ごく特殊な理由がない限り推奨される方法ではありませんが、このようなテキストファイルをフラットファイルの簡単なデータベースとして使用することもできます。プログラムでは fseek を使ってファイル内

を前後に移動し、レコードの取得や更新、追加を行うことができます。レコードは文字を書き込まない上書きによって消去できます。

7.3.8　同時的アクセスに備えたファイルのロック

　Web プログラムが多数のユーザーに同時に呼び出されるのはよくあることです。複数の人がいっせいにファイルの書き込みを行おうとすると、ファイルは破損する可能性があります。また誰かがファイルに書き込みを行っているときに別の人がその読み取りを行うと、ファイルに問題は発生しなくても正常な読み取り結果でない可能性があります。この同時的なアクセスを処理するには、ファイルをロックする flock 関数を使用します。この関数は、みなさんのプログラムがロックを解除するまで、ほかのすべての要求を待機させます。複数ユーザーが同時にアクセスする可能性のあるファイルを書き込みアクセスで使用するときにはつねに、サンプル 7-12 のように、ファイルにロックをかけます。

サンプル 7-12：ファイルロックを使ったファイルの更新
```php
<?php
$fh = fopen("testfile.txt", 'r+') or die("Failed to open file");
$text = fgets($fh);

if (flock($fh, LOCK_EX))    // ファイルをロック
{
    fseek($fh, 0, SEEK_END); // ロック中に処理する
    fwrite($fh, "$text") or die("Could not write to file");
    flock($fh, LOCK_UN);     // ロックを解除
}

fclose($fh);
echo "File 'testfile.txt' successfully updated";
?>
```

　ファイルのロックには、Web サイトの訪問者に対して応答を可能な限り速くするためのトリックがあります。それは、ファイルのロックはファイルに変更を加える直前に実行し、それが終わったら直ちにロックを解放するという工夫です。ファイルをそれ以上長くロックすると、アプリケーションを無用にスローダウンさせる（無応答状態をつづける）ことになります。サンプル 7-12 で flock を、fwrite 呼び出しの直前と直後に呼び出しているのはこのためです。

　最初の flock 呼び出しでは、$fh の参照するファイルに LOCK_EX パラメータを使って、排他的ロック（読み取りも書き込みも許可しないロック）を設定しています。

```php
flock($fh, LOCK_EX);
```

　するとこれ以降は、次のように LOCK_UN パラメータを使ってロックを解放するまで、ほかのプロセスはファイルへの書き込みや読み取りを行えなくなります。

```
flock($fh, LOCK_UN);
```

ロックが解除されるとすぐ、解除を待っていたほかのプロセスがファイルにアクセスできるようになります。これは、データの読み取りや書き込みを行うときにはそのたびごとに、ファイルのアクセスしたい位置にシークし直すべきだという理由の1つです。なぜなら、直近のアクセス以降、別のプロセスがファイルに変更を加えている可能性があるからです。

ところでみなさんは、排他的ロックを要求する呼び出しが if ステートメントに含まれていることに気づきましたか？　このようにしているのは、flock がすべてのシステムでサポートされているわけではないからです。したがって、もしもの場合に備えて、確実なロックが成功するかどうかを調べてから変更を加えるのが賢明です。

このほか、flock はアドバイザリロックと呼ばれる補助的なロックだということを覚えておく必要があります。これは、flock が締め出すのはこの関数を呼び出すプロセスだけ、という意味です（ほかのプロセスが flock を使用せず同じファイルを開こうとすると、ロックは機能しません）。何の問題のないコードでも、flock のファイルロックを実装せずにファイルを変更すると、ファイルロックが効かず、そのファイルがめちゃくちゃになる可能性があるのです（ロックするファイルにアクセスするコードでは必ず flock を使用して適切にロックする必要があります）[†]。

ファイルロックを実装しても、ある場所でうっかり抜かしてしまうと、発見が極めて難しいバグの原因になります。

> flock は NFS やそのほかの多くの分散ファイルシステムでは機能しません。また ISAPI のようなマルチスレッド型のサーバーを使用している場合、同じサーバーインスタンスの並列スレッドで実行されているほかの PHP スクリプトに対するファイルの保護を専ら flock に依存するのは危険です。さらに、flock は旧式の FAT ファイルシステムを使ったシステムではサポートされません。これには旧式の Windows バージョンなどが当てはまります。

7.3.9　ファイル全体の読み取り

ファイルハンドルを使わずにファイル全体を読み取ることのできる便利な関数に file_get_contents があります。この関数の使用は、サンプル 7-13 からも分かるように、実に簡単です。

サンプル 7-13：file_get_contents の使用

```
<?php
echo "<pre>";   // 改行の表示を有効にする
echo file_get_contents("testfile.txt");
echo "</pre>"; // <pre> タグを閉じる
?>
```

[†] 訳注：PHP マニュアルの flock 関数ページ（http://www.php.net/manual/ja/function.flock.php）には、「PHP は、恣意的にファイルをロックする汎用の手段を提供します（これは、アクセスする全プログラムが同一のロックの方法を使用する必要があり、そうでない場合は動作しないことを意味します）。」と書かれています。

図 7-1：file_get_contents で取得した O'Reilly ホームページ

　しかしこの関数は実際にはこれよりもっと有用で、サンプル 7-14 に示すように、インターネット上のサーバーからファイルを取ってくることもできます。このサンプルは O'Reilly のホームページの HTML を要求し、まるでそのページを訪問したかのように表示します。図 7-1 はそのスクリーンショットの一例です。

サンプル 7-14：O'Reilly ホームページの取得

```
<?php
echo file_get_contents("http://oreilly.com");
?>
```

7.3.10　ファイルのアップロード

　ファイルの Web サーバーへのアップロードは多くの人々を尻込みさせるようなテーマですが、実際には、これ以上簡単にはならないだろうというくらい簡単です。ファイルをフォームからアップロードするにはただ、multipart/form-data という特別なエンコーディングタイプを選ぶだけで、後はブラウザが処理してくれます。サンプル 7-15 のプログラムを入力し、upload.php という名前で保存してください。これを実行すると、ファイルを選択しそれをアップロードできるフォームが表示されます。

サンプル 7-15：イメージアップローダー（upload.php）

```
<?php // upload.php
echo <<<_END
<html><head><title>PHP Form Upload</title></head><body>
<form method='post' action='upload.php' enctype='multipart/form-data'>
Select File: <input type='file' name='filename' size='10' />
<input type='submit' value='Upload' />
</form>
_END;

if ($_FILES)
{
    $name = $_FILES['filename']['name'];
    move_uploaded_file($_FILES['filename']['tmp_name'], $name);
    echo "Uploaded image '$name'<br /><img src='$name' />";
}

echo "</body></html>";
?>
```

ではこのプログラムを順に見ていきましょう。ここではまず複数行にわたる echo ステートメント（ヒアドキュメント）を使って HTML ドキュメントを始め、タイトルを表示して、ドキュメントのボディを開始しています。

次はフォームの作成で、ここではフォーム送信の POST メソッドを設定し、ポストするデータのターゲットを upload.php（このプログラム自体）に設定して、Web ブラウザに対し、ポストしたデータは multipart/form-data というコンテンツタイプを使ってエンコードするように伝えています。

次いで "Select File:" というテキストを表示し、2つの入力を作成しています。1つめはファイルに関する入力で、type を file、name を filename に設定します（<input> タグの type 属性を "file" に設定すると、ファイルの入力フィールドとともに、送信するファイルを選択できる参照ボタンが作成されます）。この入力フィールドの幅は 10 文字分にします。

2つめの入力は送信ボタンで、ここでは "Upload" というラベルを与えています（デフォルトの [送信] を置き換えています）。そしてフォームを閉じます。

この短いプログラムは、1つのプログラムが2度呼び出されるという、Web プログラミングでよく用いられるテクニックを示しています。1度めはユーザーがこのページを訪れたときで、2度めはユーザーが送信ボタンをクリックしたときです。

アップロードされたデータを受け取る PHP コードはいたって簡単です。なぜならアップロードされたファイルはすべて $_FILES という連想配列に入れられるからです。したがって、ユーザーがファイルをアップロードしたかどうかを判断するには、$_FILES に含まれているものがあるかどうかを調べるだけで十分です。これはステートメント if ($_FILES) で行っています。

ユーザーがこのページを初めて訪れ、ファイルをアップロードしていないとき $_FILES は空なので、プログラムはこのコードブロックをスキップします（</body> と </html> を出力する行に飛びます）。しかしプ

図 7-2：イメージをフォームデータとしてアップロードした

ログラムは、ユーザーがファイルをアップロードするときにも実行されます（送信ボタンのクリックによって upload.php が呼び出されます）。そのときには $_FILES 配列にエレメントが含まれているので、if ($_FILES) のコードブロックが実行され、プログラムはそのエレメントを見つけることができます。

　if ($_FILES) で、ファイルがアップロードされていることが分かったら、アップロード元のコンピュータから読み取った実際の名前を変数 $name に取得することができます。すると後は、アップロードされたファイルを、PHP が保持している一時的な場所から永続的な場所に移動すればよいだけです。これは move_uploaded_file 関数に、ファイルの一時的な名前と、カレントディレクトリ（この PHP ファイルのあるフォルダ）に保存するときの名前を渡すことで行います。

　そして最後、<img> タグを使ってアップロードされたイメージを表示します。図 7-2 はこの結果を示すスクリーンショットです[†]。

[†] 訳注：サンプル 7-15 で使われている $_FILES['filename']（finename という名前で送られてきたフォームデータ）は、次のコードで中身を調べることができます。
```
print_r($_FILES['filename']);
```
するとたとえば次のようなキー / 値の結果が得られます。サンプル 7-15 で利用しているのはこの [name] や [tmp_name] の値です。
```
Array
(
    [name] => similey.jpg
    [type] => image/jpeg
    [tmp_name] => C:\Windows\Temp\phpF8A7.tmp
    [error] => 0
    [size] => 75599
)
```

> このプログラムを実行して、move_uploaded_file の呼び出しに関して "Permission denied" のような警告メッセージを受け取った場合には、プログラムを実行しているフォルダに適切なパーミッションが与えられていないことが考えられます。

$_FILES の使用

ファイルがアップロードされるとき、$_FILES には表 7-6 に示す 5 つの要素が保持されます。

表 7-6：$_FILES 配列の内容

配列のエレメント*	内容
$_FILES['file']['name']	アップロードされたファイルの名前（例：smiley.jpg）
$_FILES['file']['type']	ファイルのコンテンツタイプ（例：image/jpeg）
$_FILES['file']['size']	バイト単位のファイルのサイズ
$_FILES['file']['tmp_name']	サーバーに保持された一時的なファイルの名前
$_FILES['file']['error']	ファイルのアップロードで生成されたエラーコード

* file は送信フォームで指定されたフィールド名（<input> タグの name 属性の値）を表します。

コンテンツタイプは MIME（Multipurpose Internet Mail Extension、多目的インターネットメール拡張）と呼ばれていましたが、後に使用がインターネット全体に拡張されたので、今日では通常、インターネットメディアタイプと呼ばれます。表 7-7 では、$_FILES['file']['type'] によく使用されるものを示しています。

表 7-7：よく使用されるインターネットメディアコンテンツタイプ

application/pdf	image/gif	multipart/form-data	text/xml
application/zip	image/jpeg	text/css	video/mpeg
audio/mpeg	image/png	text/html	video/mp4
audio/x-wav	image/tiff	text/plain	video/quicktime

検証（バリデーション）

言うまでもないことであればよいのですが（いずれにせよ以下に述べますが）、フォームデータの検証は、みなさんのサーバーをハックしようとするユーザーが存在する限り、極めて重要な作業です。

悪意あるコードから形成される入力データに加えてみなさんがチェックしなければならないのは、ファイルを実際に受け取ったのかどうか、もし受け取ったのであれば適切なタイプのデータが送られてきたのかどうか、ということです。

これらを考慮すると、前の upload.php は次のサンプル 7-17（upload2.php）のように書き直すことができます。

サンプル7-16：安全度を高めたupload.phpの改定版
```php
<?php //upload2.php
echo <<<_END
<html><head><title>PHP Form Upload</title></head><body>
<form method='post' action='upload2.php' enctype='multipart/form-data'>
Select a JPG, GIF, PNG or TIF File:
<input type='file' name='filename' size='10' />
<input type='submit' value='Upload' /></form>
_END;

if ($_FILES)
{
    $name = $_FILES['filename']['name'];

    switch($_FILES['filename']['type'])
    {
        case 'image/jpeg': $ext = 'jpg'; break;
        case 'image/gif':  $ext = 'gif'; break;
        case 'image/png':  $ext = 'png'; break;
        case 'image/tiff': $ext = 'tif'; break;
        default:           $ext = '';    break;
    }
    if ($ext)
    {
        $n = "image.$ext";
        move_uploaded_file($_FILES['filename']['tmp_name'], $n);
        echo "Uploaded image '$name' as '$n':<br />";
        echo "<img src='$n' />";
    }
    else echo "'$name' is not an accepted image file";
}
else echo "No image has been uploaded";

echo "</body></html>";
?>
```

　if ($_FILES) から始まる、コードの非HTMLの部分はサンプル7-15の数行から20行以上に増えています。

　前のサンプルと同様、このif行でも何らかのデータが実際にポストされたかどうかを調べています。しかし今度は、プログラムの終わり近くにこのifに対応するelseがあり、何もアップロードされなかったときには画面にメッセージが出力されます。

　ifステートメント内ではまず、前と同じように、アップロードしたコンピュータから取得したファイル名の値を変数$nameに代入しています。しかし今度は、ユーザーが有効なデータを送信したと決めてかかる

のではなく、switch ステートメントを使って、アップロードされたコンテンツタイプをこのプログラムでサポートする 4 種類のイメージと比較しています。どれかに一致した場合には、そのコンテンツタイプ用の 3 文字のファイル拡張子を変数 $ext に代入します。どれにも一致しなかった場合には、アップロードされたファイルは受け入れることのできるタイプではないので、変数 $ext を空のストリング "" に設定します。

次のコード部では、変数 $ext がストリングを含んでいるかどうかを調べ、その場合には、image という基本名と $ext に保持した拡張子を使って新しいファイル名を作成し、変数 $n に代入します。これは、作成するファイルの名前をこのプログラムが完全に制御しているということを意味しています。作成できるのは image.jpg か image.gif、または image.png や image.tif だけです。

これでプログラムが危険にさらされることはなくなります。後の PHP コードは前のものとほとんど同じで、アップロードされた一時的なイメージを新しい場所に移動してそれを表示します。ここではまたイメージの古い名前と新しい名前を表示しています。

アップロード処理で PHP が作成した一時ファイルの消去を心配する必要はありません。ファイルが移動されなかったりリネームされなかった場合には、プログラムの終了時に自動的に削除されます。

if ($ext) に対応する else は、サポート外のイメージタイプがアップロードされたときだけ実行されます。ここでは適切なエラーメッセージを表示しています。

みなさんが自分でファイルのアップロードルーチンを記述するときにも、これと同じような方法を用いて、アップロードされるファイル用に選定した名前と場所を使用されるよう、わたしは強くおすすめします。これにより、パス名や悪意のあるそのほかのデータをみなさんの変数に追加しようとする試みを抑止することができます。もしこれが、複数ユーザーによってアップロードされたファイルに同じ名前をつけてしまうことになる場合には、ファイル名の頭にユーザー名をつけたり、ユーザーごとにフォルダを作成しそこにファイルを保存することで、問題は回避できます。

とは言え、与えられたファイル名を使うしかない場合には、使用文字を英数字とピリオドに限定することでサニタイズ（消毒）する必要があります。これは、16 章で学ぶ正規表現を使って $name に対し検索と置換を行う次のコマンドで実現できます。

```
$name = preg_replace("/[^A-Za-z0-9.]/", "", $name);
```

このコードはストリング $name 内の文字 A-Z、a-z、0-9 と . （大文字小文字のアルファベット文字と数字とピリオド）を残し、それ以外の文字をすべて除去します。

プログラムがすべてのシステムで（大文字小文字を区別するシステムでも区別しないシステムでも）確実に動作するようこれを改良するには、同時に大文字をすべて小文字に変更する次のコマンドを使用します。

```
$name = strtolower(preg_replace("/[^A-Za-z0-9.]/", "", $name));
```

> プログレッシブ JPEG を表す image/pjpeg というメディアタイプを目にすることがあるかもしれませんが、このタイプは image/jpeg の別名として、次のように安全に追加できます（'image/pjpeg' も 'image/jpeg' と同じケースとして処理します）。
>
> ```
> case 'image/pjpeg':
> case 'image/jpeg': $ext = 'jpg'; break;
> ```

7.4 システムコール

実行したいアクションが PHP の関数ではなく、PHP が動作している OS の機能である場合があります。その場合には、exec システムコールが使用できます。

たとえば、カレントディレクトリの中身を手早く見るには、サンプル 7-17 のようなプログラムが使用できます。Windows システムを使っている場合には、このまま dir コマンドを使用します。Linux、Unix、Mac OS X の場合には、1 行めをコメントアウトするか削除して、システムコマンドの ls を使用する 2 行めのコメントを削除します。このプログラムを入力して exec.php という名前で保存し、Web ブラウザで呼び出してみてください。

サンプル 7-17：システムコマンドの実行

```php
<?php // exec.php
$cmd = "dir";    // Windows の場合
// $cmd = "ls";  // Linux、Unix、Mac の場合

exec(escapeshellcmd($cmd), $output, $status);

if ($status) echo "Exec command failed";
else
{
    echo "<pre>";
    foreach($output as $line) echo "$line\n";
}
?>
```

実行結果は使用するシステムによって変わります。以下は Windows の dir コマンドでの結果です。

```
ドライブ C のボリューム ラベルは QUWACO です
ボリューム シリアル番号は B6DF-79DD です

 C:\Program Files\Zend\Apache2\htdocs\lpmj.net\web のディレクトリ

2013/02/08  08:28    <dir>          .
2013/02/08  08:28    <dir>          ..
2012/12/30  15:47               241 exec.php
```

```
2013/02/07  13:45              75,599 similey.jpg
2012/12/30  15:47                 133 test1.php
2013/02/06  13:37                  48 testfile.txt
2012/12/30  15:47                 475 upload.php
              5 個のファイル          76,496 バイト
              2 個のディレクトリ   330,158,731,264 バイトの空き領域
```

exec は次の 3 つの引数を取ります。

1. コマンド自体（例：$cmd）

2. コマンドからの出力を入れる配列（$output）

3. 返された状態を入れる変数（$status）

$output と $status は省略することもできますが、省略すると、システムコールによって作成された出力結果や成功したかどうかを知る手だてがなくなります。

また escapeshellcmd 関数の使用も覚えておいてください。exec コールを利用するときには必ずこれも使用するようにします。なぜなら escapeshellcmd はコマンドのストリングをサニタイズするので，コールをユーザーの入力から行う場合、恣意的なコマンドの実行を防ぐことができるからです。

> システムを呼び出す関数は通常、共有 Web ホスト（複数ユーザーで共有して利用するサーバー）では、セキュリティの危険性を回避するために無効化されています。PHP の問題は可能な限り PHP の中で解決すべきで、システムに頼るのはそれがどうしても必要な場合に限定すべきです。またシステムコールを使用するとシステムに遅延が生じることも覚えておいてください。アプリケーションを Windows と Linux/Unix システム両方で動作させる場合には、実装コードが 2 通り必要になります。

7.5 XHTML

気づかれていたかどうかは別にして、本書では XHTML（Extensible Hypertext Markup Language）の要素をすでに使用しています。たとえば HTML タグの
 ではなく、XHTML の
 を使用しています。ではこの 2 つのマークアップ言語にはどのような違いがあるのでしょう？

確かに見た目に大きな違いはありません。しかし XHTML は、多くの小さな矛盾を抱えそれによって処理が困難になっていた HTML の問題を一掃する言語です。HTML には極めて複雑でしかも寛容なパーサーが必要ですが、XHTML では XML（Extensible Markup Language）によく似た標準的なシンタックスが使用されるので、必要な処理はごく単純なパーサーで容易に行うことができます（パーサーはタグやコマンドを処理するコードで、構文の解析を行います）。

7.5.1 XHTML のメリット

XML ファイルが処理できるプログラムはすべて、XHTML ドキュメントが速く処理できます。iPhone

や BlackBerry、Android や Windows Phone といった Web を利用できるデバイスが増えるにつれ（大量の新しいタブレットは言うに及ばず）、Web コンテンツを、PC やノートパソコンの Web ブラウザと同様に、それらのデバイス上でもきちんと表示できることがますます重要になっています。この状況にあって、XHTML で必要なより厳格なシンタックスが、クロスプラットフォームの互換性の解決に役立つ大きな要因になっているのです。

今 Web の世界では、より高速でパワフルなプログラムが提供できるように、ブラウザのデベロッパーが Web デベロッパーに対して XHTML の使用を勧める動きが広がっているので、XHTML が HTML に取って代わる日もそう遠くないでしょう。今 XHTML の使用を始めるのは時宜を得た考えなのです。

7.5.2　XHTML のバージョン

XHTML 標準は進化をつづけ、いくつかのバージョンが使用されていますが、さまざまな理由からみなさんが理解すればよいのは XHTML 1.0 だけです。

XHTML には 1.1 や 1.2、2.0 といった勧告段階のものや使用が開始されたものなど、1.0 以外のバージョンがあるものの、どれも Web デベロッパーの間で勢いを得ていません。習得すべきバージョンは 1 つしかないので、みなさんやわたしにとって状況はいたってシンプルです。

7.5.3　ルールの違い

HTML と異なる XHTML のルールには以下のものがあります。

- すべてのタグはもう 1 つのタグで閉じなくてはいけません。対応する閉じタグがない場合には、スペースと記号 / と > をつづけてタグ自体を閉じる必要があります。たとえば `<input type='submit'>` タグは `<input type='submit' />` に変える必要があります。また開始の `<p>` タグにはすべて、終了の `</p>` タグが必要です。`<p />` では代用できません。

- すべてのタグは正確にネストしなければいけません。したがってストリングの `<b>My first name is<i>Robin</b></i>` は、`<b>` が `<i>` より先に閉じられているので誤りです。これは `<b>My first name is <i>Robin</i></b>` が正解です。

- すべての属性は引用符で囲まなければいけません。つまり `<form method=post action=post.php>` ではなく、`<form method='post' action='post.php'>` と記述します。次のように二重引用符を使用することもできます。`<form method="post" action="post.php">`

- アンパサンド文字（&）はそのままでは使用できません。たとえば "Batman & Robin" というストリングは、"Batman & Robin" に置き換える必要があります。これは URL も修正する必要があるということで、たとえば HTML シンタックスの `<a href="index.php?page=12&item=15">` は、`<a href="index.php?page=12&amp;item=15">` に置き換える必要があります。

- XHTML タグはケースセンシティブであり、すべて小文字でなくてはなりません。したがって HTML の `<BODY><DIV ID="heading">` は `<body><div id="heading">` に変える必要があります。

- 属性は省略できなくなったので、たとえば <option name="bill" selected> は <option name="bill" selected="selected"> に置き換え、値を正しく割り当てる必要があります。checked や disabled などの属性についても、checked="checked" や disabled="disabled" のように変える必要があります。

- XHTML ドキュメントはその 1 行めで、<?xml version="1.0" encoding="UTF-8"?> といった新しい XML 宣言で開始しなくてはいけません。

- DOCTYPE 宣言も変更されました。

- <html> タグには xmlns 属性が必要です。

では XHTML 1.0 を順守したドキュメントをサンプル 7-18 で見ていきましょう。

サンプル 7-18：XML ドキュメントの例

```
<?xml version="1.0" encoding="UTF-8"?>
<!DOCTYPE html PUBLIC "-//W3C//DTD XHTML 1.0 Strict//EN"
    "http://www.w3.org/TR/xhtml1/DTD/xhtml1-strict.dtd">
<html xmlns="http://www.w3.org/1999/xhtml" xml:lang="en" lang="en">
    <head>
        <meta http-equiv="Content-Type"
            content="text/html; charset=utf-8" />
        <title>XHTML 1.0 Document</title>
    </head>
    <body>
        <p>This is an example XHTML 1.0 document</p>
        <h1>This is a heading</h1>
        <p>This is some text</p>
    </body>
</html>
```

すでに述べたように、ドキュメントは XML 宣言で始まり、その後に DOCTYPE 宣言、xmlns 属性を持つ <html> タグがつづきます。以降はどれも分かりやすい HTML のように見えますが、meta タグは例外で、/> で適切に閉じる必要があります。

7.5.4　HTML 4.01 ドキュメントタイプ

ブラウザにドキュメントの処理方法を正確に伝えるには、許容されるシンタックスを定義する DOCTYPE 宣言を使用します。HTML 4.01 では、以下のサンプルに示すように、3 種類の DTD（Document Type Definition、文書型宣言）がサポートされます。

サンプル 7-19 の厳格な DTD では、HTML 4.01 シンタックスに完全に従うことが求められます。

サンプル 7-19：HTML 4.01 Strict DTD（厳格型）

```
<!DOCTYPE HTML PUBLIC "-//W3C//DTD HTML 4.01//EN"
    "http://www.w3.org/TR/html4/strict.dtd">
```

サンプル 7-20 に示すゆるい DTD では、以前の要素や推奨されない属性が許容されます（http://w3.org/TR/xhtml1 では推奨されない項目が述べられています）。

サンプル 7-20：HTML 4.01 Transitional DTD（移行型）

```
<!DOCTYPE HTML PUBLIC "-//W3C//DTD HTML 4.01 Transitional//EN"
    "http://www.w3.org/TR/html4/loose.dtd">
```

最後、サンプル 7-21 はフレームセットを含む HTML 4.01 の DTD です。

サンプル 7-21：HTML 4.01 Frameset DTD（フレーム型）

```
<!DOCTYPE HTML PUBLIC "-//W3C//DTD HTML 4.01 Frameset//EN"
    "http://www.w3.org/TR/html4/frameset.dtd">
```

7.5.5　HTML 5 ドキュメントタイプ

HTML 5 では、ドキュメントタイプが 1 つしかないので、次のようにかなり単純になっています。

```
<!DOCTYPE html>
```

この html という語句は実にシンプルですが、Web ページが HTML 5 用にデザインされていることをブラウザに伝えるものなので、実は極めて重要です。さらに言うと、人気のある主要ブラウザの最新バージョンは 2011 年あたりから HTML 5 仕様の大部分をサポートしてきているので、旧式ブラウザまでサポート範囲に入れようとする場合をのぞいて、これが今後必要な唯一のドキュメントタイプになるのかもしれません。

7.5.6　XHTML 1.0 ドキュメントタイプ

みなさんはおそらく、これまでに複数の HTML ドキュメントタイプを目にされたことがあるでしょう。しかし XHTML 1.0 を扱う場合には、以下のサンプルに示すように、シンタックスが少し変わってきます。
サンプル 7-22 の厳格な DTD では推奨されない属性が除外され、完全に正しいコードが求められます。

サンプル 7-22：XHTML 1.0 Strict DTD（厳格型）

```
<!DOCTYPE html PUBLIC "-//W3C//DTD XHTML 1.0 Strict//EN"
    "http://www.w3.org/TR/xhtml1/DTD/xhtml1-strict.dtd">
```

サンプル 7-23 の移行型 XHTML 1.0 DTD は推奨されない属性が許容される DTD で、最も広く使用されています。

サンプル 7-23：XHTML 1.0 Transitional DTD

<!DOCTYPE html PUBLIC "-//W3C//DTD XHTML 1.0 Transitional//EN"
 "http://www.w3.org/TR/xhtml1/DTD/xhtml1-transitional.dtd">

サンプル 7-24 は、フレームセットをサポートする唯一の XHTML 1.0 DTD です。

サンプル 7-24：XHTML 1.0 Frameset DTD

<!DOCTYPE html PUBLIC "-//W3C//DTD XHTML 1.0 Frameset//EN"
 "http://www.w3.org/TR/xhtml1/DTD/xhtml1-frameset.dtd">

7.5.7　XHTML の検証

　記述した XHTML を検証するには、W3C の検証サイト（http://validator.w3.org/）に行きます。ここではドキュメントの検証が、URL の指定やファイルのアップロード、または Web フォームへの入力やコピー＆ペーストによって行えます。PHP コードを記述して Web ページを作成するときにはその前に、作成したい出力サンプルを検証サイトに送信して調べるようにします。どれほど注意深く XHTML を記述したつもりでも、そこにはまだ多くのエラーが残っていることに驚かれるでしょう。

　ドキュメントが XHTML と完全に互換でないときには、その修正方法を述べたメッセージが表示されます。図 7-3 はサンプル 7-18 のドキュメントが XHTML 1.0 Strict 検証テストにパスしたことを示しています。

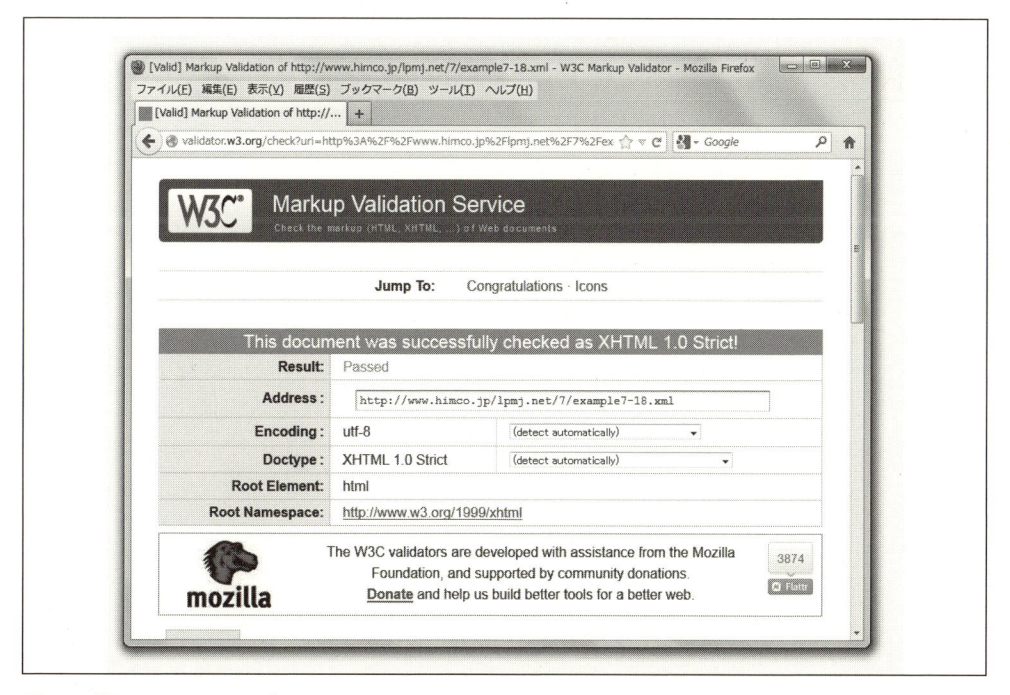

図 7-3：検証にパスしたサンプル 7-18 のドキュメント

XHTML 1.0 ドキュメントは HTML に非常に近く、XHTML を認識しないブラウザから呼び出された場合でも適切に表示されますが、唯一 `<script>` タグに問題が潜んでいます。互換性を確実に保つには、`<script src="script.src" />` の使用を避け、`<script src="script.src"></script>` の方法で記述するようにします。

本章はまた PHP をマスターするための長い旅の始まりでもあります。みなさんは本章でフォーマットやファイル処理、XHTML やそのほかの重要な概念を数多く学びました。次章ではもう 1 つの主要なトピックである MySQL を見ていきます。

7.6 確認テスト

1. `printf` で浮動小数点数を表示するには、どの変換指定子を使用しますか？

2. "Happy Birthday" という入力ストリングを取り、ストリング "**Happy" を出力するには、`printf` ステートメントをどのように使用しますか。

3. `printf` からの出力をブラウザではなく変数に送りたいときに使用できる代わりの関数は何ですか？

4. 2016 年 5 月 2 日午前 7 時 11 分の Unix タイムスタンプはどのようにして作成しますか？

5. `fopen` で、ファイルを空にしファイルポインタを先頭に置いた書き込みと読み取りモードでファイルを開くには、どのファイルアクセスモードを使用しますか？

6. file.txt というファイルを消去する PHP コマンドは？

7. ファイル全体を 1 回で読み取り、インターネットからも読み取りが行える PHP 関数は何ですか？

8. アップロードされたファイルに関する詳細を保持する PHP のシステム変数は？

9. システムコマンドが実行できる PHP 関数は？

10. 次の XHTML 1.0 タグに見られる誤りは何ですか？ `<input type=file name=file size=10>`

テストの模範解答は付録 A に記載しています。

8章
MySQL 入門

　MySQLはインストール数1000万を優に超える、おそらくは最も人気のあるWebサーバー向けデータベース管理システムです。MySQLは1990年代半ばに開発され、成熟したテクノロジーとして、今日最多のアクセス数を誇る多くのインターネットサイトにパワーを供給しています。

　MySQLが成功した理由の1つには間違いなく、PHPと同様、フリーで使用できることがあります。しかし飛び抜けてパワフルで格段に速いのも事実で、ごく基本的なハードウェアがあれば問題なく実行でき、システムリソースにはまず悪影響を及ぼさないという特長があります。

　MySQLはまた高度にスケーラブルです。これはWebサイトの成長に合わせて拡張できる、ということです。実際、eWEEKによるデータベース比較でも、MySQLは世界市場でトップのシェアを占めるOracleとともに最高のパフォーマンスとスケーラビリティを誇っています。

8.1　MySQL の基本

　データベースは、コンピュータシステムに保持されたレコードやデータの構造化された集まりで、素早く検索できるように組織化されているので、情報をすぐ取得することができます。

　MySQLのSQLはStructured Query Languageの略語です。SQLは英語によく似た言語で、OracleやMicrosoft SQL Serverといったデータベースでも使用されています。SQLは次のようなコマンドを通して、データベースに要求を簡単に行えるように設計されています。

```
SELECT title FROM publications WHERE author = 'Charles Dickens';
```

　MySQLデータベースは、1つまたは複数の**テーブル**を含み、各テーブルは**レコード**（**行**）を含みます。行の中には、データそのものを含むさまざまな**列**（**フィールド**）があります。表8-1は、著者、題名、ジャンル、発表年という情報を持つ5つの著作に関するデータベースの例です。

表 8-1：簡単なデータベースの例

author	title	type	year
マーク・トウェイン	トム・ソーヤーの冒険	フィクション	1876
ジェーン・オースティン	高慢と偏見	フィクション	1811
チャールズ・ダーウィン	種の起源	ノンフィクション	1856
チャールズ・ディケンズ	骨董屋	フィクション	1841
ウィリアム・シェイクスピア	ロミオとジュリエット	演劇	1594

表の各行は MySQL テーブルの行に相当し、行内の各要素は MySQL のフィールドに相当します。

このデータベースを一意に識別するために、以降の例では publications データベースと呼ぶことにします。またこれらの著作はどれも古典文学なので、データベースの詳細を保持するテーブルを classics と呼ぶことにします。

8.2　データベースの用語に関するまとめ

ここまででみなさんが覚えておくべきデータベース用語には次のものがあります。

データベース
　　MySQL データの集まりを入れるためのコンテナ（入れ物）
　　例：publications

テーブル
　　データベースの実際のデータを保持するサブコンテナ（入れ物の中の入れ物）
　　例：classics

行
　　複数のフィールドを含むことのできる、テーブル内の 1 レコード
　　例：（マーク・トウェイン、トム・ソーヤーの冒険、フィクション、1876）で 1 つのレコード

列
　　行内のフィールドの名前
　　例：（author、title、type、year）

なおここでは、リレーショナルデータベースの学術書で使われるような正確な用語ではなく、基本的な概念を早く把握し、データベースに初めて取り組むときの助けとなるように、日常的な表現で述べています。

8.3　MySQL へのコマンドラインからのアクセス

MySQL とやりとりするには主に、コマンドラインを使った方法と、phpMyAdmin などの Web インターフェイスによる方法、PHP などのプログラミング言語を使った方法の 3 つがあります。最後の方法は 10 章で取り上げるので、以降では初めの 2 つの方法を見ていきましょう。

8.3.1 コマンドラインのインターフェイスの開始

本節では Windows と OS X、Linux について、コマンドラインの使用を始めるときに必要な事柄を説明します。

Windows ユーザー

2 章で Zend Server WAMP をインストールしたみなさんは、次のどちらかのディレクトリから MySQL 実行ファイルにアクセスできます（1 つめが 32 ビットコンピュータで、2 つめが 64 ビット用です）。

```
C:\Program Files\Zend\MySQL51\bin
C:\Program Files (x86)\Zend\MySQL51\bin
```

> Zend Server を \Program Files（または \Program Files (x86)）以外の場所にインストールした方は、そのディレクトリに含まれる bin ディレクトリを使用する必要があります。

最初の MySQL ユーザーはデフォルトで root で、パスワードが設定されていません。しかしここでは、MySQL にアクセスするのはみなさんだけだという開発サーバーを想定しているので、新しいユーザーは作成しません。

MySQL のコマンドラインインターフェイスに入るには、[スタート] ボタンのクリックで表示される [プログラムとファイルの検索] 入力ボックスに CMD と入力し、Enter キーを押します。すると Windows のコマンドプロンプトが起動するので、お使いの Windows に応じて、次のどちらかを入力します。

```
"C:\Program Files\Zend\MySQL55\bin\mysql" -u root
"C:\Program Files (x86)\Zend\MySQL55\bin\mysql" -u root
```

> パスとファイル名は引用符（""）で囲むことに注意してください。名前にスペースが含まれているとき、コマンドプロンプトはそれを正しく解釈しないので、ここでは引用符で囲む必要があります。引用符にはファイル名の各部を、コマンドプログラムが理解できる単一のストリングにまとめる働きがあります。

このコマンドは MySQL に対し、みなさんが root ユーザーとしてパスワードなしでログインすることを伝えます。MySQL にログインすると、コマンドの入力が開始できるようになります。ここまでの作業がうまくいっていることを確認するには、次のコマンドを実行します。問題がなければ図 8-1 に示すような結果が得られます。

```
SHOW databases;
```

問題なく動作した場合には、この後の「コマンドラインインターフェイスの使用」に進んでください。しかし、うまく動作せず、エラーを受け取った場合には、Zend Server のインストール時に MySQL を適切にインストールしたかどうかを確認してください（これについては 2 章で述べています）。

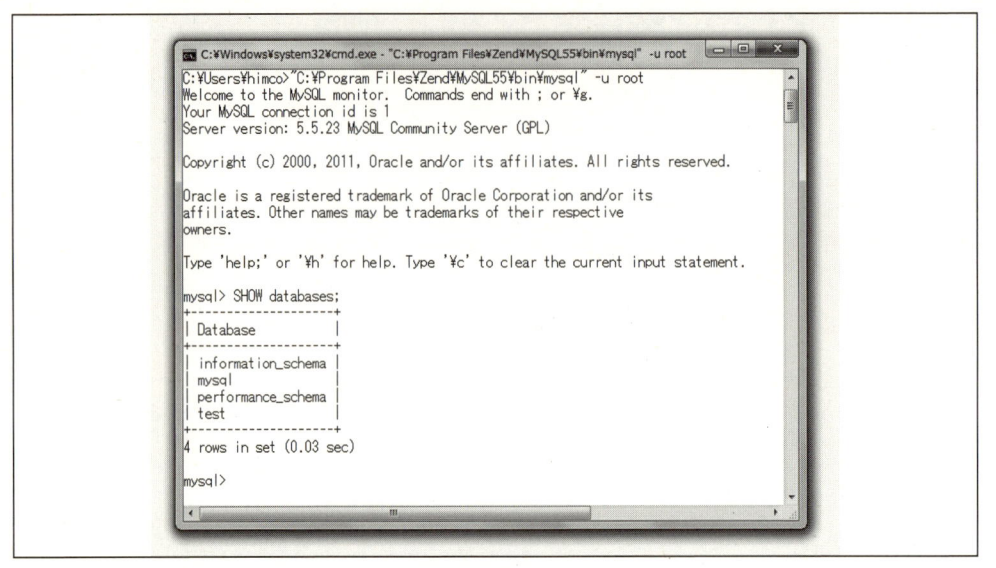

図8-1：WindowsのコマンドプロンプトからMySQLにアクセスした

Windowsのコマンドプロンプトを使用する場合

MySQLの操作にWindowsのコマンドプロンプトを使用する場合、データベースのデータに日本語を使用すると、コマンドプロンプトでUTF-8形式の文字が表示できないため文字化けが発生します。本書ではこれを回避するため、C:\Program Files\Zend\MySQL55にあるmy.iniファイルを次のように編集しました。

- 50行めほどにある [client] 項に、**default-character-set=utf8** を追加します。
- その下の [mysql] 項の **default-character-set=utf8** を **default-character-set=cp932** に変更します。
- さらにその下の [mysqld] 項では、以下のように、**character-set-server=utf8** が記述されていることを確認します。

```
[client]
port=3306
default-character-set=utf8
[mysql]
default-character-set=cp932
```

編集したらファイルを保存し、MySQLを再起動します。

OS X ユーザー

本章を進めるには、Zend Server を 2 章で述べたようにインストールし、Web サーバーが起動済みで MySQL サーバーがスタートしている必要があります。

MySQL のコマンドラインインターフェイスに入るには、[ターミナル]（[アプリケーション] → [ユーティリティ] にあります）を起動し、そこから /usr/local/zend/mysql/bin ディレクトリにインストールされている MySQL プログラムを呼び出します。

最初の MySQL ユーザーはデフォルトで root でパスワードはありません。したがってプログラムをスタートさせるには、次を入力します。

```
/usr/local/zend/mysql/bin/mysql -u root
```

このコマンドは MySQL に対し、みなさんが root ユーザーとしてパスワードなしでログインすることを伝えます。ここまでの作業がうまくいっていることを確認するには、次のコマンドを実行します。問題がなければ図 8-2 に示すような結果が得られます。

```
SHOW databases;
```

問題なく動作した場合には、この後の「コマンドラインインターフェイスの使用」に進んでください。"Can't connect to local MySQL server through socket" といったエラーを受け取った場合には、MySQL サーバーがまだスタートしていないことが考えられるので、2 章で述べた OS X のスタート時に MySQL をスタートさせる設定を確認してください。

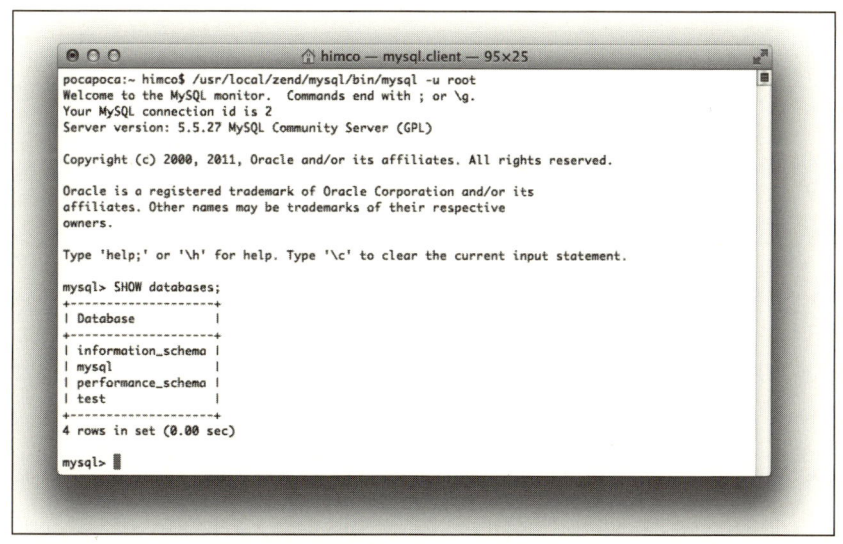

図 8-2：OS X のターミナルプログラムから MySQL にアクセスした

Mac の Zend Server と UTF-8

Mac の Zend Server の MySQL は部分的に UTF-8 形式を使用する設定になっていないので、UTF-8 形式の日本語を使用すると文字化けが発生します。本書ではこれを次の方法で回避しました。

1. ターミナルの [環境設定] の [詳細] で [文字エンコーディング] を Unicode (UTF-8) に設定します。
2. Finder のメニューから [移動] → [フォルダへ移動] を選択し、[フォルダの場所を入力 :] フィールドに /etc と入力して [移動] をクリックします。
3. /etc フォルダ内に mysql という名前のフォルダを作成します。
4. テキストエディタで次のファイルを作成し、my.cnf という名前で、今作成した mysql フォルダに保存します。

    ```
    [client]
    default-character-set=utf8
    [mysql]
    default-character-set=utf8
    [mysqld]
    character-set-server=utf8
    ```

5. mySQL から `SHOW VARIABLES LIKE 'char%';` コマンドを発行して、値が `utf8` になっていることを確認します（`character_set_filesystem` を除く）。

Linux ユーザー

Linux など、Unix 系 OS ではほとんどの場合、PHP と MySQL はすでにインストールされ、実際に稼働しているので、以降に示す例はそのまま入力することができます。とは言えその前に、MySQL システムにログインする必要があります。

```
mysql -u root -p
```

これは MySQL に対し、みなさんが root ユーザーとして、パスワードを入力してログインすることを伝えます。パスワードがある場合にはそれを入力し、ない場合にはただ Return キーを押します。

ログインしたら、次のコマンドでシステムをテストすることができます。図 8-3 のような結果が得られれば成功です。

```
SHOW databases;
```

問題なく動作した場合には、この後の「コマンドラインインターフェイスの使用」に進んでください。ここまでの手順のどこかでつまずいた場合には、2 章の「Linux への LAMP のインストール」節に戻り、MySQL が適切にインストールされているかどうかを確認してください。

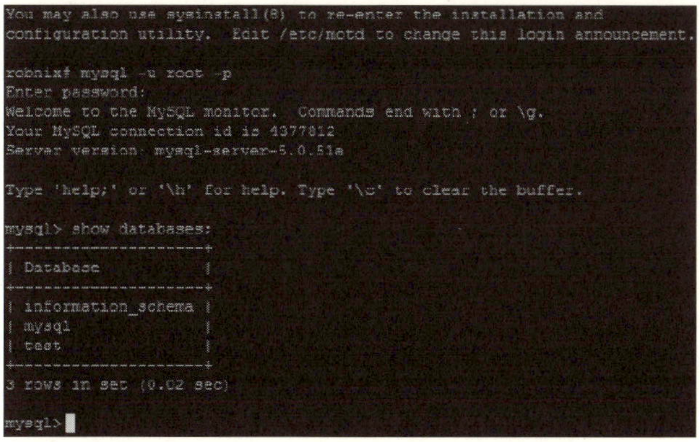

図 8-3：Linux での MySQL へのアクセス

リモートサーバーにある MySQL

　リモートサーバーにある MySQL にアクセスする場合には、Telnet 接続（セキュリティを考慮すると SSH の方が適切です）を使ってリモートにあるマシン（おそらくは Linux、FreeBSD、Unix など）に接続します。その後は、システム管理者のサーバー設定によって、手順は、特に共有ホストサーバーで少し異なります。いずれにせよ必要なのは、みなさんが MySQL へのアクセス権を持ち、ユーザー名とパスワードを知っていることです。条件が整ったら、次のコマンドを入力します。*username* にはみなさんのユーザー名を使用します。

　mysql -u *username* -p

　パスワードが求められるので入力します。すると次のコマンドを試すことができます。成功すれば図 8-3 のスクリーンショットのような結果が表示されます。

　SHOW databases;

　すでに別のデータベースが作成されている場合、test データベースは表示されないかもしれません。
　システム管理者は究極の制御権を持っているので、予期しない設定に出くわす可能性のあることを覚えておく必要があります。たとえば、作成するデータベースの名前には接頭辞として一意の識別ストリングをつけることを求められるかもしれません。これはほかのユーザーが作成するデータベースとコンフリクトしないようにするための処置です。
　何か問題があった場合には、問題を解決してくれるシステム管理者に相談します。みなさんがユーザー名とパスワードを必要とし、新しいデータベースを作成できるだけの権限を求めていることを知らせましょう。または最低でも、使用できる準備の整ったデータベースを少なくとも 1 つ作成して欲しい旨を伝えます。自由に操作できるデータベースが手に入れば、必要なテーブルはすべてその中に作成できます。

8.3.2　コマンドラインインターフェイスの使用

ここからは Windows でも OS X でも Linux でも、使用するコマンド（と受け取るエラー）はすべて同じです。

セミコロン

ではごく基本から始めましょう。みなさんは `SHOW databases;` コマンドの最後にセミコロン（;）があることに気づきましたか？　セミコロンは、MySQL がコマンドを分けたり終わらせたりするために使用します。セミコロンの入力を忘れると、MySQL はプロンプトを表示し、次の入力を待つ状態に入ります。セミコロンを必ずつけないといけないというシンタックスによって、複数行にわたるコマンドの入力が可能になります。コマンドは非常に長くなる場合があるので、これは非常に役立ちます。また、セミコロンを各コマンドの終わりにつけると、複数のコマンドを 1 回で発行することもできます。インタープリターは、みなさんが実行キーを押したときこれらをひとまとめにして、順番に実行します。

> MySQL の操作中、コマンドの結果ではなく MySQL のプロンプトが表示されることがよくありますが、これは、最後のセミコロンを忘れたことを意味しています。その場合にはセミコロンだけを入力し、実行キーを押すと、希望する結果が得られます。

MySQL が表示するプロンプトには表 8-2 に示す 6 つがあります。これらを見ると、複数行のどこを入力しているのか（MySQL が何を待っているのか）が分かります。

表 8-2：MySQL の 6 つのコマンドプロンプト

MySQL プロンプト	意味
`mysql>`	新しいコマンドの入力を待っている
`->`	複数行コマンドでの次の行の入力を待っている
`'>`	一重引用符（'）で始まるストリングの、次の行の入力を待っている
`">`	二重引用符（"）で始まるストリングの、次の行の入力を待っている
`` `> ``	バッククォート（`）で始まるストリングの、次の行の入力を待っている
`/*>`	/* で始まるストリングの、次の行の入力を待っている

コマンドのキャンセル

コマンドを入力している途中で、そのコマンドの実行を止めたくなった場合には、間違ってもプログラムを閉じる Ctrl-C を押してはいけません。コマンドの実行をキャンセルするには \c を入力して実行キーを押します。サンプル 8-1 はその使用方法を示しています。

サンプル 8-1：入力行のキャンセル

```
meaningless gibberish to mysql \c
```

この行のように入力すると、MySQLはその入力を無視し、新しいプロンプトを表示します。\cがない場合には、エラーメッセージを表示します。ただしストリングやコメントをすでに開始している場合には、\cを使う前にそれを閉じる必要があるので注意がいります。閉じないとMySQLは\cもストリングの一部だと理解します。サンプル8-2はその正しい方法を示しています。

サンプル8-2：ストリングを使っているときの入力のキャンセル

this is "meaningless gibberish to mysql" \c

なお、セミコロンの後の\cの使用は新しいステートメントと解釈されるので、動作しません。

8.3.3 MySQLのコマンド

みなさんはすでにSHOWコマンドを使用しましたが、これはデータベースやテーブル、そのほかの項目を表示するコマンドです。表8-3はみなさんが今後よく使用することになるコマンドの一覧です。

表8-3：よく使用されるMySQLのコマンド

コマンド	パラメータ	意味
ALTER	database, table	databaseまたはtableに変更を加える
BACKUP	table	tableをバックアップ
\c		入力をキャンセル
CREATE	database, table	databaseまたはtableを作成
DELETE	tableとrowを使った式	tableからrowを消去
DESCRIBE	table	tableの列についての情報を表示
DROP	database, table	databaseまたはtableを消去
EXIT（Ctrl-C）		終了
GRANT	user権限	userの権限を変更
HELP（\h, \?）	item	itemに関するヘルプを表示
INSERT	dataを使った式	dataを挿入
LOCK	table(s)	（複数の）テーブルをロック
QUIT（\q）		EXITと同じ
RENAME	table	tableの名前を変更
SHOW	表示する多くのitem	itemの詳細を表示
SOURCE	filename	filenameに含まれるコマンドを実行
STATUS（\s）		現在の状態を表示
TRUNCATE	table	tableを空にする
UNLOCK	table(s)	table(s)のロックを解除
UPDATE	dataを使った式	既存のレコードを更新
USE	database	使用するdatabaseを指定

以降ではこれらのほとんどのコマンドを見ていきますが、その前にMySQLコマンドに関して次の2つを覚えておく必要があります。

- SQLコマンドとキーワードは大文字小文字で区別されません。CREATEとcreate、CrEaTeはどれも同じですが、明確にするために、大文字を使用するスタイルが推奨されます。
- テーブル名はWindowsでは大文字小文字の区別がありませんが、LinuxやOS Xでは大文字小文字の違いで区別されます。したがって可搬性（異なるOSに移すこと）を考えると、大文字小文字の使用方法を確定したらそれを一貫して使用すべきです。推奨されるのは、小文字を使用するか、大文字小文字混合でテーブル名をつけるスタイルです。

データベースの作成

リモートサーバーを使用し、自分用に作成された単一のユーザーアカウントとデータベースしか扱えないみなさんは、後の「テーブルの作成」節に進んでください。それ以外のみなさんは次のコマンドを使って、publicationsという名前の新しいデータベースを作成しましょう。

CREATE DATABASE publications;

作成に成功すると、"Query OK, 1 row affected (0.00 sec)"という、今はまだ意味が分からないメッセージが返されますが、すぐに分かるようになります。データベースを作成したら、次はそれを使用するコマンドを次のように発行します。

USE publications;

すると、"Database changed"というメッセージが表示されます。これで以降の例に進む準備ができました。

ユーザーの作成

初めてのデータベースを作成したら、次はユーザーの作成です。みなさんはおそらく、PHPスクリプトにMySQLへのroot権限を与えたくはないでしょう。なぜなら万が一ハッキングを受けた場合、致命的な事態に陥る恐れがあるからです。

ユーザーを作成するには、次の形式を取るGRANTコマンドを発行します（ただし実際に動作するコマンドではないので、このまま入力してはいけません）。

GRANT PRIVILEGES ON database.object TO 'username'@'hostname' IDENTIFIED BY 'password';

このコマンドはdatabase.objectの部分をのぞけば、実に単純です（直訳すると、database.objectへの権限を、passwordで識別するusername@hostnameに与える、という意味です）。database.objectが指しているのはデータベース自体とそれに含まれるテーブルなどのオブジェクトです（表8-4参照）。

表 8-4：GRANT コマンドのパラメータの例

引数	意味
.	すべてのデータベースとそのすべてのオブジェクト
database.*	database という名前のデータベースとそのすべてのオブジェクト
database.object	database という名前のデータベースとその object という名前のオブジェクト

では以上を踏まえて、新しい publications データベースとそのすべてのオブジェクトにアクセスできるユーザーを次のコマンドで作成しましょう（ユーザー名 jim とパスワード mypasswd はみなさんのものと置き換えて入力してください）。

GRANT ALL ON publications.* TO 'jim'@'localhost' IDENTIFIED BY 'mypasswd';

このコマンドが実行するのは、jim@localhost というユーザーに、mypasswd を使った publications データベースへのフルアクセスを与える、ということです。この手順がうまくいったかどうかを確認するには、まず QUIT を入力して終了します。そして前に行ったように再度 MySQL に入りますが、今度は -u root -p ではなく -u jim -p を入力します（jim はみなさんが作成したユーザー名と置き換えます）。OS ごとの正確なコマンドは表 8-5 に示しています。これは 2 章で述べた Zend Server の場合であり、mysql クライアントを別のディレクトリにインストールした場合にはそれに合わせて修正する必要があります。

表 8-5：MySQL を jim@localhost としてスタートしログインする

OS	コマンドの例
Windows 32 ビット	"C:\Program Files\Zend\MySQL55\bin\mysql" -u jim -p
Windows 64 ビット	"C:\Program Files (x86)\Zend\MySQL55\bin\mysql" -u jim -p
OS X	/usr/local/zend/mysql/bin/mysql -u jim -p
Linux	mysql -u jim -p

後は要求に応じてパスワードを入力するだけでログインできます。このパスワードの入力を行いたくないときには、-p の直後に（スペースも入れず）パスワードをつづけることもできますが、これはほめられたプラクティスではありません。なぜならお使いのシステムにログインするほかのユーザーがいる場合、入力されたコマンドを知る方法（コマンドの履歴をたどるなど）を心得たユーザーなら、みなさんのパスワードを見つけることができるからです。

> 与えることのできる権限はみなさんが持っている権限に限られます。また GRANT コマンドを発行するには、みなさんがその権限を持っていなければなりません。すべての権限を与えるのでない場合、さまざまな範囲の権限を選ぶことができます。詳細については http://dev.mysql.com/doc/refman/5.1/ja/grant.html を参照してください。ここではまた、一度与えた権限が削除できる REVOKE コマンドにも触れられています。

新しいユーザーを、IDENTIFIED BY 節を指定せずに作成すると、そのユーザーにはパスワードが必要なくなります。これは安全度が非常に低い状況なので避けるべきです。

テーブルの作成

ここまでの手順でみなさんは、データベースの publications（またはみなさん用に作成されたデータベース）への ALL 権限を付与されたユーザーとして MySQL にログインできたので、次は初めてのテーブルの作成です。テーブルを作成するときには、次のコマンドを入力して、使用するデータベースを必ず特定しておきます（データベース名が異なる場合はその名前を使用してください）。

```
USE publications;
```

つづいてサンプル 8-3 に示すコマンドを 1 行ずつ入力します。

サンプル 8-3：classics という名前のテーブルを作成
```
CREATE TABLE classics (
author VARCHAR(128),
title VARCHAR(128),
type VARCHAR(16),
year CHAR(4)) ENGINE MyISAM;
```

> このコマンドは次のように 1 行で発行することもできます。
>
> ```
> CREATE TABLE classics (author VARCHAR(128), title VARCHAR(128),
>    type VARCHAR(16), year CHAR(4)) ENGINE MyISAM;
> ```
>
> しかし MySQL のクエリ（データベースへの要求、問い合わせ）は長く、複雑になる場合があるので、みなさんには、長いクエリに十分に慣れるまで、クエリの 1 要素につき 1 行ずつ入力していく方法をおすすめします。

すると MySQL は、"Query OK, 0 rows affected," という応答を、コマンドの実行にかかった時間とともに表示します。エラーが返された場合には、シンタックスを注意深くチェックし、かっことコンマの数を確認します。キーの打ち間違いは誰でも犯すミスです。なお ENGINE MyISAM は MySQL に対して、このテーブルで使用するデータベースエンジンのタイプを指定します。

新しいテーブルが作成されたかどうかを調べるには、次のコマンドを入力します。

```
DESCRIBE classics;
```

すべてがうまくいっている場合には、サンプル 8-4 に示すようなコマンドと応答の結果が得られます。特にテーブルがフォーマットされて表示されている点に注目してください。

サンプル 8-4：MySQL セッション：新しいテーブルの作成と確認

```
mysql> USE publications;
Database changed
mysql> CREATE TABLE classics (
    -> author VARCHAR(128),
    -> title VARCHAR(128),
    -> type VARCHAR(16),
    -> year CHAR(4)) ENGINE MyISAM;
Query OK, 0 rows affected (0.03 sec)

mysql> DESCRIBE classics;
+--------+--------------+------+-----+---------+-------+
| Field  | Type         | Null | Key | Default | Extra |
+--------+--------------+------+-----+---------+-------+
| author | varchar(128) | YES  |     | NULL    |       |
| title  | varchar(128) | YES  |     | NULL    |       |
| type   | varchar(16)  | YES  |     | NULL    |       |
| year   | char(4)      | YES  |     | NULL    |       |
+--------+--------------+------+-----+---------+-------+
4 rows in set (0.00 sec)
```

DESCRIBE コマンドは、MySQL テーブルが正しく作成されたかどうかを確認したいときに役立つデバッグツールで、テーブルのフィールドや列の名前、データの型を思い出したいときにも使用できます。ではこの一番上の見出しを 1 つずつ見ていきましょう。

- Field

  テーブル内のフィールドまたは列の名前。

- Type

  フィールドに保持するデータの型。

- Null

  フィールドに NULL 値を含めることができるかどうかを示します。

- Key

  MySQL はキーやインデックスをサポートします。これはデータを速く探し検索するための方法で、Key 見出しは（表示されている場合）適用されるキーのタイプを示します。

- Default

  新しい行の作成時、値が指定されていない場合に、このデフォルト値がフィールドに割り当てられます。

Extra
フィールドのオートインクリメントが設定されているかどうかなど、追加情報を示します。

8.3.4 データ型

サンプル 8-3 では、テーブルの 3 つのフィールドに VARCHAR というデータ型を与え、1 つのフィールドに CHAR というデータ型を与えたことに気づかれたかもしれません。VARCHAR は VARiable length CHARacter（可変長、つまり長さを変えることのできる文字の）ストリングを表すコマンドで、このフィールドに保持できるストリングの最大の長さ（最大長）を MySQL に伝える数値を取ります。

このデータ型は非常に実用的で、MySQL に前もってデータベースのサイズを想定させ、検索の実行が容易になるというメリットがあります。ただし、割り当て可能な長さよりも長いストリング値を割り当てようとすると、テーブル定義で宣言された最大値に切り取られるというマイナス面もあります。

これに対し、year フィールドに入る値はもっと限定的に予想できる値なので、VARCHAR よりも効率的な CHAR(4) データ型を使用しています。パラメータの 4 は -999 から 9999 までの西暦をサポートする 4 バイトのデータを見越した値です。もちろん西暦の下 2 桁だけを保持することもできますが、次世紀のデータを扱う必要が生じた場合、最小値の 00 に戻ることになるので、2000 年 1 月 1 日以降の日付けを 1900 年代の日付けとして扱った"ミレニアムバグ（2000 年問題）"のときと同様の処理を行わなければならなくなります。

> classics テーブルで YEAR データ型を使用しなかったのは、このデータ型が 0000 と 1901 から 2155 までしかサポートしないからです。これには、MySQL に西暦を 1 バイトで保持させて効率アップを狙う目的がありますが、使用できるのが 1901 年から 2155 年までの 256 年間（256 種類の西暦年）に限られます。そしてそもそも、classics テーブルで扱う著作は 1901 年以前のものばかりです。

CHAR と VARCHAR は両方ともテキストストリングを取り、フィールドのサイズを制限しますが、違いは、CHAR フィールドのストリングはどれもサイズが一定（固定長）だということです。指定した値よりも短いストリングを入れると、空きがスペースで埋められます。これに対し VARCHAR フィールドでは、埋め合わせるのではなく、挿入されたテキストがきっちり収まるようにフィールドのサイズが変更されます。VARCHAR は各値のサイズを追跡するのでそのためのコストが少し必要になりますが、CHAR は、全レコードのサイズが同程度の場合、VARCHAR よりも少し効率的です（ただしレコードのサイズがかなり異なったり、大きくなる場合には、VARCHAR の方が効率的です）。また VARCHAR データへのアクセスはその負荷によって、CHAR データへのアクセスよりも少し時間がかかります。

CHAR データ型

表 8-6 では CHAR データ型を示しています。これらの型では、フィールドに収めるストリングの最大長（または正確な長さ）を設定するパラメータが提供されています。表からも分かるように、各型には指定できる最大値が決められています。長さが 0 から 255 バイトまでの VARCHAR 型の保持は 1 バイトで済みますが、256 バイト以上の場合には 2 バイト必要になります。

表8-6：MySQL の CHAR データ型

データ型	使用されるバイト	例
CHAR(n)	きっかり n（255 まで）	CHAR(5): "Hello" で 5 バイト使用、CHAR(57): "New York" で 57 バイト使用
VARCHAR(n)	n まで（65535 まで）	VARCHAR(100):"Greetings" で 9 バイトと記憶領域に必要な 1 バイトを使用、VARCHAR(7):"Morning" で 7 バイトと記憶領域に必要な 1 バイトを使用

BINARY データ型

BINARY データ型は、関連づけられた文字セットを持たない、すべてがバイトであるストリング（バイナリデータ）の保持に使用されます（表8-7 参照）。BINARY データ型はたとえば GIF イメージの保持に使用できます。

表8-7：MySQL の BINARY データ型

データ型	使用されるバイト	例
TEBINARYXT(n) または BYTE(n)	きっかり n（255 まで）	CHAR に似ているが、バイナリデータを含む
VARBINARY(n)	n まで（65535 まで）	VARCHAR に似ているが、バイナリデータを含む

TEXT と VARCHAR データ型

TEXT と VARCHAR は次の点で少し異なります。

- MySQL のバージョン 5.0.3 の前までは、VARCHAR フィールドから前と後続のスペースが削除され、サイズは 255 バイトまでの長さに限られていました。
- TEXT フィールドにはデフォルト値が指定できません。
- MySQL は TEXT 列の初めの n 文字だけをインデックス化（高速に検索するための索引を作成）します（n はインデックスの作成時に指定します）。

これが意味するのは、フィールドの中身全体を検索する必要がある場合には、VARCHAR の方が高速で適したデータ型だということです。またフィールド内の何文字めまでしか検索しないと分かっている場合には、おそらく TEXT データ型が適切でしょう（表8-8 参照）。

表8-8：MySQL の TEXT データ型

データ型	使用されるバイト	属性
TINYTEXT(n)	n まで（255 まで）	文字セットを持つストリングとして扱われる
TEXT(n)	n まで（65535 まで）	文字セットを持つストリングとして扱われる
MEDIUMTEXT(n)	n まで（16777215 まで）	文字セットを持つストリングとして扱われる
LONGTEXT(n)	n まで（4294967295 まで）	文字セットを持つストリングとして扱われる

BLOB データ型

BLOB は Binary Large OBject（バイナリの大きなオブジェクト）の略語で、その意味から想像できるように、BLOB データ型は、サイズが 65,536 バイトを超えるバイナリデータに有用です。BLOB と BINARY にはこのほか、BLOB データ型はデフォルト値が持てないという違いがあります（表 8-9 参照）。

表 8-9：MySQL の BLOB データ型

データ型	使用されるバイト	属性
TINYBLOB(n)	n まで（255 まで）	文字セットを持たないバイナリデータとして扱われる
BLOB(n)	n まで（65535 まで）	文字セットを持たないバイナリデータとして扱われる
MEDIUMBLOB(n)	n まで（16777215 まで）	文字セットを持たないバイナリデータとして扱われる
LONGBLOB(n)	n まで（4294967295 まで）	文字セットを持たないバイナリデータとして扱われる

数値データ型

MySQL では、1 バイトから倍精度浮動小数点数まで、さまざまな数値のデータ型がサポートされています。1 つの数値フィールドが消費する最大メモリは 8 バイトですが、データ型には、予想される最大値が処理できる最小のデータ型を選択するのが賢明です。これは、データベースを小さく保ち、アクセスを速くするのに役立ちます。

表 8-10 は MySQL でサポートされる数値データ型と、それが扱うことのできる値の一覧です。符号つきの数というのは、取り得る値の範囲が負の値から、0、正の値までの数で、符号なしの数は、値の範囲が 0 から正の値の数を言います。これらは両方とも同数の値を保持することができます。符号つきの数は、取り得る値の半数が正に、半数が負になるように、値の範囲を左（マイナスの方向）に半分だけ動かしたものと考えることができます。浮動小数点値には（どの精度でも）符号つきしかありません。

表 8-10：MySQL の数値データ型

データ型	使用される バイト	最小値 (符号つき / 符号なし)	最大値 (符号つき / 符号なし)
TINYINT	1	-128 0	127 255
SMALLINT	2	-32768 0	32767 65535
MEDIUMINT	3	-8388608 0	8388607 16777215
INT または INTEGER	4	-2147483648 0	2147483647 4294967295
BIGINT	8	-9223372036854775808 0	9223372036854775807 18446744073709551615
FLOAT	4	$-3.402823466E+38$ （符号なしはなし）	$3.402823466E+38$ （符号なしはなし）
DOUBLE または REAL	8	$-1.7976931348623157E+308$ （符号なしはなし）	$1.7976931348623157E+308$ （符号なしはなし）

データ型が符号つきか符号なしかを指定するには、UNSIGNED 修飾子を使用します。次の例では、UNSIGNED INTEGER データ型の fieldname という名前のフィールドを持つテーブルを tablename という名前で作成しています。

CREATE TABLE tablename (fieldname INT UNSIGNED);

数値フィールドを作成するときには、次のようにパラメータとしてオプションの数値を渡すこともできます。

CREATE TABLE tablename (fieldname INT(4));

しかしここで覚えておかなくてはいけないのは、BINARY や CHAR データ型と異なり、このパラメータは保持に使用するバイト数ではないということです。これは直観に反するように思えますが、この数値が実際に表すのは、フィールド内のデータの表示幅です。多くの場合次のように、ZEROFILL 修飾子とともに使用されます。

CREATE TABLE tablename (fieldname INT(4) ZEROFILL);

これにより、4 文字より幅の短い数値のスペースはすべて、1 つまたは複数の 0 で埋められ、4 文字幅のフィールドで表示されます（たとえば 0002）。フィールドが指定された表示幅とすでに同じかそれよりも長い場合には、埋め合わせは行われません。なお ZEROFILL を指定するとそのフィールドは自動的に UNSIGNED になります。

日付けと時刻

MySQL でサポートされる主要なデータ型にはあと、表 8-11 に示す日付けと時刻があります。

表 8-11：MySQL の DATE と TIME データ型

データ型	時刻／日付けのフォーマット
DATETIME	'0000-00-00 00:00:00'
DATE	'0000-00-00'
TIMESTAMP	'0000-00-00 00:00:00'
TIME	'00:00:00'
YEAR	0000（0000 と 1901 から 2155 までのみ）

DATETIME と TIMESTAMP データ型の表示形式は変わりませんが、TIMESTAMP では扱える範囲が狭い（1970 年から 2037 年まで）のに対し、DATETIME は、古代や SF に興味を持つのでない限り、ほぼ指定通りの日付けが保持できます（範囲は '1000-01-01 00:00:00' から '9999-12-31 23:59:59' までです）。

とは言え TIMESTAMP データ型は、MySQL に自動的に値を設定させることができる点で便利です。行を追加するとき値を指定しなくても、MySQL によって現在時刻が自動的に挿入されます。また行を変更すると

きに毎回、TIMESTAMP 列を MySQL に更新させることもできます。

AUTO_INCREMENT データ型

　場合によっては、データベースのすべての行を確実に一意にしたいときがあります。これは入力データを注意深くチェックし、必ず上下2つの行と異なる値にすることで実現できますが、ミスも多く、適用できる状況も限定的です。たとえば classics テーブルで言うと、著者は何度も出てくる可能性があり、発表年がだぶることもあり得ます。つまり行を確実に重複させないということは容易でないのです。

　一般的に取られる解決策は、一意にするための専用の列を使用する方法です。本章ではこの後、classics テーブルの行が確実に一意になる出版物の ISBN（International Standard Book Number、国際標準図書番号）を見ていきますが、その前に、AUTO_INCREMENT データ型を紹介しておきます。

　"自動的なインクリメント" という名前からも分かるように、このデータ型の列は、その列の値を、前に挿入された列の値に1を加えた値に設定します。サンプル 8-5 は、id という名前の新しい列をオートインクリメント属性で classics テーブルに追加する例です。

サンプル 8-5：オートインクリメントする id 列を追加
ALTER TABLE classics ADD id INT UNSIGNED NOT NULL AUTO_INCREMENT KEY;

　この例はまた、ALTER コマンドの使用例でもあります。ALTER は CREATE とよく似ており、既存のテーブルを操作して、列の追加や変更、消去を行うことができます。この例では、id という名前の列に次の特性を持たせて追加しています。

INT UNSIGNED
　　列が40億を超えるレコードが保持できる大きな整数を取れるようにします（符号なし整数なので、0 から 4294967295 までの値を入れることができます）。

NOT NULL
　　すべての列が確実に値を持つようにします。多くのプログラマーは NULL を、そのフィールドが値を持っていないことを示すために使用しますが、今の場合、それでは値の重複を許すことになり、この列の存在の真逆です。したがって NULL 値は許可しません。

AUTO_INCREMENT
　　前述したように、これにより MySQL はすべての列のこの行について、必ず一意の値を設定するようになります。みなさんはこの列の値を実際には制御しませんが、一意であることは保証されるので気にする必要はありません。

KEY
　　列のオートインクリメントはキーに役立ちます。なぜなら、行の検索はこの列にもとづいて行うことが多いからです。この概念は本章の「インデックス」節で説明します。

　id 列はこれらの特性により必ず一意の数値を持つようになります。数値は1から始まり、1ずつ順に増

えていきます。新しい行が挿入されるときには、前のid列の数値よりも1大きい数値が自動的に新しいid列に割り当てられます。

このid列は、手順をさかのぼって作成する代わりに、CREATEコマンドの発行時に次のように作成することもできます。次のサンプル8-6は前のサンプル8-3に代わる例です。特に最後の行に注目してください。

サンプル8-6：テーブル作成時にオートインクリメントするid列も作成する
```
CREATE TABLE classics (
  author VARCHAR(128),
  title VARCHAR(128),
  type VARCHAR(16),
  year CHAR(4),
  id INT UNSIGNED NOT NULL AUTO_INCREMENT KEY) ENGINE MyISAM;
```

結果を確認したい場合には、次のコマンドでテーブルの列とデータ型を表示させることができます。

```
DESCRIBE classics;
```

オートインクリメントに関しては以上です。id列はもう必要ないので、サンプル8-5などで作成していた場合は、次のサンプル8-7のコマンドを使って列を削除してください。

サンプル8-7：id列を削除
```
ALTER TABLE classics DROP id;
```

テーブルへのデータの追加

データをテーブルに追加するには、INSERTコマンドを使用します。では実際に、表8-1に示したデータをclassicsテーブルに追加してみましょう（サンプル8-8）。

サンプル8-8：classicsテーブルに値を入れる
```
INSERT INTO classics(author, title, type, year)
  VALUES('マーク・トウェイン','トム・ソーヤーの冒険','フィクション','1876');
INSERT INTO classics(author, title, type, year)
  VALUES('ジェーン・オースティン','高慢と偏見','フィクション','1811');
INSERT INTO classics(author, title, type, year)
  VALUES('チャールズ・ダーウィン','種の起源','ノンフィクション','1856');
INSERT INTO classics(author, title, type, year)
  VALUES('チャールズ・ディケンズ','骨董屋','フィクション','1841');
INSERT INTO classics(author, title, type, year)
  VALUES('ウィリアム・シェイクスピア','ロミオとジュリエット','演劇','1594');
```

このサンプルを実行すると、各INSERTコマンドの後、"Query OK"メッセージが表示されます。すべて入力したら、テーブルの内容を表示する次のコマンドを実行します。図8-4はその結果を示しています。

```
mysql> INSERT INTO classics(author, title, type, year)
    -> VALUES('マーク・トウェイン','トム・ソーヤーの冒険','フィクション','1876');
Query OK, 1 row affected (0.00 sec)

mysql> INSERT INTO classics(author, title, type, year)
    -> VALUES('ジェーン・オースティン','高慢と偏見','フィクション','1811');
Query OK, 1 row affected (0.00 sec)

mysql> INSERT INTO classics(author, title, type, year)
    -> VALUES('チャールズ・ダーウィン','種の起源','ノンフィクション','1856');
Query OK, 1 row affected (0.00 sec)

mysql> INSERT INTO classics(author, title, type, year)
    -> VALUES('チャールズ・ディケンズ','骨董屋','フィクション','1841');
Query OK, 1 row affected (0.00 sec)

mysql> INSERT INTO classics(author, title, type, year)
    -> VALUES('ウィリアム・シェイクスピア','ロミオとジュリエット','演劇','1594');
Query OK, 1 row affected (0.00 sec)

mysql> SELECT * FROM classics;
+------------------------------+----------------------+----------------+------+
| author                       | title                | type           | year |
+------------------------------+----------------------+----------------+------+
| マーク・トウェイン           | トム・ソーヤーの冒険 | フィクション   | 1876 |
| ジェーン・オースティン       | 高慢と偏見           | フィクション   | 1811 |
| チャールズ・ダーウィン       | 種の起源             | ノンフィクション | 1856 |
| チャールズ・ディケンズ       | 骨董屋               | フィクション   | 1841 |
| ウィリアム・シェイクスピア   | ロミオとジュリエット | 演劇           | 1594 |
+------------------------------+----------------------+----------------+------+
5 rows in set (0.00 sec)

mysql>
```

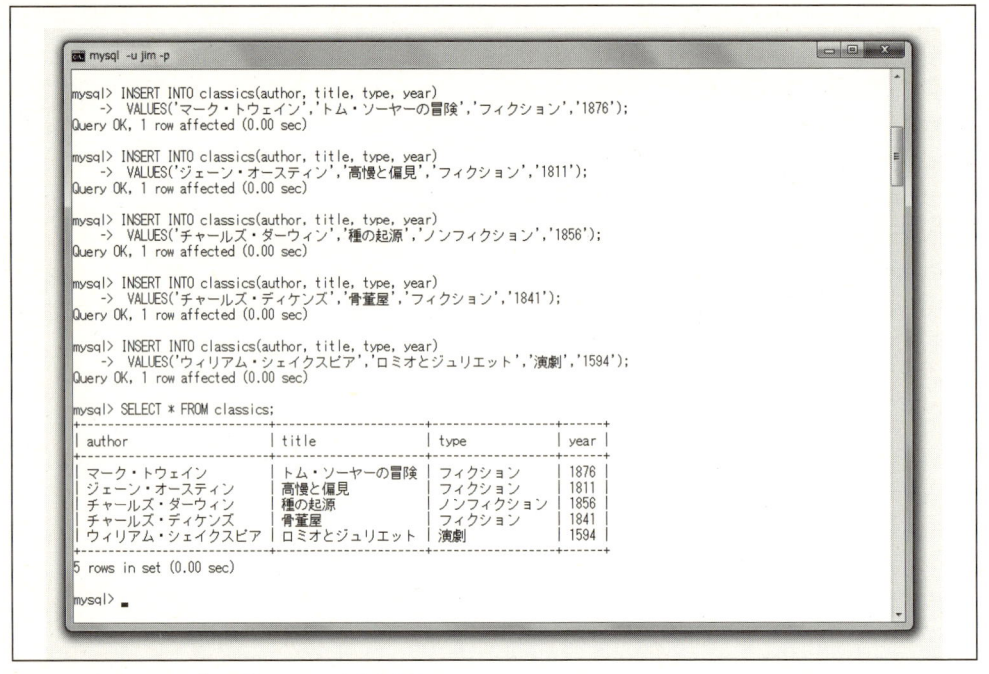

図 8-4：classics テーブルに値を入れ、内容を表示した

```
SELECT * FROM classics;
```

SELECT コマンドは後の「MySQL データベースへの照会」節で見ていくので、ここではただ、入力したデータをすべて表示するコマンドと理解する程度でかまいません。

では INSERT コマンドの使い方を見ていきましょう。初めの INSERT INTO classics という部分は、MySQL に対し、後続のデータをどこに挿入するかを伝えます。つづくかっこ内では、4 つの列名 author、title、type、year をコンマで区切って指定しています。これは MySQL に対し、author と title、type、year はデータを挿入するフィールドだということを伝えます。

各 INSERT コマンドの 2 行めでは、キーワード VALUE につづくかっこの中に 4 つのストリングをコンマで区切って指定しています。これは、前に指定した 4 つの列に挿入する 4 つの値を MySQL に与える働きを持っています（わたしはこのような場合つねに改行を入れていますが、これは任意です）。

データの各項目はそれが対応する列に 1 対 1 で挿入されます（たとえば author には ' マーク・トウェイン ' が、title には ' トム・ソーヤーの冒険 ' が、type には ' フィクション ' が、year には '1876' がそれぞれ対応し、値として挿入されます）。もし列の順番を間違って指定すると、データはその間違った列に挿入されます。列の数は必ずデータ項目の数と一致している必要があります。

テーブル名の変更

テーブル名の変更は、テーブルの構造やメタ情報への変更と同様、ALTER コマンドによって実現されます。たとえば、テーブル classics の名前を pre1900 に変更するには、次のコマンドを使用します。

```
ALTER TABLE classics RENAME pre1900;
```

このコマンドを自分で試す場合には、テーブル名を必ず次のコマンドで元の名前に戻しておいてください。そうしないと以降のサンプルがそのままでは動作しなくなります。

```
ALTER TABLE pre1900 RENAME classics;
```

列のデータ型の変更

列のデータ型を変更するときにも ALTER コマンドを使用しますが、この場合には MODIFY キーワードを合わせて使用します。たとえば year 列のデータ型を CHAR(4) から SMALLINT（これはデータの保持が 2 バイトで済むのでディスクスペースの節約になります）に変更するには、次のコマンドを入力します。

```
ALTER TABLE classics MODIFY year SMALLINT;
```

このとき、MySQL はデータ型の変換が理解できる場合には、その意味を維持したままデータを自動的に変換します。今の場合で言うと、MySQL はストリングを整数のことだと認識するので、西暦の各ストリングはそれに相当する整数に変換されます。

新しい列の追加

たとえば、テーブルを作成しそこに多くのデータを入れたものの、さらに列を追加することになったとしましょう。これは作業した人には困ったことですが、心配はいりません。次のコードは pages という新しい列を追加する例です。これはこの後、著作物のページ数の保持に使用します。

```
ALTER TABLE classics ADD pages SMALLINT UNSIGNED;
```

これにより、pages という名前の新しい列が、65,535 までの値を保持できる UNSIGNED SMALLINT データ型で追加されます。これまで出版された本の中でこれを超えるページ数の本はたぶんないでしょう。

次の DESCRIBE コマンドを使って MySQL に更新したテーブルの表示を求めると、図 8-5 に示すように変更が行われていることが分かります。

```
DESCRIBE classics;
```

列名の変更

図 8-5 を見ると、type と名づけた列は MySQL がデータ型の識別に使用する名前と同じであることが分かります。これは混同する原因になるかもしれないので変えた方がよいでしょう。しかしこれも問題ありません。ではこの名前を次のように、category に変えましょう。

```
ALTER TABLE classics CHANGE type category VARCHAR(16);
```

コマンドの最後に VARCHAR(16) を加えている点に注意してください。これは、CHANGE キーワードにはデータ型を指定する必要があるからです。データ型を変更しない場合でも指定しなくてはいけません。ここで指

```
mysql> ALTER TABLE classics MODIFY year SMALLINT;
Query OK, 5 rows affected (0.12 sec)
Records: 5  Duplicates: 0  Warnings: 0

mysql> ALTER TABLE classics ADD pages SMALLINT UNSIGNED;
Query OK, 5 rows affected (0.06 sec)
Records: 5  Duplicates: 0  Warnings: 0

mysql> DESCRIBE classics;
+--------+----------------------+------+-----+---------+-------+
| Field  | Type                 | Null | Key | Default | Extra |
+--------+----------------------+------+-----+---------+-------+
| author | varchar(128)         | YES  |     | NULL    |       |
| title  | varchar(128)         | YES  |     | NULL    |       |
| type   | varchar(16)          | YES  |     | NULL    |       |
| year   | smallint(6)          | YES  |     | NULL    |       |
| pages  | smallint(5) unsigned | YES  |     | NULL    |       |
+--------+----------------------+------+-----+---------+-------+
5 rows in set (0.00 sec)

mysql>
```

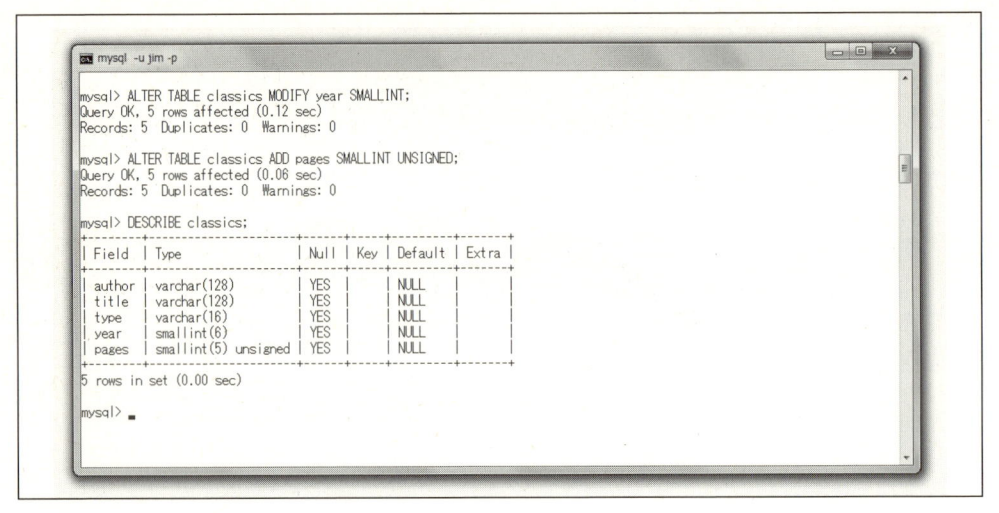

図 8-5：新しい pages 列を追加し、テーブルを表示した

定している VARCHAR(16) も、この列を type という名前で最初に作成したときに指定していたデータ型です。

列の削除

またよくよく考えてみると、ページ数を入れる pages 列は実はこのデータベースにはあまり役立たないと分かったという場合には、次のように DROP キーワードを使ってその列が削除できます。

```
ALTER TABLE classics DROP pages;
```

とは言え、DROP は取り消しのきかないコマンドだということをよく覚えておいてください。このコマンドはテーブル全部やデータベース自体も消去できるので、使用するときには十分な注意が必要です。

テーブルの消去

テーブルの消去もいたって簡単です。しかしわたしはみなさんにデータを再度入力させたくないので、classics テーブルは消去しないことにします。その代わり、サンプル 8-9 に示すように、別の新しいテーブルを作成し、その存在の確認後、それを消去します。この 4 つのコマンドの実行結果は図 8-6 のようになります。

サンプル 8-9：テーブルを作成し、表示して消去する

```
CREATE TABLE disposable(trash INT);
DESCRIBE disposable;
DROP TABLE disposable;
SHOW tables;
```

```
mysql -u jim -p
mysql> CREATE TABLE disposable(trash INT);
Query OK, 0 rows affected (0.10 sec)

mysql> DESCRIBE disposable;
+-------+---------+------+-----+---------+-------+
| Field | Type    | Null | Key | Default | Extra |
+-------+---------+------+-----+---------+-------+
| trash | int(11) | YES  |     | NULL    |       |
+-------+---------+------+-----+---------+-------+
1 row in set (0.00 sec)

mysql> DROP TABLE disposable;
Query OK, 0 rows affected (0.04 sec)

mysql> SHOW tables;
+------------------------+
| Tables_in_publications |
+------------------------+
| classics               |
+------------------------+
1 row in set (0.00 sec)

mysql>
```

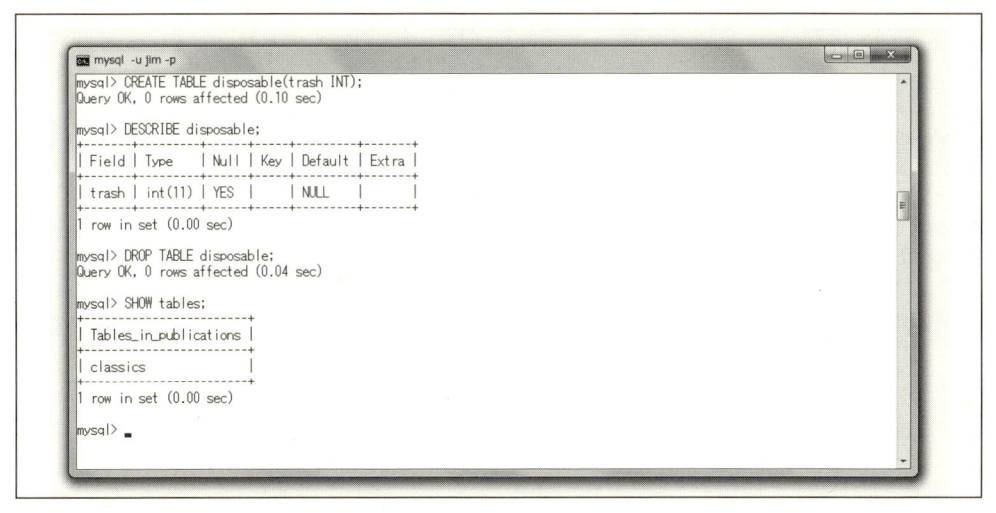

図8-6：テーブルを作成し、表示して消去する

8.4 インデックス

　ここまでclassicsテーブルは目的通りに機能し、MySQLの検索にも問題はまったくないでしょう。ただしこれは、行が何百までの場合です。行がこれ以上増えると、データベースへのアクセスは新しい行を追加するごとにどんどん遅くなります。と言うのも、クエリ（データベースへの問い合わせ、照会）が発行されるたびに、MySQLはすべての行を検索しなければならないからです。これは、図書館の本で何かを調べたいとき、そこにある本の中身をくまなく検索するようなものです。

　もちろん図書館ではこんな作業は必要ありません。なぜなら図書館にはカード目録システムや、今時はデータベースが備わっているからです。

　これはMySQLにとっても同じで、メモリとディスク容量を少し犠牲にするものの、テーブルの"カード目録"を作成して、MySQLの電光石火の検索を実行することができます。

8.4.1　インデックスの作成

　高速な検索を実現するにはインデックスを追加します。これはテーブルの作成時でもその後でも行えますが、どのようなインデックスにするかの判断は一筋縄ではいきません。たとえばインデックスのタイプには、標準のINDEXやPRIMARY KEY、FULLTEXTなどがあります。また、インデックスはどの列に必要なのかを決める必要があり、そのためにはその列のデータを全部検索するのかどうかを見極めることが求められます。インデックスは複数の列に関連づけることもできるので、そうなると事態は複雑になります。そしてこれらを扱おうとするときには、インデックス化する列の量を制限してインデックスのサイズを抑えるオプションもあります。

　classicsテーブルを使った検索を想像すると、列は全部検索する必要がありそうです。ただし、前の「新しい列の追加」節で作成したpages列を消去していない場合、本をページ数で検索する人はまずいないと思われるので、これにはインデックスをつける必要はないでしょう。ではとにかく話を先に進め、サンプル

8-10 のコマンドを使って、各列にインデックスを追加しましょう。

サンプル 8-10：classics テーブルにインデックスを追加
```
ALTER TABLE classics ADD INDEX(author(20));
ALTER TABLE classics ADD INDEX(title(20));
ALTER TABLE classics ADD INDEX(category(4));
ALTER TABLE classics ADD INDEX(year);
DESCRIBE classics;
```

初めの 2 つのコマンドは、author と title 列に、初めの 20 文字までに限ったインデックスを作成します。たとえば、MySQL が次のタイトルをインデックス化したすると、

The Adventures of Tom Sawyer

実際には初めの 20 文字だけがインデックスに保持されます。

The Adventures of To

これはインデックスのサイズを最小化するために行う作業で、データベースのアクセススピードが最適化されます。20 という値を選んでいるのは、20 文字あれば列内のほとんどのストリングの一意性が十分確認できると思われるからです。同じ内容のインデックスが 2 つ存在すると、MySQL はテーブルに行ってインデックス化された列をチェックし、それらの行が本当に同じなのかどうかを調べる必要があるので、時間のロスになります。

　category 列について言うと、今のところ最初の 1 文字を調べるだけでそれが一意であるという識別は行えるのですが（たとえば Fiction なら F、Non-Fiction なら N、Play なら P というように）、今後、4 文字までで一意になるカテゴリも追加できるように 4 文字のインデックスを選んでいます（この列は、カテゴリがもっと複雑になったときに、再度インデックスを設定することもできます）。

　このコマンド（と操作を確認するための DESCRIBE コマンド）を発行すると、各列の Key が MUL になったことを示す図 8-7 の結果が得られます。MUL は 1 つの値がその列で複数回現れてもよい、ということを意味します。著者は何度も出てくるかもしれませんし、複数の著者によって同じ題名が使われる可能性もあるので、これはまさに希望通りの設定です。

CREATE INDEX の使用

　インデックスを追加する ALTER TABLE に代わる方法に、CREATE INDEX コマンドがあります。これらは概ね同じですが、CREATE INDEX では PRIMARY KEY タイプ（この後の「主キー」参照）のインデックスが作成できない点が異なります。このコマンドはサンプル 8-11 の 2 行めのように使用します。

サンプル 8-11：2 つのコマンドはほとんど同じ
```
ALTER TABLE classics ADD INDEX(author(20));
CREATE INDEX author ON classics (author(20));
```

```
mysql> ALTER TABLE classics ADD INDEX(title(20));
Query OK, 5 rows affected (0.10 sec)
Records: 5  Duplicates: 0  Warnings: 0

mysql> ALTER TABLE classics ADD INDEX(category(4));
Query OK, 5 rows affected (0.06 sec)
Records: 5  Duplicates: 0  Warnings: 0

mysql> ALTER TABLE classics ADD INDEX(year);
Query OK, 5 rows affected (0.09 sec)
Records: 5  Duplicates: 0  Warnings: 0

mysql> DESCRIBE classics;
+----------+--------------+------+-----+---------+-------+
| Field    | Type         | Null | Key | Default | Extra |
+----------+--------------+------+-----+---------+-------+
| author   | varchar(128) | YES  | MUL | NULL    |       |
| title    | varchar(128) | YES  | MUL | NULL    |       |
| category | varchar(16)  | YES  | MUL | NULL    |       |
| year     | smallint(6)  | YES  | MUL | NULL    |       |
+----------+--------------+------+-----+---------+-------+
4 rows in set (0.01 sec)

mysql>
```

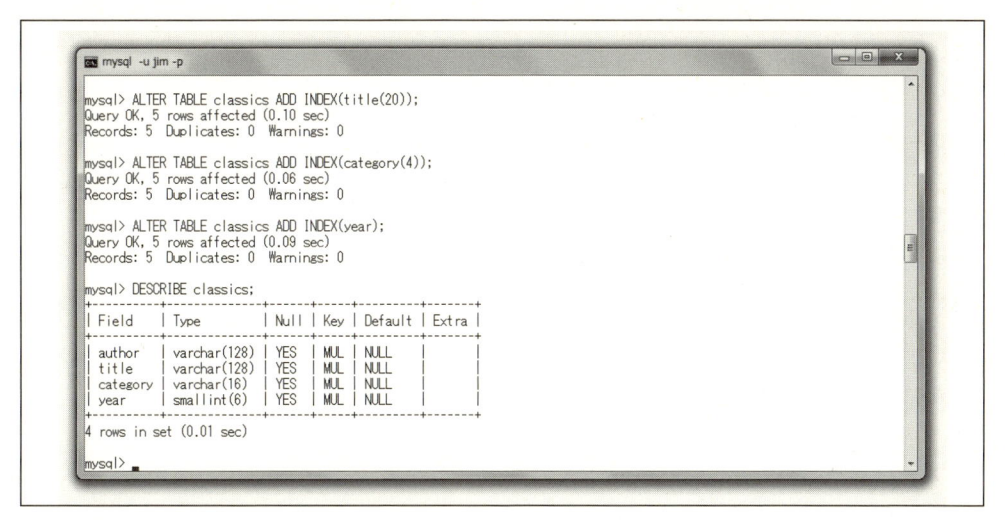

図8-7：classics テーブルにインデックスを追加した

テーブル作成時にインデックスを追加する

インデックスの追加は、テーブルの作成後まで待つ必要はありません。実際これは時間のかかる作業で、インデックスを大きなテーブルに追加する場合、かなり時間を食う可能性があります。したがって次は、インデックスのつけられた classics テーブルを作成するコマンドを見ていくことにしましょう。

次のサンプル8-12は、テーブルの作成時にインデックスも作成する、サンプル8-3の改訂版です。ここでは、本章で行ってきた修正を加えなくて済むように、type ではなく category を新しい列の名前に使用し、year のデータ型を CHAR(4) ではなく SMALLINT に設定しています。今使っている classics テーブルを消去せずにこのサンプルを試したい場合には、1行めの classics を classics1 などに変えて作成し、確認などの作業が終わったらこれを消去します。

サンプル8-12：インデックスをつけた classics テーブルの作成

```
CREATE TABLE classics (
  author VARCHAR(128),
  title VARCHAR(128),
  category VARCHAR(16),
  year SMALLINT,
  INDEX(author(20)),
  INDEX(title(20)),
  INDEX(category(4)),
  INDEX(year)) ENGINE MyISAM;
```

主キー

ここまで classics テーブルを作成し、インデックスを追加して MySQL の検索を高速化させてきましたが、まだ足りないものがあります。テーブルの著作物を検索することは可能ですが、各著作には、その行に

すぐアクセスできる一意のキーがないのです。各行に一意の値のキー（**主キー**、**プライマリキー**と呼ばれます）を持たせる重要性は、複数の異なるテーブルのデータを組み合わせて扱うときに明確になります（9章の「主キー：リレーショナルデータベースのカギ」節参照）。

　主キーの考えは、前の「AUTO_INCREMENT データ型」節でオートインクリメントする id 列を作成するときに簡単に述べました。この id 列を classics テーブルの主キーとして使用することもできましたが、この働きは世界中で認識可能な ISBN 番号の方がより適切だろうと思い、わたしはここまで取っておくことにしたのです。

　では話を進め、主キー用の新しい列を作成しましょう。ISBN 番号は13桁の文字なので、みなさんは次のようなコマンドが使用できると思われるでしょう。

```
ALTER TABLE classics ADD isbn CHAR(13) PRIMARY KEY;
```

　しかしこれはうまくいきません。このコマンドを実際に試すと、"Duplicate entry '' for key 'PRIMARY'" というエラーが表示されます。その理由は、すでに値が入っているテーブルに対し、各行に値 NULL を持つ列を追加するコマンドを使っているからです。主キーのインデックスを使用する列はすべて一意でなくてはならないので、これは許容されません。とは言え、テーブルの作成時、テーブルにまだデータがないときに、主キーインデックスを追加するこのコマンドは適切に動作します。

　今の状況では少しコソコソした作業が必要で、サンプル 8-13 のコマンドを使い、新しい列をインデックスなしで作成し、それにデータを入れてからインデックスを追加します。現在のデータの西暦はラッキーなことにそれぞれ一意なので、データを更新するときには year 列が行の識別に利用できます。このサンプルでは UPDATE と WHERE キーワードを使用していますが、これらについては後の「MySQL データベースへの照会」節で詳しく見ていきます。

サンプル 8-13：isbn 列にデータを入れ、主キーにする

```
ALTER TABLE classics ADD isbn CHAR(13);
UPDATE classics SET isbn='9781598184891' WHERE year='1876';
UPDATE classics SET isbn='9780582506206' WHERE year='1811';
UPDATE classics SET isbn='9780517123201' WHERE year='1856';
UPDATE classics SET isbn='9780099533474' WHERE year='1841';
UPDATE classics SET isbn='9780192814968' WHERE year='1594';
ALTER TABLE classics ADD PRIMARY KEY(isbn);
DESCRIBE classics;
```

　このコマンドを入力すると、図 8-8 のような結果が表示されます。キーワード PRIMARY KEY は ALTER TABLE シンタックスでの INDEX の代わりです（サンプル 8-10 と比べてみてください）。

　classics テーブルの作成時に主キーを作成するには、サンプル 8-14 のコマンドが使用できます。このサンプルを試す場合も、1行めの classics を別の名前に変えて作成する方がよいでしょう。テスト用に作成したテーブルは後で消去しておいてください。

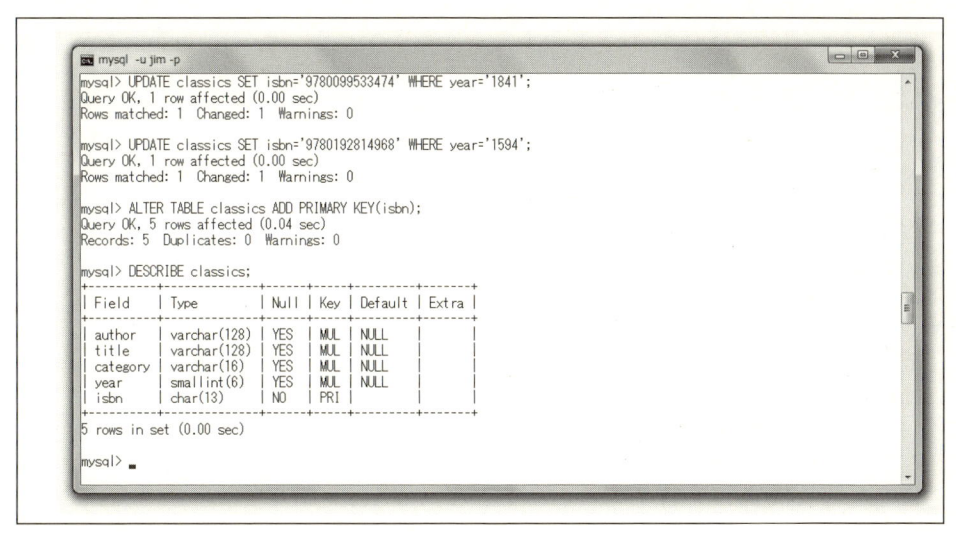

図 8-8：classics テーブルに主キーを追加した

サンプル 8-14：インデックスつきの classics テーブルを作成する

```
CREATE TABLE classics (
  author VARCHAR(128),
  title VARCHAR(128),
  category VARCHAR(16),
  year SMALLINT,
  isbn CHAR(13),
  INDEX(author(20)),
  INDEX(title(20)),
  INDEX(category(4)),
  INDEX(year),
  PRIMARY KEY (isbn)) ENGINE MyISAM;
```

FULLTEXT インデックスの作成

標準的なインデックスと異なり、MySQL の FULLTEXT インデックスを使用すると、非常に高速な、列の全テキストの検索（全文検索）が行えます。これは、検索エンジンを使うときと同じような方法で "自然言語" を用いて検索できる特殊なインデックスに、全データストリングのすべてのワード（語）を保持する、ということです。

とは言え、MySQL がすべてのワードを FULLTEXT インデックスに保持するというのは厳密には正確ではありません。と言うのも MySQL は、非常に一般的で検索にはあまり役立たないと思われる、無視すべき 500 以上のワードを選定したリストを内部に持っているからです。ストップワードと呼ばれるこれらのワードには the や as、is、of などが含まれます。このリストは、FULLTEXT 検索を行うときの MySQL の高速実行を助け、データベースのサイズを抑える働きを持っています。ストップワードの一覧は付録 C に掲載しています。

FULLTEXT インデックスについて知っておくべき事柄には以下があります。

- FULLTEXT インデックスが使用できるのは MyISAM テーブルのみです。MyISAM は MySQL のデフォルトのストレージエンジンです（MySQL は少なくとも 10 のストレージエンジンをサポートしています）。テーブルを MyISAM に変換する必要のある場合には、通常は次の MySQL コマンドが使用できます。ALTER TABLE tablename ENGINE = MyISAM;．

- FULLTEXT インデックスが作成できるのは、CHAR と VARCHAR、TEXT 列のみです。

- FULLTEXT インデックスの定義は、テーブルの作成時には CREATE TABLE ステートメントで、後から追加するときには ALTER TABLE（または CREATE INDEX）を使って、行うことができます。

- データセットが大きい場合には、データをまず FULLTEXT インデックスを持たないテーブルにロードし、それからインデックスを作成する方が、FULLTEXT インデックスを持っているテーブルにデータをロードするよりも、処理ははるかに高速です。

FULLTEXT インデックスを作成するには、サンプル 8-15 に示すように 1 つまたは複数のレコードに FULLTEXT を適用します。このサンプルでは、classics テーブルの author と title 列に FULLTEXT インデックスを追加しています（このインデックスはすでに作成されているインデックスに追加され、既存のものには影響しません）。

サンプル 8-15：．classics テーブルに FULLTEXT を追加する

```
ALTER TABLE classics ADD FULLTEXT(author,title);
```

これにより、author と title の 2 つの列での FULLTEXT 検索が実行できるようになります。この機能が実際に力を発揮するのは、これらの著作の全文をデータベースに追加したときです（どれも著作権は切れています）。FULLTEXT を使った検索については後の「MATCH...AGAINT」節を参照してください。

> データベースにアクセスするとき、MySQL の実行スピードが通常より遅くなったと思える場合には、問題はまず、インデックスに関係しています。インデックスが必要な場所にインデックスをつけていないか、インデックス化が最適な方法で行われていないかのどちらかです。こういった問題はテーブルのインデックスを微調整することで解決できます。パフォーマンスは本書の範囲を超えるトピックですが、9 章では参考になるいくつかのティップスを紹介しています。

8.4.2　MySQL データベースへの照会

ここまで MySQL データベースとそのテーブルを作成し、データを入れて、検索を高速にするインデックスを追加してきました。本節ではいよいよ検索の実行方法と、それに使用するさまざまなコマンドや修飾子を見ていきます。

SELECT

「テーブルへのデータの追加」節の図 8-4 で見たように、SELECT コマンドはテーブルからデータを抽出するために使用します。この節では、最も単純な形式を使ってすべてのデータを選択してそれを表示しましたが、ごく小さなテーブル以外、この形式は決して使いたくないでしょう。なぜならデータが目にもとまらない速さでスクロールするからです。ではこのコマンドを詳しく見ていきましょう。

基本的なシンタックスは次の通りです。

SELECT *something* FROM *tablename*;

something には、前に見たように、"すべての列"を示す * (アスタリスク) を当てることも、またある特定の列だけを選んで指定することもできます。たとえばサンプル 8-16 では、author と title 列を選択する方法と、title と isbn 列を選択する方法を示しています。図 8-9 はこのコマンドの実行結果です。

サンプル 8-16：2つの異なる SELECT ステートメント
```
SELECT author,title FROM classics;
SELECT title,isbn FROM classics;
```

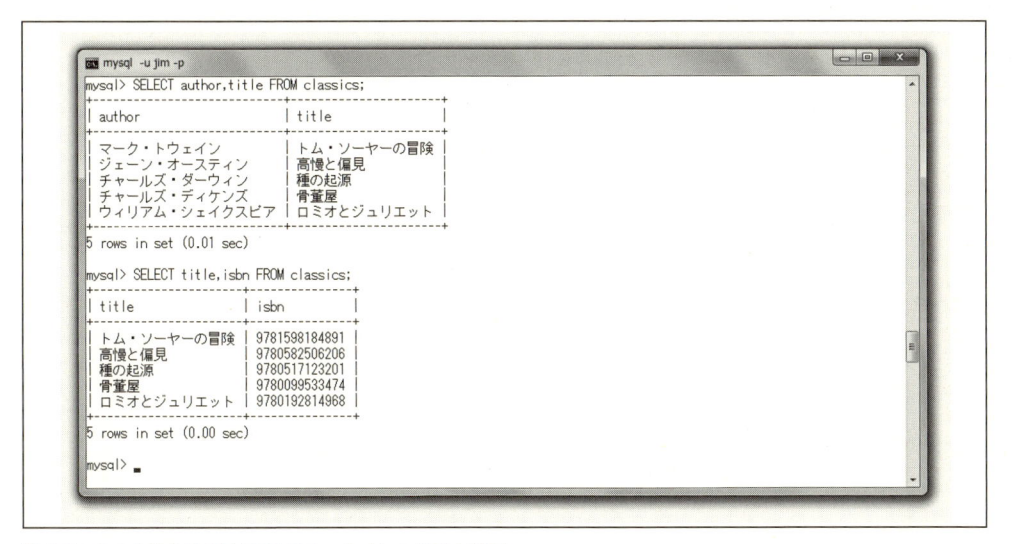

図 8-9：2つの異なる SELECT ステートメントの出力結果

SELECT COUNT

something パラメータにはまた、多くの方法で使用できる COUNT というオプションがあります。サンプル 8-17 は、COUNT のパラメータとして "全行" を意味する * を渡して、テーブルの行数を表示します。結果は予想通り、テーブルには 5 つの著作物があるので 5 が返されます。

サンプル 8-17：行数を数える

```
SELECT COUNT(*) FROM classics;
```

SELECT DISTINCT

この修飾子（とそのシノニム、つまり別名の DISTINCTROW）を使用すると、重複するデータが含まれている場合、同一の項目を除外してデータを取得することができます。たとえば、テーブルから著者のリストを取得したい場合、同じ著者の書いた複数の本を含むテーブルからただ author 列を選択するだけでは、得られるのは同じ著者の名前がつづく長いリストです。しかし DISTINCT キーワードを追加すると、著者のリストアップを 1 度だけにすることができます。では、テーブルに既存の同じ著者を追加してこれをテストしてみましょう（サンプル 8-18）。

サンプル 8-18：重複するデータの追加

```
INSERT INTO classics(author, title, category, year, isbn)
VALUES('チャールズ・ディケンズ','リトル・ドリット','フィクション','1857', '9780141439969');
```

これによりチャールズ・ディケンズがテーブルに 2 度登場することになるので、SELECT だけのときと、SELECT と DISTINCT を合わせて使ったときとが比較できます。サンプル 8-19 は、チャールズ・ディケンズを 2 回リストアップする単純な SELECT と、DISTINCT 修飾子を使って 1 度だけリストアップする例で、図 8-10 はその結果です。

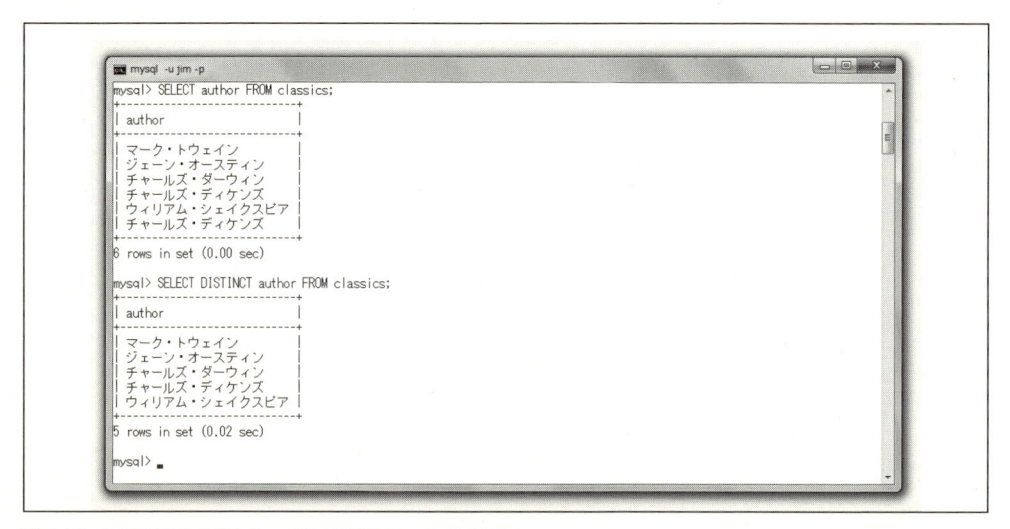

図 8-10：DISTINCT を使わない SELECT と使った SELECT

サンプル 8-19：DISTINCT 修飾子を使わない SELECT と使った SELECT

```
SELECT author FROM classics;
SELECT DISTINCT author FROM classics;
```

DELETE

テーブルから行を削除する必要があるときには、DELETE コマンドを使用します。シンタックスは SELECT コマンドに似ており、WHERE や LIMIT といった修飾子を使った、範囲を限定した（複数の）列の消去が行えます。

前のサンプル 8-18 で DISTINCT 修飾子の働きを試したみなさんは、サンプル 8-20 のコマンドで「リトル・ドリット」を削除してください。

サンプル 8-20：追加した新しい項目を削除

```
DELETE FROM classics WHERE title='リトル・ドリット';
```

このサンプルは、title 列にストリングの'リトル・ドリット'を含むすべての列に DELETE コマンドを発行します。

WHERE キーワードは非常にパワフルなので、入力を正確に行うことが重要です。入力ミスによって命令が意図しない行に及ぶことになります（WHERE 節で一致するものがない場合には影響しません）。したがって次はこの、SQL の核心とも言える WHERE をしっかりと見ていきましょう。

WHERE

WHERE キーワードは、ある式が true である場合だけを返すことで、クエリの範囲を限定することができます。サンプル 8-20 の WHERE は、等価演算子の = を使って title 列がストリングの'リトル・ドリット'に正確に一致する列だけを返します。次のサンプル 8-21 はこの WHERE と = の使用例です。

サンプル 8-21：WHERE キーワードの使用

```
SELECT author,title FROM classics WHERE author="マーク・トウェイン";
SELECT author,title FROM classics WHERE isbn="9781598184891 ";
```

現在のテーブルで言うと、サンプル 8-21 の 2 つのコマンドは同じ結果を表示します。しかしマーク・トウェインの本をここに追加すると、1 行めのコマンドはマーク・トウェインの全タイトル（「トム・ソーヤーの冒険」と追加した書名）を表示しますが、2 行めのコマンドは引きつづき「トム・ソーヤーの冒険」だけを表示します（ISBN は一意なので）。これは言い方を変えると、一意のキーを使った検索は予測可能な、当然の結果になるということです。一意と主キーの値についてはこの後もさらに見ていきます。

検索はまた、ストリング部を探す LIKE 修飾子を使ったパターンマッチングでも行えます。この修飾子はテキストの前か後に % 文字をつけて使用します。キーワードの前に % を置くと、"その前は何でもよい"という意味になり、後に置くと"その後は何でもよい"という意味になります。サンプル 8-22 では 3 つのクエリを実行しています。"チャールズ%" は "チャールズ" にマッチするならその後は何でもよい、ということで、"%起源" は "起源" にマッチするならその前は何でもよい、"%と%" は "と" にマッチするならそ

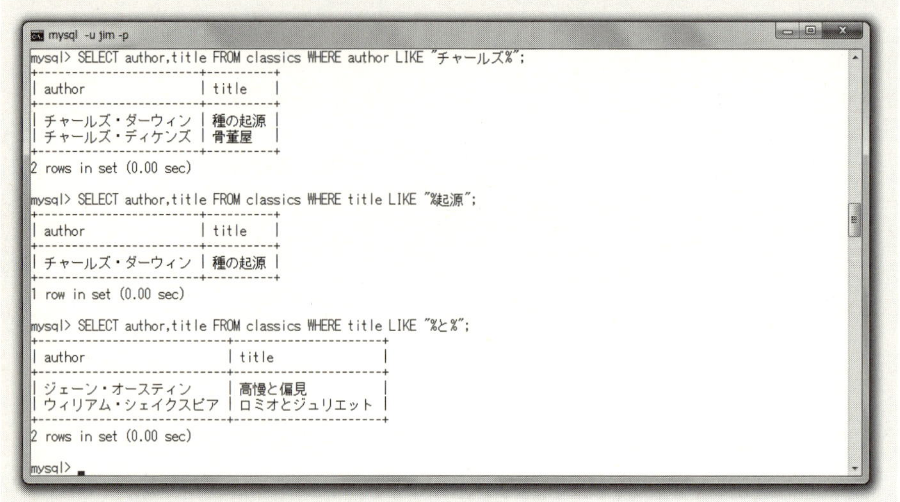

```
mysql> SELECT author,title FROM classics WHERE author LIKE "チャールズ%";
+--------------------+------------+
| author             | title      |
+--------------------+------------+
| チャールズ・ダーウィン | 種の起源    |
| チャールズ・ディケンズ | 骨董屋      |
+--------------------+------------+
2 rows in set (0.00 sec)

mysql> SELECT author,title FROM classics WHERE title LIKE "%起源";
+--------------------+------------+
| author             | title      |
+--------------------+------------+
| チャールズ・ダーウィン | 種の起源    |
+--------------------+------------+
1 row in set (0.00 sec)

mysql> SELECT author,title FROM classics WHERE title LIKE "%と%";
+----------------------+------------------+
| author               | title            |
+----------------------+------------------+
| ジェーン・オースティン   | 高慢と偏見         |
| ウィリアム・シェイクスピア | ロミオとジュリエット  |
+----------------------+------------------+
2 rows in set (0.00 sec)
mysql>
```

図8-11：WHERE を LIKE 修飾子と合わせて使用した

の前後は何でもよい、という意味です。図8-11はこの実行結果です。

サンプル8-22：Like 修飾子の使用

```
SELECT author,title FROM classics WHERE author LIKE "チャールズ%";
SELECT author,title FROM classics WHERE title LIKE "%起源";
SELECT author,title FROM classics WHERE title LIKE "%と%";
```

　1つめのコマンドは、チャールズ・ダーウィンとチャールズ・ディケンズを出力します。なぜなら、"チャールズ"の後にあらゆるテキストがつづくストリングにマッチするものを返すように、LIKE 修飾子が設定されているからです。2つめのコマンドは「種の起源」を返します。これは、列がストリング"起源"で終わる行はこれしかないからです。最後のコマンドからは「高慢と偏見」と「ロミオとジュリエット」が返されます。なぜなら、これらのどこかがストリング"と"にマッチしたからです。

　%はそこに何もない場合、つまり空のストリングにもマッチします（%は任意の0文字以上のストリングにマッチします）。

LIMIT

　LIMIT 修飾子では、クエリに返す行数を選ぶことができ、そのときには取得を開始する位置を設定することもできます。パラメータを1つだけ渡すと、それは、データの取得を先頭から開始し、パラメータで指定された行までのデータを返すように伝えることになります。パラメータを2つ渡すと、1つめのパラメータがデータの取得を開始するオフセット値（先頭は0）で、2つめのパラメータが返す列の数になります。1つめのパラメータは、"先頭からこの数分だけ飛ばしたところからデータの取得を開始する"と考えることができます。

8.4 インデックス

```
mysql -u jim -p
mysql> SELECT author,title FROM classics LIMIT 3;
+--------------------------+--------------------------+
| author                   | title                    |
+--------------------------+--------------------------+
| マーク・トウェイン       | トム・ソーヤーの冒険     |
| ジェーン・オースティン   | 高慢と偏見               |
| チャールズ・ダーウィン   | 種の起源                 |
+--------------------------+--------------------------+
3 rows in set (0.00 sec)

mysql> SELECT author,title FROM classics LIMIT 1,2;
+--------------------------+--------------------------+
| author                   | title                    |
+--------------------------+--------------------------+
| ジェーン・オースティン   | 高慢と偏見               |
| チャールズ・ダーウィン   | 種の起源                 |
+--------------------------+--------------------------+
2 rows in set (0.00 sec)

mysql> SELECT author,title FROM classics LIMIT 3,1;
+--------------------------+--------------------------+
| author                   | title                    |
+--------------------------+--------------------------+
| チャールズ・ディケンズ   | 骨董屋                   |
+--------------------------+--------------------------+
1 row in set (0.00 sec)

mysql>
```

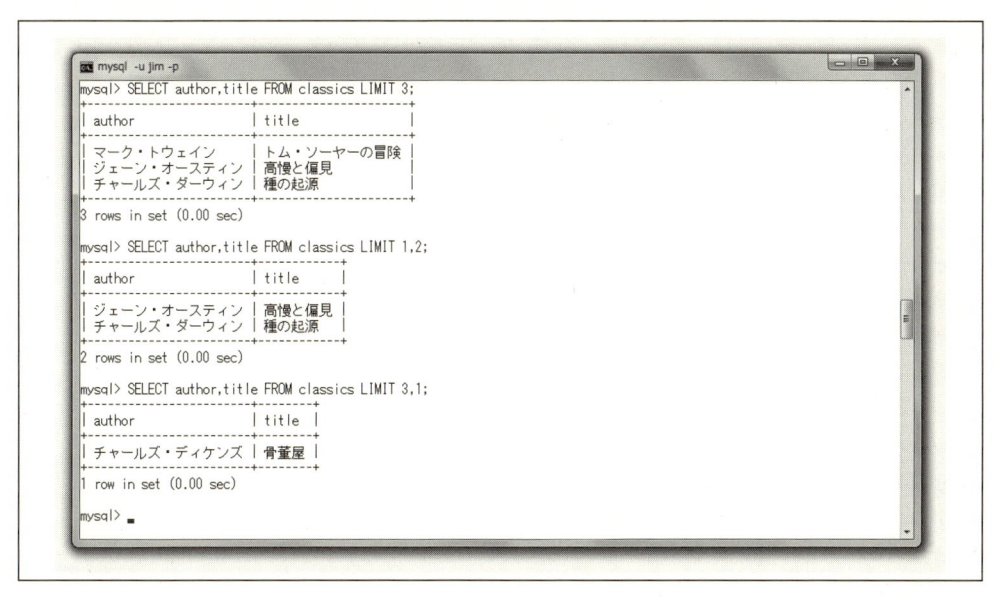

図8-12：LIMT を使って返す行数を制限する

サンプル8-23 では3つのコマンドの例を示しています。1行めはテーブルの先頭から3つの行を返し（LIMIT 3）、2行めは（先頭の行を飛ばし）位置1から開始した2つの行を返します（LIMIT 1,2）。最後のコマンドは（初めの2つを飛ばし）位置3から開始した1行を返します（LIMIT 3,1）。図8-12 はこの3つのコマンドの実行結果を示しています[†]。

サンプル8-23：返される結果の数を制限する

```
SELECT author,title FROM classics LIMIT 3;
SELECT author,title FROM classics LIMIT 1,2;
SELECT author,title FROM classics LIMIT 3,1;
```

> LIMIT キーワードには注意が必要です。と言うのも、オフセットは0から始まり、返す行数は1から数え始めるからです。LIMIT 1,3 は、2つめの行から開始した3つの行を返す、ということです。

[†] 訳注：LIMIT でいう位置の理解には次の表が役立ちます。ポイントはテーブルの最初の行は位置0にある、ということです。

位置	author	title
0	マーク・トウェイン	トム・ソーヤーの冒険
1	ジェーン・オースティン	高慢と偏見
2	チャールズ・ダーウィン	種の起源
3	チャールズ・ディケンズ	骨董屋
4	ウィリアム・シェイクスピア	ロミオとジュリエット

MATCH...AGAINST

MATCH...AGAINST 構造は、FULLTEXT インデックスが設定された列に使用できます（FULLTEXT インデックスについては前の「FULLTEXT インデックスの作成」節参照）。MATCH...AGAINST を使用すると、インターネットの検索エンジンで行っているような自然言語検索（話し言葉のようなごく自然な文章の入力で適切な結果が得られる検索）が可能になります。WHERE... や WHERE...LIKE と異なり、MATCH...AGAINST では検索クエリに複数のワードを入力することができ、それを FULLTEXT 列の全ワードを対象に調べることができます。FULLTEXT インデックスは大文字小文字の区別がないので、クエリに大文字を使っても小文字を使っても違いはありません。

author と title 列に FULLTEXT インデックスを追加している場合、サンプル 8-24 に示す３つのクエリを入力してみてください。１つめではワード and を含むすべての列を返すよう求めています。しかし and はストップワードなので MySQL はこれを無視します。したがってこのクエリから作成されるのは、列に保持されている内容に関係なく、つねに空のストリングです。２つめのクエリでは、ワード old と shop 両方を、順番に関係なく、どこかに含むすべての行を返すよう求めています。そして最後のクエリでは、ワード tom と sawyer を検索する、前と同じような検索を適用しています。図 8-13 はこの３つのクエリの結果を示すスクリーンショットです（データには日本語ではなく英語を使用しています）。

サンプル 8-24：FULLTEXT インデックスに MATCH...AGAINST を使用

```
SELECT author,title FROM classics
WHERE MATCH(author,title) AGAINST('and');
SELECT author,title FROM classics
WHERE MATCH(author,title) AGAINST('old shop');
SELECT author,title FROM classics
WHERE MATCH(author,title) AGAINST('tom sawyer');
```

図 8-13：FULLTEXT インデックスに MATCH...AGAINT を使用した

BooleanモードでのMATCH...AGAINST

MATCH...AGAINSTをさらに強化したい場合には、Booleanモードを使用します。このモードは、標準的なFULLTEXTクエリの働きを、すべての検索ワードの存在を求める検索ではなく、検索ワードの任意の組み合わせを求める検索に変更します。列に検索ワードが1つ存在すればその列を返します。

またBooleanモードでは、このワードは含む、またはこのワードは含まないということを示す+と-記号を検索ワードの前につけることができます。+も-も使用しない通常のBooleanモードは「これらのワードのどれもが存在する」という意味です。+記号は「このワードは存在していなければならない。そうでないなら列は返さない」という意味で、-記号は「このワードは存在してはいけない。存在している列は返される資格がない」という意味です。

サンプル8-25は、Booleanモードを使った2つのクエリの例です。最初のクエリでは、ワードcharlesを含み、ワードspeciesを含まないすべての列を返すよう求めています。2つめのクエリでは、二重引用符を使って、"origin of"というフレーズを正確にそのまま含むすべての列を返すよう求めています。図8-14はこれらのクエリの結果です（データには日本語ではなく英語を使用しています）。

サンプル8-25：BooleanモードでのMATCH...AGAINSTの使用

```
SELECT author,title FROM classics
  WHERE MATCH(author,title)
  AGAINST('+charles -species' IN BOOLEAN MODE);
SELECT author,title FROM classics
  WHERE MATCH(author,title)
  AGAINST('"origin of"' IN BOOLEAN MODE);
```

みなさんの予想通り、最初の要求からはCharles DickensのThe Old Curiosity Shopだけが返されます。ワードspeciesを含む列は全部除外されるので、Charles Darwinの著作は無視されます。

図8-14：BooleanモードでのMATCH...AGAINSTの使用

2つめのクエリには興味深いことがあります。この検索ストリングにはストップワードの of が含まれていますが、検索に使用されています。なぜなら二重引用符によってストップワードが無効になるからです。

UPDATE...SET

この構造を使用するとフィールドの内容を更新することができます。1つまたは複数のフィールドの内容を変更したい場合には、SELECT コマンドと同じように、UPDATE の後で変更する1つまたは複数のフィールドを指定します。サンプル 8-26 は UPDATE...SET の2つの使い方を示しています。図 8-15 はその結果です。

サンプル 8-26：UPDATE...SET の使用

```
UPDATE classics SET author='マーク・トウェイン (Samuel Langhorne Clemens)'
    WHERE author='マーク・トウェイン';
UPDATE classics SET category='クラシック・フィクション'
    WHERE category='フィクション';
```

1つめのクエリでは、マーク・トウェインの実名（Samuel Langhorne Clemens）をペンネームの後にかっこつきで加えています。これは1行にしか影響しません。しかし2つめのクエリは3つの行に影響しています。なぜなら、category 列にあるフィクションというワードを全部クラシック・フィクションに変更しているからです。

更新を実行するときにはまた、これまでに学んだ LIMIT や、次で見て行く ORDER BY、GROUP BY キーワードなどの修飾子を使用することもできます。

```
mysql -u jim -p

mysql> UPDATE classics SET author='マーク・トウェイン (Samuel Langhorne Clemens)'
    -> WHERE author='マーク・トウェイン';
Query OK, 1 row affected (0.00 sec)
Rows matched: 1  Changed: 1  Warnings: 0

mysql> UPDATE classics SET category='クラシック・フィクション'
    -> WHERE category='フィクション';
Query OK, 3 rows affected (0.00 sec)
Rows matched: 3  Changed: 3  Warnings: 0

mysql> SELECT author,category FROM classics;
+------------------------------------------------+----------------------------+
| author                                         | category                   |
+------------------------------------------------+----------------------------+
| マーク・トウェイン (Samuel Langhorne Clemens)  | クラシック・フィクション   |
| ジェーン・オースティン                         | クラシック・フィクション   |
| チャールズ・ダーウィン                         | ノンフィクション           |
| チャールズ・ディケンズ                         | クラシック・フィクション   |
| ウィリアム・シェイクスピア                     | 演劇                       |
+------------------------------------------------+----------------------------+
5 rows in set (0.00 sec)

mysql>
```

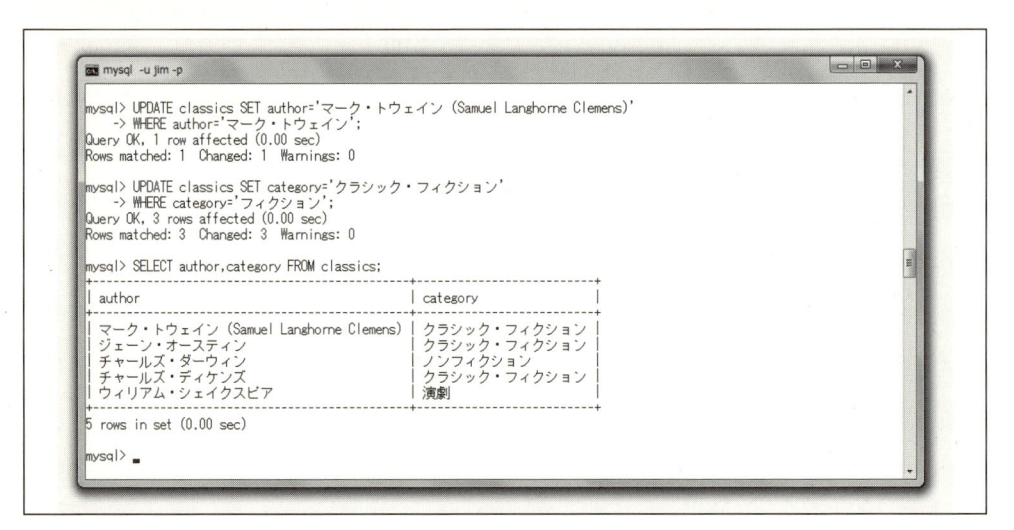

図 8-15：classic テーブルの列の更新

ORDER BY

ORDER BY は、1つまたは複数の列で返された結果を昇順または降順でソートします。サンプル 8-27 はその2つの例で、図 8-16 はその結果です。

サンプル 8-27：ORDER BY の使用

```
SELECT author,title FROM classics ORDER BY author;
SELECT author,title FROM classics ORDER BY title DESC;
```

ご覧のように、1つめのクエリは結果を author のアルファベット昇順（ABC 順、デフォルト）で返し、2つめは title の降順（ABC の逆順）で返します。

すべての行を author でソートしてから、（新しいものを先に表示するために）著作の year の降順でソートしたい場合には、次のクエリを発行します。

```
SELECT author,title,year FROM classics ORDER BY author,year DESC;
```

これは、昇順と降順の修飾子はそれぞれ単一の列に適用されることを示しています。DESC キーワードはその前の year 列にのみ作用します。author はデフォルトのソート順が使用されるので、昇順でソートされます。列には次のように、昇順を明示的に指定することもできます。結果は変わりません[†]。

```
SELECT author,title,year FROM classics ORDER BY author ASC,year DESC;
```

```
mysql -u jim -p
mysql> SELECT author,title FROM classics ORDER BY author;
+-------------------------------------+--------------------------------+
| author                              | title                          |
+-------------------------------------+--------------------------------+
| Charles Darwin                      | The Origin of Species          |
| Charles Dickens                     | The Old Curiosity Shop         |
| Jane Austen                         | Pride and Prejudice            |
| Mark Twain (Samuel Langhorne Clemens)| The Adventures of Tom Sawyer  |
| William Shakespeare                 | Romeo and Juliet               |
+-------------------------------------+--------------------------------+
5 rows in set (0.00 sec)

mysql> SELECT author,title FROM classics ORDER BY title DESC;
+-------------------------------------+--------------------------------+
| author                              | title                          |
+-------------------------------------+--------------------------------+
| Charles Darwin                      | The Origin of Species          |
| Charles Dickens                     | The Old Curiosity Shop         |
| Mark Twain (Samuel Langhorne Clemens)| The Adventures of Tom Sawyer  |
| William Shakespeare                 | Romeo and Juliet               |
| Jane Austen                         | Pride and Prejudice            |
+-------------------------------------+--------------------------------+
5 rows in set (0.00 sec)

mysql>
```

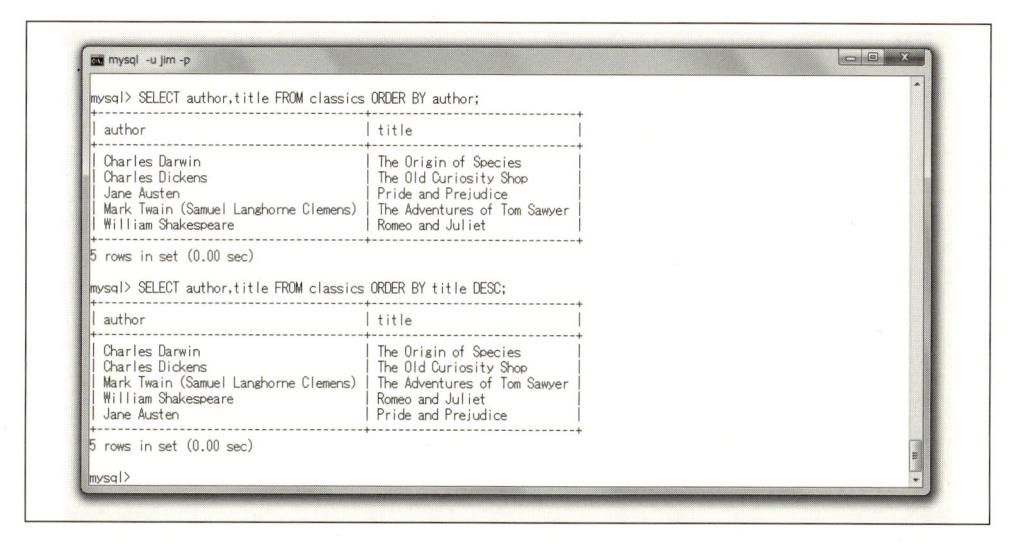

図 8-16：要求の結果をソートした

[†] 訳注：SELECT author,title,year FROM classics ORDER BY author,year DESC; は、まず author のアルファベット順でソートされ、同じものがあった場合に year の降順でソートされます。これは author が重複し year の異なる、たとえばサンプル 8-18 のコマンドでデータを追加するとよく分かります。

GROUP BY

クエリから返された結果は、ORDER BY と同じような方法で GROUP BY を使ってグループ化することができます。GROUP BY はデータのグループに関する情報の取得に役立ちます。たとえば、classics テーブルの各カテゴリにいくつの著作物が含まれているかを知りたい場合には、次のクエリが発行できます。

```
SELECT category,COUNT(author) FROM classics GROUP BY category;
```

これにより次の出力が返されます。

```
+-----------------+---------------+
| category        | COUNT(author) |
+-----------------+---------------+
| Classic Fiction |             3 |
| Non-Fiction     |             1 |
| Play            |             1 |
+-----------------+---------------+
3 rows in set (0.00 sec)
```

8.4.3 テーブルの結合

1つのデータベースに、それぞれが異なる情報を持つ複数のテーブルを保持するのはよくあることです。これを、classics テーブルから購入した出版物と相互参照できる customers テーブルの例で見ていきましょう。サンプル 8-28 のコマンドを入力して[†]、publications データベースに新しいテーブルを作成し3人の購入者と購入物の情報を入れます。図 8-17 はこの結果を示しています。

サンプル 8-28：customers テーブルを作成しデータを入れる
```
CREATE TABLE customers (
  name VARCHAR(128),
  isbn VARCHAR(128),
  PRIMARY KEY (isbn)) ENGINE MyISAM;
INSERT INTO customers(name,isbn)
  VALUES('ジョー・ブログ','9780099533474');
INSERT INTO customers(name,isbn)
  VALUES('メアリー・スミス','9780582506206');
INSERT INTO customers(name,isbn)
  VALUES('ジャック・ウィルソン','9780517123201');
SELECT * FROM customers;
```

サンプル 8-28 のように複数のデータ行を挿入するときにはショートカット（手っ取り早い便利な方法）があります。それは次のように、3つの INSERT INTO クエリを1つにして挿入するデータをコンマで区切って並べる方法です。

[†] 訳注：ISBN は13文字なので、実際には isbn VARCHAR(13) の方が効率的です。

```
mysql> CREATE TABLE customers (
    -> name VARCHAR(128),
    -> isbn VARCHAR(128),
    -> PRIMARY KEY (isbn)) ENGINE MyISAM;
Query OK, 0 rows affected (0.03 sec)

mysql> INSERT INTO customers(name,isbn)
    -> VALUES('ジョー・ブログ','9780099533474');
Query OK, 1 row affected (0.00 sec)

mysql> INSERT INTO customers(name,isbn)
    -> VALUES('メアリー・スミス','9780582506206');
Query OK, 1 row affected (0.00 sec)

mysql> INSERT INTO customers(name,isbn)
    -> VALUES('ジャック・ウィルソン','9780517123201');
Query OK, 1 row affected (0.00 sec)

mysql> SELECT * FROM customers;
+---------------------+---------------+
| name                | isbn          |
+---------------------+---------------+
| ジョー・ブログ       | 9780099533474 |
| メアリー・スミス     | 9780582506206 |
| ジャック・ウィルソン | 9780517123201 |
+---------------------+---------------+
3 rows in set (0.00 sec)

mysql>
```

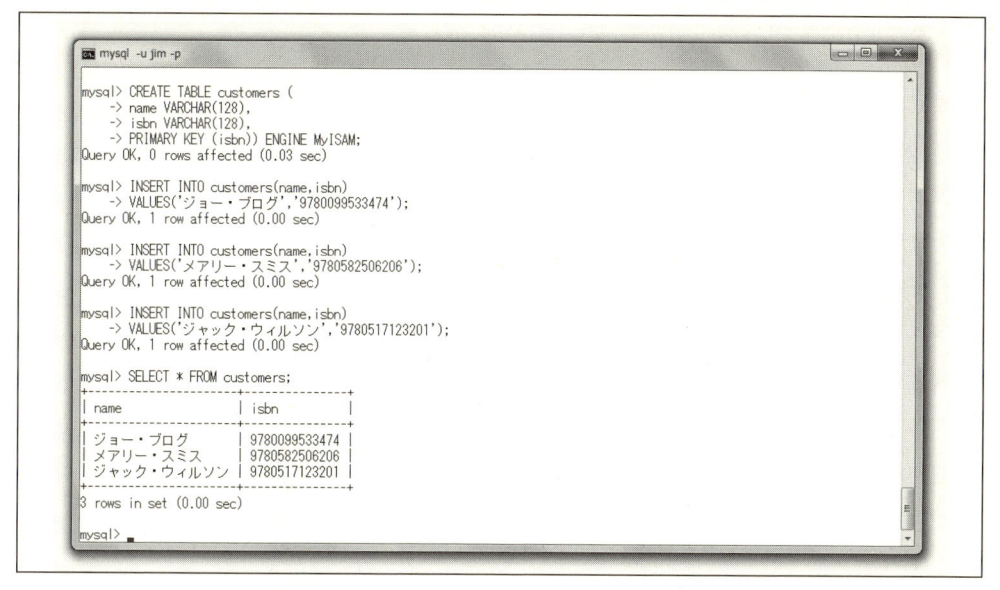

図8-17：customers テーブルを作成した

```
INSERT INTO customers(name,isbn) VALUES
    ('ジョー・ブログ','9780099533474'),
    ('メアリー・スミス','9780582506206'),
    ('ジャック・ウィルソン','9780517123201');
```

もちろん、住所や電話番号、メールアドレスといった詳細な顧客情報を含むテーブルもあるでしょうが、今の説明には必要ありません。

作成した新しいテーブルを見ると、isbn という名前の列が classics テーブルの列と共通していることに気づかれるでしょう。この列の持つ意味は2つのテーブルで同じなので（ISBN は本のことで、しかもつねに同じ本を指します）、サンプル 8-29 に示すように、この列を2つのテーブルの連結部に使用して1つのクエリにまとめることができます。

サンプル 8-29：2つのテーブルを結合して1つの SELECT にする

```
SELECT name,author,title from customers,classics
    WHERE customers.isbn=classics.isbn;
```

この操作からは次の結果が出力されます。

```
+---------------------+------------------------+--------------+
| name                | author                 | title        |
+---------------------+------------------------+--------------+
| ジョー・ブログ       | チャールズ・ディケンズ | 骨董屋       |
| メアリー・スミス     | ジェーン・オースティン | 高慢と偏見   |
```

```
| ジャック・ウィルソン | チャールズ・ダーウィン | 種の起源    |
+----------------------+------------------------+-------------+
3 rows in set (0.00 sec)
```

このクエリでは、customers テーブルの顧客が買った classics テーブルの出版物を表示するために、どのようにして 2 つのテーブルを結びつけているかを見てください。

NATURAL JOIN

NATURAL JOIN を使用すると、入力する手数が減るとともにクエリが少し分かりやすくなります。NATURAL JOIN は 2 つのテーブルを取り、同じ名前を持つ列を自動的に結合させます。したがって、サンプル 8-29 と同じ結果は次のコマンドでも得ることができます

```
SELECT name,author,title FROM customers NATURAL JOIN classics;
```

JOIN...ON

2 つのテーブルの結合させる列を指定したい場合には、JOIN...ON 構造を次のように使用します。これもサンプル 8-29 と同じ結果です。

```
SELECT name,author,title FROM customers
   JOIN classics ON customers.isbn=classics.isbn;
```

AS の使用

また AS キーワードを使ってエイリアスを作成することで、入力にかかる手数を減らしクエリを読みやすくすることもできます。テーブル名 AS エイリアスという形式で使用します。次の例では customers と classics のエイリアスをそれぞれ cust、class として、WHERE で使用しています。このコードの出力結果もサンプル 8-29 と同じです。

```
SELECT name,author,title from
   customers AS cust, classics AS class WHERE cust.isbn=class.isbn;
```

エイリアスは、同じテーブル名を何度も参照する長いクエリで特に役立ちます。

8.4.4 論理演算子の使用

論理演算子の AND、OR、NOT は、選択をさらに限定する MySQL の WHERE クエリで使用することもできます。サンプル 8-30 はその使用例ですが、これらは必要に応じてさまざまな組み合わせで使用できます。

サンプル 8-30：論理演算子の使用

```
SELECT author,title FROM classics WHERE
   author LIKE "チャールズ%" AND author LIKE "%ダーウィン";
SELECT author,title FROM classics WHERE
```

サンプル 8-30：論理演算子の使用（続き）
```
  author LIKE "%マーク・トウェイン%" OR author LIKE "%Samuel Langhorne Clemens%";
SELECT author,title FROM classics WHERE
  author LIKE "チャールズ%" AND author NOT LIKE "%ダーウィン";
```

1つめのクエリは、チャールズ・ダーウィンという名前が列によってはフルネームのチャールズ・ロバート・ダーウィンで保持されている可能性のある場合に必要になります。このクエリは、author 列の値がチャールズで始まりかつダーウィンで終わる著作物すべてを返します。2つめのクエリは、著者名がペンネームのマーク・トウェインかまたは実名の Samuel Langhorne Clemens で書かれた著作物を探します。3つめのクエリは、ファーストネームがチャールズで、サーネームがダーウィンでない著者によって書かれた著作物を返します。

8.5　MySQL 関数

みなさんの中には、PHP には多くの強力な関数が備わっているのに、なぜ誰もが MySQL 関数を使いたがるのだろう、と不思議に思っている方もいらっしゃるでしょう。その答えは実に簡単で、MySQL 関数はデータベースにあるデータそのものに作用するからです。もし PHP が使用できたとしても、MySQL から生のデータを抽出し、それをうまく操作して、希望するデータベースクエリを実行しなければなりません。

MySQL に組み込まれている関数を使用することで、複雑なクエリが平易になるばかりか、実行にかかる時間も大幅に短縮できます。MySQL 関数についてさらに学びたいみなさんは、次の URL を訪れてみてください。

文字列関数

http://dev.mysql.com/doc/refman/5.1/ja/string-functions.html

日付時刻関数

http://dev.mysql.com/doc/refman/5.1/ja/date-and-time-functions.html

なお本書でも巻末の付録 D で使用頻度の高い MySQL 関数の一部を紹介しています。

8.6　phpMyAdmin の導入

MySQL を使用するには、その主要なコマンドの学習とそれらがどのように動作するのかを学ぶことが必須ですが、学習をひと通り終えたら、データベースやテーブルの管理には phpMyAdmin などのプログラムを使った方が時間もかからず作業が簡単です。

ただし本書で使用している Zend Server は翻訳時点で phpMyAdmin がデフォルトで組み込まれないので、以下の手順で phpMyAdmin をお使いの Zend Server に組み込む必要があります[†]。

[†]　訳注：本書で使用している Zend Server は 6.0.1 とまだ若いので、この手順は今後変更されるかもしれません。またここに記載していない何らかのエラーが発生する場合には、次ページで述べる Installing and Configuring phpMyAdmin ページを参考にしてください。

1. Zend Server のオンラインヘルプ（http://files.zend.com/help/Zend-Server-6/zend-server.htm）にアクセスし、左フレームの [Zend Server Installation Guide] をクリックして、さらに [Post Installation] → [Installing and Configuring phpMyAdmin] に進みます。

2. 表示される Deploying phpMyAdmin ページの "To install phpMyAdmin:" で示されている手順 1 の [here] リンクをクリックします（図 8-18 参照）。これにより phpMyAdmin_v01.zpk というファイルがダウンロードできます。

3. ブラウザからローカルの Zend Server にアクセスし（http://localhost:10081）、2章で設定したユーザー名（admin）とパスワードを入力して [Login] ボタンをクリックします。

4. ブラウザ上部にあるリンクメニューから [Applications] をクリックしさらに [Apps] タブをクリックします。するとウィンドウ画面左上に図 8-19 に示す [Deploy Application] ボタンが表示されるので、これをクリックします。

5. 表示される Upload the Application Package 画面の [ファイルを選択] ボタンをクリックし、手順 2 でダウンロードした phpMyAdmin_v01.zpk を指定します。すると phpMyAdmin が Zend Server にアップロードされます。[Next] をクリックします。

6. 次の Enter the Application Details 画面では、空欄になっている [URL] フィールドに phpMy

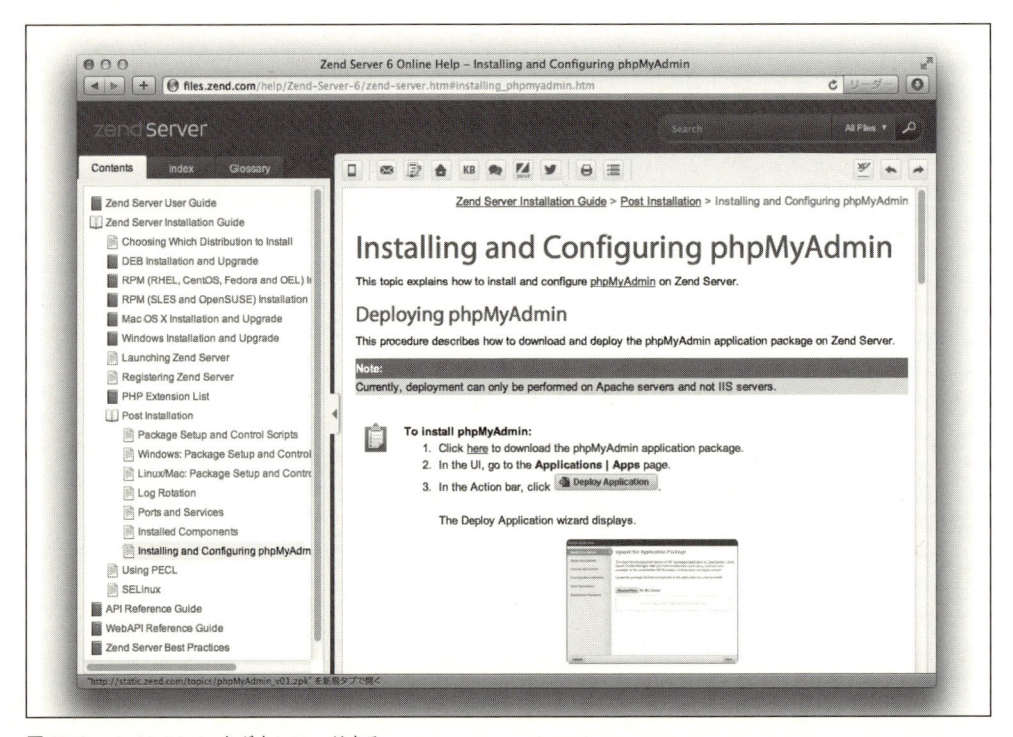

図 8-18：phpMyAdmin をダウンロードする

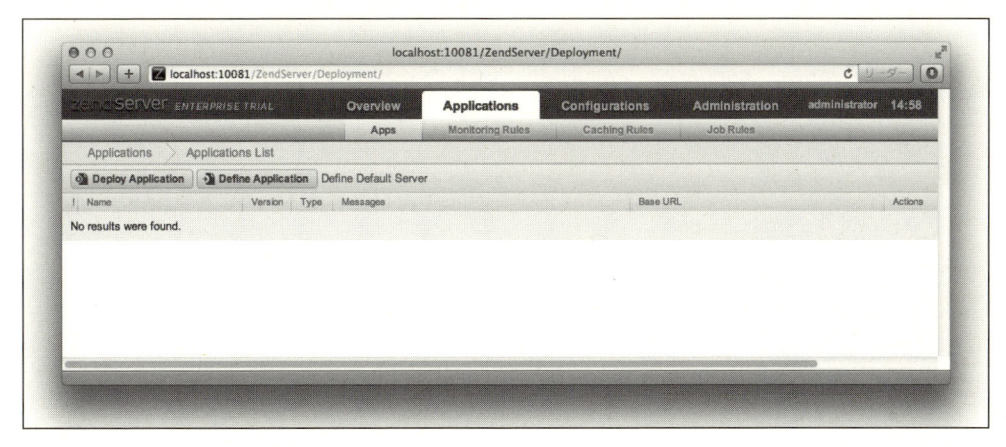

図 8-19：[Deploy Application] ボタンをクリックする

Admin と入力します。これにより、Web ブラウザに http://localhost/phpMyAdmin（や http://localhost:10088/phpMyAdmin）という URL を入力することで phpMyAdmin にアクセスできるようになります。[Next] をクリックします。

7. 次のページでは phpMyAdmin が必要とする機能が自動的に読み込まれます。[Next] をクリックします。

8. 次の Enter the User Parameters 画面では phpMyAdmin の root 用パスワードが設定できます。[Next] をクリックします。最後に確認画面が表示されます。[Deploy] ボタンをクリックします。

9. phpMyAdmin が Zend Server にデプロイされます。画面右上にある [Restart] アイコンをクリックして Zend Server をリスタートさせます。

8.6.1　phpMyAdmin の使用

Web ブラウザから phpMyAdmin にアクセスするには、アドレスバーに http://localhost/phpMyAdmin（または http://localhost:10088/phpMyAdmin）を入力します。すると図 8-20 に示す phpMyAdmin のデフォルトページが表示されます[†]。

[†] 訳注：Mac 版 Zend Server の phpMyAdmin の表示で、「Connection refused サーバが応答しません (あるいはローカルサーバのソケットが正しく設定されていません)」といったエラーが表示された場合には、次の方法を試してみてください。

1. ターミナルで次のコマンドを実行します。
   `sudo nano /usr/local/zend/var/apps/http/__default__/0/phpmyadmin/3.5.6.0/config.inc.php`
2. システムのパスワードを入力すると、nano エディタが開きます。
3. config.inc.php ファイル内の次の 1 行コードをコピーします。
   `$cfg['Servers'][$i]['host'] = '127.0.0.1';`
4. 改行して空きを作り、すぐ下の行にペーストして、次のように修正します。
   `$cfg['Servers'][$i]['host'] = 'localhost';`
5. control+x キー、次いで y キー、return キーを押して変更を保存し nano を終了します。

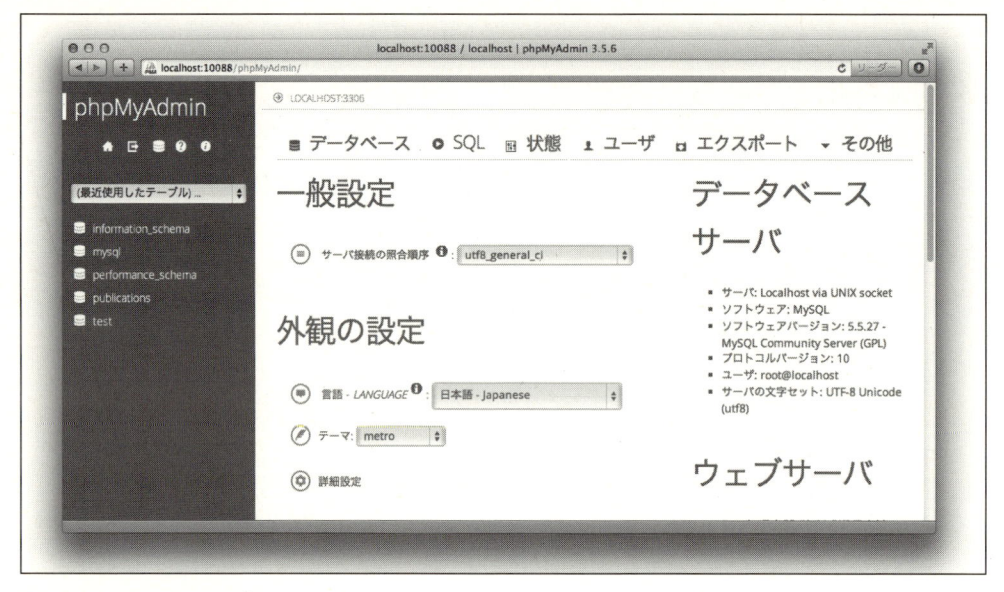

図 8-20：phpMyAdmin のデフォルトページ

　本章でこれまで作成してきた `publications` データベースと、`classics`、`customers` テーブルを作成している場合、phpMyAdmin のメイン画面の左ペインには、現在 MySQL が保持しているデータベースの名前が表示されています。その中の [publications] をクリックすると、同じ左ペインに [classics] と [customers] テーブルが、画面の右ペインに各テーブルに関する情報が表示されます。たとえば右ペインの classics テーブルの右にある [表示] リンクをクリックすると、図 8-21 に示すように、テーブルの中身を見ることができます。

　phpMyAdmin からは、データベースの作成やテーブルの追加、インデックスの作成やそのほかの主要なすべての操作を実行することができます。phpMyAdmin に関するドキュメンテーションは http://localhost/phpMyAdmin/Documentation.html のものが参考になります。また https://phpmyadmin-japanese.readthedocs.org/en/latest/ では一部日本でも読めるようです。

　本章をここまでわたしとともに学んで来られたみなさん、おめでとうございます。本章は実に長い旅でした。みなさんは MySQL データベースの作成や、テーブルを結合する複雑なクエリの発行、`Boolean` 演算子の使用や MySQL のさまざまな修飾子の使用など、実に多くのことを学びました。

　次章では、効率的なデータベースを設計する方法や高度な `SQL` テクニック、トランザクションなどを見ていきます。

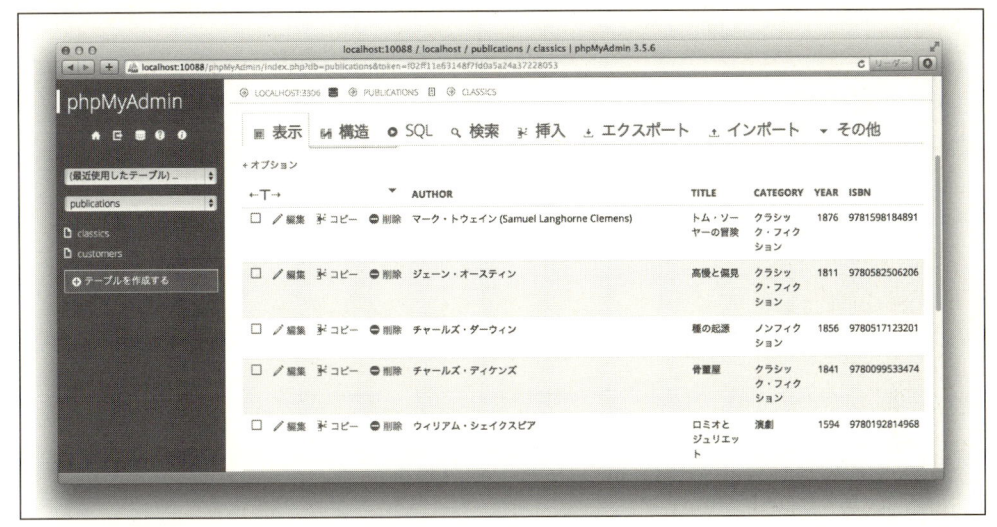

図 8-21：phpMyAdmin で classics テーブルを表示した

8.7 確認テスト

1. MySQL クエリのセミコロンは何のために使用しますか？

2. 使用できるデータベースとテーブルを表示するにはそれぞれどんなコマンドを使用しますか？

3. データベース newdatabase のすべてにアクセスでき、newpass というパスワードを使用するローカルホストの新しい MySQL ユーザーの newuser はどうやって作成しますか？

4. テーブルの構造を見るにはどのようにしますか？

5. MySQL のインデックスの目的は何ですか？

6. FULLTEXT インデックスが提供するメリットには何がありますか？

7. ストップワードとは？

8. SELECT DISTINCT と GROUP BY は両方とも、列内の値が複数の行に含まれている場合でも、その値の行だけを表示したいときに使用できますが、この両者の大きな違いは何ですか？

9. SELECT...WHERE 構造を使って、本章で使用した classics テーブルの author 列に "Langhorne" をどこかに含む行を返すにはどのようにしますか？

10. 2つのテーブルの結合を可能にするには、それらをどのように定義する必要がありますか？

テストの模範解答は付録 A に記載しています。

9章
MySQLのマスター

8章では、リレーショナルデータベースをSQLで実際に操作するための基礎を学びました。みなさんはデータベースとそれを構成するテーブルを作成し、データの挿入や検索、変更、消去を行う方法を学びました。

基本が身についたら、次はデータベースを最も高速化し効率化するための設計方法です。たとえば、データはどのようなものをどのテーブルに入れるのがよいのでしょう？ もちろんこれには長年にわたる多くのガイドラインがあります。みなさんはそれにしたがうことで、データベースを確実に効率化し、データの増加に合わせてそれを拡張していくことができます。

9.1 データベースの設計

データベースは、作成にかかる前に、まず適切に設計することが非常に重要です。設計が適切でなかった場合にはほぼ間違いなく、データベースに戻ってテーブルの分割や結合、列の移動といった変更を行い、MySQLが扱いやすい合理的な関係性を実現する必要があります。

まずは紙と鉛筆を持って机に向かい、みなさんやみなさんのユーザーが要求しそうなクエリを書き留めてみましょう。これはデータベースを設計するためのすぐれた出発点になります。たとえばオンライン書店の場合には、次のような問い合わせが考えられます。

- データベースにはどれだけの数の著者や本、顧客が登録されているのか？
- この本は誰が書いたものか？
- この著者の（複数の）著作は何か？
- 最も高い本はどれか？
- 最もよく売れている本はどれか？
- 今年販売されなくなった本はどれか？
- この顧客が買った（複数の）本はどれか？

- その（複数の）本といっしょに購入されたのはどの本か？

もちろんほかにも多くの問い合わせがあるでしょうが、ここに挙げた例だけでも、テーブルの適切なレイアウト方法を見通すヒントになります。たとえば本とISBNは密接に関係しているので（この微妙な部分は後で見ていきます）、おそらく1つのテーブルにまとめることができます。またこれとは対照的に、本と顧客はその関係性が非常に緩いので、別々のテーブルに入れるべきでしょう。1人の顧客はどの本でも購入する可能性があり、同じ本を何冊も買う場合もないわけではありません。しかし、1冊の本は多くの顧客に買われる可能性がある一方で、関心のない顧客にはまったく無視されます。

ある事柄に関し、多くの検索を実行する予定のあるときには、その事柄に専用のテーブルを持たせると役立つ場合が多々あります。また事柄同士の関係性が緩いときには、別々のテーブルに入れるのがベストです。

こういった単純で大まかなルールを踏まえると、前述した問い合わせ（クエリ）をすべて満たすには、少なくとも次の3つのテーブルが必要なことが推測できます。

authors
: 著者に関する検索は、共著や著作集の場合も含めて数多く行われるでしょう。各著者に関するさまざまな情報をその著者に関係づけて表示すると、検索結果としてよくできたものになります。

books
: 多くの本にはさまざまなエディション（版）があります。同じ本でも出版社が違うものや、中には同じタイトルで中身がまったく別のものもあります。本と著者の関係はこのようにややこしくなるので、本と著者のテーブルは別にします。

customers
: 顧客のデータは専用のテーブルを入れた方がよいでしょう。これは、顧客はどの著者のどの本でも自由に購入できるという理由から、上の2つよりも明らかです。

9.1.1　主キー：リレーショナルデータベースのカギ

リレーショナルデータベースのパワーを利用すると、著者と本、顧客の情報を1ヶ所で定義することができます。われわれの関心は言うまでもなく、誰がその本を書き、誰がその本を買ったのかといった著者と本、顧客間の関係性にありますが、その情報は3つのテーブルをリンクさせることで保持できます。以下ではその基本的な仕組みを示していきますが、思い通りに使用できるようになるには相応の練習がいります。

この魔法を実現するには、すべての著者に一意の識別子を与える必要があり、本と顧客についても同様です。前の章では主キーを使った方法を見ましたが、本にはISBNがあるので、別のISBNを持つエディションを処理する必要はあるものの、これを使用した方が理にかなっています。著者と顧客については、任意のキーを割り当てることができます。これには前章で述べた`AUTO_INCREMENT`の機能が役立ちます。

簡単に言うと、テーブルは多く検索されると思われる対象にもとづいて設計します。今の場合で言うと著者や本、顧客です。そしてその対象には主キーを持たせます。異なる対象に同じ値を与える可能性のあるキーを選択してはいけません。ISBNは主キーになり得る値が産業界から提供されているまれな例で、各製

品は確実に一意であることが保証されます。しかしほとんどの場合、この目的には `AUTO_INCREMENT` を使った任意の値が使用できます。

9.2 正規化

　データをテーブルに分け主キーを作成する過程は正規化と呼ばれます。その主な目的は、情報の各部分がデータベース内に確実に1度だけ現れるようにすることです。データの重複は非効率的です。なぜなら、重複によってデータベースは必要以上に大きくなり、その結果アクセスに余計な時間がかかるようになるからです。さらに重要なのは、データを更新するとき重複したデータの1つの行しか処理しなかったという事態が起こり得るので、それによりデータに矛盾が生じ、深刻なエラーを引き起こす原因になることです。

　本のタイトルを、`books` テーブルのほかに `authors` テーブルにも含めると、たとえばタイトルの入力ミスを訂正する必要が生じた場合、両方のテーブルを調べて、そのタイトルが含まれる箇所に同様の変更を行わなくてはなりません。それよりもタイトルは1ヶ所に保持し、別の場所では ISBN を使用する方がすぐれた方法です。

　データベースを複数のテーブルに分割する過程では、必要以上のテーブルを作りすぎないことも重要です。テーブルを作り過ぎると、非効率的な設計となり、データへのアクセスに時間がかかることになります。

　リレーショナルモデルの発明者であるエドガー・F・コッドは正規化の概念を分析し、これを第1、第2、第3正規形という3つのスキーマに区分しました。データベースをこれらの正規形の要件を順に満たすように修正すると、適切なバランスで高速アクセスと最小限のメモリ及びディスク使用を実現する、最適なデータベースになります。

　ではこの正規化を順に適用していく方法を、表9-1に示すかなりひどいデータベースの例を使って見ていきましょう。この表は、著者名や書名、(架空の) 顧客の詳細情報を全部収めたデータベースで、どの顧客がどの本を注文したかを追跡するためのテーブルの最初の状態です。ここでは多くの箇所が重複しているので、言うまでもなく非効率的な設計です（重複箇所は太字で示しています）が、ここがわれわれのスタート地点です。

表9-1：非効率的な設計のデータベーステーブル

Author 1 (著者1)	Author 2 (著者2)	Title (タイトル)	ISBN (ISBN)	Price (価格、USD)	Customer name (顧客名)	Customer address (顧客住所)	Purch. date (購入日)
David Sklar	Adam Trachtenberg	PHP Cookbook	0596101015	44.99	Emma Brown	1565 Rainbow Road, Los Angeles, CA 90014	Mar 03 2009
Danny Goodman		Dynamic HTML	0596527403	59.99	**Darren Ryder**	**4758 Emily Drive, Richmond, VA 23219**	Dec 19 2008

表 9-1：非効率的な設計のデータベーステーブル（続き）

Author 1 （著者1）	Author 2 （著者2）	Title （タイトル）	ISBN (ISBN)	Price （価格、USD）	Customer name （顧客名）	Customer address （顧客住所）	Purch. date （購入日）
Hugh E Williams	David Lane	PHP and MySQL	0596005436	44.95	Earl B. Thurston	862 Gregory Lane, Frankfort, KY 40601	Jun 22 2009
David Sklar	Adam Trachtenberg	PHP Cookbook	0596101015	44.99	**Darren Ryder**	**4758 Emily Drive, Richmond, VA 23219**	**Dec 19 2008**
Rasmus Lerdorf	Kevin Tatroe & Peter MacIntyre	Programming PHP	0596006815	39.99	David Miller	3647 Cedar Lane, Waltham, MA 02154	Jan 16 2009

後の3節では、このデータベースの設計方法を検討します。そして重複したさまざまな項目を削除し、1つのテーブルを、それぞれが1種類のデータを含む複数のテーブルに分割する処理を通して、データベースを改良する方法を見ていきます。

9.2.1 第1正規形

第1正規形の要求を満たすには、次の3つの要件をクリアする必要があります。

1. 同種のデータを含む列の繰り返しがないこと
2. すべての列は単一の値を含むこと
3. 各行を一意に認識する主キーがあること

この要件を順に見ていくと、Author 1列とAuthor 2列は同種のデータの繰り返しであることがすぐに分かります。したがって、この2つのAuthor列はルール1に反するので、さっさと別のテーブルに移します。

次いで、最後の『Programming PHP』には著者が3人います。このテーブルではKevin TatroeとPeter MacIntyreを同じAuthor 2列で処理しているので、ルール2に反します。これは著者を別のテーブルに移すもう1つの理由でもあります。

しかしルール3は満たされています。なぜなら、主キーとして扱えるISBNがすでにあるからです。

表9-2は、表9-1から2つのAuthor列をのぞいた結果を示しています。このままでもそこそこ整理されているように思えますが、まだ太字で示す重複が残っています。

表 9-2：表 9-1 から Author 列をのぞいた結果

Title	ISBN	Price (USD)	Customer name	Customer address	Purchase date
PHP Cookbook	0596101015	44.99	Emma Brown	1565 Rainbow Road, Los Angeles, CA 90014	Mar 03 2009
Dynamic HTML	0596527403	59.99	Darren Ryder	4758 Emily Drive, Richmond, VA 23219	Dec 19 2008
PHP and MySQL	0596005436	44.95	Earl B. Thurston	862 Gregory Lane, Frankfort, KY 40601	Jun 22 2009
PHP Cookbook	0596101015	44.99	Darren Ryder	4758 Emily Drive, Richmond, VA 23219	Dec 19 2008
Programming PHP	0596006815	39.99	David Miller	3647 Cedar Lane, Waltham, MA 02154	Jan 16 2009

　表 9-3 に示す新しい Authors テーブルはいたって小さく単純で、著者と本の ISBN しか入れていません。共著の場合にはほかの著者にも専用の行を与えています。一見しただけではどの著者がどの本を書いたのか分からないので初めは落ち着かないかもしれませんが、これは MySQL が教えてくれるので心配いりません。みなさんはただ、情報が欲しい本を伝えるだけでよいのです。すると MySQL が ISBN を使ってミリ秒単位の速さで Authors テーブルを検索します。

表 9-3：新しい Authors テーブル

ISBN	Author
0596101015	David Sklar
0596101015	Adam Trachtenberg
0596527403	Danny Goodman
0596005436	Hugh E Williams
0596005436	David Lane
0596006815	Rasmus Lerdorf
0596006815	Kevin Tatroe
0596006815	Peter MacIntyre

　前に述べたように、ISBN は Books テーブルを作成するときには主キーになります。あえてこう言うのは、この Authors テーブルでは ISBN は主キーでないからです。現実の世界では Authors テーブルも主キーになり得るデータで、各著者は自分を一意に識別するキーを持っています。

　この Authors テーブルには ISBN 番号が含まれています。これはおそらく、検索を高速化するためのキーにはなりますが、主キーにはなりません。実際、ISBN 番号はこのテーブルで一意でないので、主キーにはなり得ません。1 冊の本が複数の著者によって共同執筆されている場合、同じ ISBN 番号が複数回現れるからです。

この ISBN 番号は著者を別のテーブルの本に関係づけるとき使用するので、その列は外部キーと呼ばれます。

> MySQL のキー（インデックスとも呼ばれます）にはいくつかの目的があります。キーを定義する根本の理由は検索を速くすることです。8 章ではキーを WHERE 節で使って検索するサンプルを見ましたが、キーはまた項目を一意に識別するときにも役立ちます。このことから一意のキーは通常テーブルの主キーとして使用され、そのテーブルの行を別のテーブルの行にリンクする外部キーとして使用されます。

9.2.2　第 2 正規形

第 1 正規形は複数の列にわたる（水平方向の）データの重複（つまり冗長性）を処理します。これに対し第 2 正規形は複数の行にわたる（垂直方向の）冗長性を処理します。第 2 正規形を実現するには、テーブルの第 1 正規形の処理が終わっている必要があります。第 2 正規形はその後、データが複数の箇所で繰り返されている列を特定し、それを専用のテーブルに移すことで実現できます。

では表 9-2 をもう一度見てください。Darren Ryder は本を 2 冊買っているので、彼の詳細が重複しています。これは、2 つの顧客列（Customer name と Customer address）を取り出し、専用のテーブルに移す必要があるということです。表 9-4 は表 9-2 から 2 つの顧客列を取り除いた結果です。

表 9-4：新しい Titles テーブル

ISBN	Title	Price
0596101015	PHP Cookbook	44.99
0596527403	Dynamic HTML	59.99
0596005436	PHP and MySQL	44.95
0596006815	Programming PHP	39.99

ご覧のように、表 9-4 は 4 冊の一意の本の ISBN と Title、Price 列だけになりました。これは、第 1 正規形と第 2 正規形両方の要求を満たす、効率的で自己完結したテーブルの構成です。われわれはこのテーブルの情報を本のタイトルに密接に関係するデータに絞ってきましたが、このテーブルにはまた、本のタイトルに密接に関係した出版年やページ数、増刷数などを含めることもできます。その唯一のルールは、1 冊の本に関して複数の値を持つ可能性のある列はここには含められない、ということです。なぜならそのような列を入れると、複数の行に存在する同一の本を処理する必要が生じ、第 2 正規形に反することになるからです。たとえば Author 列を戻すと、この正規化に反します。

しかし取り出した顧客列（表 9-5）を見ると、Darren Ryder の詳細が重複しているので、正規化がまだ必要なことが分かります。また、住所は実際には、Address、City、State、Zip という個々の列に分ける必要があるので、「すべての列は単一の値を含むこと」という第 1 正規形のルール 2 が適切に処理されていないということも言えます。

表 9-5：表 9-2 から取り出した顧客の詳細

ISBN	Customer name	Customer address	Purchase date
0596101015	Emma Brown	1565 Rainbow Road, Los Angeles, CA 90014	Mar 03 2009
0596527403	Darren Ryder	4758 Emily Drive, Richmond, VA 23219	Dec 19 2008
0596005436	Earl B. Thurston	862 Gregory Lane, Frankfort, KY 40601	Jun 22 2009
0596101015	Darren Ryder	4758 Emily Drive, Richmond, VA 23219	Dec 19 2008
0596006815	David Miller	3647 Cedar Lane, Waltham, MA 02154	Jan 16 2009

ここでやらなくてはいけないのは、各顧客の詳細が確実に1度だけ入っているように、このテーブルをさらに分割することです。ISBN は顧客（または著者）を識別する主キーではなく、主キーとして使用できないので、新しいキーを作成する必要があります。

表 9-6 は顧客（Customers）テーブルを第1と第2正規形に正規化した結果を示しています。ここでは各顧客はこのテーブルの主キーの CustNo という一意の顧客番号を持っています。これは多くの場合 AUTO_INCREMENT で作成できます。顧客の住所も個々の列に分けています。これにより検索や更新が容易になります。

表 9-6：新しい Customers テーブル

CustNo	Name	Address	City	State	Zip
1	Emma Brown	1565 Rainbow Road	Los Angeles	CA	90014
2	Darren Ryder	4758 Emily Drive	Richmond	VA	23219
3	Earl B. Thurston	862 Gregory Lane	Frankfort	KY	40601
4	David Miller	3647 Cedar Lane	Waltham	MA	02154

表 9-6 の正規化では同時に、顧客の購入日情報を削除する必要があります。なぜなら購入した本に関する顧客の詳細が複数存在することになるからです（同じ日に2冊買うと購入日が重複します）。したがって購入日は表 9-7 に示す新しい Purchases テーブルに移します。

表 9-7：新しい Purchases テーブル

CustNo	ISBN	Date
1	0596101015	Mar 03 2009
2	0596527403	Dec 19 2008
2	0596101015	Dec 19 2008
3	0596005436	Jun 22 2009
4	0596006815	Jan 16 2009

ここでは表 9-6 の CustNo を Customers と Purchases テーブルを結びつけるキーとして再利用しています。ISBN 列にも繰り返しがあり、このテーブルは Authors と Titles テーブルにリンクさせることができます。

CustNo 列は Purchases テーブルの役立つキーではありますが、1人の顧客は複数の本を買うことができるので（同じ本を何冊も買うこともできます）、主キーではありません。Purchases テーブルには主キーがありませんが、一意の購入を追跡する必要はないので、これで問題ありません。1人の顧客が同じ2冊の本を同じ日に買った場合でも、2つの行に同じ情報を入れることができます。簡易的な検索では、CustNo と ISBN 両方を主キーではなくキーとして定義できます。

> これでテーブルは4つになり、初めの見積りよりも1つ多くなりました。しかしこれは、第1正規形と第2正規形のルールに整然としたがった結果で、Purchases という4つめのテーブルの必要性はその過程で明確になりました。

今テーブルは、Authors（表9-3）と Titles（表9-4）、Customers（表9-6）、Purchases（表9-7）の4つです。各テーブルは CustNo か ISBN キーでほかのテーブルにリンクすることができます。

たとえば Darren Ryder が買った本を知るには、表9-6 の Customers テーブルで彼を調べます。すると彼の CustNo は2だと分かります。この情報を得て表9-7 の Purchases テーブルに行き ISBN 列を調べると、彼は、0596527403 と 0596101015 の本を 2008 年 12 月 19 日に買ったことが分かります。これは人間にとってはかなり面倒ですが、MySQL にとっては楽な作業です。

これらがどの本であるかを調べるには、表9-4 の Titles テーブルを見ます。すると、Darren Ryder が買ったのは、「Dynamic HTML」と「PHP Cookbook」だということが分かります。これらの本の著者を知りたい場合には、表9-3 の Authors テーブルの ISBN 番号が使用できます。すると、0596527403 の「Dynamic HTML」は Danny Goodman によって、0596101015 の「PHP Cookbook」は David Sklar と Adam Trachtenberg によって書かれたことが分かります。

9.2.3 第3正規形

第1正規形と第2正規形を経たデータベースは万事良好で、それ以上修正する必要はないかもしれません。しかしデータベースをさらに厳格にしたい場合には、第3正規形を忠実に実行します。第3正規形では、主キーに直接依存せず、テーブル内の別の値に依存するデータも、その依存性に応じて別のテーブルに移すことが求められます。

たとえば、表9-6 の Customers テーブルの State と City、Zip キーは各顧客に直接には関係していないということが言えます。なぜなら、ほかの多くの人たちもその住所と同じ詳細を持っているからです。しかしこれらは、Address が City に依存し、City が State に依存しているという点で、互いに直接関係しています。

したがって表9-6 に第3正規形を適用するには、これを表9-8 と表9-9、表9-10、表9-11 に分割する必要があります。

表 9-8：Customers テーブルの第 3 正規形

CustNo	Name	Address	Zip
1	Emma Brown	1565 Rainbow Road	90014
2	Darren Ryder	4758 Emily Drive	23219
3	Earl B. Thurston	862 Gregory Lane	40601
4	David Miller	3647 Cedar Lane	02154

表 9-9：Zip テーブルの第 3 正規形

Zip	CityID
90014	1234
23219	5678
40601	4321
02154	8765

表 9-10：Cities テーブルの第 3 正規形

CityID	Name	StateID
1234	Los Angeles	5
5678	Richmond	46
4321	Frankfort	17
8765	Waltham	21

表 9-11：States テーブルの第 3 正規形

StateID	Name	Abbreviation（略称）
5	California	CA
46	Virginia	VA
17	Kentucky	KY
21	Massachusetts	MA

では、単体の表 9-6 に代えて、この 4 つのテーブルのセットを使うにはどうすればよいのでしょう？
それにはまず表 9-8 と表 9-9 の `Zip` 列を見て、一致する `CityID` を調べます（たとえば 90014 という郵便番号は 1234 という `CityID` だということが分かります）。この情報が得られたら、表 9-10 で都市名（1234 は Los Angeles）と `StateID`（1234 は 5）も分かります。すると表 9-11 で州名が分かります（5 は California）。

第 3 正規形のこのような使用はやり過ぎのように思えるかもしれませんが、メリットもあります。たとえば表 9-11 を見てください。ここには州名と州を 2 文字で表した略称を含めています。このテーブルには、必要に応じて、州の人口やそのほかのデモグラフィック（さまざまな人口統計データ）を含めることもできます。

> 表9-10にはまた、みなさんやみなさんの顧客に役立つ、さらに地域的なデモグラフィックを含めることもできます。データを分割しておくと、将来列を追加する必要が生じた場合にデータベースの維持管理が容易になります。

　第3正規形を使用するかどうかは簡単には決められない場合があり、後からどのようなデータを追加する必要があるのかを考慮した上で決めるべきです。たとえば1人の顧客の名前と住所は今後ずっと必要だと言い切れる場合には、この正規化の最終段階は除外した方がよいでしょう。
　一方、アメリカ郵政公社のような大きな組織のデータベースを記述していると仮定してください。もし都市の名前を変えるとなったらどうすればよいのでしょう？　表9-6のようなテーブルでは、テーブル全体を検索し都市名を逐一置き換える必要があります。しかしデータベースを第3正規形にしたがって設定していた場合には、表9-10の単一項目を変えるだけで、データベース全体に反映される変更を行うことができます。
　ここでわたしは、みなさんが第3正規形による正規化を実行するかどうかを決めるときの助けになるように、次の2つの自問を提案しておきます。

1. そのテーブルには新しい多くの列を追加する可能性があるのか？
2. そのテーブルのフィールドは今後、ある時点で全体的に更新する必要性が生じるのか？

　どちらかの答えがイエスの場合にはおそらく、正規化の最終段階の実行を検討すべきでしょう。

9.2.4　正規化を使用すべきでないとき

　正規化について覚えたところで、本節では、アクセス数の多いサイトではこれらのルールは使用すべきでない、ということについて述べていきます。これは、ここまで学んできたことはまったくの無駄だったのか！　ということではなく（そんなことはあり得ません）、MySQLが苦闘するような人気サイトではテーブルの完全な正規化は決して行うべきではない、ということです。
　お分かりのように、正規化するにはデータを複数のテーブルに分ける必要がありますが、これは、クエリごとにMySQLに複数回の呼び出しが行われる、ということを意味します。正規化したテーブルを非常に人気のあるサイトのデータベースに使用すると、データベースへのアクセスは、サイトに同時的にアクセスするユーザーが数十人を超えた時点からたちまちスローダウンします。これは、何百ものデータベースへのアクセスがそのユーザーによって発生するためです。はっきり言うと、一般的に広く検索されるデータはできる限り正規化すべきではないのです。
　なぜなら、複数のテーブルでデータが重複しているということは、そのデータを各テーブルが自前のデータとして使用できるということなので、それはつまり、実行を求められる追加的な要求を大幅に減らすことができる、ということを意味するからです。これは、ただクエリ用の列を追加するだけでそのフィールドがすべての適切な結果に使用できるようになる、ということです。ただし（無論）、大量のディスク容量の使用や、修正が必要なときの、重複したデータを逐一適切に更新する必要性など、前に述べたマイナス面はついて回ります。

とは言え、更新はコンピュータに処理させることもできます。MySQLには、みなさんの変更に応答する形で自動的にデータベースに変更を加えるトリガと呼ばれる機能があります（ただしこれは本書の範囲を超える機能なので取り上げません）。また重複する冗長なデータを伝搬する別の方法に、PHPプログラムを使って定期的にすべてのコピーを同期させる方法もあります。プログラムでは"マスター"テーブルから変更を読み取り、ほかのすべてのテーブルを更新します（PHPからMySQLにアクセスする方法は次章で見ていきます）。

最後に述べておきますが、みなさんにはMySQLに十分に習熟するまで、使用するテーブルはすべて完全に正規化されることをおすすめします。習慣として身につけることは間違いなくみなさんのためになります。非正規化は、実際にMySQLの行き詰まりを目にするようになって初めて検討するようにしてください。

9.3　リレーションシップ

MySQLは、テーブルにデータを保持するだけでなく、データ間のリレーションシップ（関係性）も保持するという理由から、リレーショナルデータベース管理システムと呼ばれます。

9.3.1　1対1

2つのデータ間の1対1リレーションシップは（伝統的な）結婚のようなもので、各項目は別のタイプの1項目だけにリレーションシップを持ちます。この関係性は実は驚くほどまれで、たとえば著者は複数の本を書くことができ、1冊の本は複数の著者を持つことができます。また住所も複数の顧客に関連づけることができます。本章で見てきた中で1対1リレーションシップの最も分かりやすい例はおそらく、州名とその州名の2文字の略称間の関係性でしょう（CaliforniaとCAなど）。

とは言え話を進めなくてはいけないので、どの住所にも1人の顧客しか存在できないということを前提としましょう。この場合、図9-1に示すCustomers-Addressesの関係性は1対1リレーションシップです。1人の顧客しか各住所には住めず、各住所は1人の顧客しか持てません。

通常、2つの項目が1対1リレーションシップを持っているときには、それらは同じテーブルの列としてただ含めばよいだけです。図9-1のように2つのテーブルに分割したのは次の理由からです。

- リレーションシップが変わったときに備えて

表9-8a (Customers)		表9-8b (Addresses)	
CustNo	Name	Address	Zip
1	Emma Brown	1565 Rainbow Road	90014
2	Darren Ryder	4758 Emily Drive	23219
3	Earl B. Thurston	862 Gregory Lane	40601
4	David Miller	3647 Cedar Lane	02154

図9-1：表9-8のCustomersテーブルを2つのテーブルに分割した

- テーブルには多くの列があり、分割した方がパフォーマンスやメンテナンスが向上するので

もちろん、みなさんが実際にデータベースを構築するときには、1対多のCustomer-Addressリレーションシップ（1つの住所、多くの顧客）を作成する必要があります。

9.3.2　1対多

1対多（または多対1）リレーションシップは、テーブルの1つの行が別のテーブルの多くの行にリンクされたときに発生します。たとえば表9-8で複数の顧客を同じ住所に置けるようにした場合、これは1対多のリレーションシップになります。ただしその場合にはテーブルを分割することになります。

では図9-1の表9-8aを見てください。ここには顧客が1人ずつしかいないので、この表9-8aは前の表9-7と1対多リレーションシップを共有していることが分かります。一方表9-7のPurchasesテーブルは1人の顧客が買った複数の購入物を含むことができます（実際に含んでいます）。そのため1人の顧客は多くの購入物とリレーションシップを持つことができます。

図9-2ではこの2つの表を並べています。テーブルの行を結ぶ点線は左のテーブルの1つの行からスタートしていますが、右のテーブルの複数の行に接続しています。この1対多リレーションシップは、多対1リレーションシップを記述するときに好んで使用されるスキーマでもあります。その場合には多対1に見えるように左右のテーブルを入れ替えます。

9.3.3　多対多

多対多リレーションシップでは、テーブルの多くの行が別のテーブルの多くの行にリンクされます。この関係性を作成するには、接続可能な別の各テーブルからの列を含む3つめのテーブルを追加します。この3つめのテーブルの目的はただほかのテーブルにリンクさせることだけなので、ほかには何も含めません。

表9-12はその例です。このテーブルは表9-7のPurchasesテーブルから取り出したもので、購入日の情報は加えていません。ここには各購入者の顧客番号と購入した本のISBN番号が含まれています。

表9-8a (Customers)		表9-7 (Purchases)		
CustNo	Name	CustNo	ISBN	Date
1	Emma Brown ---------- 1	0596101015	Mar 03 2009
2	Darren Ryder ---------- 2	0596527403	Dec 19 2008
	---------- 2	0596101015	Dec 19 2008
3	Earl B. Thurston ---------- 3	0596005436	Jun 22 2009
4	David Miller ---------- 4	0596006815	Jan 16 2009

図9-2：2つのテーブル間の1対多リレーションシップ

9.3 リレーションシップ

表9-12：中間テーブル

Customer	ISBN
1	0596101015
2	0596527403
2	0596101015
3	0596005436
4	0596006815

　この中間テーブルを適切に使用すると、一連の関係性を通してデータベースに含まれるすべての情報までトラバース（移動）することができます。つまりスタート地点を住所にすると、そこに住む顧客が購入した本の著者を見つけ出すことができます。

　例として、郵便番号23219から購入物を見つけてみましょう。まずこの郵便番号を表9-8bで探します。すると少なくとも1つの項目が購入されたことが分かります。すると表9-8aからその顧客番号と名前が分かり、表9-12の中間テーブルから買った（複数の）本のISBN番号が分かります。

　2冊の本が購入されたことが分かったら表9-4に戻ります。するとそのタイトルと購入日が判明します。また表9-3を使用すると、本の著者が分かります。

　これは、実際には複数の1対多リレーションシップを結びつけたものではないかと思われた方は、まさにその通りです。図9-3ではこれを説明するために3つのテーブルを並べています。

　左のテーブルの郵便番号はすべてそれが関係する顧客番号を持っています。ここからは真ん中のテーブルにリンクさせることができます。そして真ん中のテーブルで顧客IDとISBN番号をリンクさせることで、左と右のテーブルを結合させることができます。すると後は、右のテーブルのISBN番号で本が判明します。

　中間テーブルはまた、書名から郵便番号に後ろ向きに戻るときにも使用できます。TitlesテーブルからはISBN番号が分かるので、中間テーブルを使用するとその本を買った顧客のID番号が分かります。するとCustomersテーブルでその顧客番号に一致する顧客の郵便番号が分かります。

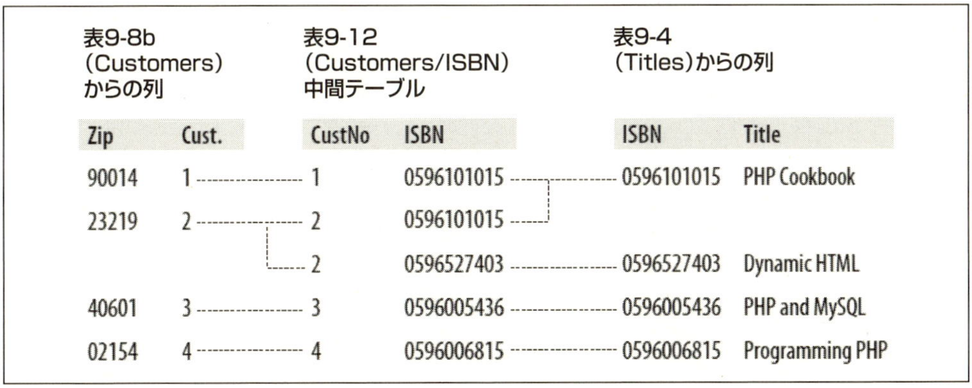

```
表9-8b              表9-12              表9-4
(Customers)         (Customers/ISBN)    (Titles)からの列
からの列            中間テーブル

Zip     Cust.       CustNo   ISBN              ISBN         Title
90014   1---------1         0596101015------0596101015   PHP Cookbook
23219   2---------2         0596101015
              └---2         0596527403------0596527403   Dynamic HTML
40601   3---------3         0596005436------0596005436   PHP and MySQL
02154   4---------4         0596006815------0596006815   Programming PHP
```

図9-3：3つめのテーブルを経由する多対多リレーションシップの作成

9.3.4 データベースと匿名性

関係性の使用には、たとえば顧客などの項目に関する多くの情報が、その顧客が誰なのかを実際に知ることなく蓄積できるという興味深い側面があります。前の例では、顧客の郵便番号からスタートしその購入物を突き止め、その逆もたどりましたが、顧客の名前は必要ありませんでした。データベースは人々の追跡に使用できますが、一方人々のプライバシーの保護に役立つようにも使用できるのです。

9.4 トランザクション

アプリケーションの中には、連続するクエリが正しい順番で実行され、その1つ1つのクエリが完全に成功することが極めて重要なアプリケーションがあります。たとえば、ある銀行口座から別の口座に預金を移す一連のクエリを作成する場合、次のような事柄はどう考えても起こってほしくないはずです。

- 預金を2つめの口座に追加して、最初の口座からその金額を差し引こうとしたもののその更新に失敗し、両方の口座に預金があることになってしまった……

- 最初の口座から預金を引いたが、2つめの口座に預金を追加する更新要求が失敗し、預金はどこかに消えてしまった……

お分かりのように、この種類の商取引（トランザクション）ではクエリの順番も重要ですが、トランザクションのすべての部分が完全に成功するということが極めて重要です。しかしこれはどうすれば実現できるのでしょう？　クエリを実行した後なのにやり直せるのでしょうか？　またトランザクションのすべての部分は追跡する必要があり、そのどれか1つが失敗したときには全部を1つずつやり直さなくてはならないのでしょうか？　MySQLには、こういった起こり得る不測の事態をカバーするためのパワフルなトランザクション処理機能が備わっているので、安心してください。

さらにトランザクションは、多くのユーザーやプログラムからデータベースへの同時アクセスを可能にします。MySQLはこれを、すべてのトランザクションを待ち行列に並ばせてユーザーやプログラムを交代させ、それぞれが他者の領分を侵すことがないようシームレスに処理します。

9.4.1 トランザクションのストレージエンジン

MySQLのトランザクション機能を使用できるようにするには、MySQLのInnoDBストレージエンジンを使用する必要があります。これはいたって簡単な操作で、ただテーブルを作成するときに別のパラメータを使用するだけです。ではサンプル9-1のコマンドを入力して、銀行口座のテーブルを作成しましょう[†]（そのためにはMySQLのコマンドラインにアクセスし、このテーブルの作成に適したデータベースが選択されている必要があることを思い出してください）。

サンプル9-1：トランザクションが利用できるテーブルの作成

```
CREATE TABLE accounts (
number INT, balance FLOAT, PRIMARY KEY(number)
```

[†] 訳注：balanceは残高という意味です。

9.4 トランザクション | 225

サンプル 9-1：トランザクションが利用できるテーブルの作成（続き）

```
) ENGINE InnoDB;
DESCRIBE accounts;
```

このサンプルの最後の行によって新しいテーブルの内容が表示されるので、新しいテーブルが適切に作成されたことが確認できます。その出力は次のようなものです。

```
+---------+---------+------+-----+---------+-------+
| Field   | Type    | Null | Key | Default | Extra |
+---------+---------+------+-----+---------+-------+
| number  | int(11) | NO   | PRI | 0       |       |
| balance | float   | YES  |     | NULL    |       |
+---------+---------+------+-----+---------+-------+
2 rows in set (0.01 sec)
```

つづいて、トランザクションを使った練習が行えるように、テーブル内に行を2つ作成しましょう。サンプル9-2のコマンドを入力します[†]。

サンプル 9-2：accounts テーブルにデータを入れる

```
INSERT INTO accounts(number, balance) VALUES(12345, 1025.50);
INSERT INTO accounts(number, balance) VALUES(67890, 140.00);
SELECT * FROM accounts;
```

3行めによってテーブルの内容が表示され、2つの行が適切に挿入されたことが確認できます。

```
+--------+---------+
| number | balance |
+--------+---------+
|  12345 |  1025.5 |
|  67890 |     140 |
+--------+---------+
2 rows in set (0.00 sec)
```

テーブルを作成し値を入れたので、これでトランザクションの使用を始める準備が整いました。

9.4.2　BEGIN の使用

MySQL のトランザクションは BEGIN か START TRANSACTION ステートメントのいずれかで始めます。サンプル 9-3 のコマンドを入力して、トランザクションを MySQL に送ります[††]。

[†] 訳注：口座番号 12345 の残高を 1025.50、口座番号 67890 の残高を 140.00 に設定します。

[††] 訳注：2行めの UPDATE は、口座番号 12345 の残高を今の残高に 25.11 加えた値に更新します。

サンプル-3：MySQL のトランザクション

```
BEGIN;
UPDATE accounts SET balance=balance+25.11 WHERE number=12345;
COMMIT;
SELECT * FROM accounts;
```

このトランザクションの結果は最終行によって、次のように表示されます。

```
+--------+---------+
| number | balance |
+--------+---------+
|  12345 | 1050.61 |
|  67890 |     140 |
+--------+---------+
2 rows in set (0.00 sec)
```

ご覧のように、口座番号 12345 の残高が 25.11 だけ増え、1050.61 になりました。また COMMIT コマンドにも気づかれたことでしょう。これは次で説明します。

9.4.3　COMMIT の使用

トランザクション内の一連のクエリが成功裡に完了したと確信したら、COMMIT コマンドを発行してデータベースへのすべての変更をコミット（恒久的なものに）します。このとき MySQL は、COMMIT を受け取るまで、すべての変更を暫定的なものと見なしています。この機能により、COMMIT ではなく ROLLBACK コマンドを発行することでキャンセルする機会を得ることができます。

9.4.4　ROLLBACK の使用

ROLLBACK コマンドを使用すると、MySQL に対して、トランザクションの開始以降に行ったすべてのクエリを忘れ去り、トランザクションを終了するよう伝えることができます。ではこれをサンプル 9-4 の預金を移すトランザクションで調べてみましょう[†]。

サンプル 9-4：預金を移すトランザクション

```
BEGIN;
UPDATE accounts SET balance=balance-250 WHERE number=12345;
UPDATE accounts SET balance=balance+250 WHERE number=67890;
SELECT * FROM accounts;
```

これを実行すると、次のような結果が得られます。

[†] 訳注：口座 12345 の残高から 250 引き、口座 67890 の残高に 250 を加えます。

```
+--------+---------+
| number | balance |
+--------+---------+
|  12345 |  800.61 |
|  67890 |     390 |
+--------+---------+
2 rows in set (0.00 sec)
```

1つめの口座の残高は前より250少なくなり（1050.61 - 250 = 800.61）、2つめの口座の残高は250増えているので（140 + 250 = 390）、2つの口座間で値250を移すことができました。しかし何か不都合があってこのトランザクションをやり直したいとしましょう。必要なことはサンプル9-5のコマンドを発行するだけです。

サンプル9-5：ROLLBACKを使ってトランザクションをキャンセルする

```
ROLLBACK;
SELECT * FROM accounts;
```

すると次の出力が表示されます。これは、ROLLBACKコマンドの使用によりトランザクション全体がキャンセルされ、2つの口座の残高が前に保持していた値に戻ったことを示しています。

```
+--------+---------+
| number | balance |
+--------+---------+
|  12345 | 1050.61 |
|  67890 |     140 |
+--------+---------+
2 rows in set (0.00 sec)
```

9.4.5　EXPLAINの使用

MySQLには、みなさんが発行するクエリがどのように解釈されているかを調べるためのパワフルなツールが備わっています。EXPLAINを使用すると、クエリがよりすぐれた効率的な方法で発行できるかどうかを調べるための、クエリのスナップショット（寸評）を得ることができます。サンプル9-6ではEXPLAINの使い方を前のaccountsテーブルを例に示しています。

サンプル9-6：EXPLAINコマンドの使用

```
EXPLAIN SELECT * FROM accounts WHERE number='12345';
```

このEXPLAINコマンドを実行すると次の結果が得られます。

```
+----+-------------+----------+-------+---------------+---------+---------+-------+------+-------+
| id | select_type | table    | type  | possible_keys | key     | key_len | ref   | rows | Extra |
+----+-------------+----------+-------+---------------+---------+---------+-------+------+-------+
|  1 | SIMPLE      | accounts | const | PRIMARY       | PRIMARY | 4       | const |    1 |       |
+----+-------------+----------+-------+---------------+---------+---------+-------+------+-------+
1 row in set (0.02 sec)
```

MySQL はここでみなさんに次の情報を与えています。

- select_type

    選択タイプは SIMPLE です（単純な SELECT）。テーブルを結合している場合には、結合タイプが表示されます。

- table

    クエリの対象となっている現在のテーブルは accounts です。

- type

    クエリのタイプは const です。表示され得る値には、最悪なものから順に、ALL、index、range、ref、eq_ref、const、system があり、NULL の場合もあります。

- possible_keys

    使用可能な PRIMARY キーが存在します。これは、アクセスが高速なことを意味しています。

- key

    実際に使用されるキーは PRIMARY です。これは良いことです。

- key_len

    キーの長さは 4 です。これは MySQL が使用するインデックスのバイト数です。

- ref

    ref 列はキーで使用される列か定数を表示します。今の場合には定数キーが使用されます。

- rows

    このクエリの実行に必要な行の数は 1 です。

クエリの実行に思ったよりも時間がかかるときには、EXPLAIN を使用して最適化できそうな場所を探します。すると実際に MySQL が使用するキーやその長さなどが分かるので、クエリやテーブルの設計を見直し、調整することができます。

accounts テーブルのテストが終わったら、次のコマンドで削除しておいた方がよいでしょう。

```
DROP TABLE accounts;
```

9.5　バックアップとリストア

データベースに保持するデータはどんなものでも、みなさんにとって間違いなく何らかの価値のあるものです。したがってみなさんのこれまでの投資や尽力を守るためにバックアップを取っておくことが重要です。またデータベースを新しいサーバーに移さなくてはならなくときが来るかもしれません。そのための最良の方法はまずバックアップを取ることです。さらに言うとバックアップは、必要になったときに備えて、適切に動作するように日頃からテストしておくことも重要です。

ありがたいことに、MySQL データのバックアップとリストア（復元）は `mysqldump` コマンドで簡単に行えます。

9.5.1　mysqldump の使用

`mysqldump` を使用すると、データベースやデータベースのコレクション（集まり）を、すべてのテーブルの再作成やデータの再追加に必要な指示を全部含んだ、1 つまたは複数のファイルにダンプする（まとめて書き出す）ことができます。また値をコンマで区切った CSV 形式やほかの区切り文字形式のテキストファイル、さらに XML 形式のファイルを生成することもできます。ただし、バックアップを取っているときには誰もテーブルに書き込みを行わせてはいけない、という注意があります。この解決策にはさまざまな方法がありますが、一番簡単なのは、`mysqldump` を使用する前に MySQL サーバーをシャットダウンし、`mysqldump` の終了後 MySQL サーバーを再スタートさせる方法です。

また別の方法として、`mysqldump` の実行前、バックアップするテーブルをロックする方法もあります。テーブルを読み取りでロックするには、MySQL コマンドラインから次のコマンドを発行します。

```
LOCK TABLES tablename1 READ, tablename2 READ ...
```

その後、（複数の）ロックを解除するには、次のコマンドを使用します。

```
UNLOCK TABLES;
```

`mysqldump` はデフォルトでは単純な出力を行うだけですが、`>` リダイレクト記号を使うと結果をファイルに捕捉することができます。

`mysqldump` コマンドは次の基本形式を使用します[†]。

```
mysqldump -u user -p password database
```

データベースの内容をダンプするには、`mysqldump` が必ずパスに存在する必要があります。つまりコマンド内に `mysqldump` の場所を指定する必要があります。表 9-13 は 2 章で取り上げた、OS によって異なる `mysqldump` のインストール先を示しています。インストール方法を変えた場合には、インストール先も変わっているかもしれません。

[†] 訳注：サーバーに接続する際に使用するパスワードを、例にあるようにショートオプションフォーム（-p）で使用する場合には、オプションとパスワードの間にスペースを置くことはできないので注意してください。

表9-13：OS別のmysqldumpのインストール先

OSとプログラム	mysqldumpのあるフォルダ
Windows 32-bit Zend Server	C:\Program Files\zend\MySQL55\bin
Windows 64-bit Zend Server	C:\Program Files (x86)\zend\MySQL55\bin
OS X Zend Server	/usr/local/zend/mysql/bin
Linux Zend Server	/usr/local/zend/mysql/bin

したがって8章で作成したpublicationsデータベースの内容をダンプするには、mysqldump（または必要に応じてそのフルパス）とコマンドをサンプル9-7のように入力します。

サンプル9-7：publicationsデータベースの画面へのダンプ

```
mysqldump -u user -p password publications
```

userとpasswordはMySQLのインストールで指定した適切なものを使用します。ユーザー用に設定したパスワードがない場合にはパスワードの指定は省略できます。しかし、パスワードなしでルートアクセス権を持ちルートとして実行できる場合をのぞき（これは推奨されません）、-u userの部分は必須です。このコマンドを発行すると、図9-4のような結果が表示されます。

9.5.2　バックアップファイルの作成

mysqldumpを動作させ、画面でその出力内容に間違いないことを確認したら、リダイレクト記号の>を使って、バックアップデータをファイルに直接送ることができます。次のサンプル9-8は、バックアップファイルの名前としてpublications.sqlを指定した例です（userとpasswordは適切なものに置き換えてください）。

図9-4：publicationsデータベースの画面へのダンプ

サンプル 9-8：publications データベースのファイルへのダンプ

mysqldump -u *user* -p *password* publications > publications.sql

> サンプル 9-8 のコマンドはバックアップファイルをカレントディレクトリに保存します。別の場所に保存したい場合には、ファイル名の前にファイルパスを挿入します。またバックアップ先となるディレクトリには、みなさんが書き込みを行える適切なパーミッションが設定されている必要があります（具体的に言うと、ホームフォルダには通常書き込みが行えるので、＞ C:\Users\＜ユーザー名＞\publications.sql が使用できます）[†]。

バックアップファイルを画面に表示したりテキストエディタで開くと、次のような一連の SQL コマンドが含まれていることが分かります。

```
DROP TABLE IF EXISTS `classics`;
CREATE TABLE `classics` (
  `author` varchar(128) DEFAULT NULL,
  `title` varchar(128) DEFAULT NULL,
  `category` varchar(16) DEFAULT NULL,
  `year` smallint(6) DEFAULT NULL,
  `isbn` char(13) NOT NULL DEFAULT '',
  PRIMARY KEY (`isbn`),
  KEY `author` (`author`(20)),
  KEY `title` (`title`(20)),
  KEY `category` (`category`(4)),
  KEY `year` (`year`),
  FULLTEXT KEY `author_2` (`author`,`title`)
) ENGINE=MyISAM DEFAULT CHARSET=utf8;
```

これは、バックアップファイルからデータベースをリストアするときに使用できる気の利いたコードです。作成する必要のあるテーブルをまずドロップし（DROP TABLE IF EXISTS で）、発生する可能性のある MySQL エラーを回避しているので、データベースが存在している場合でも使用できます。

単一テーブルのバックアップ

データベースから 1 つのテーブルだけをバックアップするには（publications データベースから classics テーブルだけをバックアップするような場合）、まず MySQL コマンドラインから次のようなコマンドを発行して、テーブルをロックすべきです。

```
LOCK TABLES publications.classics READ;
```

これにより MySQL は読み取り目的の実行はそのままつづけますが、書き込みが行えなくなります。次

[†] 訳注：mysqldump コマンドには --default-character-set というオプションがあり、デフォルトは utf8 です。本翻訳書ではこの形式を使用しているので、データに日本語を使用している箇所はコマンドプロンプトでは文字化けして表示されますが、書き出されるファイルは文字化けしません。

いで、MySQL のコマンドラインを開いたまま、別のターミナルウィンドウを使って、OS のコマンドラインから次のコマンドを発行します。

```
mysqldump -u user -p password publications classics > classics.sql
```

バックアップが終わったら、最初のターミナルウィンドウの MySQL コマンドラインから次のコマンドを入力して、テーブルのロックを解除する必要があります。これによりこのセッション中にロックされていたすべてのテーブルのロックが解除されます。

```
UNLOCK TABLES;
```

すべてのテーブルのバックアップ

MySQL データベース（mysql などのシステムデータベースも含む）を全部 1 度にバックアップしたい場合には、サンプル 9-9 に示すようなコマンドが使用できます。これにより、MySQL データベース全体のインストール環境のリストアが可能になります。ただし必要な箇所でのロックを忘れないようにしてください。

サンプル 9-9：全 MySQL データベースのファイルへのダンプ
```
mysqldump -u user -p password --all-databases > all_databases.sql
```

> データベースをバックアップしたファイルの SQL コードはもちろん数行に収まるはずがありません。みなさんには、時間を取ってバックアップファイルを開き、いくつかのコードを調べてみることをおすすめします。それによってそこに記述されたコマンドに習熟し、その動作が理解できるようになります。

9.5.3　バックアップファイルからのリストア

ファイルからリストアを実行するには、mysql 実行ファイルに、リストアするファイルを < 記号を使って渡して、これを呼び出します。したがって、--all-databases オプションを使ってダンプしたデータベース全体を復元するには、サンプル 9-10 のようなコマンドを使用します。

サンプル 9-10：データベースのセット全体のリストア
```
mysql -u user -p password < all_databases.sql
```

単一のデータベースをリストアするには、サンプル 9-11 に示すように、-D オプションを使いその後にデータベース名をつづけます。この例では、サンプル 9-8 で作成したバックアップから publications データベースがリストアされます。

サンプル 9-11：publications データベースのリストア
```
mysql -u user -p password -D publications < publications.sql
```

単一のテーブルをデータベースに復元するには、サンプル 9-12 に示すようなコマンドを使用します。この例では、classics テーブルだけが publications データベースにリストアされます。

サンプル 9-12：classics テーブルの publications データベースへのリストア

```
mysql -u user -p password -D publications < classics.sql
```

9.5.5　CSV 形式でのデータのダンプ

すでに述べたように mysqldump プログラムは非常に柔軟で、CSV 形式などさまざまなタイプの出力をサポートしています。サンプル 9-13 は、publications データベースの classics と customers テーブルのデータを C:\temp フォルダの classics.txt と customers.txt にダンプする方法を示しています。Zend Server のユーザーはデフォルトで root で、パスワードは使用しません。なお保存先のフォルダは存在している必要があります。サンプルは Windows の場合で、OS X と Linux システムでは適宜変更する必要があります。

```
mysqldump -u user -ppassword --no-create-info --tab=c:/temp --fields-terminated-by=',' publications
```

これにより次のようなファイルが作成されます。

(classics.txt の内容)
'マーク・トウェイン (Samuel Langhorne Clemens)','トム・ソーヤーの冒険',
'クラシック・フィクション','1876','9781598184891'
'ジェーン・オースティン','高慢と偏見','クラシック・フィクション','1811','9780582506206'
'チャールズ・ダーウィン','種の起源','ノンフィクション','1856','9780517123201'
'チャールズ・ディケンズ','骨董屋','クラシック・フィクション','1841','9780099533474'
'ウィリアム・シェイクスピア','ロミオとジュリエット','演劇','1594','9780192814968'

(customers.txt の内容)
'ジョー・ブログ','9780099533474'
'メアリー・スミス','9780582506206'
'ジャック・ウィルソン','9780517123201'

9.5.5　バックアップの計画

バックアップの鉄則は、適切だと思えるたびに実行することに尽きます。データが価値のあるものであればあるほど、バックアップの回数は増やすべきで、コピーも多く取るべきです。1 日に最低 1 回データベースを更新するのなら、そのバックアップは毎日行うべきです。一方それほど更新しない場合には、バックアップはそうたびたび取らなくてもよいでしょう。

またバックアップは複数個取って、それらを別々の場所に保存することも検討すべきです。サーバーが複数ある場合には、バックアップを単にそれらの間でコピーすればよいだけなので簡単です。バックアップをリムーバブルハードディスクや USB メモリ、CD や DVD といった物理メディアを使って作成し、それらを別々の場所に、可能なら耐火性金庫などに保管しておくのも賢い方法です。

本章の内容を十分に消化したみなさんは PHP と MySQL 両方の達人になれます。次章ではこの 2 つのテ

クノロジーをいっしょに使用する方法を見ていきます。

9.6 確認テスト

1. リレーションシップという用語は、リレーショナルデータベースにおいてどのような意味を持っていますか？
2. 重複したデータを削除しテーブルを最適化する過程を表す用語は？
3. 第1正規形の3つのルールとは？
4. 第2正規形の要件を満たすにはテーブルをどうしますか？
5. 2つのテーブルを1対多リレーションシップを持つように結合するにはどのようにしますか？
6. 多対多リレーションシップのデータベースを作成するにはどのようにしますか？
7. MySQLのトランザクションの開始と終了に使用するコマンドは？
8. クエリがどのように動作するかを詳しく調べることのできるMySQLの機能は何ですか？
9. データベースpublicationsをpublications.sqlという名前のファイルにバックアップするにはどのようなコマンドを使用しますか？

テストの模範解答は付録Aに記載しています。

10章
PHPを使った MySQLへのアクセス

本章をここまで進んでこられたみなさんは、MySQLとPHP両方を楽々と使いこなすことができるようになります。本章では、PHPのビルトイン関数を使ってMySQLにアクセスすることで、この2つを統合する方法を見ていきます。

10.1 PHPを使ってMySQLデータベースにクエリを出す

PHPをMySQLへのインターフェイスとして使用するのは、ある形式で作成したSQLクエリの結果をWebページで見ることができるからです。インストールしたMySQL環境にユーザー名とパスワードでログインできる限り、PHPからも同じようにログインできます。ただしその場合には、これまで行ってきたようにMySQLのコマンドラインから命令を入力しその出力を表示するのではなく、MySQLに渡すクエリストリングを作成します。MySQLからの応答は、コマンドラインから操作したときに表示された形式の出力ではなく、PHPが認識できるデータ構造として返されます。PHPコマンドではそのデータを取得しWebページ用にフォーマットすることができます。

10.1.1 PHPからMySQLを使用する手順

MySQLはPHPから次の手順で使用します。

1. MySQLに接続します。
2. 使用するデータベースを選択します。
3. クエリストリングを作成します。
4. クエリを実行します。
5. 結果を取得し、Webページに出力します。
6. 希望するデータが全部取得し終わるまで手順3から5を繰り返します。
7. MySQLへの接続を解除します。

これらの手順はこの後順番に見ていきますが、その前にまずログイン環境を、みなさんのシステムをのぞき見しようとする人々がデータベースへのアクセスに四苦八苦するセキュアな方法で設定することが重要です。

10.1.2　ログインファイルの作成

　PHPを使って開発されるほとんどのWebサイトには、MySQLへのアクセスが必要な複数のプログラムファイルが含まれているので、ログインとパスワードに関する詳細な情報が必要になります。したがって、これらを保持する単一ファイルを作成し、必要な場所でそれを読み込むのが実用的です。サンプル10-1はその例で、login.phpという名前をつけています。これを入力するときには、*username*と*password*をみなさんのMySQLデータベースで使用する実際の値に置き換えてください。ファイルは2章で設定したWeb開発ディレクトリに保存します。このファイルはこの後すぐ使用します。ホスト名localhostはMySQLをローカルシステムで使用する場合のみ機能します。データベースのpublicationsは、本書でここまで見てきたサンプルを入力していれば適切に動作するはずです。

サンプル10-1：login.php ファイル

```
<?php // login.php
$db_hostname = 'localhost';
$db_database = 'publications';
$db_username = 'username';
$db_password = 'password';
?>
```

　`<?php`と`?>`タグで囲んだコードは、このlogin.phpの場合特に重要です。なぜならこれらの行はPHPコードとしてだけ解釈されるということを意味するからです。万が一これを抜かして、ほかの誰かがみなさんのWebサイトから直接このファイルを呼び出したとしたら、この秘密事項がテキストとして露出してしまいます。しかしこのタグを適切な場所に記述すると、これらはすべて空のページとして表示されます。このファイルはほかのPHPファイルから適切に読み込みます。

　`$db_hostname`変数はPHPに対し、データベースに接続するときどのコンピュータを使用するかを伝えます。これが必要なのは、みなさんのPHPから接続できるコンピュータならどのコンピュータのMySQLデータベースにもアクセスすることができ、可能性としてWeb上のすべてのホストが含まれるからです。しかし本章のサンプルはローカルサーバーで動作させるので、mysql.myserver.comといったドメインを指定する代わりにlocalhost（またはIPアドレス127.0.0.1）を使用します。

　使用するデータベース（`$db_database`）の名前は8章で作成したpublicationsですが、サーバー管理者から提供されたものを使用することもできます（その場合にはlogin.phpを修正してください）。

　変数`$db_username`と`$db_password`には、MySQLで使用してきたユーザー名とパスワードを設定します[†]。

[†] 訳注：8章の作成例にのっとると、`$db_username = 'jim'`と`$db_password = 'mypasswd'`が使用できます。

> ログインに関連する詳細情報を1ヶ所に保持することには、パスワードをどれだけ頻繁に変更しても、MySQLにアクセスするPHPファイルの数に関係なく、1つのファイルを更新するだけで済むというメリットもあります。

10.1.3　MySQLへの接続

　login.phpファイルを保存したら、データベースにアクセスする必要のあるPHPファイルにはrequire_onceステートメントを使ってlogin.phpファイルを読み込むことができます。require_onceはファイルが存在しない場合に"Fatal Error"を生成する（つまり処理がそこで停止される）ので、includeステートメントよりも好んで用いられます。データベースへのログインに関する詳細を持ったファイルが見つからないと、本当に致命的なエラーが発生します。

　またrequireでなくrequire_onceの使用には、対象ファイルはそれまでに1度も読み込んでいないときのみ読み取られるという意味もあるので、ディスクへの重複した無駄なアクセスを避けることができます。サンプル10-2はMySQLへの接続に使用するコードを示しています[†]。

サンプル10-2：MySQLサーバーに接続する

```
<?php
require_once 'login.php';
$db_server = mysql_connect($db_hostname, $db_username, $db_password);

if (!$db_server) die("Unable to connect to MySQL: " . mysql_error());
?>
```

　このサンプルはPHPのmysql_connect関数を実行します。この関数はMySQLサーバーの*hostname*と*username*、*password*という3つのパラメータを要求します。接続に成功すると識別子（リンクID）を返し、失敗した場合にはFALSEを返します。最後の行ではifステートメントとdie関数を合わせて使用している点に注目してください。dieは意味通りのことを実行する関数で、$db_serverがTRUEでない場合に、エラーメッセージを発してPHPスクリプトを終了します。

　die関数に指定しているメッセージはMySQLデータベースに接続できなかったことの説明で、ここではその発生理由の特定に役立つmysql_error関数への呼び出しも加えています。mysql_error関数は最後に呼び出されたMySQL関数からのエラーテキストを出力します[††]。

　データベースサーバーのポインタである$db_serverは、以降のサンプルでクエリを発行するMySQLサーバーの特定に使用します。識別子をこのように使用すると、単一のPHPプログラムから複数のMySQLサーバーに接続しアクセスすることが可能になります。

[†] 訳注：システムのタイムゾーンが設定されていないという警告が表示される場合には、Zend Serverを開き（http://localhost:10081/ZendServer）、[Configurations] → [PHP] のクリックで表示される [date] 項目の右の [Built-in] をクリックします。すると下に入力フィールドが展開されるので、date.timezoneフィールドにAsia/Tokyoと入力します。画面左上にある [Save] ボタンをクリックします。するとZend Serverがリスタートを求めてくるので、画面右上にある [Restart] ボタンをクリックします。

[††] 訳注：たとえばlogin.phpの 'localhost' の値を変えると、強制的にdie関数を呼び出すことができます。

> die 関数は PHP コードを開発しているときには非常に役立ちますが、もちろん、実際のサーバーで表示するエラーメッセージはもっとユーザーに分かりやすいものに変えた方がよいでしょう。その場合には PHP プログラムを終了させるのではなく、プログラムが通常通り終了したときに表示するメッセージと表記を統一します。

```
function mysql_fatal_error($msg)
{
    $msg2 = mysql_error();
    echo <<< _END
誠に申し訳ございません。
要求された作業を完了することができませんでした。
発生したのは次のエラーです:

<p>$msg: $msg2</p>

ブラウザの戻るボタンをクリックして、
再度お試しください。なおも問題が発生する場合には、
恐れ入りますが <a href="mailto:admin@server.com"> こちら
</a> までメールをお送りくださいますよう、お願い申し上げます。
_END;
}
```

データベースの選択

MySQL への接続が成功したら、使用するデータベースが選択できます。サンプル 10-3 はその方法を示しています。

サンプル 10-3：データベースの選択

```
<?php
mysql_select_db($db_database)
  or die("Unable to select database: " . mysql_error());
?>
```

データベースを選択するコマンドは mysql_select_db です。このコマンドには、使用するデータベースの名前と、接続したサーバー（リンク ID）を渡します（リンク ID が指定されない場合には、直近に接続したリンクが使用されます）。ここでも前のサンプルと同じように、die ステートメントを使って、選択が失敗した場合のエラーメッセージと説明を提供しています。前のサンプルと違うのは、mysql_select_db 関数からの戻り値は保持する必要がないことです。mysql_select_db は成功したときに TRUE を、失敗したときに FALSE を返すだけです。したがってここでは PHP の or ステートメントを使っています。これは「もし前のコマンドが失敗したら、次のことを行う」という意味です。この or を機能させるには、最初の（mysql_select_db の）行の末尾にセミコロンがあってはいけません。

クエリの作成と実行

PHP から MySQL へのクエリの送信は mysql_query 関数を使って発行します。サンプル 10-4 はこの関数

の使い方を示しています。

サンプル 10-4：データベースにクエリを出す

```
<?php
$query = "SELECT * FROM classics";
$result = mysql_query($query);

if (!$result) die ("Database access failed: " . mysql_error());
?>
```

まず変数 $query に発行するクエリを設定します。この例ではテーブル classics の全行の表示を求めるクエリです。ここで注意がいるのは、MySQL のコマンドラインを使うときと異なり、クエリ自体の末尾にはセミコロンがいらないということです。これは、mysql_query 関数で使用できるのは 1 つの完結したクエリの発行であり、複数のクエリをセミコロンで区切って 1 つずつ送信する方法では発行できないからです。MySQL はクエリを完結しているものと理解し、セミコロンを求めません。

この関数は変数 $result に結果を返します。みなさんは、MySQL をコマンドラインで使用したら、$result の内容はコマンドラインのクエリから返される表形式の結果と同じになるだろうと思われるかもしれません。しかしこれは、PHP に返される結果には当てはまりません。成功した場合 $result には、クエリの結果の抽出に使用できるリソースが含まれます（データを抽出する方法は次に見ていきます）。失敗した場合 $result には FALSE が含まれます。したがってこのサンプルでは $result を調べています。これが FALSE である場合にはエラーが発生しているということなので、die コマンドが実行されます。

結果を取って来る

mysql_query 関数が返すリソースが得られたら、それを使って希望するデータが取得できます。そのための最も簡単な方法は、mysql_result 関数を使って希望するセル（升目）を 1 回に 1 つずつ取って来る方法です。サンプル 10-5 はこれまでの例を 1 つのプログラムにまとめ、そのまま入力したら MySQL が返した結果を取得し表示するように拡張しています。このファイルには query.php という名前をつけ、login.php と同じフォルダに保存します。

サンプル 10-5：1 回で 1 セルずつ結果を取って来る

```
<?php // query.php
require_once 'login.php';
$db_server = mysql_connect($db_hostname, $db_username, $db_password);

if (!$db_server) die("Unable to connect to MySQL: " . mysql_error());

mysql_select_db($db_database)
    or die("Unable to select database: " . mysql_error());

$query = "SELECT * FROM classics";
```

サンプル 10-5：1 回で 1 セルずつ結果を取って来る（続き）

```
$result = mysql_query($query);

if (!$result) die ("Database access failed: " . mysql_error());

$rows = mysql_num_rows($result);

for ($j = 0 ; $j < $rows ; ++$j)
{
    echo 'Author: '   . mysql_result($result,$j,'author')   . '<br />';
    echo 'Title: '    . mysql_result($result,$j,'title')    . '<br />';
    echo 'Category: ' . mysql_result($result,$j,'category') . '<br />';
    echo 'Year: '     . mysql_result($result,$j,'year')     . '<br />';
    echo 'ISBN: '     . mysql_result($result,$j,'isbn')     . '<br /><br />';
}
?>
```

`mysql_num_rows` 関数以降は新しいコードなので、しっかりと見ていきましょう。ここではまず、変数 `$rows` を `mysql_num_rows` 関数への呼び出しによって返された値に設定しています。この関数はクエリによって返された行数を報告します。

行数が分かると、`for` ループに入り、`mysql_result` 関数を使って各行からデータの各セルを抽出することができます。この関数に与えるパラメータは `mysql_query` が返したリソースの `$result` と、行数の `$j`、データを抽出する列の名前です。

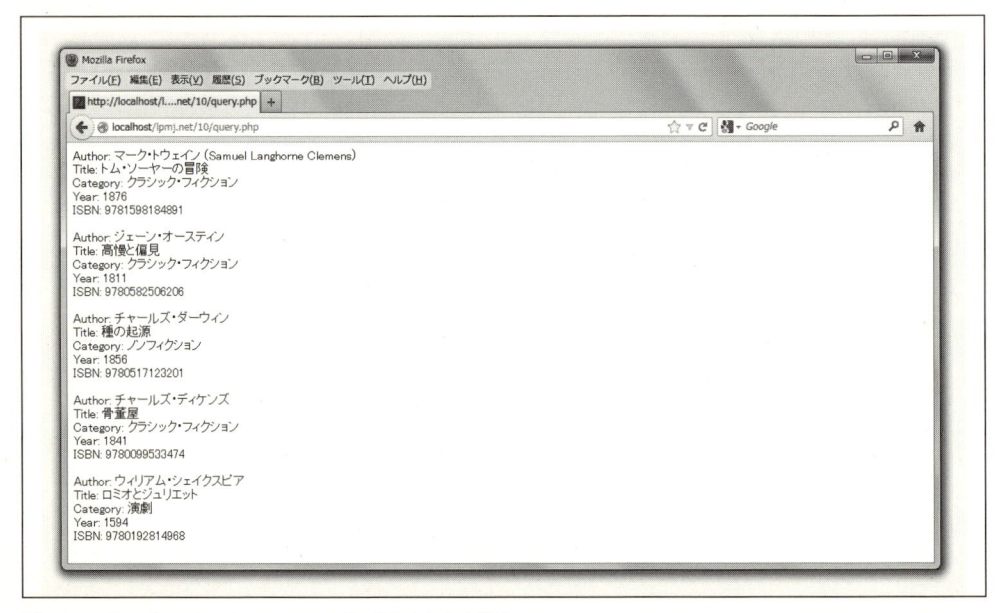

図 10-1：サンプル 10-5 の query.php プログラムからの出力

その後、mysql_result を呼び出したそれぞれの結果を echo ステートメントに組み入れ、改行も加えて 1 つのフィールドを 1 行で表示しています。図 10-1 はこのプログラムの実行結果です[†]。

覚えておられるように、8 章の classics テーブルには行を 5 つこしらえたので、ここでも query.php によってその 5 行が返されています。しかし現状では、このコードは非効率的で実行に時間がかかっています。なぜなら、全データの取得に 1 回で 1 セルずつ、mysql_result 関数を合計で 25 回も呼び出しているからです。データの取得にはもっとすぐれた方法があります。それは mysql_fetch_row 関数を使って 1 回で 1 行を取得する方法です。

> 9 章では第 1、第 2、第 3 正規形について解説しましたが、classics テーブルは実はこれらを満たしていません。なぜなら著者と本の詳細が同じテーブルに含まれているからです。これは、正規化を取り上げる前にこのテーブルを作成したためです。しかし PHP から MySQL へのアクセスの解説が目的の場合には、このままこのテーブルを再利用する方がテスト用の新しいデータを入力する面倒がなくて済むのでこのまま同じデータを使用することにします。

行を取ってくる

MySQL からデータの単一セルを取って来る方法を示すことも重要ですが、データの行を取得する方が方法としてはるかに効率的です。query.php（サンプル 10-5）の for ループをサンプル 10-6 の新しいループに置き換えると、図 10-1 とまったく同じ結果を得ることができます。

サンプル 10-6：1 度に 1 列、結果を取って来るループに置き換える

```
<?php
for ($j = 0 ; $j < $rows ; ++$j)
{
    $row = mysql_fetch_row($result);
    echo 'Author: ' . $row[0] . '<br />';
    echo 'Title: ' . $row[1] . '<br />';
    echo 'Category: ' . $row[2] . '<br />';
    echo 'Year: ' . $row[3] . '<br />';
    echo 'ISBN: ' . $row[4] . '<br /><br />';
}
?>
```

この修正版では、MySQL を呼び出す関数への呼び出し回数が 5 分の 1 に減っています（80% の減です）。なぜなら mysql_fetch_row 関数によって、各行を丸ごと取得しているからです。この関数は 1 行のデータを配列で返します。ここではこの配列を変数 $row へ代入しています。

次に必要なのは、配列 $row の各エレメントを順番に参照することです（0 から数え始めます）。$row[0] は author データを含み、$row[1] は title データを含んでいます。後も同様です。これは、配列には各列が MySQL テーブルの順番で配置されるからです。また mysql_result ではなく mysql_fetch_row を使用す

[†] 訳注：本書ではエンコーディングに UTF-8 形式を使用しています。ブラウザで日本語が文字化けして表示される場合には、ブラウザのエンコーディング設定を UTF-8 に設定してみてください。

ることでPHPコードの量がかなり減り、さらにデータの各項目を名前ではなく単にオフセットで参照するので、実行スピードもアップします。

接続を閉じる

データベースの使用が終わったら接続は閉じるべきです。これは、サンプル10-7のコマンドによって行います。

サンプル10-7：MySQLサーバーへの接続を閉じる

```
<?php
mysql_close($db_server);
?>
```

mysql_close関数には、サンプル10-2でmysql_connectが返した識別子（リンクID）、つまり変数$db_serverを渡します。

> すべてのデータベース接続はPHPの終了時に自動的に閉じられるので、サンプル10-5の接続を閉じなくても問題にはなりません。しかし、データベース接続をしょっちゅう開いて閉じるもっと長いプログラムでは、アクセスが終了するたびごとに閉じることが強く勧められます。

10.2 実践的なサンプル

ではいよいよ、PHPを使ってMySQLテーブルにデータを挿入し、データを消去する初めてのサンプルを記述していきましょう。サンプル10-8のコードを入力したら、sqltest.phpという名前でWeb開発ディレクトリに保存します。このプログラムの出力例は図10-2で見ることができます。

サンプル10-8では標準的なHTMLフォームを作成します。フォームについては次章で詳しく解説するので、本章ではフォームの処理は気にかけず、データベースとのインタラクション（やりとり）に注目してください。

サンプル10-8. sqltest.phpを使ったデータの挿入と消去

```
<?php // sqltest.php
require_once 'login.php';
$db_server = mysql_connect($db_hostname, $db_username, $db_password);

if (!$db_server) die("Unable to connect to MySQL: " . mysql_error());

mysql_select_db($db_database, $db_server)
    or die("Unable to select database: " . mysql_error());

if (isset($_POST['delete']) && isset($_POST['isbn']))
{
    $isbn  = get_post('isbn');
    $query = "DELETE FROM classics WHERE isbn='$isbn'";
```

サンプル 10-8. sqltest.php を使ったデータの挿入と消去（続き）
```
    if (!mysql_query($query, $db_server))
        echo "DELETE failed: $query<br />" .
        mysql_error() . "<br /><br />";
}

if (isset($_POST['author']) &&
    isset($_POST['title']) &&
    isset($_POST['category']) &&
    isset($_POST['year']) &&
    isset($_POST['isbn']))
{
    $author   = get_post('author');
    $title    = get_post('title');
    $category = get_post('category');
    $year     = get_post('year');
    $isbn     = get_post('isbn');

    $query = "INSERT INTO classics VALUES" .
        "('$author', '$title', '$category', '$year', '$isbn')";

    if (!mysql_query($query, $db_server))
        echo "INSERT failed: $query<br />" .
        mysql_error() . "<br /><br />";
}

echo <<<_END
<form action="sqltest.php" method="post"><pre>
    著者 <input type="text" name="author" />
   タイトル <input type="text" name="title" />
   カテゴリ <input type="text" name="category" />
      年 <input type="text" name="year" />
    ISBN <input type="text" name="isbn" />
         <input type="submit" value=" レコードの追加 " />
</pre></form>
_END;

$query = "SELECT * FROM classics";
$result = mysql_query($query);

if (!$result) die ("Database access failed: " . mysql_error());
$rows = mysql_num_rows($result);

for ($j = 0 ; $j < $rows ; ++$j)
{
    $row = mysql_fetch_row($result);
```

サンプル 10-8. sqltest.php を使ったデータの挿入と消去（続き）
```
    echo <<<_END
<pre>
    著者 $row[0]
   タイトル $row[1]
   カテゴリ $row[2]
       年 $row[3]
    ISBN $row[4]
</pre>
<form action="sqltest.php" method="post">
<input type="hidden" name="delete" value="yes" />
<input type="hidden" name="isbn" value="$row[4]" />
<input type="submit" value=" レコードの消去 " /></form>
_END;
    }

    mysql_close($db_server);

    function get_post($var)
    {
        return mysql_real_escape_string($_POST[$var]);
    }
?>
```

図 10-2：サンプル 10-8 の sqltest.php プログラムからの出力

このプログラムは 80 行を超えているのでげんなりされるかもしれませんが、実際にはサンプル 10-5 で取り上げたものも多く、行っていることもそう難しくはありません。

このプログラムが行うのは、まず入力が行われたかどうかを調べ、与えられた入力にしたがって、publications データベースの classics テーブルに新しいデータを挿入するか、行を消去するということです。ただしプログラムは入力の有無に関係なく、テーブルのすべての行をブラウザに出力します。ではこの動作を具体的に見ていきましょう。

最初の新しいコードは、isset 関数の使用に始まるすべてのフィールド（HTML の入力フィールド）の値がプログラムにポストされているかどうかを調べる部分です。この確認は if ステートメント内で関数 get_post を呼び出すことで行います。get_post はプログラムの最後で定義している関数で、小さいながらもブラウザから入力データを取って来るという重要な仕事を行います[†]。

10.2.1 $_POST 配列

3 章では、ブラウザはユーザー入力を GET 要求か POST 要求を通して送信する、と述べました。通常は POST 要求が好まれここでもそれを使用しています。Web サーバーはユーザー入力を全部まとめて（フォームに何百ものフィールドがあっても）、それを $_POST という名前の配列に入れます。

$_POST は 6 章で学んだ連想配列です。フォームデータは、フォームが POST メソッドを使って設定された場合には $_POST 連想配列に、フォームが GET メソッドを使って設定された場合には $_GET 連想配列に入れられます。これらは両方ともまったく同じ要領で読み取ることができます。

各フィールドは配列内に、そのフィールド名から取った名前のエレメントを持ちます。たとえばフォームに isbn という名前のフィールドが含まれている場合（<input type="text" name="isbn" />）、$_POST 配列には同じ名前の isbn をキーとするエレメントが含まれます。PHP プログラムではそのフィールドを、$_POST['isbn'] または $_POST["isbn"] で参照して読み取ることができます（今の場合引用符は 1 重でも 2 重でも働きは同じです）。

$_POST のシンタックスにまだ慣れない方も、サンプル 10-8 にならってユーザー入力をほかの変数にコピーしたら、後は $_POST のことは忘れられるので安心してください。これは PHP プログラムの定番的な方法で、プログラムの最初で $_POST からすべてのフィールドを取得したら、$_POST はもう無視できます。

> $_POST 配列にエレメントを書き込む理由はありません。$_POST の目的はブラウザからプログラムに情報を伝えることです。データは変更する前にみなさん自身の変数にコピーするようにします。

では get_post 関数に戻りましょう。この関数には mysql_real_escape_string 関数が取得した各項目を渡します。mysql_real_escape_string 関数は、データベースに侵入して改竄しようとするハッカーによって挿入される可能性のあるすべての文字をはぎ取ります。

[†] 訳注：isset 関数は変数が存在するかどうかを調べます。引数に指定した変数が存在し NULL 値でなければ TRUE を、存在していなければ FALSE を返します。

10.2.2 レコードの消去

新しいデータがポストされたかどうかを調べる前、プログラムは変数 $_POST['delete'] が値を持っているかどうかを調べます。持っている場合、それはユーザーがレコードを消すために [レコードの消去] ボタンをクリックしたということです。その場合には $isbn の値もポストされます[†]。

覚えておられるように、ISBN は各レコードを一意に識別します。コードでは、$_POST['delete'] と $_POST['isbn'] の両方が値を持っている場合、この ISBN を DELETE FROM ストリングに付加し変数 $query に代入して、これを mysql_query 関数に渡して MySQL に発行しています。mysql_query は TRUE か FALSE を返すので、FALSE の場合にはうまく行かなかった状況を説明するエラーメッセージを表示します[††]。

```
if (isset($_POST['delete']) && isset($_POST['isbn']))
{
    $isbn  = get_post('isbn');
    $query = "DELETE FROM classics WHERE isbn='$isbn'";

    if (!mysql_query($query, $db_server))
        echo "DELETE failed: $query<br />" .
            mysql_error() . "<br /><br />";
}
```

その後は $_POST['delete'] の有無に関係なく、$query に INSERT INTO コマンドと挿入する5つの値を設定し、mysql_query に渡します。結果は TRUE か FALSE で返されるので、FALSE の場合にはエラーメッセージを表示します。

```
$query = "INSERT INTO classics VALUES" .
    "('$author', '$title', '$category', '$year', '$isbn')";
if (!mysql_query($query, $db_server))
    echo "INSERT failed: $query<br />" .
        mysql_error() . "<br /><br />";
```

10.2.3 フォームの表示

次は図 10-2 の上部にある小さなフォームを表示するコードです。みなさんはここで、echo <<<_END のヒアドキュメント構造を思い出されるでしょう（_END タグ間にあるものをそのまま出力します）。

[†] 訳注：この例では、<input> タグの type 属性に "hidden" を指定しているので、この "delete" と "isbn" フィールドの値は、ユーザーが [レコードの消去] ボタンをクリックしたとき、隠しデータとして PHP に送られます。そのときには値 "yes" と "$row[4]" がそれぞれ送られます。プログラムではその存在の有無を、if (isset($_POST['delete']) && isset($_POST['isbn'])) で調べています。

[††] 訳注：変数 $query にはたとえば次のようなストリングが割り当てられます。これにより classics テーブルから ISBN 番号が 9780582506206 の本（『高慢と偏見』）のデータが消去されます。
　　DELETE FROM classics WHERE isbn='9780582506206'

> ここでは echo コマンドを使わず、?> で PHP を一旦終わらせて HTML コードを記述し、その後 <?php を再度記述して PHP 処理を再開することもできます。どのスタイルを使用するかはプログラマーの好みの問題ですが、わたしが推奨するのは PHP コードにとどまる方法です。それには次の 2 つの理由があります。
>
> - .php ファイル内にあるものは全部 PHP コードだという方が、デバッグ時コードの理解が容易です（ほかの使用者にとっても同様です）。
> - HTML 内に直接 PHP 変数を記述したい場合でも、ただそれを書けばよいだけです。しかし一旦 HTML に戻る場合には一時的に PHP 処理に入ってそこで変数を出力して、再度そこから出る必要があります。

　HTML フォームの箇所では、フォームのアクションを sqltest.php に設定しています（<form action="sqltest.php">）。これは、送信ボタンのクリックによってフォームが送信されると、そのフィールドの内容が sqltest.php、つまりこのプログラム自体に送られるということです。フォームではまたフィールドを GET 要求ではなく POST 要求として送信する設定を行っています（method="post"）。GET 要求は送信する URL に付加されるのでブラウザでの見た目が悪くなり、また送信内容に容易に手を加えることができるのでハッキングを誘因する元になります。したがって可能な場合にはつねに POST 送信を使用すべきです。POST にはまたポストされるデータを見えなくするというメリットもあります。

　フォームフィールドを出力したら、HTML で [レコードの追加] というラベルの送信ボタンを表示し、フォームを閉じます。ここでは <pre> と </pre> タグを使っている点に注目してください。これにより使用されるフォントが強制的に等幅フォントになり、すべての入力をうまい具合に揃えることができます。各行の末尾にあるキャリッジリターンも <pre> タグ内にあるときには出力されます。

10.2.4　データベースへのクエリの発行

　次いでコードはサンプル 10-5 で見たなじみのある記述に戻って、classics テーブルの全レコードを求めるクエリを MySQL に送ります。その後 $rows をテーブルの行数を表す値に設定して、各行の内容を表示する for ループに入ります。

　この後のコードは単純化するために前と少し変えています。サンプル 10-5 では改行に
 タグを使っていましたが、ここでは <pre> タグを使って各レコードが揃って表示されるようにしています。

　各レコードを表示した後には、sqltest.php（このプログラム自体）にポストする 2 つめのフォームがあります。このフォームには 2 つの隠しフィールド、delete と isbn が含まれています。delete フィールドには "yes" を、isbn フィールドにはレコードの ISBN 値に当たる $row[4] の値を設定しています。次いでレコードの消去というラベルの送信ボタンを表示してフォームを閉じ、中かっこで for ループを完了します。このループはすべてのレコードが表示されるまで実行されます。

　そして、プログラムの最後には前述した get_post 関数の定義があります。MySQL データベースを操作する初めての PHP プログラムは以上です。ではこれで何ができるのかを見ていきましょう。

10.2.5 プログラムを実行する

プログラムを入力し（そして入力ミスを訂正したら）、入力フィールドに次のデータを入力し、「白鯨」の新しいレコードをデータベースに追加してみてください。

ハーマン・メルヴィル
白鯨
フィクション
1851
9780199535729

このデータを [レコードの追加] ボタンを使って送信し、Web ページを下部までスクロールダウンすると、図 10-3 に示す結果が表示されます。

次はダミーレコードを作ってレコードの消去を試してみましょう。5 つあるフィールド全部に数字の 1 を入力し、[レコードの追加] ボタンをクリックします。ページをスクロールダウンすると 1 だけで構成された新しいレコードが確認できます。これはどう見ても意味のあるレコードではないので、[レコードの消去] ボタンをクリックします。再度ページをスクロールダウンすると、追加したレコードが消去されていることが分かります。

図 10-3：「白鯨」をデータベースに追加した

> すべてが問題なく動作している場合には、レコードの追加と消去は自由自在なので、何回か試してみてください。ただし、新たに加えた「白鯨」を含む主要レコードは、この後も使用するので残しておいてください。また 1 だけで構成されるデータを2回追加してみてください。すると2回めの追加時に、1 という ISBN はすでに存在することを意味するエラーメッセージが表示されます。

10.3 実践的な MySQL

本節では PHP から MySQL にアクセスするときに使用できるテーブルの作成やドロップ（削除）、データの挿入や更新、消去、さらには悪意あるユーザーからのデータベースや Web サイトの保護といった実践的なテクニックを見ていきます。以降のサンプルでは、前に述べた login.php プログラムが作成済みであることを前提としています（各サンプルと login.php は同じフォルダに置きます）。

10.3.1 テーブルの作成（CREATE）

みなさんは野生動物公園で働いており、飼育されているすべてのネコ科動物の詳細を保持するデータベースを作成することになったと仮定してください。ネコ科の動物は Lion（ライオン）、Tiger（トラ）、Jaguar（ジャガー）、Leopard（ヒョウ）、Cougar（クーガー）、Cheetah（チータ）、Lynx（オオヤマネコ）、Caracal（カラカル）、Domestic（家ネコ）の9種です。したがって列はこの9種分必要です。また動物にはそれぞれ名前がついているので名前用の列と、さらに年齢を追跡する列もほしいところです。それぞれに一意の識別子も必要なので id という名前の列も作りましょう。もちろん食事や予防接種などに関する列も後から必要になるでしょうが、まずはこれでスタートできます。

サンプル 10-9 はこのデータ用の MySQL テーブルを作成するコードです。主要なクエリは太字で示しています。

サンプル 10-9：cats という名前のテーブルを作成

```php
<?php
require_once 'login.php';
$db_server = mysql_connect($db_hostname, $db_username, $db_password);
if (!$db_server) die("Unable to connect to MySQL: " . mysql_error());
mysql_select_db($db_database)
    or die("Unable to select database: " . mysql_error());

$query = "CREATE TABLE cats (
        id SMALLINT NOT NULL AUTO_INCREMENT,
        family VARCHAR(32) NOT NULL,
        name VARCHAR(32) NOT NULL,
        age TINYINT NOT NULL,
        PRIMARY KEY (id)
    )";

$result = mysql_query($query);
if (!$result) die ("Database access failed: " . mysql_error());
?>
```

ご覧のように、MySQLクエリは直接コマンドラインに入力したものとよく似ていますが、PHPから MySQLにアクセスするときには末尾のセミコロンは必要ありません。

10.3.2　テーブルの列情報の表示（DESCRIBE）

MySQLのコマンドラインにログインしていないときでも、テーブルが適切に作成されたかどうかがブラウザから確認できる便利なコードがあります。コードではただ DESCRIBE tablename というクエリを発行し、Column、Type、Null、Key という4つの見出し（<th> タグ）とその下にすべての列を持つ HTML テーブルを出力するだけです。サンプル 10-10 のコードをほかのテーブルで使用するときでも、クエリ内の cats をそのテーブル名と置き換えるだけです。

サンプル10-10：テーブル cats の列情報の表示

```
<?php
require_once 'login.php';
$db_server = mysql_connect($db_hostname, $db_username, $db_password);
if (!$db_server) die("Unable to connect to MySQL: " . mysql_error());
mysql_select_db($db_database)
    or die("Unable to select database: " . mysql_error());

$query = "DESCRIBE cats";

$result = mysql_query($query);
if (!$result) die ("Database access failed: " . mysql_error());
$rows = mysql_num_rows($result);

echo "<table><tr> <th>Column</th> <th>Type</th>
    <th>Null</th> <th>Key</th> </tr>";

for ($j = 0 ; $j < $rows ; ++$j)
{
    $row = mysql_fetch_row($result);
    echo "<tr>";
    for ($k = 0 ; $k < 4 ; ++$k) echo "<td>$row[$k]</td>";
    echo "</tr>";
}

echo "</table>";
?>
```

このプログラムからは次の結果が得られます。

Column	Type	Null	Key
id	smallint(6)	NO	PRI

```
family    varchar(32)    NO
name      varchar(32)    NO
age       tinyint(4)     NO
```

10.3.3 テーブルの削除（DROP）

　テーブルの削除（ドロップ）は非常に簡単でそれだけに危険なので、その使用には十分な注意が必要です。サンプル 10-11 はそのためのコード例ですが、後のサンプルを試すまで使わないでください。なぜならこのコードによりデータベースからテーブル cats が削除され、サンプル 10-9 のコードでまた作成しなくてはならなくなるからです。

サンプル 10-11：テーブル cats の削除

```php
<?php
require_once 'login.php';
$db_server = mysql_connect($db_hostname, $db_username, $db_password);
if (!$db_server) die("Unable to connect to MySQL: " . mysql_error());
mysql_select_db($db_database)
    or die("Unable to select database: " . mysql_error());

$query = "DROP TABLE cats";

$result = mysql_query($query);
if (!$result) die ("Database access failed: " . mysql_error());
?>
```

10.3.4 データの追加（INSERT INTO）

　次はサンプル 10-12 のコードを使ってテーブルにデータを追加しましょう。

サンプル 10-12：テーブル cats にデータを追加

```php
<?php
require_once 'login.php';
$db_server = mysql_connect($db_hostname, $db_username, $db_password);
if (!$db_server) die("Unable to connect to MySQL: " . mysql_error());
mysql_select_db($db_database)
    or die("Unable to select database: " . mysql_error());

$query = "INSERT INTO cats VALUES(NULL, 'Lion', 'Leo', 4)";

$result = mysql_query($query);
if (!$result) die ("Database access failed: " . mysql_error());
?>
```

データ項目をさらに追加しましょう。そのためには $query を次のように修正し、ブラウザからプログラムを呼び出します（1回に1つずつ修正します）。

```
$query = "INSERT INTO cats VALUES(NULL, 'Cougar', 'Growler', 2)";
$query = "INSERT INTO cats VALUES(NULL, 'Cheetah', 'Charly', 3)";
```

ところで1つめのパラメータとして渡している NULL 値に気づかれたでしょうか？ このようにしているのは、id 列が AUTO_INCREMENT 型で、代入する値は MySQL が順番に決めるからです。したがってここでは単に NULL 値を渡すだけでよく、これは無視されます。

> 言うまでもなく、MySQL にデータを入れる最も効率的な方法は、配列を作成してそのデータを単一のクエリで挿入する方法です。

10.3.5　データの取得（SELECT）

cats テーブルにデータを入れたので、次はサンプル 10-13 でデータが適切に収められているかを調べてみましょう。

サンプル 10-13：cats テーブルから行を取得する

```php
<?php
require_once 'login.php';
$db_server = mysql_connect($db_hostname, $db_username, $db_password);
if (!$db_server) die("Unable to connect to MySQL: " . mysql_error());
mysql_select_db($db_database)
    or die("Unable to select database: " . mysql_error());

$query = "SELECT * FROM cats";

$result = mysql_query($query);
if (!$result) die ("Database access failed: " . mysql_error());
$rows = mysql_num_rows($result);

echo "<table><tr> <th>Id</th> <th>Family</th>
    <th>Name</th><th>Age</th></tr>";

for ($j = 0 ; $j < $rows ; ++$j)
{
    $row = mysql_fetch_row($result);
    echo "<tr>";
    for ($k = 0 ; $k < 4 ; ++$k) echo "<td>$row[$k]</td>";
    echo "</tr>";
}

echo "</table>";
?>
```

ここではただ MySQL クエリの SELECT * FROM cats を発行し、返された全行を表示しているだけです。その結果次の出力が表示されます。

```
Id    Family     Name       Age
1     Lion       Leo        4
2     Cougar     Growler    2
3     Cheetah    Charly     3
```

これを見ると、id 列が適切にインクリメントされていることが分かります。

10.3.6　データの更新（UPDATE）

挿入したデータの変更もまたいたって簡単です。実はチータ（Cheetah）の名前は Charly なっています。これをサンプル 10-14 で正しい Charlie に変更しましょう。

サンプル 10-14：チータの名前を Charly からに Charlie 変える

```php
<?php
require_once 'login.php';
$db_server = mysql_connect($db_hostname, $db_username, $db_password);
if (!$db_server) die("Unable to connect to MySQL: " . mysql_error());
mysql_select_db($db_database)
    or die("Unable to select database: " . mysql_error());

$query = "UPDATE cats SET name='Charlie' WHERE name='Charly'";

$result = mysql_query($query);
if (!$result) die ("Database access failed: " . mysql_error());
?>
```

再度サンプル 10-13 を実行すると、次の結果が出力されます。

```
Id    Family     Name       Age
1     Lion       Leo        4
2     Cougar     Growler    2
3     Cheetah    Charlie    3
```

10.3.7　データの消去（DELETE）

クーガー（Cougar）の Growler が別の動物園に移りました。そこで彼をデータベースから消去します。サンプル 1-15 ではデータをテーブルから消去する方法を示しています。

サンプル 10-15：cats テーブルからクーガーの Growler を消去する

```php
<?php
require_once 'login.php';
$db_server = mysql_connect($db_hostname, $db_username, $db_password);
if (!$db_server) die("Unable to connect to MySQL: " . mysql_error());
mysql_select_db($db_database)
    or die("Unable to select database: " . mysql_error());

$query = "DELETE FROM cats WHERE name='Growler'";

$result = mysql_query($query);
if (!$result) die ("Database access failed: " . mysql_error());
?>
```

これは標準的な DELETE FROM クエリです。サンプル 10-13 を実行すると、次の出力結果が示すように、Growler の行が消去されていることが分かります。

Id	Family	Name	Age
1	Lion	Leo	4
3	Cheetah	Charlie	3

10.3.8　AUTO_INCREMENT の使用

　AUTO_INCREMENT を使用しているときには、行が挿入されるまで、列に何の値が割り振られるかは分かりません。この値を知りたい場合には、行の挿入後、mysql_insert_id 関数を使って MySQL にたずねる必要があります。これはよく必要になる処理で、たとえば物品販売で言うと、新しい顧客情報を customers テーブルに挿入し、その購入物を purchases テーブルに挿入するときに、新たに作成された CustId を参照することができます†。

　サンプル 10-12 は、データの挿入後にこの値を表示するよう、次のサンプル 10-16 のように書き直すことができます。

サンプル 10-16：テーブル cats にデータを追加し、その挿入 ID を報告する

```php
<?php
require_once 'login.php';
$db_server = mysql_connect($db_hostname, $db_username, $db_password);
if (!$db_server) die("Unable to connect to MySQL: " . mysql_error());
mysql_select_db($db_database)
    or die("Unable to select database: " . mysql_error());

$query = "INSERT INTO cats VALUES(NULL, 'Lynx', 'Stumpy', 5)";

$result = mysql_query($query);
```

---

† 訳注：mysql_insert_id 関数は、直近のクエリによって AUTO_INCREMENT 列用に生成された ID を返します。

サンプル 10-16：テーブル cats にデータを追加し、その挿入 ID を報告する
```
echo "The Insert Id was: " . mysql_insert_id();
if (!$result) die ("Database access failed: " . mysql_error());
?>
```

これを実行すると、ブラウザに "The Insert Id was: 4" が表示されます。サンプル 10-13 を使って再度テーブルの中身を表示させると、次の結果が得られます（前に消去した id の 2 は再使用されていない点に注目してください。id の再使用は事態を複雑化させる要因になります）。

```
Id   Family     Name      Age
1    Lion       Leo       4
3    Cheetah    Charlie   3
4    Lynx       Stumpy    5
```

挿入 ID の使用

データの複数テーブルへの挿入は、たとえば本につづけてその著者や、顧客につづけてその購入項目といったように、よく行われる作業です。しかしこれをオートインクリメントの列で実行するときには、返された挿入 ID を、関連するテーブル用に保持する必要があります。

では、基金を集める手段として、動物たちを"養子縁組"することになったと仮定してください。また新しい動物を cats テーブルに保持するときには、その動物の里親にリンクさせるキーも作成するようにします。そのためのコードはサンプル 10-16 と似ていますが、返された挿入 ID を変数 $insertID に保持し、それを以降のクエリで使用する点が異なります。

```
// cats テーブルにオオヤマネコの Stumpy、5歳を登録
$query = "INSERT INTO cats VALUES(NULL, 'Lynx', 'Stumpy', 5)";
$result = mysql_query($query);
// 挿入 ID を取得
$insertID = mysql_insert_id();

// その挿入 ID を使って、owners テーブルに里親を登録
$query = "INSERT INTO owners VALUES($insertID, 'Ann', 'Smith')";
$result = mysql_query($query);
```

これにより動物を、AUTO_INCREMENT によって自動的に作成されたその動物用の一意の ID を使って、その"里親"に結びつけることができます。

ロックの使用

テーブルを挿入 ID によってリンクさせるときの安全な方法はロックを使った方法です。これは、同じテーブルにデータを送信する人が多い場合には応答に時間がかかる可能性がありますが、それでも実行する価値はあります。以下がその手順です。

1. 1つめのテーブル（たとえば cats）をロックします。
2. データを1つめのテーブルに挿入します。
3. mysql_insert_id を使って1つめのテーブルから一意の ID を取得します。
4. 1つめのテーブルのロックを解除します。
5. データを2つめのテーブルに挿入します。

　ロックは、2つめのテーブルにデータを挿入する前に安全に解除できます。なぜなら挿入 ID は取得済みでプログラムの変数に保持しているからです。ロックの代わりに9章で述べたトランザクションも使用できますが、MySQL サーバーをさらにスローダウンさせます。

10.3.9　追加クエリの実行

　ネコの例は終わりにしましょう。もう少し複雑なクエリを探るには、8章で作成した customers と classics テーブルに戻る必要があります。customers には2人の顧客がいて、classics テーブルには何冊かの本に関する情報が含まれています。これらは同じ isbn という名前の列に本の ISBN 番号を持っているので、複雑なクエリの実行テストに利用できます。

　たとえば、本を購入した顧客を、本のタイトルと著者とともに表示するには、サンプル 10-17 のコードが使用できます。

サンプル 10-17：2つめのクエリを実行する

```php
<?php
require_once 'login.php';
$db_server = mysql_connect($db_hostname, $db_username, $db_password);
if (!$db_server) die("Unable to connect to MySQL: " . mysql_error());
mysql_select_db($db_database)
    or die("Unable to select database: " . mysql_error());

$query = "SELECT * FROM customers";

$result = mysql_query($query);
if (!$result) die ("Database access failed: " . mysql_error());
$rows = mysql_num_rows($result);

for ($j = 0 ; $j < $rows ; ++$j)
{
    $row = mysql_fetch_row($result);
    echo "$row[0] は ISBN $row[1] を購入した :<br />";

    $subquery = "SELECT * FROM classics WHERE isbn='$row[1]'";
```

サンプル 10-17：2つめのクエリを実行する（続き）
```
    $subresult = mysql_query($subquery);
    if (!$subresult) die ("Database access failed: " . mysql_error());
    $subrow = mysql_fetch_row($subresult);
    echo " '$subrow[1]' ( $subrow[0] 著 ) <br />";
}
?>
```

このプログラムでは、customers テーブルへの1つめのクエリで全顧客を調べ、各顧客が購入した本のISBN 番号を使って classics テーブルへの新しいクエリを作成し、各 ISBN のタイトルと著者を調べています。このコードからは次のような結果が出力されます。

メアリー・スミス は ISBN 9780582506206 を購入した：
　'高慢と偏見'（ ジェーン・オースティン著 ）
ジャック・ウィルソン は ISBN 9780517123201 を購入した：
　'種の起源'（ チャールズ・ダーウィン著 ）

具体的には示しませんが、このサンプルと同じ情報は、2つのテーブルの同じ名前を持つ列を自動的に結合させる NATURAL JOIN クエリ（8章参照）を次のように使っても得ることができます。

```
SELECT name,isbn,title,author FROM customers NATURAL JOIN classics;
```

10.3.10　SQL インジェクション対策

ユーザーからの入力データをチェックしないまま MySQL に渡すことがどれほど危険か、実際に理解するのは難しいかもしれません。たとえばユーザーを検証する次のようなコードがあったとしましょう。

```
$user = $_POST['user'];
$pass = $_POST['pass'];
$query = "SELECT * FROM users WHERE user='$user' AND pass='$pass'";
```

一見したところ、このコードにはまったく問題がないと思われるかもしれません。ユーザーが $user に fredsmith を、$pass に mypass という値を入力したとすると、MySQL に渡されるクエリストリング（$query）は次のようになります。

```
SELECT * FROM users WHERE user='fredsmith' AND pass='mypass'
```

これはこれで問題ありません。しかしもし誰かが $user に次の値を入力した（そして $pass には何も入力しなかった）とすると、どうなるでしょう？

```
admin' #
```

MySQL に送られる次のストリングをよく見てください。

```
SELECT * FROM users WHERE user='admin' #' AND pass=''
```

何が問題か分かりますか？（太字で示す箇所です）#記号はMySQLではコメントの開始を表します。この#記号の使用によって、実際には次の太字で示すクエリが実行され、#以降は無視されることになり、ユーザーはパスワードなしでadminとしてログインできてしまうのです（ユーザーadminが存在すると仮定した場合）。

```
SELECT * FROM users WHERE user='admin' #' AND pass=''
```

しかし、悪意のあるユーザーのやったことがこれで済んでしたとしたら、それはラッキーだったと思うべきです。みなさんは少なくとも自分のアプリケーションを調べて、そのユーザーがadminとして行った変更を取り消すことができます。しかし、みなさんのユーザーをデータベースから削除するアプリケーションの場合はどうでしょう？　たとえば次のようなコードです。

```
$user = $_POST['user'];
$pass = $_POST['pass'];
$query = "DELETE FROM users WHERE user='$user' AND pass='$pass'";
```

これも一見したところいたって普通に見えますが、誰かが$userに次の値を入力すると、

```
anything' OR 1=1 #
```

MySQLはこれを次のように解釈します（太字の部分です）。

```
DELETE FROM users WHERE user='anything' OR 1=1 #' AND pass=''
```

まさに何てこったあ！　です。このSQLクエリのWHEREはつねに真なので、みなさんはusersデータベースを丸ごと失ってしまうのです。ではこのような攻撃に備えるには何ができるのでしょう？

まずは、PHPに組み込まれているマジッククオートには頼らないことです。これは一重や二重引用符といった文字の前にバックスラッシュ (\) をつけることでそれを自動的にエスケープする機能です。でもなぜでしょう？　それは、この機能がオフにできるからです。多くのデベロッパーは自分のセキュリティコードを守るためにマジッククオートをオフにします。これによりみなさんの使用するサーバーで、マジッククオートが期待した通りに機能しなかった、ということがなくなります。実際、この機能はPHP 5.3.0で非推奨となり、バージョン6までに完全に削除されることになっています。

みなさんはマジッククオートではなく、つねにmysql_real_escape_string関数を使用すべきです。サンプル10-18は、ユーザーが入力したストリングに加えられたマジッククオートをすべて削除し、適切にサニタイズする関数です[†]。

[†] 訳注：mysql_real_escape_string関数はSQLステートメントで使用するストリングの特殊文字をエスケープします。

サンプル 10-18：ユーザ入力を MySQL に害のないよう適切にサニタイズする方法

```php
<?php
function mysql_fix_string($string)
{
    if (get_magic_quotes_gpc()) $string = stripslashes($string);
    return mysql_real_escape_string($string);
}
?>
```

get_magic_quotes_gpc 関数は、マジッククオートが有効な場合 TRUE を返します[†]。その場合にはストリングに追加されたスラッシュを全部削除する必要があります。そうしないと mysql_real_escape_string 関数は文字を二重にエスケープすることになり、汚染されたストリングを作り出します。サンプル 10-19 は mysql_fix_string 関数のコードへの組み込み方の例です。

サンプル 10-19：ユーザー入力を使って MySQL に安全にアクセスする方法

```php
<?php
$user  = mysql_fix_string($_POST['user']);
$pass  = mysql_fix_string($_POST['pass']);
$query = "SELECT * FROM users WHERE user='$user' AND pass='$pass'";

function mysql_fix_string($string)
{
    if (get_magic_quotes_gpc()) $string = stripslashes($string);
    return mysql_real_escape_string($string);
}
?>
```

mysql_real_escape_string が使用できるのは、MySQL がアクティブに開いているときだけです。そうでない場合にはエラーが発生します。

プレースホルダの使用

SQL インジェクションからデータベースを守るもう 1 つの方法は、仮想防弾チョッキとも言える、プレースホルダ機能を使った方法です。これは、データが来る場所に？文字を使ってあらかじめクエリを定義しておき、MySQL クエリを直接呼び出す代わりに、あらかじめ定義しておいたクエリを呼び出すときにデータを渡す、というアイデアです。この方法には、入力されたすべてのデータ項目が直接データベースに挿入でき、しかも SQL クエリとして解釈されないという効果があります。SQL クエリとして解釈されないので SQL インジェクションが不可能になります[††]。

[†] 訳注：Zend Server 環境の magic_quotes_gpc はデフォルトでオフに設定されています。
[††] 訳注：プレースホルダとは "代わりの入れ物" といった意味で、今の場合？文字がプレースホルダになります。SQL クエリの中で、後から値を入れたい場所を？文字でひとまず埋めておき、ここに入れる値は SQL とは切り離して別にパラメータとして渡します。MySQL はこれを値と解釈するので、決して SQL として実行されることはありません。

プレースホルダを使った一連のクエリは、MySQL のコマンドラインではサンプル 10-20 のようになります。

サンプル 10-20：プレースホルダの使用

```
PREPARE statement FROM "INSERT INTO classics VALUES(?,?,?,?,?)";

SET @author   = "エミリー・ブロンテ",
    @title    = "嵐が丘",
    @category = "クラシック・フィクション",
    @year     = "1847",
    @isbn     = "9780553212587";

EXECUTE statement USING @author,@title,@category,@year,@isbn;

DEALLOCATE PREPARE statement;
```

最初のコマンド（PREPARE の行）は、classics テーブルにデータを挿入するステートメントを statement という名前で準備します。ご覧のように、挿入するデータの値や変数の代わりに、このステートメントには一連の ? 文字が含まれています。これがプレースホルダです。

つづく 5 行では（SET からの 5 行）、挿入するデータに合わせて、値を MySQL 変数に代入しています。そして（EXECUTE の行で）、これらの変数をパラメータとして渡して、前に定義したステートメント（statement）を実行します。最後（DEALLOCATE PREPARE の行で）、ステートメントが使用していたリソースを戻すために削除（つまり解放）します。

この手続きを PHP で行うと、サンプル 10-21 のようになります（これまで通り、データベースにアクセスする詳細を記述した login.php が必要です）。

サンプル 10-21：PHP でのプレースホルダの使用

```
<?php
require 'login.php';

$db_server = mysql_connect($db_hostname, $db_username, $db_password);
if (!$db_server) die("Unable to connect to MySQL: " . mysql_error());
mysql_select_db($db_database)
    or die("Unable to select database: " . mysql_error());

$query = 'PREPARE statement FROM "INSERT INTO classics
    VALUES(?,?,?,?,?)"';
mysql_query($query);

$query = 'SET @author = "エミリー・ブロンテ",' .
    '@title = "嵐が丘",' .
        '@category = "クラシック・フィクション",' .
```

サンプル 10-21：PHP でのプレースホルダの使用（続き）
```
            '@year = "1847",' .
            '@isbn = "9780553212587"';
mysql_query($query);

$query = 'EXECUTE statement USING @author,@title,@category,@year,@isbn';
mysql_query($query);

$query = 'DEALLOCATE PREPARE statement';
mysql_query($query);
?>
```

ステートメントは準備したら解放するまで何度でも使用できます。こういったステートメントは通常、データを速くデータベースに挿入できるようループ内で使用され、そこで MySQL 変数に値が代入されてから実行されます。上記の方法は、ループを使ってステートメント全体を最初から作成した方がもっと効率的になります。

10.3.11　HTML インジェクション対策

みなさんが関心を持つべきインジェクションはもう1つあり、それはサイトの安全性に関するものではなく、ユーザーのプライバシーと保護に関するインジェクションです。**クロスサイトスクリプティング**（サイトを横断するスクリプティング処理の意）とか XSS と呼ばれます。

これは、ユーザーに HTML や多くの場合 JavaScript コードの入力を許容し、それを Web サイトに表示する場合に発生します。これはコメントフォームで広く行われる処理です。最もよくあるのは、悪意を持ったユーザーが、みなさんのサイトのユーザーからクッキーを盗むコードを記述し、ユーザー名やパスワード、そのほかの情報を見つけ出そうとする行為です。もっと悪質なユーザーは、ユーザーコンピュータにトロイの木馬を仕掛ける攻撃を始める場合もあります。

この対策には htmlentities 関数を呼び出します。この関数はすべての HTML マークアップコードをはぎ取ってその文字を表示する形式に置き換え、ブラウザがその文字に対して反応できないようにします。たとえば次の HTML があったとすると、

```
<script src='http://x.com/hack.js'> </script><script>hack();</script>
```

このコードは JavaScript プログラムを読み込んで悪意ある関数を実行します。しかしこれを最初に htmlentities に渡すと、この関数は次のストリングを返すので、全体として無害なストリングになります†。

```
&lt;script src='http://x.com/hack.js'&gt; &lt;/script&gt;&lt;script&gt;hack();
&lt;/script&gt;
```

---

† 訳注：htmlentities 関数は、適用可能な文字を全て HTML エンティティに変換します。たとえば < は < に、> は > に変換されます。

したがって、ユーザーが入力するものを表示しようとする場合にはただちに、またはまずデータベースに保持した後に、htmlentities を使って最初にサニタイズする必要があります。それには SQL と XSS インジェクション両方をサニタイズするサンプル 10-22 に示す新しい関数の作成をおすすめします。

サンプル 10-22：SQL と XSS インジェクション攻撃両方を阻止する関数

```php
<?php
function mysql_entities_fix_string($string)
{
    return htmlentities(mysql_fix_string($string));
}

function mysql_fix_string($string)
{
    if (get_magic_quotes_gpc()) $string = stripslashes($string);
    return mysql_real_escape_string($string);
}
?>
```

上の mysql_entities_fix_string 関数ではまず、下の mysql_fix_string 関数に対象のストリングを渡して呼び出し、その結果を htmlentities に渡しています。次のサンプル 10-23 は、サンプル 10-19 の"究極防御"版です。

サンプル 10-23：安全に MySQL にアクセスし XSS 攻撃を阻止する方法

```php
<?php
$user  = mysql_entities_fix_string($_POST['user']);
$pass  = mysql_entities_fix_string($_POST['pass']);
$query = "SELECT * FROM users WHERE user='$user' AND pass='$pass'";

function mysql_entities_fix_string($string)
{
    return htmlentities(mysql_fix_string($string));
}

function mysql_fix_string($string)
{
    if (get_magic_quotes_gpc()) $string = stripslashes($string);
    return mysql_real_escape_string($string);
}
?>
```

本章は以上です。みなさんは PHP と MySQL を統合させる方法や悪意あるユーザー入力を回避する方法を学びました。次章ではフォーム処理について、データの検証や複数の値の扱い、パターンマッチング、セ

キュリティなどを詳しく見ていきます。

10.4 確認テスト

1. MySQL データベースに接続するための標準的な PHP 関数は何ですか？

2. `mysql_result` 関数の使用が適さないのはどういう場合ですか？

3. 一般的に POST フォームメソッドの使用が GET にまさる理由を1つ挙げてください。

4. `AUTO_INCREMENT` 列の直近に入力された値を判断するにはどのようにしますか？

5. ストリングをエスケープし、MySQL に適切に使用できるようにする PHP 関数は？

6. XSS インジェクション攻撃の回避に使用できる関数は？

テストの模範解答は付録 A に記載しています。

11章
フォーム処理

Webサイトのユーザーが PHP および MySQL とやりとりする主な方法は HTML フォームを使った方法です。HTML フォームが World Wide Web 開発に導入されたのは 1993 年とかなり早く、イーコマースの登場前でした。しかし HTML フォームはその簡易さと扱いやすさによって、ずっと HTML の大黒柱でありつづけています。

もちろん HTML のフォーム処理にも改良が加えられ、多くの機能が追加されています。本章ではみなさんにその最新の情報を提供し、フォームにすぐれたユーザービリティ（使い勝手）とセキュリティ機能を備えるための実装方法を見ていきます。

11.1 フォームの構築

フォームの処理には複数の過程があります。まずフォームを作成します。ここにはユーザーがデータを入力することができます。このデータは Web サーバーに送信されます。データはそこで解釈され、通常は何らかのエラーチェックが実行されます。そのとき PHP コードが再入力の必要な 1 つまたは複数のフィールドを見つけた場合には、フォームにはエラーメッセージが表示できます。入力が適切に行われていると PHP コードが判断した場合には、たとえば購入に関する詳細情報の入力など、通常はデータベース操作をともなう何らかのアクションが取られます。

フォームの構築には、少なくとも次の要素が必要です。

- 開始 <form> と終了 </form> タグ
- GET または POST メソッドが指定された送信タイプ
- 1 つまたは複数の input フィールド
- フォームデータの送信先になる URL

サンプル 11-1 は PHP で作成するごく単純なフォームの例です。これを入力し formtest.php という名前で保存します。

サンプル 11-1：ごく単純なフォーム（formtest.php）[†]

```php
<?php // formtest.php
echo <<<_END
<html>
    <head>
        <title>フォームテスト</title>
    </head>
    <body>
    <form method="post" action="formtest.php">
        あなたのお名前は？
        <input type="text" name="name" />
        <input type="submit" />
    </form>
    </body>
</html>
_END;
?>
```

　このサンプルでまず目につくのは、前に述べたように、わたしは複数行の HTML を出力する必要があるときには大抵、ヒアドキュメントの echo <<<_END..._END 構造を使用していることです。
　この複数行の出力の中には、HTML ドキュメントを開始し、そのタイトルを表示して、ドキュメント本体をスタートさせるための標準的なコードがあります。その後につづくのがフォームで、ここでは POST メソッドを使って PHP プログラムの formtest.php（これはこのプログラム自体の名前です）にデータを送

図 11-1：formtest.php を Web ブラウザで開いた結果

[†] 訳注：いわゆるモダンブラウザでは、次のように指定すると日本語の文字化けがなくなります。
```
<html lang="ja">
    <head>
        <meta charset="utf-8">
        <title>フォームテスト</title>
```

信する設定を行っています。

　その後プログラムでは、開いたすべての項目、つまりフォーム、HTML ドキュメント本体、PHP の echo <<<_END ステートメントを閉じています。このプログラムを Web ブラウザで開くと図 11-1 に示す結果が表示されます。

11.2　送信データの取得

　サンプル 11-1 は、複数あるフォーム処理過程の 1 部にすぎません。名前を入力して [送信] ボタンをクリックしても、フォームが再表示される以外何も起こりません。したがって次は、フォームが送信したデータを処理する PHP コードを追加しましょう。

　サンプル 11-2 はデータ処理を含めた、前のプログラムの拡張版です。これを入力し（または formtest.php を修正して）、formtest2.php という名前で保存して、プログラムを開きます。図 11-2 は名前を入力してプログラムを実行した結果です。

サンプル 11-2：formtest.php の更新版

```
<?php // formtest2.php
if (isset($_POST['name'])) $name = $_POST['name'];
else $name = "（未入力）";

echo <<<_END
<html>
	<head>
		<title>フォームテスト</title>
	</head>
	<body>
		あなたのお名前は：$name<br />
		<form method="post" action="formtest2.php">
			あなたのお名前は？
```

図 11-2：データを処理する formtest.php の更新版

サンプル 11-2：formtest.php の更新版（続き）

```
                <input type="text" name="name" />
                <input type="submit" />
        </form>
        </body>
</html>
_END;
?>
```

追加するのは、送信されるフィールド name について $_POST 連想配列を調べる 2 行と、入力された名前を出力する 1 行で、変更するのはフォームの action 属性値です。前章で取り上げた $_POST 連想配列には、HTML フォームの各フィールドに関するエレメントが含まれています。サンプル 11-2 の入力要素の名前は name で（<input type="text" name="name" />）、フォームメソッドは POST です。したがって $_POST 配列のエレメント name の値は $_POST['name'] にあります。

PHP の isset 関数は、$_POST['name'] に値が代入されているかどうかを調べるために使用しています。ポストされている場合には、入力された値を変数 $name に代入し、何もポストされていない場合には、値 "（未入力）" を代入します。$name に保持した値を表示する 1 行は <body> の後に追加しています。

11.2.1　register_globals：旧来の解決策

セキュリティが今ほど大きな問題ではなかったころ、PHP はデフォルトの振る舞いとして、$_POST と $_GET 配列を直接 PHP 変数に代入していました。たとえば、$name = $_POST['name']; という命令は必要ありませんでした。なぜなら、$name にはプログラムのスタート時、PHP によってその値が自動的に与えられたからです。

これは当初（PHP のバージョン 4.2.0 より前）こそ、追加的なコードを記述せずに済む便利なアイデアだと思われましたが、今では打ち切られ、この機能はデフォルトで無効化されています。万が一、みなさんが作業している実際の Web サーバーで register_globals が有効化されているのを見つけた場合には、ただちにこれを無効化するようサーバー管理者に求めるべきです。

では改めて、register_globals はなぜ無効化すべきなのでしょう？　register_globals が有効になっていると、http://myserver.com?override=1 のように URL の末尾に GET 入力を加えることが誰でもできるようになります。みなさんのコードで変数 $override を使っていて、その初期化（たとえば $override=0）を忘れていた場合、プログラムにはこのセキュリティ上の弱点を突かれる脆弱性が生じることになります。

実際、多くの Web サーバーの設定にはこのような穴がぽっかり開いているので、みなさんは、そういったシステムで自分のコードを実行する場合に備え、使用する変数はすべて必ず初期化するようにしてください。初期化はまた良いプログラミングプラクティスでもあります。なぜなら、各初期化に関してコメントを記述することによって、みなさんやほかのプログラマーがそれが何のための変数かが確認できるからです。

みなさんが今後ほかのプログラマーが記述したコードをメンテナンスするようになって、初めから値が想定されているような変数を見つけた場合、そこでは register_globals が使用され、その値は POST と GET から抽出されるようになっていると推測することができます。その場合コードは、適切な $_POST や $_GET 配列から明示的にそれらの値を読み込むように書き直されることをおすすめします。

11.2.2　デフォルト値

　Web フォームでは、サイト訪問者に対してデフォルト値を提供した方が便利な場合があります。例として、不動産サイトのローン支払い計算ウィジェットで考えてみましょう。この場合、たとえば 25 年とか 6% の利率といったデフォルト値を入力しておくことが適切でしょう。これによりユーザーは受けたい融資の総額や毎月の返済額を入力するだけで済むようになります。

　これらのデフォルト値を持つフォームはサンプル 11-3 のように記述できます。

サンプル 11-3：デフォルト値の設定

```
<form method="post" action="calc.php"><pre>
     融資額 <input type="text" name="principle" />
 毎月の返済額 <input type="text" name="monthly" />
       年数 <input type="text" name="years" value="25" />
       利率 <input type="text" name="rate" value="6" />
            <input type="submit" />
</pre></form>
```

このサンプル（やそのほかの HTML コードサンプル）を試す場合には、ファイルは test.html のように、.html 拡張子をつけて保存しブラウザにロードします。

　3 つめと 4 つめの入力（年数と利率）を見てください。入力の value パラメータに値を設定すると、そのフィールドのデフォルト値として表示することができます。ユーザーはその値を好きなように変更できます。デフォルト値としてこのような実用的な値を入れておくと、不要な入力を省くことができるので、使い勝手のよいフォームになります。図 11-3 はサンプル 11-3 の実行結果です。無論、これはデフォルト値を説明するためだけのものです。calc.php プログラムを記述していないので、ボタンをクリックしてもフォームは何も行いません。

　デフォルト値はまた、Web ページからプログラムに追加情報を渡したい場合の隠しフィールドにも使用されます。隠しフィールドについてはこの後本章で見ていきます。

11.2.3　入力タイプ

　HTML フォームは非常に多才で、テキストボックスやテキストエリアから、チェックボックス、ラジオボタンなど、さまざまな入力タイプの送信に使用できます。

図11-3：特定のフォームフィールドにデフォルト値を設定した

テキストボックス

　おそらくみなさんが最もよく使用する入力タイプはテキストボックスでしょう。テキストボックスは1行のボックスに入れる英数字やそのほかの文字のさまざまなテキストを受け取ります。テキストボックス入力の一般的な形式は次の通りです。

```
<input type="text" name="name" size="size" maxlength="length" value="value" />
```

　`size` パラメータはボックスの幅を、画面に表示される現在のフォントの文字数で指定します。`maxlength` は、そのフィールドに入力できる最大文字数を指定します。

　必須のパラメータはWebブラウザに対して入力タイプを伝える `type` だけです。`name` はその入力に名前を与えるパラメータで、送信されたフォームを受け取る側でそのフィールドの処理に利用されます。

テキストエリア

　1行より多いテキストの入力を受け取る必要があるときにはテキストエリアを使用します。テキストエリアはテキストボックスに似ていますが、複数行が入力できるので、テキストボックスとは異なるパラメータを持っています。一般的な形式は次の通りです。

```
<textarea name="name" cols="width" rows="height" wrap="type">
</textarea>
```

　まず気づくのは、テキストエリアは `<input>` タグのサブタイプではなく、`<textarea>` という自身のタグを持っているということです。したがってこの入力を閉じるには `</textarea>` タグが必要になります。

　表示したいデフォルトのテキストがある場合には、次のように終了 `</textarea>` タグの前にそのテキストを記述します。

11.2 送信データの取得 | 271

```
<textarea name="name" cols="width" rows="height" wrap="type">
これはデフォルトのテキスト。
</textarea>
```

テキストはそのまま表示され、ユーザーはそれを編集することができます。幅と高さを制御するには、cols と rows パラメータを使用します。これらは両方とも、現在のフォントの文字間隔を使って領域のサイズを決定します。これらを省略すると、使用するブラウザによって縦横の長さがさまざまに異なるデフォルトの入力ボックスが作成されるので、表示したいフォームのサイズをつねに的確に指定するようにすべきです。

wrap パラメータを使うと、ボックスに入力されるテキストの折り返し（とサーバーへの送信時の折り返し）が制御できます。表 11-1 は使用できるタイプを示しています。wrap パラメータを省略すると soft タイプが使用されます[†]。

表 11-1：wrap パラメータのタイプ

タイプ	アクション
off	テキストは折り返されず、行はユーザーが入力した通りに表示される。
soft	テキストは折り返されるが、サーバーにはキャリッジリターン（行頭復帰）もラインフィード（改行）もなく、1つの長いストリングとして送信される。
hard	テキストは折り返され、サーバーにはソフトリターン（画面上での改行）とラインフィードによる折り返された形式で送信される。

チェックボックス

ユーザーに複数の異なる選択肢を提供して、1つまたは複数のアイテムを選択させたい場合には、チェックボックスがその方法の1つです。チェックボックスは次の形式で作成します。

```
<input type="checkbox" name="name" value="value" checked="checked" />
```

checked パラメータを含めると、初めからチェックされた状態で表示されます（パラメータに指定するストリングは何でもかまいません。値がそこにあればよいだけです）。checked パラメータを含めない場合、チェックボックスはチェックされていない状態で表示されます。次のコードはチェックされていないチェックボックスの例です。

同意します。`<input type="checkbox" name="agree" />`

チェックボックスの値は、ユーザーがチェックボックスをチェックしないと送信されません。しかしユーザーがチェックすると、agree という名前のチェックボックス用の "on" という値が送信されます。"on" ではなく、自分自身の値（数字の 1 など）を送信したい場合には、次のシンタックスを使用します。

[†] 訳注：原則的には、キャリッジリターン（CL）は次の開始位置を行頭に戻す（行は変えずに）ことを、ラインフィード（LF）は行を1行次に移す（左右のマージンを変えずに）ことを意味します。ソフトリターンはソフトウェアによって自動的に挿入される改行を言います。

同意します。<input type="checkbox" name="agree" value="1" />

またニュースレターを配信しているような場合には、読者に対して購読を勧めるように、チェックボックスをデフォルトでチェック状態にしておくのも1つの工夫です。

購読しますか？<input type="checkbox" name="news" checked="checked" />

1度に複数アイテムのグループを選択できるようにするには、アイテムすべてに同じ名前を割り当てます。ただし name 値に配列を用いてそれを渡さないと、チェックされた最後のアイテムだけが送信されるので注意が必要です。次のサンプル 11-4 では、好みのアイスクリームが選択できます（図 11-4 参照）。

サンプル 11-4：チェックボックスの複数選択
```
バニラ <input type="checkbox" name="ice" value="Vanilla" />
チョコレート <input type="checkbox" name="ice" value="Chocolate" />
ストロベリー <input type="checkbox" name="ice" value="Strawberry" />
```

たとえば2つめのチョコレートなど、どれか1つのチェックボックスだけが選択されている場合には、そのアイテムだけが送信されます（フィールド名の ice には値 "Chocolate" が割り当てられて送信されます）。しかし2つ以上のアイテムが選択されている場合には、最後のアイテムだけが送信され、それより前のアイテムは無視されます。

1つのアイテムだけが送信できる排他的な振る舞いが欲しい場合には、次で見ていくラジオボタンを使用すべきです。しかし複数アイテムを送信したいときには、サンプル 11-5 に示すように HTML を少し変更する必要があります（ice の後に角かっこの [] が加えられていることに注目してください）。

サンプル 11-5：配列を使った複数の値の送信
```
バニラ <input type="checkbox" name="ice[]" value="Vanilla" />
チョコレート <input type="checkbox" name="ice[]" value="Chocolate" />
ストロベリー <input type="checkbox" name="ice[]" value="Strawberry" />
```

図 11-4：手早く選択できるチェックボックス

するとこのフォームの送信時、これらのどのアイテムが選択されている場合でも、選択されたすべての値を含む ice という名前の配列が送信されるようになります。いずれの場合でも、送られてきた単一値かまたは値の配列を、次のように変数に抽出することができます。

```
$ice = $_POST['ice'];
```

フィールド ice が単一値としてポストされた場合、$ice はたとえば "Strawberry" のような単一ストリングです。しかし ice が配列の形で定義された場合（サンプル 11-5 のように）には、$ice は配列になりそのエレメント数は送信された値の数に一致します。この HTML から送信される可能性のある値のセットは、アイテムの選択数（1 か 2、または 3）で分けると、7 通りあります（表 11-2 参照）。いずれの場合も配列は、アイテムを 1 つ含むか、2 つまたは 3 つ含むものが作成されます。

表 11-2：配列 $ice に入る 7 通りの値

1つが選択され、 1つが送信される	2つが選択され、 2つが送信される	3つが選択され、 3つが送信される
$ice[0] => Vanilla	$ice[0] => Vanilla $ice[1] => Chocolate	$ice[0] => Vanilla $ice[1] => Chocolate $ice[2] => Strawberry
$ice[0] => Chocolate	$ice[0] => Vanilla $ice[1] => Strawberry	
$ice[0] => Strawberry	$ice[0] => Chocolate $ice[1] => Strawberry	

$ice が配列の場合でも、その内容を表示する PHP コードはいたって簡単で、次のように記述できます。

```
foreach($ice as $item) echo "$item<br />";
```

ここでは、配列 $ice を繰り返し処理して各エレメントの値を変数 $item に渡す PHP の標準的な foreach 構造を使用し、echo コマンドでその値を表示しています。
 はただ各アイスの後に改行を追加するために使用しています。

なおチェックボックスはデフォルトで正方形です。

ラジオボタン

昔の多くのラジオには、一度押し込まれたボタンは別のボタンが押されるまで上がらない、という仕様がありましたが、ラジオボタンはその押し込み式ボタンから名前が取られました。ラジオボタンは、2 つ以上の選択肢から 1 つの値のみ欲しい場合に使用されます。グループ内のボタンにはすべて同じ名前を使用する必要があり、返すのは単一の値なので、配列を渡す必要はありません。

たとえば Web サイトのショップで購入されたアイテムの配達時刻を選択できるようにしたい場合には、サンプル 11-6 のような HTML が使用できます（図 11-5 はその表示結果です）。

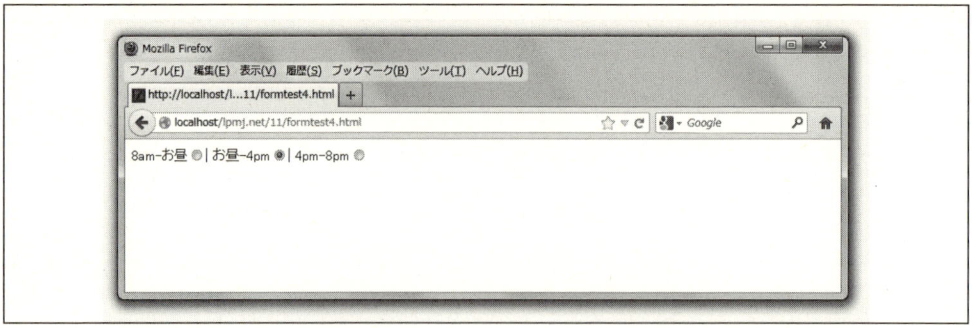

図 11-5：ラジオボタンを使って 1 つの値を選択した

サンプル 11-6：ラジオボタンの使用
```
8am- お昼 <input type="radio" name="time" value="1" />|
お昼 -4pm<input type="radio" name="time" value="2" checked="checked"/>|
 4pm-8pm<input type="radio" name="time" value="3" />
```

　ここでは 2 つの選択肢の " お昼 -4pm" をデフォルトで選択しています。デフォルトの選択を提供することで、配達時刻の選択もれがなくなり、しかもユーザーはほかの好きな時間帯に変更することができます。アイテムがデフォルトで選択されていない場合、ユーザーは選択を忘れる可能性があるので、そうなると希望配達時間の値がまったく送信されないことになります。
　ラジオボタンはデフォルトで円形をしています。

隠しフィールド

　フォーム入力の状態を追跡したいときには隠しフォームフィールドが役立ちます。たとえばフォームが送信されたかどうかを知りたい場合です。これは、HTML フォームに入力フィールドを追加する次のような単純な echo ステートメントで実現できます。

```
echo '<input type="hidden" name="submitted" value="yes" />'
```

　例として、フォームがプログラム以外で作成済みで、すでにユーザーに表示されている場合を想定してください（PHP とは関係なく作成されたこのフォームが送信されたかどうかを知るにはどうすればよいか、という話です）。上記のコードは、PHP プログラムが入力を初めて受け取った時点では実行されていないので、submitted という名前のフィールドはまだ存在しません。そこで PHP プログラムからフォームを再作成し、そのときこの入力フィールドを追加します。すると、その後訪問者がフォームを再送信するときには、PHP プログラムは "yes" に設定された submitted フィールドを含むフィールドを受け取ることができます。コードでは単に、このフィールドが存在するかどうかを調べるだけです。

```
if (isset($_POST['submitted']))
{...
```

隠しフィールドはまた、ユーザーの識別に作成するセッション ID ストリングなどの詳細情報の保持にも役立ちます。

> ただし隠しフィールドは安全ではないので、決してセキュアな（安全が確保された）ものとして扱ってはいけません。隠しフィールドを含む HTML は、ブラウザの [ページのソースを表示] 機能で容易に見ることができます。

select

select タグを使用すると、単一または複数のアイテムが選択できるドロップダウンリストが作成できます。select タグには次のシンタックスを使用します。

```
<select name="name" size="size" multiple="multiple">
```

size パラメータは表示する行数です。選択ボックスのどこかをクリックすると、すべての選択肢を表示するドロップダウン形式のリストが表示されます。multiple パラメータを使用すると、ユーザーは Ctrl キーを押しながら項目をクリックすることで、複数の選択肢が選択できます。ユーザーに好きな野菜を1つ、5つの選択肢からたずねるには、サンプル 11-7 のような単一選択を提供する HTML を使用します。

サンプル 11-7：select の使用

```
野菜 <select name="veg" size="1">
<option value="Peas">エンドウ豆</option>
<option value="Beans">豆</option>
<option value="Carrots">ニンジン</option>
<option value="Cabbage">キャベツ</option>
<option value="Broccoli">ブロッコリー</option>
</select>
```

この HTML は、1つめのエンドウ豆をあらかじめ選択した形で（先頭のアイテムなので）、5つの選択

図 11-6：select を使ってドロップダウンリストを作成した

肢を提供します。図 11-6 は選択ボックスのクリックからドロップダウンリストを表示し、そこから [ニンジン] を選択したところです。選択した [ニンジン] はハイライト表示されます。

最初に別のデフォルトオプション（[豆] のような）を提供したい場合には、次のように selected を使用します。

```
<option selected="selected" value="Beans">豆</option>
```

またサンプル 11-8 に示すように、ユーザーには複数アイテムを選択させることもできます。

サンプル 11-8：select とその multiple パラメータの使用

```
野菜 <select name="veg" size="5" multiple="multiple">
<option value="Peas">エンドウ豆</option>
<option value="Beans">豆</option>
<option value="Carrots">ニンジン</option>
<option value="Cabbage">キャベツ</option>
<option value="Broccoli">ブロッコリー</option>
</select>
```

これは前とあまり変わりませんが、サイズを "5" に変更し、multiple パラメータを使用しています。図 11-7 に示すように、この変更によって最初に表示されるリストの行が 5 行になり、選択時のクリックで Ctrl キーもいっしょに押すことで複数のオプションが選択できるようになります。

size パラメータは省略することができます。省略しても出力は同じですが、リストが長い場合にはそのドロップダウンボックスが非常に多くの画面スペースを占めることになるので、妥当な行数を選定しそれを使いつづけることをおすすめします。また複数選択する場合、ブラウザの中には選択ボックスへのアクセスに必要なスクロールバーを適切に表示しないものがあるので、行数は 2 よりも小さくしないことをおすすめします。

前述した selected は複数選択でも使用できるので、前もって複数のアイテムを選択しておくことができ

図 11-7：select とその multiple パラメータを使用した

ます。

ラベル

<label>タグを活用すると、よりすぐれたユーザー体験が提供できます。<label>タグはフォーム要素を囲むことができるので、それにより<label>と</label>タグの間にある表示部分のクリックで、そのフォーム要素が選択できるようになります。

たとえば前の配達時刻を選ぶサンプルで言うと、次のように<label>タグでラジオボタンを囲むことで、ラジオボタン自体に加え関連するテキストもクリックできるようになります。

```
<label>8am- お昼 <input type="radio" name="time" value="1" /></label>
```

このときテキストにはハイパーリンクのような下線はつきませんが、マウスポインタを重ねると、テキストカーソル（テキストが入力できることを示す I 字カーソル）ではなく、そのアイテム全体がクリックできることを示す矢印カーソルに変わります。

送信ボタン

送信するフォームのタイプは、送信ボタンのテキストを変更すると明確になります。送信ボタンのテキストは、次のように value パラメータを使用することで好きなものに変更できます。

```
<input type="submit" value=" 検索 " />
```

また標準のテキストボタンは、HTML を次のように使用すると、好きなグラフィックイメージと置き換えることもできます。

```
<input type="image" name="submit" src="image.gif" />
```

11.2.4 入力のサニタイジング

ここからは PHP プログラミングに戻ります。ユーザーデータの処理はセキュリティを確保する上で非常に危険な地雷原になり得る、ということはどれだけ強調してもし足りないくらい重要で、そうしたすべてのデータを初めから細心の注意を払って扱う方法は必ず習得しなければなりません。実際には、ハッキングを試みるユーザー入力のサニタイズ（消毒）はそう難しくはありません。ただし忘れずに、必ず実行する必要があります。

まず覚えておくべきなのは、みなさんが HTML フォームの入力のタイプやサイズを限定すべく、フォームにどのような制約を課したにせよ、それは、ブラウザの [ページのソースを表示] 機能を使ってフォームを抜き出し、それを細工して Web サイトに悪意ある入力を注入しようとするハッカーにとっては何の意味も持たない、ということです。

したがって、$_GET や $_POST 配列から取って来た変数は、その処理が終わるまで、決して信用してはいけません。ユーザーはサイト操作を妨害する JavaScript をデータに注入したり、データベースに侵入する MySQL コマンドを追加している可能性があるのです。

ユーザー入力を読み取るときには、次のようなコードで済ませるのではなく、

```
$variable = $_POST['user_input'];
```

コードを何行か追加すべきです。たとえば、MySQLに送られるストリングへのエスケープ文字の注入を阻止するには、次のコードを使用します（この関数は、現在開かれているMySQL接続での文字セットを対象にするので、接続が開かれた状態でのみ使用できます）。

```
$variable = mysql_real_escape_string($variable);
```

magic_quotes_gpcディレクティブ（非推奨）などから挿入された無用のスラッシュを取り除くには、次のコードを使用します。

```
$variable = stripslashes($variable);
```

そしてストリングからHTMLをすべて削除するには、次のコードを使用します。

```
$variable = htmlentities($variable);
```

このコードは、そのままで解釈可能な、たとえば`<b>hi</b>`というHTMLストリングを`&lt;b&gt;hi&lt;/b&gt;`に変更します。これはテキストとして表示されますが、HTMLタグとしては解釈されません。

最後に、入力からHTMLタグを取り除きたい場合には、次のコードを使用します。

```
$variable = strip_tags($variable);
```

とは言え、どのようなサニタイジングがみなさんのプログラムに必要かが分かるまでは、サンプル11-9に示す2つの関数が使用できます。これらの関数は前述したチェックをすべて行い、非常にすぐれたセキュリティレベルを提供します。

サンプル11-9：sanitizeString関数とsanitizeMySQL関数

```php
<?php
function sanitizeString($var)
{
    if (get_magic_quotes_gpc())
        $var = stripslashes($var);
    $var = htmlentities($var);
    $var = strip_tags($var);
    return $var;
}

function sanitizeMySQL($var)
{
```

サンプル 11-9：sanitizeString 関数と sanitizeMySQL 関数（続き）

```
    $var = mysql_real_escape_string($var);
    $var = sanitizeString($var);
    return $var;
}
?>
```

このコードをみなさんの PHP プログラムの最後に追加すると、ユーザー入力をサニタイズするとき次のように呼び出すことができます。

```
$variable = sanitizeString($_POST['user_input']);
```

sanitizeMySQL は MySQL 接続が開いているときに使用できます。

```
$variable = sanitizeMySQL($_POST['user_input']);
```

11.3 サンプルプログラム

では実際に、PHP プログラムと HTML フォームを組み合わせる方法を、サンプル 11-10 の convert.php プログラムを例に見ていきましょう。これを入力して自分で試してみてください。

サンプル 11-10：値を華氏と摂氏間で換算するプログラム

```
<?php // convert.php
$f = $c = "";

if (isset($_POST['f'])) $f = sanitizeString($_POST['f']);
if (isset($_POST['c'])) $c = sanitizeString($_POST['c']);

if ($f != '')
{
    $c = intval((5 / 9) * ($f - 32));
    $out = "$f °f は $c °c です";
}
elseif($c != '')
{
    $f = intval((9 / 5) * $c + 32);
    $out = "$c °c は $f °f です";
}
else $out = "";

echo <<<_END
<html><head><title> 摂氏と華氏の換算 </title>
</head><body><pre>
摂氏または華氏を入力し、変換ボタンをクリック
```

サンプル 11-10：値を華氏と摂氏間で換算するプログラム（続き）
```
    <b>$out</b>
    <form method="post" action="convert.php">
    華氏 <input type="text" name="f" size="7" />
    摂氏 <input type="text" name="c" size="7" />
        <input type="submit" value=" 変換 " />
    </form></pre></body></html>
    _END;

    function sanitizeString($var)
    {
        $var = stripslashes($var);
        $var = htmlentities($var);
        $var = strip_tags($var);
        return $var;
    }
?>
```

　ブラウザから convert.php を呼び出し換算テストを行うと、図 11-8 に示すような結果が表示されます。
　プログラムではまず 1 行めで、変数 $c と $f がポストされていない場合に備えて初期化を行っています。2 行では、f という名前のフィールドか c という名前のフィールドの値を取得しています。f は華氏（fahrenheit）用の、c は摂氏（celsius）用の入力フィールドの名前です。ユーザーが両方を入力している場合には、摂氏が無視され華氏から摂氏への変換が優先されます。ここではセキュリティ対策として、サンプル 11-9 の sanitizeString 関数を使用しています。
　この処理の後、$f と $c は値を持っているか空のストリングのいずれかなので、if...elseif...else 構造を使って、まず $f が値を持っているかどうかを調べ、$f が値を持っていない場合には $c を調べます。$c も値を持っていない場合には、変数 $out を空のストリングに設定します（$out については後で触れます）。
　$f が値を持っていることが分かった場合には、$f の値を華氏から摂氏に変換する公式を適用して、結果

図 11-8：摂氏 / 華氏の気温換算プログラム

を変数 c に代入します。使用しているのは摂氏 = (5 / 9) * (華氏 - 32) という公式です。その後変換結果を示すメッセージのストリングを変数 $out に設定しています。

一方 $f が値を持っていず $c が持っていることが分かった場合には、補完操作として $c の摂氏から華氏への変換を実行し、結果を $f に代入します。使用している公式は華氏 = (9 / 5) * 摂氏 + 32 です。そして $out に前と同じようにして、変換結果を示すメッセージを設定しています。

この2つの変換では両方でPHPの intval 関数を呼び出して、変換の結果を整数値に変換しています。これは必ずしも必要ではありませんが、結果の見栄えがよくなります。

公式の計算が済んだら、HTMLの出力です。ここでは基本的なヘッダとタイトルの出力から始め、$out の値を出力する前に、プログラムの操作に関するテキストを加えています。温度変換が行われなかった場合、$out は NULL 値を持つので何も表示されません。これは、フォームが送信されなかったときの仕様として適切です。しかし変換が行われた場合には、$out にその結果が割り当てられ、表示されます。

その後はフォームを作成しています。ここでは convert.php（このプログラム自体）への送信を POST メソッドを使って設定しています。フォームの中には華氏と摂氏の数字を記入する2つの入力があります。送信ボタンには [送信] というラベルをつけ、フォームを閉じます。

HTMLを出力したらドキュメントを閉じ、最後にサンプル 11-9 の sanitizeString 関数を定義して終わりです。

> 本章のサンプルではすべて、フォームデータの送信に POST メソッドを使用しています。POST は最適かつ安全な方法なので、わたしは POST の使用をおすすめします。とは言え、$_POST 配列ではなく $_GET 配列から値を取ってくる限り、GET メソッドには簡単に変更できます。GET メソッドには、検索結果がブックマークできたり、別のページから直接リンクできるといった GET ならではの使用理由があります。

次章では、Web サイトを訪れるユーザーの追跡に使用できる PHP のクッキーやセッション、HTTP 認証といったテクニックを見ていきます。

11.4 確認テスト

1. フォームデータは POST か GET メソッドで送信できます。データが PHP に渡されるときにはそれぞれ何という連想配列が使用されますか？

2. register_globals とは何ですか？ またこれを使用するのはなぜよくないのですか？

3. テキストボックスとテキストエリアの違いは？

4. 相互に排他的な3つの選択肢をユーザーに提供するには（選択できるのは3つのうち1つに限定するために）、チェックボックスかラジオボタンのどちらの入力タイプが適切ですか？

5. Web フォームから選択されたグループを、単一のフィールド名で送信するにはどのようにしますか？

6. フォームフィールドをブラウザで表示されることなく送信するにはどのようにしますか？

7. フォーム要素をカプセルで包んだように、テキストやグラフィックを含む全体がマウスクリックで選択できるようにするには、どの HTML タグを使用しますか？

8. HTML を、ブラウザ上の表示はそのままで、HTML としては解釈されない形式に変換するにはどの PHP 関数を使用しますか？

テストの模範解答は付録 A に記載しています。

12章
クッキー、セッション、認証

Webプロジェクトが大きくなって複雑化してくると、ユーザーを追跡する必要性が増してくることに気づきます。ログインやパスワードを提供していない場合でも、通常はユーザーの現在のセッションに関する詳細を保持する必要があり、時にはサイトを再訪問したユーザーを特定する必要もあります。

この種のインタラクションには、ブラウザの単純なクッキーや、セッション処理、HTTP認証といったテクニックが使用できます。これらのテクニックはみなさんに、みなさんのサイトをユーザーの好みに応じて設定し、ユーザーが滑らかで楽しい移動体験を得ることのできる機会を提供します。

12.1　PHPでのクッキーの使用

クッキーは、WebサーバーがWebブラウザを通してコンピュータのハードディスクに保存するデータ項目で、ほとんどすべての英数字による情報が保持でき（4KBという制限があります）、コンピュータから取得しサーバーに返すことができます。一般的な用途としては、セッショントラッキング（セッションの追跡）や複数の訪問者にまたがるデータの維持管理、ショッピングカートの中身やログイン情報の保持などがあります。

クッキーはプライバシーに関わるので、読み取りが行えるのはそれを発行したドメインからのみです。言い方を変えると、たとえばoreilly.com（http://oreilly.com）で発行されたクッキーは、そのドメインを使用するWebサーバーだけが取得できます。これによって、権限を持たない、ほかのWebサイトからの詳細へのアクセスを防ぐことができます。

インターネットの仕様により、Webページには複数のドメインからの、それぞれがそれ自体のクッキーを発行する複数の要素を埋め込むことができます。このクッキーはサードパーティクッキーと呼ばれます。これはほとんどの場合、広告会社が複数のWebサイトにわたってユーザーを追跡するために作成したものです。

ユーザーはほぼすべてのブラウザで、現在のサーバーのドメインかサードパーティのサーバーまたはその両方用のクッキーをオフにすることができますが、ありがたいことに、無効化してもサードパーティのWebサイト用クッキーにとどまる人々がほどんどです[†]。

[†] 訳注：たとえばFirefoxでは、メニューの[ツール] → [オプション]（Windows）や[Firefox] → [環境設定]（Mac）から[プライバシー]タブを選択して表示される[履歴]領域の[Firefox]に[ドロップダウン]から[記憶させる履歴を詳細設定する]が選択できます。すると、[サイトから送られてきたCookieを保存する]と[サードパーティのCookieも保存する]チェックボックスがデフォルトで有効になっていることが分かります。また右にある[Cookieを表示]ボタンをクリックすると、さまざまなサイトからのクッキーが保存されていることが分かります。

```
       Webブラウザがヘッダを要求          webserver.comが返すヘッダ

        ┌─────────────────────┐
        │ GET /index.html     │
    1   │ HTTP/1.1 Host:      │
        │ www.webserver.com   │
        └─────────────────────┘
                                      ┌─────────────────────────┐
                                      │ HTTP/1.1 200 OK         │
                                   2  │ Content-type: text/html │
                                      │ Set-Cookie: name=value  │
                                      │ …webページの内容        │
                                      └─────────────────────────┘
        ┌──────────────────────────┐
        │ GET /news.html HTTP/1.1  │
    3   │ Host: www.webserver.com  │
        │ Cookie: name=value       │
        └──────────────────────────┘
                                      ┌─────────────────────────┐
                                      │ HTTP/1.1 200 OK         │
                                   4  │ Content-type: text/html │
                                      │ …webページの内容        │
                                      └─────────────────────────┘
```

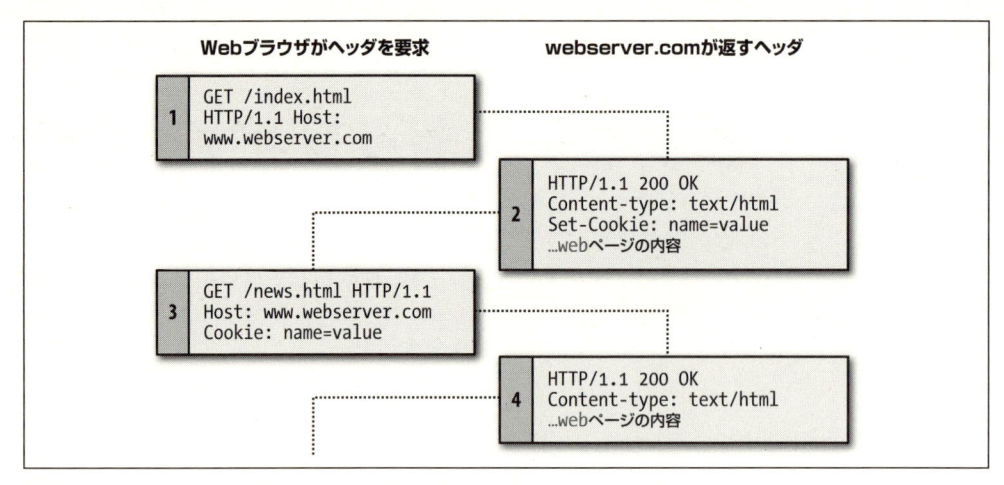

図 12-1：ブラウザ / サーバー間のクッキーに関する要求 / 応答

　クッキーはヘッダの転送時、Web ページの実際の HTML が送信される前にやりとりされ、HTML の転送後には送信できないので、その使用には注意深いプランニングが重要になります。図 12-1 は、Web ブラウザと Web サーバー間でクッキーを受け渡す典型的な要求 / 応答の図です。

　このやりとりではブラウザは 2 ページを受け取ります。

1. ブラウザは Web サイト http://www.webserver.com に対し、メインページ index.html を取得する要求を発行します。最初のヘッダはそのファイルを、2 つめのヘッダはそのサーバーを指定します。

2. webserver.com にある Web サーバーはこのヘッダのペアを受け取ると、まずそれ自体の状態を返します。2 つめのヘッダでは送信するコンテンツのタイプ（text/html）を定義し、3 つめのヘッダでは name という名前と value という値を持ったクッキーを送信します。これが終わって初めて Web ページのコンテンツを送信します。

3. クッキーを受け取ったブラウザは、そのクッキーの有効期限が切れるかクッキーが消去されるまで、そのクッキーを発行したサーバーに今後要求を出すとき、そのクッキーを返します。したがってブラウザは新たに /news.html ページを要求するときにも、value という値を持つクッキー name を返します。

4. クッキーはすでに設定されているので、サーバーは /new.html の送信要求を受け取ったとき、クッキーを再送信せず、要求されたページを返すだけです。

12.1.1　クッキーの設定

　PHP でのクッキーの設定はいたって簡単で、HTML の転送前である限り、次のシンタックスを持つ setcookie 関数を使って行うことができます（表 12-1 参照）。

```
setcookie(name, value, expire, path, domain, secure, httponly);
```

表 12-1：setcookie 関数のパラメータ

パラメータ	説明	例
name	クッキーの名前。ブラウザがこれ以降要求してきたときに、サーバーはこの名前を使ってクッキーにアクセスする。	username
value	クッキーの値かクッキーの中身。4KB までの英数字のテキストが保持できる。	Hannah
expire	（オプション） クッキーの有効期限を表す Unix タイムスタンプ。一般的に、time() に秒数を加えるかそこから引くかした値が使用される。設定されない場合、クッキーはブラウザが閉じられたときに期限切れになる。	time() + 2592000
path	（オプション） サーバー上でのクッキーのパス。パスが / （フォワードスラッシュ）の場合、クッキーは、www.webserver.com（http://www.webserver.com）のようなドメイン配下全体で使用できる。サブディレクトリの場合には、そのサブディレクトとその配下でのみ使用できる。デフォルトはクッキーが設定されたときのディレクトリ（カレントディレクトリ）で、通常はこの設定で十分。	/
domain	（オプション） クッキーが有効なインターネットドメイン。これが .webserver.com の場合、クッキーは、www.webserver.com や images.webserver.com といった webserver.com とそのサブドメインすべてで使用できる。domain が images.webserver.com の場合、クッキーは、sub.images.webserver.com といった images.webserver.com とそのサブドメインでのみ使用でき、たとえば www.webserver.com では使用できない。	.webserver.com
secure	（オプション） クッキーが必ずセキュアな接続（https://）を使用するようにするかどうか。TRUE の場合、クッキーはセキュアな接続を通してのみ転送できる。デフォルトは FALSE。	FALSE
httponly	（オプション、PHP 5.2.0 以降で実装） クッキーが必ず HTTP プロトコルを使用するようにするかどうか。この値が TRUE の場合には、JavaScript などのスクリプティング言語はそのクッキーにアクセスできなくなる（ただしすべてのブラウザでサポートされているわけではない）。デフォルトは FALSE。	FALSE

したがって、カレントドメインの Web サーバー全体からアクセスでき、7 日のうちにブラウザのキャッシュから削除される、名前が username で値が "Hannah" のクッキーは、次のコードで作成できます。

```
setcookie('username', 'Hannah', time() + 60 * 60 * 24 * 7, '/');
```

12.1.2　クッキーへのアクセス

クッキーの値を読み取るには、$_COOKIE システム配列にアクセスするだけです。たとえば現在のブラウザが username という名前のクッキーをすでに保持しているかどうかを調べて、持っている場合にその値を読み取るには、次のようにします。

```
if (isset($_COOKIE['username']))
    $username = $_COOKIE['username'];
```

クッキーが読み取れるのは Web ブラウザに送信された以降なので、注意してください。これは、クッキーを発行しても、ブラウザが Web サイトからそのページ（またはそのクッキーにアクセスできる別のページ）を再読み込みし、クッキーをサーバーに渡すまで読み取れないということです。

12.1.3　クッキーの破棄

クッキーを消去するには、クッキーを再度発行し、過去の日付を設定する必要があります。このときの setcookie 関数への呼び出しでは、最初にクッキーを作成したときに使用した、タイムスタンプをのぞくすべてのパラメータと同じパラメータを使用する必要があります。それ以外の場合消去は失敗します。したがって、前に作成したクッキーを消去するには、次のコードを使用します。

```
setcookie('username', 'Hannah', time() - 2592000, '/');
```

クッキーは、過去の日付を指定する限り、消去されます。しかしわたしはこの例では、クライアントコンピュータの日付と時刻が正しく設定されていない場合に備えて、2,592,000 を引いて今より一ヶ月前の過去を指定しています。

12.2　HTTP 認証

PHP による HTTP 認証では、Web サーバーを使ってアプリケーションのユーザーとパスワードを管理します。これは、ユーザーにログインを求めるほとんどのアプリケーションに適していますが、中には特別な要求を満たす必要のあるものや、別のテクニックが必要になるより厳しいセキュリティ要件を求めるものもあります。

HTTP 認証を使用するには、PHP から、ブラウザでの認証ダイアログの開始を求めるヘッダ要求を送信します。これを動作させるにはサーバーでこの機能がオンになっている必要があります。しかしこれはよく行われる方法なので、みなさんのサーバーでもまず利用できるでしょう。

> HTTP 認証機能は通常 Apache とともにインストールされるので、お使いのサーバーでもこれをインストールする必要はないでしょう。本章のサンプルの実行時、もしこの機能が無効になっているといったエラーメッセージが表示される場合には、HTTP 認証のモジュールをインストールして、それをロードするようにコンフィグレーションファイルを変更するか、またはこの修正をシステム管理者に依頼する必要があります。

みなさんの URL をブラウザに入力したりリンクを経由してやって来るユーザーには、[ユーザー名] と [パスワード] の 2 つのフィールドへの入力を求める [認証が必要] プロンプトが表示されます（図 12-2 は Firefox での表示例です）。

これを実行するコードはサンプル 12-1 のようになります[†]。

[†] 訳注：PHP マニュアルの「PHP による HTTP 認証」ページ（http://php.net/manual/ja/features.http-auth.php）には、「HTTP ヘッダ行をコーディングする際には注意を要します。全てのクライアントへの互換性を最大限に保証するために、キーワード "Basic" には、大文字の "B" を使用して書くべきです。realm 文字列は（一重引用符ではなく）二重引用符で括る必要があります。また、HTTP/1.0 401 ヘッダ行のコード 401 の前には、1 つだけ空白を置く必要があります」とあります。

図12-2：HTTP認証で表示されるログインプロンプト

サンプル12-1：PHP認証

```php
<?php
if (isset($_SERVER['PHP_AUTH_USER']) &&
    isset($_SERVER['PHP_AUTH_PW']))
{
    echo "Welcome User: " . $_SERVER['PHP_AUTH_USER'] .
         " Password: " .    $_SERVER['PHP_AUTH_PW'];
}
else
{
    header('WWW-Authenticate: Basic realm="Restricted Section"');
    header('HTTP/1.0 401 Unauthorized');
    die("Please enter your username and password");
}
?>
```

このプログラムでまず行っているのは、$_SERVER['PHP_AUTH_USER']と$_SERVER['PHP_AUTH_PW']という2つの特定の値を調べることです[†]。両方とも存在する場合、これらは、ユーザーが認証プロンプトに入力したユーザー名とパスワードを表します。

どちらかの値が存在しない場合ユーザーは認証されず、次のヘッダの発行によって図12-2のプロンプトが表示されます。この "Basic realm" は保護される領域の名前で、ポップアッププロンプトに表示されます。

[†] 訳注：$_SERVERで提供される情報はサーバーによって異なり、$_SERVER['PHP_AUTH_USER']と$_SERVER['PHP_AUTH_PW']は、PHPがApacheのモジュールとして実行されているサーバーで生成されます。これらの値が使用できるかどうかは、<?php echo phpinfo(); ?>で出力される [Server API] の項で分かります。この値がApache 2.0 HandlerやApacheの場合はモジュール版で、CGI/FastCGIやCGIのときはモジュール版ではありません。Zend ServerのWindows版はCGI/FastCGIなので、サンプル12-2はそのままでは適切に実行できません。Zend ServerのMac版はApache 2.0 Handlerなので、予想通りに機能します。なおXAMPP（http://www.apachefriends.org/jp/）のWindows版はApache 2.0 Handlerです。

```
WWW-Authenticate: Basic realm="Restricted Section"
```

ユーザーがフィールドに入力すると、PHP プログラムは再度最初から実行されます。しかしユーザーが [キャンセル] ボタンをクリックすると、プログラムはつづく 2 行に進み、次のヘッダとエラーメッセージを送信します。

```
HTTP/1.0 401 Unauthorized
```

このとき die ステートメントによって、図 12-3 に示すテキスト "Please enter your username and password" が表示されます。

> ユーザーを一度認証すると、Web ブラウザは PHP に同じユーザー名とパスワードを返しつづけるので、そのユーザーがブラウザウィンドウをすべて閉じ再度開くまで、認証ダイアログをポップアップ表示することはできません。したがって本節のサンプルをさまざまな場合に分けて試すときにも、ブラウザを 1 度閉じてから開く必要があります。

次は有効なユーザー名とパスワードを調べてみましょう。この機能はサンプル 12-1 のコードをあまり変更しなくても追加できます。ただウェルカムメッセージのコードをユーザー名とパスワードを調べるコードに変え、その後にログインが成功したメッセージをつづければよいだけです。認証が失敗した場合には、エラーメッセージを送信します（サンプル 12-2 参照）。

サンプル 12-2：入力チェックを行う PHP 認証

```php
<?php
$username = 'admin';
$password = 'letmein';

if (isset($_SERVER['PHP_AUTH_USER']) &&
    isset($_SERVER['PHP_AUTH_PW']))
{
    if ($_SERVER['PHP_AUTH_USER'] == $username &&
```

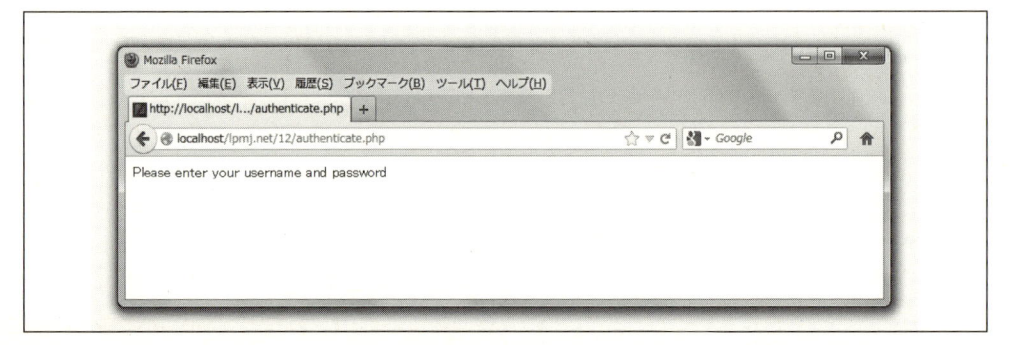

図 12-3：[キャンセル] ボタンをクリックした結果

サンプル 12-2：入力チェックを行う PHP 認証（続き）
```
            $_SERVER['PHP_AUTH_PW']   == $password)
            echo "You are now logged in";
        else die("Invalid username / password combination");
    }
    else
    {
        header('WWW-Authenticate: Basic realm="Restricted Section"');
        header('HTTP/1.0 401 Unauthorized');
        die ("Please enter your username and password");
    }
    ?>
```

ついでながら言うと、"Invalid username / password combination"（無効なユーザー名とパスワードの組み合わせです）というメッセージは、ユーザー名かパスワード、もしくはその両方が間違っていると言っているのではありません。潜在的ハッカーに与える情報は少なければ少ないほどよいのです。

ユーザーを認証する仕組みはこれで整えることができますが、扱えるのは 1 つのユーザー名とパスワードだけです。また PHP ファイルではパスワードが丸見えになっているので、誰かがみなさんのサーバーをハッキングすると、すぐにばれてしまいます。次はユーザー名とパスワードをもっとうまく処理する方法を見ていきましょう。

> 近年、モダンブラウザのセキュリティはますます厳格になり、その設定をいじらない限り、とうとうローカルのファイルシステムでの HTTP 認証を簡単に行えないほどのレベルに達しました。これは、インターネットからダウンロードする可能性のある悪意あるファイルからみなさんを守るための措置です（ローカルのファイルは一般的に、セキュリティを脅かす危険要因です）。したがってこの認証タイプを使ったコードをテストしたい場合には、インターネット接続を使ってリモートサーバーで実行する方がよいでしょう。

12.2.1　ユーザー名とパスワードの保持

ユーザー名とパスワードの保持を考えると MySQL が適した方法だということは明らかですが、Web サイトは、ハッカーが万が一データベースにアクセスした場合危険にさらされるので、パスワードをテキストのまま保持するのはよくありません。そこで一方向関数と呼ばれるうまいトリックを使用します。

このタイプの関数は使用が簡単で、テキストストリングをランダムに見えるストリングに変換します。一方向という特質により、逆向きに変換することは事実上不可能なので、その出力はデータベースに安全に保持することができます。もし盗まれたとしても元のパスワードは誰にも分かりません。

ここでわれわれが使用するのは md5 という関数です。この関数にストリングを渡すとそれを細切れにし、32 文字の 16 進数を返します。使用するには次のようにします。

```
$token = md5('mypassword');
```

ここからはたとえば次のような値が $token に入ります。

34819d7beeabb9260a5c854bc85b3e44

また同種の関数として、よりセキュアだと見なされている sha1 も使用できます。sha1 の方がすぐれたアルゴリズムを備え、40 文字の 16 進数を返します。

12.2.2 ソルト

とは言え md5 それ自体ではパスワードの入ったデータベースの防御には不十分です。なぜなら、32 文字 16 進数の md5 トークンを知る別のデータベースを使った力まかせの総当たり攻撃（ブルートフォース攻撃）に破られる可能性があるからです。

しかしこの攻撃は、パスワードを md5 に送る前にソルト（塩漬け）することで妨害できます。ソルトとは単に、自分だけが知るテキストを、暗号化する各パラメータに追加することを言います。

```
$token = md5('saltstringmypassword');
```

ここでは saltstring というテキストを実際のパスワードの前につけていますが、塩漬けはもちろん、分かりづらければ分かりづらいほど向上します。わたしが好んで使用するのは次のような方法です。

```
$token = md5('hqb%$tmypasswordcg*l');
```

ここではパスワードの前後にランダムな文字を加えています。これにより、データベースに保持したパスワードの解読は、みなさんの PHP コードを使用しない限りほぼ不可能になります。

> とは言うものの、近年のコンピュータの驚異的な処理速度の向上により、MD5 ストリングは（何年ではなく）何週かでクラックできる（破れる）領域に入ってきたと言えます。これは、SHA1 アルゴリズムが開発されることになった一因でもあります。40 文字の 16 進数ストリングを返す SHA1 のクラックは MD5 よりもかなり困難です。
> みなさんのコードを今後も使いつづけるには、md5 関数ではなく sha1 関数の方がよいかもしれません（MySQL に SHA1 値を保持するときには、フィールドの幅を必ず 40 文字に設定します）。また非常に強固な暗号化が必要な場合には、CRYPT_BLOWFISH アルゴリズムを使った PHP の crypt 関数を調べてみてください（http://www.php.net/manual/ja/function.crypt.php）。

ログインに使用されたパスワードの検証で必要なのは、入力されたパスワードの前後に同じランダムストリングを追加して、md5 呼び出しから得られた結果のトークンと、パスワードに保存されているそのユーザー用のパスワードを比べることです。

ではここまでのサンプルを作成する下準備として、まずユーザーの詳細情報を保持する MySQL テーブルを作成し、アカウントを 2 つ追加しましょう。サンプル 12-3 のプログラムを入力し、setupusers.php という名前で保存してブラウザで開きます（データベースは前の publications を使用します。また login.php も使用します）。

サンプル 12-3：users テーブルを作成し 2 つのアカウントを追加する

```php
<?php //setupusers.php
require_once 'login.php';
$db_server = mysql_connect($db_hostname, $db_username, $db_password);
if (!$db_server) die("Unable to connect to MySQL: " . mysql_error());
mysql_select_db($db_database)
    or die("Unable to select database: " . mysql_error());

$query = "CREATE TABLE users (
            forename VARCHAR(32) NOT NULL,
            surname  VARCHAR(32) NOT NULL,
            username VARCHAR(32) NOT NULL UNIQUE,
            password VARCHAR(32) NOT NULL
        )";

$result = mysql_query($query);
if (!$result) die ("Database access failed: " . mysql_error());

$salt1 = "qm&h*";
$salt2 = "pg!@";

$forename = 'Bill';
$surname  = 'Smith';
$username = 'bsmith';
$password = 'mysecret';
$token    = md5("$salt1$password$salt2");
add_user($forename, $surname, $username, $token);

$forename = 'Pauline';
$surname  = 'Jones';
$username = 'pjones';
$password = 'acrobat';
$token    = md5("$salt1$password$salt2");
add_user($forename, $surname, $username, $token);

function add_user($fn, $sn, $un, $pw)
{
    $query = "INSERT INTO users VALUES('$fn', '$sn', '$un', '$pw')";
    $result = mysql_query($query);
    if (!$result) die ("Database access failed: " . mysql_error());
}
?>
```

このプログラムは、publications（または 10 章で login.php ファイル用に設定した）データベース内にテーブル users を作成します。このテーブルには、Bill Smith と Pauline Jones という 2 人のユーザーを作成します。彼らのユーザー名とパスワードはそれぞれ bsmith/mysecret と pjones/acrobat です。

このテーブルのデータを使用すると、サンプル 12-2 を、複数ユーザーを適切に認証するように修正することができます。サンプル 12-4 はそのために必要なコードの例です。これを入力し authenticate.php という名前で保存して、ブラウザで呼び出します。

サンプル 12-4：MySQL を使った PHP 認証

```php
<?php // authenticate.php
require_once 'login.php';
$db_server = mysql_connect($db_hostname, $db_username, $db_password);
if (!$db_server) die("Unable to connect to MySQL: " . mysql_error());
mysql_select_db($db_database)
    or die("Unable to select database: " . mysql_error());

if (isset($_SERVER['PHP_AUTH_USER']) &&
    isset($_SERVER['PHP_AUTH_PW']))
{
    $un_temp = mysql_entities_fix_string($_SERVER['PHP_AUTH_USER']);
    $pw_temp = mysql_entities_fix_string($_SERVER['PHP_AUTH_PW']);

    $query = "SELECT * FROM users WHERE username='$un_temp'";
    $result = mysql_query($query);
    if (!$result) die("Database access failed: " . mysql_error());
    elseif (mysql_num_rows($result))
    {
        $row = mysql_fetch_row($result);
        $salt1 = "qm&h*";
        $salt2 = "pg!@";
        $token = md5("$salt1$pw_temp$salt2");

        if ($token == $row[3]) echo "$row[0] $row[1] :
            Hi $row[0], you are now logged in as '$row[2]'";
        else die("Invalid username/password combination");
    }
    else die("Invalid username/password combination");
}
else
{
    header('WWW-Authenticate: Basic realm="Restricted Section"');
    header('HTTP/1.0 401 Unauthorized');
    die ("Please enter your username and password");
}
```

サンプル 12-4：MySQL を使った PHP 認証（続き）
```
function mysql_entities_fix_string($string)
{
    return htmlentities(mysql_fix_string($string));
}

function mysql_fix_string($string)
{
    if (get_magic_quotes_gpc()) $string = stripslashes($string);
    return mysql_real_escape_string($string);
}
?>
```

　本書をここまで進んできたみなさんは予想されているかもしれませんが、ここからのサンプルにはサンプル 12-4 のようにいささか長いものも含まれてきます。しかし嫌がってはいけません。最後の 10 行は 10 章のサンプル 10-22 と同じもので、ユーザー入力をサニタイズする重要な箇所です。

　ここで実際に注目すべきなのは、送られてきたユーザー名とパスワードを使って 2 つの変数 $un_temp と $pw_temp に値を代入する、太字で示した行以降です。その後ユーザー $un_temp を求めるクエリを MySQL に発行し、結果が返された場合には、最初の行を $row に割り当てます（ユーザー名は一意なので、行は 1 つしかありません）。そして $salt1 と $salt2 でソルトを 2 つ作成し、送られてきたパスワード $pw_temp の前後に追加したストリングを md5 関数に渡します。$token には 32 文字の 16 進数ストリングが入ります。

　次に必要なのは、この $token と、データベースに保持している値との比較です。この値は今の場合、4 つめの列にあります（$row[0] には名、$row[1] には姓、$row[2] にはユーザー名、$row[3] にはパスワードが含まれています）。したがって塩漬けしたパスワードの計算済みトークンは、0 から数え始めた $row[3] にあります。この 2 つが一致したら、ユーザーをファーストネームで呼ぶウェルカムストリングを出力します（図 12-4 参照）。そうでない場合にはエラーメッセージを表示します。エラーメッセージはユーザー名に関係なく同じにしています。これは、前にも述べたように、潜在的なハッカーやパスワードを推測しようとする人にできるだけ情報を与えないようにするための措置です。

　このプログラムを試すには、ブラウザでプログラムを開き、ユーザー名に bsmith を、パスワードに mysecret を入力します（または pjones と acrobat）。これらはサンプル 12-3 でデータベースに保存した値

図 12-4：Bill Smith が認証された（Windows の XAMPP を使用）

です。

12.3　セッションの使用

みなさんのプログラムは、ほかのプログラムでどんな値が設定されているかが分からず、またプログラム自身が前回の起動時設定した値すら覚えていませんが、場合によっては、あるページから別のページに移動するユーザーの行動を追跡したいときもあります。これは 11 章で見たように、フォームで隠しフィールドを設定して、フォームの送信後にそのフィールドの値を調べることで実現できます。しかし PHP ではもっとパワフルかつ簡単な解決策として、セッションという形式が提供されています。セッションは、サーバーに保持され、現在のユーザーにのみ関連する変数のグループです。対象とするユーザーに適切な変数を確実に適用するには、ユーザーの Web ブラウザにユーザーを一意に識別するクッキーを保存します。

このクッキーはその Web サーバーにとってのみ意味があり、ユーザーに関するあらゆる情報の確認には使用できません。またクッキーをオフにしているユーザーの情報も知りたいでしょう。これは PHP 4.2.0 以降では問題ありません。なぜなら PHP 4.2.0 以降ではこの状況を識別し、URL 要求の GET 部にクッキーのトークンを加えるからです。いずれにせよセッションはユーザーを追跡するための確かな方法を提供します。

12.3.1　セッションの開始

セッションを開始するには、PHP 関数の session_start を、HTML が出力される前に呼び出す必要があります（クッキーが HTML の転送前でないと送信できないのと同様です）。セッション変数の保存を開始するには、次のように、変数を $_SESSION 配列の 1 部として割り当てます。

    $_SESSION['variable'] = $value;

すると変数は、プログラムを後から実行するとき、次のように簡単に読み取ることができるようになります。

    $variable = $_SESSION['variable'];

では例として、users テーブルに保持した各ユーザーのユーザー名とパスワード、姓名に必ずアクセスするアプリケーションを考えてみましょう。そのためにはまずサンプル 12-4 の authenticate.php を、ユーザーが認証されたらセッションを設定するように変更します。

サンプル 12-3 ではその箇所を太字で示しています。前と異なるのは、if ($token == $row[3]) の部分で、今度はセッションを開始し、4 つの変数をセッションに保存しています。このプログラムを入力するかサンプル 12-4 を修正して、authenticate2.php という名前で保存します。しかしまだブラウザでは実行しません。プログラムはもう 1 つ作成する必要があります。

サンプル 12-5：認証が成功したらセッションを設定する

```
<?php // authenticate2.php
require_once 'login.php';
```

サンプル 12-5：認証が成功したらセッションを設定する（続き）

```
$db_server = mysql_connect($db_hostname, $db_username, $db_password);
if (!$db_server) die("Unable to connect to MySQL: " . mysql_error());
mysql_select_db($db_database)
    or die("Unable to select database: " . mysql_error());

if (isset($_SERVER['PHP_AUTH_USER']) &&
    isset($_SERVER['PHP_AUTH_PW']))
{
    $un_temp = mysql_entities_fix_string($_SERVER['PHP_AUTH_USER']);
    $pw_temp = mysql_entities_fix_string($_SERVER['PHP_AUTH_PW']);

    $query = "SELECT * FROM users WHERE username='$un_temp'";
    $result = mysql_query($query);
    if (!$result) die("Database access failed: " . mysql_error());
    elseif (mysql_num_rows($result))
    {
        $row = mysql_fetch_row($result);
        $salt1 = "qm&h*";
        $salt2 = "pg!@";
        $token = md5("$salt1$pw_temp$salt2");

        if ($token == $row[3])
        {
            session_start();
            $_SESSION['username'] = $un_temp;
            $_SESSION['password'] = $pw_temp;
            $_SESSION['forename'] = $row[0];
            $_SESSION['surname']  = $row[1];
            echo "$row[0] $row[1] : Hi $row[0],
                you are now logged in as '$row[2]'";
            die ("<p><a href=continue.php>Click here to continue</a></p>");
        }
        else die("Invalid username/password combination");
    }
    else die("Invalid username/password combination");
}
else
{
    header('WWW-Authenticate: Basic realm="Restricted Section"');
    header('HTTP/1.0 401 Unauthorized');
    die ("Please enter your username and password");
}

function mysql_entities_fix_string($string)
{
```

サンプル 12-5：認証が成功したらセッションを設定する（続き）
```
        return htmlentities(mysql_fix_string($string));
    }

    function mysql_fix_string($string)
    {
        if (get_magic_quotes_gpc()) $string = stripslashes($string);
        return mysql_real_escape_string($string);
    }
?>
```

authenticate2.php にはまた、行き先が continue.php という URL の "Click here to continue" リンクも追加しています。このリンクは、セッションがほかのプログラムや PHP の Web ページにどのように伝わるかを示すためのものです。つづいてサンプル 12-6 の 2 つめのプログラムを入力し、continue.php という名前で保存します。

サンプル 12-6：セッション変数の取得
```
<?php // continue.php
session_start();

if (isset($_SESSION['username']))
{
    $username = $_SESSION['username'];
    $password = $_SESSION['password'];
    $forename = $_SESSION['forename'];
    $surname  = $_SESSION['surname'];

    echo "Welcome back $forename.<br />
          Your full name is $forename $surname.<br />
          Your username is '$username'
          and your password is '$password'.";
}
else echo "Please <a href=authenticate2.php>click here</a> to log in.";
?>
```

　これで準備ができたので、authenticate2.php をブラウザで開き、ユーザー名に bsmith を、パスワードに mysecret（または pjones と acrobat）を入力して [OK] ボタンをクリックします。認証されたら "Click here to continue" リンクをクリックして continue.php をロードします。するとブラウザには図 12-5 に示すような結果が表示されます。
　セッションは、ユーザーの認証とログインに必要な広範囲に渡るコードを 1 つのプログラムに収めるうまい方法です。ユーザーの認証とセッションの作成が終わったら、プログラムの後のコードはかなり単純になり、session_start を呼び出し、必要な変数に $_SESSION からアクセスするだけです。

図12-5：セッションを使ってユーザーデータを維持した（MacのZend Serverを使用）

サンプル12-6では、$_SESSION['username']が値を持っているかどうかを調べているだけですが、現在のユーザーが認証されているかどうかを知るにはこれで十分です。なぜならセッション変数はサーバーに保持されるので（クッキーはこれと異なりWebブラウザに保持されます）信用できます。

$_SESSION['username']に値が割り当てられていない場合にはセッションが有効でないので、最後の行でユーザーをauthenticate2.phpのログインページに送っています。

> continue.phpプログラムではユーザーのパスワードを出力していますが、これはみなさんにセッション変数の動作を示すためです。実際には、ユーザーがログインしていることはすでに分かっているので、パスワードを追跡したり表示する必要はなく、逆にセキュリティリスクを招きます。

12.3.2　セッションの終了

ユーザーがサイトからのログアウトを求めるときなど、セッションを終了すべきときには、session_destroy関数を使用します。サンプル12-7は、セッションを破棄し、ユーザーの追跡を終了してすべてのセッション変数を破棄する関数の例です。

サンプル12-7：セッションとそのデータを破棄する便利な関数

```php
<?php
function destroy_session_and_data()
{
   session_start();
   $_SESSION = array();
   setcookie(session_name(), '', time() - 2592000, '/');
   session_destroy();
}
?>
```

これを実際に試すには、continue.phpをサンプル12-8のように変更します。

サンプル 12-8：セッション変数を取得した後セッションを破棄する

```
<?php
session_start();

if (isset($_SESSION['username']))
{
    $username = $_SESSION['username'];
    $password = $_SESSION['password'];
    $forename = $_SESSION['forename'];
    $surname  = $_SESSION['surname'];

    destroy_session_and_data();

    echo "Welcome back $forename.<br />
        Your full name is $forename $surname.<br />
        Your username is '$username'
        and your password is '$password'.";
}
else echo "Please <a href=authenticate.php>click here</a> to log in.";

function destroy_session_and_data()
{
    $_SESSION = array();
    setcookie(session_name(), '', time() - 2592000, '/');
    session_destroy();
}
?>
```

このサンプルを試すには authenticate2.php を開いてログインし、continue.php に移動します。すると前と同じようにセッション変数が表示されますが、今度は destroy_session_and_data 関数を呼び出しているので、ブラウザのリロードボタンをクリックすると、セッションは破棄され、ログインページに戻るようながすメッセージが表示されます。

タイムアウトの設定

ログアウトを忘れたり放置したユーザーに対しては、そのユーザー自身のセキュリティを守るために、プログラムからユーザーのセッションを閉じるようにした方がよいでしょう。そのためには、アクティビティがなくなったら自動的にログアウトを発生させるタイムアウトを設定します。

タイムアウトを設定するには、`ini_set` 関数を次のように使用します。この例ではタイムアウトをちょうど1日に設定しています。

```
ini_set('session.gc_maxlifetime', 60 * 60 * 24);
```

現在設定されているタイムアウトの秒数が知りたい場合には、次のコードで表示できます。

```
echo ini_get('session.gc_maxlifetime');
```

12.3.3　セッションのセキュリティ

わたしは前に、ユーザーを認証しセッションを設定したら、そのセッション変数は十分信用できると述べましたが、これはセキュリティには当てはまりません。その理由は、**パケットスニッフィング**（データのサンプリング）を使用すると、ネットワーク越しに渡されるセッション ID を見つけ出すことができるからです。またセッション ID が URL の GET 部で渡される場合には、外部サイトのサーバーログに残る恐れがあります。こうした露見を防ぐ唯一の真にセキュアな方法は、Secure Sockets Layer（SSL）を実装して HTTP ではなく HTTPS の Web ページを使用する方法です。これは本書の範囲を超えるトピックですが、セキュアな Web サーバーの設定に関する詳細を知りたい場合には、http://www.apache-ssl.org/ が参考になるかもしれません。

セッションハイジャックを防ぐ

SSL が無理な場合、ユーザーの IP アドレスをその詳細とともに保持することでユーザーを認証することもできます。そのためには、ユーザーのセッションを保持するときに次のようなコードを追加します。

```
$_SESSION['ip'] = $_SERVER['REMOTE_ADDR'];
```

そして追加的なチェックとして、ページがロードされセッションが可能なときには必ず次のチェックを実行するようにします。ここでは保持した IP アドレスが現在のものと一致しない場合に関数 different_user を呼び出します。

```
if ($_SESSION['ip'] != $_SERVER['REMOTE_ADDR']) different_user();
```

この different_user 関数にどのようなコードを配置するかはみなさん次第です。わたしがおすすめするのは、単に現在のセッションを消去し、技術的なエラーが発生したので再度ログインしてほしいとユーザーに求める方法です。これ以上言ってはいけません。これ以上言うと "おいしい" 情報を与えることになります。

無論、同じプロキシサーバーを使用しているユーザーや、家庭や職場のネットワークで IP アドレスを共有しているユーザーは同じ IP アドレスを使用している、ということは承知しておく必要があります。これが問題となる場合には SSL を使用します。またブラウザのユーザーエージェントストリング（ブラウザの開発者がブラウザのタイプとバージョンを識別するためにブラウザに仕込んだストリング）を保持する方法もあります。ブラウザにはさまざまなタイプとバージョン、コンピュータのプラットフォームがあるので、それが逆にユーザーの特定に役立つ場合があります。ユーザーエージェントを保持するには次のコードを使用します。

```
$_SESSION['ua'] = $_SERVER['HTTP_USER_AGENT'];
```

そしてこの $_SESSION['ua'] を使って、現在のエージェントストリングと比較します。

```
if ($_SESSION['ua'] != $_SERVER['HTTP_USER_AGENT']) different_user();
```

またさらによいのは、次のように 2 つのチェックを組み合わせて md5 の 16 進数ストリングとして保持する方法です。

```
$_SESSION['check'] = md5($_SERVER['REMOTE_ADDR'] .
    $_SERVER['HTTP_USER_AGENT']);
```

そしてこれを使って、現在のストリングと保持したストリングを次のように比べます。

```
if ($_SESSION['check'] != md5($_SERVER['REMOTE_ADDR'] .
    $_SERVER['HTTP_USER_AGENT'])) different_user();
```

セッション固定化を防ぐ

セッションの固定化は、悪意を持ったユーザーがセッション ID をサーバーに作成させずにサーバーに送り込もうとする行為によって行われます。この攻撃は次のように、URL の GET 部にセッション ID を渡す機能を利用するときに受ける恐れがあります。

```
http://yourserver.com/authenticate.php?PHPSESSID=123456789
```

この例では 123456789 というセッション ID がサーバーに渡されます。ではこれを、セッション固定化攻撃を受ける恐れのある次のサンプル 12-9（sessiontest.php）で考えてみましょう。

サンプル 12-9：セッション固定化攻撃を受ける恐れのあるセッション

```
<?php // sessiontest.php
session_start();

if (!isset($_SESSION['count'])) $_SESSION['count'] = 0;
else ++$_SESSION['count'];
echo $_SESSION['count'];
?>
```

入力して保存したら、次の URL を使って呼び出します（http://localhost/web/ など、適切なパス名を前に加えます）。

```
sessiontest.php?PHPSESSID=1234
```

リロードボタンをつづけてクリックすると、カウント数が増えていくのが分かります（たとえば 5 まで増やします）。つづいて次の URL を開きます。

sessiontest.php?PHPSESSID=5678

今度もリロードボタンを何回かクリックします。すると再度ゼロからカウントが始まるのが分かります。カウンタの数を最初のURLと違う数字にしておき（たとえば10など）、最初のURLに戻ります。すると数字が元に戻るのが分かります（5に戻ります）。今みなさんは自分自身の選択で2つの異なるセッションを作成したことになります。ここではセッションは必要だけいくつでも簡単に作成することができます。

この方法がなぜ危険かというと、悪意に満ちた攻撃者がまったく無防備なユーザーに対してこのようなタイプのURLを送りつけることができるからです。リンクの後に加えたものによって、攻撃者は無防備なユーザーになりすまし、有効期限がなく消去できないセッションを乗っ取ることができるのです。

これを防ぐには、session_regenerate_id 関数を使ってセッション ID を変更します。この関数は現在のすべてのセッション変数の値を知っており、セッション ID を攻撃者が知ることのできない新しい ID に置き換えます。

そして要求を受け取ったとき、みなさんが任意に作成した特別なセッションが存在するかどうかを調べます。存在しない場合それは新しいセッションだということが分かるのでセッション ID を変更し、特別なセッション変数にはこの変更が行われたことが分かるようにメモします。

サンプル 12-10 は、initiated というセッション変数を使ってこれを行うコードの例です。

サンプル 12-10：セッションの再生成

```php
<?php
session_start();

if (!isset($_SESSION['initiated']))
{
    session_regenerate_id();
    $_SESSION['initiated'] = 1;
}

if (!isset($_SESSION['count'])) $_SESSION['count'] = 0;
else ++$_SESSION['count'];
echo $_SESSION['count'];
?>
```

これによって、攻撃者が自分で生成したセッション ID を使ってみなさんのサイトにやって来ても、セッション ID はすべて再生成したものと置き換えられているので、ほかのユーザーのセッションを使用することはできなくなります。もっとこだわりたいと思われる方は、セッション ID を各要求ごとに再生成することもできます。

session.use_only_cookies セッション

ユーザーにクッキーの有効化を要求する Web サイトの場合には、次のような ini_set 関数が使用できます。

```
ini_set('session.use_only_cookies', 1);
```

この設定により、?PHPSESSID= を使ったトリックは完全に無視されます。このセキュリティ対策を使用する場合には、ユーザーに対して、このサイトはクッキーを有効化する必要があることを伝えるべきです。するとユーザーは、希望する結果が得られない場合、何が原因なのかが理解できます[†]。

共有サーバーの使用

アカウントを共有しているサーバーでは、ほかのアカウントと同じディレクトリにセッションデータを保存しない方がよいでしょう。セッションの保持には、自分のアカウントだけがアクセスできるディレクトリを選ぶようにすべきです。そのためにはプログラムがスタートするときに、次のような ini_set 呼び出しを配置します。

```
ini_set('session.save_path', '/home/user/myaccount/sessions');
```

このコンフィグレーションオプションはこの値をプログラムの実行中のみ保持し、元のコンフィグレーションはプログラムが終了するときにリストアされます。

この sessions フォルダはすぐに一杯になる可能性があるので、サーバーへのアクセスの度合いに応じて、古いセッションは定期的に取り除くようにします。セッションは、利用される量が多いほど、保持しておくべき期間は短くなります。

みなさんの Web サイトはハッキングの対象になる恐れがあることをよく覚えておいてください。インターネットでは、サイトの脆弱性を探ろうとする自動化されたボットがいたるところを徘徊しています。したがってみなさんは何をするにせよ、自分のプログラムで 100% 生成したデータでない限り、データを処理するときにはつねに最大限に注意を持ってそれを扱う必要があります。

みなさんはここまでで、PHP と MySQL 両方に関するさまざまな知識を得られたことと思います。次章では本書の 3 つめの主要テクノロジーである JavaScript を紹介します。

12.4　確認テスト

1. クッキーはなぜ、プログラムのスタート時に転送する必要があるのですか？

2. Web ブラウザにクッキーを保持する PHP 関数は？

3. クッキーはどのようにして破棄しますか？

4. HTTP 認証の使用時、ユーザー名とパスワードは PHP プログラムのどこに保持されますか？

5. md5 関数がパワフルなセキュリティ対策なのはなぜですか？

6. ストリングの "塩漬け" とは何を意味しますか？

7. PHP セッションとは？

[†] 訳注：session.use_only_cookies は、クライアント側へのセッション ID をクッキーだけを使って保存することを指定します。これにより、セッション ID を URL に埋め込んだ攻撃を防ぐことができます。

8. PHPセッションを初期化するには？

9. セッションハイジャックとは何ですか？

10. セッション固定化とは何ですか？

テストの模範解答は付録Aに記載しています。

13章
JavaScriptを探る

　JavaScriptはWebサイトにダイナミックな機能性をもたらします。みなさんは、ブラウザに表示された項目にマウスを重ねたとき、何かがポップアップしたりページに新しいテキストやカラー、イメージなどが現れるのを何度も目撃し、またページ上のオブジェクトをつかんで新しい位置にドラッグした経験があるでしょう。これらはすべてJavaScriptを通して行われます。JavaScriptはJavaScriptにしかできない効果を提供します。なぜならJavaScriptはブラウザ内で実行され、Webドキュメントにあるすべての要素に直接アクセスできるからです。

　JavaScriptは1995年、Netscape Navigatorブラウザに初めて登場しました。と同時にこれは、ブラウザにJavaテクノロジーのサポートが追加された時期でもありました。ここからJavaScriptはJavaの派生だという誤った認識が生まれ、JavaScriptとJavaの関係性に関する混乱がその後も長くつづくことになりました。しかしJavaScriptという名前は単に、Javaプログラミング言語の知名度を利用してこの新しい言語を広めようとしたマーケティング上の戦略からつけられたというのが本当のところです。

　JavaScriptはその後低い地位に甘んじていた時期がありましたが、WebページのHTML要素がDocument Object Model（DOM）と呼ばれるものの中に、従来よりも形式的で構造化されて定義されるようになってから、大きな巻き返しを見せました。新しい段落の追加やテキストのフォーカスや変更は、このDOMによって従来よりも簡単に行えるようになりました。

　JavaScriptでもPHPでも、Cプログラミング言語で使用される構造化されたプログラミングシンタックスがほとんどサポートされているので、これらは非常に似ています。またJavaScriptとPHPはともにハイレベル言語で、たとえば型付けが弱いという特性から、変数の新しい型への変更は、変数を新しいコンテキストで使用するだけで簡単に行えます。

　みなさんはすでにPHPを学んだので、JavaScriptの学習もすんなり進むはずです。そして必ずや学んでおいて良かったと思われるでしょう。なぜならJavaScriptは今や、経験豊富なWebユーザーなら誰しもが期待する、Webの滑らかなフロントエンドを実現しているWeb 2.0 Ajaxの必須要素であるからです。

13.1　JavaScriptとHTMLテキスト

　JavaScriptは、Webブラウザの中ですべてが実行されるクライアントサイドのスクリプティング言語です。これを呼び出すには、HTMLタグの開始<script>タグと終了</script>タグの間にJavaScriptコードを置きます。JavaScriptを使ったHTML 4.01での典型的な"Hello World"ドキュメントはサンプル13-1の

ようになります。

サンプル 13-1：JavaScript を使って "Hello World" を表示する
```
<html>
    <head><title>Hello World</title></head>
    <body>
        <script type="text/javascript">
            document.write("Hello World")
        </script>
        <noscript>
            Your browser doesn't support or has disabled JavaScript
        </noscript>
    </body>
</html>
```

> これまでに、<script language="javascript"> という HTML タグを使った Web ページを見かけたことがあるでしょう。しかしこれはもう推奨されません。このサンプルでは新たに推奨される <script type="text/javascript"> を使用しています。

　<script> タグ内には、PHP の echo や print コマンドに相当する JavaScript の document.write を使ったコードが 1 行あるだけです。この行は、みなさんの予想通り、与えられたストリングを、それを表示する現在のドキュメントに出力します。

　この行の終わりには、PHP と異なり、セミコロン（;）がついていないことに気がつかれたかもしれません。これは、JavaScript では改行がセミコロンと同じ役目を果たすからです。しかし複数のステートメントを 1 行で記述する場合には、最後のコマンドをのぞく各コマンドの後にはセミコロンが必要です。そして言うまでもなく、セミコロンはすべてのステートメントの終わりに追加でき、JavaScript は何の問題もなく適切に動作します。

　このサンプルではもう 1 つ、<noscript> と </noscript> タグのペアに気づかれるでしょう。これらは、JavaScript をサポートしないブラウザのユーザーや JavaScript を無効化しているユーザーに、代替の HTML を提供する場合に使用されます。使用するかどうかはみなさんの自由で必須ではありませんが、実際には義務として使用すべきです。なぜなら JavaScript から提供する機能を肩代わりする静的な HTML の提供はそう難しいことではないからです。とは言うものの、本書でフォーカスするのは JavaScript なしでできることではなく JavaScript で何ができるかなので、以降のサンプルではこの <noscript> タグは省略します。

　サンプル 13-1 を、JavaScript を有効にした Web ブラウザにロードすると、次の出力が得られます（図 13-1 参照）。

```
Hello World
```

　また JavaScript を無効にした Web ブラウザでは次の文字が出力されます（図 13-2 参照）。

図 13-1：JavaScript が有効な場合

図 13-2：JavaScript が無効化されている場合

Your browser doesn't support or has disabled JavaScript

13.1.1　スクリプトをドキュメントのヘッダ内で使用する

　スクリプトはドキュメントのボディ（<body> タグ）内に加え、<head> 部にも置くことができます。ここは、ページのロード時に実行したいスクリプトの配置に適した場所です。重要なコードや関数をここに置くと、ページのロード時に使用できる準備が整うので、それらに依存するドキュメント内のほかのスクリプトからすぐ利用できるようになります。

　スクリプトをドキュメントのヘッダ内に置く理由にはもう 1 つ、JavaScript から <head> 部にメタタグなどが書き込めることがあります。スクリプトはドキュメントにデフォルトとして書き込める場所にあるので、これが可能になります。

13.1.2　旧式のブラウザや標準的でないブラウザ

　スクリプト処理を提供しないブラウザをサポートする場合には、HTML のコメントタグ（<!-- と -->）を使って、ブラウザから理解できないスクリプトコードを見えなくする必要があります。サンプル 13-2 は

コメントタグのスクリプトコードへの追加方法の例です。

サンプル 13-2：非 JavaScript ブラウザ向けに修正した "Hello World" サンプル

```
<html>
    <head><title>Hello World</title></head>
    <body>
        <script type="text/javascript"><!--
            document.write("Hello World")
        // --></script>
    </body>
</html>
```

ここでは、HTML の開始コメントタグ（`<!--`）を開始 `<script ...>` ステートメントの直後に追加し、終了コメントタグ（`-->`）を `</script>` でスクリプトを閉じる直前に追加しています。

二重のフォワードスラッシュ（`//`）は、その行のそれより以降がコメントであることを示すために JavaScript が使用します。`//` をここに置くことで、JavaScript をサポートするブラウザは `-->` 以降を無視し、JavaScript に対応していないブラウザはその前の `//` を無視し、終了コメントの `-->` に反応するようになります。

これは少し複雑な方法ですが、実際には、非常に旧式のブラウザや標準的でないブラウザをサポートしたい場合、次の 2 行を使って JavaScript を囲むということを覚えておけばよいだけです。

```
<script type="text/javascript"><!--
    (JavaScript をここに記述 ...)
// --></script>
```

とは言え、こういったコメントの使用はここ数年リリースされているほとんどのブラウザには必要ありません。

> 知っておくべきスクリプティング言語にはいくつかのものがあります。1 つは Microsoft の Visual Basic プログラミング言語を元にした VBScript で、もう 1 つは高速なプロトタイピング言語の Tcl です。これらも JavaScript と同じようにして呼び出しますが、それぞれ type に text/vbscript と text/tcl を使用する点が異なります。VBScript が動作するのは Internet Explorer のみで、ほかのブラウザで使用するにはプラグインが必要になります。Tcl にはつねにプラグインが必要です。これらは標準的でないと見なせるので、本書では取り上げません。

13.1.3　JavaScript ファイルを含める

JavaScript は HTML ドキュメントに直接書き込むこともできますが、みなさんの Web サイトからでもインターネット上のどこからでも JavaScript のファイルを HTML に含める（インクルードする）ことができます。それには次のシンタックスを使用します。

```
<script type="text/javascript" src="script.js"></script>
```

ファイルをインターネットから引っ張ってくるには次のようにします。

```
<script type="text/javascript" src="http://someserver.com/script.js">
</script>
```

スクリプトのファイル自体には `<script>` や `</script>` タグを含めてはいけません。ブラウザは JavaScript がロードされることをすでに知っているので、これらのタグは不要です。JavaScript ファイルに `<script>` や `</script>` タグを含めるとエラーの原因になります。

スクリプトファイルのインクルード（ファイルを外部に置いて読み込むこと）は、Web サイトでサードパーティの JavaScript ファイルを使用するときに推奨される方法です。

> type="text/javascript" パラメータを省略することも可能です。すべてのモダンブラウザはデフォルトで、スクリプトには JavaScript が含まれていると想定します。

13.1.4　JavaScript エラーのデバッグ

JavaScript の学習には、入力やそのほかの記述エラーの追跡が重要になります。PHP ではエラーメッセージがブラウザに表示されますが、JavaScript のエラーメッセージはこれとは違う方法で処理され、その確認の仕方もブラウザによって異なります。表 13-1 では、よく使用される 5 つのブラウザに限ったエラーメッセージへのアクセス方法を示しています。

表 13-1：5 つのブラウザでの JavaScript エラーメッセージにアクセスする方法

ブラウザ	アクセス方法
Apple Safari	Safari はデフォルトでは [エラーコンソール] が有効になっていないが、メニューから [Safari] → [環境設定] → [詳細] を選択し、[メニューバーに " 開発 " メニューを表示] ボックスをクリックして有効化することで、[エラーコンソール] が使用できるようになる。また別の方法として、多くの人々が使いやすいと評価している Firebug Lite JavaScript モジュール（`<script src='http://tinyurl.com/fblite'></script>`）もよいかもしれない。
Google Chrome	ウィンドウ右上にある [Google Chrome の設定] アイコンをクリックし、[ツール] → [JavaScript コンソール] を選択する。このショートカットは Ctrl-Shift-J（Windows）、Option-Command-J（Mac）。
Microsoft Internet Explorer	[ツール] → [インターネット オプション] → [詳細設定] を選択し、[スクリプトのデバッグを使用しない] ボックスの選択を解除し、[スクリプトエラーごとに通知を表示する] ボックスをクリックして有効にする。
Mozilla Firefox	[ツール] → [Web 開発] → [エラーコンソール] を選択する。このショートカットは Ctrl-Shift-J（Windows）、Shift-Command-J（Mac）。
Opera	[ツール] → [詳細ツール] → [エラーコンソール] を選択する。([ツール] メニューが表示されていない場合には、左上の [Opera] マークをクリックし [メニューバーを表示する] を選択)

> OS X ユーザーのみなさんへ：ここでは Safari の [エラーコンソール] の使い方を紹介していますが、Google Chrome（Intel OS X 10.5 またはそれ以降用）を使われた方がよいかもしれません。わたしの見たところ、デベロッパー向けの機能は Google Chrome の方がはるかに充実しています。

ではこれらの [エラーコンソール] を試すために、小さな間違いのあるスクリプトを作成しましょう。サンプル 13-3 はサンプル 13-1 とほとんど同じですが、ストリング "Hello World" の右にあるべき二重引用符が欠けています。これはよくあるミスです。

サンプル 13-3：エラーを含んだ "Hello World" スクリプト

```
<html>
    <head><title>Hello World</title></head>
    <body>
        <script type="text/javascript">
            <b>document.write("Hello World)</b>
        </script>
    </body>
</html>
```

このサンプルを入力して test.html として保存し、ブラウザで呼び出します。すると成功するのはタイトルの表示だけで、ブラウザのメインウィンドウには何も表示されません。ここでブラウザの [エラーコンソール] を開き、ブラウザのリロードボタンをクリックします。すると Firefox の場合には次のようなメッセージが表示されます（ストリングリテラルが終了していないことと、開始する二重引用符の場所が矢印で示されています）[†]。

```
SyntaxError : unterminated string literal
document.write("Hello World)
---------------^
```

Microsoft Internet Explorer では次のようなエラーメッセージが表示されます。ここでは矢印は示されませんが、問題が何行めの何文字めにあるのかが正確に示されています。

メッセージ：終了していない文字列型の定数です。

Google Chrome では次のエラーが表示されます。問題のある行は示されますが、何文字めかまでは教えてくれません。

```
Uncaught SyntaxError: Unexpected token ILLEGAL
```

そして Opera からは次のようなメッセージが得られます。Opera が秀逸なのは、問題の箇所を矢印で言い当てていることです。ここでは "Hello World の d に矢印が向いてるのが分かります。

```
Syntax error at line 9 while loading: in string literal: invalid line terminator.
t.write("Hello World)
------------------^
```

[†] 訳注：このときには、「HTML ドキュメントの文字エンコーディングが宣言されていません。(以下略)」というエラーも表示されるかもしれませんが、これは HTML で文字のエンコーディング方法を指定することで解決できます。

間違いのある場所をピンポイントで指摘しているのは Opera と Internet Explorer です。ただし Internet Explorer の場合は矢印で示されず、問題があると指摘された場所まで数えて移動する必要があります。また Firefox が指摘する開始の二重引用符も大きなヒントになります。ここまでを勘案すると JavaScript のデバッグに適したブラウザは Opera か Firefox ということになります。Firefox は JavaScript が初めて搭載された Netscape Navigator の後継ブラウザであり、デバッグに役立つ多くのプラグインも利用できることから、JavaScript のデバッグには Firefox がよく利用されます。

あらかじめ述べておくと、今もなお非常に多くの Web サーバーが選択している Microsoft Internet Explorer には互換性に関する大きな問題があります。したがってデベロッパーであるみなさんは、自分のプログラムを実際のサーバーでリリースする前に、このブラウザのさまざまなバージョンでテストする必要があります。

なお Firefox の Firebug (http://getfirebug.com/) は JavaScript デベロッパーの間で非常に人気のあるデバッグ用プラグインで、実際に試してみる価値があります。

> 以降のコードスニペットを自分で入力して試す場合には、<script> と </script> タグで囲むのを忘れないようにしてください。

13.2　コメントの使用

PHP と JavaScript は C プログラミング言語を共通の親に持つことから多くの類似性があり、コメントもその1つです。まずは1行コメントです。

```
// これはコメント
```

このスタイルはフォワードスラッシュ文字のペア (//) を使って、その行のこれ以降のものはすべて無視するよう、JavaScript に伝えます。2つめは次の複数行コメントです。

```
/*      これは複数行コメント。
この部分は
解釈されない */
```

複数行コメントは /* で始めて、*/ で終えます。複数行コメントはネストできません。これは覚えておく必要があります。したがって、すでに複数行コメントをつけている大きなコード部はコメントアウト（コメントをつけること）しないようにします。

13.3　セミコロン

JavaScript は PHP と異なり、1行に1ステートメントしかない場合にはセミコロンは必要ありません。したがって次のコードは有効です。

```
x += 10
```

しかし1行に複数のステートメントを記述するときには、次のようにステートメントをセミコロンで区切る必要があります。

```
x += 10; y -= 5; z = 0
```

最後のセミコロンは、改行が最後のステートメントを終了させるので、通常は省略できます。

> このセミコロンのルールには例外があります。ステートメントを変数や関数への参照で終え、次の行の最初を左のかっこ（(）や角かっこ（[）で始めるときには、セミコロンをつける必要があります。セミコロンがない場合 JavaScript は適切に動作しません。したがって不確かな場合にはセミコロンをつけるようにします。

13.4 変数

JavaScript には、PHP のドル記号（$）のように、これが変数だと特定する文字はありません。JavaScript の変数には名前づけに関する次のルール（命名規則）があります。

- 変数の名前には、a-z、A-Z、0-9、$記号、アンダースコア（_）のみ使用できます。
- スペースや点など、そのほかの文字は使用できません。
- 変数名の1文字めには a-z、A-Z、$、_ が使用でき、数字は使用できません。
- 名前はケースセンシティブです（大文字小文字の違いで区別されます）。Count と count、COUNT はすべて別の変数として扱われます。
- 変数名の長さに制限はありません。

お気づきかと思いますが、変数名に使用できる文字には $ も含まれています。$ は JavaScript が使用を認め、変数や関数の名前の1文字めにも使用できる文字です。$ の常用はおすすめしませんが、これは多量の PHP コードが JavaScript に比較的容易に移植できるということを意味しています。

13.4.1 ストリングの変数

JavaScript のストリング変数は次のように、一重か二重の引用符で囲む必要があります。

```
greeting = "Hello there"
warning = 'Be careful'
```

二重引用符で囲んだストリングの中に一重引用符を入れたり、一重引用符で囲んだストリングの中に二重引用符を含めることはできますが、同じタイプの引用符はバックスラッシュ文字（\）を使って、次のようにそれをエスケープする必要があります（二重引用符のストリング内で二重引用符を、一重引用符のストリング内で一重引用符をそれぞれ文字として含めるには、引用符の左に \ を加えます）。

```
greeting = "\"Hello there\" is a greeting"
warning = '\'Be careful\' is a warning'
```

ストリング変数を読み取るには、次のように変数を別の変数に代入します。

```
newstring = oldstring
```

また次のように関数（メソッド）内で使用することもできます。

```
status = "All systems are working"
document.write(status)
```

13.4.2 数値の変数

数値の変数の作成も、値の代入と同様に簡単です。

```
count = 42
temperature = 98.4
```

数値の変数も、ストリングの変数と同じように読み取ることができ、式や関数内で使用できます。

13.4.3 配列

　JavaScript の配列も PHP の配列とよく似ており、ストリングや数値のデータに加え、別の配列を含むこともできます。配列に値を割り当てるには、次のシンタックスを使用します（ここではストリングの配列を作成しています）。

```
toys = ['bat', 'ball', 'whistle', 'puzzle', 'doll']
```

　多次元配列を作成するには、大きい方の配列に小さい方の配列をネストします。たとえば、カラーをごちゃまぜにしたルービックキューブのある面のカラーを含む 2 次元配列は次のコードで作成できます（赤は R、緑は G、オレンジは O、黄色は Y、青は B、白は W で表しています）。

```
face =
[
    ['R', 'G', 'Y'],
    ['W', 'R', 'O'],
    ['Y', 'W', 'G']
]
```

　これは配列の構造が分かりやすいようにフォーマットして示した例ですが、次のように書くこともできます。

```
face = [['R', 'G', 'Y'], ['W', 'R', 'O'], ['Y', 'W', 'G']]
```

また次のように分けて書くこともできます。

```
top = ['R', 'G', 'Y']
mid = ['W', 'R', 'O']
bot = ['Y', 'W', 'G']

face = [top, mid, bot]
```

この格子（二次元配列は縦と横に値を持つ行列のように見ると理解しやすくなります）の左上から下に2つ、右に3つ行ったエレメントにアクセスするには、次のようにします（配列のエレメントは位置0から数え始めます）。

```
// 2次元配列 face 内の2つめの配列の3つめのエレメントにアクセス
document.write(face[1][2])
```

このステートメントからは、オレンジ表す文字 O が出力されます。

> JavaScript 配列はパワフルなストレージ構造です。配列は 15 章で詳しく見ていきます。

13.5 演算子

PHP と同様、JavaScript の演算子にも数計算やストリングへの変更、比較や論理演算（" かつ " や " または " など）を行うものがあります。JavaScript の数計算に使用する演算子は通常の算術に使うものとよく似ており、たとえば次のステートメントは 15 を出力します。

```
document.write(13 + 2)
```

以降の節ではさまざまな演算子を見ていきます。

13.5.1 算術演算子

算術演算子は数計算の実行に使用されます。算術演算子は4つの主要演算（加減乗除）と剰余（割った余り）、値のインクリメントとデクリメントに使用できます（表13-2参照）。

表 13-2：算術演算子

演算子	説明	例
+	加算	J + 12
-	減算	J - 22
*	乗算	j * 7
/	除算	j / 3.13

表 13-2：算術演算子（続き）

演算子	説明	例
%	剰余算（割った余り）	j % 6
++	インクリメント	++j
--	デクリメント	--j

13.5.2　代入演算子

　代入演算子は値の変数への代入に使用されます。代入演算子は単純な = のほか、+= や -= といった少し複雑なものがあります。演算子 += は右辺の値を左辺の変数の今の値に加算し、その結果を左辺の変数に代入します（左辺の値を丸ごと置き換えるのではありません）。たとえば変数 count が値 6 から始まるとすると、次のステートメントは、

```
// 変数 count の今の値（6）に右辺の 1 を加える
count += 1
```

count を 7 に設定します。これは次の代入ステートメントと同じです。

```
count = count + 1
```

　表 13-3 では JavaScript で使用できるさまざまな代入演算子を示しています。

表 13-3：代入演算子

演算子	例	同等
=	j = 99	j = 99
+=	j += 2	j = j + 2
+=	j += 'string'	j = j + 'string'
-=	j -= 12	j = j - 12
*=	j *= 2	j = j * 2
/=	j /= 6	j = j / 6
%=	j %= 7	j = j % 7

13.5.3　比較演算子

　比較演算子は多くの場合、2 つの項目を比較する if ステートメントなどの構造内で使用されます。たとえば、インクリメントしている変数がある値に達したかどうかを知りたい場合や、ある変数が設定済みのほかの変数より小さいかどうかを調べたいような場合です（表 13-4 参照）。

表 13-4：比較演算子

演算子	説明	例
==	等しい	j == 42
!=	等しくない	j != 17
>	より大きい	j > 0
<	より小さい（未満）	j < 100
>=	等しいかより大きい（以上）	j >= 23
<=	等しいかより小さい（以下）	j <= 13
===	等しい（同じ型であることも含め）	j === 56
!==	等しくない（同じ型であることも含め）	j !== '1'

13.5.4 論理演算子

PHP と異なり、JavaScript の論理演算子には && と || に相当する and と or がなく、xor 演算子はありません。表 13-5 では使用できる演算子を挙げています。

表 13-5：論理演算子

演算子	説明	例
&&	論理積（かつ）	j == 1 && k == 2（j が 1 と等しく、かつ k が 2 と等しい）
||	論理和（または）	j < 100 || j > 0（j が 100 より小さいか、または j が 0 よりも大きい）
!	論理否定（でない）	! (j == k)（j が k と等しいことの逆）

13.5.5 インクリメントとデクリメント

PHP で使い方を学んだ次の形式の前置と後置のインクリメントとデクリメントは、JavaScript でも同じようにサポートされます。

```
++x
--y
```

13.5.6 ストリングの連結

JavaScript は PHP と少し異なる方法でストリングの連結を処理します。JavaScript では . （ピリオド）演算子ではなく、次のようにプラス記号（+）を使用します。

```
document.write("You have " + messages + " messages.")
```

変数 messages が値 3 に設定されているとすると、このコード行からは次の結果が出力されます。

```
You have 3 messages.
```

+= 演算子を使用すると値を数値の変数に加算することができますが、ストリングでも同じようにして別のストリングに付加することができます。

```
name = "James"
name += " Dean"
```

13.5.7　文字のエスケープ

「ストリングの変数」節でストリングに引用符を挿入するときに使用したエスケープ文字はまた、タブやニューライン、キャリッジリターンといったさまざまな特殊文字の挿入にも使用できます。次のコードはタブを使って見出しを配置する、エスケープの具体例を示すためだけの単純な例です。Web ページにはもっとすぐれたレイアウト方法があります。

```
heading = "Name\tAge\tLocation"
```

表 13-6：JavaScript のエスケープ文字

文字	意味
\b	バックスペース
\f	フォームフィード（改ページ）
\n	ニューライン（改行）
\r	キャリッジリターン（復帰）
\t	タブ
\'	一重引用符（またはアポストロフィ）
\"	二重引用符
\\	バックスラッシュ
\XXX	同等の Latin-1 文字を表す 000 から 377 の間の 8 進数（たとえば \251 は © 記号を表す）
\xXX	同等の Latin-1 文字を表す 00 から FF の間の 16 進数（たとえば \xA9 は © 記号を表す）
\uXXXX	同等の Unicode 文字を表す 0000 から FFFF の間の 16 進数（たとえば \u00A9 は © 記号を表す）[†]

13.6　変数の型付け

PHP と同様、JavaScript は非常にゆるく型付けされる言語です。変数の型は値が割り当てられるときに初めて決まり、異なるコンテキストに合わせてその型を変えることができます。JavaScript はみなさんがやろうとしていることの見当をつけその通りこなすので、通常は型について気にする必要はありません。

サンプル 13-4 を見てください。ここでは次のことを行っています。

1. 変数 n にストリング値 '838102050' を代入します。次の行でその値を出力し、さらに typeof 演算子を使ってそのタイプを調べます。

[†] 訳注：最後の 3 つの例を具体的に試すと、document.write("\251") と document.write("\xA9")、document.write("\u00A9") からはどれも © が出力されます。

2. 同じ変数 n に、数値 12345 と 67890 との掛け算から返される値を代入します。この値も 838102050 ですが、これはストリング値ではなく数値です。この変数の型を typeof で調べて結果を表示します。

3. 数値の n に何らかのテキストを加え、その結果を表示します。

サンプル 13-4：代入によって変数の型を設定する

```
<script>
n = '838102050'         // n をストリングに設定
document.write('n = ' + n + ', and is a ' + typeof n + '<br />')

n = 12345 * 67890;      // n を数値に設定
document.write('n = ' + n + ', and is a ' + typeof n + '<br />')

n += ' plus some text' // n を数値からストリングに変更
document.write('n = ' + n + ', and is a ' + typeof n + '<br />')
</script>
```

このスクリプトからは次の結果が出力されます。

```
n = 838102050, and is a string
n = 838102050, and is a number
n = 838102050 plus some text, and is a string
```

変数の型が不確かな場合や、変数を確実に特定の型にしたい場合には、次のようなステートメントを使用することで、変数を強制的に別の型に変えることができます（1つめはストリングを数値に変換し、2つめは数値をストリングに変換します）。

```
n = "123"
n *= 1 // n を数値に変換

n = 123
n += "" // n をストリングに変換
```

そしてもちろん、変数の型は typeof 演算子でいつでも調べることもできます。

13.7　関数

PHP と同様、JavaScript の関数も特定の作業を実行するコード部をほかと切り離すために使用されます。関数を作成するにはサンプル 13-5 に示す要領で宣言します。

サンプル 13-5：単純な関数宣言

```
<script>
function product(a, b)
{
    return a*b
}
</script>
```

この関数は 2 つのパラメータを取り、それらを掛けた結果（積）を返します。

13.8 グローバル変数

グローバル変数は関数の外で定義された変数です（または関数内でも var キーワードを使わずに宣言されるとグローバルな変数になります）。グローバル変数は次の方法で定義できます。

```
a = 123                  // グローバルスコープ（どこからでも見える）
var b = 456              // グローバルスコープ
if (a == 123) var c = 789 // グローバルスコープ
```

var キーワードを使っても使わなくても、関数の外で定義された変数はグローバルなスコープを持ちます。これは、スクリプトのどの部分からでもそれにアクセスできる、ということです。

13.8.1 ローカル変数

関数に自動的に渡されるパラメータはローカルなスコープを持ちます。これはつまり、その関数の中からのみ参照できるということです。しかし 1 つ例外があります。配列は関数に参照によって渡されるので、パラメータとして渡された配列のエレメントを変更すると、元の配列のエレメントも変更されます。

現在の関数内にのみスコープを持ち、パラメータとして渡された変数ではないローカル変数を定義するには、関数内で var キーワードを使用します。サンプル 13-6 は、グローバルスコープを持つ変数を 1 つ、ローカルスコープを持つ変数を 2 つ作成する関数の例です。

サンプル 13-6：グローバルスコープを持つ変数とローカルスコープを持つ変数を作成する関数

```
<script>
function test()
{
        a = 123              // グローバルスコープ
    var b = 456              // ローカルスコープ
    if (a == 123) var c = 789 // ローカルスコープ
}
</script>
```

PHP ではスコープの設定確認に isset 関数が使用できますが、JavaScript にはそのような関数はないので、サンプル 13-7 では typeof 演算子を利用しています。この演算子は、変数が定義されていないときには

ストリングの "undefined"（未定義の意）を返します。

サンプル 13-7：関数 test 内で定義した変数のスコープを調べる

```
<script>
test()

if (typeof a != 'undefined') document.write('a = "' + a + '"<br />')
if (typeof b != 'undefined') document.write('b = "' + b + '"<br />')
if (typeof c != 'undefined') document.write('c = "' + c + '"<br />')

function test()
{
    a     = 123
    var b = 456

    if (a == 123) var c = 789
}
</script>
```

このスクリプトからは次の 1 行だけが出力されます。

```
a = "123"
```

これは変数 a だけがグローバルスコープを持っていることを示しています。変数 b と c には宣言時に関数内で var キーワードをつけてスコープをローカルにしているので、期待通りの結果です。

ブラウザが b は未定義だという警告を発した場合、それは適切な警告ですが無視できます。

13.9　Document Object Model（DOM）

　JavaScript の設計者たちは非常に賢明で、さらに別のスクリプティング言語を作成するのではなく（当時 JavaScript にはかなりの改善の余地がありました）、JavaScript を Document Object Model（DOM）を中心に構築するというビジョンを持っていました。これは、HTML ドキュメントの各部を、それぞれが自分のプロパティとメソッドを持ち、JavaScript のコントロールを受け付けることのできる個々のオブジェクトに分解するということです。

　JavaScript では、ピリオドを使ってオブジェクトやプロパティ、メソッドを分けます（これは、JavaScript ではなぜストリングを結合する演算子がピリオドではなく + なのか、という理由の 1 つです）。例として、名刺を表す card という名前のオブジェクトで考えてみましょう。このオブジェクトは名前や住所、電話番号といったプロパティ（属性）を持っています。JavaScript のシンタックスでは次のように表します。

```
card.name
card.phone
card.address
```

オブジェクトのメソッドは、プロパティを取得したり変更したり、そのほかの方法でプロパティに作用する関数です。たとえば、オブジェクト card のプロパティを表示するメソッドを呼び出すには、次のようなシンタックスを使用します。

```
card.display()
```

本章のこれまでのサンプルをいくつか見返してみてください。そこでは document.write というステートメントを使っていました。JavaScript はオブジェクトをベースにしているということが理解できると、この write は実は document オブジェクトのメソッドであることが分かります。

JavaScript の中には親オブジェクトと子オブジェクト関係を持つ階層があります。これが Document Object Model と呼ばれるものです（図 13-3 参照）。

この図は、ドキュメントに含まれるさまざまなオブジェクト間の親子関係を、おなじみの HTML タグを使って表しています。たとえばリンク内の URL は HTML ドキュメントのボディの 1 部です。JavaScript ではこれを次のように表します。

```
url = document.links.linkname.href
```

これはちょうど図の真ん中の列に当たります（[<html>]-[<body>]-[<a ...>]-[href=...] の列）。最初の document は <html> と <body> タグを指し、次の links.linkname は <a ...> タグを、そして href は href=... 要素を指しています。

ではこれを、実際の HTML とリンクのプロパティを読み取るスクリプトを使って見ていきましょう。サンプル 13-8 を入力して linktest.html という名前で保存し、ブラウザから呼び出します。

> Microsoft Internet Explorer をメインの開発用ブラウザとしてお使いの場合は、本節はひとまず目を通すだけにし、後の「しかしそれほど単純ではない」節を読んでから、そこで述べている getElementById を使った方法でこのサンプルを試してください。このようにしないとこのサンプルはうまく動作しません。

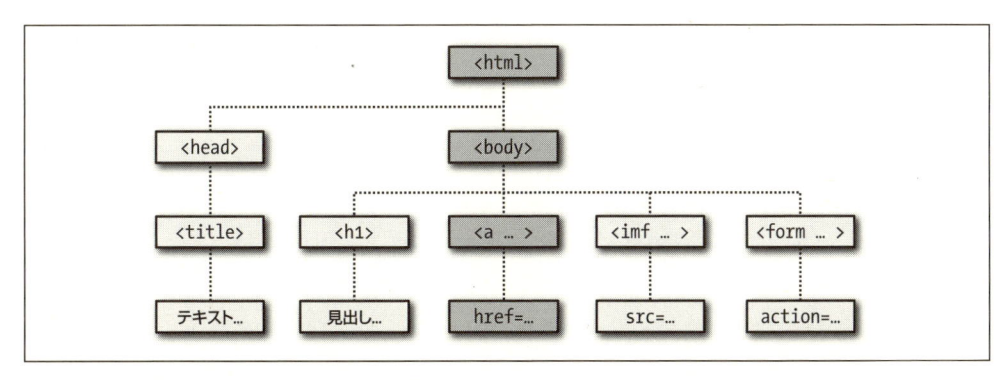

図 13-3：DOM オブジェクトの階層の例

サンプル13-8：JavaScriptを使ってリンク先URLを読み取る

```
<html>
    <head>
        <title>Link Test</title>
    </head>
    <body>
        <a id="mylink" href="http://mysite.com">Click me</a><br />
        <script>
            url = document.links.mylink.href
            document.write('The URL is ' + url)
        </script>
    </body>
</html>
```

ここでは入力の手間を減らすために、`<script>`タグのパラメータ、`type="text/JavaScript"`を省略している点に注目してください。JavaScriptのテストが目的の場合には、`<script>`と`</script>`以外のコードはすべて省くこともできます（`<script>`から`</script>`タグまでを.htmlファイルに保存してブラウザから開きます。ただしこのサンプルのようにテストにHTML要素が必要な場合にはそれも記述する必要があります）。このサンプルはまず次の2行を出力します。

Click me
The URL is http://mysite.com/

この2行めは`document.write`メソッドの出力によるものです。またドキュメントのツリー構造を下る`document.links.mylink.href`という書き方にも注目してください。ここでは`document`から`links`、`links`から`mylink`（この`a`要素に指定した`id`）、`mylink`から`href`（行き先のURL）へと下っています†。

またこれと同じように動作する、`id`属性の値から始める短縮形もあります（`mylink.href`）。したがって、

`url = document.links.mylink.href`

は次のコードに置き換えることができます。

`url = mylink.href`

13.9.1　しかしそれほど単純ではない

サンプル13-8はSafariやFirefox、OperaまたはChromeでは問題なく動作しますが、Internet Explorerではうまくいきません。これはMicrosoftのJScriptと呼ばれるJavaScript実装が、広く認められ

---

† 訳注：`document`はウィンドウに読み込んだHTMLを表すオブジェクトで、その子として`links`を持っています（`document.links`）。`links`はそのページ内のすべてのリンクを含む配列のようなオブジェクトです。ここでは、`id`が`mylink`、リンク先が`http://mysite.com`という`a`要素を作成しているので、このリンクも`links`に含まれています。このリンクには`mylink`という`id`でたどることができます（`document.links.mylink`）。`mylink`という`a`要素は`http://mysite.com`というURLが設定された`href`を持っているので、`document.links.mylink.href`でそのURLまでたどりつくことができます。

ている標準と多くの点で少しずつ異なるからです。したがって Internet Explorer を扱う場合には高度でそしてやっかいな Web 開発の世界へ踏み込んでいくことになります。

ではどうすればよいのでしょう？　Internet Explorer では、親 document オブジェクトの子 links オブジェクトという方法がうまく動作しないので、代わりに要素をその id で取得するメソッドを使用します。つまり、

```
url = document.links.mylink.href
```

を次のコードに置き換えます。

```
url = document.getElementById('mylink').href
```

このようにすると主要なすべてのブラウザで適切に動作するようになります。ついでながら言うと、要素を id で探す必要がないときには、次の短縮形がそのまま Internet Explorer でもほかのブラウザでも使用できます。

```
url = mylink.href
```

$ のまた違った使い方

前述したように、$ 記号は JavaScript の変数や関数の名前に使用できます。このため奇妙に思える次のようなコードを目にするときがあります。

```
url = $('mylink').href
```

進取の気質に富んだプログラマーの中には、JavaScript では getElementById を頻繁に使用するので、サンプル 13-9 に示すような $ という名前の関数に置き換えて使用する人たちがいます。

サンプル 13-9：getElementById メソッドの代わりを果たす関数

```
<script>
function $(id)
{
    return document.getElementById(id)
}
</script>
```

したがってこの $ 関数がコードの中で定義されている限り、次のようなシンタックスは、

```
$('mylink').href
```

次のコードと置き換えることができます。

```
document.getElementById('mylink').href
```

13.9.2　DOM の使用

　linksオブジェクトは実際にはURLの配列なので、サンプル13-8のmylinkのURLは次の方法でどのブラウザからも安全に参照することができます(最初の、1つしか含まれていないリンクなので)。

```
url = document.links[0].href
```

　ドキュメント全体でいくつのリンクがあるのかを知りたい場合には、linksオブジェクトのlengthプロパティを次のように調べます。

```
numlinks = document.links.length
```

　したがって、ドキュメント内のすべてのリンクを抽出するには次のようにします。

```
for (j=0 ; j < document.links.length ; ++j)
    document.write(document.links[j].href + '<br />')
```

　このlengthはすべての配列が持っているプロパティで、ほかにも多くのオブジェクトが持っています。たとえばブラウザのWeb履歴にあるアイテム数(履歴リストに持っているURLの個数)は次の方法で出力することができます。

```
document.write(history.length)
```

　historyオブジェクトは、閲覧履歴を盗み見させないよう、サイトの数しか保持しないので、ここから履歴に関する情報の読み取りや書き込みは行えません。とは言うものの、履歴内での位置が分かっている場合には、現在のページをそのページに置き換えることができます。これは、履歴の中にみなさんのサイトのページが存在すると分かっている場合や、単にブラウザの表示を1、2ページ戻したい場合に非常に役立つ機能で、historyオブジェクトのgoメソッドを使って行います。たとえば、ブラウザを3ページ戻すには、次のコマンドを発行します。

```
history.go(-3)      // 履歴を3つ戻る
```

　また次のメソッドを使用すると、履歴内のページを行き来できます。

```
history.back()       // 履歴を1つ戻る
history.forward()　// 履歴を1つ先に進む
```

　これと同じような方法で、現在ロードしているURLを、任意に選択したものと置き換えることもできます。

```
document.location.href = 'http://google.com'
```

もちろん DOM を使用すると、リンクの読み取りや変更以外にも多くのことが実行できます。本書ではこの後も JavaScript のさまざまな側面を見ていきます。みなさんはその中でさらに DOM に習熟しそこにアクセスする方法を学んでいきます。

13.10 確認テスト

1. JavaScript コードは何というタグを使って囲みますか？

2. JavaScript コードはデフォルトで、ドキュメントのどの部分に出力されますか？

3. 別のソースからの JavaScript コードはどのようにするとドキュメントに読み込むことができますか？

4. PHP の echo や print に相当する JavaScript の関数（メソッド）は？

5. JavaScript のコメントの作成方法は？

6. ストリングを連結する JavaScript の演算子は？

7. JavaScript の関数内でローカルスコープを持つ変数の定義に使用するキーワードは？

8. thislink という id を持つリンクに割り当てられた URL を表示する、クロスブラウザで使用できる 2 つの方法は？

9. ブラウザの履歴にある 1 つ前のページをロードする JavaScript コマンドを 2 つ挙げてください。

10. 現在のドキュメントを Web サイト oreilly.com のメインページ (http://oreilly.com) に置き換える JavaScript コマンドは？

テストの模範解答は付録 A に記載しています。

14章
JavaScriptの式と制御フロー

前章ではJavaScriptの基本とDOMを取り上げました。本章ではJavaScriptの複雑な式を組み立てる方法と、プログラムの流れを条件ステートメントを使って制御する方法を見ていきます。

14.1 式

JavaScriptの式はPHPの式とよく似ています。式は4章で学んだように、値や変数、演算子、関数の組み合わせで、値を返します。その結果は数値であったり、ストリング値やBoolean値（trueかfalse）の場合もあります。

サンプル14-1は簡単な式の例です。各行ではまず文字aからdを出力し、づづけてコロンと式の結果を出力しています（`<br />`タグは改行し、出力をHTMLで4行にするために使っています）。

サンプル14-1：4つの簡単なBoolean式

```
<script>
document.write("a: " + (42 > 3) + "<br />")    // 42は3より大きい
document.write("b: " + (91 < 4) + "<br />")    // 91は4より小さい
document.write("c: " + (8 == 2) + "<br />")    // 8は2と等しい
document.write("d: " + (4 < 17) + "<br />")    // 4は17より小さい
</script>
```

このコードからは次の結果が出力されます。

```
a: true
b: false
c: false
d: true
```

式aとdはtrueに評価されますが、bとcはfalseです。PHPと異なり（PHPはTRUEの場合1を、FALSEの場合には何も出力しません）、JavaScriptは実際のストリング、"true"と"false"を表示します。

JavaScriptでは、値がtrueかfalseかを調べるとき、falseに評価されるストリングのfalse自体、0、-0、空のストリング、null、undefined、NaN以外の値はすべてtrueに評価されます（NaNは、0で割る演

算など不正な浮動小数点演算を表すコンピュータエンジニアリングの概念で、非数と訳されます)。

ここでtrueとfalseに小文字を使っている点に注意してください。これは、PHPと異なり、JavaScriptではこれらの値は小文字でなければならないからです。したがって、次の2つのステートメントでは小文字のtrueを出力する最初の方の結果だけが表示され、2つめのステートメントは"TRUE is not defined"(TRUEは定義されていない)エラーを発生させます。

```
if (1 == true) document.write('true') // 適切
if (1 == TRUE) document.write('TRUE') // エラーが発生する
```

> サンプルのコードスニペットをHTMLファイルに入力して試すときには、<script>と</script>タグで囲むことを忘れないようにしてください。

14.1.1 リテラルと変数

式の最も単純な形式はリテラルです。**リテラル**は、数値の22やストリングの"Press Enter"など、それ自体が評価の結果になるものを言います。式はまた、評価の結果代入された値になる変数の場合もあります。これらは両方とも値を返すので、式の一種に含まれます。

サンプル14-2では5つの異なるリテラルを示しています。これらはすべて値を返しますが、タイプが異なります。

サンプル14-2:リテラルの5つのタイプ

```
<script>
myname = "Peter"
myage  = 24
document.write("a: " + 42     + "<br />")    // 数値リテラル
document.write("b: " + "Hi"   + "<br />")    // ストリングリテラル
document.write("c: " + true   + "<br />")    // 定数リテラル
document.write("d: " + myname + "<br />")    // ストリング変数のリテラル
document.write("e: " + myage  + "<br />")    // 数値変数のリテラル
</script>
```

そしてこれらからは予想した通り、次の結果が返されます。

```
a: 42
b: Hi
c: true
d: Peter
e: 24
```

式を演算子と組み合わせて使用すると、有意な評価結果が得られる複雑な式が作成できます。式を代入や制御フロー構造と組み合わせるとステートメントになります。

サンプル 14-3 ではこのようなステートメントの例を 2 つ示しています。1 つめは式 366 - day_number の結果を変数 days_to_new_year に代入し、2 つめは、式 days_to_new_year < 30 が true に評価された場合のみ、メッセージを出力します。

サンプル 14-3：2 つの単純な JavaScript ステートメント

```
<script>
days_to_new_year = 366 - day_number // 式と代入
if (days_to_new_year < 30) document.write("It's nearly New Year") // 式と制御フロー構造
</script>
```

14.2　演算子

JavaScript では、算術やストリング、論理演算子から代入、比較などに使用する演算子まで、パワフルな演算子が数多く提供されています（表 14-1 参照）。

表 14-1：JavaScript の演算子の種類

演算子	用途	例
算術	基本的な算術	a + b
配列	配列操作	a + b
代入	値の代入	a = b + 23
ビット	バイト内のビット操作	12 ^ 9
比較	2 つの値の比較	a < b
インクリメント / デクリメント	1 だけ加算または減算	a++
論理	Boolean 比較	a && b
ストリング	結合	a + 'string'

演算子はタイプによって、それが取るオペランド（演算の対象となる値や変数）の数が異なります。

- インクリメント（a++）や否定（!a）などの単項演算子はオペランドを 1 つ取ります。
- 多くの JavaScript 演算で使われる二項演算子（加算、減算、乗算、除算等が含まれます）はオペランドを 2 つ取ります。
- x ? y : z という形式の三項演算子は 1 行の簡潔な if ステートメントのようなもので、2 つの式のどちらかを 3 つめの式の結果によって選択します。この条件演算子はオペランドを 3 つ取ります。

14.2.1　演算子の優先順位

PHP と同様、JavaScript にも演算子の優先順位があります。これは、式内のある演算子がほかのものよりも重要だと見なされ、先に評価されるということです。表 14-2 では JavaScript の演算子とその優先順位を高いものから順に示しています。

表 14-2：JavaScript の演算子の優先順位（高い順）

演算子	タイプ
() [] .	かっこ、呼び出し、メンバー
++ --	インクリメント / デクリメント
+ - ~ !	単項、ビット、論理
* / %	算術
+ -	算術、ストリング
<< >> >>>	ビット
< > <= >=	比較
== != === !==	比較
& ^ |	ビット
&&	論理
||	論理
? :	三項
= += -= *= /= %= <<= >>= >>>= &= ^= |=	代入
,	順次（コンマ、左にあるものを評価し、次に右にあるものを評価する）

12.2.2 結合性

ほとんどの JavaScript 演算子は左から右の順番で処理されますが、中には右から左に進む処理を必要とするものもあります。処理のこの向きは演算子の結合性と呼ばれます。

結合性は、優先順位を明示的に強制しない場合に重要になります。たとえば次の代入演算子は、3 つの変数をすべて値 0 に設定します。

```
level = score = time = 0
```

この複数の代入が可能なのは、一番右の式がまず評価され、次いで右から左の方向に処理されているからです。表 14-3 は右から左への結合性を持つ演算子のリストです。

表 14-3：右から左への結合性を持つ演算子

演算子	説明
new	新しいオブジェクトの作成
++ --	インクリメントとデクリメント
+ - ~ !	単項とビット
? :	条件
= *= /= %= += -= <<= >>= >>>= &= ^= |=	代入

14.2.3 関係演算子

関係演算子は2つのオペランドをテストし、true か false の Boolean による結果を返します。関係演算子には、等価、比較、論理演算子の3つのタイプがあります。

等価演算子

等価演算子は == です（これと代入演算子の = とを混同しないようにしてください）。サンプル14-4では最初のステートメントで値を代入し、次いで等価性をテストしています。しかしこのままでは何も出力されません。なぜなら変数 month にはストリングの "July" が代入されており、値が "October" であるかどうかのテストは失敗するからです。

サンプル14-4：値を代入し等価性をテストする

```
<script>
month = "July"
if (month == "October") document.write("It's the Fall")
</script>
```

等価式の2つのオペランドの型が異なる場合、JavaScript はこれらを最も理にかなった型に変換します。たとえば全部が数字で構成されるストリングは、数値と比較されるとき、数値に変換されます。サンプル14-5のaとbは異なる値を持っているので（一方は数値で、もう一方はストリングです）、2つの if ステートメントは両方とも結果を出力しないだろうと予想できます。

サンプル14-5：等価演算子と厳密等価演算子

```
<script>
a = 1000
b = "1000"
if (a == b) document.write("1")
if (a === b) document.write("2")
</script>
```

しかしこのサンプルを実行すると、数字の1が出力されます。これは、1つめの if ステートメントが true に評価されたということを意味しています。なぜなら、まずbのストリング値が一時的に数値に変換され、aとbが同じ数値の1000と見なされたからです。

一方、2つめの if ステートメントでは、等記号が3つ並んだ厳密等価演算子（===）を使っています。この演算子では JavaScript による自動的な型の変換が行われません。したがってaとbは異なるものだと分かるので、何も出力されません。

演算子の優先順位の強制的な変更と同様、JavaScript にオペランドの型変換を行わせたくない場合には、厳密等価演算子を使って JavaScript のこの振る舞いをオフにすることができます

比較演算子

比較演算子を使用すると、単なる等価性や不等価性のテスト以上のことが行えます。JavaScript では、

（より大きい）や く（より小さい、未満）、>=（より大きいか等しい、以上）、<=（より小さいか等しい、以下）といった演算子も提供されています。サンプル14-6はこれらの使用例です。

サンプル14-6：4つの比較演算子

```
<script>
a = 7; b = 11
if (a > b)  document.write("a is greater than b<br />")
if (a < b)  document.write("a is less than b<br />")
if (a >= b) document.write("a is greater than or equal to b<br />")
if (a <= b) document.write("a is less than or equal to b<br />")
</script>
```

この例ではaは7で、bは11なので、次の出力が得られます。

```
a is less than b
a is less than or equal to b
```

論理演算子

論理演算子は真か偽の結果を生み出すので、Boolean演算子とも呼ばれます。JavaScriptでは表14-4に示す3つがあります。

表14-4：JavaScriptの論理演算子

論理演算子	説明
&&	両方のオペランドがtrueの場合、true
||	いずれかのオペランドがtrueの場合、true
!	オペランドがfalseならtrue、またはオペランドがtrueならfalse

サンプル14-7ではこれらの使用方法を示しています。出力は上から0と1、trueです。

サンプル14-7：論理演算子の使用例

```
<script>
a = 1; b = 0
document.write((a && b) + "<br />")
document.write((a || b) + "<br />")
document.write((  !b  ) + "<br />")
</script>
```

&&ステートメントが値trueを返すには、両方のオペランドがtrueでなくてはなりません。||ステートメントは、どちらかの値がtrueの場合trueになります。3つめのステートメントは値bに対してNOT（否定）を実行しているので、0がtrueの値に変わります。

||演算子では、1つめのオペランドがtrueに評価された場合、2つめのオペランドが評価されないので、

意図しない問題を引き起こす場合があります。次のサンプル 14-8 の関数 getnext は、変数 finished が値 1 を持つ場合、決して呼び出されません。

サンプル 14-8：|| 演算子を使ったステートメント

```
<script>
if (finished == 1 || getnext() == 1) done = 1
</script>
```

if ステートメントの実行時に getnext を毎回呼び出す必要がある場合には、サンプル 14-9 のようにコードを書き直します。

サンプル 14-9：getnext を毎回呼び出すように修正した if...|| ステートメント

```
<script>
gn = getnext()
if (finished == 1 || gn == 1) done = 1;
</script>
```

このようにすると、関数 getnext のコードが必ず実行され、if ステートメントのテストの前に、関数が返した値が gn に保持されます。

表 14-5 では論理演算子のすべての組み合わせとその結果を示しています。また !true は false に等しく、!false は true に等しいことも覚えておいてください。

表 14-5：論理式の組み合わせとその結果

入力		演算子と結果	
a	b	&&	||
true	true	true	true
true	false	false	true
false	true	false	true
false	false	false	false

14.3　with ステートメント

with ステートメントは PHP にはない JavaScript 特有の機能です。with を使用すると、ある種の JavaScript ステートメントを、同じオブジェクトへの複数回の参照を 1 回に減らすことで簡素化できます。with ブロックでのプロパティやメソッドへの参照はそのプロパティやメソッドを持つオブジェクトに適用されます。

サンプル 14-10 を見てください。ここでは document.write 関数は変数 string を名前で参照していません（プロパティやメソッドの前に string. をつけていません）。

サンプル 14-10：with ステートメントの使用

```
<script>
string = "The quick brown fox jumps over the lazy dog"

with (string)
{
    document.write("The string is " + length + " characters<br />")
    document.write("In upper case it's: " + toUpperCase())
}
</script>
```

document.write からは変数 string を直接参照していないにもかかわらず、このコードからは次の結果が得られます。

```
The string is 43 characters
In upper case it's: THE QUICK BROWN FOX JUMPS OVER THE LAZY DOG
```

ここでは JavaScript のインタープリタ（コードを解釈する装置）は、length プロパティと toUpperCase メソッドを、何らかのオブジェクトに適用しなければならないものと認識します。そしてここでは length も toUpperCase も単独で使用されている（. を使ってオブジェクトが指定されていない）ので、これらの適用先は with ステートメントで指定された string オブジェクトだと解釈します。

14.4　onerror の使用

ひきつづき PHP にはない構造を見ていきましょう。onerror イベントか、try と catch キーワードの組み合わせを使用すると、JavaScript のエラーをキャッチ（捕捉）し、それを自分で処理することができます。

イベントは、JavaScript によって検出されるアクションです。Web ページ上の要素はどれも、JavaScript 関数を引き起こす（呼び出す）ことのできる特定のイベントを持っています。たとえばボタン要素の onclick イベントは関数を呼び出すよう設定することができます。するとユーザーがそのボタンをクリックしたときにその関数が実行できるようになります。

サンプル 14-11 は onerror イベントの使い方を示しています。

サンプル 14-11：onerror イベントを使用するスクリプト

```
<script>
onerror = errorHandler
document.writ(" この Web サイトへようこそ ")  // 意図的なミス（write でなく writ）

function errorHandler(message, url, line)
{
    out  = " すいません、エラーが発生しました。\n\n";
    out += " エラー : " + message + "\n";
    out += "URL: "     + url + "\n";
```

サンプル 14-11：onerror イベントを使用するスクリプト（続き）

```
    out += "行： " + line + "\n\n";
    out += "OK をクリックしてください。\n\n";
    alert(out);
    return true;
}
</script>
```

スクリプトの 1 行めでは、エラーイベント（onerror）に対し以降は errorHandler 関数を使用するように伝えています。この関数は message と url、line の 3 つのパラメータを取り、これらをすべて簡単な警告ポップアップで表示します。

そしてこの関数を試すためにコードには、document.write ではなく document.writ（e がない）という意図的なシンタックスエラーを記述しています。図 14-1 はこのスクリプトをブラウザで実行した結果です。このように onerror を使用するとデバッグに非常に役立ちます[†]。

14.5　try...catch の使用

try と catch キーワードは、前節の onerror を用いたテクニックよりもはるかに標準的で柔軟な機能を提供します。try と catch を使用すると、ドキュメントのスクリプト全体ではなく、選定したコード部でエ

図 14-1：onerror を使って警告ポップアップを表示した

[†] 訳注：Internet Explorer でこのアラートを表示させるには、13 章の「JavaScript エラーのデバッグ」で行った [スクリプトのデバッグを使用しない] ボックスと [スクリプトエラーごとに通知を表示する] ボックスの設定を元に戻す必要があるようです。

ラーが捕捉できます。ただしシンタックスエラーは捕えないのでその場合には **onerror** が必要になります。

try...catch 構造は主要なすべてのブラウザでサポートされており、コードの特定箇所で発生し得るエラーのキャッチに役立ちます。

たとえば 17 章では、**XMLHttpRequest** というオブジェクトを使った **Ajax** テクニックを学びますが、残念ながらこのオブジェクトは旧式の **Internet Explorer** では使用できません（ほかの主要ブラウザでは可能です）。したがって確実な互換性を保つには、**try** と **catch** を使ってこの状況を捕え、この関数が使用できない場合に何らかの処理を行う必要があります。サンプル 14-12 はその方法を示しています[†]。

サンプル14-12：try と catch を使ったエラーの捕捉

```
<script>
try
{
    // エラーが発生する可能性のある作業（古い IE ではここでエラーが発生する）
    request = new XMLHttpRequest()
}
catch(err)
{
    // try ブロックで発生したエラーをここで捕え、
    // べつの方法で XMLHttpRequest に代わるオブジェクトを作成する
}
</script>
```

ここでは Internet Explorer でエラーが発生した場合の具体的な実装方法までは示していませんが、**try** と **catch** を使ったシステムの動作は理解できます。また **try** と **catch** に関連するキーワードに **finally** があります。これはエラーが **try** 節で発生してもしなくてもつねに実行されます。**finally** は **catch** ステートメントの後に追加するだけで使用できます。

```
finally
{
    alert(" ここは finally 節 ")
}
```

14.6　条件

条件はプログラムフローを変化させます。条件を使用すると、ある事柄に関して質問を投げかけ、返ってくる答えに対してさまざまな方法で応えることができます。ループ（繰り返し処理）をともなわない条件には、**if** ステートメントと **switch** ステートメント、**?** 演算子の 3 タイプがあります。

14.6.1　if ステートメント

if ステートメントはすでに本章のサンプルの中で何回も使っています。このステートメント内のコード

[†] 訳注：原書のサンプルコード（example14-12.js）では、new XMLHTTPRequest() と記述されているので、new XMLHttpRequest() に修正します（HTTP を Http に）。

は、与えられた式が true に評価される場合のみ実行されます。複数行にわたる if ステートメントでは中かっこが必要になりますが、1 行の if ステートメントでは PHP と同様、中かっこは省略できます。したがって次のステートメントはどちらも正当です。

```
if (a > 100)
{
    b=2
    document.write("a は 100 よりも大きい ")
}

if (b == 10) document.write("b は 10 に等しい ")
```

else ステートメント

条件が満たされない場合、else ステートメントを使用することで別の選択肢が実行できます。

```
if (a > 100)
{
    document.write("a は 100 よりも大きい ")
}
else
{
    document.write("a は 100 よりも小さいか 100 に等しい ")
}
```

PHP と異なり elseif ステートメントはありませんが、else の後にもう 1 つ if を使用することで elseif と同等のステートメントが作成できます。

```
if (a > 100)
{
    document.write("a は 10 よりも大きい ")
}
else if(a < 100)
{
    document.write("a は 10 よりも小さい ")
}
else
{
    document.write("a は 10 に等しい ")
}
```

新しい if の後の else にも if ステートメントをつづけることができます（else if は理論上いくつでも追加できます）。なおここではステートメントに中かっこを使っていますが、ステートメントはどれも 1 行なので、これまでのサンプルのように、中かっこを省略して書くこともできます。

```
if (a > 100) document.write("a は 10 よりも大きい")
else if(a < 100) document.write("a は 10 よりも小さい")
else document.write("a は 10 に等しい")
```

14.6.2　switch ステートメント

switch ステートメントは、1 つの変数や式の結果が複数の値を持つ可能性があり、そこから別々の関数を実行したい場合に便利です。

たとえば、次のコードは 4 章で取り上げた PHP メニューシステムを JavaScript に書き換えたものです。これは、ユーザーの選択に対応した 1 つのストリングをメインメニューのコードに渡すことで機能します。選択肢が Home と About、News、Login、Links であったとすると、ユーザーが選択したいずれか 1 つを変数 page に設定します。

これを if...else if... で記述すると、サンプル 14-13 のようになります。

サンプル 14-13：複数行にわたる if...else if... ステートメント

```
<script>
if      (page == "Home")  document.write("You selected Home")
else if (page == "About") document.write("You selected About")
else if (page == "News")  document.write("You selected News")
else if (page == "Login") document.write("You selected Login")
else if (page == "Links") document.write("You selected Links")
</script>
```

しかし switch 構造を使用すると、コードはサンプル 14-14 のようにかなりすっきりします。

サンプル 14-14：switch 構造

```
<script>
switch (page)
{
    case "Home":  document.write("You selected Home")
        break
    case "About": document.write("You selected About")
        break
    case "News":  document.write("You selected News")
        break
    case "Login": document.write("You selected Login")
        break
    case "Links": document.write("You selected Links")
        break
}
</script>
```

ご覧のように、変数 page が出てくるのは switch ステートメントの最初1回だけです。その後は case コマンドが一致について調べます。一致したときには、そこに書かれている条件ステートメントが実行されます。無論実際のプログラムでは、ここにはユーザーが何を選択したかといった単純なことではなく、ページを表示したりページへジャンプするコードを記述します。

抜け出る

サンプル 14-14 で見たように、PHP と同様、break コマンドを使用すると、条件が満たされたとき switch ステートメントから抜け出ることができます。ここでは、次の case にあるステートメントをつづけて実行したいのでない限り、break の記述を忘れないようにしてください（たとえば "Home" の case で break を抜かすと、"Home" が選択された場合、"About" の case までつづけて実行されます）。

デフォルトアクション

どの条件も満たされないときには、default キーワードを使って switch ステートメントのデフォルトアクションを指定することができます。サンプル 14-15 のコードスニペットはサンプル 14-14 のコードに挿入できます。

サンプル 14-15：サンプル 14-14 に追加できる default ステートメント

```
default: document.write("Unrecognized selection")
         break
```

14.6.3 ? 演算子

三項演算子（?）は : 文字との組み合わせで、if...else と同等のテストを行う手早い方法を提供します。まず評価する式を記述しその後に ? 記号をつづけ、次いで式が true の場合に実行するコードを記述します。そして : を加えて、式が false の場合に実行するコードを記述します。

サンプル 14-16 は、変数 a が5以下かどうかの出力に使ったコードを三項演算子に割り当てた例です。三項演算子では、以下でもそうでなくても結果が出力されます。

サンプル 14-16：三項演算子の使用

```
<script>
document.write(
    a <= 5 ?
    "a is less than or equal to 5" :
    "a is greater than 5"
)
</script>
```

この例では分かりやすいようにステートメントを複数行に分けていますが、みなさんもそのうち次のように1行で書かれるようになるでしょう。

```
size = a <= 5 ? "short" : "long"
```

14.7　ループ

JavaScript と PHP の多くの類似性はループにも見て取ることができます。JavaScript と PHP は両方とも while と do...while、for ループをサポートしています。

14.7.1　while ループ

JavaScript の while ループはまず式の値を調べ、その式が true の場合のみ、ループ内のステートメントの実行を開始します。式が false の場合、実行は次の JavaScript ステートメント（存在する場合）に飛ばされます。

ループの 1 回の繰り返しが完了すると、再び式が true かどうかが調べられます。この過程は式が false に評価されるか実行が停止されるまでつづきます。サンプル 14-17 はこのループの例です。

サンプル 14-17：while ループ

```
<script>
counter=0

while (counter < 5)
{
    document.write("Counter: " + counter + "<br />")
    ++counter
}
</script>
```

このスクリプトは次の結果を出力します。

```
Counter: 0
Counter: 1
Counter: 2
Counter: 3
Counter: 4
```

> 変数 counter をループ内でインクリメントしない場合、ブラウザは終わることのないループによって無応答状態に陥る可能性があり、その場合にはブラウザの [中止] や [停止] ボタンではページが容易に終了できなくなります。したがって JavaScript のループを使用するときには注意が必要です。

14.7.2　do...while ループ

テストを行う前に少なくとも 1 回ループの繰り返しが必要なときには、do...while ループを使用します。このループは while ループに似ていますが、ループの各繰り返し後にテスト式がチェックされる点が異なります。したがって 1 から 49 までの 7 の倍数の掛け算表を出力するには、サンプル 14-18 のようなコードを

使用します。

サンプル 14-18：do...while ループ
```
<script>
count = 1
do
{
    document.write(count + " times 7 is " + count * 7 + "<br />")
} while (++count <= 7)
</script>
```

このループはみなさんの予想通り、次の結果を出力します。

```
1 times 7 is 7
2 times 7 is 14
3 times 7 is 21
4 times 7 is 28
5 times 7 is 35
6 times 7 is 42
7 times 7 is 49
```

14.7.3　for ループ

for ループは最良の要素を組み合わせて 1 つのループ構造に仕立てたループで、1 つのステートメントに関し次の 3 つのパラメータを渡します。

- 初期化式
- 条件式
- 変化式

これらは、for (式1; 式2; 式3) のように、セミコロンで区切られます。

　初期化式は、ループの 1 回めの繰り返しの開始時に実行されます。次のサンプル 14-19 に示す 12 の掛け算表のコードで言うと、count が値 1 に初期化されます（count = 1）。次いでループが繰り返されるたびに、条件式（count <= 12）がテストされます。ループに入るのはこの条件が true のときだけです。そして最後、変化式が各繰り返しの終わりで実行されます。掛け算表のコードで言うと、count がインクリメントされます（++count）。サンプル 14-19 はその掛け算表のコードです。

サンプル 14-19：for ループの使用
```
<script>
for (count = 1 ; count <= 12 ; ++count)
{
```

サンプル 14-19：for ループの使用（続き）
```
    document.write(count + " times 12 is " + count * 12 + "<br />");
}
</script>
```

JavaScript の for ループでも PHP と同じように、最初のパラメータに複数の変数を割り当てることができます。そのためには次のようにコンマで区切ります。

```
for (i = 1, j = 1 ; i < 10 ; i++)
```

同様に、最後のパラメータでも複数の変化が実行できます。

```
for (i = 1 ; i < 10 ; i++, --j)
```

さらに両方を同時に実行することもできます。

```
for (i = 1, j = 1 ; i < 10 ; i++, --j)
```

14.7.4　ループを抜け出る

break コマンドは、前の switch ステートメントでその重要性を見ましたが、for ループでも使用することができます。これはたとえば、何らかの一致を検索するようなときに必要になります。なぜなら、一致した項目が見つかった後も検索を継続することは時間の無駄であり、ページ訪問者をただ待たせるだけだからです。サンプル 14-20 は break コマンドの使用例を示しています。

サンプル 14-20：for ループ内での break コマンドの使用
```
<script>
haystack = new Array()
haystack[17] = "Needle"

for (j = 0 ; j < 20 ; ++j)
{
    if (haystack[j] == "Needle")
    {
        document.write("<br />- Found at location " + j)
        break
    }
    else document.write(j + ", ")
}
</script>
```

このスクリプトからは次の結果が出力されます。

```
0, 1, 2, 3, 4, 5, 6, 7, 8, 9, 10, 11, 12, 13, 14, 15, 16,
- Found at location 17
```

14.7.5 continue ステートメント

場合によっては、ループそのものから抜け出るのではなく、繰り返し中のその回の、残りのステートメントを飛ばしたいときがあります。その場合には continue ステートメントが使用できます。サンプル 14-21 はその使用例です。

サンプル 14-21：for ループ内での continue コマンドの使用

```
<script>
haystack     = new Array()
haystack[4]  = "Needle"
haystack[11] = "Needle"
haystack[17] = "Needle"

for (j = 0 ; j < 20 ; ++j)
{
    if (haystack[j] == "Needle")
    {
        document.write("<br />- Found at location " + j + "<br />")
        continue
    }
    document.write(j + ", ")
}
</script>
```

ここでは、2 つめの document.write への呼び出しを前の例のように else ステートメントで囲む必要がないことに注意してください。なぜなら一致が見つかった場合、この呼び出しは continue コマンドによって抜かされるからです。このスクリプトからは次の出力が表示されます。

```
0, 1, 2, 3,
- Found at location 4
5, 6, 7, 8, 9, 10,
- Found at location 11
12, 13, 14, 15, 16,
- Found at location 17
18, 19,
```

14.8 明示的なキャスト

JavaScript には PHP と異なり、(int) や (float) といった型を明示的にキャストする方法はありません。JavaScript で値を特定の型に変えたいときには、表 14-6 に示す JavaScript のビルトイン関数を使用します。

表14-6：JavaScriptの型を変える関数

変更先の型	使用する関数
整数	parseInt()
Boolean	Boolean()
浮動小数点数	parseFloat()
ストリング	String()
配列	split()

たとえば浮動小数点数を整数に変更するには、次のようなコードを使用します（値3が表示されます）。

```
n = 3.1415927
i = parseInt(n)
document.write(i)
```

または次のように複合的な形式を使うこともできます（まずparseIntによって数値は3になり、この値がdocument.writeに返されるので、ページには3が書き込まれます）。

```
document.write(parseInt(3.1414927))
```

JavaScriptの式と制御フローに関しては以上です。次章ではJavaScriptの関数やオブジェクト、配列の使用にフォーカスを当てていきます。

14.9　確認テスト

1. PHPとJavaScriptでは、Boolean値の処理にどのような違いがありますか？
2. 単項、二項、三項演算子にはどのような違いがありますか？
3. 演算子の優先順位を自分で強制させる最良の方法は？
4. ===（厳密等価）演算子は何をどうしたいときに使用しますか？
5. 式の中で最も単純なものを2つ挙げてください。
6. 条件ステートメントの3タイプを挙げてください。
7. ifとwhileステートメントは、さまざまなデータ型の条件式をどのように解釈しますか？
8. forループがwhileループよりもパワフルなのはなぜですか？
9. withステートメントの目的は？
10. エラーの発生時、それをJavaScriptに優雅に処理させるにはどのようにしますか？

テストの模範解答は付録Aに記載しています。

15章
JavaScriptの関数、オブジェクト、配列

PHPと同様、JavaScriptでも関数やオブジェクトへのアクセスが提供されています。実際のところ、JavaScriptのベースはオブジェクトにあります。と言うのも、JavaScriptではこれまで見てきたように、HTMLドキュメントの全要素を利用するにはDOMにアクセスして、要素をオブジェクトとして操作する必要があるからです。

関数とオブジェクトの使い方やシンタックスもPHPとよく似ているので、ここまで進んで来られたみなさんならすんなり入っていけるでしょう。本章では関数とオブジェクトに加え、配列の処理についても詳しく見ていきます。

15.1　JavaScriptの関数

JavaScriptでは、これまで何度も`document.write`で使用してきた`write`など、数多くのビルトイン関数（やメソッド）にアクセスできますが、みなさん独自の関数もまた容易に作成できます。再利用するかもしれないコード部が複雑になってきたら、それは関数に置き換えるよいタイミングです。

15.1.1　関数の定義

関数の一般的なシンタックスは次の通りです。

```
function function_name([parameter [, ...]])
{
    statements
}
```

シンタックスの1行めは次の事柄を示しています。

- 関数の定義は`function`で始めます。
- その後に関数の名前（`function_name`）をつづけます。これは英字かアンダースコアで始める必要があります。その後は英数字やドル記号、アンダースコアが何文字でもつづけられます。
- かっこは必須です。

- 1つまたは複数のパラメータ（parameter、複数の場合にはコンマで区切ります）はオプションです（オプションであることは角かっこで表されます。関数シンタックスには含まれません）。

関数名はケースセンシティブなので（大文字小文字の違いが区別されます）、たとえば getInput と GETINPUT、getinput はどれも別々の関数として扱われます。

JavaScript にも関数の名前付けに使用される一般的な慣習（命名規則）があり、名前に含まれる単語の最初の文字は、関数名の 1 文字めをのぞいて大文字にします。前の例で言うと、GETINPUT や getinput ではなく、getInput が多くのプログラマーによって使用される望ましい名前です。この慣習は bumpyCaps または camelCase（キャメルケース）と呼ばれます。

関数の呼び出し時に実行するステートメントは左の中かっこ（{）から始まります。これには必ず対応する右の中かっこ（}）が必要です。実行するステートメントには1つまたは複数の return ステートメントが使用できます。return は関数の実行を強制終了し、関数を呼び出したコードに実行を戻します。return ステートメントに値がつけられている場合、呼び出し元のコードはその値を受け取ることができます。

arguments 配列

arguments 配列はすべての関数のメンバーです（どの関数でも利用できます）。これを使用すると、関数に渡された引数の数と引数の中身を調べることができます。これを displayItems という名前の関数で見ていきましょう。サンプル 15-1 は arguments を利用しない displayItems の例です。

サンプル 15-1：関数の定義
```
<script>
displayItems("Dog", "Cat", "Pony", "Hamster", "Tortoise")

function displayItems(v1, v2, v3, v4, v5)
{
    document.write(v1 + "<br />")
    document.write(v2 + "<br />")
    document.write(v3 + "<br />")
    document.write(v4 + "<br />")
    document.write(v5 + "<br />")
}
</script>
```

ブラウザからこのスクリプトを呼び出すと、次の結果が表示されます。

```
Dog
Cat
Pony
Hamster
Tortoise
```

これでも問題はありませんが、しかしこの関数にもっと多くの項目を渡したい場合はどうすればよいでしょう？ またループを使わずに document.write を何度も呼び出しているのもプログラミングとしては無駄です。しかしありがたいことに、arguments 配列によって引数の変数の数を処理できる柔軟性を得ることができます。サンプル 15-2 はサンプル 15-1 を書き直した例で、arguments によって効率性が向上しています。

サンプル 15-2：arguments 配列を使って修正した関数
```
<script>
function displayItems()
{
    for (j = 0 ; j < displayItems.arguments.length ; ++j)
        document.write(displayItems.arguments[j] + "<br />")
}
</script>
```

ここでは、length プロパティ（displayItems.arguments.length）の使用と、arguments 配列の中身を角かっこ（[]）と変数 j を使って参照する方法に注目してください。length は配列の長さを示すプロパティです。for ループの変数 j は変化式 ++j によって 1 ずつ大きくなります。また for ループ本体には 1 行のステートメントしかないので、わたしは関数を短く保つために for ループ本体を中かっこで囲まない方法を選択しています。

arguments 配列を使ったこのテクニックを使用すると、引数をいくつでも取り（多くても少なくても可）、その各引数を思い通りに利用できる関数が作成できます。

15.1.2　値を返す

関数はただ何かを表示するためのものではなく、通常は計算やデータ操作を実行してその結果を返すために使用されます。サンプル 15-3 の関数 fixNames は arguments 配列を使って一連のストリングを受け取り、それを単一のストリングとして返します。この関数が実行する "fix"（修正）とは、arguments に含まれる引数の最初の文字だけを大文字にし、後の文字を小文字に変換することです。

サンプル 15-3：名称を整える
```
<script>
document.write(fixNames("the", "DALLAS", "CowBoys"))

function fixNames()
{
    var s = ""

    for (j = 0 ; j < fixNames.arguments.length ; ++j)
        s += fixNames.arguments[j].charAt(0).toUpperCase() +
            fixNames.arguments[j].substr(1).toLowerCase() + " "
```

サンプル 15-3：名称を整える（続き）
```
    return s.substr(0, s.length-1)
}
</script>
```

この関数をたとえば、"the"、"DALLAS"、"CowBoys" というパラメータで呼び出すと、The Dallas Cowboys というストリングが返されます。ではこれを詳しく見ていきましょう。

関数ではまず、ローカル変数 s を空のストリングに初期化しています。これはストリング値を一時的に保持するために使用します。次いで for ループを使って渡された各パラメータを処理しています。ループ内ではまず、charAt メソッドを使ってパラメータの最初の文字を取り出し、これを toUpperCase メソッドを使って大文字に変換します。このサンプルではいくつかのメソッドを使用していますが、どれも JavaScript に初めから組み込まれているメソッドでデフォルトで使用できます[†]。

次いで substr メソッドを使って各ストリングの 2 文字め以降を取得し、これを toLowerCase メソッドを使って小文字に変換しています。substr メソッドの第 2 引数はオプションなのでここでは指定していませんが、抽出する文字数としてこれを指定することもできます。

```
substr(1, (arguments[j].length) - 1 )
```

この substr が言っているのは分かりやすくいうと、"文字の取り出しを位置 1 から始め（これは 2 文字めに当たります）、残りのストリング全部（分量は長さ -1）を抽出して返す" ということです。しかし substr は、第 2 引数が省略されている場合、第 1 引数で指定された開始位置以降のストリングを全部返すので、今の場合には省略できるというわけです。

すべての引数を希望通りの大文字と小文字に変換したら、その末尾に単語を区切るためのスペースを加えます。そしてここまでの結果全体を一時的な変数 s に付加します。

最後に substr をもう 1 度使って、変数 s の中身を返します。toLowerCase() + " " で加えたスペースはストリングの一番最後には必要ないので、これをのぞいたストリングを返しています。

ところでこのサンプルには、プロパティとメソッドを 1 つの式の中で複数参照して実行するという、次のような興味深い行があります。

```
fixNames.arguments[j].substr(1).toLowerCase()
```

このステートメントは頭の中で、ピリオドで区切って考える必要があります。JavaScript はこのステートメントの各要素を、次のように左から右に評価します。

1. まず関数名の fixNames を認識します。

2. その関数の引数を表す配列の arguments プロパティから配列エレメント j を抽出します。

[†] 訳注：charAt は String オブジェクトのメソッドで、引数で指定されたインデックス位置の文字を返します。これが fixNames.arguments[j].charAt(0) として使用できるのは、arguments 配列の各エレメントが String オブジェクトであるからです。同様に toUpperCase や substr、toLowerCase も String オブジェクトのメソッドです。

3. 抽出したエレメント（これは String オブジェクトです）から substr を、パラメータ 1 を渡して呼び出します。ここから返されるのは抽出したエレメントの 2 つめ以降の文字全部です（これも String オブジェクトです）。

4. 返された String オブジェクトから toLowerCase を呼び出して、2 つめ以降の文字に適用します。

この方法はメソッドチェーンと呼ばれます。たとえば "mixedCASE" というストリングを上記の式に渡した場合には、次のような変換が行われます。

```
mixedCASE  // arguments[j] の値
ixedCASE   // "mixedCASE".substr(1) によって "ixedCASE" が取り出される
ixedcase   // "ixedCASE". toLowerCase() によって小文字化され " ixedcase" になる
```

最後に確認を 1 つしておきます。この関数内で作成した変数 s はローカル変数なので、関数の外ではアクセスできません。s を return ステートメントから返すと、その値を関数の呼び出し元で利用でき、それを保持したり何らかの方法で使用することができます。しかし s 自体はこの関数の終了時に消えてなくなります。関数にグローバル変数を操作させることも可能ですが（そうすることが必要な場合もあります）、値は取っておきたいものだけを返し、関数が使用したほかの変数はすべて JavaScript に後始末させる方がすぐれた方法です。

15.1.3 配列を返す

サンプル 15-3 の関数は 1 つのパラメータのみ返していましたが、では複数のパラメータを返したい場合にはどうすればよいのでしょう？　これはサンプル 15-4 のように配列として返すことで実現できます。

サンプル 15-4：値を入れた配列を返す

```
<script>
words = fixNames("the", "DALLAS", "CowBoys")

for (j = 0 ; j < words.length ; ++j)
    document.write(words[j] + "<br />")

function fixNames()
{
    var s = new Array()

    for (j = 0 ; j < fixNames.arguments.length ; ++j)
        s[j] = fixNames.arguments[j].charAt(0).toUpperCase() +
            fixNames.arguments[j].substr(1).toLowerCase()

    return s
}
</script>
```

ここで使用している変数 words は自動的に配列として定義され、fixNames 関数への呼び出しから返された結果が入ります。その後は for ループを使ってこの words 配列を処理し、各メンバーを表示しています。

fixNames 関数はサンプル 15-3 のものとほとんど同じですが、今度の変数 s は配列です。関数内では処理した各語句を配列 s のエレメントとして保持し、それを return ステートメントで返しています。

この fixNames 関数が返す値は配列なので、そこから個々のパラメータを取り出すことができます。次の例では The Cowboys が出力されます。

```
words = fixNames("the", "DALLAS", "CowBoys")
document.write(words[0] + " " + words[2])
```

15.2 JavaScript のオブジェクト

JavaScript のオブジェクトは変数を 1 ランク上げたものです。変数には 1 度に 1 つの値しか含められませんが、オブジェクトには複数の値や関数までも含めることができます。オブジェクトはデータと、そのデータ操作に必要な関数をまとめてグループ化します。

15.2.1 クラスの宣言

オブジェクトを使用するスクリプトを作成するときには、データと、クラスと呼ばれるコードの合成体を設計する必要があります。クラスをベースにした新しいオブジェクトはそのクラスのインスタンスと呼ばれます。またオブジェクトに関連づけられたデータはプロパティと呼ばれ、オブジェクトが使用する関数はメソッドと呼ばれます。

では例として、ユーザーに関する詳細を保持する User という名前のクラスを宣言する方法を見ていきましょう。クラスを作成するには、そのクラス名と同じ名前の関数を記述します。この関数は引数を取ることができます（呼び出し方は後で見ていきます）。またそのクラスのオブジェクト用のプロパティとメソッドを作成することができます。クラス名と同じ名前の関数はコンストラクタと呼ばれます。

サンプル 15-5 は User クラスのコンストラクタです。このクラスは forename と username、password という 3 つのプロパティを持ち、また showUser という名前のメソッドも持っています。

サンプル 15-5：User クラスとそのメソッドの宣言

```
<script>
function User(forename, username, password)
{
    this.forename = forename
    this.username = username
    this.password = password

    this.showUser = function()
    {
        document.write("Forename: " + this.forename + "<br />")
        document.write("Username: " + this.username + "<br />")
        document.write("Password: " + this.password + "<br />")
```

サンプル 15-5：User クラスとそのメソッドの宣言（続き）
```
    }
}
</script>
```

この関数（コンストラクタ）は次の2つに関して、これまでに見てきた関数と異なります。

- この関数では this という名前のオブジェクトを使っています。プログラムからこの関数を実行して User クラスのインスタンスを作成するとき、this は作成されようとしているそのインスタンスを参照します。この関数は引数（具体的に言うと姓やユーザー名、パスワード）を変えて何度も呼び出すことができます。するとそのたびに、異なるプロパティ値（それぞれ違う姓やユーザー名、パスワード）を持つ新しい User インスタンスが作成されます。

- この関数内では、showUser という名前の新しい関数が作成されます。上記で示したシンタックスは初めて登場するものでかなり複雑ですが、目的は showUser を User クラスに結びつけることです。このように記述することで showUser は User クラスのメソッドとして備わります。

> ここでわたしが使用した命名規則は、プロパティ名にはすべて小文字を使用し、メソッド名には前に述べたキャメルケースに準じ、少なくとも1文字は大文字を使うというルールです。

サンプル 15-5 はクラスのコンストラクタを記述するときの推奨される方法（コンストラクタ関数内にメソッドも記述しています）にしたがった書き方ですが、次のサンプル 15-6 のように、コンストラクタの外で定義することもできます。

サンプル 15-6：クラスとメソッドを分けて定義する
```
<script>
function User(forename, username, password)
{
    this.forename = forename
    this.username = username
    this.password = password
    this.showUser = showUser
}

function showUser()
{
    document.write("Forename: " + this.forename + "<br />")
    document.write("Username: " + this.username + "<br />")
    document.write("Password: " + this.password + "<br />")
}
</script>
```

ここでこの形式を紹介したのは、みなさんがほかのプログラマーのコードを調べているとき、この書き方を目にすることがまず間違いなくあるからです。

15.2.2　オブジェクトの作成

User クラスのインスタンスを作成するには、次のステートメントを使用します。

```
details = new User("Wolfgang", "w.a.mozart", "composer")
```

また次のようにすると空のオブジェクトを作成し、

```
details = new User()
```

後から次のようにプロパティの値を設定することもできます。

```
details.forename = "Wolfgang"
details.username = "w.a.mozart"
details.password = "composer"
```

さらに、User クラスの定義で作成していなかった新しいプロパティを、すでに作成済みのオブジェクトに対して追加することもできます。

```
details.greeting = "Hello"
```

追加した新しいプロパティは次のステートメントで確認することができます[†]。

```
document.write(details.greeting)
```

15.2.3　オブジェクトへのアクセス

オブジェクトにアクセスするには、そのプロパティを次のように使用します（この 2 つの例は互いに無関係です）。

```
// details インスタンスの forename プロパティを参照して、その値を変数 name に代入する
name = details.forename
// details インスタンスの username プロパティの値が Admin ならば、loginAsAdmin 関数を実行する
if (details.username == "Admin") loginAsAdmin()
```

[†] 訳注：User クラスのインスタンス details を作成し、その結果を確認するには、HTML ファイルにサンプル 15-5 か 15-6 を記述し、さらに次のコードを追加します。すると、details インスタンスの password プロパティの値 composer が表示されます。

```
details = new User("Wolfgang", "w.a.mozart", "composer")
document.write(details.password)
```

また User クラスのオブジェクトの showUser メソッドにアクセスするには、次のシンタックスを使用します。この details は作成済みでデータがすでに入っているオブジェクトです。

```
// インスタンスへの参照に.とメソッド名()をつづける
details.showUser()
```

前のデータ（モーツァルトのデータ）が設定されている場合には、次の結果が表示されます。

```
Forename: Wolfgang
Username: w.a.mozart
Password: composer
```

15.2.4　prototype キーワード

prototype キーワードはメモリの使用量を大幅に抑えます。User クラスの場合そのインスタンスはどれも 3 つのプロパティと 1 つのメソッドを持っているので、このオブジェクトがメモリ内に 1000 個あったとすると、showUser メソッドが 1000 回複製されている勘定になります。しかしこのメソッドはどのインスタンスでもまったく同じものなので、新しいオブジェクトに対して、メソッドのコピーを作成するのではなく、メソッドの同一インスタンスを参照するように指定することができます。つまりクラスのコンストラクタでメソッドを次のように定義する代わりに、

```
this.showUser = function()
```

次のコードに置き換えることができます。

```
User.prototype.showUser = function()
```

サンプル 15-7 は prototype キーワードを使った新しいコンストラクタの例です。

サンプル 15-7：メソッドに prototype キーワードを使用したクラス定義

```
<script>
function User(forename, username, password)
{
    this.forename = forename
    this.username = username
    this.password = password

    User.prototype.showUser = function()
    {
        document.write("Forename: " + this.forename + "<br />")
        document.write("Username: " + this.username + "<br />")
        document.write("Password: " + this.password + "<br />")
```

サンプル 15-7：メソッドに prototype キーワードを使用したクラス定義（続き）

```
    }
}
</script>
```

これが機能するのは、すべての関数が prototype プロパティを持っているからです。prototype はプロパティやメソッドを保持するために設計されたプロパティで、prototype を使って定義したプロパティやメソッドは、クラスから作成するオブジェクトにはコピーされず、オブジェクトに参照によって渡されます。

これは、prototype キーワードを使用するといつでもプロパティやメソッドが追加でき、すべてのオブジェクト（作成済みのオブジェクトであっても）はそのプロパティやメソッドを受け継ぐ（継承する）、ということを意味しています。次のステートメントを見てください。

```
User.prototype.greeting = "Hello"
document.write(details.greeting)
```

最初のステートメントでは、prototype を使って greeting プロパティを User クラスに追加し、その値を Hello に設定しています。2つめのステートメントでは、すでに作成済みの User クラスの details オブジェクトから今追加したばかりの新しいプロパティを出力しています。

クラスのメソッドもまた、次のステートメントで示すように、後から追加したり修正することができます。

```
User.prototype.showUser = function()
{
    document.write("Name " + this.forename +
        " User " + this.username + " Pass " + this.password)
}
details.showUser()
```

これらのコード行をスクリプトの条件ステートメント（if など）に追加すると、ユーザーの自発的な選択にもとづいて別の showUser メソッドが必要かどうかを決めるような場合に利用できます。これらのコード行の実行後は、たとえその前に作成していた details オブジェクトへの details.showUser 呼び出しでも、prototype を使って作成した新しい関数が実行され、前の showUser の定義は消去されます。

静的なメソッドとプロパティ

PHP オブジェクトを取り上げた5章では、PHP クラスは、クラスのインスタンスに関連づけられたプロパティとメソッドに加え、静的なプロパティとメソッドを持つことができる、と学びました。JavaScript でも静的なメソッドとプロパティがサポートされており、クラスの prototype を通して保持し取得します。次のステートメントは静的な値を User に設定し、そこから読み取る例です。

```
User.prototype.greeting = "Hello"
document.write(User.prototype.greeting)
```

JavaScript オブジェクトの拡張

prototype キーワードを利用すると、ビルトインオブジェクトに機能性を追加することも可能です。たとえば、テキストが折り返されないように、ストリングに含まれるすべてのスペースを改行なしのスペースに置き換えたいとしましょう。これは次のように、JavaScript のデフォルトの String オブジェクト定義に prototype メソッドを追加することで実現できます。

```
String.prototype.nbsp = function() {
        return this.replace(/ /g, ' ')
}
```

ここでは replace メソッドと 16 章で取り上げる正規表現を使って、すべての単一スペースを探しそれをストリングの " " に置換しています。たとえば次のコマンドを入力すると、"The quick brown fox" というストリングが出力されることになります†。

```
// String オブジェクトの "The quick brown fox" で nbsp メソッドを実行
document.write("The quick brown fox".nbsp())
```

また次のようなメソッドも追加できます。これはストリングの前後からスペースを切り取ります（ここでも正規表現を使っています）。

```
String.prototype.trim = function() {
    return this.replace(/^\s+|\s+$/g, '')
}
```

次のステートメントを発行すると、前後の空白が削除され、ストリング "Please trim me" が出力されます。

```
document.write("   Please trim me   ".trim())
```

ここで使用している正規表現をざっと述べると、まず 2 つの / 文字は正規表現の始まりと終わりを表し、最後の g はマッチ（一致）するものすべてを検索するグローバル検索を指定します。/ と / で囲まれた部分では、^\s+ が検索対象のストリングの先頭に 1 つまたは複数のホワイトスペース文字があるかどうかを検索し、| の後の \s+$ が検索対象のストリングの末尾に 1 つまたは複数のホワイトスペース文字があるかどうかを検索します。間の | 文字はもう 1 つの選択を区切る役目を果たします。

この 2 つの正規表現のどちらかにマッチすると、マッチした部分は replace の第 2 引数で指定している空

---

† 訳注：改行されないという結果は、HTML ファイルに（もちろん String.prototype.nbsp の定義に加え）、

```
document.write("The quick brown fox<br />")
document.write("The quick brown fox".nbsp())
```

という 2 行を追加して結果を Web ブラウザに表示し、ウィンドウの右端を左にドラッグすると違いが確認できます。ウィンドウの幅が短くなると、1 つめの方は 2 行になりますが、2 つめの方はそうなりません。ちなみに nbsp は non-breaking space という意味です。

のストリングに置き換えられ、前後のホワイトスペースが切り取られたストリングが返されます[†]。

15.3 JavaScriptの配列

JavaScriptの配列処理はPHPとよく似ていますが、シンタックスに少し違いあります。とは言え、みなさんがここまで配列について学んできた知識をもってすれば本節もいたって簡単です。

15.3.1 数値でインデックス化される配列

新しい配列を作成するには次のシンタックスを使用します。

```
arrayname = new Array()
```

また次の簡略化された形式も使用できます。

```
arrayname = []
```

エレメント値の代入

PHPでは配列に新しいエレメントを追加するとき、エレメントの位置を指定しなくても割り当てることができました。

```
$arrayname[] = "Element 1";
$arrayname[] = "Element 2";
```

JavaScriptではこれと同じことを、配列のpushメソッドで行えます。

```
arrayname.push("Element 1")
arrayname.push("Element 2")
```

この方法では、アイテムの数を追跡せずに、アイテムの追加をつづけることができます。配列にエレメントがいくつあるかを知りたいときには、lengthプロパティを使用します。

```
document.write(arrayname.length)
```

別の方法として、エレメントの位置を追跡したり特定の位置に置きたい場合には、次のシンタックスが使用できます。

[†] 訳注：このトリミングの結果は次のようなコードで違いが確認できます。
```
str = "  Please trim me   "
len1 = str.length
len2 = str.trim().length
document.write(len1 + "<br />")
document.write(len2)
```

```
arrayname[0] = "Element 1"  // 0番めの位置に Element 1 を追加
arrayname[1] = "Element 2"  // 1番めの位置に Element 2 を追加
```

サンプル 15-8 は配列を作成する簡単なスクリプトの例で、いくつかの値を追加しそれを表示します。

サンプル 15-8 配列を作成し、値を入れ、中身を出力する

```
<script>
numbers = []
numbers.push("One")
numbers.push("Two")
numbers.push("Three")

for (j = 0 ; j < numbers.length ; ++j)
    document.write("Element " + j + " = " + numbers[j] + "<br />")
</script>
```

このスクリプトからは次の結果が出力されます。

```
Element 0 = One
Element 1 = Two
Element 2 = Three
```

Array キーワードを使った代入

配列はまた、Array キーワードを使用すると最初の値になるエレメントとともに作成することができます。

```
numbers = Array("One", "Two", "Three")
```

無論エレメントはこの後も追加できます。

さてこれで、配列にアイテムを追加する方法とアイテムを参照する方法が分かりましたが、JavaScript の配列ではもっと多くのことが行えます。以降ではそれについて見ていきます。まずは配列のもう 1 つのタイプからです。

15.3.2 連想配列

連想配列は、エレメントを番号ではなく名前で参照するタイプの配列です。連想配列を作成するには、中かっこの中でエレメントのブロックを定義します。各エレメントは、コロン（:）の左にキーを、コロンの右にその内容（値）を配置することで定義します。サンプル 15-9 では、オンラインのスポーツ店の "ボール部" の商品の保持に使用できそうな連想配列の作成方法を示しています。

サンプル 15-9：連想配列の作成とその中身の表示

```
<script>
balls = {"golf":  "Golf balls, 6",
         "tennis": "Tennis balls, 3",
         "soccer": "Soccer ball, 1",
         "ping":  "Ping Pong balls, 1 doz"}

for (ball in balls)
    document.write(ball + " = " + balls[ball] + "<br />")
</script>
```

ここでは配列が作成され、値が正しく入れられたことを確認するために、in キーワードをつかったまた別のタイプの for ループを使っています。このループでは配列内でのみ使用する新しい変数（この例の ball）を作成し、in キーワードの右の配列（この例の balls）内すべてのエレメントを繰り返し処理するという方法が取られます。このループは balls 配列の各エレメントに作用し、エレメントのキー値を ball に割り当てます。

ball に保持されたキー値を使用すると、今処理されている balls のエレメントの値が得られます。このサンプルスクリプトを呼び出した結果はブラウザに次のように表示されます。

```
golf = Golf balls, 6
tennis = Tennis balls, 3
soccer = Soccer ball, 1
ping = Ping Pong balls, 1 doz
```

連想配列の特定のエレメントにアクセスするには、次の要領でキーを明示的に指定します（今の場合には "Soccer ball, 1 " が出力されます）。

```
document.write(balls['soccer'])
```

15.3.3 多次元配列

JavaScript で多次元配列を作成する場合にも、単に配列の中に別の配列を作成するだけです。たとえば 2 次元のチェッカー盤（8×8）の詳細を保持する配列は、サンプル 15-10 のコードで作成できます。

サンプル 15-10：2 次元配列の作成

```
<script>
checkerboard = Array(
    Array(' ', 'o', ' ', 'o', ' ', 'o', ' ', 'o'),
    Array('o', ' ', 'o', ' ', 'o', ' ', 'o', ' '),
    Array(' ', 'o', ' ', 'o', ' ', 'o', ' ', 'o'),
    Array(' ', ' ', ' ', ' ', ' ', ' ', ' ', ' '),
    Array(' ', ' ', ' ', ' ', ' ', ' ', ' ', ' '),
```

サンプル 15-10：2次元配列の作成（続き）
```
    Array('0', ' ', '0', ' ', '0', ' ', '0', ' '),
    Array(' ', '0', ' ', '0', ' ', '0', ' ', '0'),
    Array('0', ' ', '0', ' ', '0', ' ', '0', ' '))

document.write("<pre>")
for (j = 0 ; j < 8 ; ++j)
{
    for (k = 0 ; k < 8 ; ++k)
        document.write(checkerboard[j][k] + " ")
        document.write("<br />")
}
document.write("</pre>")
</script>
```

このサンプルでは、小文字の o が黒駒を、大文字の O が白駒を表します。ループをネストして配列を処理し、その内容を表示します。

外側のループはステートメントを2つ含むので、それらを囲む中かっこがいります。内側のループでは行内の各マスを処理し、位置 [j][k] にある文字とスペースを出力します（スペースは全体を正方形で出力するために使用しています）。内側のループにはステートメントが1つしかないので、中かっこで囲む必要はありません。外側のループの前後では <pre> と </pre> タグを使って、出力が次のように適切に表示されるようにしています。

```
  o   o   o   o
o   o   o   o
  o   o   o   o



O   O   O   O
  O   O   O   O
O   O   O   O
```

また角かっこを使うと、次のように配列内のエレメントに直接アクセスできます。

```
document.write(checkerboard[7][2])
```

このステートメントからは、チェッカー盤（またはサンプル 15-10 に示す配列エレメントの並び）の左上隅から下に8つ、右に3つ進んだ大文字の O が出力されます。配列のインデックスは 0 ではなく 1 から始まることを思い出してください。

15.3.4 配列のメソッドの使用

配列のパワーを活かすべく、JavaScript には配列とそのデータを操作するためのメソッドが数多く用意さ

れています。以下では使用頻度の高いものに絞って見ていきます。

concat

配列の concat メソッドは配列と配列、または一連の値と配列を連結します。たとえば次のコードは "Banana,Grape,Carrot,Cabbage" を出力します。

```
fruit = ["Banana", "Grape"]
veg = ["Carrot", "Cabbage"]
// fruit と veg を結合して新しい配列を作成。fruit と veg は変更されない
document.write(fruit.concat(veg))
```

引数には複数の配列を指定することもできます。その場合 concat は指定された配列の順番に、すべてのエレメントを追加します。

次のコードでは、配列 pets を単純な複数の値と連結しています。ここでは "Cat,Dog,Fish,Rabbit,Hamster" が出力されます。

```
pets = ["Cat", "Dog", "Fish"]
// pets と2つの値を結合して、新しい配列 more_pets を作成
more_pets = pets.concat("Rabbit", "Hamster")
document.write(more_pets)
```

forEach（IE 以外のブラウザ用）

JavaScript 配列の forEach メソッドは、PHP の foreach キーワードに似た機能を実現する方法ですが（カウンタや添え字を使用せずに配列の全エレメントにアクセスできるという意味で）、サポートされるのは Internet Explorer 以外のブラウザです。このメソッドを使用するには、配列内の各エレメントに対して呼び出す関数の名前を渡します。サンプル 15-11 はその方法を示しています。

サンプル 15-11：forEach メソッドの使用

```
<script>
pets = ["Cat", "Dog", "Rabbit", "Hamster"]
pets.forEach(output)

function output(element, index, array)
{
    document.write(" インデックス " + index + " にあるエレメントの値は " + element + "<br />")
}
</script>
```

ここでは output という名前の関数が forEach に渡されます。関数は element と index、array の3つのパラメータを取ります。このサンプルでは単に document.write を使って index と element の値を表示しているだけですが、これらのパラメータはみなさんの関数でも必要に応じて使用できます。

forEachメソッドは、配列に値を入れた後、次のように呼び出します[†]。

pets.forEach(output)

このサンプルでは次の結果が出力されます。

インデックス 0 にあるエレメントの値は Cat
インデックス 1 にあるエレメントの値は Dog
インデックス 2 にあるエレメントの値は Rabbit
インデックス 3 にあるエレメントの値は Hamster

forEach（クロスブラウザでの解決策）

Microsoft は forEach メソッドをサポートする選択をしていないので、前のサンプルが動作するのは非 Internet Explorer ブラウザに限られます。したがって IE がこれをサポートするまで（IE 8 以前が使用されなくなるまで）、クロスブラウザの互換性を確実に保つには、pets.forEach(output) ではなく、次のようなステートメントを使用すべきです。

for (j = 0 ; j < pets.length ; ++j) output(pets[j], j)

join

配列の join メソッドを使用すると、配列のすべての値をストリングに変換して、オプションとしてそのストリング間にセパレータ（区切り文字）を置き、1つの大きなストリングに連結することができます。サンプル 15-12 では、このメソッドの使い方を3つ示しています。

サンプル 15-12：join メソッドの使用

```
<script>
pets = ["Cat", "Dog", "Rabbit", "Hamster"]
// セパレータを指定しないと、デフォルトでコンマが使用される
document.write(pets.join()        + "<br />")
// セパレータにスペースを指定
document.write(pets.join(' ')     + "<br />")
// セパレータにスペース + コロン + スペースを指定
document.write(pets.join(' : ') + "<br />")
</script>
```

パラメータを指定しない場合、エレメントはコンマで区切られます。パラメータを指定すると、それが各エレメント間に挿入されます。サンプル 15-12 からは次の結果が出力されます。

[†] 訳注：翻訳時点で、Internet Explorer API リファレンスの「forEach メソッド（JavaScript）」ページ（http://msdn.microsoft.com/ja-jp/library/ie/ff679980(v=vs.94).aspx）には、「Internet Explorer 9 標準、Internet Explorer 10 標準の各ドキュメントモードでサポートされます。Quirks、Internet Explorer 6 標準、Internet Explorer 7 標準、Internet Explorer 8 標準の各ドキュメントモードでサポートされていません。」と記載されています。Internet Explorer 9 と 10 では、このドキュメントモードに [ツール] → [F12 開発者ツール] で表示されるウィンドウからアクセスできます。

Cat,Dog,Rabbit,Hamster
Cat Dog Rabbit Hamster
Cat : Dog : Rabbit : Hamster

push と pop

　pushメソッドを使って配列に値を追加する方法はすでに学びました。配列のpopはその逆を実行するメソッドで、最も直近に追加されたエレメントを配列から消去し、そのエレメントを返します。サンプル15-13はその使用例です。

サンプル15-13：push と pop メソッドの使用

```
<script>
sports = ["Football", "Tennis", "Baseball"]
document.write(" 始め = "     + sports + "<br />")
sports.push("Hockey");
document.write("push 後 = " + sports +  "<br />")
removed = sports.pop()
document.write("pop 後 = " + sports +  "<br />")
document.write(" 削除されたエレメント = "    + removed + "<br />")
</script>
```

　スクリプトの主要なステートメントは太字で示しています。ここではまず3つのエレメントを持つ sports という名前の配列を作成しています。次いで4つめのエレメントを配列に push（後ろから追加）し、その後そのエレメントを pop（一番後ろのエレメントを消去）しています。この処理中には、document.write を使ってその時点で sports が保持している値を出力しています。このスクリプトからは次の結果が出力されます。

初め = Football,Tennis,Baseball
push 後 = Football,Tennis,Baseball,Hockey
pop 後 = Football,Tennis,Baseball
削除されたエレメント = Hockey

　push と pop は、行っていた何らかの作業を変更し、そこから反転して元に戻りたい場合に役立ちます。サンプル15-14はその簡単な例です。

サンプル15-14：ループの中で push を使用し、ループの外で pop を使用する

```
<script>
numbers = []

for (j=0 ; j<3 ; ++j)
{
    numbers.push(j);
```

サンプル 15-14：ループの中で push を使用し、ループの外で pop を使用する（続き）
```
    document.write("Pushed " + j + "<br />")
  }

  // ここで別の作業を実行
  document.write("<br />")

  document.write("Popped " + numbers.pop() + "<br />")
  document.write("Popped " + numbers.pop() + "<br />")
  document.write("Popped " + numbers.pop() + "<br />")
</script>
```

このサンプルからは次の結果が出力されます。

```
Pushed 0
Pushed 1
Pushed 2

Popped 2
Popped 1
Popped 0
```

reverse の使用

配列の reverse メソッドは、配列のすべてのエレメントの順番を逆にします。サンプル 15-15 はその使い方と確認の例です

サンプル 15-15：reverse メソッドの使用
```
<script>
sports = ["Football", "Tennis", "Baseball", "Hockey"]
sports.reverse()
document.write(sports)
</script>
```

このメソッドの使用によって元の配列は変更され、次の結果が出力されます。

```
Hockey,Baseball,Tennis,Football
```

sort

sort メソッドを使用すると、配列のすべてのエレメントを、使用するパラメータに応じて、アルファベット順やそのほかの順番にソートする（並べ替える）ことができます。サンプル 15-16 は 4 種類のソートの例です。

サンプル 15-16：sort メソッドの使用

```
<script>
// アルファベット順
sports = ["Football", "Tennis", "Baseball", "Hockey"]
sports.sort()
document.write(sports + "<br />") // 結果：Baseball,Football,Hockey,Tennis

// アルファベット逆順
sports = ["Football", "Tennis", "Baseball", "Hockey"]
sports.sort().reverse()
document.write(sports + "<br />") // 結果：Tennis,Hockey,Football,Baseball

// 数値の昇順（小さい順）
numbers = [7, 23, 6, 74]
numbers.sort(function(a,b){return a - b})
document.write(numbers + "<br />") // 結果：6,7,23,74

// 数値の降順（大きい順）
numbers = [7, 23, 6, 74]
numbers.sort(function(a,b){return b - a})
document.write(numbers + "<br />") // 結果：74,23,7,6
</script>
```

1つめの例はアルファベットの順番で並べ替える sort メソッドのデフォルト動作です。2つめの例では、そのデフォルトの sort が返す結果に対して配列の reverse メソッドを適用して、アルファベットの逆順にしています。

3つめと4つめの例は少し複雑で、a と b の関係性を比較する関数を使用しています。この関数は sort メソッドが使用するだけなので、具体的な名前を持っていません。ここで使用している function は、前に名前のない関数（無名関数）を作成したときに目にした、クラスにメソッド（showUser メソッド）を定義するために使用したときの function です。

この function は sort メソッドの要求を満たす無名関数を作成します。この関数が 0 より小さい値を返す場合、sort は a は b より先に来ると判断します（a, b の順）。また 0 より大きい値が返された場合には、b が a よりも先に来ると判断します（b, a の順）。0 が返された場合には、a と b は同じ値なので、a と b の順番はそのまま変わりません。sort は配列のすべての値をこの関数に適用して、その順番を決めます。

3つめと4つめの例では、無名関数が返す値（a-b または b-a）を変えることで、数値の小さい順のソートと大きい順のソートを使い分けています[†]。

 JavaScriptの入門編はこれで終わりです。みなさんはこれでPHP、MySQLにつづいて、本書の3つめの主要テクノロジーの中核となる知識が習得できました。次章ではパターンマッチングや入力検証など、JavaScriptとPHPを使った高度なテクニックを見ていきます。

15.4 確認テスト

1. JavaScriptの関数名と変数名はケースセンシティブですか、ケースインセンシティブですか？

2. 限定されない数のパラメータを受け取り、それを処理する関数はどのようにして記述しますか？

3. 関数から複数の値を返す方法を1つ挙げてください。

4. クラスを定義するとき、カレントオブジェクト（今対象としているオブジェクト）を参照するには何というキーワードを使用しますか？

5. クラスのメソッドはクラス定義内ですべて定義しなければなりませんか？

6. オブジェクトの作成に使用するキーワードは？

7. クラスのすべてのオブジェクトで、プロパティやメソッドを複製せずに使用できるようにするにはどのようにしますか？

8. 多次元配列を作成するには？

9. 連想配列の作成に使用するシンタックスは？

10. 数値の配列を大きい順にソートするステートメントを記述してください。

テストの模範解答は付録Aに記載しています。

[†] 訳注 sortメソッドの引数に指定する無名関数は複数行で書くと理解しやすくなります。以下はこの書き方と、無名関数がa - bを返すときのaとbの値を出力して調べる例です。

```
numbers.sort(
    function(a,b){
        // 今対象となっているaの値
        document.write("a: " + a + "<br />")
        // 今対象となっているbの値
        document.write("b: " + b + "<br />")
        // aからbを引いた計算結果
        document.write("a - b = " + (a - b) + "<br />")
        return a - b
    }
)
```

16章
JavaScriptとPHPによる検証とエラー処理

　PHPとJavaScriptに関するしっかりした基盤が構築できたところで、次はこれらのテクニックを連携させていきましょう。この16章ではユーザーフレンドリーなWebフォームの作成方法を見ていきます。
　本章ではPHPを使ってフォームを作り、送信するデータを完全で正しいものにするために、JavaScriptを使ってクライアントサイドでの検証を実行します。入力の最終的な検証はその後PHPプログラムで行い、必要な場合には、ユーザーに修正をうながすフォームを再表示します。
　みなさんはこの作業を通して、JavaScriptとPHP両方の検証と正規表現を学びます。

16.1　JavaScriptを使ったユーザー入力の検証

　JavaScriptによる検証は、Webサイトに向けたものではなく、あくまでもユーザーに対する支援だととらえるべきです。なぜなら、これまで何度も強調しているように、サーバーに送られて来るデータは、たとえJavaScriptによる検証がサポートされていたとしても、信用できるものではないからです。ハッカーならみなさんのWebフォームを楽々と偽装し、勝手なデータを送信することができます。
　また、入力検証を実行するJavaScriptに全面的に依存できない理由には、JavaScriptを無効にしているユーザーや、JavaScriptをサポートしないブラウザを使っている人が存在するという事情もあります。
　したがってJavaScriptを使った最良の検証は、フォームのフィールドが空でないかどうかを調べたり、メールアドレスが適切な形式にしたがっているかどうかや、入力された値が適切な範囲に収まっているかどうかを確認するといった類のものになります。

16.1.1　validate.htmlドキュメント（パート1）

　では多くのサイトで会員や登録ユーザー向けに使用されている、一般的なサインアップフォームの作成から始めましょう。ここで求める入力はforenameとsurname、username、password、ageそしてemail address（順に名前、名字、ユーザー名、パスワード、年齢、メールアドレス）です。サンプル16-1はこのようなフォームに利用できるすぐれたテンプレートの例です。

サンプル 16-1：JavaScript 検証フォーム（パート1）

```
<html><head><title>An Example Form</title>
<style>.signup { border: 1px solid #999999;
    font: normal 14px helvetica; color:#444444; }</style>

<script>
function validate(form) {
    fail  = validateForename(form.forename.value)
    fail += validateSurname(form.surname.value)
    fail += validateUsername(form.username.value)
    fail += validatePassword(form.password.value)
    fail += validateAge(form.age.value)
    fail += validateEmail(form.email.value)
    if (fail == "") return true
    else { alert(fail); return false }
}
</script></head><body>

<table class="signup" border="0" cellpadding="2"
    cellspacing="5" bgcolor="#eeeeee">
<th colspan="2" align="center">Signup Form</th>
<form method="post" action="adduser.php"
    onsubmit="return validate(this)">
    <tr><td>Forename</td><td><input type="text" maxlength="32"
    name="forename" /></td>
</tr><tr><td>Surname</td><td><input type="text" maxlength="32"
    name="surname" /></td>
</tr><tr><td>Username</td><td><input type="text" maxlength="16"
    name="username" /></td>
</tr><tr><td>Password</td><td><input type="text" maxlength="12"
    name="password" /></td>
</tr><tr><td>Age</td><td><input type="text" maxlength="3"
    name="age" /></td>
</tr><tr><td>Email</td><td><input type="text" maxlength="64"
    name="email" /></td>
</tr><tr><td colspan="2" align="center">
    <input type="submit" value="Signup" /></td>
</tr></form></table>
```

フォームはこのままでも適切に表示されますが、メインの検証用関数をまだ追加していないので、検証は行われません。このサンプルを入力し validate.html という名前で保存してブラウザから呼び出すと、図 16-1 の結果が表示されます。

図16-1：サンプル16-1からの出力

サンプル16-1の構成

まずはこのドキュメントがどのように構成されているのかを見ていきましょう。初めの3行ではこのドキュメントを設定しています。ここではフォームの見栄えを少しよくするCSSを使っています。その下の太字で示した部分がJavaScriptに関する箇所です。

`<script>`と`</script>`タグの間には、validateという名前の関数が1つあります。この関数自体は、フォームの各入力フィールドを検証する6つの関数を呼び出します。これらについてはこの後すぐ見ていきます。ここで述べておきたいのは、この6つの関数はそれぞれ、フィールドに妥当な値が入力されている場合には空のストリングを返し、そうでない場合にはエラーメッセージを返す、ということです。入力に誤りがある場合には、スクリプトの最後で警告ボックスをポップアップさせその誤りを表示します。

validate関数は、妥当性が確認された場合にはtrueを、そうでない場合にはfalseを返します。この戻り値は重要です。なぜならvalidateがfalseを返した場合にはフォームの送信を回避する必要があるからです。trueの場合には入力に誤りがないということなので、フォームを送信することができます。

その下はフォーム用のHTMLで、テーブルの8行の左列に各フォームの名前（Forenameなど）を、右列に各フォーム（`<input type... />`）を置いています。これは単純なHTMLではありますが、開始`<form>`タグの中では、`onsubmit="return validate(this)"`というステートメントを記述しています。onsubmitを使用すると、自分で選んだ関数をフォームの送信時に呼び出すことができます。その関数（今の場合で言うとvalidate）では、何らかのチェックを実行して、フォームが送信できるものなのかどうかを示すtrueかfalseの値を返します。

`return validate(this)`で使用しているthisはカレントオブジェクト（現在対象となっているオブジェクト）で、このフォームそのものを指しています。前述したvalidate関数にはこのthisが渡されます。validate関数はこれをオブジェクトformとして受け取ります。

ご覧のように、フォームのHTMLで使用しているJavaScriptはonsubmit属性に埋め込んだreturnへの呼び出しだけです。JavaScriptを無効化しているブラウザやJavaScriptが使用できないブラウザはこの

onsubmit 属性を無視しますが、HTMLは適切に表示します。

16.1.2　validate.html ドキュメント（パート2）

　次はサンプル16-2です。ここではフォームフィールドの実際の検証を行う6つの関数を作成します。ここに示したコードを、前に保存したvalidate.htmlに追加します。単一のHTMLファイルに複数の<script>タグを含めても何の問題もありませんが、サンプル16-1の<script>と</script>タグの間に追加することもできます。

サンプル16-2：JavaScript 検証フォーム（パート2）

```
<script>
function validateForename(field) {
    if (field == "") return "Forename が入力されていません。\n"
    return ""
}

function validateSurname(field) {
    if (field == "") return "Surname が入力されていません。\n"
    return ""
}

function validateUsername(field) {
    if (field == "") return "Username が入力されていません。\n"
    else if (field.length < 5)
        return "Username には最低5文字必要です。\n"
    else if (/[^a-zA-Z0-9_-]/.test(field))
        return "Username には a-z、A-Z、0-9、-、_ のみ使用できます。\n"
    return ""
}

function validatePassword(field) {
    if (field == "") return "Password が入力されていません。\n"
    else if (field.length < 6)
        return "Password には最低6文字必要です。\n"
    else if (! /[a-z]/.test(field) ||
             ! /[A-Z]/.test(field) ||
             ! /[0-9]/.test(field))
        return " パスワードには a-z、A-Z、0-9 のどれかが1つは必要です。\n"
    return ""
}

function validateAge(field) {
    if (isNaN(field)) return "Age が入力されていません。\\n"
    else if (field < 18 || field > 110)
```

サンプル 16-2：JavaScript 検証フォーム（パート 2）（続き）
```
            return "Age は 18 より大きく、110 未満でなくてはなりません。\n"
        return ""
    }

    function validateEmail(field) {
        if (field == "") return "Email が入力されていません。\n"
            else if (!((field.indexOf(".") > 0) &&
                       (field.indexOf("@") > 0)) ||
                      /[^a-zA-Z0-9.@_-]/.test(field))
            return " 無効なメールアドレスです。\n"
        return ""
    }
</script></body></html>
```

では一番上の validateForename 関数から順に見ていきましょう。どのように検証しているかが分かります。

名前の検証

validateForename 関数は、validate 関数から渡される名前（forename）の値を、field パラメータで受け取るごく短い関数です。

この値が空のストリングの場合にはエラーメッセージを返します。そうでない場合には、間違いが見つからなかったことを表す空のストリングを返します。

ユーザーがスペースを入力した場合、どう見ても空に違いないのですが、validateForename にはスペースが渡されます。これは、空かどうかを調べる前にフィールドからホワイトスペースを削除し、正規表現を使ってフィールドをホワイトスペース以外のもので埋めるステートメントを追加することで修正できます。またはサーバーの PHP プログラムでキャッチする方法もあります。

名字の検証

validateSurname 関数は、与えられた名字が空のストリングの場合のみエラーを返すという点で、validateForename 関数とほとんど変わりません。なおここでは英語以外の文字やアクセント記号のついた文字を考慮して、forename と surname フィールドに入力できる文字は限定していません。

ユーザー名の検証

validateUsername はもっと複雑で、前の 2 つよりも面白い関数です。この関数では、パスさせる文字を a-z、A-Z、0-9（大文字小文字のアルファベットと数字）と _、- に限る必要があり、さらにユーザー名として少なくとも 5 文字の長さを求めます。

if...else ステートメントではまず、field が値で埋められていなかった（つまり空の）場合にエラーを返すことから始めています。（そうでなく）field が空ではないものの 5 文字より短い場合には、また別のエラーを返します。

さらにそうでない場合には、JavaScript の正規表現（a-z、A-Z、0-9、_、- 以外の文字にマッチします）から test メソッドに field を渡して呼び出します（詳しくは後の「正規表現」節参照）。許可できない文字が 1 文字でも含まれていると test メソッドは true を返すので、この validateUsername 関数からはエラーストリングが返されます。

パスワードの検証

次の validatePassword 関数でも同様のテクニックを使っています。ここでもまず、field が空がどうかを調べ、空の場合にはエラーを返しています。そしてパスワードの長さが 6 文字より短い場合にエラーメッセージを返しています。

ここではパスワードに、小文字、大文字、数字が少なくとも 1 つ含まれていることを要件とするので、その各要件について test メソッドを 1 回、合計で 3 回呼び出しています。そのいずれか 1 つでも false を返した場合には、パスワードの要件が満たされていないことになるので、エラーメッセージを返します。そうでない場合には、適切なパスワードであることを表す空のストリングを返します†。

年齢の検証

validateAge 関数は、field が数値でない場合（isNaN 関数を呼び出して）と、入力された年齢が 18 より小さいかまたは 100 より大きい場合にエラーメッセージを返します。ただしみなさんのアプリケーションでは年齢制限を変えるかなくす方がよいでしょう。この関数もデータが妥当だと判断したことを表す空のストリングを返します††。

メールアドレスの検証

最後の一番複雑なメールアドレスの検証には validateEmail 関数を使用します。まず、何かが実際に入力されているかどうかを調べ、入力されていない場合にエラーメッセージを返します。入力されている場合には、JavaScript の indexOf 関数を 2 回呼び出します。最初のチェックではフィールドに含まれているはずのドット（.）が 2 文字め以降にあり、次のチェックでは @ も 2 文字め以降にあることを確認しています。

この 2 つのチェックが満たされた場合には、test メソッドを使って許可されない文字がフィールドに含まれているかどうかが調べられます。これらのチェックのどれかに通らないとエラーメッセージが返されます。メールアドレスに含まれてもよい文字は、test メソッドを呼び出す正規表現で記述しているように、

---

† 訳注：/[a-z]/.test(field) に始まる else if は少し複雑ですが分けて考えると理解できます。次のコードでは field に小文字の a から z のアルファベットが 1 文字でも含まれていると、test メソッドは true を返します。したがって result は true です。

  var result = /[a-z]/.test(field)
  document.write(result)

! /[a-z]/.test(field) はこの逆です。つまり true の場合には false、false の場合には true になります。ほかの [A-Z] と [0-9] を扱う test でも同様です。else if のかっこの中では各 test を反転した結果が 2 つの || （または）でつながれて調べられます。たとえばパスワードが "111AAA" の場合には a から z のアルファベットの小文字が 1 つも含まれていないので、else if のかっこの中は（true または false または false）になります。true が 1 つでも含まれていると、エラーメッセージが返されます。

†† 訳注：isNaN 関数は引数を評価し、それが NaN（非数）であるかをどうかを判断します。

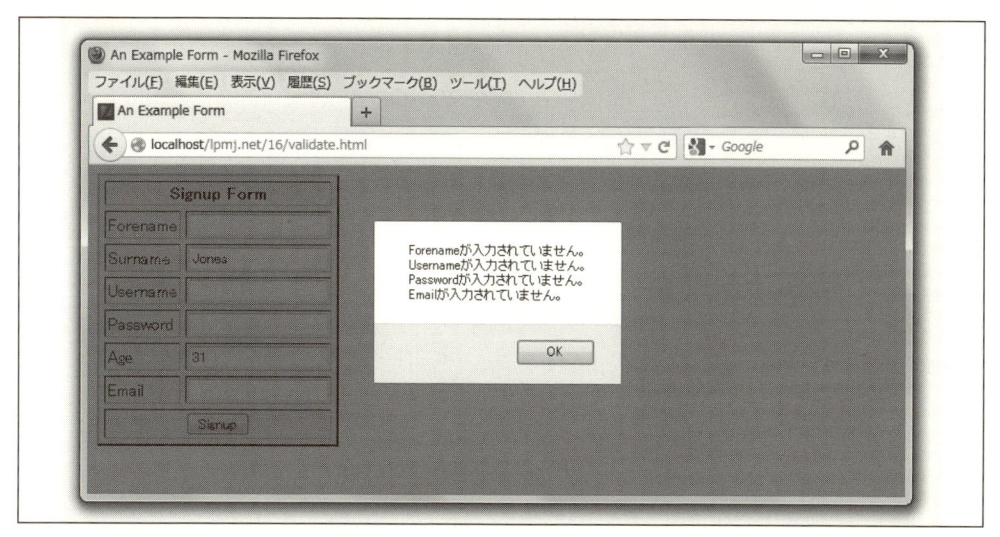

16.1　JavaScriptを使ったユーザー入力の検証　| 373

図16-2：JavaScriptによるフォームの検証

大文字と小文字のアルファベットと数字、そして.と@、_、-です。誤りがない場合には、データが妥当だということを表す空のストリングが返されます。最後の行ではスクリプトとドキュメントを閉じています[†]。

　図16-2は、フィールドへの入力を完了せずに[Signup]ボタンをクリックしたときの例です。

別のJavaScriptファイルとしての使用

　これらの関数は汎用的な構造を持ちさまざまな検証に応用できるので、別個のJavaScriptファイルに移す有力な候補だと言えます（ただし<script>や</script>の削除を忘れないように！）。ファイルにはvalidate_functions.jsといった名前がつけられるでしょう。サンプル16-1のHTMLファイルには、冒頭の<script>部のすぐ後に、次のシンタックスを使ってインクルードします。

[†] 訳注：StringオブジェクトのindexOfメソッドは、このメソッドを呼び出すStringオブジェクトの中で、引数に指定された値が最初に現れたインデックスを返します。たとえば.が先頭に使われている場合には0、2文字めにある場合には1を返します。したがって、field.indexOf(".") > 0は、.が1文字めにある場合にはfalse、2文字め以降にある場合にはtrueになります。この理屈は@についても同様です。そしてelse ifのかっこ内の構造は、

```
else if (!
    ((field.indexOf(".") > 0) && (field.indexOf("@") > 0))
    ||
    /[^a-zA-Z0-9.@_-]/.test(field)
)
```

のようになっています。つまり、.が2文字め以降にありかつ@が2文字め以降にあるか、または妥当な文字が含まれている場合には、全体を反転する（!）ということです。たとえば.も@も2文字め以降にあり、許可されない文字が含まれている場合には、((true)&&(true)) || (false)になりfalse、これが!によって反転されるので全体trueになります。&&のオペランドの一方でもfalseの場合には||は評価されず、!の反転によって全体trueになります。

```
<script src="validate_functions.js"></script>
```

16.2 正規表現

本節ではここまで扱ってきたパターンマッチングをさらに詳しく見ていきます。パターンマッチングは、JavaScriptでもPHPでもサポートされている正規表現を使って実現されます。正規表現を使用すると、非常にパワフルなパターンマッチングのアルゴリズムを1つの式で構成することができます。

16.2.1 メタ文字によるマッチ

すべての正規表現はスラッシュ（/）で囲む必要があります。このスラッシュの間では、特定の文字が特別な意味を持ちます。これらはメタ文字と呼ばれます。たとえばアスタリスク（*）は、みなさんがシェルやWindowsのコマンドプロンプトの使用時に経験しているような意味を持ち（まったく同じというわけではありません）、"マッチするテキストは、*の前の文字が何個あっても、まったくなくてもかまわない"という意味です[†]。

例として、"Le Guin"という名前が含まれているかどうかを調べたいとしましょう。この名前は書く人によって間にスペースがあったりなかったりします。そして調べるテキストはたとえば、右寄せしたいためにスペースが不規則に挿入されているなどの理由で、次のようなものだとします。

```
The    difficulty of    classifying Le    Guin's   works
```

したがってこのテキストでは、"LeGuin"（スペースなし）や"Le"と"Guin"の間にいくつスペースが含まれているか分からないマッチを調べることになります。これはアスタリスクの前にスペースを指定する正規表現で解決できます[††]。

```
/Le *Guin/
```

この行には"Le Guin"以外のものも多く含まれていますが、問題ありません。正規表現がマッチする部分がある限り、test メソッドは true 値を返します。

では検索テキストの行に"Le Guin"だけが含まれている（Leで始まりGuinで終わる。それ以外のもの

[†] 訳注：ここからの例を試すときには次の要領で行えます。regexp は正規表現オブジェクト用変数で、パターンを割り当てます。今の場合には / と / の間に a* を記述しています。これは test メソッドに指定するストリングに、a が何個あってもよい、ゼロ個でもよいという意味です。したがって test に "a" や "aaa" を渡すと test は true を返します。また "" を渡しても、"bcd" を渡しても、a がゼロ個なので、test は true を返します。

```
<script>
   var regexp = /a*/;
   document.write(regexp.test("a"));
</script>
```

[††] 訳注：これは次のようにテストできます。* は直前の項目をゼロ回以上繰り返します。

```
var regexp = /Le *Guin/;
document.write(regexp.test("The    difficulty of    classifying Le    Guin's   works"));
document.write(regexp.test("The    difficulty of    classifying LeGuin's   works"));
```

は含まれていない）ことが重要な場合にはどうすればよいのでしょう？　これについては後で見ていきます。

　少なくともスペースが1つはつねに含まれている、ということが分かっている場合には、プラス記号（+）が使用できます。+はその前の文字が1個以上存在することを要件とします。

16.2.2　あいまいな文字マッチング

　ドット（.）は改行をのぞくすべての文字にマッチするので、特に便利です。たとえば、<で始まり>で終わるHTMLタグを探したいとしましょう。これは次の簡単な方法で行えます。

```
// . は改行以外のすべての単一文字にマッチし、
// * は直前の項目（.のこと）をゼロ回以上繰り返す
/<.*>/
```

　ドットは改行以外のすべての文字にマッチし、*はその対象をゼロ個以上の文字に拡大するので、この正規表現は"< と >に囲まれていれば、中に何もなくてもすべてにマッチする"という意味になり、<>や<em>、
などにマッチします。しかし空タグの<>をのぞきたい場合には、*ではなく次のように+を使用します。

```
// . は改行以外のすべての単一文字にマッチし、
// + は直前の項目（.のこと）を1回以上繰り返す
/<.+>/
```

　ドットは改行以外のすべての文字にマッチし、プラス記号はその対象を1個以上の文字に拡大するので、この正規表現は"< と >の間に少なくとも1個文字が含まれている限り、すべてにマッチする"という意味になり、<em>と</em>、<h1>と</h1>、また次のような属性値を持つタグにマッチします。

```
<a href="www.mozilla.org">
```

　しかしプラス記号は残念ながら、行末の>までマッチするので、次のようなタグが複数ある場合にもマッチします。この解決方法についてはこの後本章で見ていきます。

```
<h1><b>Introduction</b></h1>
```

　ドットを山かっこの中で、後に+や*をつづけず単独で使用すると（<.>）、単一文字にマッチします。つまり<b>や<i>にはマッチしますが、<em>や<textarea>にはマッチしません。

---

† 訳注：これは次のようにテストできます。+は直前の項目を1回以上繰り返します。

```
var regexp = /Le +Guin/;
document.write(regexp.test("Le Guin's works"));  // スペース1つ
document.write(regexp.test("Le     Guin's    works"));  // スペース5つ
document.write(regexp.test("LeGuin's     works"));  // スペースなし
```

ドット文字自体をマッチさせたい場合には、前にバックスラッシュ（\）を置いてこれをエスケープする必要があります。ドットはメタ文字なので、エスケープしないと改行をのぞくすべての単一文字に一致することになります。たとえば浮動小数点数の 5.0 をマッチさせたい場合の正規表現は次のようになります。

```
// 5.0 の . を \ でエスケープ
/5\.0/
```

バックスラッシュは、別のバックスラッシュ（テキストに含まれるバックスラッシュ）も含むすべてのメタ文字をエスケープします。しかし少しやっかいなことに、バックスラッシュには、この後見ていくように、それ以降の文字に特別な意味を与える働きもあります。

浮動小数点数のマッチはできましたが、5. も 5.0 も意味としては同じなので、これについてもマッチさせたいところです。また 5.00 や 5.000 など、ゼロがいくつついていても関係なくマッチさせたいでしょう。これは前述したアスタリスクの追加で行えます。

```
/5\.0*/
```

16.2.3 かっこを使ったグループ化

キロ（1,000、10 の 3 乗）やメガ（100万、10 の 6 乗）、ギガ（10億、10 の 9 乗）、テラ（1兆、10 の 12 乗）など、3桁ずつ大きくなる数字の単位にマッチさせたいとしましょう。言い方を変えると、マッチさせたいのは次の文字です。

```
1,000
1,000,000
1,000,000,000
1,000,000,000,000
...
```

ここでもプラス記号が使用できますが、ストリングの ",000" をグループ化する必要があります。このグループ化によってプラス記号はその全体にマッチするようになります。正規表現には次のものを使用します。

```
// + で（,000）を 1 回以上繰り返す、+ の後にスペース有り
/1(,000)+ /
```

このかっこは、"プラス記号などが適用されたときにかっこ内をグループとして扱う" ということを意味します。1,00,000 や 1,000,00 はマッチしません。なぜなら、テキストには、コンマと 3 つのゼロ（,000）のグループが 1 つ以上つづく文字が含まれている必要があるからです。

+ 文字の後のスペースは、このマッチはスペースがあったらそこで終わらなければならない、ということを示しています。このスペースがないと 1,000,00 がマッチしてしまいます。マッチングが適用されるのは初めの 1,000 だけで、後の ,00 は無視されることになるからです。テキストの後にスペースを求めること

で、数字の最後までマッチングを適切に行わせることができます†。

16.2.4 文字クラス

ドットほど大まかではない、あいまいなマッチングを行いたい場合があります。あいまいさは正規表現の強力な武器で、その精度はどのようにでも変えることができます。

あいまいなマッチングのサポートは角かっこ（[]）の持つ機能の1つです。角かっこを使用すると、中に置いた複数の文字を任意の1文字としてマッチさせることができます。複数の文字のどれか1文字がテキストに含まれていると、そのテキストはマッチします。たとえば、アメリカ英語の"gray"とイギリス英語の"grey"両方にマッチさせたい場合には、次の正規表現が使用できます。

```
// "gray"と"grey"両方にマッチ
/gr[ae]y/
```

マッチするのは gr の後、a か e どちらか一方がつづき、その後 y が来るテキストです。角かっこ内に置いた文字はどの文字でも、その1文字にマッチします（a または e と考えることができます）。角かっこ内の文字のグループは文字クラスと呼ばれます。

範囲を示す

角かっこ内ではハイフン（-）を使って範囲を示すことができます。よく行われる作業に1桁（10未満の数字）のマッチングがありますが、これは次のように範囲を指定すると簡単になります。

```
/[0-9]/
```

桁は正規表現でよく使用される要素なので、桁を表すための \d というショートカットが提供されています。\d を正規表現の中に置くと、1桁にマッチさせることができます。

```
/\d/
```

否定

角かっこの持つ別の重要な機能に文字クラスの否定（何々以外）があります。左の [の後、文字クラスの前にキャレット（^）を置くことで、その文字クラス全体を"ひっくり返す"ことができます。これは"^ の後に来る文字をのぞくすべての文字にマッチする"という意味です。たとえば最後の感嘆符（!）が落ちて

---

† 訳注：確認例です。

```
var regexp = /1(,000)+ /;
document.write(regexp.test("1,000 ") + "<br />");
document.write(regexp.test("1,000,000 ")+ "<br />");
document.write(regexp.test("1,000,000,000 ")+ "<br />");
document.write(regexp.test("1,000,000,000,000 ")+ "<br />");
document.write(regexp.test("1,00,000")+ "<br />");
document.write(regexp.test("1,000,00")+ "<br />");
document.write(regexp.test(" 1,000,00")+ "<br />");
```

いる "Yahoo" の事例を見つけたい場合には（Yahoo の正式名称には！がつきます）、次の正規表現が使用できます。

```
// Yahoo の後に！以外の文字なら何が来てもよい
/Yahoo[^!]/
```

この文字クラスには！の1文字しか含まれていませんが、その前の^によって意味が反転されます。とは言え実際には、この方法は！の欠落を見つけ出すすぐれた方法ではありません。たとえば "Yahoo" が行の最後にあった場合には、マッチに必要な文字がないのでうまくいきません。もっとよいのは否定先読みと呼ばれる（後ろにbがつづかないaにマッチする）方法を使うことですが、これは本書の範囲を超えるトピックです。

16.2.5 さらに複雑な例

文字クラスと否定が理解できたら、前に述べた複数のHTMLタグがある場合のマッチングを解決するより良い方法も明らかになります。この解決方法は1つのタグを超えて処理するのではなく、とや、次のような属性を持つタグにもマッチします。

```
<a href="www.mozilla.org">
```

それは次の正規表現を使う方法です。

```
/<[^>]+>/
```

この正規表現は、キーボードの上にティーカップを落としたような文字に見えるかもしれませんが、完全に有効でしかもかなり便利です。これを分解してみましょう。図16-3では要素ごとに1つずつ説明しています。

この正規表現には次の要素が含まれています。

/
　　正規表現の始まりを示す左のスラッシュ。

<
　　HTMLタグの左山かっこ。これはメタ文字ではなくそのままマッチします。

/	<	[^>]	+	>	/
左スラッシュ 正規表現の 始まりを示す	HTMLタグの 左山かっこ そのままマッチ	文字クラス 右山かっこ以外の すべての文字に マッチ	メタ文字 1個以上の [^>]にマッチ	HTMLタグの 右山かっこ そのままマッチ	右スラッシュ 正規表現の 終わりを示す

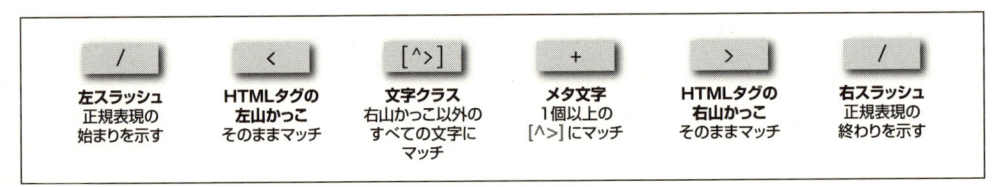

図16-3：正規表現の分解

[^>]

文字クラス。[ ] に埋め込まれた ^ は、"右の山かっこをのぞくすべての文字にマッチする" ということを意味します。

+

直前の [^>] が少なくとも1個あれば、何個あってもよい、という意味です。

>

HTML タグの右山かっこ。これはそのままマッチします。

/

正規表現の終わりを示す右のスラッシュ。

> 複数の HTML タグのマッチングを解決する別の方法に、非貪欲な繰り返しの使用があります。パターンマッチングはデフォルトで貪欲で、できるだけ繰り返そうとして、可能な限り長い一致を返します。これに対し非貪欲なマッチングは、できるだけ短い一致を探す方法です。これは本書の範囲を超えるトピックですが、その詳細は http://tinyurl.com/aboutregex で読むことができます(『詳説 正規表現』の4章)。

ではつづいてサンプル 16-1 の validateUsername 関数で使用した、次の正規表現を見てみましょう。

/[^a-zA-Z0-9_]/

図 16-4 では要素に分けてそれぞれについて述べています。
この正規表現には次の要素が含まれています。

/

正規表現の始まりを示す左のスラッシュ。

[

文字クラスを開始する左の角かっこ。

/	[	^	a-z	A-Z	...
左スラッシュ 正規表現の 始まりを示す	左角かっこ 文字クラスの 開始	否定文字 角かっこ内を すべて反転	左角かっこ すべての アルファベット 小文字	左角かっこ すべての アルファベット 大文字	

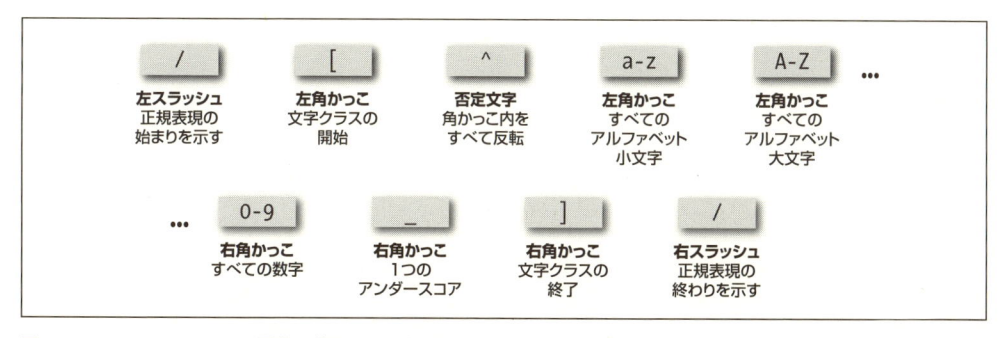

...	0-9	_	]	/
	右角かっこ すべての数字	右角かっこ 1つの アンダースコア	右角かっこ 文字クラスの 終了	右スラッシュ 正規表現の 終わりを示す

図 16-4:validateUsername 関数で使用した正規表現の分解

^

　　否定文字。角かっこで囲んだ文字をすべて反転します。

a-z

　　すべてのアルファベット小文字を表します。

A-Z

　　すべてのアルファベット大文字を表します。

0-9

　　すべての数字を表します。

_

　　アンダースコア。

]

　　文字クラスを終了する右の角かっこ。

/

　　正規表現の終わりを示す左のスラッシュ。

メタ文字にはあと2つ、正規表現を特定の位置に"固定"（アンカー）する重要なものがあります。その1つのキャレット（^）が正規表現の先頭にあると、その正規表現は検索対象のテキスト行の最初にあることが条件になり、最初にない場合にはマッチしません。同様にドル記号（$）が正規表現の最後にあると、その正規表現は検索テキストの最後にあることが条件になります。

> ^の2通りの使用、つまり、角かっこ内の"文字クラスを反転する"キャレットと、正規表現の先頭にある場合の"行頭にマッチする"キャレットの使用については混乱があるかもしれません。キャレットは同じ文字でありながら異なる用途に使用されるので注意がいります。

では正規表現の基本をめぐるわれわれの探索は、先の疑問に答えることで終わりにしましょう。つまり正規表現のほかには何も含まれていないことを条件にしたい場合、どうすればよいのか？　という疑問です。検索テキストの行に、"Le Guin"だけが含まれていることを確認したい場合にはどうすればよいのでしょうか？　これは前の正規表現（/Le *Guin/）の両端を、次のように^と$で固定することで修正できます。

```
// Leで始まり、Guinで終わる。
// その間にはスペースが何個あっても、なくてもかまわない
/^Le *Guin$/
```

16.2.6　メタ文字のまとめ

表16-1は正規表現で使用できるメタ文字の一覧です。

表 16-1：正規表現のメタ文字

メタ文字	説明
/	正規表現の始まりと終わり
.	改行をのぞくすべての単一文字にマッチ
element*	ゼロ回以上の element の繰り返しにマッチ
element+	1 回以上の element の繰り返しにマッチ
element?	ゼロ回か 1 回の element の繰り返しにマッチ
[characters]	角かっこに含まれる任意の 1 文字にマッチ
[^haracters]	角かっこに含まれない任意の 1 文字にマッチ
(regex)	regex をグループとして扱い、後に * や +、? をつづけて使用する
left|right	left か right にマッチ
[l-r]	l から r の文字の範囲にマッチ
^	検索テキストの最初にマッチさせる
$	検索テキストの最後にマッチさせる
\b	単語境界にマッチ
\B	単語境界でない位置にマッチ
\d	任意の 1 つの数字にマッチ
\D	任意の 1 つの数字以外の文字にマッチ
\n	改行文字にマッチ
\s	ホワイトスペース文字にマッチ
\S	ホワイドスペース以外の文字にマッチ
\t	タブ文字にマッチ
\w	単語文字（a-z、A-Z、0-9、_）にマッチ
\W	単語文字（a-z、A-Z、0-9、_）以外の文字にマッチ
\x	x（x がメタ文字で、x として使用したい場合にバックスラッシュを使用）
{n}	n 回の繰り返しにマッチ（直前の項目を n 回繰り返すことを表す）
{n,}	n 回以上の繰り返しにマッチ（直前の項目を n 回以上繰り返すことを表す）
{min,max}	最少 min 回、最大 max 回の繰り返しにマッチ（直前の項目を min 回から max 回繰り返すことを表す）

　この表を見ると、前の正規表現 /[^a-zA-Z0-9_]/ は、/[^\w]/ に短くできることが分かります。なぜならメタ文字の \w（小文字の w）で a-z と A-Z、0-9、_ を表すことができるからです。

　さらに言うと、メタ文字 \W（大文字の W）は a-z と A-Z、0-9、_ 以外のすべての文字を表すので、^ をなくして、/[\W]/ を使用することもできます。

　表 16-2 は、このような正規表現を使用するときのヒントになりそうな例です。

表 16-2：正規表現の使用例

例	マッチ
r	The quick brown の r にマッチ
rec[ei][ei]ve	receive や recieve にマッチ（しかし receeve や reciive にもマッチ）
rec[ei]{2}ve	receive や recieve にマッチ（しかし receeve や reciive にもマッチ）
rec(ei|ie)ve	receive や recieve にマッチ（しかし receeve や reciive にはマッチしない）
cat	I like cats and dogs のような単語の cat
cat|dog	I like cats and dogs のような単語の cat や dog
\.	.（. はメタ文字なので、\ が必要）
5\.0*	5. や 5.0、5.00、5.000 など
[a-f]	a、b、c、d、e、f のどれか 1 文字
cats$	My cats are friendly cats のように、最後に cats がある場合
^my	my cats are my pets のように、最初に my がある場合
\d{2,3}	2 桁から 3 桁のすべての数字（00 から 999 まで）
7(,000)+	7,000 や 7,000,000、7,000,000,000、7,000,000,000,000 など
[\w]+	1 文字以上のすべての単語文字
[\w]{5}	5 文字の単語文字すべて

16.2.7　全体的な修飾子

正規表現ではまた、以下に示す修飾子も使用できます。

/g
　"グローバルな" 検索を可能にします。replace 関数の使用時にこの修飾子を指定すると、最初に一致したものだけではなく、一致したすべてのものを置き換えることができます。

/i
　ケースインセンシティブ（大文字小文字を区別しない）のマッチングを行います。これは、/[a-zA-Z]/ の代わりに、/[a-z]/i か /[A-Z]/i の指定でよくなるということです。

/m
　キャレット（^）とドル記号（$）が対象ストリング内の改行の前と後にマッチする複数行モードの検索を可能にします。通常は、^ はストリングの行頭に、$ は行の末尾にのみマッチします。

たとえば、正規表現 /cats/g は、"I like cats and cats like me." という文の 2 つの "cats" にマッチします。また 2 つの指定子を使用した /cats/gi は、"Dogs like other dogs" という文の Dogs と dogs 両方にマッチします。

16.2.8　JavaScriptでの正規表現の使用

　JavaScriptの正規表現で使用されるメソッドはほとんどの場合testとreplaceです。testは与えられた引数が正規表現にマッチするかどうかを教えてくれるだけですが、replaceは2つめのパラメータとして、マッチしたテキストを置換するストリングを取ります。replaceも多くのメソッド同様、戻り値として新しいストリングを生成し、元の入力は変更しません。

　この2つのメソッドを以下のステートメントで比較してみましょう。1つめは、"cats"がストリングのどこかに1つでもあったらそれをtrueを返して知らせます。

```
// 大文字小文字を区別せず "cats" が見つかったら true を返す
document.write(/cats/i.test("Cats are fun. I like cats."))
```

　これに対し次のステートメントは、2つある"cats"を"dogs"に置き換え、その結果を出力します。すべての一致を調べるには検索をグローバル（/g）にする必要があります。また大文字が使用されている"Cats"も見つけるにはケースインセンシティブ（/i）で検索する必要があります。

```
document.write("Cats are fun. I like cats.".replace(/cats/gi,"dogs"))
```

　ただしこのステートメントを実際に試すと、replaceの限界もはっきりします。replaceはテキストを、みなさんが使用するように伝えたストリングとそのまま置き換えるだけなので、最初の"Cats"は、"Dogs"ではなく"dogs"に置き換わります。

16.2.9　PHPでの正規表現の使用

　PHPでよく使用される正規表現関数にはpreg_matchやpreg_match_all、preg_replaceがあります。

　たとえば、ストリングに"cats"が含まれるかどうかを大文字小文字の区別なく調べるには、preg_match関数を次のように使用します。

```
$n = preg_match("/cats/i", "Cats are fun. I like cats.");
```

　PHPではTRUEに1が、FALSEに0が用いられるので、このステートメントでは$nが1になります。1つめの引数は正規表現で、2つめの引数はマッチさせるテキストです。とは言えpreg_match関数は実際にはもっとパワフルで複雑です。なぜならマッチしたテキストを示すための3つめの引数を取るからです。

```
$n = preg_match("/cats/i", "Cats are fun. I like cats.", $match);
echo "$n Matches: $match[0]";
```

　3つめの引数は配列です（ここでは$matchという名前をつけています）。preg_match関数はマッチしたテキストをこの配列の最初のエレメントに入れるので、マッチングに成功した場合には、$match[0]を使ってそのテキストを見つけ出すことができます。今の例では、大文字のCatsがマッチしたということが分かります。

```
1 Matches: Cats
```

すべての一致を調べたい場合には、次のように preg_match_all 関数を使用します。

```
$n = preg_match_all("/cats/i", "Cats are fun. I like cats.", $match);
echo "$n Matches: ";
for ($j=0 ; $j < $n ; ++$j) echo $match[0][$j]." ";
```

前と同じように、preg_match_all 関数にも $match を渡します。するとそのエレメントの $match[0] にマッチしたものが割り当てられますが、この関数の場合にはサブ配列になります。これを表示するため、今の例では for ループを使って走査しています。

ストリングの1部を置き換えたい場合には、次の示すように preg_replace 関数を使用します。次の例は、大文字小文字の区別なくすべての "cats" を "dogs" に置換します。

```
echo preg_replace("/cats/i", "dogs", "Cats are fun. I like cats.");
```

> 正規表現はそれだけで大きなテーマで、正規表現を専門に取り上げた書籍も多数書かれています。さらに詳しい情報を得たい方には、ウィキペディアの正規表現や Jeffrey Friedl の「詳説 正規表現 第3版」(オライリー・ジャパン、2008年、http://www.oreilly.co.jp/books/9784873113593/) をおすすめします。

16.3　フォームを PHP で検証した後再表示する

ではフォームの検証に戻りましょう。HTML ドキュメントは前に validate.html を作成しました。この HTML ではフォームのポストに PHP プログラムの adduser.php を使用します。フィールドの検証は JavaScript から行っているだけなので、JavaScript が無効化されていたり使用できない場合には PHP で検証する必要があります。

そこで本節では、ポストされたフォームを受け取り、PHP 自体で検証し、結果が適切でなかった場合には訪問者にフォームを再表示する adduser.php を作成します。サンプル 16-3 はそのコード例です。なおサンプル 16-3 と、前のサンプル 16-1、16-2 の違いが分かりやすいように、HTML 部の変更と PHP の部分を太字で示しています。

サンプル 16-3：adduser.php プログラム

```
<?php // adduser.php

// PHP コードから開始

$forename = $surname = $username = $password = $age = $email = "";

if (isset($_POST['forename']))
    $forename = fix_string($_POST['forename']);
if (isset($_POST['surname']))
```

サンプル 16-3：adduser.php プログラム（続き）

```php
        $surname  = fix_string($_POST['surname']);
    if (isset($_POST['username']))
        $username = fix_string($_POST['username']);
    if (isset($_POST['password']))
        $password = fix_string($_POST['password']);
    if (isset($_POST['age']))
        $age      = fix_string($_POST['age']);
    if (isset($_POST['email']))
        $email    = fix_string($_POST['email']);

    $fail  = validate_forename($forename);
    $fail .= validate_surname($surname);
    $fail .= validate_username($username);
    $fail .= validate_password($password);
    $fail .= validate_age($age);
    $fail .= validate_email($email);

    echo "<html><head><title>An Example Form</title>";

    if ($fail == "") {
        echo "</head><body>Form data successfully validated: $forename,
            $surname, $username, $password, $age, $email.</body></html>";

        // ここはポストされたフィールドをデータベースに入力する箇所

        exit;
    }

    // HTML と JavaScript コードを出力

    echo <<<_END

    <!-- HTML の部分 -->

    <style>.signup { border: 1px solid #999999;
        font: normal 14px helvetica; color:#444444; }</style>
    <script type="text/javascript">
    function validate(form)
    {
        fail  = validateForename(form.forename.value)
        fail += validateSurname(form.surname.value)
        fail += validateUsername(form.username.value)
        fail += validatePassword(form.password.value)
        fail += validateAge(form.age.value)
        fail += validateEmail(form.email.value)
```

サンプル 16-3：adduser.php プログラム（続き）

```
        if (fail == "") return true
        else { alert(fail); return false }
    }
    </script></head><body>
    <table class="signup" border="0" cellpadding="2"
        cellspacing="5" bgcolor="#eeeeee">
    <th colspan="2" align="center">Signup Form</th>

    <tr><td colspan="2">Sorry, the following errors were found<br />
    in your form: <p><font color=red size=1><i>$fail</i></font></p>
    </td></tr>

    <form method="post" action="adduser.php"
        onsubmit="return validate(this)">
        <tr><td>Forename</td><td><input type="text" maxlength="32"
        name="forename" value="$forename" /></td>
    </tr><tr><td>Surname</td><td><input type="text" maxlength="32"
        name="surname" value="$surname" /></td>
    </tr><tr><td>Username</td><td><input type="text" maxlength="16"
        name="username" value="$username" /></td>
    </tr><tr><td>Password</td><td><input type="text" maxlength="12"
        name="password" value="$password" /></td>
    </tr><tr><td>Age</td><td><input type="text" maxlength="3"
        name="age" value="$age" /></td>
    </tr><tr><td>Email</td><td><input type="text" maxlength="64"
        name="email" value="$email" /></td>
    </tr><tr><td colspan="2" align="center">
        <input type="submit" value="Signup" /></td>
    </tr></form></table>

    <!-- JavaScript の部分 -->

    <script type="text/javascript">
    function validateForename(field) {
        if (field == "") return "No Forename was entered.\\n"
        return ""
    }

    function validateSurname(field) {
        if (field == "") return "No Surname was entered.\\n"
        return ""
    }

    function validateUsername(field) {
        if (field == "") return "No Username was entered.\\n"
```

サンプル 16-3：adduser.php プログラム（続き）

```
        else if (field.length < 5)
            return "Usernames must be at least 5 characters.\\n"
        else if (/[^a-zA-Z0-9_-]/.test(field))
            return "Only letters, numbers, - and _ in usernames.\\n"
        return ""
    }

    function validatePassword(field) {
        if (field == "") return "No Password was entered.\\n"
        else if (field.length < 6)
            return "Passwords must be at least 6 characters.\\n"
        else if (! /[a-z]/.test(field) ||
                 ! /[A-Z]/.test(field) ||
                 ! /[0-9]/.test(field))
            return "Passwords require one each of a-z, A-Z and 0-9.\\n"
        return ""
    }

    function validateAge(field) {
        if (isNaN(field)) return "No Age was entered.\\n"
        else if (field < 18 || field > 110)
            return "Age must be between 18 and 110.\\n"
        return ""
    }

    function validateEmail(field) {
        if (field == "") return "No Email was entered.\\n"
            else if (!((field.indexOf(".") > 0) &&
                       (field.indexOf("@") > 0)) ||
                      /[^a-zA-Z0-9.@_-]/.test(field))
            return "The Email address is invalid.\\n"
        return ""
    }
</script></body></html>
_END;

// 最後、PHP 関数を定義

function validate_forename($field) {
    if ($field == "") return "No Forename was entered<br />";
    return "";
}

function validate_surname($field) {
    if ($field == "") return "No Surname was entered<br />";
```

サンプル 16-3：adduser.php プログラム（続き）

```php
        return "";
    }

    function validate_username($field) {
        if ($field == "") return "No Username was entered<br />";
        else if (strlen($field) < 5)
            return "Usernames must be at least 5 characters<br />";
        else if (preg_match("/[^a-zA-Z0-9_-]/", $field))
            return "Only letters, numbers, - and _ in usernames<br />";
        return "";
    }

    function validate_password($field) {
        if ($field == "") return "No Password was entered<br />";
        else if (strlen($field) < 6)
            return "Passwords must be at least 6 characters<br />";
        else if (!preg_match("/[a-z]/", $field) ||
                 !preg_match("/[A-Z]/", $field) ||
                 !preg_match("/[0-9]/", $field))
            return "Passwords require 1 each of a-z, A-Z and 0-9<br />";
        return "";
    }

    function validate_age($field) {
        if ($field == "") return "No Age was entered<br />";
        else if ($field < 18 || $field > 110)
            return "Age must be between 18 and 110<br />";
        return "";
    }

    function validate_email($field) {
        if ($field == "") return "No Email was entered<br />";
            else if (!((strpos($field, ".") > 0) &&
                       (strpos($field, "@") > 0)) ||
                       preg_match("/[^a-zA-Z0-9.@_-]/", $field))
            return "The Email address is invalid<br />";
        return "";
    }

    function fix_string($string) {
        if (get_magic_quotes_gpc()) $string = stripslashes($string);
        return htmlentities ($string);
    }
?>
```

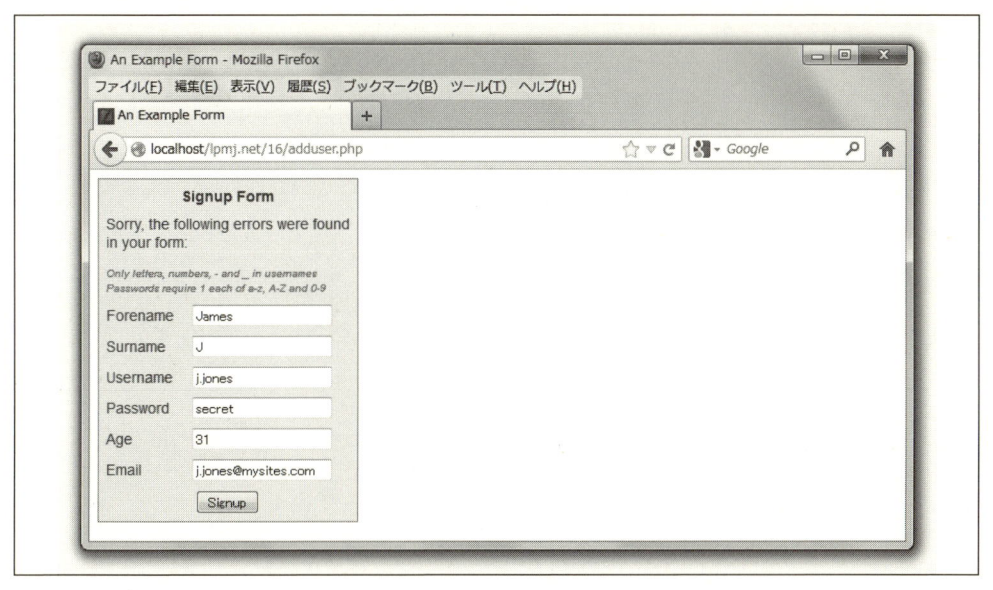

図 16-5：PHP の検証によって誤りが見つかった場合に表示されるフォーム

　JavaScript を無効化し、2 つのフィールドに不正確な値を入力してフォームを送信すると、図 16-5 のような結果が表示されます。

　このサンプルをざっと見ると、PHP コードと JavaScript コードはその内容がよく似ており、同じような名前の関数では、各フィールドの検証に同じ正規表現を使っていることが分かるでしょう。

　とは言え注意すべき点は 2 つあります。1 つめは一番下で定義している fix_string 関数を使って、各フィールドをサニタイズし、コードインジェクション攻撃から防御している点です。

　また PHP コードでは、<<<_END... _END; 構造の中にサンプル 16-1 の HTML を繰り返して、訪問者が入力した値をフォームに表示しています。これは単に、各 <input> タグに value パラメータ（たとえば value="$surname"）を追加するだけで行えます。ユーザーは前に入力した値のみを編集すればよく、最初から全部入力し直す必要がないので、この気遣いは極めて重要です。

> 実際のページ作成ではおそらく、サンプル 16-1 のような HTML フォームからスタートせずに、サンプル 16-3 のような、HTML を全部組み込んだ PHP プログラムの記述から直接始める場合がほとんどでしょう。そのときには言うまでもなく、プログラムが最初に呼び出されたときの、全フィールドが空だというエラーの表示を回避する調整を加える必要があります。また 6 つの JavaScript 関数は専用の .js ファイルに分けてインクルードする方がよいでしょう。

　PHP と HTML、JavaScript を 1 つにまとめる方法については以上です。次章は Ajax（Asynchronous JavaScript and XML）に進みます。Ajax では、Web サーバーへの JavaScript 呼び出しをバックグラウンドで使用して、Web ページ全体をサーバーに再送信することなく、ページの特定箇所をシームレスに更新することができます。

16.4 確認テスト

1. JavaScript から、フォームを実際に送信する前の検証に使用できるフォームの属性は何ですか？

2. 正規表現に対してストリングの一致を調べる JavaScript メソッドは何ですか？

3. すべての非単語文字にマッチする正規表現を書いてください。

4. "fox" か "fix" にマッチする正規表現を書いてください。

5. 後に非単語文字がつづくすべての単語文字にマッチする正規表現を書いてください。

6. 正規表現を使って、"fox" がストリング "The quick brown fox" に存在するかどうかを返す `document.write` ステートメントを書いてください。

7. 正規表現を使って、ストリング " The cow jumps over the moon" に含まれるすべて "the" を "my" に置き換える PHP ステートメントを書いてください。

8. フォームフィールドにあらかじめ値を入れておくために使用される HTML キーワードは？

テストの模範解答は付録 A に記載しています。

17章
Ajax の使用

"Ajax" という言葉は 2005 年に生まれました。元々は Asynchronous JavaScript and XML（非同期的な JavaScript と XML）を表す略語でしたが、今ではその意味もずいぶん変わっています。Ajax は簡単に言うと、JavaScript に組み込まれているメソッドのセットを使って、ブラウザとサーバーとの間でデータをバックグラウンドで移動する Web 開発技術のことです。そのすぐれた 1 つの例は、地図で必要になった新しい箇所を、ページの更新を求めることなくサーバーからダウンロードする Google Maps です（図 17-1 参照）。

Ajax は送受信するデータ量を大幅に抑えるだけでなく、Web ページをシームレスでダイナミックなもの

図 17-1：Google Maps は Ajax の卓越した 1 つの例

にします。ページはこれにより自己完結したアプリケーションのように振る舞うようになります。その結果、Webページのユーザーインターフェイスが改善され、応答性が向上します。

17.1　Ajaxとは？

　今日使用されているAjaxは、1999年のInternet Explorer 5のリリース時、新しいActiveXオブジェクトのXMLHttpRequestとして導入されたのが始まりです。ActiveXは、ユーザーコンピュータに補助的なソフトウェアを追加するMicrosoftの署名プラグイン技術です。その他のブラウザデベロッパーもそれに追随しましたが、ActiveXを使うのではなく、そのすべての機能をJavaScriptインタープリターに組み込んで実装するという方法を取りました。

　実を言うとAjaxの初期の形式はそれ以前から、サーバーとやりとりするページの隠しフレームですでに使用されていました。チャットルームにも早くからこの技術が取り入れられ、投稿された新しいメッセージを、ページを再読み込みせずに取得し表示するために使用されていました。

　では前置きはこのくらいにして、AjaxのJavaScriptを使った実装方法を見ていきましょう。

17.2　XMLHttpRequestの使用

　みなさんが記述するコードを主要なすべてのWebブラウザで確実に動作させるには、XMLHttpRequestの実装方法の違いによって、ある特別な関数を作成する必要があります。

　そのためにはまず、XMLHttpRequestオブジェクトを作成する3つの方法を理解しなければなりません。

IE 5

```
request = new ActiveXObject("Microsoft.XMLHTTP")
```

IE 6+

```
request = new ActiveXObject("Msxml2.XMLHTTP")
```

その他

```
request = new XMLHttpRequest()
```

　これは、MicrosoftがInternet Explorer 6のリリースで実装方法を変えたことによるものですが、それ以外のブラウザではこれとは異なる方法が採用されています。したがってサンプル17-1に示すコードはここ数年間でリリースされた主要なすべてのブラウザで適切に動作します[†]。

サンプル17-1：クロスブラウザで動作するAjax関数

```
<script>
function ajaxRequest()
{
```

[†] 訳注：IEのバージョンを5.5、6、7、8、9に変えてテストできるIE Testerというデバッグツール（http://www.my-debugbar.com/wiki/IETester/HomePage）でサンプル17-1の関数を実装したコードを実行すると、IE 5.5とIE 6でnew ActiveXObject("Msxml2.XMLHTTP")の行が、IE 7以降でvar request = new XMLHttpRequest()の行が実行されることが分かります。

サンプル 17-1：クロスブラウザで動作する Ajax 関数（続き）
```
        try // 非 IE ブラウザか？
        {
            var request = new XMLHttpRequest()
        }
        catch(e1)
        {
            try // IE 6+ か？
            {
                request = new ActiveXObject("Msxml2.XMLHTTP")
            }
            catch(e2)
            {
                try // IE 5 か
                {
                    request = new ActiveXObject("Microsoft.XMLHTTP")
                }
                catch(e3) // Ajax をサポートしない場合
                {
                    request = false
                }
            }
        }
        return request
    }
</script>
```

このサンプルコードを見ると、14 章で見た try...catch 構造によるエラー処理を思い出されるでしょう（サンプル 14-12）。このサンプル 17-1 は try...catch の有用性を示す完全版です。ここでは、try キーワードを使って非 IE 向け Ajax コマンドを実行し、それが成功した場合には最後の return ステートメントまで飛んで、作成した新しい XMLHttpRequest オブジェクトを返しています。失敗した場合には catch でエラーをキャッチし、後続するコマンドを実行します。ここで成功した場合には、新しいオブジェクト（ActiveXObject("Msxml2.XMLHTTP")）が返されます。失敗した場合には 3 つつづく最後のコマンドを試します。これにも失敗すると、そのブラウザは Ajax をサポートしていないことになるので、request オブジェクトを false に設定します。成功した場合には新しいオブジェクト（ActiveXObject("Microsoft.XMLHTTP")）が返されます。クロスブラウザで動作する Ajax 要求関数はこのように複雑な仕組みが必要なので、みなさんの JavaScript 関数のライブラリに加えておいた方がよいでしょう。

これで XMLHttpRequest オブジェクトを作成する方法は分かりましたが、ではその処理はどうすればよいのでしょう？　もちろんオブジェクトはそれぞれ、プロパティ（変数）やメソッド（関数）のセットを持っています。表 17-1 と 17-2 ではそのプロパティとメソッドについて詳しく述べています。

表 17-1：XMLHttpRequest オブジェクトのプロパティ

プロパティ	説明
onreadystatechange	オブジェクトの readyState プロパティに変化があったときに呼び出すイベント処理関数を指定する
readyState	要求の状態（status）を報告する整数のプロパティ。値 0 はデータの読み込みを始める前の初期状態、1 は読み込み中、2 は読み込み終了、3 はデータの解析中、4 はデータ解析の完了を表す
responseText	サーバーからテキスト形式で返されたデータ
responseXML	サーバーから XML 形式で返されたデータ
status	サーバーから返された HTTP ステータスコード
statusText	サーバーから返された HTTP ステータステキスト

表 17-2：XMLHttpRequest オブジェクトのメソッド

メソッド	説明
abort()	現在の要求を停止する
getAllResponseHeaders()	すべてのヘッダをストリングとして返す
getResponseHeader(param)	param の値をストリングとして返す
open('method', 'url', 'asynch')	使用する HTTP メソッド（GET か POST）、ターゲット URL、要求を非同期的に処理するかどうか（true か false）を指定して要求を作成する
send(data)	指定された HTTP メソッドを使って、ターゲットサーバーにデータを送信する
setRequestHeader('param', 'value')	ヘッダをパラメータ / 値のペアで設定する

　これらのプロパティとメソッドを使用することで、サーバーに送信し返って来るデータをコントロールしたり、送信と受信の方法を選ぶことができます。たとえば、受け取るデータの形式をプレーンなテキスト（HTML やそのほかのタグに含めることができます）にするか XML 形式にするかを選択したり、サーバーへの送信に POST か GET のどちらを使用するかを決めることができます。

　ではまずは POST メソッドから、ごく単純なドキュメントの作成を通して見ていきましょう。作成するのは、JavaScript を含む HTML と、Ajax を通して JavaScript とやりとりする PHP プログラムの 2 つです。以降のサンプルはきっとみなさんを十分に楽しませるはずです。と言うのも、Web 2.0 と Ajax の本質を具体的に示しているからです。JavaScript を数行使用するだけで、第三者の Web サーバーのドキュメントを要求し、それをみなさんのサーバーからブラウザに返して、現在のドキュメントに含めることができるのです。

17.3　POST 要求を介した Ajax の実装

　サンプル 17-2 のコードを入力し、urlpost.html という名前で保存します。ただしブラウザにはまだ読み込みません。

17.3 POST 要求を介した Ajax の実装

サンプル 17-2：urlpost.html

```html
<html><head><title>AJAX Example</title>
</head><body><center />
<h1>Loading a web page into a DIV</h1>
<div id='info'>This sentence will be replaced</div>
<script>

params = "url=oreilly.com"
request = new ajaxRequest()
request.open("POST", "urlpost.php", true)
request.setRequestHeader("Content-type",
    "application/x-www-form-urlencoded")
request.setRequestHeader("Content-length", params.length)
request.setRequestHeader("Connection", "close")

request.onreadystatechange = function()
{
    if (this.readyState == 4)
    {
        if (this.status == 200)
        {
            if (this.responseText != null)
            {
                document.getElementById('info').innerHTML =
                    this.responseText
            }
            else alert("Ajax error: No data received")
        }
        else alert( "Ajax error: " + this.statusText)
    }
}

request.send(params)

function ajaxRequest()
{
    try
    {
        var request = new XMLHttpRequest()
    }
    catch(e1)
    {
        try
        {
            request = new ActiveXObject("Msxml2.XMLHTTP")
        }
```

サンプル 17-2：urlpost.html（続き）
```
            catch(e2)
            {
                try
                {
                    request = new ActiveXObject("Microsoft.XMLHTTP")
                }
                catch(e3)
                {
                    request = false
                }
            }
        }
        return request
    }
    </script></body></html>
```

ではこのドキュメントを順に見ていきましょう。初めの3行では単にHTMLドキュメントを設定し、見出しを表示しているだけです。次の行では `info` という `id` で "This sentence will be replaced"（この文は置き換えられる）というテキストをデフォルトで含む `<div>` を作成しています。この `<div>` にはこの後、Ajax 呼び出しから返されるテキストが挿入されます。

次の6行は、HTTP の POST による Ajax 要求の作成に必要なコードで、まず変数 params をパラメータ=値のペアに設定しています（url がパラメータ、oreilly.com が値です）。サーバーにはこの params が送信されます。次いで Ajax オブジェクトの request を作成し、そのオブジェクトで open メソッドを呼び出して、urlpost.php へ非同期モードで POST 要求を行うように設定しています。残りの3行では、要求を受け取るサーバーがこれは POST 要求だと理解するために必要なヘッダを設定しています。

17.3.1　readyState プロパティ

次は Ajax 呼び出しの重要なポイントになる readyState プロパティです。Ajax が持つ "非同期的な" 側面によって、ブラウザはユーザー入力の受け取りと画面の変更をつづけることができます。一方われわれのプログラムでは、onreadystatechange プロパティを readyState に変化があるたびに呼び出す関数の呼び出しに設定しています。今の場合、これは名前のない（無名の）インライン関数です（分けて定義した、名前を持つ関数を設定することもできます）。このタイプの関数は、readyState に変化があるたびにコールバックされることからコールバック関数と呼ばれます（毎回折り返しの電話がかかって来るようなものです）。

コールバック関数をインラインの無名関数で設定するシンタックスは次の通りです。

```
request.onreadystatechange = function()
{
    if (this.readyState == 4)
    {
        // 何かを行う
```

        }
    }

インラインでなく、名前を持った関数を使用する場合には、シンタックスが少し異なります。

```
request.onreadystatechange = ajaxCallback

function ajaxCallback()
{
    if (this.readyState == 4)
    {
        // 何かを行う
    }
}
```

表17-1を見ると、readyStateは異なる5つの値を持つことが分かります。しかしここで関心を持つべきなのは、Ajax呼び出しが完了したことを表す値4だけです。この新しい関数はreadyStateが値4を持つまで何もしません。readyStateが4になったと判定して初めて、requestのstatusが値200を持っているかどうかを調べます。statusの200はその呼び出しが成功したことを意味しています。コードではstatusが200でない場合には、statusTextに含まれているエラーメッセージを警告ポップアップで表示しています[†]。

> みなさんはコードの中で、オブジェクトのプロパティがrequestという名前でなくthisで参照されていることに気づかれたでしょう。つまり、request.readyStateやrequest.statusではなく、this.readyStateやthis.statusといった方法です。このサンプルコード固有のrequestというオブジェクト名ではなくthisを使用することによって、コードをただコピー&ペーストするだけで、別のAjaxオブジェクトでも同じように動作させることができます。なぜならthisキーワードはつねにカレントオブジェクト（そのときどきに変わる現行オブジェクト）を参照するからです。

readyStateが4でstatusが200であることが確認できたら、responseTextが値を持っているかどうかを確認し、値がないときには警告ボックスでエラーメッセージを表示します。値を持っている場合には、`<div>`要素のinnerHTMLにresponseTextの値を次のように代入しています。

```
document.getElementById('info').innerHTML = this.responseText
```

[†] 訳注：readyStateやstatusプロパティの値は、たとえばHTMLのinfo DIV要素の上に`<div id='test'></div>`要素を追加して、onreadystatechangeに割り当てた無名関数内に、

```
document.getElementById('test').innerHTML += this.readyState + "<br />";
document.getElementById('test').innerHTML += this.status + "<br />";
```

といったコードを加えると簡単に確認できます。またstatusTextを表示する警告は、Ajaxオブジェクトのopenメソッドに誤ったPHPファイルへのパスを指定すると意図的に表示させることができます。

この行で行っているのは、まず document の getElementById メソッドを使って info 要素を参照し、つづいて info 要素の innerHTML プロパティに、Ajax 呼び出しが返した値を代入する、という作業です。

すべての設定と準備が終わったら、次のコマンドを使って Ajax 要求をサーバーに送信します。そのときには前に変数 params に定義したパラメータを渡します。

```
request.send(params)
```

送信が終わると、Ajax オブジェクトの onreadystatechange による readyState の変化の監視によって、readyState に変化があるたびに onreadystatechange に割り当てた無名関数が呼び出されます。

後はサンプル 17-1 の ajaxRequest 関数を定義し、スクリプトと HTML タグを閉じて終わりです。

17.3.2　サーバーサイドの Ajax 処理

次は Ajax 処理の PHP 側です。この例には次のサンプル 17-3 を用意しました。これを入力し urlpost.php という名前で保存します。

サンプル 17-3：urlpost.php

```
<?php // urlpost.php
if (isset($_POST['url'])) {
    echo file_get_contents("http://".SanitizeString($_POST['url']));
}

function SanitizeString($var) {
    $var = strip_tags($var);
    $var = htmlentities($var);
    return stripslashes($var);
}
?>
```

ご覧のようにコード自体は実に簡潔です。またつねに重要な SanitizeString 関数を使用しています（ポストされたデータに対して必ず使用すべき関数です）。

このプログラムは PHP の file_get_contents 関数を使って、与えられた URL の Web ページをロードします。この URL には POST 変数の $_POST['url'] からアクセスできます。file_get_contents は万能な関数で、ローカルやリモートサーバーにあるファイルでも Web ページでも、その中身を丸ごとロードします。また移動したページやそのほかのリダイレクト処理にも対応します[†]。

PHP プログラムが入力できたら、Web ブラウザから urlpost.html を呼び出します。少し間があった後、

[†] 訳注：echo file_get_contents("http://".SanitizeString($_POST['url'])); は少し複雑ですが、分けて考えると理解できます。$_POST['url'] は今の場合で言うと、Ajax オブジェクトの設定で url パラメータの値に指定した "oreilly.com" です。$_POST からはこのパラメータ値を使って参照します。SanitizeString 関数にはこれが渡されます。SanitizeString 関数は消毒した "oreilly.com" を返します。これは . によって "http://" と結合され、"http://oreilly.com" になります。file_get_contents 関数にはこのストリングが渡されます。file_get_contents は http://oreilly.com のページをロードしてそのデータを返します。データは echo によって出力されます。

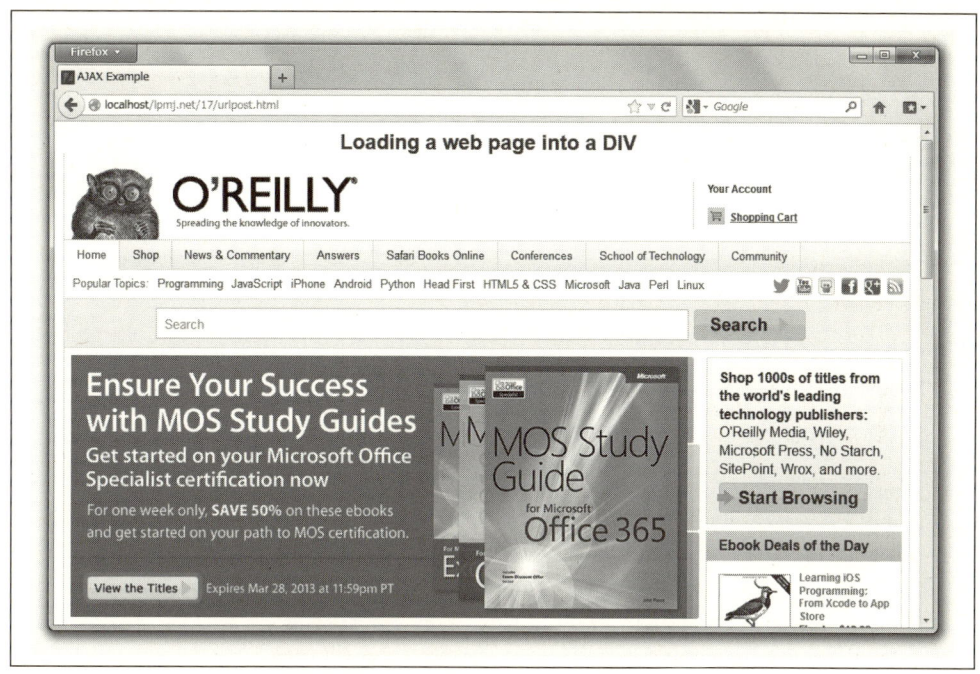

図17-2：<div> にロードした oreilly.com（http://oreilly.com）のトップページ

この HTML に記述した info DIV 要素に oreilly.com（http://oreilly.com）のトップページの中身がロードされ、それが表示されます。読み込みにはこのページを直接読み込むよりも少し時間がかかります。なぜならページは2度転送されているからです。具体的に言うと、サーバーに1度転送され、そこからブラウザに再度転送されています。図 17-2 はその結果です。

われわれはこれで、Ajax を呼び出してサーバーからの戻りを JavaScript に応答させることに成功し、さらに PHP のパワーを利用してまったく無関係な Web オブジェクトを取り込むことにも成功しました。ちなみに Ajax を介して直接 oreilly.com（http://oreilly.com）の Web ページを取得しようとしても（PHP のサーバーサイドモジュールに頼らない場合）、クロスドメインの Ajax を防御するセキュリティブロックによって、その試みは失敗します。したがってこの小さなサンプルからは、実際よく直面する問題の解決に役立つ方法を読み取ることもできます。

17.4　POST の代わりに GET を使用する

フォームデータの送信と同様、Ajax データの送信にも GET 要求のオプションがあります。その場合には記述するコード量が少し減りますが、マイナス面もあります。ブラウザの中には GET 要求をキャッシュするものがあるのです。これに対し POST 要求は決してキャッシュされません。要求は通常キャッシュされたくありません。なぜならブラウザは、サーバーに行って新しい入力を取得せずに、自分の内部から直近に得たものをただ再表示するだけだからです。これを解決する方法には、各要求にランダムなパラメータを追加して要求する URL を一意にする、という方法があります。

サンプル 17-4 は、Ajax の POST ではなく GET 要求を使って、サンプル 17-2 と同じ結果が得られる例です。

サンプル 17-4：urlget.html

```
<html><head><title>AJAX GET Example</title>
</head><body><center />
<h1>Loading a web page into a DIV</h1>
<div id='info'>This sentence will be replaced</div>
<script>

nocache = "&nocache=" + Math.random() * 1000000
request = new ajaxRequest()
request.open("GET", "urlget.php?url=oreilly.com" + nocache, true)

request.onreadystatechange = function()
{
    if (this.readyState == 4)
    {
        if (this.status == 200)
        {
            if (this.responseText != null)
            {
                document.getElementById('info').innerHTML =
                    this.responseText
            }
            else alert("Ajax error: No data received")
        }
        else alert( "Ajax error: " + this.statusText)
    }
}

request.send(null)

function ajaxRequest()
{
    try
    {
        var request = new XMLHttpRequest()
    }
    catch(e1)
    {
        try
        {
            request = new ActiveXObject("Msxml2.XMLHTTP")
        }
        catch(e2)
        {
```

サンプル 17-4：urlget.html（続き）

```
            try
            {
                request = new ActiveXObject("Microsoft.XMLHTTP")
            }
            catch(e3)
            {
                request = false
            }
        }
    }
    return request
}
</script></body></html>
```

前の urlpost.html と異なるのは太字で示した部分で、以下の違いがあります[†]。

- GET 要求ではヘッダを送信する必要はありません。

- open メソッドは GET 要求と、URL に？記号、パラメータと値のペアをつなげたストリングを使って呼び出します。

- 2つめのパラメータと値のペア（変数 nocache）を & と = を使い、0 以上 100 万未満のランダムな数値を結合して作成します（"&nocache=" + Math.random() * 1000000）。これにより要求する URL が事実上毎回異なることになるので、GET 要求のキャッシュを避けることができます。

- GET 要求では渡されるパラメータはないので、send メソッドには null を指定します。パラメータを省略するオプションはありません。

この新しいドキュメントを使用するには、次のサンプル 17-5 に示すように、PHP プログラム（urlget.php）を GET 要求に応答するよう修正する必要があります。

サンプル 17-5：urlget.php

```
<?php // urlget.php
if (isset($_GET['url'])) {
    echo file_get_contents("http://".sanitizeString($_GET['url']));
}

function sanitizeString($var) {
    $var = strip_tags($var);
```

[†] 訳注：GET メソッドで複数のパラメータを指定するときには、URL の後に？をつけ、パラメータ＝値のペアを＆でつなげます（"param1=value1&param2=value2"）。変数 nocache にはたとえば、"&nocache=940627.5419288214 " のような値が代入されます。この nocache の値は Math.random メソッドによって毎回別の値に事実上変化します。

サンプル 17-5：urlget.php（続き）
```
    $var = htmlentities($var);
    return stripslashes($var);
}
?>
```

このサンプルと前のサンプル 17-3 で違うのは、$_GET を使うか $_POST を使うかだけです。ブラウザで urlget.html を呼び出した結果は前の urlpost.html とまったく変わりません。

17.5　XML 要求の送信

ここまで作成してきたオブジェクトは XMLHttpRequest という名前なのですが、にもかかわらずわれわれはまだ一度も XML を利用していません。これについては、"Ajax" という呼び方がもう適切でないと言うよりしかたがありません。この技術は実際にはテキストのデータであればどのようなものでも要求でき、XML はその 1 つに過ぎないのです。ここまでは Ajax を通して HTML ドキュメントを丸ごと要求してきましたが、テキストページやストリング、数値またはスプレッドシートのデータでも、同じようにして要求することができます。

次は前のサンプルのドキュメントと PHP プログラムに手を加え、XML データを取って来るように変更しましょう。今回は PHP プログラムからです。サンプル 17-6 に示す xmlget.php を見てください。

サンプル 17-6：xmlget.php
```
<?php // xmlget.php
if (isset($_GET['url'])) {
    header('Content-Type: text/xml');
    echo file_get_contents("http://".sanitizeString($_GET['url']));
}

function sanitizeString($var) {
    $var = strip_tags($var);
    $var = htmlentities($var);
    return stripslashes($var);
}
?>
```

このプログラムも前のものとそう違いはなく（変更箇所は太字で示しています）、取得したドキュメントを返す前に、適切な XML ヘッダを出力しているだけです。なおここでは Ajax 呼び出しが実際の XML ドキュメントを要求していることを前提としています。

次は HTML ドキュメントです。サンプル 17-7（xmlget.html）はその例です。

サンプル 17-7：xmlget.html

```
<html><head><title>AJAX XML Example</title>
</head><body>
<h2>Loading XML content into a DIV</h2>
<div id='info'>This sentence will be replaced</div>
<script>

nocache = "&nocache=" + Math.random() * 1000000
url = "rss.news.yahoo.com/rss/topstories"
request = new ajaxRequest()
request.open("GET", "xmlget.php?url=" + url + nocache, true)
out = "";

request.onreadystatechange = function()
{
    if (this.readyState == 4)
    {
        if (this.status == 200)
        {
            if (this.responseXML != null)
            {
                titles = this.responseXML.getElementsByTagName('title')

                for (j = 0 ; j < titles.length ; ++j)
                {
                    out += titles[j].childNodes[0].nodeValue + '<br />'
                }
                document.getElementById('info').innerHTML = out
            }
            else alert("Ajax error: No data received")
        }
        else alert( "Ajax error: " + this.statusText)
    }
}

request.send(null)

function ajaxRequest()
{
    try
    {
        var request = new XMLHttpRequest()
    }
    catch(e1)
    {
        try
```

サンプル 17-7：xmlget.html（続き）
```
            {
                request = new ActiveXObject("Msxml2.XMLHTTP")
            }
            catch(e2)
            {
                try
                {
                    request = new ActiveXObject("Microsoft.XMLHTTP")
                }
                catch(e3)
                {
                    request = false
                }
            }
        }
        return request
    }
</script></body></html>
```

　異なる箇所はここでも太字で示しているので、これまでのものと実質的にはそう違わないことが分かるでしょう。異なるのはまず、要求する URL が rss.news.yahoo.com/rss/topstories という Yahoo! News Top Stories フィードだという点です。これが XML ドキュメントを返します。

　もう 1 つの違いは、responseText に換えて responseXML プロパティを使っている点です。サーバーが XML データを返すときその XML データは responseXML に含まれ、responseText は null 値になります。

　とは言え responseXML は単に XML テキストのストリングを含んでいるわけではなく、実際には DOM ツリーのメソッドやプロパティを使ってテストや解析が行える完全な XML ドキュメントのオブジェクトです。これはたとえば、JavaScript からは getElementsByTagName メソッドでそこにアクセスできるということを意味しています。

17.5.1 XML について

　XML ドキュメントは通常、サンプル 17-8 に示すような RSS フィードの形式を取ります。しかし XML が素晴らしいのは、対象を素早く見つけ出すことのできる DOM ツリーの構造でデータを保持できるという点にあります（図 17-3 参照）。

サンプル 17-8：XML ドキュメントの例
```
<?xml version="1.0" encoding="UTF-8"?>
<rss version="2.0">
    <channel>
        <title>RSS フィード</title>
        <link>http://website.com</link>
        <description>website.com の RSS フィード</description>
```

サンプル 17-8：XML ドキュメントの例（続き）

```
        <pubdate>Mon, 16 May 2011 00:00:00 GMT</pubdate>
        <item>
            <title> ヘッドライン </title>
            <guid>http://website.com/headline</guid>
            <description> これはヘッドライン </description>
        </item>
        <item>
            <title> ヘッドライン 2</title>
            <guid>http://website.com/headline2</guid>
            <description> これはヘッドライン 2</description>
        </item>
    </channel>
</rss>
```

したがって getElementsByTagName メソッドを使用すると、ストリングをたくさん検索しなくても、さまざまなタグに関連づけられている値を手早く抽出することができます。実を言うとこれは、サンプル 17-7 の次のコマンドで実際に行ってます。

```
titles = this.responseXML.getElementsByTagName('title')
```

このわずか 1 行のコマンドは、"title" 要素のすべての値を配列 titles に入れる、という働きを持っています。この配列が取得できれば後はただ、次の式でその値を抜き取ればよいだけです（j がアクセスするタイトル）。

```
titles[j].childNodes[0].nodeValue
```

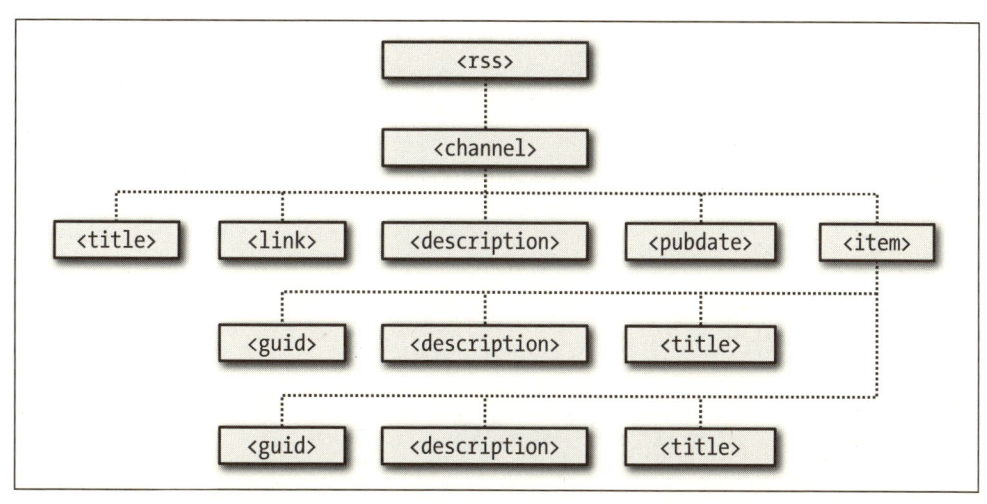

図 17-3：サンプル 17-8 の DOM ツリー

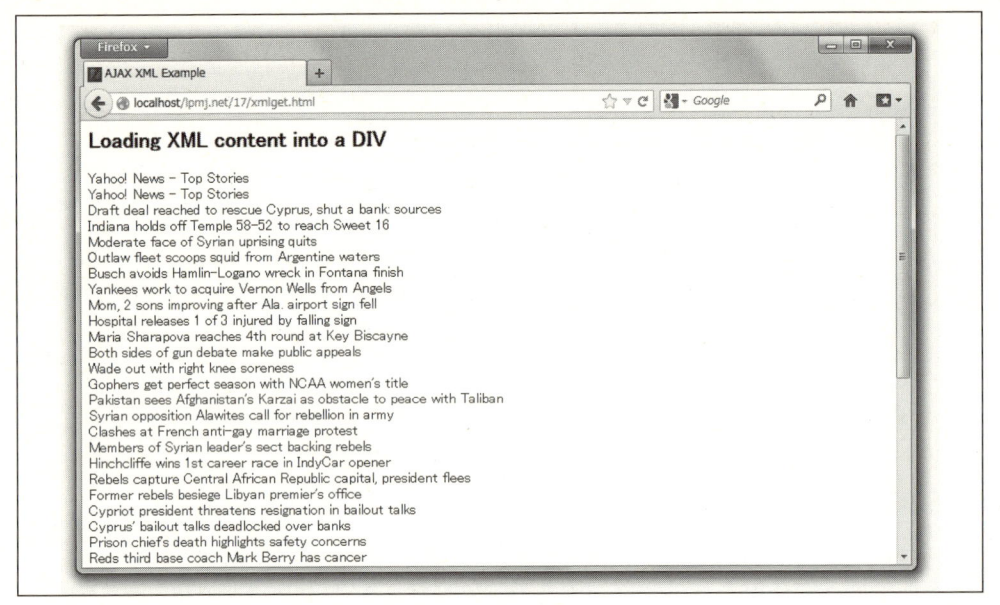

図17-4：Yahoo! の XML ニュースフィードを Ajax 経由で取ってきた

　この後サンプル 17-7 では、すべてのタイトルをストリング変数 `out` に付加し、`for` ループでのこの処理が終わったら、その結果を空の `<div>` 要素に挿入しています。ブラウザで xmlget.html を呼び出すと、図 17-4 に示すような結果が表示されます。

> すべてのフォームデータと同様、POST と GET メソッドは XML データを要求するときにも使用できます。得られる結果にも違いはありません。

17.5.2　XML を使用する理由

　みなさんは、RSS フィードなどの XML ドキュメントを取得する以外に XML を使用する理由はあるのか？　と思われるでしょう。簡単に言うと、その通り、わざわざ XML を使用する理由はありません。しかし、構造化されたデータを Ajax アプリケーションに渡そうとする場合には、そのように組織化されていないごちゃごちゃのテキストのデータでは、JavaScript で複雑な処理を行う必要があるので、かなり大変になります。
　そのような場合には XML ドキュメントを作成し、それを Ajax 関数に渡すようにします。この関数では XML が、扱い慣れた HTML の DOM オブジェクトとして簡単にアクセスできる DOM ツリーに自動的に配置されます。

17.6　Ajax フレームワークの使用

　本章で Ajax に関する定番コードの書き方を学んだみなさんは、作業をさらに容易にし、もっと高度な機能を多数提供するフリーのフレームワークに興味が湧くかもしれません。わたしが特におすすめするのは、

おそらく最も幅広く使用されている jQuery です。

jQueryとそのドキュメンテーションは http://jquery.com からダウンロードできます。jQuery の機能へのアクセスに使用される $ 関数の扱いに慣れるまでは結構大変なので、その覚悟は必要でしょう。とは言えその壁を越え jQuery の動作を理解してしまえば、jQuery が提供する多くの機能によって、みなさんのWeb 開発が容易になり、スピードアップすることが実感できるでしょう。

本章では Ajax を "生" のまま学びましたが、次章ではみなさんの Web 開発技術の道具箱に CSS（Cascading Style Sheets）を持ちこむ方法を見ていきます。

17.7　確認テスト

1. 新しい XMLHttpRequest オブジェクトを作成するときには、なぜそれ用の関数を作成する必要があるのですか？

2. try...catch 構造の目的は？

3. XMLHttpRequest オブジェクトはプロパティとメソッドをそれぞれいくつ持っていますか？

4. Ajax 呼び出しが完了したタイミングはどのようにして知ることができますか？

5. Ajax 呼び出しが成功して完了したかどうかはどのようにして知ることができますか？

6. Ajax のテキスト応答を返す XMLHttpRequest オブジェクトのプロパティは？

7. Ajax の XML 応答を返す XMLHttpRequest オブジェクトのプロパティは？

8. Ajax 応答を処理するコールバック関数はどのようにして指定しますか？

9. Ajax 要求の初期化に使用される XMLHttpRequest メソッドは？

10. Ajax の GET と POST 要求の主な違いは？

テストの模範解答は付録 A に記載しています

18章
CSS 入門

　Cascading Style Sheets（CSS）を使用すると、Webページにスタイルを適用してその見映えを思い通りに変えることができます。これが機能するのは、CSSが13章で述べたDocument Object Model（DOM）に関係づけられるからです。

　CSSを使用すると、ページのどの要素も手早く簡単にそのスタイルを再変更することができます。たとえば、`<h1>`や`<h2>`、そのほかの見出しタグのデフォルトの外見が気に入らない場合には、新しいスタイルを割り当てて、デフォルトのフォントファミリーやフォントサイズの設定を上書きし、太字や斜体のほか多くのプロパティを設定し直すことができます。

　Webページにスタイルを追加する方法の1つに、ページの`<head>`と`</head>`タグの間に必要なステートメントを挿入する方法があります。たとえば`<h1>`タグのスタイルを変更するには、次のコードを使用します（シンタックスは後述します）。

```
<style>
    h1 { color:red; font-size:3em; font-family:Arial; }
</style>
```

　これは、HTMLページではサンプル18-1のように記述します（本章のサンプルではすべて、標準的なHTML5 DOCTYPE宣言を使用します）。図18-1はこの表示結果です。

```
<!DOCTYPE html>
<html>
    <head>
        <title>Hello World</title>
        <style>
            h1 { color:red; font-size:3em; font-family:Arial; }
        </style>
    </head>
    <body>
        <h1>Hello there</h1>
    </body>
</html>
```

図 18-1：h1 タグをスタイル処理した結果（左）とデフォルトの h1 タグの結果（左）

18.1 スタイルシートのインポート

　スタイルを単一ページではなくサイト全体に割り当てたい場合には、スタイルの記述を Web ページからスタイルシートと呼ばれる別のファイルに移し、それをインポートする（読み込む）方が管理方法としてすぐれています。この方法を取ることで、複数のページで重複するコード量を最小に抑えることができ、メンテナンスも容易になります。また HTML を変えずに、別のレイアウト用のスタイルシート（たとえば Web 用とプリント用）を適用することができます。このように実際の内容（コンテンツ）をレイアウト（見映え）と切り離すことは Web デザインの基本的な原則です。

　これを実現する方法は 2 つあります。1 つめは次のように、CSS の @import ディレクティブを使う方法です。

```
<style>
    @import url('styles.css');
</style>
```

　このステートメントはブラウザに対し、styles.css という名前のスタイルシートを取って来いと伝えます。@import は、スタイルシートが別のスタイルシートの読み込みによって作成できる非常に柔軟なコマンドです。ただし外部スタイルシートには <style> や </style> があってはいけません。これらがあると適切に動作しません。

18.1.1 スタイルシートの HTML 内からのインポート

　スタイルシートはまた、HTML の <link> タグを使っても読み込むことができます。

```
<link rel='stylesheet' type='text/css' href='styles.css' />
```

　この結果は @import ディレクティブとまったく変わりませんが、<link> は HTML のタグであり、スタイルの有効なディレクティブではないので、スタイルシートの中では使用できません。また <style>...</style> タグの間に置くこともできません。

CSS内では複数の @import ディレクティブを使って複数の外部スタイルシートを読み込むことができます。それと同様に HTML 内でも `<link>` 要素はいくつでも使用できます。

18.2　埋め込みによるスタイル設定

当然のことながら、HTML 内に直接スタイル宣言を挿入して、そのページのスタイルを個別に設定したり上書きすることも可能です。次の例ではタグ内のテキストが斜体の青に変わります。

```
<div style='font-style:italic; color:blue;'>Hello there</div>
```

ただしこの使用は、コンテンツとレイアウトを切り離す原則に反するので、ごく例外的な状況に留めておくべきです。

18.2.1　ID の使用

HTML 要素にスタイルを設定するよりすぐれた方法は、その要素に ID を割り振る方法です。

```
<div id='iblue'>Hello there</div>
```

このコードが言っているのは、iblue という ID が振られた `<div>` の内容には、iblue という名前のスタイル設定を適用する、ということです。これに対応する CSS ステートメントは、たとえば次のように記述します。

```
#iblue { font-style:italic; color:blue; }
```

記号の使用に注目してください。これは、iblue という ID を振った要素だけがこのステートメントでスタイル処理される、ということです。

18.2.2　クラスの使用

多くの要素に同じスタイルを適用したい場合には、そのそれぞれに異なる ID を割り振る必要はなく、次のように、それを管理するクラスを指定することができます。

```
<div class='iblue'>Hello</div>
```

これが言っているのは、iblue クラスで定義されたスタイルはこの要素（とこのクラスを使用するすべての要素）の内容に適用する、ということです。適用するクラスのスタイルは、ページのヘッダや外部スタイルシートで次のルールを使って設定できます。

```
.iblue { font-style:italic; color:blue; }
```

クラスのステートメントの前には、ID を確保する # 記号ではなく、. （ドット）をつけます。

18.3 CSS ルール

CSS ルールとは、Web ブラウザに対し、ある（複数の）要素をページにどのようにレンダリングするかを伝える（一連の）ステートメントを言います。CSS ルール内の各ステートメントはセレクタで始めます。セレクタはスタイルを適用する対象を指定するもので、次のステートメントでは h1 がセレクタです。このルールによってデフォルトより 240% 大きいフォントサイズが h1 要素に適用されます。

```
h1 { font-size:240%; }
```

ルールによって変更するプロパティは全部、セレクタにつづく { と } 内に記述する必要があります。コロンの前は変更されるプロパティ（font-size）で、コロンの後はそれに適用される値（240%）です。h1 セレクタの font-size プロパティに 240% という値を与える、ということは、すべての <h1>...</h1> タグの内容がデフォルトのフォントサイズより 240% 大きいサイズで表示される、ということです。

} の前にはステートメントを終了する ;（セミコロン）が来ます。今の場合 font-size はこのルールの最後のプロパティなので、セミコロンは必ずしも必要ではありません（その後に別の割り当てがつづく場合には必要になります）。

18.3.1 セミコロンの使用

CSS のセミコロンは、同一行での複数の CSS ステートメントの区切りに使用されます。しかしルール内にステートメントが 1 つしかない場合（や HTML タグ内でスタイルをインラインで設定する場合）には、グループ内の最後のステートメントと見なせるので、セミコロンは省略することができます。

とは言え、発見が難しくなる CSS エラーを避ける上でも、セミコロンはすべての CSS 設定の後につけるようにした方がよいでしょう。セミコロンを使用する癖をつけておくと、コピー＆ペーストするときにも、厳密に必要でない箇所では削除し、必要な箇所には追加するといった面倒な修正もなく、そのまま使用できます。

18.3.2 複数の割り当て

複数のスタイル宣言を作成する方法は 2 つあります。1 つめは、次のように同じ行につなげて記述する方法です。

```
h1 { font-size:240%; color:blue; }
```

ここでは、すべての <h1> 見出しのカラーを青に変更する 2 つめの割り当てを追加しています。またこの割り当ては、次のように 1 行に 1 つずつ記述することもできます。

```
h1 { font-size:240%;
color:blue; }
```

さらに、各割り当てがコロンで揃うように、間を空けて記述する方法もあります。

```
h1 {
    font-size :240%;
    color     :blue;
}
```

このようにすると、セレクタがつねに最初の列に来るので、新しいルールの始まる場所が分かりやすく、また割り当てるプロパティの値も読みやすくなります。

> 例で示した最後のセミコロンは必ずしも必要ではありませんが、初めからセミコロンをつけておいた方が、ステートメントのグループを1行につなげて記述したくなった場合に、作業が簡単に済みます。

セレクタには何回でもプロパティを指定することができます。CSS は指定されたすべてのプロパティを結合して使用します。したがって前の例は次のようにも指定できます。

```
h1 { font-size: 240%; }
h1 { color : blue; }
```

> CSS のレイアウトに正しい方法も間違った方法もありませんが、少なくとも CSS の各ブロックは一貫した方法で書くようにしてください。書かれていることがひと目で分かるようになります。

では、同じプロパティを同じセレクタに2回指定するとどうなるのでしょう？

```
h1 { color : red; }
h1 { color : blue; }
```

この場合、最後に指定された値、つまり blue が適用されます。同じセレクタへの同じプロパティの設定を1つのファイルで繰り返しても意味はありませんが、実際の Web ページでは、複数のスタイルシートが適用されるときにこういった重複が頻繁に行われています。これは CSS の重要な機能の1つで、カスケーディング（連鎖的に次に伝わること）という呼び方もここから来ています。

18.3.3 コメントの使用

CSS ルールにコメントを加えるのは、たとえ全部のルールにではなく主なものに限ったとしても、良い考えです。コメントは次の2通りの方法で記述できます。まずは次のように、/* ... */ のペア内に書く方法です。

```
/* これは CSS のコメント */
```

もう1つは次のように、複数行に渡るコメントです。

```
/*
    複数行に
    渡る
    コメント
*/
```

複数行コメントを使用するときには、その中には1行コメントも複数行コメントもネストできない、ということは覚えておいてください。コメントを入れ子にすると予測できないエラーにつながります。

18.4 スタイルのタイプ

スタイルには、ブラウザによって設定されるデフォルトのスタイル（とそれを上書きして適用したユーザースタイル）や外部スタイルシート、インラインや埋め込みスタイルなど、さまざまなタイプがあります。定義されたスタイルは、高から低への優先順位の階層を持ちます。

18.4.1 デフォルトスタイル

優先順位が最も低いスタイルは、Webブラウザが適用するデフォルトのスタイルです。このスタイルは、Webページにスタイルが定義されていない場合のフォールバック（代替）として作成されています。その目的は、ほとんどの場合で妥当と思われる表示を行う汎用的なスタイルのセットの提供にあります。

CSSが登場する前、これらはドキュメントに適用される唯一のスタイルで、変更できるのはフォントフェイスやカラー、サイズ変更に関する属性など、一部のものに限られていました。

18.4.2 ユーザースタイル

ユーザー定義によるスタイルは優先度がデフォルトスタイルの次に低いスタイルです。ほとんどのモダンブラウザでサポートされていますが、実装方法がブラウザによって異なります。自分用のデフォルトスタイルの作成方法は、検索エンジンでブラウザ名と"ユーザースタイル"（"Firefox user styles"、"IE user styles"など）を入力すると調べることができます。図18-2は、ユーザースタイルシートをMicrosoft Internet Explorerに適用する方法を示しています（[ツール] → [インターネットオプション] → [全般]タブから [デザイン] 項の [ユーザー補助] ボタンをクリックします。[ユーザースタイルシート] のチェックボックスをクリックして有効化し、[スタイルシート] ボックスに.cssファイルへのパスを指定します）。

ブラウザのデフォルトとして定義されたユーザースタイルシートが割り当てられている場合には、それがブラウザのデフォルト設定を上書きします。ユーザースタイルシートで定義されていないスタイルは、ブラウザで設定されているデフォルト値が使用されます。

図 18-2：Internet Explorer でのユーザースタイルの適用

18.4.3　外部スタイルシート

　外部スタイルシートで割り当てられるスタイルは、デフォルトスタイルとユーザースタイル両方の設定を上書きします。外部スタイルシートはみなさんがスタイルを作成するときの推奨される方法です。なぜなら、一般的な Web 用やプリント用、画面の小さなモバイルブラウザでの閲覧用など、目的ごとに異なるスタイルシートが作成できるからです。スタイルシートは各メディアタイプで必要なものを、その Web ページを作成するときに適用します。

18.4.4　内部スタイル

　<style>...</style> タグ内に作成する内部スタイルの優先順位は、これまでに述べたすべてのスタイルの順位より高いので、同時に読み込まれるすべての外部スタイルシートの上書きに使用することができます。とは言えこれは、スタイルとコンテンツの分離を犯すことになります。

18.4.5　インラインスタイル

　最後のインラインスタイルはプロパティを要素に直接割り当てることのできる場所で、最も高い優先順位を持っています。次のように使用します。

```
<a href="http://google.com" style="color:green;">Visit Google</a>
```

ここで指定しているリンクは、ブラウザで適用されるデフォルトのカラー設定やスタイルシートで適用されるカラー設定が何であれ、このリンク単体に直接適用されるかリンク全体に適用されるかに関係なく、緑で表示されます。

> このタイプのスタイルを使用するときにもレイアウトとコンテンツの分離を破ることになるので、その使用は十分な理由がある場合に限定することが推奨されます。

18.5　CSS セレクタ

ページに存在する1つまたは複数の要素にアクセスする方法はセレクションと呼ばれ、CSSルールのセレクタもその1つです。みなさんの期待通り、セレクタには多くの種類があります。

18.5.1　タイプセレクタ

タイプセレクタは、`<p>` や `<i>` など、スタイル処理する特定のHTML要素を指定します。たとえば次のルールは `<p>...</p>` タグ内のすべてのテキストを均等に割り付けます（justify）。

```
p { text-align:justify; }
```

18.5.2　子孫セレクタ

子孫セレクタを使用すると、ある要素に含まれる別の要素（下の階層の子孫要素）にスタイルを適用することができます。たとえば次のルールは、`<b>...</b>` タグ内のすべてのテキストを赤に設定しますが、これが作用するのはそれを囲む `<p>...</p>` タグ内のみです（`<p><b>Hello</b> there</p>` では Hello のみ赤になります）。

```
p b { color:red; }
```

子孫セレクタではネストを無限につづけることができるので、順序なしリスト（ul）のリスト要素に含まれるボールド（b）テキストを青で表示する次のルールも適正です。

```
ul li b { color:blue; }
```

では実際の例でこれを見ていきましょう。順序なしリスト（ul）にネストした順序付きリスト（ol）にはデフォルトで1から始まる番号がつきますが、これをたとえばaから始まる番号付けに変えるには、次のルールが使用できます。

```
/* ul 要素内の ol 要素の list-style-type を lower-alpha に設定 */
ul ol { list-style-type:lower-alpha; }
```

HTMLは次のように記述できます。

```html
<!DOCTYPE html>
<html>
    <head>
        <style>
            ul ol { list-style-type:lower-alpha; }
        </style>
    </head>
    <body>
        <ol>
            <li>One</li>
            <li>Two</li>
            <li>Three</li>
        </ol>
        <ul>
            <ol>
                <li>One</li>
                <li>Two</li>
                <li>Three</li>
            </ol>
        </ul>
    </body>
</html>
```

このHTMLをブラウザに読み込むと、次に示すように、1つめの `<ol>` 要素内の `<li>` は1.、2.、3. というデフォルトの番号付けで表示されますが、`<ul>` 要素に含まれる2つめの `<ol>` 要素内の `<li>` は異なる番号付け（小文字のアルファベット）で表示されます。

1. One
2. Two
3. Three
    a. One
    b. Two
    c. Three

18.5.3 子セレクタ

子セレクタは子孫セレクタと似ていますが、スタイル適用時の制約が少し厳しく、ある要素の直接の子である要素（直下の階層にある子要素）にのみ作用します。次の子孫セレクタを使ったコードは、段落内のすべてのボールドテキストを、ボールドテキスト自体が斜体に含まれている場合も赤に変更します（`<p><i><b>Hello</b> there</i></p>` のような場合）。

```
p b { color:red; }
```

この場合、"Hello" は赤で表示されます。しかしもっと固有の振る舞いが欲しいときには、子セレクタを使用すると、セレクタの作用する範囲を狭めることができます。たとえば次の子セレクタは、ボールドテキ

ストが段落の直接の子であり、それ自体がほかの要素に含まれていない場合にのみ、ボールドテキストを赤に設定します。

```
p > b { color:red; }
```

これを同じ `<p><i><b>Hello</b> there</i></p>` で実行すると、`<b>` は `<p>` タグの直接の子ではないので、"Hello" のカラーは変化しません。

では子セレクタの例を、`<ol>` 要素の直接の子である `<li>` 要素だけをボールドにしたい場合で見ていきましょう。これは以下に示すコードで実現できます。適用するルールは `ol > li { font-weight:bold; }`（ol の直接の子である li をボールドにする）なので、`<ul>` 要素の直接の子である `<li>` は太字になりません。

```
<!DOCTYPE html>
<html>
    <head>
        <style>
            ol > li { font-weight:bold; }
        </style>
    </head>
    <body>
        <ol>
            <li>One</li>
            <li>two</li>
            <li>Three</li>
            <ul>
                <li>One</li>
                <li>two</li>
                <li>Three</li>
            </ul>
        </ol>
    </body>
</html>
```

この HTML をブラウザに読み込むと、次の結果が表示されます。

1. **One**
2. **two**
3. **Three**
    - One
    - two
    - Three

18.5.4　隣接セレクタ

隣接セレクタは子セレクタに似ていますが、親や子要素ではなく、同じレベルに存在する、直後の要素（直後に隣接している要素）に作用します（2つの要素間にはテキストは存在できますが他要素は存在でき

ません)。

隣接セレクタは、次のように2つ以上のセレクタを+記号でつなぐことで構成されます。

```
/* <i> と <b> は同一階層にあり並列していて、i が先に、b がそのすぐ後にある。
i が兄、b はその弟と見なすことができる。*/
i + b {color: red; }
```

このルールは、斜体要素（`<i>`）のすぐ後にあるボールド（`<b>`）のテキストを赤で表示します。たとえば次のHTMLの`<b>`と`</b>`タグ内にあるテキストは赤で表示されます。

```
<!DOCTYPE html>
<html>
    <head>
        <style>
            i + b {color: red; }
        </style>
    </head>
    <body>
        <div> これは div 内のテキスト。
            <i> ここは斜体テキスト。</i>
            そしてメインのテキストに戻り、
            <b> ここで太字になるので、赤で表示される。</b>
        </div>
    </body>
</html>
```

18.5.5　ID セレクタ

`<div id='mydiv'>`のように要素にIDを与えている場合には、そのID名をつけた要素に次の方法で直接アクセスできます。このID名のついた要素のテキストはすべて斜体に変わります。

```
#mydiv { font-style:italic; }
```

ID の再利用

同じIDの使用は1つのドキュメントで1回に限られるので、CSSルールによって割り当てられる新しいプロパティ値を受け取るのは最初に見つかった要素だけ、ということになります。しかしCSSでは、同じ名前のIDでも異なる要素に振られている場合には、それらを直接参照することができます。

```
<!-- div にも span にも同じ id 値の myid を割り振っている -->
<div id='myid'>Hello</div> <span id='myid'>Hello</span>
```

IDは通常、1つしかない要素に割り当てるので、次のルールは原則的に、最初に見つかったmyidに下線を適用します。

```
#myid { text-decoration:underline; }
```

しかし次のようにすると、両方の myid にルールを適用することができます。

```
span#myid { text-decoration:underline; }  /* span 要素の myid */
div#myid  { text-decoration:underline; }  /* div 要素の myid */
```

これはさらに、次のように短く記述できます（これについては後のグループ化の節を参照）。

```
span#myid,#myid { text-decoration:underline; }
```

> とは言えわたしはこのセレクションの方法はおすすめしません。JavaScript からは多くの場合、getElementById メソッドを使って要素にアクセスしますが、このメソッドは見つかった最初の要素だけを返すので、同じ ID が複数あるとターゲットとする要素へのアクセスが難しくなるからです。最初の要素以外の参照を得るには、ドキュメント全体からその要素を探し出す必要があり、これはかなり面倒な作業になります。したがって ID には一意の名前をつけて使用するのが良い方法です。

18.5.6 クラスセレクタ

ページの中に同じスタイルを共有したい要素が数多くある場合には、要素全部に `<span class='myclass'>` のようにして同じクラス名を割り当てると、1 つのルールを作成するだけでその要素全部を 1 度に変更することができます。次のルールでは、この myclass を使用するすべての要素（クラス名をつけた要素）の左マージンを 10 ピクセルに設定します。

```
.myclass { margin-left:10px; }
```

モダンブラウザは、複数のクラスが `<span class='thisclass thatclass otherclass'>` のようにスペースで区切れている場合、それらを個々のクラスとして認識し、要素に割り当てます。ただし非常に古いブラウザの中には class 引数の 1 つのクラス名しか認識しないものがあります。これは覚えておいてください。

クラスの範囲を限定する

クラスが作用する範囲は、適用する要素の指定によって狭めることができます。たとえば次のルールは、main クラスを使用する段落のみにその設定を適用します。

```
p.main { text-indent:30px; }
```

この例では、`<p class="main">` のように main クラスを使用する段落だけがこの新しいプロパティ値を受け取ります。段落でない、`<div class="main">` のようにしてこのクラスを扱おうとする要素はこのルールの影響を受けません。

18.5.7 属性セレクタ

多くの HTML タグは属性をサポートしているので、属性セレクタを使用すると、ID やクラスを使用す

る手間を減らして特定の要素を参照することができます。属性は次の要領で直接参照できます。ここでは type 属性が "submit" である要素全部の幅を 100 ピクセルに設定します。

```
[type="submit"] { width:100px; }
```

このセレクタの適用範囲を狭めたい場合、たとえば、この type 属性を持つ form input 要素（フォーム内の送信ボタン）にのみ適用されるルールは次のように記述できます。

```
form input[type="submit"] { width:100px; }
```

属性セレクタはまた ID とクラスでも機能します。たとえば [class="classname"] はクラスセレクタの.classname とまったく同じように機能します（ただし優先順位は後者の方が上です）。同様に、[id="idname"] も ID セレクタの #idname と同等に機能します。したがって # や . を前に置くクラスセレクタと ID セレクタは、優先順位の高い、属性セレクタの簡易版と見なすことができます。

18.5.8　ユニバーサルセレクタ

ワイルドカードの * はユニバーサルセレクタ（全称セレクタ）で、すべての要素にマッチします。したがって次のルールは、ドキュメント全体に作用し、すべての要素の境界（ボーダー）を緑にします。

```
* { border:1px solid green; }
```

通常 * を単体で使用することはまずないでしょうが、特定の要素と組み合わせて作るルールでは大きな力を発揮します。たとえば次のルールで適用されるスタイルは上記と同じですが、適用先が、boxout という ID を持つ要素のサブ要素であるすべての段落に限られます。

```
#boxout * p {border:1px solid green; }
```

ではこのコードを詳しく見ていきましょう。#boxout の後のセレクタは * 記号なので、#boxout * は boxout オブジェクト内の全要素を参照します。その後の p は、* セレクタが返す全サブ要素に含まれる段落です。したがって、選択の対象は、boxout オブジェクトに含まれるすべての要素の中にある p 要素に限定されることになります。この CSS ルールの裏側では次のようなアクションが実行されていると考えることができます（ここでは"オブジェクト"と"要素"を使っていますが、これらは同じものです）。

1. boxout という ID を持つオブジェクトを見つけ出します。
2. ステップ 1 で返されたオブジェクトが持つすべてのサブ要素を見つけ出します。
3. ステップ 2 で返されたオブジェクトが持つすべての p サブ要素を見つけ出します。p はこのグループの最後のセレクタなので、ステップ 2 で返されたオブジェクトが持つすべての p サブ要素とそのサブ要素（さらにその子孫）も見つけ出します。

4. ｛と｝文字内のスタイルをステップ3で返されたオブジェクトに適用します。

このルールからは最終的に、メイン要素の孫（やひ孫、さらにその子孫）である段落にのみ、緑の境界が適用されます†。

18.5.9　グループによる選択

CSS では、セレクタをコンマで区切ることで、1つのルールを複数の要素やクラス、そのほかのタイプのセレクタに同時に適用することができます。次のルールは、すべての段落と `idname` という ID をつけた要素、`classname` クラスを使用するすべての要素の下部にオレンジ色の点線を表示します。

```
p, #idname, .classname { border-bottom:1px dotted orange; }
```

図 18-3 は、Google Chrome の [要素を検証] 機能を使って、HTML とそこに適用されている CSS ルールのセレクタを表示したところを示しています。

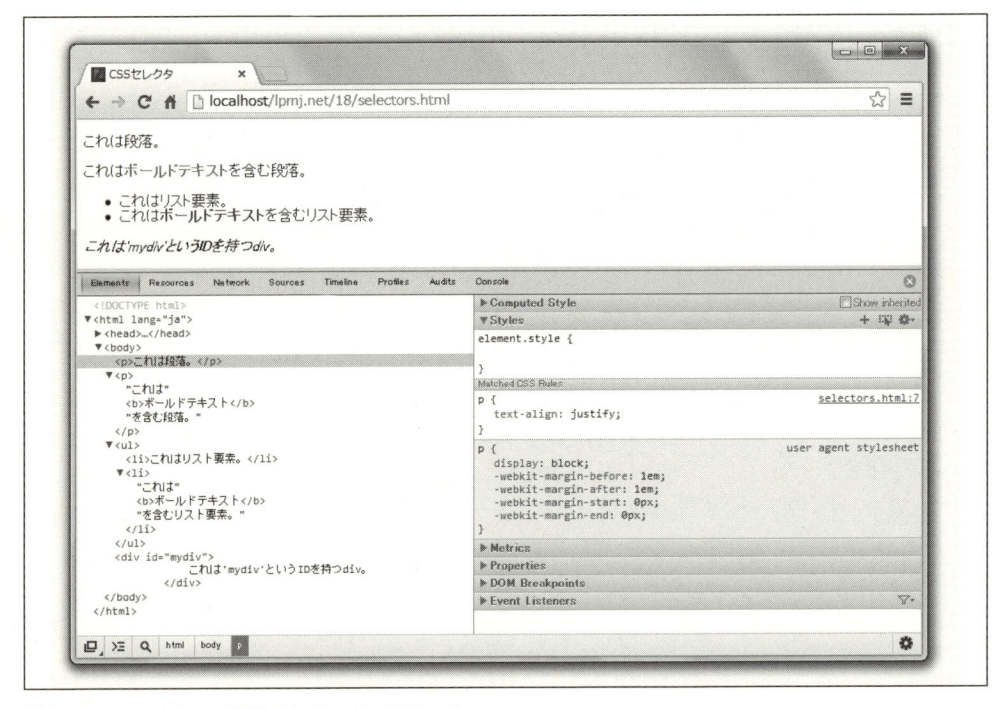

図 18-3：HTML とそこで使用されている CSS ルール

---

† 訳注：ただしこれはあくまで CSS ルールから見た場合の話で、Web ブラウザは実際にはセレクタを右から左に解釈してレンダリングします。

18.6 CSSのカスケード処理

CSSのプロパティの最も重要な特徴の1つに、プロパティはカスケードする（上から下に連鎖的に伝わっていく）という側面があります。これはこのテクノロジーがカスケーディングスタイルシートと呼ばれる由縁です。ではこれは何を意味しているのでしょう？

カスケード処理は、ブラウザがサポートするさまざまなタイプのスタイルシート間に起こり得るコンフリクト（衝突）を解決し、スタイルシートがその作成者による優先順位で適用されるときに使用される方法で、スタイルや指定されたプロパティはこの方法にしたがって作成されます。

18.6.1 スタイルシートの作成者による優先順位

すべてのモダンブラウザでサポートされる主要な3つのスタイルシートを、優先順位の高い順に並べると次のようになります。

1. ドキュメントの作成者によって作成されるもの
2. ユーザーによって作成されるもの
3. ブラウザによって作成されるもの

これらは優先順位の低いものから処理されます。ドキュメントにはまず、Webブラウザのデフォルトのスタイルシートが適用されます。もしこのデフォルトのスタイルシートがなかったら、スタイルシートを使用しないWebページの表示はひどいものになってしまいます。このスタイルシートには、フォントのフェイスやサイズ、カラー、要素間の空き、テーブルの境界と間隔など、そうなるはずだとユーザーが期待している標準的な設定がすべて含まれています。

次に、ユーザーが標準的なスタイルシートに優先して使用するスタイルシートを作成している場合には、それがコンフリクトする可能性のあるデフォルトのスタイルシートに置き換えられて、適用されます。

最後、現在のドキュメントの作成者によって作成されたスタイルがある場合には、ブラウザやユーザーによって作成されたスタイルシートはそれに置き換えられます。

18.6.2 スタイルシートの作成方法による優先順位

スタイルシートを作成する方法を、優先順位の高い順に並べると次のようになります。

1. インラインスタイルとして
2. 埋め込みスタイルシートとして
3. 外部スタイルシートとして

これらの方法で作成したスタイルシートも、優先順位の低いものから適用されます。まずすべての外部スタイルシートが処理され、そのスタイルがドキュメントに適用されます。

次に、すべての埋め込まれたスタイル（<style>...</style>タグ内に）が処理されます。外部のルール

とコンフリクトするものには優先権が与えられ、外部のルールを上書きします。

最後に、要素にインラインスタイルで（`<div style="...">...</div>`によって）直接適用されるスタイルには最も高い優先順位が与えられるので、それまでに割り当てられたプロパティはこれによって上書きされます。

18.6.3　スタイルシートのセレクタによる優先順位

スタイル処理する要素を選択する方法を、優先順位の高い順に並べると次のようになります。

1. 個々のIDや属性セレクタによる参照
2. クラスによるグループでの参照
3. 要素のタグによる参照（`<p>`や`<b>`など）

セレクタは、前述したコンフリクトを解決する2つの方法と少し異なり、ルールの影響を受ける要素の数やタイプに準じて処理されます。なぜなら、ルールは1つのセレクタに限って適用する必要はなく、多くの異なるセレクタから参照できるからです。

したがって、セレクタのすべての組み合わせを考慮したルールの優先順位を決める方法が必要になります。これは、それぞれのルールの固有性を計算し、影響する範囲が広いものから狭いものに順番付けする方法で行われます。

固有性の計算

ルールの固有性（特異性）は、前述したセレクタの優先順位にもとづいて作成される3つの数値で計算されます。この複合的な数値は [0, 0, 0] から始まります。ルールを処理するとき、IDを参照する各セレクタは1つめの数値を1増やします。したがって複合的な数値は [1, 0, 0] になります。

例として次のルールで考えてみましょう。ここでは3つのID（`#heading`と`#main`、`#menu`）が参照されているので、複合的な数値は [3, 0, 0] になります。

```
#heading, #main, #menu,
.text, .quote, .boxout, .news, .comments,
p, blockquote {
    font-family:'Times New Roman';
    font-size :14pt; }
```

クラスを参照するセレクタの数は複合的な数値の2つめの場所に置かれます。この例で言うと、クラスを参照するセレクタは `.text` と `.quote`、`.boxout`、`.news`、`.comments` なので5個あります。したがってここまでの複合的な数値は [3, 5, 0] になります。

最後に、要素タグを参照するセレクタがカウントされ、この数値が複合的な数値の3つめの場所に置かれます。今の例で言うと、要素タグを参照するのは `p` と `blockquote` の2つです。したがって複合的な数値は最終的に [3, 5, 2] になります。この結果は、このルールの固有性がほかのルールの固有性と比較されると

きに使用されます。

　複合的な各数値が9以下の（つまり2桁にならない）場合には、そのまま10進数に変換できます。[3, 5, 2]ならそのまま352です。これより小さい数値のルールは優先順位が低くなり、これより大きい数値のルールは優先順位が高くなります。同じ数値を持つルール同士の場合には、直近に適用された方が優先されます[†]。

異なる基数の使用

　複合的な数値が9より大きくなると、基数（基になる数）を大きくする必要が出てきます。たとえば[11, 7, 19]という数値は、単純に連結しただけでは10進数に変換できないので、20などの大きな基数を使って変換します（19より大きな数値がある場合にはさらに大きくします）。

　[11, 7, 19]を基数20で計算するには、次に示すように、複合的な数値の右から順に掛けて、その結果を足します。

```
20 × 19           = 380    // [a, b, c]の右のcには20を掛ける
20 × 20 × 7       = 2800   // [a, b, c]の真ん中のbには20 x 20を掛ける
20 × 20 × 20 × 11 = 88000  // [a, b, c]の左のaには20 x 20 x 20を掛ける
10進数の合計      = 91180  // 3つの結果を足す
```

　さらに大きな基数を使用する必要がある場合には、掛ける値20を、使用する基数に置き換えます。複数のルールから導き出した複合的な数値全部を10進数に変換すると、容易にその固有性を比較しそれぞれのルールの優先順位を求めることができます。

　ありがたいことにCSSプロセッサーはこれを全部みなさんに代わって行ってくれます。しかしそこで行われる具体的な処理方法を知っておくと、ルールを適切に構成するときの助けになり、それが何番めの優先順位にあるのかが容易に分かるようになります。

> この優先順位の計算が難しく思えるみなさんは、次の大まかな目安でほとんどの場合は何とかなると知ると喜ばれるでしょう。それは、一般的に影響を受ける要素の数が少なく固有性が高まれば高まるほど、そのルールの優先順位は高くなる、というものです。

ルールの差別化

　優先順位がまったく同じルールが2つ以上ある場合には、デフォルトでは直近に処理されたルールが適用されます。しかし次のように!important宣言を使用すると、そのルールの優先順位を強制的にほかの同等のルールよりも高くすることができます。

```
p { color:#ff0000 !important; }
```

[†] 訳注：ここで複合的な数値と呼んでいる[0, 0, 0]を[a, b, c]と汎用化すると、次のようにまとめることができます。
- ID/属性セレクタが含まれている場合はaをその数だけ加算。
- クラスが含まれている場合はbをクラスの数だけ加算。
- 要素が含まれている場合はcを要素の数だけ加算

これを行うときには、それまでの同等の設定すべてが上書きされ（!important を使った設定すらも）、後から処理される同等のルールもすべて無視されます。たとえば、次の2つめのルールは通常なら1つめより高い優先順位を持ちますが、1つめで !important が使用されているので、2つめは無視されます。

```
p { color:#ff0000 !important; }
p { color:#ffff00 }
```

> ユーザースタイルシートを使用するとブラウザのデフォルトのスタイルが指定できますが、そのときには !important 宣言を使用することもできます。その場合そのユーザースタイル設定は、現在の Web ページで指定されている同じプロパティよりも優先されます。しかしながらこの機能は、CSS1 を使用する旧式のブラウザではサポートされません。

18.7 \<div> と \<span> の違い

\<div> と \<span> は両方ともコンテナ（入れ物）タイプの要素ですが、性質が異なります。\<div> の幅はデフォルトでは無限（最小でブラウザの幅一杯）で、これは次のように境界（ボーダー）を適用することで確認できます。

```
<div style="border:1px solid green;">Hello</div>
```

これに対し \<span> の幅は、\<span> に含まれるテキストの幅と同じです。したがって次の HTML 行は "Hello" を囲む境界を作成するだけで、ブラウザの右端までは伸びません。

```
<span style="border:1px solid green;">Hello</span>
```

また \<span> 要素は自分が含むテキストやそのほかのオブジェクトに追随するので、境界が複雑になります。次のサンプル 18-2 では CSS を使って、すべての \<div> 要素の背景を黄色に、すべての \<span> 要素の背景をシアンにしています。また両方に境界を追加しています。

サンプル 18-2：\<div> と \<span> の比較サンプル

```
<!DOCTYPE html>
<html>
    <head>
        <title>div と span の比較サンプル </title>
        <style>
            div, span { border:1px solid black; }
            div { background-color:yellow; }
            span { background-color:cyan; }
        </style>
    </head>
    <body>
        <div> これは div タグ内のテキスト </div>
        これは違う <div> これは div タグ内のテキスト </div><br />
```

サンプル 18-2：<div> と <span> の比較サンプル
```
        <span>これは span タグ内のテキスト</span>
        これは違う<span>これは span 内のテキスト</span><br /><br />

        <div>これはブラウザの表示で次の行に送られるくらい長い、
        長い長い長い長い長い、div タグ内のテキスト</div><br />

        <span>これはブラウザの表示で次の行に送られるくらい長い、
        長い長い長い長い長い、span タグ内のテキスト</span>
    </body>
</html>
```

図 18-4 はこのサンプルを Web ブラウザで開いた結果です。この図ではカラーの色分けがはっきりしませんが、<div> 要素の方はブラウザの右端までその範囲が伸び、その後のコンテンツが次に来られる場所に、強制的にそれを移している（つまり改行が行われている）ことが分かります。

この図からはまた、<span> は自分のコンテンツの保持に必要なスペースだけを確保し、以降のコンテンツを強制的に下に送らない（つまり改行しない）、ということも分かります。

たとえばこの図の下部では、<div> 要素は画面の端で折り返すときその矩形の形状を保持しますが、<span> 要素は自分が保持するテキスト（やそのほかのコンテンツ）の流れに追随していることが分かります。

> <div> タグは矩形なので、イメージや引用文といったオブジェクトの保持に適しています。一方 <span> タグは、左から右（または右から左）に流れるテキストや行ごとに設定する属性の保持に最適です。

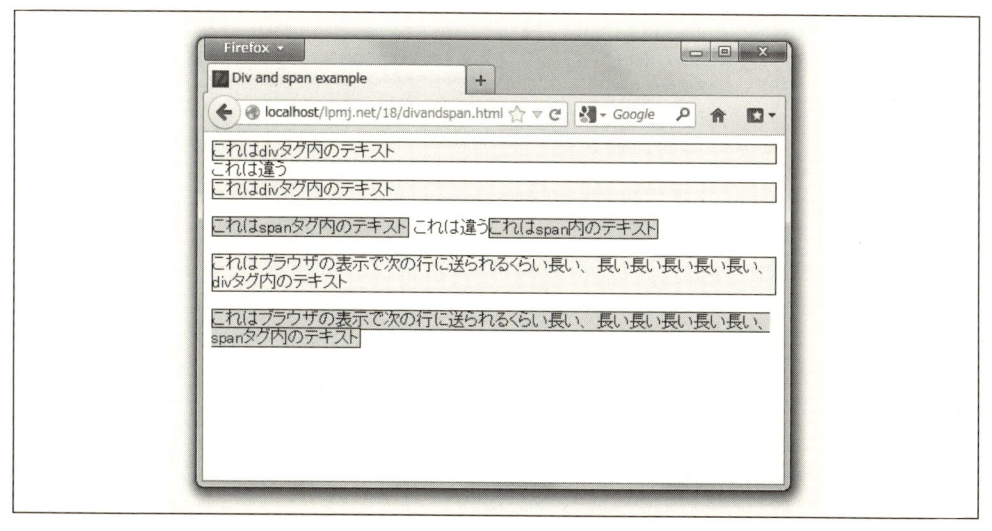

図 18-4：幅の異なるさまざまな要素

18.8 計測単位

　CSSでは実にさまざまな計測単位が提供されているので、Webページには特定の値や相対的なサイズを正確に指定することができます。わたし自身よく使用しみなさんにもおすすめするのは、ピクセル（px）とポイント（pt）、イーエム（em）、パーセント（%）です。CSSでサポートされる計測単位には次のものがあります。

ピクセル（px）

　ピクセルの大きさはユーザーモニタの解像度によって変わります。1ピクセルは画面の1ドットの幅/高さに等しいので、この計測単位はモニタ表示に最も適しています。これは次のように使用します。

```
.classname { margin:5px; }
```

ポイント（pt）

　1ポイントは1/72インチに相当します。元々印刷向けの計測単位なので、向いているのはやはりプリント用途ですが、モニタ用でも広く使用されます。次のように使用します。

```
.classname { font-size:14pt; }
```

インチ（in）

　1インチは72ポイントに相当し、これもプリント用途が最適です。次のように使用します。

```
.classname { width:3in; }
```

センチメートル（cm）

　センチメートルはプリント用途に適したもう1つの計測単位です。1センチメートルは28ポイントを少し超える長さです。次のように使用します。

```
.classname { height:2cm; }
```

ミリメートル（mm）

　1ミリメートルは1/10センチメートル（ほぼ3ポイント）です。ミリメートルもプリント用途に適しています。次のように使用します。

```
.classname { font-size:5mm; }
```

パイカ（pc）

　パイカも印刷用の計測単位で、1パイカは12ポイントに相当します。次のように使用します。

```
.classname { font-size:1pc; }
```

イーエム（em）

イーエムは現在のフォントサイズを1とした単位なので、サイズを相対的に表す場合に役立ちます。次のように使用します。

```
.classname { font-size:2em; }
```

イーエックス（ex）

イーエックスも現在のフォントサイズを基準とする単位で、1が小文字xの高さに相当します。テキストを含むボックスの幅を設定するときの近似値として使用されるほかはあまり人気のない計測単位です。次のように使用します。

```
.classname { width:20ex; }
```

パーセント（%）

この単位は絶対的でなく相対的なので、emに関連を持ちます。たとえばフォントに1emを指定しているときには、100%は現在のフォントサイズに等しくなります。フォントに関連づけが行われていないときには、アクセスするプロパティのコンテナのサイズが基準になります。次のように使用します。

```
.classname { height:120%; }
```

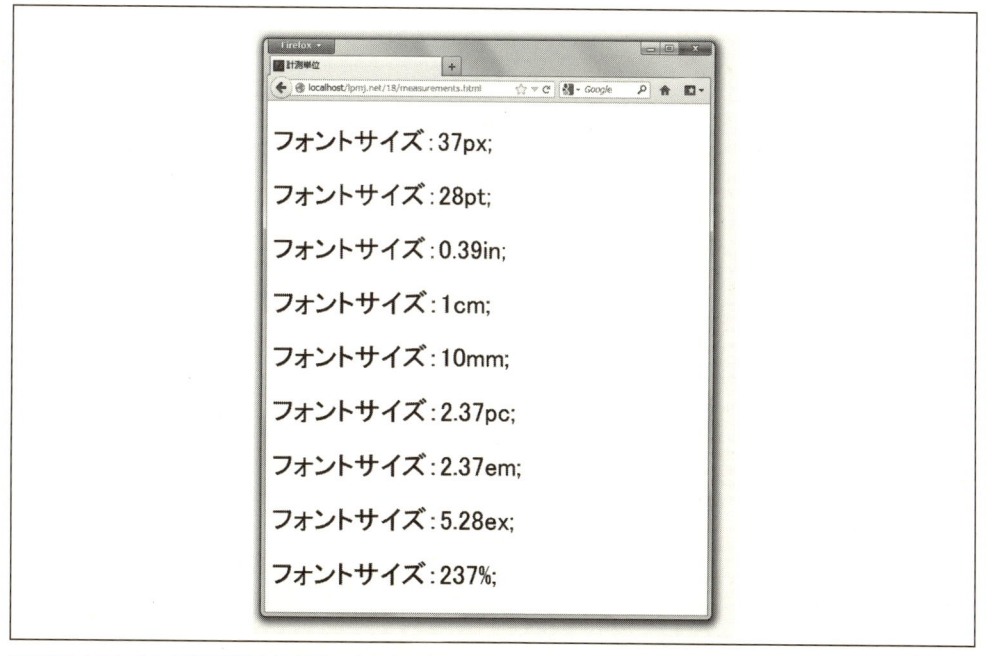

図18-5：さまざまな計測単位をほぼ同じ大きさで表示した

図18-5では、ここまで述べた計測単位を順番に、テキストがほぼ同じサイズで表示されるように数値を調整して表示しています。

18.9 フォントとタイポグラフィ

CSSでスタイル処理できるフォントの主なプロパティには、family と style、size、weight の4つがあります。これらを使用すると、Webページやプリント時などのテキストの見映えを微調整することができます。

18.9.1 font-family

このプロパティには使用するフォントを割り当てます。またこのプロパティは、さまざまなフォントを左から右に希望順に列挙できる機能もサポートしているので、使用したいフォントがインストールされていないときでも、スタイル処理はうまい具合に補完処理（フォールバック）されます。たとえば段落用のデフォルトフォントは次のようなCSSルールで指定できます。

```
/* 一番希望するのは Verdana で次が Arial、その次が Helvetica。
   そのどれもがない場合には sans-serif、というように補完される。 */
p { font-family:Verdana, Arial, Helvetica, sans-serif; }
```

フォント名が2語以上で構成される場合には、次のように引用符で囲む必要があります。

```
p { font-family:"Times New Roman", Georgia, serif; }
```

事実上すべての Web ブラウザと OS で使用できるフォントを考えると、Webページで使用する最も安全な（間違いなく表示に使用される）フォントファミリーは Arial と Helvetica、Times New Roman、Times、Courier New そして Courier になります。また Verdana や Georgia、Comic Sans MS、Trebuchet MS、Arial Black そして Impact フォントは Mac と PC で安全に使用できますが、それ以外の Linux などの OS にはインストールされていない可能性があります。そのほかのよく使用されるものの安全ではないフォントには Palatino や Garamond、Bookman そして Avant Garde があります。これらのあまり安全ではないフォントを使用する場合には、みなさんの希望するフォントを持たないブラウザでグレードを優雅に落としてページを表示できるように、CSSでより安全なフォールバックを1つ以上指定するようにします。

図18-6はこの2つのCSSルールを適用した結果です[†]。上ではWindows 7でInternet Explorerを、下ではMac OS X 10.7.5でSafariブラウザを使用しています。

[†] 訳注：図18-6の3行めは次のCSSルールを適用した結果です。
  { font-family:'ヒラギノ角ゴ Pro W3','Hiragino Kaku Gothic Pro','メイリオ',Meiryo,'ＭＳ Ｐゴシック','MS PGothic',sans-serif; }

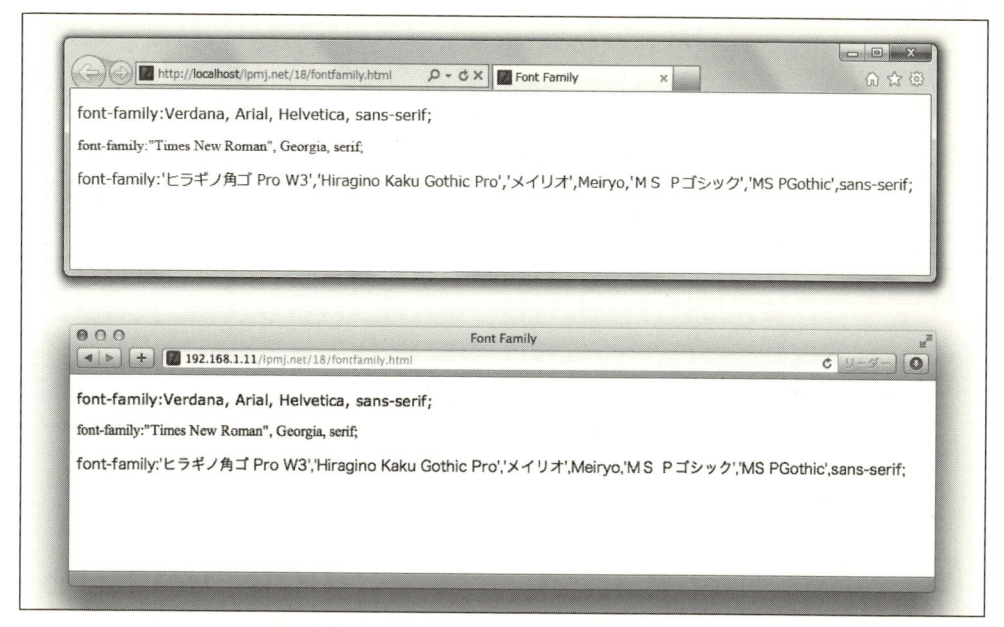

図18-6：フォントファミリーの選択

18.9.2　font-style

このプロパティでは、表示するフォントを normal（標準体）、italic（イタリック体）、oblique（斜体）から選ぶことができます。（oblique の効果は italic に似ていますが、通常 sans-serif と併用されます）。次のルールは、これらの効果を作成して要素に適用できる3つのクラス（normal と italic、oblique）を作成します。

```
.normal { font-style:normal; }
.italic { font-style:italic; }
.oblique { font-style:oblique; }
```

18.9.3　font-size

フォントの計測単位の節で述べたように、フォントサイズを変更する方法はたくさんありますが、そのタイプは大きく固定と相対の2つに集約することができます。固定の設定は次のルールのように記述します。ここではデフォルトの段落のフォントサイズを 14 ポイントに設定しています。

```
p { font-size:14pt; }
```

また、現在のデフォルトのフォントサイズを操作して、見出しなどのさまざまなタイプのテキストをスタイル処理したい場合もあるでしょう。次のルールでは、見出しの相対サイズを、<h4> タグではデフォルトより 20 パーセント大きく、<h3> から <h1> では前のタグよりもそれぞれ 40 パーセント分大きくなるように

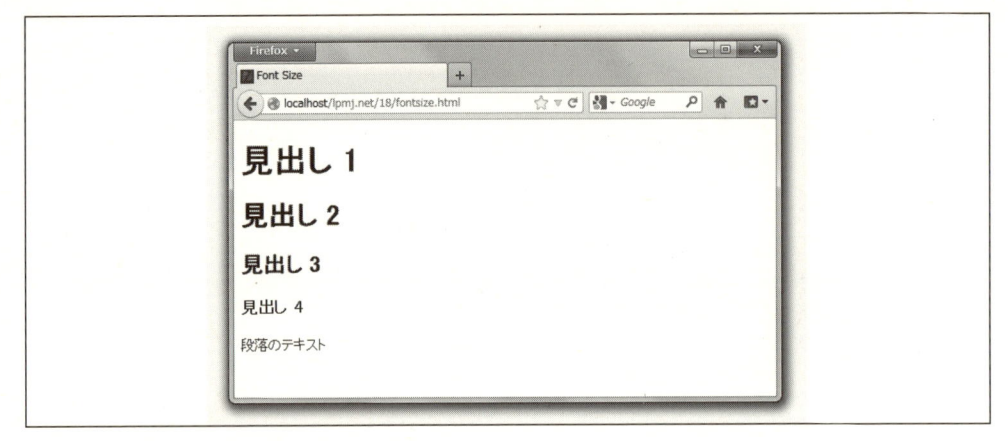

図 18-7：4種類の見出しサイズの設定と段落のデフォルトサイズ

定義しています。

```
h1 { font-size:240%; }
h2 { font-size:200%; }
h3 { font-size:160%; }
h4 { font-size:120%; }
```

図 18-7 はこの各ルールを適用したフォントサイズの違いを示しています。

18.9.4　font-weight

このプロパティを使用すると、フォントの重さ、つまり太さを指定することができます。このプロパティには 100 から 900 までの 100 刻みの値など、さまざまな値が指定できますが、通常使用されるのは normal と bold です。

```
.bold { font-weight:bold; }
```

18.10　テキストのスタイル管理

使用フォントに関係なく、テキストの装飾や間隔、整列を変更することで、その見た目をさらに変えることができます。斜体や太字のテキストなどの効果は font-style と font-weight プロパティで実現できるので、text- と font- プロパティには重複する部分もありますが、下線などそのほかの効果には text-decoration プロパティを使う必要があります。

18.10.1　装飾

text-decoration プロパティを使用すると、テキストに underline（下線）や line-through（打ち消し線）、overline（上線）、blink（点滅）といった効果を適用することができます。次のルールでは、テキストに上線を適用する over という名前のクラスを作成しています（overline、underline、line-through の

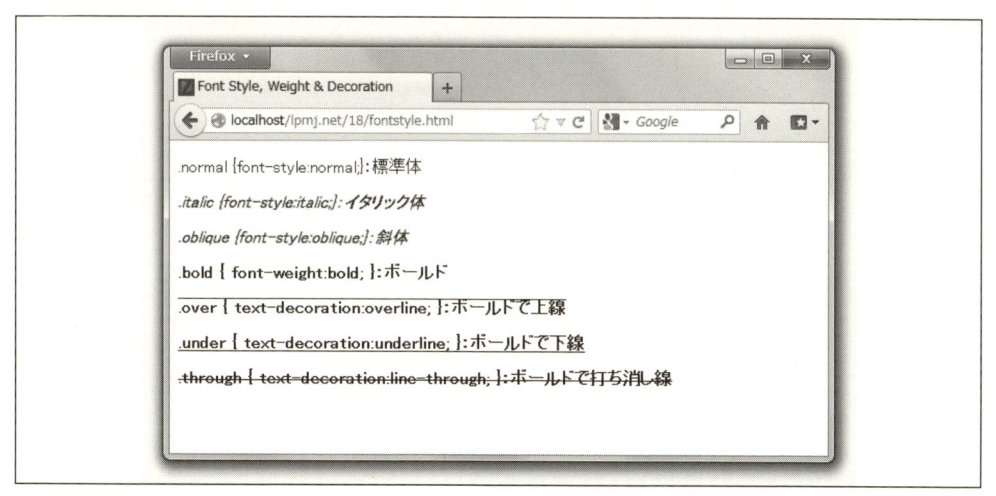

図18-8：styleとweight、decorationの例

重さはそのフォントの重さに一致します）。

図18-8では、フォントのスタイル、重さ、装飾の各例を示しています。

18.10.2　間隔

行や単語、文字の間隔はさまざまなプロパティで変更することができます。たとえば次のルールは、`line-height`プロパティを25パーセント大きく設定することで段落の間隔を変更し、`word-spacing`プロパティを30ピクセルに、`letter-spacing`プロパティを3ピクセルに設定します。

```
p {
    line-height    :125%;
    word-spacing   :30px;
    letter-spacing:3px; }
```

18.10.3　整列

CSSで使用できるテキストの整列（`text-align`）には`left`（左寄せ）と`right`（右寄せ）、`center`（センター揃え）、`justify`（均等割付）の4つがあります。次のルールは段落のテキストを均等割付で配置します。

```
p { text-align:justify; }
```

18.10.4　大文字、小文字変換

テキストの大文字、小文字変換（`text-transform`）には`none`（記述した通りに表示）と`capitalize`（単語の先頭を大文字で表示）、`uppercase`（全部大文字）、`lowercase`（全部小文字）の4つが指定できます。次のルールでは、使用時にすべてのテキストを大文字で表示する`upper`という名前のクラスを作成しています。

```
.upper { text-transform:uppercase; }
```

18.10.5　インデント

text-indent プロパティを使用すると、テキストのブロックの1行めを指定した量だけインデント（字下げ）することができます。次のルールは、段落の1行めを20ピクセルだけインデントします。ほかの計測単位や増分のパーセントを適用することもできます。

```
p { text-indent:20px; }
```

図 18-9 は、次のルールをテキストの部分に適用した例です。

```
p {         line-height :150%;  /* 行の高さ 150%、単語間隔 10px、字間 1px */
            word-spacing :10px;
            letter-spacing:1px;      }
.justify   { text-align :justify;    }  /* 均等割付 */
.uppercase { text-transform:uppercase; }  /* 大文字変換 */
.indent    { text-indent :20px;      }  /* 段落の1行めを 20px インデント */
```

18.11　CSS のカラー

テキスト及びオブジェクトの前景と背景には、color（文字色）と background-color（背景色）プロパティを使って、カラーを適用することができます（または background プロパティに引数を1つ与えて）。指定するカラーには、名前つきのカラー（red や blue など）や 16 進数の RGB 値（#ff0000 や #0000ff など）、または CSS 関数の rgb で作成したカラーが使用できます。

W3C（http://www.w3.org）標準で定義されている基本色は aqua、black、blue、fuchsia、gray、green、lime、maroon、navy、olive、purple、red、silver、teal、white、yellow の 16 色です。次のルールはこれらの名前を使って、object という ID を持つオブジェクトの背景色を設定します。

```
#object { background-color:silver; }
```

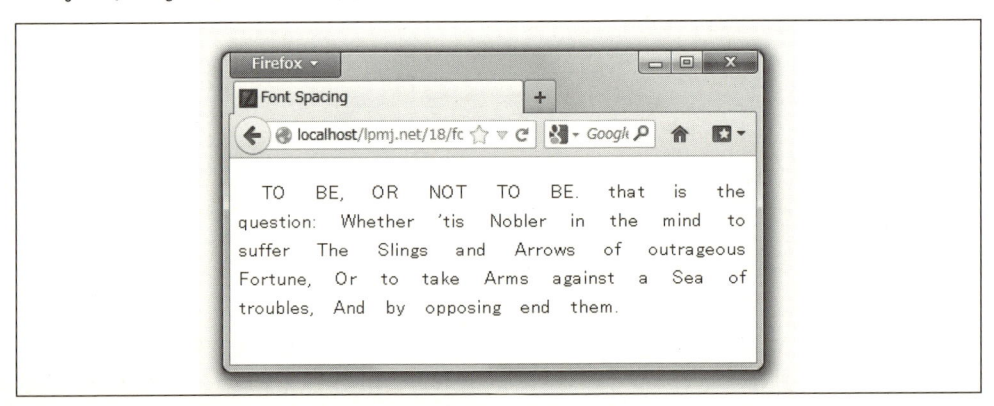

図 18-9：インデント、大文字変換、間隔量を適用した

次のルールはすべての`<div>`要素にあるテキストの前景（文字色）を黄色に設定します（コンピュータのディスプレイでは、16進数値のffの赤要素とffの緑要素、00の青要素によって黄色が作成されます）。

```
div { color:#ffff00; }
```

また16進数値を使いたくない場合には、CSSのrgb関数を使って3要素の混合色を指定することもできます。次のルールは現在のドキュメントの背景色をアクア（青緑）に変更します。

```
body { background-color:rgb(0, 255, 255); }
```

rgb関数に指定する3要素の引数に256階調（0から255までの数値）を指定したくない場合には、rgb(58%, 95%, 74%)のように、0から100のパーセント値を指定することもできます。このときには、rgb(23.4%, 67.6%, 15.5%)のように、浮動小数点値を使ってカラーの指定精度を上げることもできます[†]。

18.11.1 カラーの省略表記

カラーを指定する16進数のストリングは、2バイトの各ペア（#RRGGBBのRR、GG、BB）の1つめで各要素を表す方法で短く記述することもできます。たとえば#fe4692というカラーを割り当てる代わりに、各ペアの2つめの数値（eと6と2）を省略した#f49を使用することができます。これは#ff4499と同じカラーです。

元のカラーと省略したカラーの発色はさほど違わないので、正確なカラーが求められない場合にはこの省略表記は便利です。6桁と3桁のストリングには、6桁は1600万色（16の6乗）をサポートし、3桁がサポートするのは4000色（16の3乗）という違いがあります。

#883366というようなカラーを使用する場合、これは#836とまったく同じなので（反復される桁は省略表記によって暗黙的に示されます）、どちらのストリングを使っても結果は変わりません。

18.11.2 グラデーション

背景には単色を使用する代わりに、任意の初期カラーから最終カラーに段階的に少しずつ変化するグラデーションを適用する選択肢もあります。これは、グラデーションをサポートしないブラウザのために、少なくとも単色を表示させるルールを組み入れて使用するようにします。

サンプル18-3はオレンジの線形グラデーションを表示する例です（グラデーションをサポートしないブラウザでは単色のオレンジが表示されます）。このHTMLをWebブラウザで開くと図18-10の結果が表示されます[††]。

[†] 訳注：コンピュータなどのモニタ画面のカラーは赤緑青（RGB）という、いわゆる光の3原色の組み合わせで作られます。Webページの場合にはこの3つの要素を256のレベル（階調）に分けてカラーが指定され、RGBの各要素には0からfまでの16進数値が使用されます。数値は#RRGGBBというように並べられます。各要素は2桁の16進数で表されるので16 x 16の256通りが表現できます。#ffff00の場合で言うと、赤と緑はff、青は00なので、これが発色すると黄色に見えることになります。rgb関数では、各要素のこの16進数値を、0から255までの10進数値（やパーセント値）で指定します。

[††] 訳注：サンプル18-3のコードはhttp://caniuse.comサイトの記述を参考に原書のコードに少し手を加え、さまざまなブラウザに対応するように変更しています。

サンプル 18-3：線形グラデーションの作成

```html
<!DOCTYPE html>
<html lang="ja">
  <head>
    <meta charset="utf-8">
    <title> 線形グラデーションの作成 </title>
    <style>
      .solid {color:blue; background-color:yellow}
      .orangegrad {
        /* 旧式ブラウザ */
        background: #ffbb00;
        /* Firefox 3.6+ */
        background:-moz-linear-gradient(top, #ffbb00 0%, #ff5500 100%);
        /* Safari 4.0-5.0, Chrome3-9,
           iOS Safari 4.0-5.0, Android 2.1-3.0 */
        background: -webkit-gradient(linear, left top, left bottom,
          color-stop(0%, #ffbb00), color-stop(100%, #ff5500));
        /* Safari 5.1+, Chrome 10+,
           iOS Safari 5.1+, Android 4.0+ */
        background: -webkit-linear-gradient(top, #ffbb00 0%, #ff5500 100%);
        /* Opera 11.10+ */
        background:-o-linear-gradient(top, #ffbb00 0%, #ff5500 100%);
        /* IE10+ */
        background:-ms-linear-gradient(top, #ffbb00 0%, #ff5500 100%);
        /* W3C */
        background:linear-gradient(to bottom, #ffbb00 0%, #ff5500 100%);
        /* IE 6-9 */
        filter: progid:DXImageTransform.Microsoft.gradient(
          startColorstr='#ffbb00', endColorstr='#ff5500', GradientType=0);}
    </style>
  </head>
  <body>
    <div class='solid'> 黄色い背景に <br />
    重ねた <br /> 青いテキスト </div>
    <div class='orangegrad'> オレンジの線形グラデーションに <br />
    重ねた <br /> 黒いテキスト </div>
  </body>
</html>
```

グラデーションを表示するこのサンプルからも分かるように、-moz- や -webkit-、-o-、-ms- といったブラウザのタイプ特有の接頭辞（ベンダープレフィックス）を必要とする CSS ルールが多くあります。-moz- は Firefox などの Mozilla ベースのブラウザが、-webkit- は Apple Safari や Google Chrome、iOS や Android のブラウザ、-o- は Opera、-ms- は Microsoft のブラウザがそれぞれ使用します。http://caniuse.com サイトでは主要な CSS ルールや属性、ブラウザごとの対応状況を調べることができます。

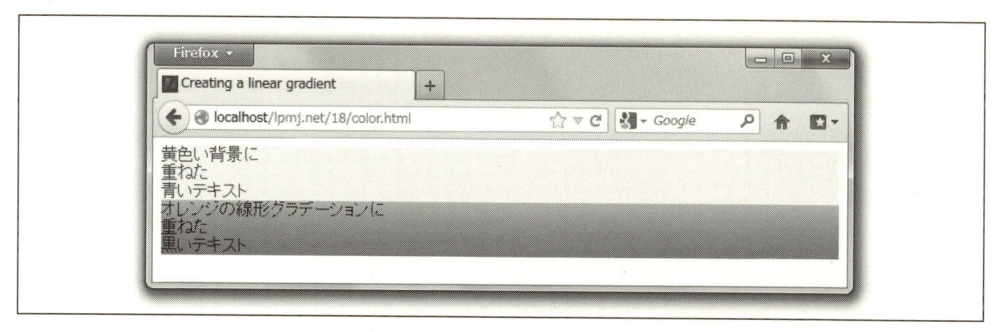

図 18-10：単色の背景（上）と線形グラデーション（下）

　線形グラデーションを作成するには、グラデーションの開始位置を top、bottom、left、right、center（または top left や center right といった組み合わせ）から選び、開始と終了カラーを決めて、linear-gradient ルールを適用します。ルールは必ずターゲットにするすべてのブラウザ向けのものを用意します。

　グラデーションには開始と終了カラーだけでなく、変化する途中のカラーを指定することもできます。たとえば5つのカラーを指定すると、その各引数が、引数リストの位置に応じて、グラデーション領域の1/5のカラー変化を制御します。

18.12　要素の配置

　Web ページ内の要素はドキュメントに記述された順番で配置されますが、要素の position プロパティをデフォルトの static（静的）から absolute（絶対）や relative（相対）または fixed（固定）に変更することで、その位置を変えることができます。

18.12.1　絶対配置

　絶対配置に設定した要素はドキュメントから削除され、空いたスペースにはそのほかの要素が流し込まれます。絶対配置の要素はその後、top や right、bottom、left プロパティを使ってドキュメントの好きな位置に持って来ることができます。この要素はほかの要素の手前（または奥）に来ます。

　たとえば、object という ID のオブジェクトを、ドキュメントの上端から下に 100 ピクセル、左端から 200 ピクセルの絶対位置に移動するには、オブジェクトに次のルールを適用します（ここでは px を使っていますが、CSS でサポートされるそのほかの有効な計測単位も使用できます）。

```
/* ブラウザの表示領域の左上隅を基点に、下に100px、右に200px進んだ位置に配置 */
#object {
    position:absolute;
    top :100px;
    left :200px; }
```

18.12.2　相対配置

　オブジェクトはまた、ドキュメントの通常の流れに沿ってそこに来るはずだという本来の位置を基準に、移動させることもできます。たとえば object を本来の位置から下に 10 ピクセル、右に 10 ピクセル動かす

には、次のルールが使用できます。

```
/* 本来の位置を基準に、下に 10px、右に 10px 行った位置に配置 */
#object {
    position:relative;
    top :10px;
    left :10px; }
```

18.12.3　固定配置

このプロパティを適用されたオブジェクトは絶対位置に移動しますが、その時々のブラウザの表示領域内で固定されます。つまり、ドキュメントをスクロールダウンするとメインのドキュメントは下に移動しますが、固定配置されたオブジェクトは配置されたその位置に留まりつづけます。これはドックバーやそのほかの同種の機能の作成に役立つ方法です。object をブラウザウィンドウの左上隅に固定するルールは次のようになります。

```
#object {
    position:fixed;
    top :0px;
    left :0px; }
```

18.12.4　配置方法の比較

サンプル 18-4 は 3 つの配置方法の使い方の例です。

サンプル 18-4：絶対と相対、固定配置

```
<!DOCTYPE html>
<html lang="ja">
  <head>
    <meta charset="utf-8">
    <title>Positioning</title>
    <style>
      #object1 {
        position   :absolute;
        background:pink;
        width      :100px;
        height     :100px;
        top        :100px;
        left       :0px; }
      #object2 {
        position   :relative;
        background:lightgreen;
        width      :100px;
        height     :100px;
        top        :92px;
```

サンプル 18-4：絶対と相対、固定配置（続き）
```
            left        :110px; }
    #object3 {
        position    :fixed;
        background:yellow;
        width       :100px;
        height      :100px;
        top         :100px;
        left        :236px; }
    </style>
  </head>
  <body>
    <div id='object1'> 絶対配置 </div>
    <div id='object2'> 相対配置 </div>
    <div id='object3'> 固定配置 </div>
  </body>
</html>
```

　図 18-11 はこのサンプルをブラウザに読み込んだところを示していますが、ここではスクロールできるようにブラウザのウィンドウ高を狭めています。ブラウザの画面をスクロールすると、絶対と相対配置した要素はそれに合わせて移動しますが、固定配置した要素は最初の位置のまま動かないことが分かります。

　絶対配置したピンクの要素は表示領域の上端から 100 ピクセル、左端から 0 ピクセルの位置に配置されます。ライトグリーンの要素は本来なら左上隅に配置されるところ、相対配置に設定しているので、ピンクの要素と揃えるために、そこからの下と右方向への移動量の 92 ピクセルと 110 ピクセルを指定しています。

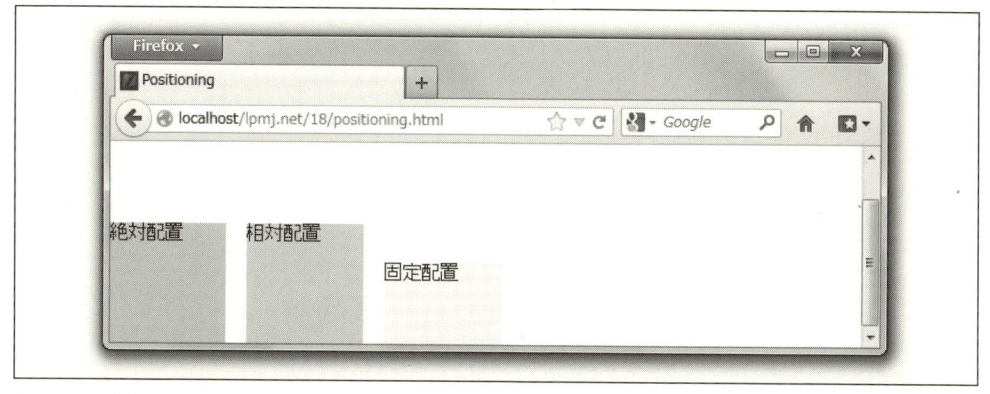

図 18-11：絶対と相対、固定配置

18.13 擬似クラス

セレクタやクラスには、HTML 内に対応するタグや属性を持たずスタイルシート内でのみ使用されるものがあります。これらの仕事は、要素を名前や属性、コンテンツ以外の特性を使って分類することです。擬似クラスは、たとえば 1 つめの子要素やマウスが今重なっている状態にある要素など、ドキュメントの構造だけでは特定できない"ある状態にある要素"にスタイルを適用します。擬似クラスには first-line や first-child、first-letter などがあります。

擬似クラスはコロン (:) 文字を使って要素と分けます。たとえば要素の最初の文字を強調表示する bigfirst という名前のクラスを作成するには、次のようなルールを使用します。

```
.bigfirst:first-letter {
    font-size:400%;
    float :left; }
```

この bigfirst クラスをテキスト要素に適用すると、まるで最初の文字がイメージかほかのオブジェクトであるかのように拡大され (font-size:400% によって)、後の文字は通常サイズのまま、そのままの流れで (float :left によって) 表示されます。擬似クラスにはほかに hover や link、active、visited があります。これらはどれもアンカー (<a>) 要素での使用に適しています。次の例は、すべてのリンクのデフォルトカラーを青に、訪問済みリンクのカラーをライトブルーに設定します。

```
a:link    { color:blue;      }
a:visited { color:lightblue; }
```

次のルールのペアは面白い例で、マウスポインタが要素に重なったときだけ適用される hover 擬似クラスを使用しています。この例では背景が赤に、テキストが白に変更されます。これは通常なら JavaScript コードで期待されるようなダイナミックな効果です。

```
a:hover {
    color :white;
    background:red; }
```

ここでは長い background-color プロパティではなく、背景設定をまとめて指定できる background プロパティに引数を 1 つだけ与えて使用しています。

active 擬似クラスもまたダイナミックで、マウスボタンをクリックして放すまでの間、リンクに変化を与える効果が適用できます。次のルールはリンクカラーをダークブルーに変更します。

```
a:active { color:darkblue; }
```

もう 1 つの面白い擬似クラスは focus です。これは、ユーザーがキーボードかマウスを使って選択することで要素にフォーカスが与えられたときのみ適用されます。次のルールではユニバーサルセレクタを使って、現在フォーカスのあるオブジェクトの周りに、ピクセルで点線、グレーの境界を配置します。

サンプル 18-12 は、図 18-12 に示す 2 つのリンクと 1 つの入力フィールドを表示します。1 つめのリ

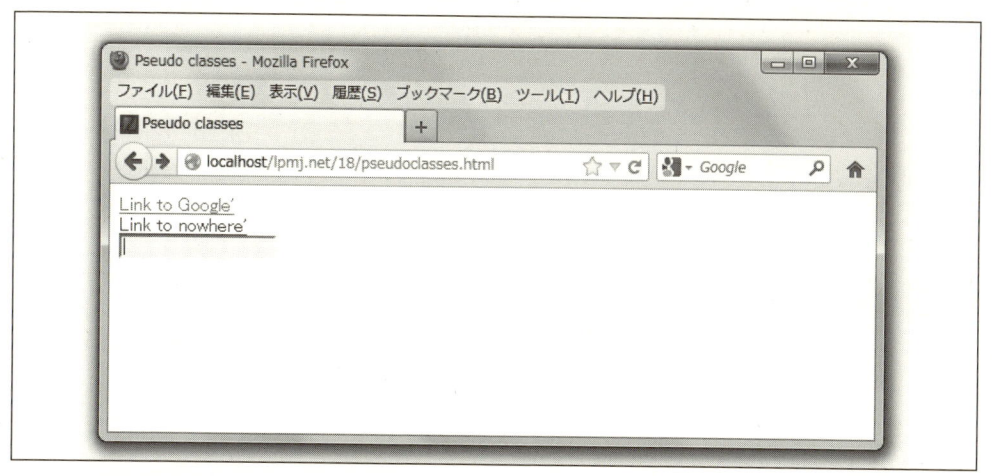

図 18-12：要素に選択的に擬似クラスを適用する

ンクは、このブラウザがすでに訪問したページへのリンクなのでグレーで表示されます（a:visited { color:gray; }）。2つめのリンクは訪問していないリンクなので青で表示されます（a:link { color:blue; }）。タブキーを押してフォーカスを入力フィールドに移すと、その背景が黄色に変化します（*:focus { background:yellow; }）。2つのリンクのどちらかをクリックするとテキストが紫になり（a:active { color:purple; }）、マウスを重ねると赤になります（a:hover { color:red; }）。

サンプル 18-5. リンクとフォーカスに作用する擬似クラス

```html
<!DOCTYPE html>
<html>
    <head>
        <title>Pseudo classes</title>
        <style>
            a:link    { color:blue; }
            a:visited { color:gray; }
            a:hover   { color:red; }
            a:active  { color:purple; }
            *:focus   { background:yellow; }
        </style>
    </head>
    <body>
        <a href='http://google.com'>Link to Google'</a><br />
        <a href='nwhere'>Link to nowhere'</a><br />
        <input type='text' />
    </body>
</html>
```

擬似クラスはこのほかにもまだあります。擬似クラスに関する詳しい情報は http://tinyurl.com/pseudo classes から得ることができます。

> focus 擬似クラスを、このサンプルのようにユニバーサルセレクタ（*）に適用するときには注意が必要です。と言うのも、Internet Explorer はフォーカスの当たっていないドキュメントを、Webページ全体にフォーカスを与えるものととらえるからです。このサンプルでは、タブキーを押すか、フォーカスがページのほかの要素に移るまで、ページ全体が黄色になります。

18.14　擬似要素

擬似要素は、要素の一部を特定しスタイルではなくコンテンツを追加する方法を言います。擬似要素は要素タイプ指定子にコロン、その後に擬似要素をつづけることで使用できるようになります。たとえば、クラス offer を使用する要素の前にテキストを置くには、次のようなルールが使用できます。

```
.offer:before { content:'Special Offer! '; }
```

これにより、クラス offer を使用するすべての要素には、content プロパティで与えられたストリングが、その内容の前に追加されます。これと同様に、:after 擬似要素を使用すると、たとえば全リンクの後に項目を追加することができます。次のルールは、ページのすべてのリンクの後に link.gif イメージを追加します。

```
a:after { content: url("link.gif"); }
```

18.15　ルールの省略表記

スペースを節約するために、関連する CSS プロパティのグループは 1 つの省略表記にまとめることができます。たとえばこれまでも、次のような境界の作成で何度か使っています。

```
*:focus { border:2px dotted #888888; }
```

これは実際には、次のルールのセットの省略形です。

```
*:focus {
    border-width:2px;
    border-style:dotted;
    border-color:#ff8800; }
```

省略化したルールを使用するときには、値を変更したい部分までプロパティを適用するだけです。したがって、境界の幅とスタイルだけを設定し、カラーを変えない場合には、次のルールで済ませることもできます。

```
*:focus { border:2px dotted; }
```

省略化したルールで記述するプロパティの順番は重要で、順番を間違えたばかりに予期しない結果が生じることはよくあります。本章では詳しくは述べませんが、CSS の省略表記を使用したい場合には、CSS のマニュアルや検索エンジンを使って、デフォルトのプロパティや適用順を調べる必要があります。そのためにまずわたしがおすすめするのは http://tinyurl.com/shcss サイトです。

18.16　ボックスモデルとレイアウト

ページのレイアウトに影響を与える CSS プロパティは、要素を取り囲むプロパティのセットであるボックスモデル（19 章で詳しく見ていきます）をベースにしています。すべての要素は事実上、これらのプロパティを持っています（または持つことができます）。たとえば次のルールはドキュメントの body のマージン（余白）をなくします。

```
body { margin:0px; }
```

オブジェクトのボックスモデルは、外側にあるオブジェクトのマージンから始まります。この内側には境界（ボーダー）があり、その内側にパディング（詰め物の意味）があります。オブジェクトのコンテンツはその中にあります。

ボックスモデルの要点がつかめたら、ページのスタイル処理の多くはこれらのプロパティから行うことができるので、本格的なページのレイアウトに取りかかれるようになります。

18.16.1　マージンの設定

マージンはボックスモデルの最も外側のレベルにあります。要素同士を隔てる役割を持ち、非常に賢い使い方ができます。たとえば、多くの要素にそれぞれの四辺を囲む 10 ピクセルのマージンを与えたとしましょう。これらを縦に並べて配置するということは、それぞれに加えられる 10 ピクセルの境界幅によって 20 ピクセルの空きが生まれるということです。

これが問題になる、たとえば境界を持つ 2 つの要素を並べたいようなときには、大きい方のマージンだけをその空きに使用します。2 つのマージンが同じ値のときには一方のマージンだけを使用します。このようにすることで、ほとんどの場合で希望する結果を得ることができます。ただし、絶対配置した要素やインライン要素のマージンには効果はありません。

要素のマージンは、margin プロパティでまとめて変更することも、margin-left や margin-top、margin-right、margin-bottom プロパティを使って個別に変更することもできます。margin プロパティを設定するときには、引数を 1 つか 2 つ、または 3 つか 4 つ与えることができます。次のルールではそれぞれの効果をコメントで記しています。

```
/* 4辺すべてのマージンを1ピクセルに設定 */
margin:1px;

/* 上下のマージンを1ピクセルに、左右のマージンを2ピクセルに設定 */
margin:1px 2px;
```

```
/* 上のマージンを1ピクセルに、左右のマージンを2ピクセルに、
   下のマージンを3ピクセルに設定 */
margin:1px 2px 3px;

/* 上右下左のマージンをそれぞれ1、2、3、4ピクセルに設定 */
margin:1px 2px 3px 4px;
```

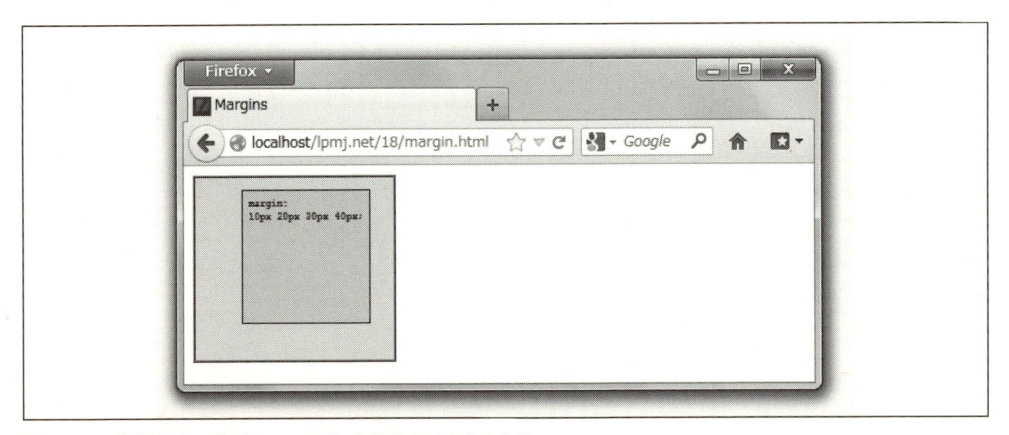

図18-13は次のサンプル18-6をブラウザに読み込んだ結果です。このサンプルでは、`<table>`要素内に置いた正方形の要素に`margin`プロパティのルール（太字で示しています）を適用しています。テーブルはサイズが指定されていないので、その内側の`<div>`要素を可能な限り密着して収めようとします。その結果マージンはルールで指定した通り、正方形の上に10ピクセル、右に20ピクセル、下に30ピクセル、左に40ピクセルだけ存在することになります。

サンプル18-6：マージンの適用方法

```
<!DOCTYPE html>
<html>
  <head>
    <title>Margins</title>
    <style>
      #object1 {
      background   :lightgreen;
      border-style:solid;
      border-width:1px;
      font-family  :Courier New;
      font-size    :9px;
      width        :100px;
      height       :100px;
      padding      :5px;
      margin       :10px 20px 30px 40px; }
```

図18-13：外側のテーブルは、マージンの幅分だけ大きくなる

サンプル 18-6：マージンの適用方法（続き）
```html
    </style>
  </head>
  <body>
    <table border='1' cellpadding='0' cellspacing='0' bgcolor='cyan'>
      <tr>
        <td>
          <div id='object1'>margin:<br />10px 20px 30px 40px;</div>
        </td>
      </tr>
    </table>
  </body>
</html>
```

18.16.2　境界の適用

ボックスモデルの境界（ボーダー）はマージンに似ていますが、マージンのように無効になることはありません。境界はマージンの1つ内側のレベルにあり、変更に使用される主なプロパティには border、border-left、border-top、border-right、border-bottom があります。これらはそれぞれ、-color や -style、-width といった接尾辞のついたサブプロパティを持つことができます。

margin プロパティで使った個々のプロパティにアクセスする4通りの方法は、border-width プロパティにも同じように使用できます。次のルールはいずれも有効です。

```css
/* すべての境界 */
border-width:1px;

/* 上下と左右 */
border-width:1px 5px;

/* 上、左右、下 */
border-width:1px 5px 10px;

/* 上、右、下、左 */
border-width:1px 5px 10px 15px;
```

図18-14では、これらのルールを正方形の要素に順番に適用した結果を示しています。左上の1つめはすべての境界の幅を1ピクセルに、2つめは上下の境界の幅を1ピクセルに、左右を5ピクセルに設定しています。3つめは上を1、左右を5、下を10ピクセルの幅に設定し、4つめは上右下左を1、5、10、15ピクセルの幅に設定しています。

左下の要素には省略表記のルールではなく、四辺の境界幅を個別に設定しています。結果は同じですが、かなり多くの入力が必要になります。

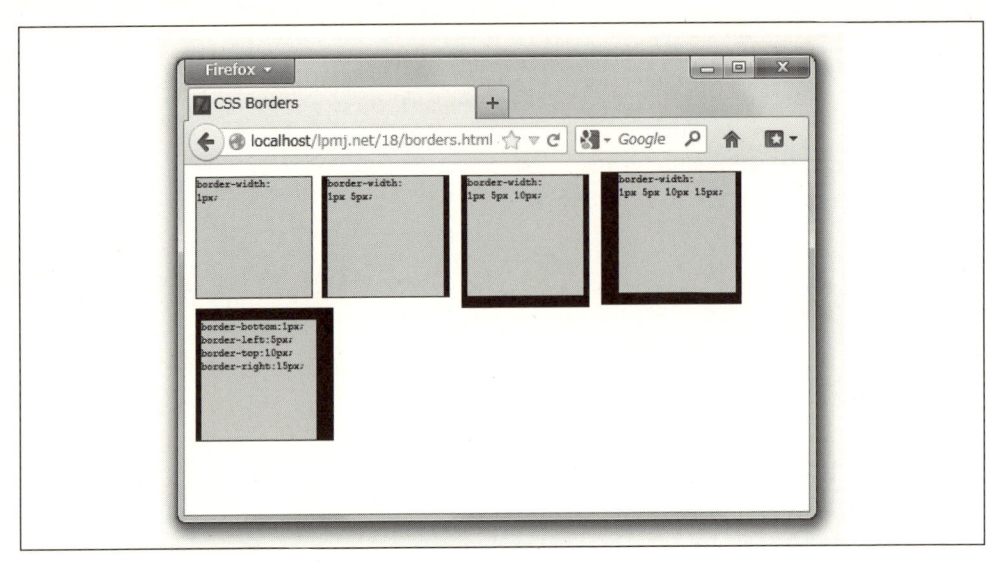

図 18-14：境界ルールを省略表記と、省略しない長い表記で適用した

18.16.3　パディングの調整

　要素のコンテンツをのぞいて、ボックスモデルの最も深いレベルにあるのが、境界とマージンの中に適用されるパディングです。パディングの変更に使用される主要なプロパティには、padding と padding-left、padding-top、padding-right、padding-bottom があります。

　margin と border プロパティで使った個々のプロパティにアクセスする 4 通りの方法は、padding プロパティにも同じように使用できます。次のルールはいずれも有効です。

```
/* すべてのパディング */
padding:1px;

/* 上下と左右 */
padding:1px 2px;

/* 上、左右、下 */
padding:1px 2px 3px;

/* 上、右、下、左 */
padding:1px 2px 3px 4px;
```

　図 18-15 は、パディングルール（太字で示しています）をテーブルセル内のテキストに適用したサンプル 18-7 の結果を示しています（display:table-cell; というルールで定義しているので、<div> 要素をテーブルセルのように内部に収めて表示できます）。ここでは幅を指定しているだけなので、パディング値を指定しない場合には、テキストがぴったり収まるだけの大きさになります。ここに padding :10px 20px 30px

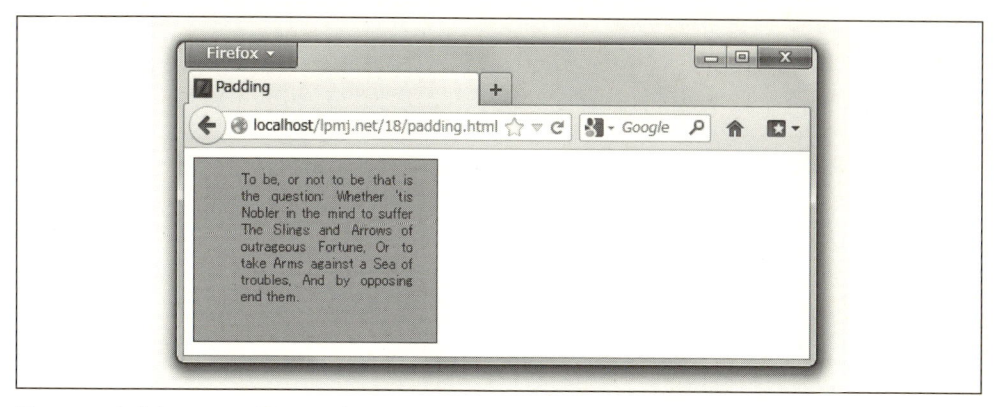

図 18-15：オブジェクトに 4 通りのパディング値を適用した

`40px;` というパディングのルールを加えると、内側要素の上右下左にそれぞれ 10、20、30、40 ピクセルのパディングが追加されます。

サンプル 18-7：パディングの適用

```
<!DOCTYPE html>
<html>
  <head>
    <title>Padding</title>
    <style>
      #object1 {
        border-style:solid;
        border-width:1px;
        background  :orange;
        color       :darkred;
        font-face   :Arial;
        font-size   :12px;
        text-align  :justify;
        display     :table-cell;
        width       :148px;
        padding     :10px 20px 30px 40px; }
    </style>
  </head>
  <body>
    <div id='object1'>To be, or not to be that is the question:
    Whether 'tis Nobler in the mind to suffer
    The Slings and Arrows of outrageous Fortune,
    Or to take Arms against a Sea of troubles,
    And by opposing end them.</div>
  </body>
</html>
```

18.16.4　オブジェクトのコンテンツ

　ボックスモデルの中心部である最も深いレベルには、ここまで本章で述べてきたすべての方法でスタイル処理できる要素があります。要素はその中にサブ要素を含むことができ（通常含んでいます）、そのサブ要素はさらにそのサブの要素を含むことができ、そのそれぞれにスタイル処理とボックスモデル設定を行うことができます。

　CSS の基本は以上で終わりです。次章では、移動や回転といったトランジション効果を適用する高度な CSS など、CSS3 の新しい機能を見ていきます。

18.17　確認テスト

1. スタイルシートを別のスタイルシート（または HTML の <style> タグ内）にインポートするにはどのディレクティブを使用しますか？

2. スタイルシートをドキュメントにインポートするときに使用する HTML タグは何ですか？

3. スタイルを要素に直接埋め込むときに使用する HTML タグの属性は？

4. CSS の ID と CSS のクラスの違いは？

5. CSS ルールで ID 名とクラス名を使用するとき、その前にそれぞれどの文字をつけますか？

6. セミコロンは CSS ルールでは何のために使用しますか？

7. スタイルシートにはどのようにしてコメントを追加しますか？

8. CSS で "すべての要素" を表すにはどの文字を使用しますか？

9. CSS で異なる要素や異なる要素のタイプのグループを選択するにはどのようにしますか？

10. 同じ優先順位を持つ 2 つの CSS ルールの一方を、片方よりも優先度を高くするにはどのようにしますか？

　テストの模範解答は付録 A に記載しています。

19章
CSS3による高度なCSS

　CSSの最初の実装（CSS1）は1996年、W3C勧告として公表され、1999年の改訂を経て、2001年時点ですべてのブラウザでサポートされるようになりました。一方1998年には2つめの仕様であるCSS2が公表されており、デベロッパーは以降この仕様にもとづいてWeb開発に取り組むようになりました。CSS2の策定はその後CSS2.1に引き継がれ、現在このCSS2.1がWeb標準と見なされています。

　CSS3仕様の策定は2000年に開始されたものの、その勧告はまだ一部にとどまっています（カラーやセレクタ、名前空間の仕様など）。最終的な勧告を得るにはまだ時間がかかりそうですが、次のCSS4への提案を始めた人々もいます。

　本章で見て行くのは、主要ブラウザですでに採用されているCSS3の機能です。その中には、これまでならJavaScriptでなければ実現しなかった機能も含まれています。

　わたしはみなさんに、ダイナミックな機能を実装する場合、可能なときにはJavaScriptではなくCSS3の使用をおすすめします。CSS3はおそらく高度に最適化されており（そのため動作が高速で）、今後登場するブラウザの新バージョンや新しいブラウザも考慮した場合、Webページの維持管理が楽になるからです。

19.1　CSS3の属性セレクタ

　前章ではさまざまなCSSのさまざまなセレクタを取り上げましたが、ここで再度復習しておきましょう。CSSのセレクタはHTML要素の特定に使用され、表19-1に示す10種類に分類できます。

表19-1：CSSのさまざまなセレクタ

セレクタのタイプ	例
ユニバーサルセレクタ	`* { color:#555; }`
タイプセレクタ	`b { color:red; }`
クラスセレクタ	`.classname { color:blue; }`
IDセレクタ	`#idname { background:cyan; }`
子孫セレクタ	`span em { color:green; }`
子セレクタ	`div > em { background:lime; }`
隣接セレクタ	`i + b { color:gray; }`

表 19-1：CSS のさまざまなセレクタ（続き）

セレクタのタイプ	例
属性セレクタ	a[href='info.html'] { color:red; }
擬似クラス	a:hover { font-weight:bold; }
擬似要素	.offer:before { content:'Special Offer! '; }

これらのほとんどのセレクタは現状でも十分に機能しますが、CSS3 の設計者は、要素をその属性にもとづいてさらに容易にマッチングできるよう、以下に挙げる 3 つの強化を行うことを決めました。

19.1.1　ストリングの一部にマッチ

CSS2 では、たとえば a[href='info.html'] というセレクタで、a 要素の href 属性のストリング 'info.html' にマッチさせることができますが、ストリングの一部にマッチさせる方法はありません。CSS3 ではこれが、3 つの新しい演算子、^、$、* で解決できます。= 記号の直前にこれらのどれかをつけると、ストリングの最初、最後、またはどこにでも、という条件でそれぞれマッチさせることができます。

^ 演算子

次のセレクタは、href 属性値がストリング 'http://website' で始まるすべての a 要素にマッチします。

```
/* href 属性の値が http://website で始まる a 要素を特定 */
a[href^='http://website']
```

したがって次の要素はマッチします。

```
<a href='http://website.com'>
```

次の要素はマッチしません。

```
<a href='http://mywebsite.com'>
```

$ 演算子

ストリングの最後にマッチさせるには $ 演算子を使用します。次のセレクタは、src 属性値が '.png' で終わるすべての img タグにマッチします。

```
img[src$='.png']
```

したがって次の要素はマッチします。

```
<img src='photo.png' />
```

次の要素はマッチしません。

```
<img src='photo.jpg' />
```

* 演算子

属性のストリングの場所を問わず一部にマッチさせるには（つまり含まれていればよい）、* 演算子を使用します。次のセレクタは、href 属性値のどこかにストリング 'google' を含んでいるページの全リンクを見つけ出します。

```
a[href*='google']
```

たとえば次の HTML セグメントはマッチします。

```
<a href='http://google.com'>
```

次のセグメントはマッチしません。

```
<a href='http://gmail.com'>
```

19.2 box-sizing プロパティ

W3C のボックスモデルでは、オブジェクトの幅と高さは要素内容のサイズのみを参照し、パディングや境界は無視すべきと規定されています。しかし Web デザイナーの中には、パディングや境界も含めた、要素全体を参照するサイズを指定したい人もいるでしょう。

CSS3 ではこの機能を提供するために、使用するボックスモデルが box-sizing プロパティで選べるようになっています。パディングと境界を含むオブジェクト全体の幅と高さを使用するには、次の宣言を使用します。

```
/* パディングと境界を幅と高さに含める */
box-sizing:border-box;
```

オブジェクトの内容を参照する幅と高さを使用するときには、次の宣言を使用します（デフォルトです）。

```
/* パディングと境界を幅と高さに含めない */
box-sizing:content-box;
```

> この宣言には、Safari などの WebKit ベースのブラウザには -webkit- という接頭辞が、Firefox などの Mozilla ベースのブラウザには -moz- という接頭辞が、それぞれ必要になります。詳細は http://caniuse.com/ で調べることができます。

19.3 CSS3 の背景

CSS3 では background-clip と background-origin という新しいプロパティが提供されています。background-clip を使用すると、ボックスモデルの現れてほしくない場所にある背景を切り取る方法が指定

でき、background-origin プロパティでは、背景が要素内のどこから始まるかを指定できます。
これらのプロパティではそれぞれの機能を実現するために次の値がサポートされています。

border-box
 境界の外縁を参照する

padding-box
 パディング領域の外縁を参照する

content-box
 コンテンツ領域の外縁を参照する

19.3.1　background-clip プロパティ

このプロパティには、要素の境界領域やパディング領域内に背景が現れる場合、それを無視する方法（切り取り方）を指定します。たとえば次の宣言は、背景が要素の境界の外縁まで全部表示されることを意味します。

```
background-clip:border-box;
```

背景を要素の境界領域まで表示したくない場合には、次の宣言で、パディング領域の外縁内に限定することができます。

```
background-clip:padding-box;
```

また、背景表示を要素のコンテンツ領域内に限定したい場合には、次の宣言を使用します。

```
background-clip:content-box;
```

図19-1 では、background-clip プロパティに3つの値を指定したときの効果を Safari ブラウザで示しています。1行めの3つ要素には border-box を、2行めの要素には padding-box を、3行めの要素には content-box を指定しています。

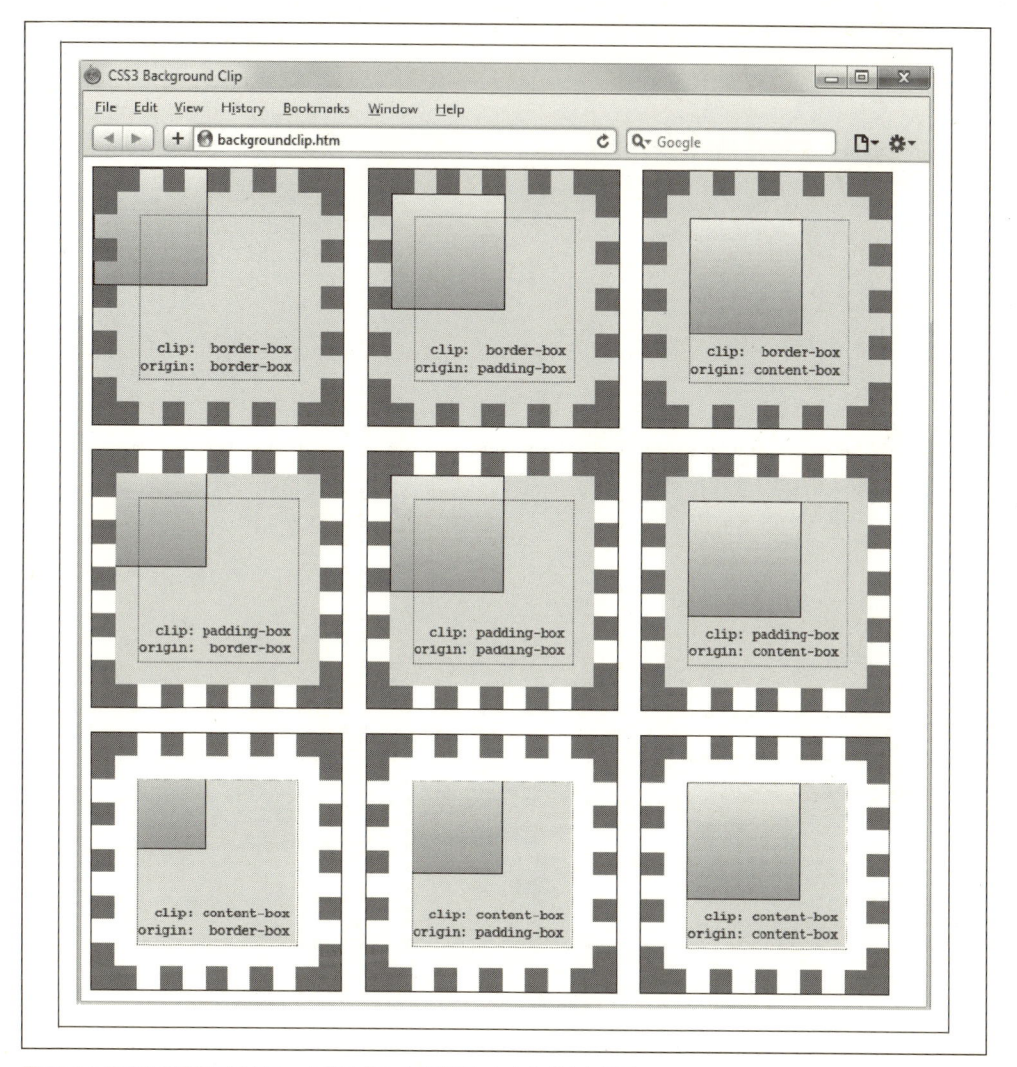

図 19-1：CSS3 の背景プロパティを組み合わせて表示したさまざまな結果

図 19-1 のサンプルのテストコード

図 19-1 のサンプルファイルは原書では提供されていないので、テスト用に次のコードを作成しました。**#square** は CSS から表示する破線で囲まれた大きな矩形です。ここに square.gif という 100 x 100 ピクセルの画像を背景として読み込みます。**#inner** は **#square** の中に表示する点線で囲まれた矩形です。**background-clip** と **background-origin** のテストはこのコードで行えます。

```
#square {
width: 200px;
  height:200px;
  border: 17px dashed #333333;
  padding: 20px;
  background-color: #d3d3d3;
  background-clip: border-box;
  background-origin:border-box;
  background-image: url(square.gif);
  background-repeat: no-repeat; }

#inner {
width: 150px;
  height:150px;
  border: 2px dotted #333333;
  padding: 23px;
  font-size:20px;
  text-align: center;
  color:green; }

<div id="square"><div id="inner"><br /><br /><br /><br /><br />
clip: border-box<br />origin:border-box
</div></div>
```

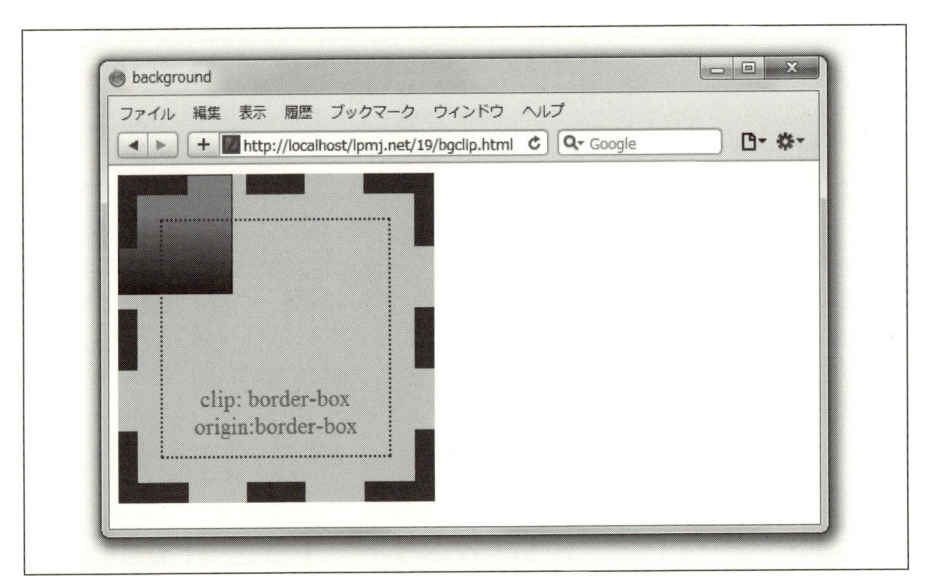

図 19-1-1：確認用 HTML の実行結果

1行めでは background-clip プロパティに border-box を設定しているので、内側のボックス（要素の左上に、繰り返しを無効にして読み込んだイメージファイル）は、要素内のどこにでも表示することができます。また要素の境界スタイルを dashed で設定しているので、左の要素では、ボックスがその境界領域でも表示されていることが明確に分かります。

2行めでは background-clip プロパティに padding-box を設定しているので、背景イメージ（内側のボックス）と要素の背景色（#d3d3d3）の表示は要素のパディング領域内に限られます。具体的に言うと、3つの要素全部で外枠に当たる矩形の間（dashed によるすき間）が白くなり、左の要素では内側のボックスの上部と左部が表示されなくなります。

3行めでは background-clip プロパティに content-box を設定しているので、背景イメージと要素の背景色が切り取られ、要素のコンテンツ領域内（dotted で囲んだ矩形）のみが表示されます。

19.3.2 background-origin プロパティ

このプロパティを使用すると、背景イメージの左上隅をどこに置くかを示すことで、背景の見た目を決めることができます。たとえば次の宣言は、背景イメージの原点（左上隅の基準点）を、境界の外縁の左上隅に揃えます。

```
background-origin:border-box;
```

イメージの原点をパディング領域の外縁左上隅に設定するには、次の宣言を使用します。

```
background-origin:padding-box;
```

イメージの原点を要素のコンテンツ左上隅に設定したいときには、次の宣言を使用します。

```
background-origin:content-box;
```

図 19-1 に再度戻ってください。各行の左の要素では background-origin プロパティに border-box を設定し、真ん中の要素では padding-box を、右の要素では content-box を設定しています。したがって背景イメージ（内側のボックス）の左上隅は border-box で要素の左上隅に揃い、padding-box で要素のパディング領域の左上隅に揃い、content-box で要素のコンテンツ領域の左上隅に揃います。

図 19-1 で示した9通りの結果は一見複雑に見えるかもしれませんが、内側のボックスに注目すると、要素の background-origin には左から順に border-box、padding-box、content-box を設定しているので、ボックスはどの列でも同じように右下方向に移動することが分かります。ただし2行めの3つはパディング領域に切り取られ、3行めの3つはコンテンツ領域に切り取られるので、その外側に当たるボックス部分（と要素の背景）が表示されなくなるのです。

19.3.3 background-size プロパティ

`<img />` タグの使用時にはイメージの幅と高さが指定できますが、主要ブラウザの新しいバージョンでは背景イメージにもこれと同様のことが行えます。

そのためには background-size プロパティを次のように使用します（ww は幅で hh は高さです）。

background-size:wwpx hhpx;

希望する場合には引数を1つだけ与えて、縦横のサイズをその値に設定することができます。また、このプロパティを `<div>` などのブロックレベル要素に適用する場合には（`<span>` などのインライン要素ではなく）、固定値ではなくパーセント値で幅や高さが指定できます。

auto 値の使用

背景イメージの縦横一方だけを指定し、もう片方を自動的に伸縮させて縦横比を維持したい場合には、片方の引数に auto が使用できます。

background-size:100px auto;

これにより幅が100ピクセルに設定され、高さにはそれに比例して大きくまたは小さくなった値が設定されます。

> ブラウザによっては背景プロパティに別の名前を使用するものがあるので、使用されるときにはターゲットブラウザに確実に適用できるように、http://caniuse.com/ で必要な情報を調べてください。

19.3.4 複数の背景

CSS3 では、要素に複数の背景を割り当て、そのそれぞれの背景でここまで述べてきた CSS3 の背景プロパティを使用することができます。図19-2 はその一例で、ここでは8個の異なるイメージを背景に割り当て、水泳認定書用ページの4隅と4辺を作成しています。

複数の背景イメージを1つの CSS 宣言で表示するには、プロパティの値に当たる部分をコンマで区切ります。サンプル19-1 は、図19-2 の背景の作成に使用した HTML と CSS です。

サンプル19-1：背景に複数のイメージを使用する

```
<!DOCTYPE html>
<html>
    <head>
        <title>CSS3 Multiple Backgrounds Example</title>
        <style>
            .border {
                font-family:'Times New Roman';
                font-style :italic;
                font-size  :170%;
                text-align :center;
                padding    :60px;
                width      :350px;
```

図19-2：背景を複数のイメージで作成した

サンプル19-1：背景に複数のイメージを使用する（続き）

```
                height      :500px;
                background :url('b1.gif') top     left  no-repeat,
                            url('b2.gif') top     right no-repeat,
                            url('b3.gif') bottom  left  no-repeat,
                            url('b4.gif') bottom  right no-repeat,
                            url('ba.gif') top           repeat-x,
                            url('bb.gif') left          repeat-y,
                            url('bc.gif') right         repeat-y,
                            url('bd.gif') bottom        repeat-x }
        </style>
    </head>
    <body>
        <div class='border'>
            <h1>Swimming Certificate</h1>
            <h2>Awarded To:</h2>
            <h3>_____</h3>
            <h2>Date:</h2>
```

サンプル 19-1：背景に複数のイメージを使用する（続き）

```
        <h3>__/__/____</h3>
    </div>
  </body>
</html>
```

<style>タグ内のCSS部を見ると、background宣言の初めの4行でコーナーイメージ（b1.gifからb4.gif）を要素の4隅に配置し、後の4行でエッジイメージ（ba.gifからbd.gif）を配置しているのが分かります。背景イメージの優先順は、最初に指定したものが最も高く、次が次に高く、最後の背景が最も低くなります。言い換えると、イメージに重なりが生じるときには、後から追加した方がすでにあるイメージの向こうに表示される、ということです（複数の背景は、最初に指定した背景が最前面、最後に指定した背景が最も奥のレイヤーになるように重ねて描画されます）。ここで指定しているGIFファイルの順番を逆にすると、繰り返しのあるエッジイメージが隅の上に重なり、認定書の枠としておかしな結果になります。

このCSSを使用すると、背景画像を含む要素のサイズを変えても、その外枠（エッジイメージ）はつねに変更後のサイズにフィットします。この方法は、テーブルや複数の要素を使って同様の効果を作成するよりもよほど簡単です。

19.4　CSS3の境界

CSS3ではまた、境界の表示方法についてもかなりの柔軟性が導入され、境界の4隅のカラー（border-color）の個別的な変更や、辺や隅用のイメージの表示（border-image）、境界への角丸の適用（border-radius）、ボックスへの影づけ（box-shadow）などが行えるようになりました。

19.4.1　border-colorプロパティ

境界にカラーを適用する方法は2つあります。1つめは、次のようにborder-colorプロパティにカラーを1つ渡す方法です。

```
border-color:#888;
```

この宣言は要素の全境界のカラーをミッドグレーに設定します。境界のカラーはまた次のように個別に設定することもできます（ここではグレーの色合いを変えています）。

```
border-top-color   :#000;
border-left-color  :#444;
border-right-color :#888;
border-bottom-color:#ccc;
```

またカラーは次のように1つの宣言ですべて設定することもできます。

```
border-color:#f00 #0f0 #880 #00f;
```

この宣言は、上境界を #f00（赤）に、右境界を #0f0（緑）に、下境界を #880（オレンジ）に、左境界を #00f（青）に設定します（上、右、下、左の順番）。引数のカラー名には前章で述べた方法が使用できます。

19.4.2　border-radius プロパティ

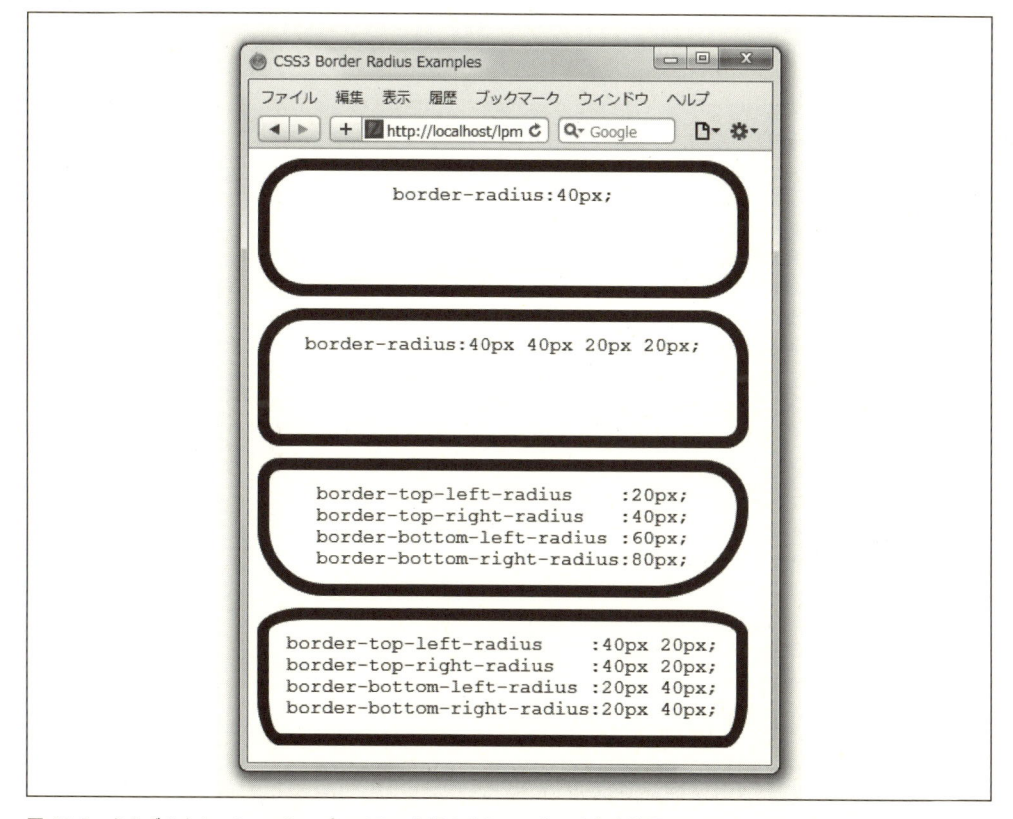

CSS3 が登場する以前、才能ある Web デベロッパーたちは、丸い境界を実現しようと `<table>` や `<div>` タグを駆使したさまざまな工夫を編み出しました。

しかし CSS3 になって要素への丸い境界の追加は簡単になり、新しいほとんどの主要ブラウザで適切に動作します。図 19-3 は 10 ピクセルの境界をさまざまな方法で表示する例です。ここで使用しているのはサンプル 19-2 の HTML です。

サンプル 19-2：border-radius プロパティ

```
<!DOCTYPE html>
<html>
    <head>
        <title>CSS3 Border Radius Examples</title>
```

図 19-3：さまざまな border-radius プロパティを組み合わせて作った角丸境界

サンプル 19-2：border-radius プロパティ（続き）

```html
<style>
    .box {
        margin-bottom:10px;
        font-family  :'Courier New', monospace;
        font-size    :12pt;
        text-align   :center;
        padding      :10px;
        width        :380px;
        height       :75px;
        border       :10px solid #006; }
    .b1 {
        -moz-border-radius   :40px;
        -webkit-border-radius:40px;
        border-radius        :40px; }
    .b2 {
        -moz-border-radius   :40px 40px 20px 20px;
        -webkit-border-radius:40px 40px 20px 20px;
        border-radius        :40px 40px 20px 20px; }
    .b3 {
        -moz-border-radius-topleft        :20px;
        -moz-border-radius-topright       :40px;
        -moz-border-radius-bottomleft     :60px;
        -moz-border-radius-bottomright    :80px;
        -webkit-border-top-left-radius    :20px;
        -webkit-border-top-right-radius   :40px;
        -webkit-border-bottom-left-radius :60px;
        -webkit-border-bottom-right-radius:80px;
        border-top-left-radius            :20px;
        border-top-right-radius           :40px;
        border-bottom-left-radius         :60px;
        border-bottom-right-radius        :80px; }
    .b4 {
        -moz-border-radius-topleft        :40px 20px;
        -moz-border-radius-topright       :40px 20px;
        -moz-border-radius-bottomleft     :20px 40px;
        -moz-border-radius-bottomright    :20px 40px;
        -webkit-border-top-left-radius    :40px 20px;
        -webkit-border-top-right-radius   :40px 20px;
        -webkit-border-bottom-left-radius :20px 40px;
        -webkit-border-bottom-right-radius:20px 40px;
        border-top-left-radius            :40px 20px;
        border-top-right-radius           :40px 20px;
        border-bottom-left-radius         :20px 40px;
        border-bottom-right-radius        :20px 40px; }
</style>
```

サンプル 19-2：border-radius プロパティ（続き）

```
    </head>
    <body>
        <div class='box b1'>
            border-radius:40px;
        </div>

        <div class='box b2'>
            border-radius:40px 40px 20px 20px;
        </div>

        <div class='box b3'>
            border-top-left-radius    :20px;<br />
            border-top-right-radius   :40px;<br />
            border-bottom-left-radius :60px;<br />
            border-bottom-right-radius:80px;
        </div>

        <div class='box b4'>
            border-top-left-radius    :40px 20px;<br />
            border-top-right-radius   :40px 20px;<br />
            border-bottom-left-radius :20px 40px;<br />
            border-bottom-right-radius:20px 40px;
        </div>
    </body>
</html>
```

たとえば、半径が 20 ピクセルの角丸境界を作成するには、次の宣言を使用するだけです。

border-radius:20px;

border-radius プロパティは IE も含むほとんどの主要ブラウザで適切に動作しますが、現行バージョン（や多くの古いバージョン）ではプロパティ名の異なる場合があるので、それらを網羅してサポートするには、-moz- や -webkit- といったブラウザ固有の接頭辞を使う必要があります。サンプル 19-2 ではあらゆるブラウザで動作するように、必要な接頭辞をすべて使用しています。

4 つの隅には半径を個別に指定することもできます（左上隅から時計回りの順番で指定します）。

border-radius:10px 20px 30px 40px;

また希望する場合には、次のように要素の各隅を別々に指定することができます。

border-top-left-radius   :20px;
border-top-right-radius   :40px;

```
border-bottom-left-radius :60px;
border-bottom-right-radius:80px;
```

さらに、4隅を別々に参照するときには、引数を2つ与えて垂直と水平方向の半径を変えることができます（一風変わった境界になります）。

```
border-top-left-radius     :40px 20px;
border-top-right-radius    :40px 20px;
border-bottom-left-radius  :20px 40px;
border-bottom-right-radius :20px 40px;
```

1つめの引数は水平方向の半径で、2つめの引数は垂直方向の半径です。

19.5　ボックスシャドウ

ボックスシャドウを適用するには、次のように、オブジェクトからの水平と垂直方向のオフセット値（離れる量）、影に加えるぼかしの量、使用するカラーを指定します。

```
box-shadow:15px 15px 10px #888;
```

15px と 15px は順に、要素からの水平方向のオフセット値と、垂直方向のオフセット値です。これらには正と負の数、ゼロが使用できます。10px はぼかし量（平均的なディスプレイで 1/4cm ほど）で、小さな値ほどぼけが少なくなります。#888 は影のカラーで、18章の「CSS のカラー」節で述べた有効なカラー値が指定できます。図 19-4 はこの宣言を使って表示したボックスシャドウの例です。

このプロパティを使用するときには、WebKit ベースと Mozilla ベースのブラウザ用の -webkit- と -moz- 接頭辞を使う必要があります。

19.6　要素のオーバーフロー

CSS2 では、ある要素がそれを含む親よりも大きすぎる場合、overflow プロパティを hidden か visible、scroll または auto に設定することで、どう処理するかを決めることができますが、CSS3 では、これらの値を次の宣言のように、水平と垂直方向に分けて指定することができます。

```
overflow-x:hidden;
overflow-x:visible;
overflow-y:auto;
overflow-y:scroll;
```

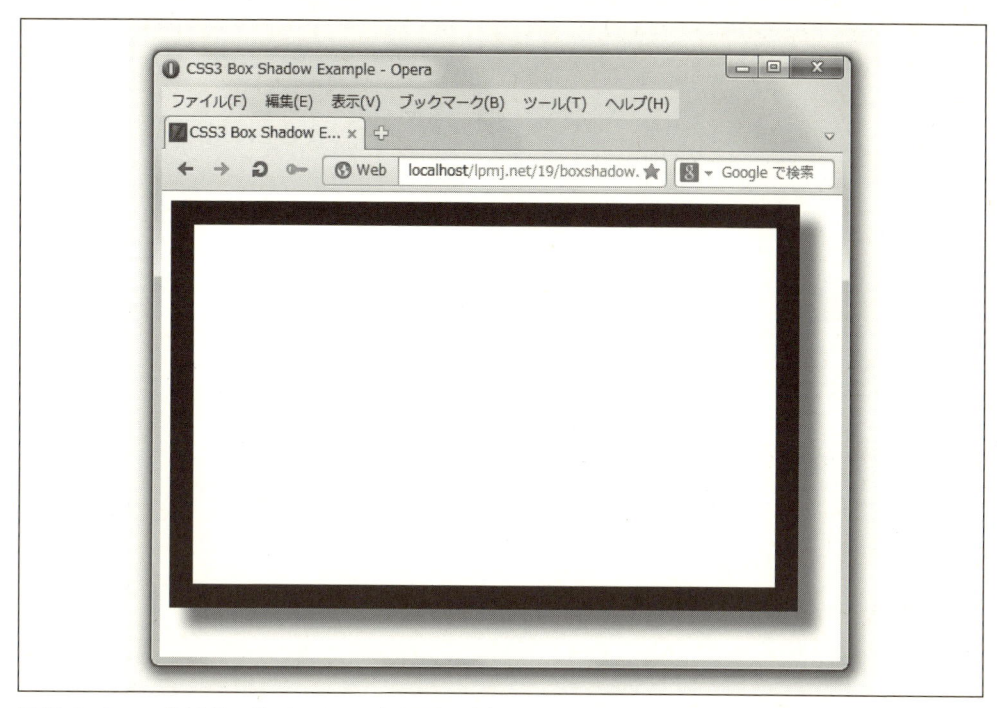

図 19-4：Opera ブラウザでボックスシャドウを要素の右斜め下方向に表示した

19.7　マルチカラムレイアウト

　マルチカラム（段組み）はこれまで多くの Web デベロッパーが求めてやまなかった機能の1つで、CSS3 でついに実現しました。Internet Explorer 10 と最新の主要ブラウザで利用できます。

　テキストを複数の列に流し込むには、列数を指定し（column-count）、オプションで列の間隔（column-gap）と区切り線のスタイル（column-rule）を選ぶだけです。図 19-5 はサンプル 19-3 のコードを Safari ブ

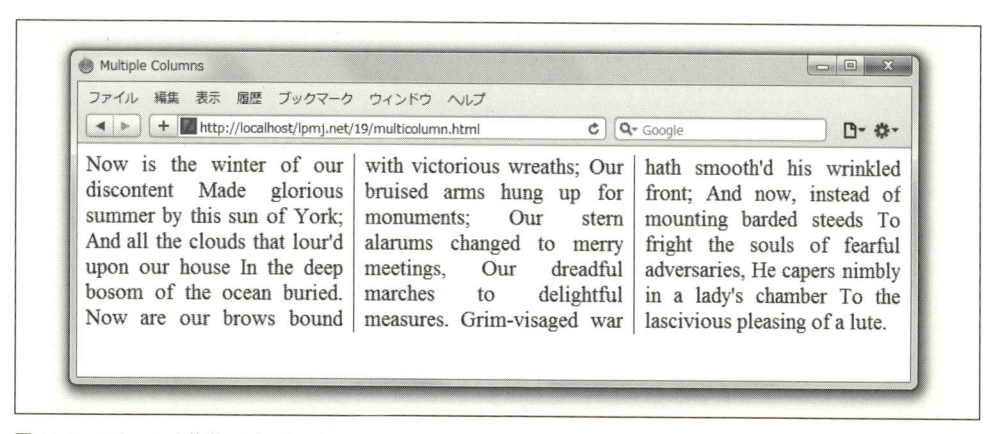

図 19-5：テキストを複数の列に流し込む

ラウザで開いたところを示しています。

サンプル 19-3：CSS によるマルチカラムの作成

```
<!DOCTYPE html>
<html>
    <head>
        <title>Multiple Columns</title>
        <style>
            .columns {
                text-align         :justify;
                font-size          :16pt;
                -moz-column-count  :3;
                -moz-column-gap    :1em;
                -moz-column-rule   :1px solid black;
                -webkit-column-count:3;
                -webkit-column-gap  :1em;
                -webkit-column-rule :1px solid black;
                column-count       :3;
                column-gap         :1em;
                column-rule        :1px solid black; }
        </style>
    </head>
    <body>
        <div class='columns'>
            Now is the winter of our discontent
            Made glorious summer by this sun of York;
            And all the clouds that lour'd upon our house
            In the deep bosom of the ocean buried.
            Now are our brows bound with victorious wreaths;
            Our bruised arms hung up for monuments;
            Our stern alarums changed to merry meetings,
            Our dreadful marches to delightful measures.
            Grim-visaged war hath smooth'd his wrinkled front;
            And now, instead of mounting barded steeds
            To fright the souls of fearful adversaries,
            He capers nimbly in a lady's chamber
            To the lascivious pleasing of a lute.
        </div>
    </body>
</html>
```

.columns クラスではまず、ブラウザに対してテキストを均等割付するように伝え、フォントサイズを 16pt に設定しています。これらはマルチカラムに必要な宣言ではありませんが、テキスト表示が改善されます。以降の行では、テキストを 3 つの列に流し込み、列の間隔を 1em にして、列の区切り線を 1 ピクセルの黒にするという設定を行っています。

このサンプルでも、Mozilla ベースと WebKit ベースのブラウザに必要な固有の接頭辞を宣言に加えています。

19.8　カラーと不透明度

　CSS3 ではカラーの定義方法が大幅に強化され、一般的な RGB（赤緑青）や RGBA（赤緑青アルファ）、HSL（色相、彩度、輝度）、HSLA（色相、彩度、輝度、アルファ）形式でカラーを適用する CSS 関数も使用できるようになりました。アルファはカラーの透明度を指定する値で、要素の向こう側が透けて見えるようになります。

19.8.1　HSL カラー

　カラーを CSS3 の hsl 関数で定義するには、まず色相環から色相の値を 0 から 359 の間で選ぶ必要があります。これより大きな数値は円環を 1 周して最初に戻るので、値が 0 の赤は 360 や 720 でも赤です。

　色相環では、赤緑青の主要カラーは 120 度で分けられます。つまり赤の純色は 0 度、緑は 120 度、青は 240 度の位置にあります。これらの間にある数値は、両端にある主要カラーの異なる比率で構成される色合いを表します。

　次に必要なのは彩度で、これは 0 から 100 パーセントの値です。この値には色あせの程度、言い方を変えると色の鮮やかさを指定します。彩度の値は円環の中心のミッドグレー（0% の彩度）から始まり、外側に進むにつれてカラフルになっていきます（100% の彩度）。

　最後に必要なのは希望するカラーの明るさの度合いで、0 から 100 パーセントまでの輝度値を選択します。50% の輝度値が最も完全な輝くカラー（純色）で、輝度値がこれより小さくなると暗さが増し、0% で黒になります。輝度値が 50% より大きくなるとそれにつれて明るさが増し、100% で白になります。これはあるカラーに黒または白の度合いを変えて混ぜるようなものです。

　たとえば、標準的な明るさ（50%）の最も鮮やかな（100%）黄色（60）を選ぶには、次の宣言を使用します。

```
color:hsl(60, 100%, 50%);
```

　またもっと暗い（40%）青（240）には次の宣言が使用できます。

```
color:hsl(240, 100%, 40%);
```

　hsl 関数（やそのほかのカラーを処理する CSS 関数）はまた、`background-color` など、カラーを指定するプロパティに使用できます。

19.8.2　HSLA カラー

　カラーの表示方法をさらに制御するには、カラーに 4 つめのレベル（アルファ値）を与える hsla 関数が使用できます。アルファ値は 0 から 1 までの浮動小数点数で、カラーは値 0 で完全な透明に、値 1 で完全な不透明になります。

標準的な明るさ（50%）で不透明度が30%（0.3）の最も鮮やかな（100%）黄色（60）は次のようにして選べます。

```
color:hsla(60, 100%, 50%, 0.3);
```

また最も鮮やか（100%）で明るい（60%）、不透明度が82%（0.82）の青（240）には、次の宣言が使用できます。

```
color:hsla(240, 100%, 60%, 0.82);
```

19.8.3　RGBカラー

RGBでカラーを選択する方法は、カラーを指定する #nnnnnn や #nnn 形式と似ているので、HSLやHSLAよりも早くなじめるでしょう。たとえばプロパティに黄色を適用するには、次の2つの宣言が使用できます（1つめは1600万色を、2つめは4000色をサポートします）。

```
color:#ffff00;
color:#ff0;
```

これと同じ結果はCSSの rgb 関数で実現できますが、引数には16進数ではなく10進数の値を使用します（16進数値のffではなく10進数値の255）。

```
color:rgb(255, 255, 0);
```

しかしありがたいことに、255までのどの数値を指定するかを考えなくてもよい方法があります。rgb 関数では次のようにパーセント値が使用できます。

```
color:rgb(100%, 100%, 0);
```

この方法を使うと、主要カラーについて考えるだけで希望するカラーに近づけることができます。たとえばシアンは緑と青から作られるので、緑よりも青に近いシアンを作成したい場合にはまず、赤が0%、緑が40%、青が60%だろうかと予想して、それにもとづいて次のような宣言を試すことができます。

```
color:rgb(0%, 60%, 40%);
```

19.8.4　RGBAカラー

hsla 関数と同様、rgba 関数も4つめの引数（アルファ）をサポートします。たとえば前出の、緑よりも青に近い不透明度が40%のシアンには、次の宣言が使用できます。

```
color:rgba(0%, 60%, 40%, 0.4);
```

19.8.5 opacity プロパティ

opacity プロパティが提供するのは、hsla や rgba 関数と同じアルファ値への制御ですが、オブジェクトの不透明度（または透明度）を、そのカラーとは切り離して変更することができます。

このプロパティを使用するには、要素に次のような宣言を適用します（25% の不透明度、つまり 75% の透明度を設定します）。

```
opacity:0.25;
```

このプロパティにも WebKit や Mozilla ベースのブラウザ固有の接頭辞が必要です。また Internet Explorer 8 以前のバージョンとの後方互換性を考慮して、次の宣言も追加すべきです（不透明度の値に 100 を掛けて使用します）。

```
filter:alpha(opacity='25');
```

19.9 テキストエフェクト

CSS3 の助けを借りると、テキストに影づけや重なり、単語の折り返しなど、さまざまなエフェクトを適用することができます。

19.9.1 text-shadow プロパティ

このプロパティは box-shadow プロパティと似ており、同じ引数、つまり水平と垂直方向へのオフセット、ぼかし量、使用するカラーを取ります。たとえば次の宣言は、水平と垂直両方向に 3 ピクセルだけ影を離し、4 ピクセルのぼかし量で、ダークグレーの影を表示します。

```
text-shadow:3px 3px 4px #444;
```

図 19-6 はこの宣言の使用結果を示しています。このプロパティは主要ブラウザの新しいバージョンで動作します（IE 9 以前では動作しません）。

19.9.2 text-overflow プロパティ

CSS の overflow プロパティに hidden を設定して使用するときには、text-overflow プロパティを使って、領域からはみ出て切り詰められたテキストがあることを示す省略記号（...）を、切り取りの直前に置くことができます（ellipsis は省略記号という意味です）。

```
text-overflow:ellipsis;
```

このプロパティを使用しない場合、"生きるべきか、死ぬべきか、それが問題だ" という長いテキスト

これは影づけをしたテキスト

図 19-6：テキストにシャドウを適用した

> 生きるべきか、死ぬべきか、そ

図 19-7：テキストは自動的に切り詰められる

> 生きるべきか、死ぬべきか...

図 19-8：テキストは切り取られず、末尾に省略記号がつく

が領域からはみ出ると、図 19-7 のように切り詰められて表示されます。しかしこの宣言を適用すると、図 19-8 のように表示されます。

これを動作させるには、次の 3 つの要件が必要になります。

1. 要素の overflow プロパティには overflow:hidden など、visible 以外の値を指定します。
2. 要素の white-space プロパティには、テキストに制約を与える nowrap を設定します。
3. 要素の幅は切り詰めるテキストの幅よりも小さくします。

19.9.3 word-wrap プロパティ

要素に収まり切らない長い単語は、そこからはみ出るか切り詰められることになります。text-overflow プロパティを使ってテキストを切り詰める方法のほかに、word-wrap プロパティに break-word 値を指定して長い行を折り返すというやり方もあります。

```
word-wrap:break-word;
```

図 19-9 の "Honorificabilitudinitatibus" は、それを含むボックスに収めるには長すぎる単語です（ボックスの右端は i と a の間にある縦線です）。overflow プロパティを設定していないので、その境界を超えてはみ出ています。

> Honorificabilitudinitatibus

図 19-9：この単語はコンテナの幅に収まらないので、オーバーフローしている

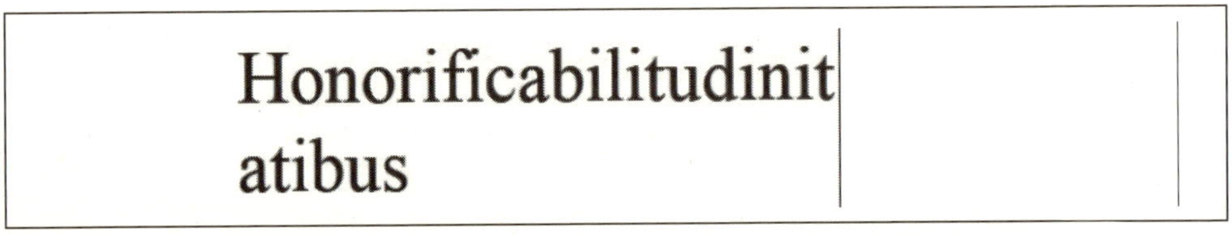

> Honorificabilitudinit
> atibus

図 19-10：右端で折り返されるようになった

しかし図19-10では、要素のword-wrapプロパティにbreak-wordを指定しているので、長い単語はうまい具合に折り返されています。

19.10　Webフォント

CSS3のWebフォントによって、ユーザーコンピュータに限らずWebからもフォントをロードして表示できるようになったので、Webデザイナーが利用できるタイポグラフィが飛躍的に増加しました。これを実現するには、次のように、@font-faceプロパティを使ってWebフォントを宣言します。

```
@font-face
{
  font-family:FontName;
  src:url('FontName.otf');
}
```

url関数にはフォントのパスかURLを指定します。ほとんどのブラウザはTrueType（.ttf）やOpenType（.otf）フォントが使用できますが、Internet Explorerには、EOT（.eot）に変換したTrueTypeフォントが必要になります。

ブラウザにフォントのタイプを伝えるには、次のようにformat関数を使用します（OpenTypeフォントの場合）。

```
@font-face
{
  font-family:FontName;
  src:url('FontName.otf') format('opentype');
}
```

TrueTypeフォントの場合は次のようにします。

```
@font-face
{
  font-family:FontName;
  src:url('FontName.ttf') format('truetype');
}
```

しかしながら、Internet ExplorerはEOTフォントしか受け入れないので、format関数の含まれた@font-face宣言は無視します。

19.10.1　GoogleのWebフォント

Webフォントを使用する最良の方法の1つは、Googleのサーバーから無償でロードする方法です。この詳細についてはGoogleのWebフォントサイト（http://www.google.com/fonts、図19-11参照）を調べてみてください。ここでは600を超えるフォントファミリーにアクセスすることができます。

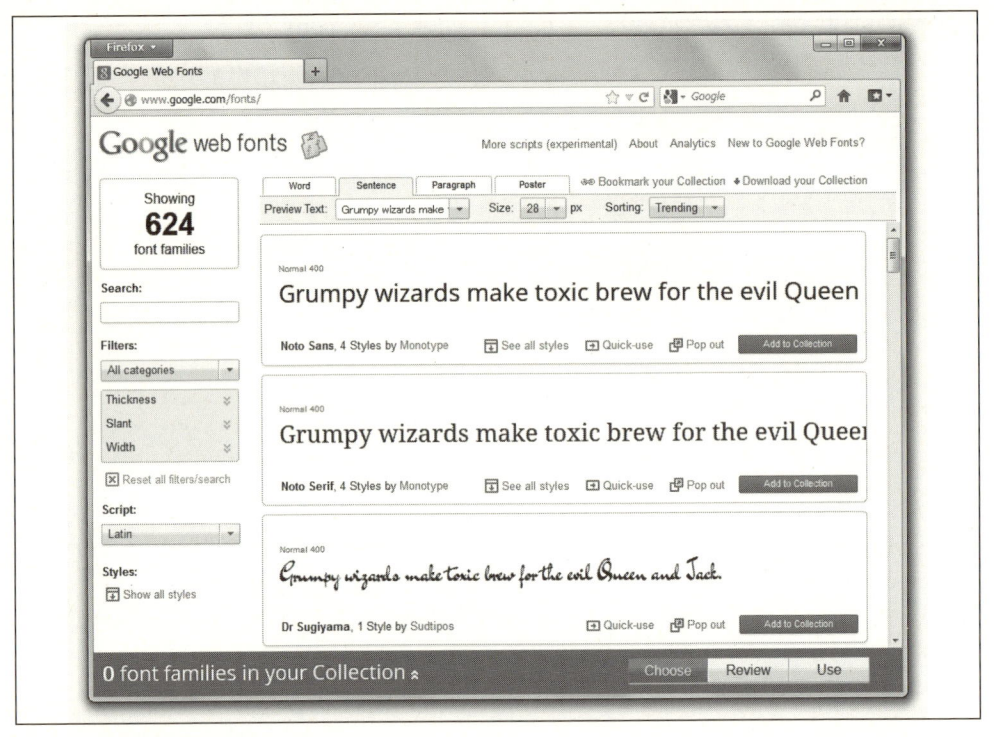

図 19-11：Google の Web フォントの使い方はいたって簡単

フォントの使い方はいたって簡単です。まず、HTML の `<link>` タグを使って、使用フォントをロードします。

```
<link href='http://fonts.googleapis.com/css?family=Lobster' />
```

つづいて CSS 宣言でロードしたフォントを次のように適用します。

```
h1 { font-family:'Lobster', arial, serif; }
```

19.11 変換

変換を使用すると、要素をスキュー（傾斜）、回転、伸縮させ、3 次元で押す潰すこともできます（現在 3D は WebKit ベースのブラウザでのみサポートされています）。これにより、`<div>` やそのほかの要素による決まり切った矩形レイアウトから脱し、さまざまな角度や形式で表示できるようになるので、大きな効果を容易に生み出せるようになります。

変換を実行するには、`transform` プロパティを使用します（しかし残念ながら、これにも Mozilla や WebKit、Opera、Microsoft ブラウザ固有の接頭辞が必要になるので、またしても http://caniuse.com を参照する必要があります）。

`transform` プロパティにはさまざまな特性（値と関数）が適用できます。1 つめは、オブジェクトを変換

のない状態にリセットする none です。

transform:none;

そして、transform プロパティには以下に示す関数を1つまたは複数指定することができます。

matrix
: 値の行列を適用することで、オブジェクトを変形させます。

translate
: 要素の原点（基準点）を移動させます。

scale
: オブジェクトを拡大または縮小させます。

rotate
: オブジェクトを回転させます。

skew
: オブジェクトを傾斜させます。

またこれらの関数には、translateX（x 方向に移動）や scaleY（y 方向に伸縮）など、1つの動作だけを行うバージョンもあります。

> 3D 変換は、WebKit ベースのブラウザ（Apple Safari や iOS、Google Chrome そして Android など）でサポートされていますが、IE や Opera、Mozilla ベースのブラウザではまだなので、ここでは取り上げません。これらのブラウザにも早く追いついてもらうことを願うばかりです。

たとえば要素を時計回りに 45 度回転させるには、要素に次の宣言を適用します。

transform:rotate(45deg);

このときには同時に、同じオブジェクトを拡大することもできます。次の宣言は幅を 1.5 倍に、高さを 2 倍にして、回転を実行します。

transform:scale(1.5, 2) rotate(45deg);

図 19-12 では、この変換を適用する前のオブジェクトと、適用後のオブジェクトを示しています。

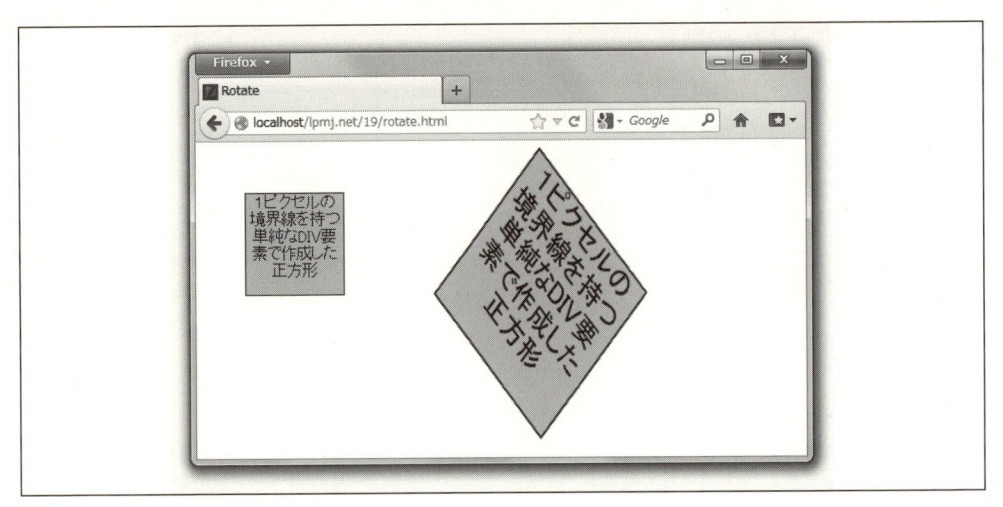

図 19-12：変換を適用する前と適用した後のオブジェクト

19.12　トランジション（時間経過にともなう変化）

　また主要ブラウザの最新バージョン（Internet Explorer 10 は含まれますが、9 以前は含まれません）では、トランジションと呼ばれるダイナミックな機能がサポートされるようになってきました。トランジションでは、要素が変換されるときに発生させたいアニメーションエフェクトを指定することができます。ブラウザは自動的に、アニメーションの中割りフレームを処理します。

　トランジションを設定するには、次の4つのプロパティを指定します。

```
transition-property        :変化させるプロパティ;
transition-duration        :時間;
transition-delay           :時間;
transition-timing-function :タイプ;
```

　これらのプロパティについても、Mozilla や WebKit、Opera、Microsoft ブラウザ固有の接頭辞を使用する必要があります。

19.12.1　トランジションさせるプロパティ

　トランジションには height や border-color といった、アニメーションで変化させるプロパティがあり、変更したいプロパティは transition-property で指定します。複数のプロパティを指定する場合には、次のようにコンマで区切ります。

```
/* 幅と高さ、不透明度を変化させる */
transition-property:width, height, opacity;
```

またその要素に適用できるすべてのプロパティ（カラーも含む）を変化させる場合には、値 all が使用できます。

```
transition-property:all;
```

19.12.2　トランジションにかける時間

transition-duration プロパティには 0 秒以上の値を指定します。次の宣言はトランジションに 1.25 秒かけるということを指定しています。

```
transition-duration:1.25s;
```

19.12.3　トランジションの遅延

transition-delay プロパティに 0 秒以上の値を指定すると（デフォルトは 0 秒）、要素が表示されてからトランジションが始まるまでに遅延が生まれます。次の宣言は、要素が表示されて 0.1 秒後にトランジションを開始するということを指定しています。

```
transition-delay:0.1s;
```

transition-delay プロパティに 0 より小さな値（負の値）を与えると、トランジションはプロパティの変化後すぐに実行されますが、指定されたオフセット分（つまりマイナス分）だけ時間をさかのぼって実行を始めたように表示され、変化のサイクルの途中から始まったように見えます。

19.12.4　トランジションのタイミング

transition-timing-function プロパティには次のいずれかの値を指定します。

ease
　　開始と終了付近の変化を滑らかにします。

linear
　　線形、つまり等速で変化します。

ease-in
　　開始付近の変化をゆるやかにします。

ease-out
　　終了付近の変化をゆるやかにします。

ease-in-out
　　開始と終了付近の変化をゆるやかにします。

ease のついた値を使用すると滑らかで自然な変化に見えます。これに対し linear は機械的な変化に見え

ます。これらの既成値で不十分な場合には、cubic-bezier 関数を使ってトランジションを自作することもできます。

次の宣言は、cubic-bezier 関数を使って前の5つのトランジションタイプを作成する例です。これを見るとトランジションが比較的容易に自作できることが分かります。

```
transition-timing-function:cubic-bezier(0.25, 0.1, 0.25, 1);   /* ease */
transition-timing-function:cubic-bezier(0, 0, 1, 1);           /* linear */
transition-timing-function:cubic-bezier(0.42, 0, 1, 1);        /* ease-in */
transition-timing-function:cubic-bezier(0, 0, 0.58, 1);        /* ease-out */
transition-timing-function:cubic-bezier(0.42, 0, 0.58, 1);     /* ease-in-out */
```

19.12.5　簡略化したシンタックス

トランジションのプロパティにはまとめて指定できる簡略版があり、すべての値を次のように1つの宣言に含めることができます。次の宣言は、すべてのプロパティを対象に（all）、0.3秒かけて（.3s）、リニア（linear）で、0.2秒（.2s）の遅延（オプション）で実行するトランジションです。

```
/* transition-property、transition-duration、
   transition-timing-function、transition-delay
   の順番でまとめて指定 */
transition:all .3s linear .2s;
```

このシンタックスを使用することで、多くの似たような宣言を記述する手間を省くことができます。これは、主要なすべてのブラウザの接頭辞を記述する場合などに役立ちます。

サンプル 19-4 では、トランジションと変換をいっしょに使用する方法を示しています。CSS ではオレンジ色の正方形要素を作成しトランジションを設定しています。また hover 擬似クラスを使って、マウスポインタが要素に重なったときにオブジェクトを180度回転させカラーをオレンジから黄色に変える指定を行っています（図19-13 参照）。

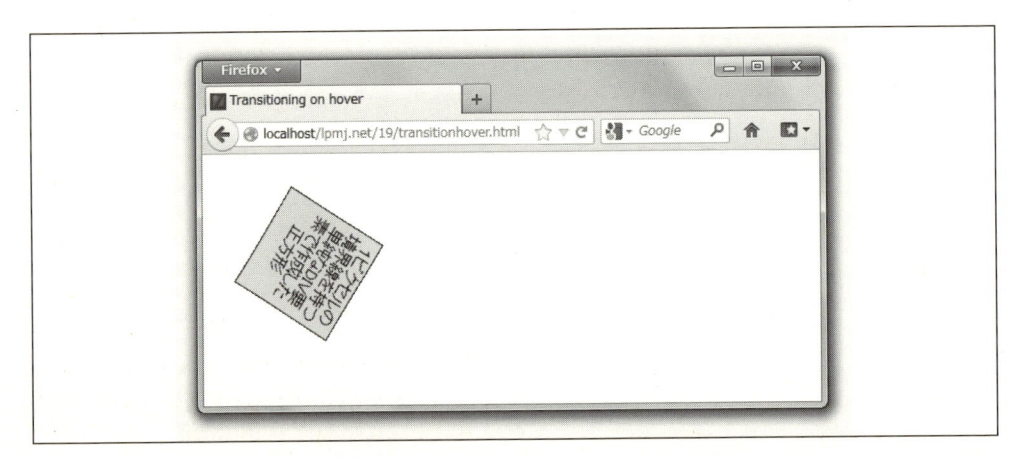

図19-13：hover 時にオブジェクトを回転させカラーを変える

19.12 トランジション（時間経過にともなう変化）

サンプル 19-4：hover 時にトランジションと変換を実行する

```html
<!DOCTYPE html>
<html lang="ja">
    <head>
        <meta charset="utf-8">
        <title>Transitioning on hover</title>
        <style>
            #square {
                position :absolute;
                top :50px;
                left :50px;
                width :100px;
                height :100px;
                padding :2px;
                text-align :center;
                border-width :1px;
                border-style :solid;
                background :orange;
                transition :all .8s ease-in-out;
                -moz-transition :all .8s ease-in-out;
                -webkit-transition:all .8s ease-in-out;
                -o-transition :all .8s ease-in-out;
                -ms-transition :all .8s ease-in-out; }
            #square:hover {
                background :yellow;
                -moz-transform :rotate(180deg);
                -webkit-transform :rotate(180deg);
                -o-transform :rotate(180deg);
                -ms-transform :rotate(180deg);
                transform :rotate(180deg); }
        </style>
    </head>
    <body>
        <div id='square'>
            １ピクセルの境界線を持つ単純な DIV 要素で作成した正方形
        </div>
    </body>
</html>
```

このサンプルコードでは、ブラウザ固有の宣言を使用して、さまざまなブラウザすべての要求を満たしています。最新のブラウザ（IE 10 も含む）ではすべて、オブジェクトはマウスが重なったときに時計回りに回転し、ゆっくりとオレンジから黄色にカラーを変更します。

　CSS のトランジションは、それがキャンセルされたときに元の値に滑らかに戻るという点で非常によくできた機能です。トランジションが完了する前にマウスをオブジェクトから離すと直ちに反転し、最初の状

態に戻るトランジションを開始します†。

本章でみなさんはCSSが提供する機能と、希望するエフェクトの実現方法についてしっかり理解されたことでしょう。次章ではCSSをもう一歩進め、JavaScriptを使ってDOMプロパティとダイナミックにやりとりする方法を探ります。

19.13　確認テスト

1. CSS3の演算子、^ と $、* にはそれぞれどのような働きがありますか?
2. 背景イメージのサイズの指定に使用できるプロパティは何ですか?
3. 境界の半径の指定に使用できるプロパティは何ですか?
4. テキストをマルチカラムに流し込むにはどのようにしますか?
5. CSSのカラーに指定できる4つの関数の名前は?
6. テキストの右と下方向に5ピクセルずれた、ぼかし量が3ピクセルのグレーのシャドウはどうやって作成しますか?
7. テキストが切り詰められていることを示す省略記号はどのようにして作成しますか?
8. WebページにGoogle Webフォントを含める具体的な手順は?
9. オブジェクトを90度回転させるCSS宣言は?
10. オブジェクトのプロパティのどれかが変化したとき、ただちに0.5秒かけて線形の方法で実行するトランジションはどうやって設定しますか?

テストの模範解答は付録Aに記載しています。

---

† 訳注:サンプル19-4のポイントは、#squareクラスで背景色とトランジションのルール(元の状態)を定め、#square:hoverで背景色と変換のルール(変化後の状態)を決めていることです。最初、背景はオレンジで、トランジションも定められますが、プロパティに変化がないのでトランジションは動作しません。トランジションが動き出すきっかけになるのはマウスが<div>要素に重なったときです。このときhover擬似クラスによって、要素の背景が黄色に、向きが180度に変わります。そしてこのプロパティの変更によってトランジションが動作を開始します。目指すのは背景の黄色と180度回転した状態です。そこに行き着くまでブラウザは時間経過に合わせて背景色と回転角度をease-in-outの方法で少しずつ変えていきます。

20章
JavaScriptからの
CSSへのアクセス

Document Object Model（DOM）とCSSが身についたので、本章ではこれらにJavaScriptから直接アクセスする方法を学んでいきましょう。直接アクセスできるようになるとダイナミックに応答する高度なWebサイトが作成できるようになります。

本章ではまた、アニメーションや、時計などWebページの背景での継続的な動作に必要なコードを提供する割り込み（タイマー）の使い方や、DOMに新しい要素を追加したり既存の要素を削除する方法も見ていきます。要素がダイナミックに追加できるようになると、後でJavaScriptからアクセスする場合でも、要素をあらかじめ作成しておく必要がなくなります。

20.1　再度、getElementByIdメソッド

getElementByIdメソッドに容易にアクセスできるようにする関数の名前に$文字が広く使用されることは13章で述べました。実際、jQueryなどの主要なフレームワークではこの$関数が使用され、機能性も大幅に拡張されています。

本節では、DOM要素とCSSスタイルの処理が手早く効率的に行えるように、この関数の拡張版をみなさんに示します。ただし$文字を使用するフレームワークとのコンフリクトを避けるため、関数の名前には大文字のOを使うことにします。OはObjectのOで、この関数は渡されたIDで表されるオブジェクトを返します。

20.1.1　O関数

O関数は次の基本構造を持っています。

```
function O(obj)
{
    return document.getElementById(obj)
}
```

これによって呼び出し時に省ける入力はわずか22文字ですが、わたしは、この関数にIDでもオブジェクトでも渡せるように少し強化することにしました。サンプル20-1はその完全版です。

サンプル 20-1：O 関数
```
function O(obj)
{
    if (typeof obj == 'object') return obj
    else return document.getElementById(obj)
}
```

この関数にオブジェクトが渡された場合にはただそのオブジェクトを返し、ID が渡されたと思われる場合にはその ID で参照されるオブジェクトを返します。

とは言え、わたしが、ただ渡されたオブジェクトを返すだけの最初のステートメントを追加した本当の理由は何だと思われますか？

20.1.2　S 関数

その答えは、O 関数のパートナーになる次のサンプル 20-2 の S 関数を見れば明らかになります。これはオブジェクトの style プロパティ（つまり CSS）へのアクセスを容易にする関数です。

サンプル 20-2：S 関数
```
function S(obj)
{
    return O(obj).style
}
```

関数名の S は Style の S で、この関数は渡された要素の style プロパティ（またはサブオブジェクト）を返すという仕事を実行します。埋め込んだ O 関数は ID でもオブジェクトでも受け取るので、S 関数にも ID かオブジェクトを渡すことができます。

ではこれらの関数が具体的にどうように動作するかを、myobj という ID を持つ <div> 要素と、そのテキストカラーを緑に設定する JavaScript を例に見ていきましょう。

```
<div id='myobj'>Some text</div>

<script>
    O('myobj').style.color = 'green'
</script>
```

この JavaScript はこのままでも動作しますが、次のように S 関数を使った方が簡単になります[†]。

[†] 訳注：S('myobj').color = 'green' について、これを具体的に追跡すると次のようになります。まず S('myobj') によって S 関数に 'myobj' が渡されます。S 関数では引数 'myobj' が O 関数に渡され、O 関数が呼び出されます。O 関数では 'myobj' を調べます。これはオブジェクトではないので、getElementById メソッドによってこの ID を持つ要素が探しだされ、<div id='myobj'>Some text</div> 要素が呼び出し元の S 関数（O(obj)）に返されます。S 関数ではこの div 要素を使って、その style プロパティの値を呼び出し元に返します。これは CSS2Properties と呼ばれる、要素のスタイル属性を持ったオブジェクトです。このオブジェクトの color プロパティに 'green' を指定すると、文字色が緑に変わります。

```
S('myobj').color = 'green'
```

ではO関数への呼び出しから返されるオブジェクトが、たとえば次のfredという名前のオブジェクトに保持されていたとしましょう。

```
fred = O('myobj')
```

S関数の働きによって、この場合でもテキストのカラーは次のように緑に変更することができます[†]。

```
S(fred).color = 'green'
```

これが意味するのは、オブジェクトに直接アクセスしたい場合でもIDを使ってアクセスしたい場合でも、必要に応じてOまたはS関数にそれを渡すとアクセスできる、ということです。ただしIDではなくオブジェクトを渡すときには、オブジェクト名に引用符をつけてはいけません。これは覚えておく必要があります。

20.1.3 C関数

ここまでみなさんには、Webページのあらゆる要素と、要素のあらゆるstyleプロパティへのアクセスを容易にする2つの単純な関数を2つ提供しましたが、1度に複数の要素にアクセスしたい場合もあるでしょう。これはアクセスしたい各要素に同じクラス名を割り振る方法が利用できます。次の例では両方にクラスmyClassを使用しています。

```
<div class='myclass'>div コンテンツ</a>
<p class='myclass'> 段落コンテンツ</p>
```

特定のクラスを使用した、ページのすべての要素にアクセスしたい場合には、サンプル20-3に示すC関数が利用できます。関数名のCはClassのCで、指定されたクラス名がついたすべてのオブジェクトを含む配列を返します。

サンプル20-3：C関数
```
function C(name)
{
  var elements = document.getElementsByTagName('*')
  var objects  = []

  for (var i = 0 ; i < elements.length ; ++i)
    if (elements[i].className == name)
```

[†] 訳注：S(fred).color = 'green' について、これを具体的に追跡すると、次のようになります。まずS(fred)によってS関数にfredが渡されます。fredはO('myobj')によって返された <div id='myobj'>Some text</div> 要素を参照するオブジェクトです。S関数はこれをO関数に渡し、O関数で調べられます。fredはオブジェクトなのでそのまま呼び出し元のS関数(O(obj)) に返されます。後はS('myobj').color = 'green' の場合と同じです。

サンプル 20-3：C 関数（続き）

```
        objects.push(elements[i])

    return objects
}
```

では中身を順に見ていきましょう。まず引数 name には、取得しようとするオブジェクトのクラス名が入ります。関数内では、"すべての要素を探し出せ" という意味の '*' を引数にした getElementsByTagName が返すドキュメント内の全要素を変数 elements に代入しています。

```
var elements = document.getElementsByTagName('*')
```

次いで objects という名前の新しい配列を作成しています。これには関数の呼び出し時に指定されたクラス名を持つすべてのオブジェクトを入れます。

```
var objects  = []
```

そして for ループを使って、elements オブジェクト内のすべての要素を繰り返し処理します。

```
for (var i = 0 ; i < elements.length ; ++i)
```

このループが繰り返されるときには、要素の className プロパティが引数 name で渡されたストリング値と同じであった場合、その要素が objects 配列にプッシュされます。

```
if (elements[i].className == name)
    objects.push(elements[i])
```

そしてループが完了したら、objects 配列にはクラス名に name を使った、ドキュメント内の全要素が入っているので、関数からこれを返します。

```
return objects
```

C 関数の使い方

C 関数を使用するには、次のようにただこれを呼び出し、各要素に個別にアクセスしたりループ処理に使用できるように、返される配列を変数に保持するだけです。

```
myarray = C('myclass')
```

この配列が得られたら、後は希望する操作が行えます。たとえば次のコードでは要素の textDecoration プロパティを 'underline' に設定しています。

```
for (i = 0 ; i < myarray.length ; ++i)
    S(myarray[i]).textDecoration = 'underline'
```

ここでは myarray を繰り返し処理し、myarray[i] にあるオブジェクトを S 関数を使って参照して、そのオブジェクトの textDecoration プロパティを 'underline' に設定しています。

20.1.4　関数のインクルード

この後本章のサンプルでは、コードの記述が短く簡単になるという理由から O や S 関数を利用しています。これらの関数は本章のサンプルフォルダにある OSC.js ファイルにまとめて記述しています（ここには、今後みなさんの作業に役立つ C 関数も入れています）。

これらの関数は、次のステートメントを使用することで Web ページにインクルードできます。これは <head> タグか、これらの関数を利用するスクリプトより先に記述します。

```
<script src='OSC.js'></script>
```

サンプル 20-4 は OSC.js ファイルの中身です。

サンプル 20-4：OSC.js ファイル

```
function O(obj)
{
    if (typeof obj == 'object') return obj
    else return document.getElementById(obj)
}

function S(obj)
{
    return O(obj).style
}

function C(name)
{
  var elements = document.getElementsByTagName('*')
  var objects  = []

  for (var i = 0 ; i < elements.length ; ++i)
    if (elements[i].className == name)
      objects.push(elements[i])

  return objects
}
```

20.2　JavaScriptからCSSプロパティへのアクセス

　前のサンプルで使ったJavaScriptのtextDecorationプロパティはtext-decorationのようにハイフンでつながれるCSSのプロパティを表しています。JavaScriptでは、ハイフン文字は算術演算子として予約されているので、ハイフンでつながれたCSSのプロパティにアクセスするには、ハイフンを省いて、そのすぐ後の文字を大文字に設定する必要があります。

　CSSのfont-sizeもこれに当たるプロパティの1つで、JavaScriptではfontSizeとして、次のようにピリオド演算子の後につけて使用されます。

```
// myobjectのfontSizeプロパティを16ptに設定する
myobject.fontSize = '16pt'
```

　これに代わる方法にsetAttributeメソッドの使用があります。コードが少し長くなりますが、このメソッドはよく必要になる標準的なCSSプロパティ名をサポートしています。

```
// 指定されたCSSプロパティを指定された値に設定する
myobject.setAttribute('font-size', '16pt')
```

> Microsoft Internet Explorerのバージョンの中には、ブラウザ固有の-ms-接頭辞をつけたルールを適用するとき、JavaScriptスタイルのCSSプロパティをえり好みするものがあります。その場合には、setAttributeを使えばうまくいきます。

20.2.1　よく使用されるプロパティ

　JavaScriptを使用すると、Webドキュメントのどのような要素のどのプロパティでも、CSSと同じような方法を使って変更することができます。本章ではすでにCSSプロパティにアクセスする方法として、便利なJavaScript関数を利用する方法と要素のsetAttributeメソッドを使う方法を取り上げました。したがって本節では、数多く存在するプロパティを逐一示すのではなく、実際に作業するときの参考になるように、いくつかのCSSプロパティに絞ってそれにアクセスする方法を見ていくことにします。

　サンプル20-5はJavaScriptからCSSプロパティを変更する例です。ここではまず前に紹介した3つの関数をロードし、<div>要素を作成して、<div>のさまざまな属性を変更するJavaScriptステートメントを<script>タグ内で発行しています（図20-1参照）。

サンプル20-5：JavaScriptからCSSプロパティへのアクセス

```
<!DOCTYPE html>
<html>
    <head>
        <title>Accessing CSS Properties</title>
        <script src='OSC.js'></script>
    </head>
    <body>
        <div id='object'>Div Object</div>
```

図 20-1：JavaScript からスタイルを変更した

サンプル 20-5：JavaScript から CSS プロパティへのアクセス（続き）

```
        <script>
            S('object').border     = 'solid 1px red'
            S('object').width      = '100px'
            S('object').height     = '100px'
            S('object').background = '#eee'
            S('object').color      = 'blue'
            S('object').fontSize   = '15pt'
            S('object').fontFamily = 'Helvetica'
            S('object').fontStyle  = 'italic'
        </script>
    </body>
</html>
```

　このように JavaScript からプロパティを変更しても、実際には CSS から直接同じことが簡単に行えるので、得るものは何もありません。しかしこの後、ユーザーの操作に応答してプロパティを変更する例を通して、JavaScript と CSS の組み合わせが生み出す真のパワーを見ていきます。

20.2.2　そのほかのプロパティ

　JavaScript ではまた、ブラウザやポップアップ、ブラウザ内ウィンドウやフレームなどの幅と高さや、親ウィンドウ（存在する場合）などに関する有意な情報、セッション中に訪れた URL の履歴など、広範囲にわたるさまざまなプロパティにアクセスする方法が提供されています。

　これらのプロパティにはすべて、window オブジェクトからピリオド演算子を通してアクセスできます（たとえば window.name のように）。表 20-1 ではそのプロパティを説明と合わせて示しています。

表 20-1：よく使用される window プロパティ

プロパティ	説明
closed	ウィンドウが閉じられているかどうかを示す Boolean 値を返す
defaultStatus	ウィンドウのステータスバーのデフォルトテキストを設定、または返す
document	ウィンドウの document オブジェクトを返す
frames	ウィンドウ内のすべてのフレームと iframe の配列を返す
history	ウィンドウの history オブジェクトを返す
innerHeight	ウィンドウのスクロール領域を含むコンテンツ表示領域の高さを設定、または返す
innerWidth	ウィンドウのスクロール領域を含むコンテンツ表示領域の幅を設定、または返す
length	ウィンドウ内のフレームと iframe の数を返す
location	ウィンドウの location オブジェクトを返す
name	ウィンドウの名前を設定、または返す
navigator	ウィンドウの navigator オブジェクトを返す
opener	そのウィンドウを作成したウィンドウへの参照を返す
outerHeight	ツールバーとスクロールバーを含む、ウィンドウの外側の高さを設定、または返す
outerWidth	ツールバーとスクロールバーを含む、ウィンドウの外側の幅を設定、または返す
pageXOffset	ドキュメントがウィンドウの左端から水平方向にスクロールしたピクセル数を返す
pageYOffset	ドキュメントがウィンドウの上端から垂直方向にスクロールしたピクセル数を返す
parent	ウィンドウの親ウィンドウを返す
screen	ウィンドウの screen オブジェクトを返す
screenLeft	Mozilla Firefox をのぞく新しいすべてのブラウザでは、画面左上隅を基準にしたウィンドウの x 座標を返す（Firefox では screenX を使用する）
screenTop	Mozilla Firefox をのぞく新しいすべてのブラウザでは、画面左上隅を基準にしたウィンドウの y 座標を返す（Firefox では screenY を使用する）
screenX	Opera をのぞくすべての新しいブラウザでは、画面左上端を基準にしたウィンドウの x 座標を返す。Opera では不正確な値が返される。IE では 8 以前でサポートされる。
screenY	Opera をのぞくすべての新しいブラウザでは、画面左上端を基準にしたウィンドウの y 座標を返す。Opera では不正確な値が返される。IE では 8 以前でサポートされる。
self	現在のウィンドウを返す
status	ウィンドウのステータスバーのテキストを設定、または返す
top	一番上にあるブラウザウィンドウを返す

これらのプロパティには覚えておくべきポイントがいくつかあります。

- defaultStatus と status プロパティは、ユーザーがその変更を許可している場合のみ設定できます（その可能性はまずありません）。

- history オブジェクトは読み取ることができません（したがってユーザーの訪問履歴を見ることは

- できません）。しかし履歴の長さの分かる length プロパティや、履歴内の特定ページに移動できる back、forward、go メソッドがサポートされています。

- Web ブラウザの現在のウィンドウに使用可能なスペースがどれだけあるかを知りたいときには、window.innerHeight と window.innerWidth プロパティの値を読み取ります。わたしはこれらの値を、ブラウザ内のポップアップ警告や確認ダイアログをセンター配置するときによく使用します。

- screen オブジェクトは読み取りのみの availHeight や availWidth、colorDepth、height、pixelDepth、width プロパティをサポートしているので、ユーザーディスプレイに関する情報を得たい場合に役立ちます。

> これらのプロパティの多くは使用されている画面の大きさやブラウザの種類を教えてくれるので、モバイルやタブレットデバイスをターゲットにするときに非常に役立ちます。

　この4つの項目は情報として決して多くはありませんが、みなさんがスタートするための足掛かりになります。また JavaScript で実現できる新しく興味深い事柄に関する着想を与えてくれるでしょう。もちろん、使用できるプロパティやメソッドは本章でカバーできないほどたくさんありますが、プロパティへのアクセス方法とその使い方を理解したみなさんに必要なのは、それを調べることのできるリソースだけです。わたしがおすすめするのは http://tinyurl.com/domproperties で、スタートするには最適のページです。

20.3　インライン JavaScript

　<script> タグの使用だけが JavaScript ステートメントを実行する方法ではありません。JavaScript には HTML タグの中でもアクセスできます。これにより非常にダイナミックなインタラクティビティが生まれます。

　たとえば、マウスポインタがオブジェクトに重なったときに手早い効果を追加する方法として、サンプル 20-6 の <img /> タグのようなコードが使用できます。ここではデフォルトでリンゴを表示しますが、マウスがその上に移動すると、オレンジに変わります（マウスが離れるとリンゴに戻ります）。

サンプル 20-6：インライン JavaScript の使用

```html
<!DOCTYPE html>
<html>
    <head>
        <title>Inline JavaScript</title>
    </head>
    <body>
        <img src='apple.png'
             onmouseover="this.src='orange.png'"
             onmouseout="this.src='apple.png'" />
    </body>
</html>
```

20.3.1 this キーワード

サンプル 20-6 では this キーワードを使っていたことに気づかれたでしょう。this は JavaScript に対し、呼び出し元のオブジェクト、つまり `<img />` タグで作用しろ、ということを伝えます。図 20-2 はその結果で、左ではマウスがまだマウスの外にあり、マウスが重なると右のオレンジに変わります。

> this キーワードは、インラインの JavaScript 呼び出しで使用されると、それを呼び出すオブジェクト（呼び出し元のオブジェクト）を表します。クラスのメソッドで使用されると、そのメソッドを使用するオブジェクトを表します[†]。

20.3.2 スクリプトの中でオブジェクトにイベントを追加する

前のサンプルのコードは、`<img />` タグに ID を割り振って、そのタグのマウスイベントにアクションを割り当てる次のサンプル 20-7 のコードと同じです。

サンプル 20-7：インラインでない JavaScript

```
<!DOCTYPE html>
<html>
    <head>
        <title>Non-inline JavaScript</title>
        <script src='OSC.js'></script>
    </head>
    <body>
        <img id='object' src='apple.png' />

        <script>
            O('object').onmouseover = function() { this.src = 'orange.png' }
            O('object').onmouseout  = function() { this.src = 'apple.png'  }
```

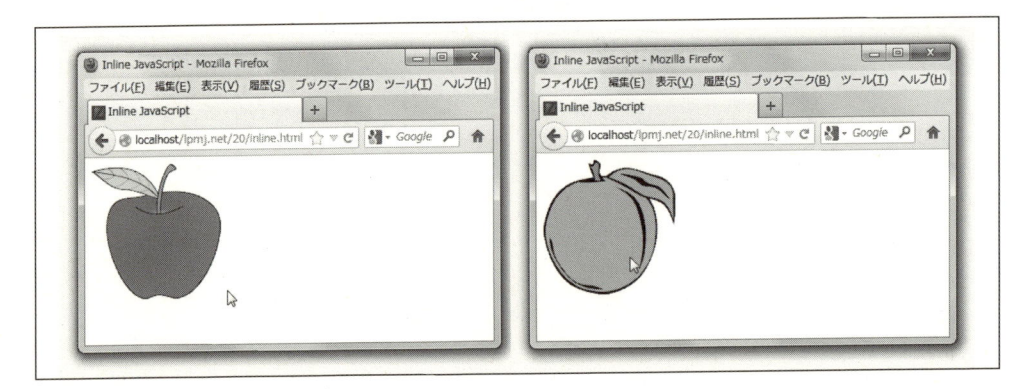

図 20-2：インラインでのマウスオーバーとマウスアウト

[†] 訳注：this が何を指しているかは、たとえば onmouseover="document.write(this)" のように、this を直接出力してみると見当がつきます。サンプル 20-6 の場合には [object HTMLImageElement] が表示されるので、イメージ要素だと推測できます。

サンプル 20-7：インラインでない JavaScript（続き）
```
        </script>
    </body>
</html>
```

このコードでは、HTML の `<img />` タグに object という ID をつけ、インラインでない操作部に移ってそこで、それぞれのイベントに無名関数を割り当てています[†]。

20.3.3　割り当てることのできるイベント

インライン JavaScript を使うにせよ、インラインでない分離した JavaScript を使うにせよ、アクションを割り当てることのできるイベントはいくつもあります。このようにすることで、多くの追加的な機能をユーザーに提供することが可能になります。表 20-2 はそのイベントの一覧で、合わせてイベントが発生するタイミング（いつそのイベントが引き起こされるか）も述べています。

表 20-2：イベントとそれが発生するタイミング

イベント	いつ発生するか
onabort	イメージの読み込みが完了前に中断したとき
onblur	要素がフォーカスを失ったとき
onchange	フォームのいずれかの部分に変更があったとき
onclick	オブジェクトがクリックされたとき
ondblclick	オブジェクトがダブルクリックされたとき
onerror	JavaScript エラーが発生したとき
onfocus	要素がフォーカスを得たとき
onkeydown	キーが押されているとき（Shift、Alt、Ctrl、Esc を含む）
onkeypress	キーが押されているとき（Shift、Alt、Ctrl、Esc を含まない）
onkeyup	キーが放されたとき
onload	オブジェクトがロードされたとき
onmousedown	マウスボタンが要素上で押されたとき
onmousemove	マウスが要素上を移動するとき
onmouseout	マウスが要素上から離れたとき
onmouseover	マウスが要素上をその外から通過したとき

[†] 訳注：O('object').onmouseover = function() { this.src = 'orange.png' } という 1 行は、次のように改行を加えると分かりやすくなるかもしれません。これは O('object') というオブジェクトの onmouseover プロパティに関数オブジェクトを割り当てるという意味です。なおここでも無名関数の中に document.write(this) を加えると、this は [object HTMLImageElement] を参照していることが分かります。

```
O('object').onmouseover = function() {
    this.src = 'orange.png'
}
```

表 20-2：イベントとそれが発生するタイミング（続き）

イベント	いつ発生するか
onmouseup	マウスボタンが放されたとき
onsubmit	フォームが送信されたとき
onreset	フォームがリセットされたとき
onresize	ブラウザの表示サイズが変更されたとき
onscroll	ドキュメントがスクロールされたとき
onselect	テキストが選択されたとき
onunload	ドキュメントが削除されたとき

> オブジェクトに割り当てるイベントは意味の通ったものを選ぶ必要があります。たとえばフォームでないオブジェクトはフォームの送信時に発生する onsubmit イベントには応答しません。

20.4 新しい要素の追加

JavaScript で操作できるのは、ドキュメントに HTML で提供された要素やオブジェクトだけではありません。オブジェクトは自由に作成して DOM に挿入できます。

たとえば新しい `<div>` 要素を追加したいとしましょう。サンプル 20-8 は、これを Web ページに追加する方法の 1 つです。

サンプル 20-8：要素を DOM に挿入する

```
<!DOCTYPE html>
<html lang="ja">
    <head>
        <meta charset="utf-8">
        <title> 要素の追加 </title>
        <script src='OSC.js'></script>
    </head>
    <body>
        このドキュメントにはこのテキストだけが含まれている。<br /><br />

        <script>
            alert(' 要素を追加するには [OK] をクリック ')

            newdiv    = document.createElement('div')
            newdiv.id = 'NewDiv'
            document.body.appendChild(newdiv)

            S(newdiv).border = 'solid 1px red'
            S(newdiv).width  = '100px'
            S(newdiv).height = '100px'
```

サンプル 20-8：要素を DOM に挿入する（続き）

```
            newdiv.innerHTML = " わたしは DOM に挿入された新しいオブジェクト "
            tmp              = newdiv.offsetTop

            alert(' 要素を削除するには [OK] をクリック ')
            newdiv.parentNode.removeChild(newdiv);
        </script>
    </body>
</html>
```

　ここではまず、document の createElement メソッドに作成する要素のタイプ（今の場合は div）を渡して新しい要素を作成し、その要素の追加先になる親要素から appendChild メソッドを呼び出して DOM に追加しています。その後行っているのは innerHTML プロパティを使ったテキストの代入など、いくつかのプロパティの設定です。そしてこの新しい要素がすぐに表示されるように、その offsetTop プロパティを使い捨ての変数 tmp に読み取っています。このようにすることで DOM を強制的にリフレッシュ（再構築）させることができ、特に Internet Explorer で発生する可能性のある表示の遅延を回避し、新しい要素がどのブラウザでも確実に表示されるようになります。図 20-3 はその結果です。

　この新しい要素は初めから元の HTML に含まれている要素とまったく変わらず、同じプロパティやメソッドを持っています。

　この新しい要素を作成するテクニックでは DOM 内に予備の <div> 要素をとっておく必要がないので、わたしはブラウザ内ポップアップウィンドウの作成によく使用します。

図 20-3：新しい要素を DOM に挿入した

20.4.1　要素の削除

要素はまた JavaScript から挿入した要素でなくても DOM から削除でき、追加よりも簡単です。これは次のコードのように動作します。ここではオブジェクト element が削除されます。

```
// 削除したい要素の親の removeChild を使って要素を削除する
element.parentNode.removeChild(element)
```

このコードでは、親ノードから要素を削除するために、要素の parentNode オブジェクトにアクセスし、親の removeChild メソッドに削除する要素を渡して呼び出しています。しかしすべてのブラウザで DOM を確実にリフレッシュさせるには、前述した1行は次の3行に置き換えた方がよいかもしれません。

```
pnode = element.parentNode
pnode.removeChild(element)
tmp = pnode.offsetTop
```

最初のステートメントでは、element.parentNode（削除するオブジェクトの親要素）を変数 pnode で参照して、2行目で子要素を削除してから、pnode の offsetTop を使い捨て用変数の tmp で読み取っています。このようにすることで DOM を完全にリフレッシュすることができます。

20.4.2　要素を追加し削除する別の方法

要素の挿入は Web ページにまったく新しいオブジェクトを追加するための方法ですが、onmouseover やそのほかのイベントの発生時にオブジェクトを隠したり表示したりすることが目的の場合には、それに適した CSS プロパティの存在を忘れてはいけません。DOM 要素の作成や消去といった"過激な"手段は必要ありません。

たとえば、要素を不可視にしてそのままそこに置いておきたい（そしてその要素の周りのすべての要素をそのままにしておきたい）ときには、次のようにただそのオブジェクトの visibility プロパティを 'hidden' に設定するだけです。

```
myobject.visibility = 'hidden'
```

そしてオブジェクトを再表示するときには、次のようにします。

```
myobject.visibility = 'visible'
```

要素はまた、ゼロの幅と高さを占めるようにたたむこともできます（周囲のオブジェクトは空いたスペースを埋めます）。

```
myobject.display = 'none'
```

要素を元のサイズに戻すときには、次のようにします。

```
myobject.display = 'block'
```

そしてもちろん、要素は必ず innerHTML プロパティを持っているので、これを使用すると要素に適用されている HTML を変更することができます。

```
// 要素の HTML を変更
myelment.innerHTML = '<b>置き換える HTML</b>'
```

また前に述べた O 関数を使って変更することもできます。

```
O('someid').innerHTML = ' 新しい内容 '
```

現れた要素を消すには次のようにします。

```
O('someid').innerHTML = ''
```

> JavaScript からはこのほかにもまだまだ多く存在する便利な CSS プロパティにアクセスできることを忘れてはいけません。たとえば、opacity プロパティはオブジェクトの可視性の切り替えに利用することができます。また width と height プロパティはサイズ変更に使用できます。そして 'absolute' や 'static'、'relative' に設定した position プロパティを使用すると、オブジェクトをブラウザのウィンドウの希望する場所（やその外）に置くことができます。

20.5　割り込みの使用

　JavaScript では割り込む方法が提供されています。これは、ブラウザに対して、一定時間の経過後にコードの呼び出しを求めたり、指定したインターバル（時間間隔）で呼び出しをつづけることのできる方法です。割り込みによって、Ajax コミュニケーションや Web 要素のアニメーションなどのバックグラウンド作業が処理できる手段を手に入れることができます。

　割り込みには setTimeout と setInterval 関数の 2 タイプがあり、それぞれに割り込みをオフにする clearTimeout と clearInterval 関数があります。

20.5.1　setTimeout の使用

　setTimeout を呼び出すときには、JavaScript コードか関数の名前と、ミリ秒単位の値を渡します。この数値は、コードを実行するまでどれだけの間待つかという時間です。

```
// 呼び出されたら、5 秒後に dothis 関数を呼び出す
setTimeout(dothis, 5000)
```

たとえば dothis には次のような関数が記述できます。

```
function dothis()
{
    alert(' 起きる時間ですよ！ ');
}
```

> 疑問に思われている方のために言うと、setTimeout に指定する関数には alert()（かっこつき）は使用できません。なぜならかっこつきで指定した関数はすぐに実行されるからです。関数名を安全に渡せるのは、かっこをつけずに関数名を与えたときだけで（たとえば alert）、それによってタイムアウトの発生時に関数のコードが実行されるようになります。

ストリングを渡す

関数に引数を渡す必要があるときには、setTimeout 関数にストリング値を渡すことができます。この方法でも、指定された時間がたつまで関数は呼び出されません。

```
setTimeout("alert(' ハロー！ ')", 5000)
```

また JavaScript ステートメントは、それぞれをセミコロンで区切ると、いくつでも指定することができます。

```
// 5 秒後に " 開始 " を書き込み、警告ボックスを表示する
setTimeout("document.write(' 開始 '); alert(' ハロー！ ')", 5000)
```

タイムアウトを繰り返す

プログラマーが割り込みを繰り返したいときに用いるテクニックの 1 つに、setTimeout を呼び出すコードで setTimeout を呼び出すという方法があります。次の例では際限のない警告ウィンドウのループが始まり、何度 [OK] ボタンをクリックしても 5 秒置きに表示されます。

```
setTimeout(dothis, 5000)
function dothis()
{
    setTimeout(dothis, 5000)
    alert(' あー、うっとおしい！ ')
}
```

20.5.2　タイムアウトのキャンセル

設定したタイムアウトは、setTimeout への最初の呼び出しから返される値を前もって保存していると、それを使ってキャンセルすることができます。

```
// setTimeout が返す値を変数に保持する
handle = setTimeout(dothis, 5000)
```

handleに保持した数値を使用すると、タイムアウトまでの好きなタイミングで割り込みをキャンセルすることができます。

```
// タイムアウトをキャンセル
clearTimeout(handle)
```

clearTimeout関数を呼び出すと、割り込みは完全に忘れ去られ、タイムアウトに割り当てたコードも実行されなくなります。

20.5.3　setIntervalの使用

一定間隔の割り込みを設定するもっと簡単な方法にsetIntervalの使用があります。この関数はsetTimeoutと同じように動作しますが、指定したミリ秒間隔で何度も何度も、それをキャンセルするまで無限に動作する点が異なります[†]。

サンプル20-9はこの関数を使って簡単な時計をブラウザ内に表示する例です。図20-4はその結果を示しています。

サンプル20-9：割り込みを使って作成した時計

```
<!DOCTYPE html>
<html>
    <head>
        <title>Using setInterval</title>
        <script src='OSC.js'></script>
    </head>
    <body>
        The time is: <span id='time'>00:00:00</span><br />

        <script>
            setInterval("showtime(O('time'))", 1000)

            function showtime(object)
            {
                var date = new Date()
                object.innerHTML = date.toTimeString().substr(0,8)
            }
        </script>
    </body>
</html>
```

[†] 訳注：ある時間経過後に1回だけ呼び出したい場合にはsetTimeoutが、一定間隔で何度も呼び出したい場合にはsetIntervalが適している、と言えます。

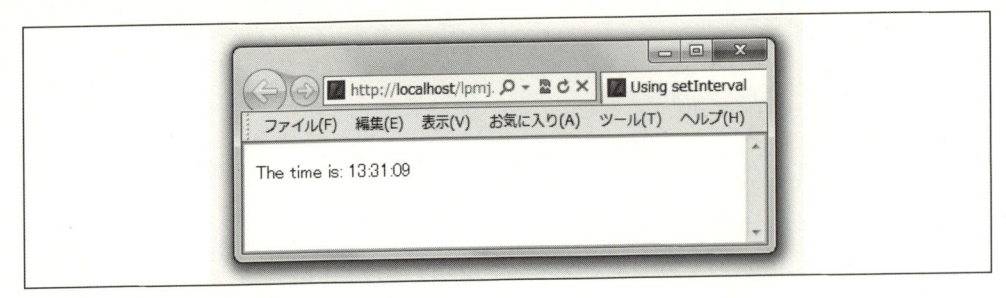

図20-4：割り込みを使って正確な時刻を維持する

showtime 関数は1秒おきに呼び出されそのたびに、Date への呼び出しを使って、オブジェクト date をその時点での日付けと時刻に設定します。

```
var date = new Date()
```

次いで現在時刻を HH:MM:SS の形式で表示します。そのためにはまず、date から toTimeString を呼び出します。このメソッドは "13:31:09 GMT+0900" といったストリングを返すので、これを substr(0,8) で処理して、最初の8文字に切り取ります（13:31:09 まで）。その結果を、showtime 関数に渡されたオブジェクト（object）の innerHTML プロパティに割り当てます。

```
object.innerHTML = date.toTimeString().substr(0,8)
```

showtime 関数の使い方

showtime 関数を使うには、まず時刻の表示に使用する innerHTML プロパティを持ったオブジェクトが必要です。

```
The time is: <span id='time'>00:00:00</span>
```

そして <script> タグ内のコードから、setInterval 関数を次のように呼び出します。

```
setInterval("showtime(O('time'))", 1000)
```

ここでは setInterval 関数の第1引数としてストリングを渡しています。これは1秒ごとに次のステートメントを実行します。

```
showtime(O('time'))
```

まれなケースではありますが、ユーザーの中には（セキュリティなどの理由から）ブラウザの JavaScript を無効にしている人もあります。その場合 JavaScript は実行されないので、ユーザーには元の 00:00:00 が表示されます。

インターバルのキャンセル

インターバルの繰り返しを停めるには、最初の setInterval 関数への呼び出しでインターバルを設定するときに、関数が返す値を次のようにメモしておく必要があります。

```
handle = setInterval("showtime(O('time'))", 1000)
```

すると時計は、次の呼び出しを発行することで、いつでも止めることができます。

```
clearInterval(handle)
```

また次のように setTimeout 関数を使用すると、一定時間の経過後に時計を停めるタイマーを設定することもできます。

```
setTimeout("clearInterval(handle)", 10000)
```

このステートメントは、インターバルの繰り返しをクリアする割り込みを 10 秒（10,000 ミリ秒）後に発行します。

20.5.4 割り込みを使ったアニメーション

CSS プロパティと割り込みの繰り返しを組み合わせると、さまざまなアニメーションやエフェクトを生み出すことができます。

サンプル 20-10 のコードでは、矩形シェイプを拡大させながら右に移動させ、ある制限を超えたらサイズと位置をリセットすることで、何度も繰り返されるアニメーションを生み出しています（図 20-5 参照）。

サンプル 20-10：簡単なアニメーション

```
<!DOCTYPE html>
<html>
    <head>
        <title>Simple Animation</title>
        <script src='OSC.js'></script>
        <style>
            #box {
            position   :absolute;
            background:orange;
            border     :1px solid red; }
        </style>
    </head>
    <body>
        <div id='box'></div>

        <script>
            SIZE = LEFT = 0
```

サンプル 20-10：簡単なアニメーション（続き）
```
            setInterval(animate, 30)

            function animate()
            {
                SIZE += 10
                LEFT += 3

                if (SIZE == 200) SIZE = 0
                if (LEFT == 600) LEFT = 0

                S('box').width  = SIZE + 'px'
                S('box').height = SIZE + 'px'
                S('box').left   = LEFT + 'px'
            }
        </script>
    </body>
</html>
```

ドキュメントの <head> では、box オブジェクトの background 値を orange に、border 値を 1px solid red に設定しています。また position プロパティを absolute にして、ブラウザのウィンドウ内を移動できるようにしています（デフォルトの static では位置が変わりません）。

animate 関数では、グローバル変数の SIZE と LEFT をひっきりなしに更新して、box オブジェクトのスタイル属性の width と height、left にその値を代入しています（SIZE と LEFT の後に 'px' を加えると、値をピクセルの単位で指定することができます）。animate 関数は setInterval 関数の呼び出しにより、30 ミリ秒に 1 回の頻度で呼び出されるので、アニメーションして見えるようになります。この比率は 1000/30 ミ

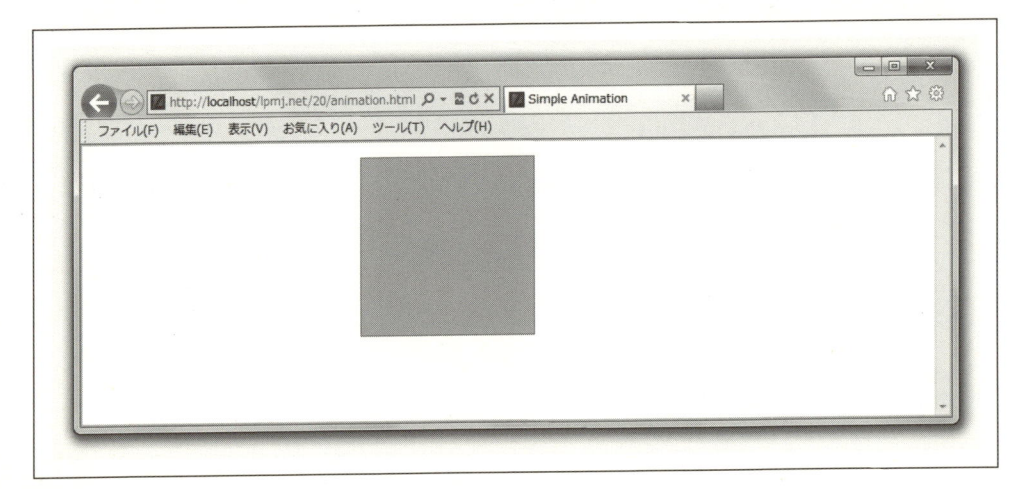

図 20-5：左から右に、サイズを変えながら移動するオブジェクト

リ秒なので、33.33fps（フレーム / 秒）に当たります[†]。

　以上で本書で取り上げるトピックはすべて終了です。みなさんには一人前のWebデベロッパーになるための知識が十分身についているはずです。しかしわたしは本書を終えるに当たって、次の最後の章で、ここまで取り上げてきたさまざまなトピックを1つのプロジェクトに凝縮したいと思います。その作業を通してみなさんは、本書で学んだすべてのテクノロジーを連携させ1つにまとめ上げる方法を学ぶことができます。

20.6　確認テスト

1. OとS、C関数はそれぞれどのような機能を提供する関数ですか？
2. オブジェクトのCSS属性を変更する2つの方法とは具体的にどのような方法ですか？
3. ブラウザのウィンドウの幅と高さを得ることのできるプロパティは？
4. マウスポインタがオブジェクトに重なったときとそこから出たときに何かを行うにはどのようにしますか？
5. 新しい要素を作成するときと、それをDOMに追加するときにはJavaScriptの何というメソッドを使用しますか？
6. 要素を不可視にするには、またゼロのサイズにたたむにはどのようにしますか？
7. ある時間の経過後に1つの事柄を起こさせるには何という関数を使用しますか？
8. ある一定の間隔で繰り返し同じ事柄を起こさせるには何という関数を設定しますか？
9. Webページの要素をその場所から解放し、移動できるようにするにはどのようにしますか？
10. 50fpsのフレームレートのアニメーションを実現するには、どれだけの遅延（ミリ秒単位）を設定する必要がありますか？

テストの模範解答は付録Aに記載しています。

[†] 訳注：30ミリ秒に1回という割合を1秒間の回数に換算するには、30 : 1 = 1000 : X という比例式を計算します。外側の積と内側の積は等しいので、30X = 1000 となり、X は 1000/30 を計算すると求めることができます。fpsはフレームレートと呼ばれる数値の単位で、1秒間に何回画面を書き換えるかを表します。

21章
総まとめ

　ダイナミックなWebプログラミングの方法と理由、目的を学ぶみなさんの旅もいよいよ終わりです。本章ではみなさんがかぶりつきになるようなサンプルを示して、本書を締めくくることにしましょう。これは一般に期待される機能を持ったソーシャルネットワーキングプロジェクトですが、実際には複数のサンプルの集まりです。

　プロジェクトのさまざまなファイルの中には、MySQLテーブルの作成やデータベースへのアクセス、CSSスタイルシート、ファイルのインクルード、セッション管理、DOMアクセス、Ajax呼び出し、イベントやエラーの処理、ファイルアップロード、イメージ操作といった多くのサンプルが含まれています。

　それぞれのサンプルファイルは単体でも動作しますが、ほかのサンプルと連携させて完全に機能するソーシャルネットワーキングサイトを構築することも可能です。その際にはプロジェクトに含まれるスタイルシートに手を加え、プロジェクトのルック＆フィール（見映えと操作感）をすっかり変えてしまうこともできます。プロジェクト自体は小さく軽量なので、とりわけスマートフォンやタブレットなどのモバイルプラットフォームに適していますが、もちろんデスクトップコンピュータ上でも同様の機能を発揮します。

　プロジェクトのコードはどこでも取り出してそれを使用し拡張することができます。コードのどの部分が自分の目的に合っているかを判断するのはみなさん自身です。みなさんが今後、ソーシャルネットワーキングサイトを自分で作成しようとするときには、このプロジェクトのファイルが多いに参考になることでしょう。

21.1　ソーシャルネットワーキングの設計

　早速コードの記述に入りたいところですが、その前にわたしは机の前に座り、このサイトに必要なものについてじっくりと考えました。

- メンバー登録のできるサインアップ処理
- メンバーがログインするログインフォーム
- メンバーがログアウトするログアウト機能
- セッション管理

- メンバーがアップロードしたサムネイルつきのユーザープロファイルの表示
- メンバー一覧を表示する機能
- メンバーを友達に追加する機能
- メンバー間での、パブリックとプライベート両方のメッセージのやりとり
- プロジェクトのスタイリング

わたしはプロジェクトの名前をRobin's Nestにしましたが、みなさんが自分で選んだ名前に変えるときには、functions.phpに含まれる1行だけを変更する必要があります。

21.2 Webサイトについて

本章のサンプルはすべて、本書のコンパニオンWebサイト（http://lpmj.net/）にあります。サンプルをコンピュータにダウンロードするには、ページ上部にある [Download 2nd Ed. Examples] リンクをクリックします。これにより 2nd_edition_examples.zip という名前のファイルがダウンロードできるので、それを展開しコンピュータの適切な場所に配置します。

本章のサンプルは robinsnest フォルダにあり、このサンプルアプリケーションで必要な適切なファイル名がつけられているので、このフォルダをみなさんのWeb開発フォルダにコピーするだけで、このサンプルを試すことができます。

21.3 functions.php

ではプロジェクトの中身を詳しく見ていきましょう。最初は主要関数のインクルードファイル（よく使用する関数などをまとめて独立させたファイル）のfunctions.phpです（サンプル21-1参照）。とは言え、データベースのログインに必要な専用ファイルは作成しないことにしたので、この中にはそれに関する情報も含まれています。

コードの初めの方では、使用するデータベースのホストとデータベース名、ユーザー名、パスワードを定義しています。データベースの名前は、それがすでに存在している限り、何でもかまいません（新しいデータベースの作成方法については8章を参照）。また $dbuser と $dbpass には MySQL のユーザー名とパスワードを正しく割り当ててください。適切な値が与えられていれば、後の2行で MySQL への接続が開かれ、データベースが選択されます。$appname = "Robin's Nest"; の行は、このソーシャルネットワーキングサイトの名前の設定で、変数 $appname に代入した値がこのサイトの名前になります。名前を変更したい場合には、この値を変えます。

21.3.1 プロジェクトで使用する主要関数

このプロジェクトでは次の5つの主要関数を使用します。

createTable
テーブルがすでに存在しているかどうかを調べ、存在していないならそれを作成します。

queryMysql
: クエリを MySQL に発行し、失敗した場合にはエラーメッセージを出力します。

destroySession
: PHP セッションを破棄し、セッションデータを消去してユーザーの追跡を止めます。

sanitizeString
: 悪意のあるコードやタグをユーザー入力から取り除きます。

showProfile
: ユーザーの画像と "about me" メッセージ（自己紹介）が投稿されている場合、それを表示します。

　これらの関数の具体的な動作は今のみなさんならもうお分かりでしょうが、例外があるとしたら最後の showProfile です。この関数は *<user>.jpg*（<user> はカレントユーザーのユーザー名です）という名前のイメージファイルを探して、存在するならそれを表示します。またユーザーが "about me" テキストを保存している場合にはそれを表示します。

　これらの関数ではすべて必要なエラー処理を行っているので、入力ミスやそのほかのエラーは関数がすべてキャッチし、エラーメッセージを生成します。しかしみなさんが実際のサーバーでこのコードを使用される場合には、みなさん独自のエラー処理ルーチンを作成し、もっとユーザーフレンドリーなコードにした方がよいでしょう。

　サンプル 21-1 を入力し、functions.php をいう名前で保存します（またはコンパニオン Web サイトからダウンロードしたものを使用します）†。そこまで済んだら次へ進みましょう。

サンプル 21-1：functions.php

```
<?php // functions.php
$dbhost  = 'localhost';    // この変数はこのままでしょう。
$dbname  = 'rndata';       // これらの4つの変数は ...
$dbuser  = 'robinsnest';   // ... みなさんのインストール環境や
$dbpass  = 'rnpassword';   // ... 好みに応じて
$appname = "Robin's Nest"; // ... 変更してください

mysql_connect($dbhost, $dbuser, $dbpass) or die(mysql_error());
mysql_select_db($dbname) or die(mysql_error());

function createTable($name, $query)
{
    queryMysql("CREATE TABLE IF NOT EXISTS $name($query)");
    echo "Table '$name' created or already exists.<br />";
}
```

---

† 訳注：ダウンロードした functions.php ファイルの最後で、left が一重引用符で囲まれていない場合には、次のようにそれを囲んでください。<br clear='left'/>

サンプル 21-1：functions.php（続き）

```
function queryMysql($query)
{
    $result = mysql_query($query) or die(mysql_error());
     return $result;
}

function destroySession()
{
    $_SESSION=array();

    if (session_id() != "" || isset($_COOKIE[session_name()]))
        setcookie(session_name(), '', time()-2592000, '/');

    session_destroy();
}

function sanitizeString($var)
{
    $var = strip_tags($var);
    $var = htmlentities($var);
    $var = stripslashes($var);
    return mysql_real_escape_string($var);
}

function showProfile($user)
{
    if (file_exists("$user.jpg"))
        echo "<img src='$user.jpg' align='left' />";

    $result = queryMysql("SELECT * FROM profiles WHERE user='$user'");

    if (mysql_num_rows($result))
    {
        $row = mysql_fetch_row($result);
        echo stripslashes($row[1]) . "<br clear='left' /><br />";
    }
}
?>
```

21.4　header.php

サイトのページに統一性を持たせようとすると、プロジェクトの各ページから同じ機能セットにアクセスできるようにする必要があります。わたしはそれを header.php に置くことにしました（サンプル 21-2 参照）。header.php は実際にはほかのファイルによってインクルードされ、また functions.php をインクルードするファイルです。これは、各ファイルでは 1 つの include で済む（header.php をインクルードするだ

けでよい）ということを意味します。

　header.php は session_start 関数の呼び出しからスタートします。12 章で学んだように、これは異なる PHP ファイルの間で保持しておきたい値を覚えておくセッションを開始する関数です。次いで、ドキュメントタイプを設定し、20 章で紹介した JavaScript 関数の O と S、C を OSC.js ファイルから読み込んでいます。

　セッションの開始後、プログラムではセッション変数 'user' に今、値が代入されているかどうかを調べ、代入されている場合には、ユーザーはログインしていることになるので、変数 $loggedin を TRUE に設定します。

　その後の if ブロックでは、この $loggedin の値にもとづいて、2 種類あるメニューのどちらかを表示します。ログインしていないメニューでは、[Home] と [Sign up]、[Log in] リンクを表示するだけですが、ログインしているメニューからは、このプロジェクトのフル機能にアクセスできます。またログインしている場合には、そのユーザー名をかっこつきで追加しページタイトルに、ヘッダに置いています。変数 $user は、ユーザーがログインしていない場合空で、出力にまったく影響しないので、この変数はユーザー名を使用したい場所で自由に参照することができます。

　このファイルには styles.css のスタイルを適用しています（本章の最後で詳しく見ていきます）。このスタイルで特徴的なのは、着色した幅の広い見出しを作成し、リンクボタンを角丸に変えることです。

サンプル 21-2：header.php

```php
<?php
session_start();
echo "<!DOCTYPE html>\n<html><head><script src='OSC.js'></script>";
include 'functions.php';

$userstr = ' (Guest)';

if (isset($_SESSION['user']))
{
    $user     = $_SESSION['user'];
    $loggedin = TRUE;
    $userstr  = " ($user)";
}
else $loggedin = FALSE;

echo "<title>$appname$userstr</title><link rel='stylesheet' " .
     "href='styles.css' type='text/css' />" .
     "</head><body><div class='appname'>$appname$userstr</div>";

if ($loggedin)
{
    echo "<br ><ul class='menu'>" .
         "<li><a href='members.php?view=$user'>Home</a></li>" .
         "<li><a href='members.php'>Members</a></li>" .
```

サンプル 21-2：header.php（続き）

```
            "<li><a href='friends.php'>Friends</a></li>" .
            "<li><a href='messages.php'>Messages</a></li>" .
            "<li><a href='profile.php'>Edit Profile</a></li>" .
            "<li><a href='logout.php'>Log out</a></li></ul><br />";
    }
    else
    {
        echo ("<br /><ul class='menu'>" .
            "<li><a href='index.php'>Home</a></li>" .
            "<li><a href='signup.php'>Sign up</a></li>" .
            "<li><a href='login.php'>Log in</a></li></ul><br />" .
            "<span class='info'>&#8658; You must be logged in to " .
            "view this page.</span><br /><br />");
    }
?>
```

> このサンプルで見られるような
 タグの使い方は、ページレイアウトにスペースを作るための一時しのぎの方法です。今の場合にはうまく動作しますが、通常は CSS のマージンを使って、要素の周囲の空きをきちんと調整した方がよいでしょう。

21.5　setup.php

ここまでインクルードされる 2 つのファイルを見てきたので、次はこれらが使用する MySQL テーブルの設定を見ていきましょう。これはサンプル 21-3 の setup.php が行います。このファイルは正しく入力し、ほかのファイルを呼び出す前にブラウザにロードしておく必要があります。そうしないと非常にたくさんの MySQL エラーに見舞われることになります。

作成するテーブルは短く簡潔で、次の名前と列を持っています。

members
　　ユーザー名用の user（インデックス化）とパスワード用の pass

messages
　　ID 用の id（インデックス化）と作成者用の auth（インデックス化）、受信者用の recip、メッセージのタイプ用の pm、メッセージ用の message

friends
　　ユーザー名用の user（インデックス化）と友人のユーザー名用の friend

profiles
　　ユーザー名用の user（インデックス化）と "about me" テキスト

すでに説明した関数 createTable ではまず、指定されたテーブルが存在するかどうかをチェックするの

で、プログラムではエラーを発生させることなく安全に、この関数を何度も呼び出すことができます。

　みなさんは今後このプロジェクトを拡張しようとする場合、これらのテーブルにもっと多くの列を追加することになるでしょう。そのときには、テーブルを再作成する前に、MySQLのDROM TABLEコマンドを発行する必要があるかもしれません。

サンプル 21-3：setup.php

```
<html><head><title>Setting up database</title></head><body>

<h3>Setting up...</h3>

<?php
include_once 'functions.php';

createTable('members',
           'user VARCHAR(16),
            pass VARCHAR(16),
            INDEX(user(6))');

createTable('messages',
           'id INT UNSIGNED AUTO_INCREMENT PRIMARY KEY,
            auth VARCHAR(16),
            recip VARCHAR(16),
            pm CHAR(1),
            time INT UNSIGNED,
            message VARCHAR(4096),
            INDEX(auth(6)),
            INDEX(recip(6))');

createTable('friends',
           'user VARCHAR(16),
            friend VARCHAR(16),
            INDEX(user(6)),
            INDEX(friend(6))');

createTable('profiles',
           'user VARCHAR(16),
            text VARCHAR(4096),
            INDEX(user(6))');
?>

<br />...done.
</body></html>
```

21.6 index.php

これは小さなファイルですが、何と言ってもプロジェクトのホームページなので欠かすことはできません。このファイルの仕事は単純な Welcome メッセージの表示です。最終アプリケーションでは、ここがこのサイトを売り込み、訪問者にサインアップを訴求する場所になります。

　MySQL テーブルを作成し、インクルードファイルを保存したら、サンプル 21-4 の index.php をブラウザに読み込むことができます[†]。するとこの新しいアプリケーションが図 21-1 に示すように初お目見えします。

サンプル 21-4：index.php

```php
<?php
include_once 'header.php';

echo "<br /><span class='main'>Welcome to Robin's Nest,";

if ($loggedin) echo " $user, you are logged in.";
else           echo ' please sign up and/or log in to join in.';

?>

</span><br /><br /></body></html>
```

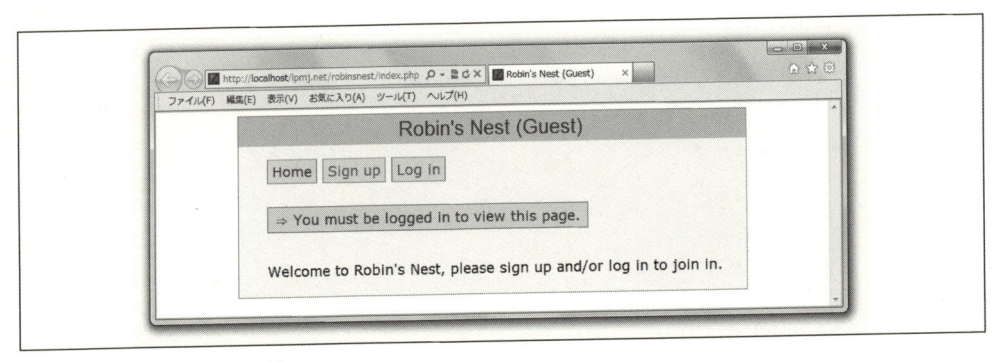

図 21-1：サイトのメインページ

[†] 訳注：index.php でページが表示できるまでの具体的な手順は次のようになります。データベース名やユーザー名、パスワードはサンプル 21-1 のものを使っています。

1. コマンドプロンプトでデータベースを作成し、それにアクセスできるユーザーを作成します。

   ```
   mysql -u root -p
   CREATE DATABASE rndata;
   USE rndata;
   GRANT ALL ON rndata.* TO 'robinsnest'@'localhost' IDENTIFIED BY 'rnpassword';
   ```

2. ブラウザから setup.php を呼び出し（たとえば http://localhost/lpmj.net/robinsnest/setup.php）、4 つのテーブルを作成します。

3. ブラウザから index.php を開きます。

21.7 signup.php

次は、ユーザーがこの新しいネットワークに参加できるようにするモジュールが必要です。これはサンプル 21-5 に示す signup.php です。少し長いプログラムですが、内容はすべてこれまでに見てきたものばかりです。

まずは、HTML の最後のブロックを見てください（70 行めほどにある echo <<<_END の下）。これは、ユーザー名とパスワードが入力できる簡単なフォームですが、空の <span> 要素に 'info' という ID を与えている点に注目してください。この <span> は、ユーザーが希望するユーザー名が使えるかどうかを調べる Ajax 呼び出しの目的地になります。Ajax の動作については 17 章を参照してください。

21.7.1 ユーザー名の可用性のチェック

ではプログラムの最初に戻りましょう。checkUser 関数の定義から始まる JavaScript のブロックがあります。この関数は、上記フォームのユーザー名フィールド（user）からフォーカスがなくなったときに発生する JavaScript の onblur イベントで呼び出されます。ここではまず user フィールドに値がない場合には、先ほど述べた ID が 'info' の <span> の内容を空のストリングに設定します。これにより前の値がクリアされます。

user フィールドに値があるときには、そのユーザー名が使用可能かどうかを報告する checkuser.php への要求を作成します。この Ajax 呼び出しから返された結果が 'info' の <span> に入ります[†]。

Ajax 処理に関する JavaScript コードの後には、16 章のフォーム検証で見た PHP コードがつづいています。ここでは functions.php の sanitizeString 関数を使って、データベースでユーザー名を探す前に、悪意が含まれている可能性のある文字を削除しています。渡されたユーザー名が使用可能な場合には、そのユーザー名 $user とパスワード $pass を members テーブルに挿入します。

サインアップに成功すると、ユーザーにはログインをうながす文字が表示されます。このときにはもっと応答の流れをスムーズにして新しいユーザーを自動的にログインさせることもできますが、コードがサンプルとして分かりづらく複雑になってしまうので、ここではサインアップとログインのモジュールを別々にする方法を取っています。しかしこの自動ログインの実装はみなさんならさほど難しくなく実現できるでしょう。

フォームフィールドには CSS の fieldname クラスを適用し、"Username" と "Password"、[Sign up] ボタンの左の空きや、後につづく項目が縦と横にうまく揃うようにしています（.fieldname { float:left; width:120px; }）。このプログラムをブラウザに読み込み、この後見て行く checkuser.php と合わせて使用すると、図 21-2 のように表示されます。ここでは、ユーザー名 Robin が、Ajax 呼び出しによって使用可能だと判断されていることが分かります。パスワードフィールドに入力された文字をすべてアスタリスク（*）で表示したい場合には、入力タイプを text から password に変更します（input type='password'）。

[†] 訳注：onblur イベントと Ajax 呼び出しを併用するということは、ユーザーがユーザー名を入力し、パスワードの入力に移った時点で、onblur イベントによって Ajax 呼び出しが行われ、ユーザーがパスワードを入力している間にも、ユーザー名の可用性の結果が 'info' の <span> に表示される、ということで、非常に気の利いた仕様です。

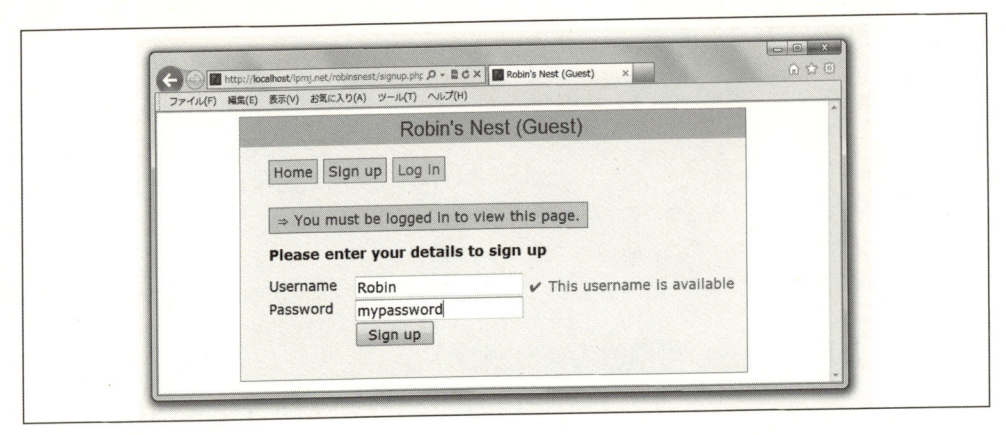

図21-2：サインアップページ

サンプル21-5：signup.php

```
<?php
include_once 'header.php';

echo <<<_END
<script>
function checkUser(user)
{
    if (user.value == '')
    {
        O('info').innerHTML = ''
        return
    }

    params  = "user=" + user.value
    request = new ajaxRequest()
    request.open("POST", "checkuser.php", true)
    request.setRequestHeader("Content-type", "application/x-www-form-urlencoded")
    request.setRequestHeader("Content-length", params.length)
    request.setRequestHeader("Connection", "close")

    request.onreadystatechange = function()
    {
        if (this.readyState == 4)
            if (this.status == 200)
                if (this.responseText != null)
                    O('info').innerHTML = this.responseText
    }
    request.send(params)
}
```

サンプル 21-5：signup.php（続き）

```
    function ajaxRequest()
    {
        try { var request = new XMLHttpRequest() }
        catch(e1) {
            try { request = new ActiveXObject("Msxml2.XMLHTTP") }
            catch(e2) {
                try { request = new ActiveXObject("Microsoft.XMLHTTP") }
                catch(e3) {
                    request = false
        } } }
        return request
    }
    </script>
    <div class='main'><h3>Please enter your details to sign up</h3>
_END;

$error = $user = $pass = "";
if (isset($_SESSION['user'])) destroySession();

if (isset($_POST['user']))
{
    $user = sanitizeString($_POST['user']);
    $pass = sanitizeString($_POST['pass']);

    if ($user == "" || $pass == "")
        $error = "Not all fields were entered<br /><br />";
    else
    {
        if (mysql_num_rows(queryMysql("SELECT * FROM members
            WHERE user='$user'")))
                $error = "That username already exists<br /><br />";
        else
          {
            queryMysql("INSERT INTO members VALUES('$user', '$pass')");
            die("<h4>Account created</h4>Please Log in.<br /><br />");
          }
    }
}

echo <<<_END
<form method='post' action='signup.php'>$error
<span class='fieldname'>Username</span>
<input type='text' maxlength='16' name='user' value='$user'
    onblur='checkUser(this)'/><span id='info'></span><br />
<span class='fieldname'>Password</span>
```

サンプル 21-5：signup.php（続き）

```
    <input type='text' maxlength='16' name='pass'
       value='$pass' /><br />
_END;
?>

<span class='fieldname'> </span>
<input type='submit' value='Sign up' />
</form></div><br /></body></html>
```

> ここでは本書の紙幅の制約と簡潔性の理由から、パスワードが丸見えになっていますが、実際に運用するサーバーではこのような状態で扱ってはいけません。パスワードは塩漬けし、MD5 やそのほかの一方向ハッシュストリングとして保持すべきです。その方法に関する詳細は 12 章を参照してください。

21.8　checkuser.php

次は signup.php で使用する、サンプル 21-6 の checkuser.php です。このプログラムはユーザー名をデータベースで調べ、それがすでに使われているか、使用可能なユーザー名であるかを示すストリングを返します。

このプログラムでは sanitizeString 関数と queryMysql 関数を利用するので、まず初めに functions.php をインクルードする必要があります。そして $_POST 変数の 'user' が値を持っている場合には、それをデータベースに照会し、ユーザー名として存在しているかどうかに応じて、"Sorry, this username is taken"（ユーザー名は使われている）か "This username is available"（使用可能）かを出力します。結果の行数を返す mysql_num_rows 関数はユーザー名が存在しない場合には 0 を、存在する場合には 1 を返すので、ここで得たい結果としてはこの関数で十分です。

HTML エンティティの #x2718;（✘）と #x2714;（✔）は、ストリングの前に置いて、使用不可を示すバツマークと使用可を示すチェックマークとして使用できます。

サンプル 21-6：checkuser.php

```
<?php
include_once 'functions.php';

if (isset($_POST['user']))
{
    $user = sanitizeString($_POST['user']);

    if (mysql_num_rows(queryMysql("SELECT * FROM members
       WHERE user='$user'")))
         echo  "<span class='taken'> &#x2718; " .
               "Sorry, this username is taken</span>";
    else echo "<span class='available'> &#x2714; " .
              "This username is available</span>";
```

サンプル 21-6：checkuser.php（続き）

```
    }
?>
```

21.9　login.php

サインアップ可能なユーザーには、サンプル 21-7 の login.php のコードからサイトにログインできるようにする必要があります。サインアップページと同様、login.php も簡単な HTML フォームと基本的なエラーチェック機能を備え、また MySQL データベースへクエリを発行する前に sanitizeString 関数でサニタイズしています。

　login.php で何より注目すべきなのは、ユーザー名とパスワードの検証後、セッション変数の 'user' と 'pass' に、そのユーザー名の値とパスワードの値を与えている点です。現行セッションがアクティブである限り、これらの値にはプロジェクトのすべてのプログラムからアクセスでき、プログラムではログインしたユーザーへのアクセスを自動的に提供できるようになります。

```
$_SESSION['user'] = $user;
$_SESSION['pass'] = $pass;
```

　またログインに成功したときの die 関数の使用に興味を持たれた方もいらっしゃるでしょう。これをここに記述しているのは echo と exit コマンドを 1 回で発行するためで（die はメッセージを出力してスクリプトを強制終了します）、コードを 1 行減らすことができます。スタイルに関して言うと（ほかのファイルでもそうですが）、main クラス（.main { margin-left:40px; }）を適用して、コンテンツの左にスペースを作っています。

　ブラウザからこのプログラムを呼び出すと、図 21-3 のように表示されます（ここではすでに入力を済ませていますが）。パスワードフィールドの type 属性には 'password' を指定しているので、パスワードの文字は代わりにアスタリスクで表示されます。入力しようとするユーザーの脇から誰かがのぞき込んでいても平気です。

サンプル 21-7：login.php

```
<?php
include_once 'header.php';
echo "<div class='main'><h3>Please enter your details to log in</h3>";
$error = $user = $pass = "";

if (isset($_POST['user']))
{
    $user = sanitizeString($_POST['user']);
    $pass = sanitizeString($_POST['pass']);

    if ($user == "" || $pass == "")
    {
        $error = "Not all fields were entered<br />";
```

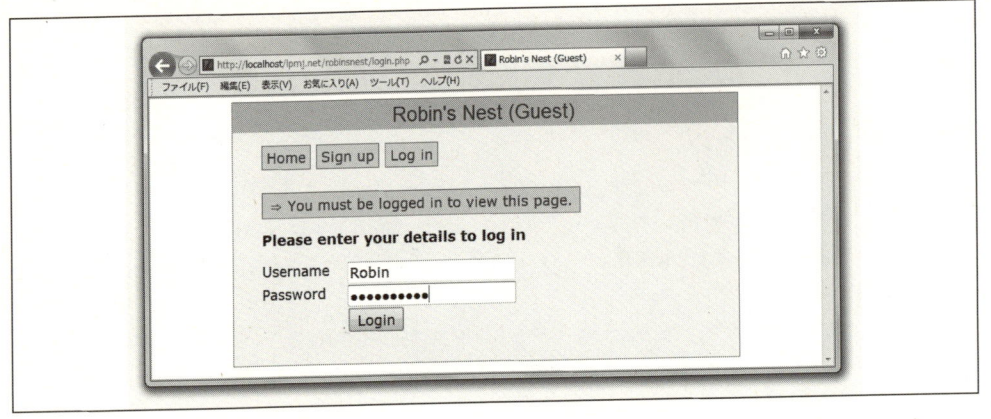

図21-3：ログインページ

サンプル21-7：login.php（続き）

```
    }
    else
    {
        $query = "SELECT user,pass FROM members
            WHERE user='$user' AND pass='$pass'";

        if (mysql_num_rows(queryMysql($query)) == 0)
        {
            $error = "<span class='error'>Username/Password
                invalid</span><br /><br />";
        }
        else
        {
            $_SESSION['user'] = $user;
            $_SESSION['pass'] = $pass;
            die("You are now logged in. Please <a href='members.php?view=$user'>" .
                "click here</a> to continue.<br /><br />");
        }
    }
}

echo <<<_END
<form method='post' action='login.php'>$error
<span class='fieldname'>Username</span><input type='text'
    maxlength='16' name='user' value='$user' /><br />
<span class='fieldname'>Password</span><input type='password'
    maxlength='16' name='pass' value='$pass' />
_END;
?>
```

サンプル 21-7：login.php（続き）

```
<br />
<span class='fieldname'> </span>
<input type='submit' value='Login' />
</form><br /></div></body></html>
```

21.10　profile.php

サインアップを済ませログインした新しいユーザーが次に行いたいのは、プロフィールの作成かもしれません。これはサンプル 21-8 の profile.php で行うことができます。ここにはイメージのアップロードやサイズ変更、シャープ化といったみなさんが興味を持たれるような作業が含まれています。

まず、コードの終わりの HTML を見てください。これは前に見たフォームと似ていますが、enctype='multipart/form-data' というパラメータを持っています。この指定によって、1 度に複数のデータタイプが送信できるようになり、イメージがテキストといっしょにポストできるようになります。また type 属性を 'file' に指定することで、ユーザーがアップロードするファイルを選択できる [参照] ボタンが作成されます。

このフォームの action 属性にはこの PHP ファイル自体を指定しているので、フォームの送信時にはこのプログラムがコードの最初から実行されます。ここでまず行っているのは、ユーザーがログインしているユーザーかどうかの確認です。プログラムはユーザーがログインしている場合のみ先に進み、ページの見出しを表示します。

21.10.1　"about me" テキストの追加

次いで、プログラムにテキストがポストされたかどうかを POST 変数の 'text' で調べます。ポストされている場合には、それをサニタイズし、連続する長いホワイトスペース（リターンやラインフィードも含む）を 1 つのスペースに置き換えます。ここでは 2 重のセキュリティチェックを取り入れ、ユーザーがデータベースに実際に存在し、ハッキングを試みていない場合のみ、テキストのデータベースへの挿入は成功します。そしてこのテキストがユーザーの自己紹介文（"about me"）になります。

テキストがポストされていない場合には、前にポストされたテキストがないかどうかを MySQL に問い合わせ、存在する場合にはユーザーがそれを編集できるように textarea に表示します。

21.10.2　プロファイル用イメージの追加

次は、$_FILES システム変数を使って、イメージファイルがアップロードされたかどうかをで調べるコードです。アップロードされている場合には、ユーザー名に拡張子 .jpg を加えた値を $saveto という名前のストリング用変数に設定します。ユーザー名がたとえば Jill の場合には、$saveto は値 Jill.jpg になります。アップロードされたファイルはこの名前で保存し、ユーザープロファイルに使用します。

その後はアップロードされたイメージのタイプを調べています。受け取るのは JPEG と PNG、GIF イメージです。それ以外のタイプのイメージの場合には、フラグ変数の $typeok を FALSE に設定して、イメージの最終処理を回避します。受け取り可能なイメージの場合には、各種イメージに対応する imagecreatefrom 関数を使って、変数 $src にその参照を割り当てます。これは PHP で処理することのでき

る生のデータです。

21.10.3 イメージ処理

変数 $typeok が TRUE の場合にはイメージの具体的な加工に入ります。まず次のステートメントを使って、$w と $h にイメージの幅と高さを保持します。getimagesize に対して list をこのように使う方法は、配列の値を個々の変数に割り当てる手早い方法です。

```
list($w, $h) = getimagesize($saveto);
```

元のイメージの幅か高さが 100 より大きい場合には、値 100 を代入した変数 $max を使って、作成する新しいイメージが 100 を超えない範囲で縦横比率を変えないように計算し、その結果を変数 $tw（幅）と $th（高さ）に代入しています。表示するサムネイルを 100 より小さくまたは大きくしたい場合には、$max に割り当てる数値を変更します。

そして imagecreatetruecolor 関数を呼び出して、幅が $tw、高さが $h の空のキャンバスを $tmp に新たに作成し、imagecopyresampled 関数を使って $src のイメージを再サンプリングし $tmp にコピーします。イメージの再サンプリングは時々ぼけることがあるので、つづけて imageconvolution 関数を使ってイメージを少しシャープにしています。

最後にイメージを JPEG ファイルとして、変数 $saveto で定義された場所に保存してから、元のイメージキャンバスとサイズ変更したイメージキャンバスを imagedestroy 関数を使ってメモリから削除します。これによりそれまでキャンバス用に使用していたメモリが解放されます。

21.10.4 現在のプロファイルの表示

profile.php では HTML を出力する前、functions.php にある showProfile を呼び出しています。これはユーザーが編集前、今のプロファイルを確認できるようにするための関数です。まだプロファイルがない場合には何も表示しません。

プロファイルのイメージが表示されるときには、styles.css の img で定義している境界とシャドウ、右へのマージンの CSS を適用し、プロファイルのテキストと区別できるようにしています。

図 21-4 はサンプル 21-8 をブラウザにロードして必要な操作を行った結果です。このページで "about me" テキストを入力し、[参照] ボタンをクリックしてプロフィールイメージをアップロードしてから [Save Profile] ボタンをクリックします。テキストエリアには "about me" テキストが表示されているのが分かります。

サンプル 21-8：profile.php

```
<?php
include_once 'header.php';

if (!$loggedin) die();

echo "<div class='main'><h3>Your Profile</h3>";
```

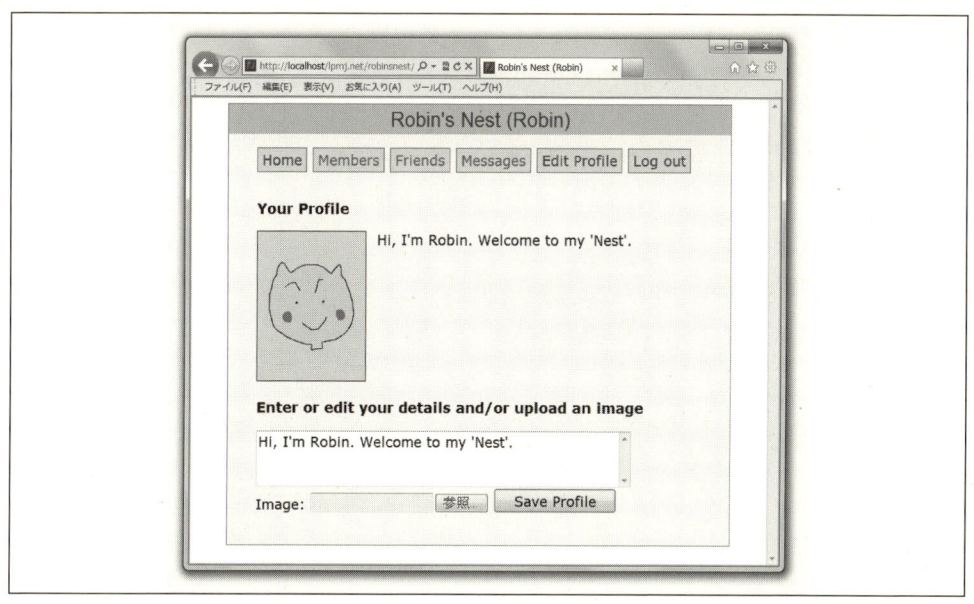

図 21-4：ユーザープロファイルの編集

サンプル 21-8：profile.php（続き）

```
    if (isset($_POST['text']))
    {
        $text = sanitizeString($_POST['text']);
        $text = preg_replace('/\s\s+/', ' ', $text);

        if (mysql_num_rows(queryMysql("SELECT * FROM profiles
            WHERE user='$user'")))
                queryMysql("UPDATE profiles SET text='$text' where user='$user'");
        else queryMysql("INSERT INTO profiles VALUES('$user', '$text')");
    }
    else
    {
        $result = queryMysql("SELECT * FROM profiles WHERE user='$user'");

        if (mysql_num_rows($result))
        {
            $row  = mysql_fetch_row($result);
            $text = stripslashes($row[1]);
        }
        else $text = "";
    }

    $text = stripslashes(preg_replace('/\s\s+/', ' ', $text));
```

サンプル 21-8：profile.php（続き）

```php
  if (isset($_FILES['image']['name']))
  {
      $saveto = "$user.jpg";
      move_uploaded_file($_FILES['image']['tmp_name'], $saveto);
      $typeok = TRUE;

      switch($_FILES['image']['type'])
      {
          case "image/gif":   $src = imagecreatefromgif($saveto); break;
          case "image/jpeg":  // 通常の jpeg とプログレッシブ jpeg 両方
          case "image/pjpeg": $src = imagecreatefromjpeg($saveto); break;
          case "image/png":   $src = imagecreatefrompng($saveto); break;
          default:            $typeok = FALSE; break;
      }

      if ($typeok)
      {
          list($w, $h) = getimagesize($saveto);

          $max = 100;
          $tw  = $w;
          $th  = $h;

          if ($w > $h && $max < $w)
          {
              $th = $max / $w * $h;
              $tw = $max;
          }
          elseif ($h > $w && $max < $h)
          {
              $tw = $max / $h * $w;
              $th = $max;
          }
          elseif ($max < $w)
          {
              $tw = $th = $max;
          }

          $tmp = imagecreatetruecolor($tw, $th);
          imagecopyresampled($tmp, $src, 0, 0, 0, 0, $tw, $th, $w, $h);
          imageconvolution($tmp, array(array(-1, -1, -1),
              array(-1, 16, -1), array(-1, -1, -1)), 8, 0);
          imagejpeg($tmp, $saveto);
          imagedestroy($tmp);
          imagedestroy($src);
```

サンプル 21-8：profile.php（続き）
```
    }
  }

  showProfile($user);

  echo <<<_END
  <form method='post' action='profile.php' enctype='multipart/form-data'>
  <h3>Enter or edit your details and/or upload an image</h3>
  <textarea name='text' cols='50' rows='3'>$text</textarea><br />
_END;
?>

Image: <input type='file' name='image' size='14' maxlength='32' />
<input type='submit' value='Save Profile' />
</form></div><br /></body></html>
```

21.11　members.php

サンプル 21-9 の members.php では、ユーザーはほかのメンバーを見て、友達として追加することができます。このプログラムには、ユーザーのプロファイルを表示するモードと、全メンバーとその関係をリスト表示する2つのモードがあります。

21.11.1　ユーザーのプロファイルの表示

1つめのモードでは、GET 変数の 'view' を利用します。これが存在するということは、ユーザーは誰かのプロファイルを見ようとしているということです。プログラムではこれを showProfile 関数で行います。そのときには、友達や友達のメッセージへのリンクも合わせて提供します[†]。

21.11.2　友達の追加と削除

その後、GET 変数が 'add' の場合にはユーザーのユーザー名を友達として追加し、'remove' の場合には削除します。これは、そのユーザーを MySQL の friends テーブルで調べ、そこにユーザー名を追加するか削除するという方法で行います[††]。

もちろん言うまでもなく、ポストされた変数はすべて、まず sanitizeString 関数に渡して、MySQL で安全に使用できるようにしています。

[†] 訳注：メンバーとしてログイン後、[Members] ボタンをクリックすると、members.php が実行され、図 21-5 のようなメンバーの一覧が表示されます。Robin がログインしている場合、ここでたとえばメンバーの Alex をクリックすると、members.php?view=Alex が実行され、Alex のプロファイルが表示されます。また [Home] ボタンをクリックすると members.php?view=Robin が実行され、Robin 自身のプロファイルが表示されます。

[††] 訳注：図 21-5 の場合で言うと、Fred の右の [follow] リンクをクリックすると、members.php?add=Fred が実行されます。また Alex の右にある [drop] リンクをクリックすると、members.php?remove=Alex が実行されます。

21.11.3　メンバーの一覧表示

その後のコードはすべてのユーザー名をリスト表示するためのSQLクエリの発行です。ここでは返された数を変数 $num に入れてから、ページの見出しとリストの出力を開始しています。

次いで for ループを使ってメンバー各人を繰り返し処理し、その詳細を取得してから、friends テーブルでそのメンバーがそのユーザーのフォロウィーであるかフォロワーであるかを調べます。フォロウィーであると同時にフォロワーである友達同士は、互いに友達（a mutual friend）という分類になります[†]。

変数 $t1 は、そのユーザーが別のメンバーをフォローしているとき非ゼロになり、変数 $t2 は、別のメンバーがそのユーザーをフォローしているとき非ゼロになります。各ユーザー名の後には、これらの値にもとづいて、現在対象としているユーザーとの関係性があればそれを示すテキストを表示します。

そのときにはまた関係性を表す記号も表示します。左右矢印（↔）はそのユーザーは互いに友達だということを示し、左矢印（←）はそのユーザーが別のメンバーをフォローしているということを、右矢印（→）は別のメンバーがそのユーザーをフォローしているということを示します。

最後に、そのユーザーが別のメンバーをフォローしているかどうかにもとづいて、そのメンバーを友達に追加するか削除できるリンクを提供しています。

サンプル 21-9 の members.php をブラウザで呼び出すと、たとえば図 21-5 のように表示されます。フォローしていないメンバーにはフォローをうながす [follow] が表示され、フォローされているメンバーには、それに応じる [recip] リンクが表示されます（これをクリックすると互いに友達状態になります）。ユーザーがすでにフォローしているメンバーには、そのフォローを止める [drop] リンクが表示されます。

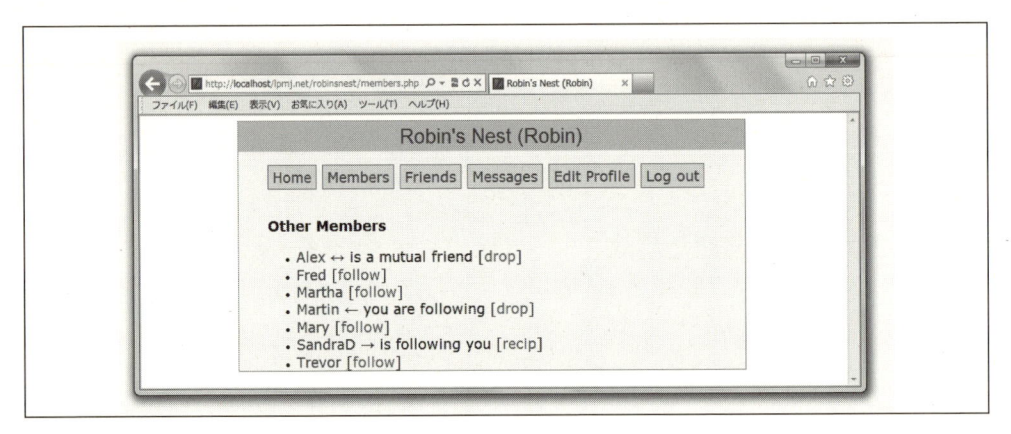

図 21-5：members モジュールの使用

[†] 訳注：Robin がログインしている図 21-5 では、Martha は Robin と無関係です。ここで Robin が Martha の右にある [follow] リンクをクリックすると、[follow] は "you are following [drop]" という表示に変わります。これは Robin が Martha をフォローしている（Robin は Martha のフォロワー）ということです。Martha がログインしてメンバーのページを開くと、Robin との関係は "Robin → is following you [recip]" になります。これは Martha が Robin にフォローされている（Martha は Robin のフォロウィー）ということです。Robin のフォローに対して Martha が "Robin → is following you [recip]" の [recip] リンクをクリックすると、members.php?add=Robin が実行され、Martha と Robin は互いに友達の a mutual friend 関係になります。

サンプル 21-9：members.php

```php
<?php // members.php
include_once 'header.php';

if (!$loggedin) die();

echo "<div class='main'>";

if (isset($_GET['view']))
{
    $view = sanitizeString($_GET['view']);

    if ($view == $user) $name = "Your";
    else                $name = "$view's";

    echo "<h3>$name Profile</h3>";
    showProfile($view);
     echo "<a class='button' href='messages.php?view=$view'>" .
         "View $name messages</a><br /><br />";
    die("</div></body></html>");
}

if (isset($_GET['add']))
{
    $add = sanitizeString($_GET['add']);

    if (!mysql_num_rows(queryMysql("SELECT * FROM friends
        WHERE user='$add' AND friend='$user'")))
            queryMysql("INSERT INTO friends VALUES ('$add', '$user')");
}
elseif (isset($_GET['remove']))
{
    $remove = sanitizeString($_GET['remove']);
    queryMysql("DELETE FROM friends WHERE user='$remove' AND friend='$user'");
}

$result = queryMysql("SELECT user FROM members ORDER BY user");
$num    = mysql_num_rows($result);

echo "<h3>Other Members</h3><ul>";

for ($j = 0 ; $j < $num ; ++$j)
{
    $row = mysql_fetch_row($result);
    if ($row[0] == $user) continue;
```

サンプル 21-9：members.php（続き）

```
        echo "<li><a href='members.php?view=$row[0]'>$row[0]</a>";
        $follow = "follow";

        $t1 = mysql_num_rows(queryMysql("SELECT * FROM friends
            WHERE user='$row[0]' AND friend='$user'"));
        $t2 = mysql_num_rows(queryMysql("SELECT * FROM friends
            WHERE user='$user' AND friend='$row[0]'"));

        if (($t1 + $t2) > 1) echo " &harr; is a mutual friend";
        elseif ($t1)         echo " &larr; you are following";
        elseif ($t2)        { echo " &rarr; is following you";
                              $follow = "recip"; }

        if (!$t1) echo " [<a href='members.php?add=".$row[0]    ."'>$follow</a>]";
        else      echo " [<a href='members.php?remove=".$row[0] ."'>drop</a>]";
    }
?>

<br /></div></body></html>
```

> 実際に運用するサーバーでは、ユーザー数が相当多くなるので（何千、何万またはそれ以上）、このプログラムには、"about me" テキストの検索サポートや画面出力のページング（メンバーを複数ページに分けた表示）などの機能が必要になるでしょう。

21.12 friends.php

ユーザーの友達とフォロワーを表示するモジュールはサンプル 21-10 の friends.php です。ここでは前の members.php プログラムと同じようにして friends テーブルに問い合わせていますが、これは複数ではなく単一ユーザーに関する問い合わせです。そして得られた結果を使って、そのユーザーが互いに友達であるメンバーと、そのユーザーをフォローしているメンバー、そのユーザーがフォローしているメンバーを表示します。

すべてのフォロワーは変数 $followers に、そのユーザーがフォローしているすべてのメンバーは変数 $following に保持します。それから次の見事なコードを使って、そのユーザーをフォローしかつそのユーザーがフォローしているすべてのメンバーを抜き出します。

```
$mutual = array_intersect($followers, $following);
```

array_intersect 関数はこの 2 つの配列に共通するすべてのメンバーを抜き出し、そのメンバーのみを含む新しい配列を返します。ここではそれを変数 $mutual に保持しています。すると $followers と $following それぞれに対して array_diff 関数を次のように使用することで、互いに友達でないメンバーだけを保持することができます。

```
$followers = array_diff($followers, $mutual);
$following = array_diff($following, $mutual);
```

　この操作によって、互いに友達であるメンバーのみの配列 $mutual と、フォロワーのみ（互いに友達のメンバーは含まない）の配列 $followers、そしてそのユーザーがフォローするメンバーのみ（互いに友達のメンバーは含まない）の配列 $following を得ることができます。

　ここまでできたら、後はメンバーの各カテゴリを別々に表示すればよいだけです（図21-6 参照）。PHPの sizeof 関数は配列のエレメント数を返します。ここではコードを、サイズがゼロでないとき（つまり友達の各タイプが存在するとき）に実行するために使用しています。変数 $name1 と $name2、$name3 を適切な場所で使うことで、そのユーザーが自分の友達のリストを見ようとしていることが特定できます。この方法によって、ただユーザー名を表示するのではなく、"Your" や "You" という単語を使って表示することが可能になります。またこの画面でユーザーのプロファイル情報を表示したい場合には、27 行めほどにある // showProfile($view); のコメントを削除します[†]。

サンプル 21-10：friends.php

```
<?php
include_once 'header.php';

if (!$loggedin) die();

if (isset($_GET['view'])) $view = sanitizeString($_GET['view']);
```

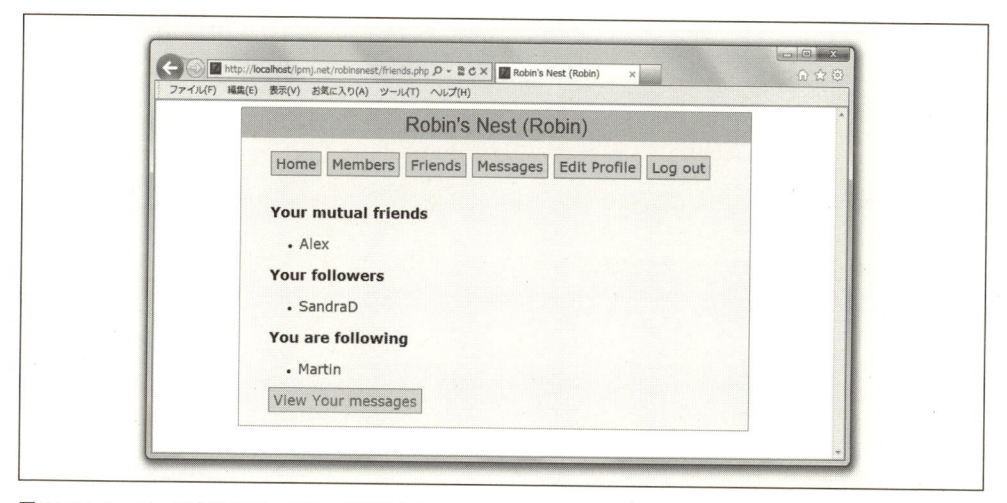

図21-6：ユーザーの友達やフォロワーを表示する

[†] 訳注：friends.php の $view が $user でない場合に実行されるコードは、たとえば friends.php?view=Robin を呼び出すことで実行できます。これは Robin 以外のメンバーが Robin の友達情報を見るときに使用できる方法で、ページには、"Your mutual friends" や "Your followers" ではなく、$_GET['view'] に代入された値が使用され、たとえば "Robin's mutual friedns" や "Robin's followers " が表示されます。

サンプル21-10：friends.php（続き）

```php
    else                $view = $user;


    if ($view == $user)
    {
        $name1 = $name2 = "Your";
        $name3 =          "You are";
    }
    else
    {
        $name1 = "<a href='members.php?view=$view'>$view</a>'s";
        $name2 = "$view's";
        $name3 = "$view is";
    }

    echo "<div class='main'>";

    // ユーザーのプロファイルをここで表示したい場合には次の行のコメントを削除
    // showProfile($view);

    $followers = array();
    $following = array();

    $result = queryMysql("SELECT * FROM friends WHERE user='$view'");
    $num    = mysql_num_rows($result);

    for ($j = 0 ; $j < $num ; ++$j)
    {
        $row           = mysql_fetch_row($result);
        $followers[$j] = $row[1];
    }

    $result = queryMysql("SELECT * FROM friends WHERE friend='$view'");
    $num    = mysql_num_rows($result);

    for ($j = 0 ; $j < $num ; ++$j)
    {
        $row           = mysql_fetch_row($result);
        $following[$j] = $row[0];
    }

    $mutual    = array_intersect($followers, $following);
    $followers = array_diff($followers, $mutual);
    $following = array_diff($following, $mutual);
    $friends   = FALSE;
```

サンプル 21-10：friends.php（続き）
```php
    if (sizeof($mutual))
    {
        echo "<span class='subhead'>$name2 mutual friends</span><ul>";
        foreach($mutual as $friend)
            echo "<li><a href='members.php?view=$friend'>$friend</a>";
        echo "</ul>";
        $friends = TRUE;
    }

    if (sizeof($followers))
    {
        echo "<span class='subhead'>$name2 followers</span><ul>";
        foreach($followers as $friend)
            echo "<li><a href='members.php?view=$friend'>$friend</a>";
        echo "</ul>";
        $friends = TRUE;
    }

    if (sizeof($following))
    {
        echo "<span class='subhead'>$name3 following</span><ul>";
        foreach($following as $friend)
            echo "<li><a href='members.php?view=$friend'>$friend</a>";
        echo "</ul>";
        $friends = TRUE;
    }

    if (!$friends) echo "<br />You don't have any friends yet.<br /><br />";

    echo "<a class='button' href='messages.php?view=$view'>" .
         "View $name2 messages</a>";
?>

</div><br /></body></html>
```

21.13　messages.php

　主要モジュールの最後は、サンプル 21-11 の messages.php です。このプログラムは、メッセージが POST 変数の 'text' にポストされたかどうかのチェックからスタートし、ポストされている場合には、それを messages テーブルに挿入します。その時には同時に $_POST['pm'] からの値も保持します。これはメッセージがプライベートかパブリックかを示す値で、0 ならパブリック、1 ならプライベートなメッセージとして扱います（図 21-7 に示す [Post Message] ボタンの右ある 2 つのラジオボタンから送信されます）。

　つづいて、ユーザーのプロファイルとメッセージを入力するフォームを、パブリックかプライベートのメッセージを選択するラジオボタンと合わせて表示します。これにより、パブリックのメッセージはすべて

のユーザーが見られ、プライベートのメッセージはその送信者か受信者のみが見られるように表示されます。これをすべて処理するのは MySQL データベースへのクエリです。またメッセージがプライベートの場合には "whispered"（耳打ち）という単語を加えています。

最後に、メッセージを新しいものに更新するリンクを表示します（ログイン中にほかのユーザーが投稿した場合に利用できます）。ここでも変数 $name1 と $name2 を使って、ユーザーに対してそのユーザー名ではなく "Your" で表示できるようにしています。

図 21-7 はこのプログラムをブラウザで表示したときの例です。そのユーザーが見ることのできるメッセージは [erase] リンクをクリックすることで消去することができます[†]。

サンプル 21-11：messages.php

```php
<?php
include_once 'header.php';

if (!$loggedin) die();
```

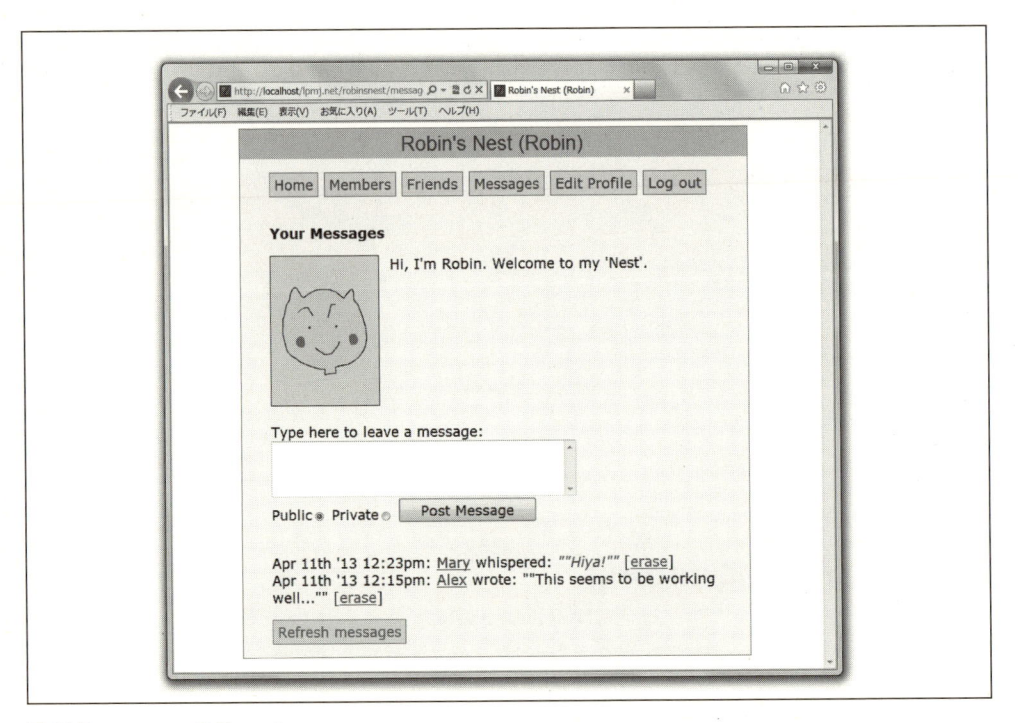

図 21-7：messages モジュール

[†] 訳注：メッセージは、たとえば Alex が Robin に送る場合には次のようにプログラムを操作します。まず [Members] ボタンをクリックし、メンバーの一覧から [Robin] をクリックします。するとロビンのプロファイルが表示されるので、その下のボタンをクリックします。テキストフィールドにメッセージを書き込み、[Public] か [Private] を選択して、[Post Message] ボタンをクリックします。

サンプル 21-11：messages.php（続き）
```php
  if (isset($_GET['view'])) $view = sanitizeString($_GET['view']);
  else                      $view = $user;

  if (isset($_POST['text']))
  {
      $text = sanitizeString($_POST['text']);

      if ($text != "")
      {
          $pm   = substr(sanitizeString($_POST['pm']),0,1);
          $time = time();
          queryMysql("INSERT INTO messages VALUES(NULL, '$user',
              '$view', '$pm', $time, '$text')");
      }
  }

  if ($view != "")
  {
      if ($view == $user) $name1 = $name2 = "Your";
      else
      {
          $name1 = "<a href='members.php?view=$view'>$view</a>'s";
          $name2 = "$view's";
      }

      echo "<div class='main'><h3>$name1 Messages</h3>";
      showProfile($view);

      echo <<<_END
<form method='post' action='messages.php?view=$view'>
Type here to leave a message:<br />
<textarea name='text' cols='40' rows='3'></textarea><br />
Public<input type='radio' name='pm' value='0' checked='checked' />
Private<input type='radio' name='pm' value='1' />
<input type='submit' value='Post Message' /></form><br />
_END;

      if (isset($_GET['erase']))
      {
          $erase = sanitizeString($_GET['erase']);
          queryMysql("DELETE FROM messages WHERE id=$erase AND recip='$user'");
      }

      $query  = "SELECT * FROM messages WHERE recip='$view' ORDER BY time DESC";
      $result = queryMysql($query);
```

サンプル 21-11：messages.php（続き）

```php
    $num     = mysql_num_rows($result);

    for ($j = 0 ; $j < $num ; ++$j)
    {
        $row = mysql_fetch_row($result);

        if ($row[3] == 0 || $row[1] == $user || $row[2] == $user)
        {
            echo date('M jS \'y g:ia:', $row[4]);
            echo " <a href='messages.php?view=$row[1]'>$row[1]</a> ";

            if ($row[3] == 0)
                echo "wrote: &quot;$row[5]&quot; ";
            else echo "whispered: <span class='whisper'>" .
                    "&quot;$row[5]&quot;</span> ";

            if ($row[2] == $user)
                echo "[<a href='messages.php?view=$view" .
                    "&erase=$row[0]'>erase</a>]";

            echo "<br>";
        }
    }
}

if (!$num) echo "<br /><span class='info'>No messages yet</span><br /><br />";

echo "<br /><a class='button' href='messages.php?view=$view'>Refresh messages</a>";
?>

</div><br /></body></html>
```

21.14 logout.php

そしてこのソーシャルネットワーキングレシピを構成する最後の要素はサンプル 21-12 の logout.php です。これは、セッションを閉じ、関連するデータやクッキーを消去するログアウトページです。このプログラムをブラウザで呼び出すと、図 28-8 のように表示されます。ここではユーザーに対し [click here] リンクのクリックを求めています。これによりユーザーはログイン状態にないホームページに戻り、ログイン状態のときに表示されるリンクがなくなります。もちろん JavaScript か PHP コードを記述して、別のページにリダイレクトすることもできます（ログアウト後の状態を整然と見せるにはこの方がよいでしょう）。

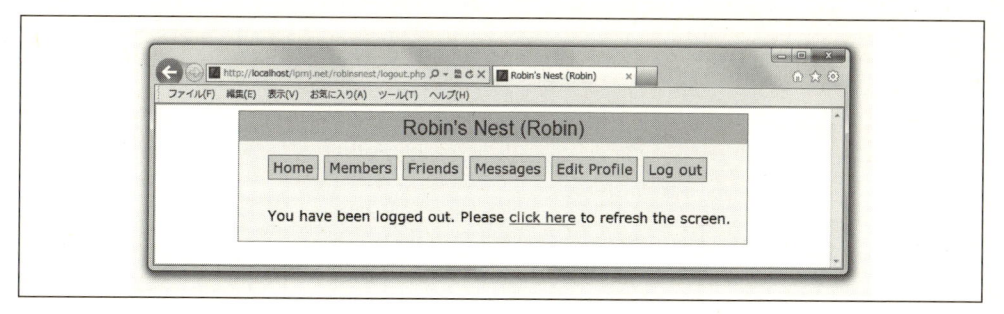

図 21-8：ログアウトページ

サンプル 21-12：logout.php

```
<?php
include_once 'header.php';

if (isset($_SESSION['user']))
{
    destroySession();
    echo "<div class='main'>You have been logged out. Please " .
         "<a href='index.php'>click here</a> to refresh the screen.";
}
else echo "<div class='main'><br />" .
         "You cannot log out because you are not logged in";
?>

<br /><br /></div></body></html>
```

21.15　styles.css

このプロジェクトではサンプル 21-13 に示すスタイルシートを使用しています。この中には以下に示す多くの宣言が含まれています。

*
: このプロジェクト用のデフォルトのフォントファミリーとサイズをユニバーサルセレクタを使って設定しています。

body
: このプロジェクトのウィンドウ幅を設定し、センターに合わせ、背景色を指定して境界を設定しています。

html
: HTML 部の背景色（つまりページ本体以外のカラー）を設定しています。

img
: すべてのイメージに境界とシャドウ、右マージンを設定しています。

li a と .button
: `<li>` 要素内のすべての `<a>` タグと、button クラスを使用するすべての要素にあるハイパーリンクから下線を削除しています。

li a:hover と .button:hover
: マウスが重なったときに表示する `<li>` 要素と button クラスのテキストカラーを設定しています。

.appname
: appname クラスを使用する見出しのプロパティ（テキストの整列やカラー、背景色、フォントファミリー、サイズ、パディングなど）を設定しています。

.fieldname
: fieldname クラスを使用する要素をまず左に寄せてからその幅を設定しています（これにより以降の内容がその右に回り込むようになります）。

.main
: このクラスを使用する要素にインデントを適用しています。

.info
: 重要な情報の表示に使用します。このクラスを使用する要素の背景色とテキストカラー、境界とパディング、インデントを設定しています。

.menu li と .button
: menu クラスの `<li>` 要素と button クラスを使用する要素がインラインで表示されるようにし (display:inline; によってページ上部のメニューボタンが横に並びます)、パディングと境界、背景色、テキストカラー、右マージン、角丸境界、シャドウを設定しています。

.subhead
: このクラスを使用する要素のテキストを太字にしています。

.taken、.available、.error、.whisper
: カラーとフォントスタイルを設定し、異なるタイプの情報表示に使用しています。

サンプル 21-13：プロジェクトのスタイルシート

```
/* styles.css */

* {
    font-family:verdana,sans-serif;
    font-size  :14pt; }
```

サンプル 21-13：プロジェクトのスタイルシート（続き）

```css
body {
    width     :700px;
    margin    :7px auto;
    background:#f8f8f8;
    border    :1px solid #888; }

html {
    background:#fff }

img {
    border            :1px solid black;
    margin-right      :15px;
    -moz-box-shadow   :2px 2px 2px #888;
    -webkit-box-shadow:2px 2px 2px #888;
    box-shadow        :2px 2px 2px #888; }

li a, .button{
    text-decoration:none; }

li a:hover, .button:hover {
    color:green; }

.appname {
    text-align :center;
    background :#eb8;
    color      :#40d;
    font-family:helvetica;
    font-size  :20pt;
    padding    :4px; }

.fieldname {
    float:left;
    width:120px; }

.main {
    margin-left:40px; }

.info {
    background :lightgreen;
    color      :blue;
    border     :1px solid green;
    padding    :5px 10px;
    margin-left:40px; }

.menu li, .button {
```

サンプル 21-13：プロジェクトのスタイルシート（続き）

```
    display            :inline;
    padding            :4px 6px;
    border             :1px solid #777;
    background         :#ddd;
    color              :#d04;
    margin-right       :8px;
    border-radius      :5px;
    -moz-box-shadow    :2px 2px 2px #888;
    -webkit-box-shadow :2px 2px 2px #888;
    box-shadow         :2px 2px 2px #888; }

.subhead {
    font-weight:bold; }

.taken, .error {
    color:red; }

.available {
    color:green; }

.whisper {
    font-style:italic;
    color      :#006600; }
```

　本章はこれで終わりです。みなさんが本章のコードやこれまで見てきたサンプルを元にコードを記述されたり、そこから何かを得られたとしたら、わたしはうれしい限りです。本書を最後まで読んでいただきありがとうございました。

　みなさんはきっとすぐにでも、本書で学んだ新しい知識を実際の Web で試してみたいでしょう。しかしその前に、巻末に用意した付録にも目を通してみてください。みなさんに役立つ情報がたくさん含まれています。

付録 A
確認テストの模範解答

1章の答え

1. ダイナミックな Web ページの作成に必要な4つの構成要素は、Web サーバー（Apache など）とサーバーサイドのスクリプト言語（PHP）、データベース（MySQL）そしてクライアントサイドのスクリプト言語（JavaScript）です。

2. HTML は HyperText Markup Language の略語で、テキストやマークアップコマンドを含む Web ページそのものの作成に使用されます。

3. ほとんどすべてのデータベースエンジンと同様、MySQL も Structured Query Language（SQL）のコマンドを受け取ります。SQL は、MySQL とやりとりするすべての使用者（PHP プログラムなど）が扱う方法です。

4. PHP はサーバー上で実行されるのに対し、JavaScript はクライアント上で実行されます。PHP では、データベースとやりとりしてそこにデータを保持したりそこからデータを取得することはできますが、ユーザーの Web ページを速くダイナミックに変更することはできません。JavaScript にはこれと逆の強みと弱みがあります。

5. CSS は Cascading Style Sheets の略語で、HTML ドキュメントの要素に適用するスタイルとレイアウトのルールを定めます。

6. オープンソーステクノロジーの中には、通常のソフトウェア会社と同じように、その維持管理を企業が行うものがあります。その場合にはその企業がバグレポートを受け取りそれを修正します。またメンテナンスはコミュニティが請け負う場合もあり、そのときのバグレポートはそのコードを十分に理解したユーザーによって処理されます。みなさんにもいつか、オープンソースツールのバグを修正する立場になる日が訪れるかもしれません。

2章の答え

1. WAMP は "Windows、Apache、MySQL、PHP" の略語で、MAMP はその M を Mac に、LAMP はその L を Linux に置き換えた略語です。これらはどれも、ダイナミックな Web ページをホスト

するための完全な解決策です。

2. 127.0.0.1 と http://localhost は両方ともローカルコンピュータを参照します。適切に設定された WAMP または MAMP 環境でこのいずれかをブラウザのアドレスバーに入力すると、ローカルサーバー上のデフォルトページを呼び出すことができます。

3. FTP は File Transfer Protocol の略語です。FTP プログラムはクライアントとサーバー間でファイルを転送するために使用されます。

4. リモートサーバーの場合、ファイルを更新するには FTP する必要があります。この作業が頻繁に必要になる場合、開発にかかる時間が大幅に増える可能性があります。

5. 専用のプログラムエディタは賢く、コードの実行前であってもコードの問題を指摘してくれます。

3章の答え

1. PHP にコードの解釈を始めさせるタグは `<?php ... ?>` です。これは `<? ... ?>` に省略することもできます。

2. 1行のコメントには `//` が、複数行にわたるコメントには `/* ... */` が使用できます。

3. PHP ステートメントの末尾には必ずセミコロン（;）をつける必要があります。

4. 定数をのぞき、PHP の変数はすべて `$` で始める必要があります。

5. 変数はストリングや数、そのほかのデータの値を保持することができます。

6. `$variable = 1` は代入ステートメントで、`$variable == 1` は比較演算です。`$variable = 1` は `$variable` の値を設定するために使用し、`$variable == 1` は、`$variable` が後のコードで 1 に等しいかどうかを調べるために使用します。比較を行いたいと思っている箇所に誤って `$variable = 1` を使用すると、おそらくみなさんが希望していない次の 2 つの事柄が発生します。つまり `$variable` が 1 に設定され、そこからつねに TRUE 値が返されるので、それまでの値は何でもよいことになります。

7. ハイフンは減算演算子用に予約されています。もしハイフンが変数名に使用できたとしたら、`$current-user` のような構造の解釈が困難になり、いずれにせよプログラムがあいまいになります。

8. 変数名はケースセンシティブです（大文字小文字の区別があります）。`$This_Variable` は `$this_Variable` と同じではありません。

9. PHP パーサーを混乱させることになるので、変数名にスペースは使用できません。代わりにアンダースコア（_）を使用します。

10. ある変数の型を別の型に変換するには、別の型の値を参照するだけです。すると PHP が自動的に変換します。

11. ++$j と $j++ には、$j の値がテストされたり、別の変数に代入されたり、または関数にパラメータとして渡されない場合をのぞき違いはありません。このような場合 ++$j は、テストやそのほかの作業が実行される前に $j をインクリメントします。一方 $j++ は作業が実行されてから $j をインクリメントします。

12. 一般的に、演算子 && と and は、優先順位が重要な場合をのぞいて相互に交換可能です。&& の優先順位は高く、and のそれは低いので、優先順位が問われる場合には注意がいります。

13. 複数行にわたる echo や代入を作成するには、複数行を引用符で囲むか、<<< _END ... _END 構造を使用します。

14. 定数は再定義できません。なぜなら一度定義された定数はその名前の通り、プログラムが終了するまでその値を保持しつづけるからです。

15. 引用符をエスケープするには、\'（一重引用符）か \"（二重引用符）を使用します。

16. echo と print コマンドはよく似ていますが、print は引数を 1 つ取る PHP 関数で、echo は複数の引数を取ることのできる言語構造です。

17. 関数の目的は、コードのある部分を 1 つの関数名で参照できる自己完結したコードのまとまりに分離することです。

18. 変数を、PHP プログラムのすべての部分からアクセスできるようにするには、global として宣言します。

19. 関数内で生成したデータをプログラムのほかの場所に移すには、その値を返すか、グローバル変数を使用します。

20. ストリングを数と連結すると、結果は別のストリングになります。

4章の答え

1. PHP では、TRUE は値 1 を、FALSE は NULL を表します。NULL は "何もないもの" と考えることができ、空のストリングとして出力されます。

2. 式の最も単純な形式はリテラル（それ自体が評価の結果になる）と変数（評価の結果代入された値になる）です。

3. 単項、二項、三項演算子の違いは、それぞれが必要とするオペランドの数です（それぞれ 1 つ、2 つ、3 つのオペランドが必要です。）

4. 演算子の優先順位を自分で変えるときの最良の方法は、優先したい式をかっこで囲み、その部分に高い優先順位を与える方法です。

5. 演算子の結合性とは処理が進む向き（左から右、または右から左）を言います。

6. 厳密等価演算子は、PHP の自動的な型変更（型キャスト）を回避したいときに使用できます。

7. 条件ステートメントの3タイプとは、if と switch、? 演算子を言います。

8. ループの現在の繰り返しを飛ばし次のループに移るには、continue ステートメントを使用します。

9. for ループが while ループよりパワフルなのは、ループ処理が制御できるパラメータがもう2つサポートされているからです。

10. if と while ステートメントでは多く場合、その条件式にリテラル（または Boolean）が使用されます。その場合実行は、それが TRUE に評価されたときに引き起こされます。数値の式はそれが非ゼロの値に評価されたときに、実行が引き起こされます。ストリングの式はそれが空でないストリングに評価されたときに、実行が引き起こされます。NULL 値は FALSE に評価されるので、実行は引き起こされません。

5章の答え

1. 関数の使用によって、複数のステートメントのまとまりが1つの単純な名前で呼び出せるようになるので、同じようなコードを何度もコピーしたり書き直したりする必要がなくなります。

2. 関数はデフォルトでは1つの値を返すことができます。しかし配列や参照、グローバル変数を利用すると、値はいくつでも返すことができます。

3. 変数を名前で参照するときには、たとえば変数の値を別の変数に代入したり変数の値を関数に渡したりするときには、値はコピーされます。このコピーが変更されても元の値は変わりません。しかし変数を参照する場合には、その値を指すポインタ（参照）だけが使用されるので、それにより1つの値が複数の名前によって参照されます。参照の値を変更すると元の値も変えることになります。

4. スコープとは、変数にアクセスできるプログラムの範囲を言います。たとえば、グローバルスコープの変数にはプログラムのどこからでもアクセスすることができます。

5. あるファイルを別のファイルに組み込むには、include か require ディレクティブが使用できます。またさらに安全な方法として、include_once と require_once が使用できます。

6. 関数はその名前で参照できるステートメントのセットで、値を受け取ったり返したりすることができます。オブジェクトはゼロか1つ、またはそれ以上の関数（メソッドと呼ばれます）や変数（プロパティと呼ばれます）を含むことができ、それらを全部それ自身に組み込むことができます。

7. PHP で新しいオブジェクトを作成するには、new キーワードを次のように使用します。
   $object = new Class

8. サブクラスを作成するには、extends キーワードを次のようなシンタックスで使用します。
   class Subclass extends Parentclass

9. オブジェクトの作成時、初期化を行うコード部を呼び出すには、クラス内に `__construct` という名前のコンストラクタメソッドを作成し、そこに初期化コードを置きます。

10. クラスのプロパティは最初に使用されるとき暗黙的に宣言されるので、それを明示的に宣言する必要は必ずしもありませんが、コードが読みやすくかつデバッグしやすくなり、特にコードをメンテナンスする自分以外の人々の助けになるという理由で、良いプラクティスと見なされます。

6章の答え

1. 数値添え字配列では数値や数値の変数を使ってエレメントが参照できます。連想配列では英数字を使ってエレメントが参照できます。

2. `array` キーワードの主なメリットは、配列名を何度も使用せず、複数の値を配列に1度に割り当てられることです。

3. `each` 関数も `foreach...as` ループ構造も配列からエレメントを返します。その際には両方とも最初のエレメントからスタートして、次のエレメントを確実に返すために毎回ポインタをインクリメントします。また配列の最後に到達したときには両方とも `FALSE` を返します。しかし `each` 関数は1エレメントだけを返すので、通常はループに包含されます。`foreach...as` 構造は元々ループなので、配列の処理が終わるか、明示的にループを抜けるコマンドが発行されるまで、実行をつづけます。

4. 多次元配列を作成するには、メインの配列のエレメントとして別の配列を割り当てます。

5. 配列のエレメント数を数えるには、`count` 関数を使用します。

6. `explode` 関数の目的は、スペースで区切られた文章内の単語の抽出（英語の場合）など、ストリングから識別子で区切られた部分を抽出することにあります。

7. PHP の内部ポインタをリセットして配列を最初のエレメントに戻すには、`reset` 関数を呼び出します。

7章の答え

1. 浮動小数点数の表示に使用する変換指定子は %f です。

2. "Happy Birthday" という入力ストリングを取り、ストリング "**Happy" を出力するには、`printf` ステートメントを次のように使用します。
   `printf("%'*7.5s", "Happy Birthday");`

3. `printf` からの出力をブラウザではなく変数に送るには、代わりに `sprintf` を使用します。

4. 2016年5月2日午前7時11分の Unix タイムスタンプを作成するには、次のコマンドが使用できます。
   `$timestamp = mktime(7, 11, 0, 5, 2, 2016);`

5. fopenで、ファイルを空にしファイルポインタを先頭に置いた書き込みと読み取りモードでファイルを開くには、w+ ファイルアクセスモードを使用します。

6. file.txt というファイルを消去する PHP コマンドは次のコマンドです。
   unlink('file.txt');

7. ファイル全体を 1 回で読み取る PHP 関数は file_get_contents です。この関数に URL を与えると、インターネット越しにファイルを読み取ることもできます。

8. PHP の連想配列 $_FILES にはアップロードされたファイルに関する詳細が含まれます。

9. PHP の exec 関数はシステムコマンドを実行することができます。

10. <input type=file name=file size=10> タグは XHTML 1.0 では、<input type="file" name="file" size="10" /> に置き換えるべきです。パラメータはすべて引用符で囲み、終了タグを持たないタグは /> を使って自分で閉じる必要があります。

8章の答え

1. セミコロンは、MySQL がコマンドを分けたり終わらせたりするために使用します。セミコロンの入力を忘れると、MySQL はプロンプトを表示し次の入力を待つ状態に入ります。

2. 使用可能なデータベースを表示するには、SHOW databases; と入力します。使用しているデータベース内のテーブルを表示するには、SHOW tables; と入力します。(これらのコマンドはケースインセンシティブです。つまり大文字小文字の区別はありません)。

3. この新しいユーザーを作成するには、GRANT コマンドを次のように使用します。

   GRANT ALL ON newdatabase.* TO 'newuser' IDENTIFIED BY 'newpassword';

4. テーブルの構造を見るには、DESCRIBE tablename; を入力します (tablename には見たいテーブル名を指定します)。

5. MySQL のインデックスの目的は、1 つまたは複数のキー列のインデックスを保持することで、データベースのアクセスにかかる時間を大幅に減らすことです。これによって、テーブル内の行が速く見つけ出せるようになります。

6. FULLTEXT インデックスを使用すると、検索エンジンを使用するときとほとんど同じように、FULLTEXT の列で自然言語のクエリによるキーワード検索が可能になります。

7. ストップワードとは、使用頻度が非常に高く、FULLTEXT インデックスに含めたり検索に使用する価値がないと見なされるワードです。しかしストップワードは、二重引用符で囲まれた長いストリングに含まれているときには検索に加えられます。

8. SELECT DISTINCT が作用するのは本質的に表示のみで、重複行を除外して 1 行を選択します。

GROUP BY は行を除外するのではなく、列内の同じ値を持つすべての行をまとめます（グループ化）。したがって GROUP BY は行のグループに対する COUNT などの操作の実行に役立ちますが、SELECT DISTINCT はこれには向いていません。

9. classics テーブルの author 列に "Langhorne" をどこかに含む行を返すには、次のようなコマンドを使用します。

    ```
    SELECT * FROM classics WHERE author LIKE "%Langhorne%";
    ```

10. 2つのテーブルを結合するには、2つのテーブルに共通する列が少なくとも1つ必要です。たとえば ID 番号や、classics と customers テーブルの場合には isbn 列がこれに当たります。

9章の答え

1. 用語リレーションシップは、たとえば本とその著者、本とその購入者といった何らかの関係性を持つ2つのデータをつなぐことを意味します。MySQL などのリレーショナルデータベースは、こういった関係性の保持や取得を専門にしています。

2. 重複したデータを削除しテーブルを最適化する過程は正規化と呼ばれます。

3. 第1正規形の3つのルールは、1）同種のデータを含む列の繰り返しがないこと、2）すべての列は単一の値を含むこと、3）各行を一意に認識する主キーがあること、です。

4. 第2正規形の要件を満たすには、データが複数行にわたって繰り返されている列を、専用のテーブルに移します。

5. 1対多リレーションシップにするには、"1" の方のテーブルの主キーを "多" のテーブルに、分離した列（外部キー）として追加する必要があります。

6. 多対多リレーションシップのデータベースを作成するには、2つのテーブルの主キーを含む中間テーブルを作成します。すると2つのテーブルからはこの中間テーブルを通した相互参照が可能になります。

7. MySQL のトランザクションを開始するには、BEGIN か START TRANSACTION コマンドを使用します。トランザクションを終了しすべてのアクションをキャンセルするには ROLLBACK コマンドを使用します。トランザクションを終了しすべてのアクションをコミットするには COMMIT コマンドを使用します。

8. クエリの動作を詳しく調べるには、EXPLAIN コマンドを使用します。

9. データベース publications を publications.sql という名前のファイルにバックアップするには、次のコマンドを使用します。

    ```
    mysqldump -u user -ppassword publications > publications.sql
    ```

10章の答え

1. MySQL データベースに接続するための標準的な PHP 関数は `mysql_connect` です。

2. `mysql_result` 関数は複数のセルを要求するときには適しません。なぜなら、この関数はデータベースから1つのセルだけを取ってくるので、何度も呼び出す必要があるからです。これに対し `mysql_fetch_row` 関数は行全体を取ってきます。

3. 一般的に POST フォームメソッドが GET よりすぐれているのは、フィールドを URL に付加するのではなく、直接ポストするからです。これにはいくつかのメリットがあり、特にブラウザのアドレスバーに入力されるなりすましデータの危険性が低減できます（とは言え、なりすましに対する防御は完全ではありません）。

4. `AUTO_INCREMENT` 列の直近に入力された値を判断するには、`mysql_insert_id` 関数を使用します。

5. ストリングをエスケープし、MySQL に適切に使用できるようにする PHP 関数は `mysql_real_escape_string` です。

6. クロスサイトスクリプティングインジェクション攻撃は `htmlentities` 関数の使用で回避できます。

11章の答え

1. 送信されたフォームデータが PHP に渡されるときに使用される連想配列は、GET メソッドでは `$_GET`、POST メソッドでは `$_POST` です。

2. `register_globals` 設定は PHP のバージョン 4.2.0 より前のデフォルトでした。この使用がよくないと判断されたのは、`register_globals` が送信されたフォームデータを自動的に PHP 変数に割り当てたからです。それによって、ハッカーが変数を自分の好きな値に初期化して PHP に侵入できるセキュリティホールが生じました。

3. テキストボックスとテキストエリアの違いは、両方ともフォーム入力用のテキストを受け取りますが、テキストボックスは1行のテキストを受け取るのに対し、テキストエリアは複数行のテキストを受け取り、ワードラッピングもできる点にあります。

4. Web フォームで相互排他的な選択肢を提供するには、ラジオボックスを使用すべきです。チェックボックスでは複数選択ができてしまいます。

5. Web フォームから選択されたグループを、単一のフィールド名で送信するには、通常のフィールド名ではなく、`"choices[]"` のような配列名と角かっこを `name` 属性に指定します。各値はその配列に入り、その長さが送信された要素数になります。

6. フォームフィールドをユーザーに見られないように送信するには、`type="hidden"` のパラメータを使った隠しフィールドにそれを置きます。

7. フォーム要素をカプセルで包んだように、テキストやグラフィックを含む全体がマウスクリックで

選択できるようにするには、`<label>` と `</label>` タグを使用します。

8. HTML を、ブラウザ上の表示はそのままで、HTML としては解釈されない形式に変換するには、PHP の `htmlentities` 関数を使用します。

12 章の答え

1. クッキーは、ヘッダの一部として送信されるので、Web ページの HTML より前に転送すべきです。

2. Web ブラウザにクッキーを保持するには、`setcookie` 関数を使用します。

3. クッキーの破棄にも `setcookie` 関数を使用しますが、有効期限に過去の日付けを指定します。

4. HTTP 認証の使用時、ユーザー名とパスワードは `$_SERVER['PHP_AUTH_USER']` と `$_SERVER['PHP_AUTH_PW']` に保持されます。

5. `md5` 関数がパワフルなセキュリティ対策になるのは、この関数が、渡されたストリングを 32 文字の 16 進数に変換する一方向関数であるからです。この数値は逆変換できずしたがってクラックもほぼ不可能です。

6. ストリングを塩漬けするときには、そのプログラマーだけが知る文字が、`md5` 変換の前に追加されます。これによって、ブルートフォース攻撃に破られることはまずなくなります。

7. PHP セッションは現在のユーザーに特有の変数のグループです。

8. PHP セッションを初期化するには、`session_start` 関数を使用します。

9. セッションハイジャックは、ハッカーが既存のセッション ID を突き止め、それを乗っ取ろうとする行為やその危険性そのものを言います。

10. セッション固定化は、セッション ID をサーバーに作成させずに正規ユーザーに使用させる行為を言います。

13 章の答え

1. JavaScript コードを囲むには、`<script>` と `</script>` タグを使用します。

2. JavaScript コードはデフォルトで、そのコードがあるドキュメントの部分に出力されます。`<head>` にある場合にはヘッダ内に、`<body>` にある場合にはボディ内に出力されます。

3. 別のソースからの JavaScript コードを読み込むには、それをコピー&ペーストすることでも可能ですが、通常は、`<script src='filename.js'>` タグが使用されます。

4. PHP の `echo` や `print` に相当する JavaScript の関数は `document.write` 関数(実際はメソッド)です。

5. JavaScriptのコメントを作成するには、1行コメントの場合には // をコメントの前に置き、複数行コメントの場合には /* と */ でコメントを囲みます。

6. JavaScriptのストリングを連結する演算子は + 記号です。

7. JavaScriptの関数内でローカルスコープを持つ変数を定義するには、最初の代入時に変数名の前に var キーワードをつけます。

8. thislink という id を持つリンクに割り当てられた URL をすべての主要なブラウザで表示するには、次の2つのコマンドが使用できます。

   ```
   document.write(document.getElementById('thislink').href)
   document.write(thislink.href)
   ```

9. ブラウザの履歴配列で1つ前のページに変更するコマンドは次の2つです。

   ```
   history.back()
   history.go(-1)
   ```

10. 現在のドキュメントを Web サイト oreilly.com のメインページ (http://oreilly.com) に置き換えるには、次のコマンドが使用できます。

    ```
    document.location.href = 'http://oreilly.com'
    ```

14章の答え

1. PHP と JavaScript の Boolean 値の最も顕著な違いは、PHP は TRUE、true、FALSE、false を認識しますが、JavaScript でサポートされているのは true と false だけだということです。また PHP の TRUE は値 1 を、FALSE は NULL を持ちますが、JavaScript では true と false で表され、ストリング値として返すことができます。

2. 単項、二項、三項演算子の違いは、それぞれが必要とするオペランドの数です（それぞれ1つ、2つ、3つのオペランドが必要です。）

3. 演算子の優先順位を自分で変えるときの最良の方法は、優先したい式をかっこで囲み、その部分に高い優先順位を与える方法です。

4. 厳密等価演算子は、JavaScript の自動的な型変更を回避したいときに使用します。

5. 式の最も単純な形式はリテラル（それ自体が評価の結果になる）と変数（評価の結果代入された値になる）です。

6. 条件ステートメントの3タイプとは、if と switch、? 演算子を言います。

7. if と while ステートメントでは多く場合、その条件式にリテラル（または Boolean）が使用されます。その場合実行は、それが true に評価されたときに引き起こされます。数値の式はそれが非ゼ

ロの値に評価されたときに、実行が引き起こされます。ストリングの式はそれが空でないストリングに評価されたときに、実行が引き起こされます。null 値は false に評価されるので、実行は引き起こされません。

8. for ループが while ループよりパワフルなのは、ループ処理が制御できるパラメータがもう 2 つサポートされているからです。

9. with ステートメントはパラメータとしてオブジェクトを取ります。オブジェクトを 1 度指定するだけで、with ブロック内の各ステートメントはそのオブジェクトに適用されます。

10. エラーを優雅に処理にするには try と catch を使用します。try はエラーをそれが対応する catch に渡すので、catch 内でエラーを処理したり代替コードを提供することができます。また onerror イベントを使用する方法もあります。

15 章の答え

1. JavaScript の関数名と変数名はケースセンシティブです。したがって変数の Count と count、COUNT はすべて別物です。

2. 限定されない数のパラメータを受け取り、それを処理する関数を記述するには、arguments 配列を通してパラメータにアクセスします。arguments はすべての関数のメンバーです。

3. 関数から複数の値を返す 1 つの方法は、値を配列に入れ、その配列を返す方法です。

4. クラスを定義するとき、カレントオブジェクトを参照するには this キーワードを使用します。

5. クラスのメソッドはクラス定義内に必ずしも定義する必要はありません。メソッドをコンストラクタの外で定義する場合、クラス定義内でメソッド名を this オブジェクトに割り当てる必要があります。

6. 新しいオブジェクトは new キーワードを使って作成します。

7. クラスのメソッドやプロパティは、prototype キーワードを使って 1 つのインスタンスを作成すると、クラス内ですべてのオブジェクトに参照で渡されるようになるので、オブジェクト内部でそのプロパティやメソッドを複製せずに、どのオブジェクトでも使用できるようになります。

8. 多次元配列を作成するには、メインの配列の中にサブ配列を置きます。

9. 連想配列の作成に使用するシンタックスは、{ キー : 値 } です。具体的には次のようにします。

    assocarray = {"forename" : "Paul", "surname" : "McCartney", "group" : "Beatles"}

10. 数値の配列を大きい順にソートするステートメントは次の通りです。

    numbers.sort(function(a,b){return b - a})

16章の答え

1. JavaScriptからは、`<form>`タグに`onsubmit`属性を追加することで、フォームを送信する前にフォームを検証することができます。JavaScriptの関数では、フォームを送信したら`true`を、送信しなかった場合には`false`を返すようにします。

2. JavaScriptで正規表現に対してストリングの一致を調べるには、`test`メソッドを使用します。

3. 単語以外の文字にマッチする正規表現はには、`/[^\w]/`や、`/[\W]/`、`/[^a-zA-Z0-9_]/`などがあります。

4. "fox"か"fix"にマッチする正規表現には`/f[oi]x/`が使用できます。

5. 後に非単語文字がつづくすべての単語文字にマッチする正規表現は、`/\w+\W/g`です。

6. "fox"がストリング"The quick brown fox"に存在するかどうかを返す`document.write`は、次のように記述できます。

    ```
    document.write(/fox/.test("The quick brown fox"))
    ```

7. ストリング"The cow jumps over the moon"に含まれるすべて"the"を"my"に置き換えるPHPステートメントは、次のように記述できます。

    ```
    $s=preg_replace("/the/i", "my", "The cow jumps over the moon");
    ```

8. フォームフィールドにあらかじめ値を入れておくために使用されるHTMLキーワードは`value`です。`<input>`タグ内に、`value="value"`の形式で記述します。

17章の答え

1. 新しい`XMLHttpRequest`オブジェクトを作成するとき関数を記述する必要があるのは、Microsoftブラウザ以外の主要ブラウザはすべて同様の方法でこれを作成しますが、Microsoftブラウザはそれとは異なる2つの方法で作成するからです。使用されているブラウザをテストする関数を記述することで、関数をすべての主要ブラウザで確実に動作させることができます。

2. `try...catch`構造の目的は、`try`ステートメント内のコードでエラーが発生した場合にそれを捕捉する仕組みを設定することです。エラーが発生すると`catch`部が実行されます。

3. `XMLHttpRequest`オブジェクトは6つのプロパティと6つのメソッドを持っています（表17-1と17-2参照）。

4. Ajax呼び出しの完了は、そのオブジェクトの`readyState`プロパティが値4になったタイミングで知ることができます。

5. Ajax呼び出しが成功して完了したときには、そのオブジェクトの`status`プロパティが値200を持ちます。

6. XMLHttpRequest オブジェクトの resposeText プロパティには、成功した Ajax 呼び出しから返された値が含まれています。

7. XMLHttpRequest オブジェクトの responseXML プロパティには、成功した Ajax 呼び出しから返された、XML の DOM ツリーが含まれています。

8. Ajax 応答を処理するコールバック関数を指定するには、XMLHttpRequest オブジェクトの onreadystatechange プロパティに関数名を割り当てます。また名前のないインライン関数を使用することもできます。

9. Ajax 要求を初期化するには、XMLHttpRequest オブジェクトの send メソッドを呼び出します。

10. Ajax の GET と POST 要求の主な違いは、GET 要求はデータを URL に付加し、POST 要求はデータを send メソッドのパラメータとして渡す点にあります。また POST 要求では送信前に適切なヘッダを設定する必要があります。

18章の答え

1. スタイルシートを別のスタイルシートにインポートするには、@import ディレクティブを次のように使用します。

    @import url('styles.css');.

2. スタイルシートをドキュメントにインポートするには、HTML の `<link />` タグを次のように使用します。

    `<link rel='stylesheet' type='text/css' href='styles.css' />`

3. スタイルを要素に直接埋め込むには、要素の style 属性を次のように使用します。

    `<div style='color:blue;'>`.

4. CSS の ID と CSS のクラスの違いは、ID は 1 つの要素にのみ適用し、クラスは多くの要素に適用する点にあります。

5. CSS 宣言で、ID 名にはその前に # 文字を、クラス名にはその前に . 文字を、#myid、.myclass のようにつけます。

6. CSS のセミコロンは、宣言間の区切り（セパレータ）として使用されます。

7. スタイルシートにコメントを追加するには、コメントを /* と */ で囲みます。

8. CSS の *（ユニバーサルセレクタ）がすべての要素にマッチします。

9. CSS で異なる要素や異なる要素のタイプのグループを選択するには、要素、ID、クラスなどの間にコンマを置きます。

10. 同じ優先順位を持つ2つのCSSルールの一方を、片方よりも優先度を高くするには、高くしたい方に!important宣言を、次のように適用します。

    { color:#ff0000 !important; }

19章の答え

1. CSS3の演算子、^と$、*にはそれぞれ、ストリングの最初にマッチ、最後にマッチ、どこにでもマッチ、という働きがあります。

2. 背景イメージのサイズの指定に使用できるプロパティはbackground-sizeです。次のように使用します。

    background-size:800px 600px;

3. 境界の半径の指定に使用できるプロパティはborder-radiusです。次のように使用します。

    border-radius:20px;

4. テキストをマルチカラムに流し込むには、column-countとcolumn-gap、column-ruleプロパティか、またはこれらのブラウザ特有版を、次のように使用します。

    column-count:3; column-gap:1em; column-rule:1px solid black;

5. CSSのカラーに指定できる4つの関数は、hslとhsla、rgb、rgbaです。次のように使用します。color:rgba(0%,60%,40%,0.4);

6. テキストの右と下方向に5ピクセルずれた、ぼかし量が3ピクセルのグレーのシャドウは、次の宣言で作成できます。

    text-shadow:5px 5px 3px #888;

7. テキストが切り詰められていることを示す省略記号は、次の宣言で作成できます。

    textoverflow:ellipsis;

8. WebページにGoogleフォントを含めるには、まずフォントをhttp://google.com/webfontsから選びます。たとえば"Lobster"を使用したい場合には、<link>タグを、<link href='http://fonts.googleapis.com/css?family=Lobster' />のようにしてそれを含めます。CSS宣言では次のようにしてこのフォントを参照します。

    h1 { font-family:'Lobster', arial, serif; }

9. オブジェクトを90度回転させるCSS宣言は、transform:rotate(90deg);です（ブラウザ固有の接頭辞がいります）。

10. オブジェクトのプロパティのどれかが変化したとき、ただちに0.5秒かけて線形の方法で実行する

トランジションは、次の宣言で設定できます。

```
transition:all .5s linear;
```

20章の答え

1. O関数は指定されたIDのオブジェクトを返し、S関数はオブジェクトのstyleプロパティを返します。C関数は指定されたクラスを利用するすべてのオブジェクトの配列を返します。

2. オブジェクトのCSS属性はsetAttributeメソッドを使って次のように変更できます。

    ```
    myobject.setAttribute('font-size', '16pt')
    ```

    通常は、myobject.fontSize = '16pt'のように直接変更します。ただしこの場合はプロパティ名を少し変える必要があります（JavaScriptではハイフン文字が算術演算子用に予約されているので、ハイフンでつながれたCSSのプロパティにアクセスするには、ハイフンを省略し、そのすぐ後の文字を大文字にする必要があります）。

3. ブラウザのウィンドウの幅と高さを得ることのできるプロパティは、window.innerWidthとwindow.innerHeightです。

4. マウスポインタがオブジェクトに重なったときとそこから出たときに何かを行うには、それを行うコードにonmouseoverとonmouseoutイベントを割り当てます。

5. 新しい要素を作成するには、elem = document.createElement('span')といったコードを実装します。この要素をDOMに追加するには、document.body.appendChild(elem)といったコードを使用します。

6. 要素を不可視にするには、要素のvisibilityプロパティを'hidden'に設定します（元に戻すときには'visible'を指定します）。要素のサイズをゼロにたたむには、要素のdisplayプロパティを'none'に設定します（元に戻すには'block'を指定します）。

7. ある時間の経過後に1つの事柄を起こさせるには、setTimeout関数に、実行するコードか関数名とミリ秒単位の遅延を渡して、これを呼び出します。

8. ある一定の間隔で繰り返し同じ事柄を起こさせるには、setInterval関数に、実行するコードか関数名と、ミリ秒単位のインターバル時間を渡して、これを呼び出します。

9. Webページの要素をその場所から解放し、移動できるようにするには、要素のpositionプロパティを'relative'か'absolute'または'fixed'に設定します。元の場所に戻すには、positionプロパティを'static'に設定します。

10. フレームレートが50fpsのアニメーションを実現するには、20ミリ秒の遅延を設定します。この値を計算するには、希望するフレームレートで1,000ミリ秒を割ります。

付録B
オンラインリソース

　付録Bでは、本書で取り上げたさまざまなトピックの参考になるWebサイトや、みなさんのWebプログラムの拡張に役立つオンラインリソースを紹介します。

PHPのリソースサイト

- http://codewalkers.com
- http://developer.yahoo.com/php/
- http://easyphp.org
- http://forums.devshed.com
- http://free-php.net
- http://hotscripts.com/category/php/
- http://htmlgoodies.com/beyond/php/
- http://php.net
- http://php.resourceindex.com
- http://php-editors.com
- http://phpbuilder.com
- http://phpfreaks.com
- http://phpunit.de
- http://w3schools.com/php/
- http://zend.com

MySQL のリソースサイト

- http://code.google.com/edu/tools101/mysql.html
- http://launchpad.net/mysql/
- http://mysql.com
- http://php.net/mysql
- http://planetmysql.org
- http://sun.com/software/products/mysql/
- http://sun.com/systems/solutions/mysql/resources.jsp
- http://w3schools.com/PHP/php_mysql_intro.asp

JavaScript のリソースサイト

- http://developer.mozilla.org/en/JavaScript
- http://dynamicdrive.com
- http://javascript.about.com
- http://javascript.internet.com
- http://javascript.com
- http://javascriptkit.com
- http://w3schools.com/JS/
- http://www.webreference.com/js/

Ajax のリソースサイト

- http://ajax.asp.net
- http://ajaxian.com
- http://ajaxmatters.com
- http://developer.mozilla.org/en/AJAX
- http://developer.yahoo.com/yui/
- http://dojotoolkit.org
- http://jquery.com

- http://mochikit.com
- http://mootools.net
- http://openjs.com
- http://prototypejs.org
- http://sourceforge.net/projects/clean-ajax
- http://w3schools.com/Ajax/

そのほかのリソースサイト

- http://apachefriends.org
- http://easyphp.org
- http://eclipse.org
- http://editra.org
- http://fireftp.mozdev.org
- http://sourceforge.net/projects/glossword/
- http://mamp.info/en/
- http://pear.php.net
- http://programmingforums.org
- http://putty.org
- http://smarty.net
- http://wampserver.com/en/

O'Reillyのリソースサイト

- http://onlamp.com
- http://onlamp.com/php/
- http://onlamp.com/onlamp/general/mysql.csp
- http://oreilly.com/ajax/
- http://oreilly.com/javascript/

- http://oreilly.com/mysql/
- http://oreilly.com/php/
- http://oreillynet.com/javascript/

付録 C
MySQL の
FULLTEXT ストップワード

　付録 C では、8 章の「FULLTEXT インデックスの作成」節で述べた、500 を超える数のストップワードを紹介します。ストップワードは、FULLTEXT インデックスで検索したり保持しても意味がないと思われる、非常に一般的な単語です。これらの単語を無視することと FULLTEXT の検索結果には、理論的にほとんど違いはありませんが、無視することによって MySQL データベースがかなりコンパクトになり効率がアップします。なお、以下では小文字で示していますが、ストップワードには大文字や大文字と小文字の混在にも適用されます。

A
a's, able, about, above, according, accordingly, across, actually, after, afterwards, again, against, ain't, all, allow, allows, almost, alone, along, already, also, although, always, am, among, amongst, an, and, another, any, anybody, anyhow, anyone, anything, anyway, anyways, anywhere, apart, appear, appreciate, appropriate, are, aren't, around, as, aside, ask, asking, associated, at, available, away, awfully

B
be, became, because, become, becomes, becoming, been, before, beforehand, behind, being, believe, below, beside, besides, best, better, between, beyond, both, brief, but, by

C
c'mon, c's, came, can, can't, cannot, cant, cause, causes, certain, certainly, changes, clearly, co, com, come, comes, concerning, consequently, consider, considering, contain, containing, contains, corresponding, could, couldn't, course, currently

D
definitely, described, despite, did, didn't, different, do, does, doesn't, doing, don't, done, down, downwards, during

E
each, edu, eg, eight, either, else, elsewhere, enough, entirely, especially, et, etc, even, ever,

every, everybody, everyone, everything, everywhere, ex, exactly, example, except

F

far, few, fifth, first, five, followed, following, follows, for, former, formerly, forth, four, from, further, furthermore

G

get, gets, getting, given, gives, go, goes, going, gone, got, gotten, greetings

H

had, hadn't, happens, hardly, has, hasn't, have, haven't, having, he, he's, hello, help, hence, her, here, here's, hereafter, hereby, herein, hereupon, hers, herself, hi, him, himself, his, hither, hopefully, how, howbeit, however

I

i'd, i'll, i'm, i've, ie, if, ignored, immediate, in, inasmuch, inc, indeed, indicate, indicated, indicates, inner, insofar, instead, into, inward, is, isn't, it, it'd, it'll, it's, its, itself

J

just

K

keep, keeps, kept, know, known, knows

L

last, lately, later, latter, latterly, least, less, lest, let, let's, like, liked, likely, little, look, looking, looks, ltd

M

mainly, many, may, maybe, me, mean, meanwhile, merely, might, more, moreover, most, mostly, much, must, my, myself

N

name, namely, nd, near, nearly, necessary, need, needs, neither, never, nevertheless, new, next, nine, no, nobody, non, none, noone, nor, normally, not, nothing, novel, now, nowhere

O

obviously, of, off, often, oh, ok, okay, old, on, once, one, ones, only, onto, or, other, others, otherwise, ought, our, ours, ourselves, out, outside, over, overall, own

P

particular, particularly, per, perhaps, placed, please, plus, possible, presumably, probably, provides

Q

que, quite, qv

R

rather, rd, re, really, reasonably, regarding, regardless, regards, relatively, respectively, right

S

said, same, saw, say, saying, says, second, secondly, see, seeing, seem, seemed, seeming, seems, seen, self, selves, sensible, sent, serious, seriously, seven, several, shall, she, should, shouldn't, since, six, so, some, somebody, somehow, someone, something, sometime, sometimes, somewhat, somewhere, soon, sorry, specified, specify, specifying, still, sub, such, sup, sure

T

t's, take, taken, tell, tends, th, than, thank, thanks, thanx, that, that's, thats, the, their, theirs, them, themselves, then, thence, there, there's, thereafter, thereby, therefore, therein, theres, thereupon, these, they, they'd, they'll, they're, they've, think, third, this, thorough, thoroughly, those, though, three, through, throughout, thru, thus, to, together, too, took, toward, towards, tried, tries, truly, try, trying, twice, two

U

un, under, unfortunately, unless, unlikely, until, unto, up, upon, us, use, used, useful, uses, using, usually

V

value, various, very, via, viz, vs

W

want, wants, was, wasn't, way, we, we'd, we'll, we're, we've, welcome, well, went, were, weren't, what, what's, whatever, when, whence, whenever, where, where's, whereafter, whereas, whereby, wherein, whereupon, wherever, whether, which, while, whither, who, who's, whoever, whole, whom, whose, why, will, willing, wish, with, within, without, won't, wonder, would, wouldn't

Y

yes, yet, you, you'd, you'll, you're, you've, your, yours, yourself, yourselves

Z

zero

付録 D
MySQL の関数

　MySQL には多くの関数が組み込まれていますが、複雑なクエリを使用すると、実行スピードはその複雑性によりかなりダウンします。MySQL で使用できる関数をさらに学びたい場合には、次の URL が参考になります。

> 文字列関数
> http://dev.mysql.com/doc/refman/5.1/ja/string-functions.html
>
> 日付時刻関数
> http://dev.mysql.com/doc/refman/5.1/ja/date-and-time-functions.html

　とは言え、この付録 D ではよく使用される MySQL 関数をリファレンス用に抜粋したので、ぜひお使いください。

ストリング関数

CONCAT()

CONCAT(str1, str2,...)

　str1 と str2 やそのほかのパラメータの連結結果を返します（引数のいずれかが NULL の場合には NULL を返します）。いずれかの引数がバイナリの場合、結果はバイナリストリングになります。そうでない場合には非バイナリストリングになります。次のコードはストリング "MySQL" を返します。

SELECT CONCAT('My', 'S', 'QL');

CONCAT_WS()

CONCAT_WS(separator, str1, str2, ...)

CONCATと同じように動作しますが、連結するアイテム間にセパレータを挿入します。セパレータがNULLの場合、結果はNULLになりますが、NULL値を別の引数として使用することができます。するとその箇所はスキップされます。次のコードはストリング"Truman,Harry,S"を返します。

SELECT CONCAT_WS(',' 'Truman', 'Harry', 'S');

LEFT()

LEFT(str, len)

ストリングstrの左からlen個分の文字を返します（いずれかの引数がNULLの場合はNULLを返します）。次のコードはストリング"Chris"を返します。

SELECT LEFT('Christopher Columbus', '5');

RIGHT()

RIGHT(str, len)

ストリングstrの右からlen個分の文字を返します（いずれかの引数がNULLの場合はNULLを返します）。次のコードはストリング" Columbus "を返します。

SELECT RIGHT('Christopher Columbus', '8');

MID()

MID(str, pos, len)

ストリングstrの位置posから開始したlen個分の文字を返します。lenが省略されている場合には、posからストリングの末尾までの全文字が返されます。posには負の値を使用することもできます。その場合posは、ストリングの末尾からの文字位置を表します。ストリングの最初の位置は1です。次のコードはストリング"stop"を返します。

SELECT MID('Christopher Columbus', '5', '4');

LENGTH()

LENGTH(str)

ストリングstrのバイト単位の長さを返します。マルチバイト文字はマルチバイトとして数えられます。

ストリングの実際の文字数を知りたい場合には、CHAR_LENGTH 関数を使用します。次のコードは値 15 を返します。

```
SELECT LENGTH('Mark Zuckerberg');
```

LPAD()

LPAD(str, len, padstr)

ストリング padstr でパディングした、len 文字分の長さの str を返します。str が len よりも長い場合には、len 文字分に切り詰められたストリングが返されます。次のコードは、

```
SELECT LPAD('January', '8', ' ');
SELECT LPAD('February', '8', ' ');
SELECT LPAD('March', '8', ' ');
SELECT LPAD('April', '8', ' ');
SELECT LPAD('May', '8', ' ');
```

次のストリングを返します。

```
 January
February
   March
   April
     May
```

これは、ストリングの先頭にスペースを必要なだけ加えることで、すべてのストリングを 8 文字の長さに揃える方法を示しています。

RPAD()

RPAD(str, len, padstr)

LPAD 関数と似ていますが、パディングがストリングの右に追加されて返されます。次のコードはストリング "Hi!!!" を返します。

```
SELECT RPAD('Hi', '5', '!');
```

LOCATE()

LOCATE(substr, str, pos)

ストリング str 内に最初に substr があった位置を返します。パラメータ pos が渡されると、その位置から検索を開始します。substr が str に見つからない場合には、値 0 を返します。次の 1 つめのコードは、'unit' が最初に見つかった位置を返すので、値 5 を返します（Community には unity が含まれています）。2 つめのコードは 7 番めの文字から検索を開始するので、値 11 を返します。

```
SELECT LOCATE('unit', 'Community unit');
SELECT LOCATE('unit', 'Community unit' ,7);
```

LOWER()

LOWER(str)

これは UPPER の逆で、文字を全部小文字に変更したストリング str を返します。次のコードはストリング "queen elizabeth ii" を返します。

```
SELECT LOWER('Queen Elizabeth II');
```

UPPER()

UPPER(str)

これは LOWER の逆で、文字を全部大文字に変更したストリング str を返します。次のコードはストリング "I CAN'T HELP SHOUTING" を返します。

```
SELECT UPPER('I can\'t help shouting');
```

QUOTE()

QUOTE(str)

適切にエスケープされた値として SQL ステートメントで使用できる引用符付きストリングを返します。返されるストリングは一重引用符で囲まれ、ストリング内に一重引用符、バックスラッシュ、ASCII NUL 文字、Ctrl-Z が含まれている場合にはその直前にバックスラッシュがつけられます。引数 str が NULL の場合には、引用符で囲まれない語句 NULL が返されます。次のコード例では、' の前に \ のついたストリング 'I\'m hungry' が返されます。

```
SELECT QUOTE("I'm hungry");
```

REPEAT()

REPEAT(str, count)

count 回だけ str を繰り返したストリングを返します。count が 1 より小さい場合には、空のストリングを返します。どちらかのパラメータが NULL の場合には、NULL を返します。次のコードはストリング "HoHoHo" を返します。

SELECT REPEAT('Ho', 3);

REPLACE()

REPLACE(str, from, to)

ストリング str の中で、ストリング from を全部ストリング to に置換したストリングを返します。from の検索はケースセンシティブです。次のコードはストリング "Cheeseburger and Soda" を返します。

SELECT REPLACE('Cheeseburger and Fries', 'Fries', 'Soda');

TRIM()

TRIM([specifier remove FROM] str)

ストリング str から指定された接頭辞か接尾辞またはその両方を削除したストリングを返します。指定子 (specifier) には BOTH、LEADING、TRAILING のどれかが使用できます。指定子が指定されていない場合には、BOTH が指定されていると見なされます。ストリング remove はオプションで、省略した場合にはスペースが削除されます。次のコードはストリングの "No Padding" と "Hello__" を返します。

SELECT TRIM(' No Padding ');
SELECT TRIM(LEADING '_' FROM '__Hello__');

LTRIM() と RTRIM()

LTRIM(str) と RTRIM(str)

LTRIM 関数はストリング str の前にあるスペースを削除したストリングを返し、RTRIM 関数はストリング str の後につづくスペースを削除したストリングを返します。次のコードはストリング "No Padding   " と "   No Padding" を返します。

```
SELECT LTRIM('    No Padding    ');
SELECT RTRIM('    No Padding    ');
```

日付け関数

日付けはデータベースの重要な要素で、たとえば金融取引には必ず日付けを記録する必要があり、またクレジットカードを使用するにはその有効期限を知っておく必要があります。したがってMySQLには、みなさんの想像通り、日付けが簡単に処理できるさまざまな関数が備わっています。

CURDATE()

CURDATE()

関数が数値かストリングか、どちらのコンテキストで使用されているかに応じて、現在の日付けをYYYY-MM-DDかYYYMMDDの形式で返します。たとえば2016年5月2日の場合、次のコードは2016-05-02と20160502を返します。

```
SELECT CURDATE();
SELECT CURDATE() + 0;
```

DATE()

DATE(expr)

日付けかDATETIMEの式exprの日付け部分を取り出します。次のコードは値"1961-05-02"を返します。

```
SELECT DATE('1961-05-02 14:56:23');
```

DATE_ADD()

DATE_ADD(date, INTERVAL expr unit)

単位unitを使って式exprをdateに追加した結果を返します。引数dataは開始する日付けかDATETIME値です。exprには-記号を使って開始日から差し引く負の間隔を指定することもできます。表D-1はサポートされるインターバルのタイプと想定されるexpr値を示しています。タイプによってはexpr値を引用符で囲む必要のあるものもあります（たとえばHOUR_MINUTEは'11:22'のように引用符で囲まないとエラーになります）。しかし不確かな場合には引用符をつけても問題にはなりません。

表 D-1：想定されている expr 値

タイプ	想定されている expr 値	例
MICROSECOND	MICROSECONDS（ミリ秒）	111111
SECOND	SECONDS（秒）	11
MINUTE	MINUTES（分）	11
HOUR	HOURS（時）	11
DAY	DAYS（日）	11
WEEK	WEEKS（週）	11
MONTH	MONTHS（月）	11
QUARTER	QUARTERS（3ヶ月）	1
YEAR	YEARS（年）	11
SECOND_MICROSECOND	'SECONDS.MICROSECONDS'（秒.ミリ秒）	11.22
MINUTE_MICROSECOND	'MINUTES.MICROSECONDS'（分.ミリ秒）	11.22
MINUTE_SECOND	'MINUTES:SECONDS'（'分:秒'）	11:22
HOUR_MICROSECOND	'HOURS.MICROSECONDS'（時.ミリ秒）	11.22
HOUR_SECOND	'HOURS:MINUTES:SECONDS'（'時:分:秒'）	11:22:33
HOUR_MINUTE	'HOURS:MINUTES'（'時:分'）	'11:22'
DAY_MICROSECOND	'DAYS.MICROSECONDS'（日.ミリ秒）	11.22
DAY_SECOND	'DAYS HOURS:MINUTES:SECONDS'（'日 時:分:秒'）	'11 22:33:44'
DAY_MINUTE	'DAYS HOURS:MINUTES'（'日 時:分'）	'11 22:33'
DAY_HOUR	'DAYS HOURS'（'日 時'）	'11 22'
YEAR_MONTH	'YEARS-MONTHS'（'年-月'）	11-2

日付けの間隔を引くときには DATE_SUB 関数を使用することもできます。しかし実際には、MySQL で直接日付けの計算ができるので、DATE_ADD や DATE_SUB 関数を使用する必要は必ずしもありません。次のコードは、

```
--1975年1月1日に77日を足す
SELECT DATE_ADD('1975-01-01', INTERVAL 77 DAY);
--1982年7月4日から3年11ヶ月を引く
SELECT DATE_SUB('1982-07-04', INTERVAL '3-11' YEAR_MONTH);
--2016年12月31日23時59分59秒に1秒足す
SELECT '2016-12-31 23:59:59' + INTERVAL 1 SECOND;
--2000年1月1日から1秒引く
SELECT '2000-01-01' - INTERVAL 1 SECOND;
```

それぞれ次の値を返します。

```
1975-03-19
1978-08-04
2017-01-01 00:00:00
1999-12-31 23:59:59
```

3つめと4つめのコマンドでは、関数を使わずに日付けの計算を直接行っている点に注目してください。

DATE_FORMAT()

DATE_FORMAT(date, format)

formatストリングにしたがってフォーマットされた日付け値を返します。表D-2では、formatストリングに使用できる指定子を示しています。表からも分かるように、各指定子の前には%文字が必要です。次のコードは与えられた日付けと時刻を "Wednesday May 4th 2016 03:02 AM" で返します。

```
SELECT DATE_FORMAT('2016-05-04 03:02:01', '%W %M %D %Y %h:%i %p');
```

表D-2：DATE_FORMATの指定子

指定子	説明
%a	週の曜日、3文字（Sun から Sat）
%b	月名、3文字（Jan から Dec）
%c	月の数（0 から 12）
%D	序数つきの日付け（0th, 1st, 2nd, 3rd など）
%d	日付けの数（00 から 31）
%e	日付けの数（0 から 31）
%f	マイクロ秒（000000 から 999999）
%H	時（00 から 23）
%h	時（01–12）
%I	時（01 から 12）
%i	分（00 から 59）
%j	年間の通算日（001–366）
%k	時（0–23）
%l	時（1–12）
%M	月の名前（January から December）
%m	月の数（00 から 12）
%p	AM または PM
%r	12時間形式の時刻（hh:mm:ss に続けて AM または PM）
%S	秒（00 から 59）

表 D-2：DATE_FORMAT の指定子（続き）

指定子	説明
%s	秒（00–59）
%T	24 時間形式の時刻（hh:mm:ss）
%U	日曜日を週の最初の日とした週（00 から 53）
%u	月曜日を週の最初の日とした週（00 から 53）
%V	日曜日を週の最初の日とした週（01 から 53）、%X と併用
%v	月曜日を週の最初の日とした週（01 から 53）、%x と併用
%W	曜日名（Sunday から Saturday）
%w	曜日（0 の Sunday から 6 の Saturday まで）
%X	日曜日を週の最初の日とした週に使用する 4 桁の数値の年、%V と併用
%x	月曜日を週の最初の日とした週に使用する 4 桁の数値の年、%v と併用
%Y	4 桁の年
%y	2 桁の数値の年
%%	リテラルの % 文字

MySQL では '2004-00-00' のような不完全な日付けが許容されるので、月と日の指定子の範囲がゼロから始まります。

DAY()

DAY(date)

date の日付けに対し、1 から 31 の範囲の日にちを（0 日の日付けには 0 を）、"0000-00-00" や "2016-00-00" のように返します。関数 DAYOFMONTH を使っても同じ値を返すことができます。次のコードは値 3 を返します。

SELECT DAY('2016-02-03');

DAYNAME()

DAYNAME(date)

date の曜日名を返します。次のコードはストリング "Wednesday" を返します。

SELECT DAYNAME('2016-02-03');

DAYOFWEEK()

DAYOFWEEK(date)

date の曜日のインデックス（1 の Sunday から 7 の Saturday まで）を返します。次のコードは値 4 を返します。

SELECT DAYOFWEEK('2016-02-03');

DAYOFYEAR()

DAYOFYEAR(date)

date の年間を通した日にち（1 から 366 まで）を返します。次のコードは値 34 を返します。

SELECT DAYOFYEAR('2016-02-03');

LAST_DAY()

LAST_DAY(date)

与えられた DATETIME 値 date の月の最後の日にちを返します。引数が無効の場合には NULL を返します。次のコードは、

SELECT LAST_DAY('2016-02-03');
SELECT LAST_DAY('2016-03-11');
SELECT LAST_DAY('2016-04-26');

それぞれ次の値を返します。

2016-02-29
2016-03-31
2016-04-30

ここでは期待通り、2016 年の 2 月 29 日、3 月 31 日、4 月 30 日が正しく返されているのが分かります。

MAKEDATE()

MAKEDATE(year, dayofyear)

与えられた年と年間を通した日にちの日付けを返します。dayofyear（年間を通した日数値）が 0 の場合には、結果は NULL になります。次のコードは "2016-09-30" を返します。

```
SELECT MAKEDATE(2016,274);
```

MONTH()

MONTH(date)

date の日付けの月を 1 から 12 までの範囲の値で返します。"0000-00-00" や "2016-00-00" のように月が 0 の日付けには 0 を返します。次のコードは値 7 を返します。

```
SELECT MONTH('2016-07-11');
```

MONTHNAME()

MONTHNAME(date)

date の月の名前を返します。次のコードは "July" を返します。

```
SELECT MONTHNAME('2016-07-11');
```

SYSDATE()

SYSDATE()

関数がストリングか数値か、どちらのコンテキストで使用されているかに応じて、現在の日付けと時刻を YYY-MM-DD HH:MM:SS か YYYMMDDHHMMSS の形式で返します。たとえば 2016 年 5 月 2 日の場合、次のコードは 2016-05-02 と 20160502 を返します。NOW 関数は SYSDATE と似ていますが、現在のステートメントのスタート時の日付けと時刻を返します。一方 SYSDATE は関数自体が呼び出された瞬間の日付けと時刻を返します。2016 年 12 月 19 日に次のコードを実行すると、2016-12-19 19:11:13 と 20161219191113 という値が返されます。

```
SELECT SYSDATE();
SELECT SYSDATE() + 0;
```

YEAR()

YEAR(date)

date の日付けの年を、1000 から 9999 の数値として返します。0 の日付け (0 年) には 0 を返します。次のコードは値 1999 を返します。

```
SELECT YEAR('1999-08-07');
```

WEEK()

```
WEEK(date [, mode])
```

date の週数（指定された日付けが何週めか）を返します。オプションの mode パラメータを渡すと、返される週数は表 D-3 にもとづいて変更されます。また mode に 3 を指定した WEEK 関数と同等の WEEKOFYEAR という関数もあります。次のコードは週数 14 を返します。

```
SELECT WEEK('2016-04-04', 1);
```

表 D-3：WEEK 関数でサポートされるモード

モード	週の最初の日	範囲	どの週を最初の週にするか
0	日曜	0 から 53	この年の日曜日のある週
1	月曜	0 から 53	この年の 3 日以上ある週
2	日曜	1 から 53	この年の日曜日のある週
3	月曜	1 から 53	この年の 3 日以上ある週
4	日曜	0 から 53	この年の 3 日以上ある週
5	月曜	0 から 53	この年の月曜日のある週
6	日曜	1 から 53	この年の 3 日以上ある週
7	月曜	1 から 53	この年の月曜日のある週

WEEKDAY()

```
WEEKDAY(date)
```

date の週のインデックスを返します（0 の Monday から 6 の Sunday まで）。次のコードは値 0（月曜日）を返します。

```
SELECT WEEKDAY('2016-04-04');
```

時刻関数

場合によっては日付けではなく時刻を扱わなければならないときがあります。MySQL では時刻についても多くの関数が提供されています。

CURTIME()

CURTIME()

関数がストリングか数値か、どちらのコンテキストで使用されているかに応じて、現在の時刻を HH:MM::SS か HHMMSS.uuuuuu の形式で返します。値は現在のタイムゾーンを使って表されます。現在時刻が 11:56:23 の場合、次のコードは 11:56:23 と 11:56:23.000000 を返します。

```
SELECT CURTIME();
SELECT CURTIME() + 0;
```

HOUR()

HOUR(time)

time の時を返します。次のコードは値 11 を返します。

```
SELECT HOUR('11:56:23');
```

MINUTE()

MINUTE(time)

time の分を返します。次のコードは値 56 を返します。

```
SELECT MINUTE('11:56:23');
```

SECOND()

SECOND(time)

time の秒を返します。次のコードは値 23 を返します。

```
SELECT SECOND('11:56:23');
```

MAKETIME()

MAKETIME(hour, minute, second)

引数の hour、minute、second から計算された時刻の値を返します。次のコードは時刻 11:56:23 を返しま

す。

```
SELECT MAKETIME(11, 56, 23);
```

TIMEDIFF()

TIMEDIFF(expr1, expr2)

expr1 と expr2 の差（expr1 - expr2）を時間として返します。expr1 と expr2 は両方とも TIME か DATETIME の同じ型である必要があります。次のコードは値 01:37:38 を返します。

```
SELECT TIMEDIFF('2000-01-01 01:02:03', '1999-12-31 23:24:25');
```

UNIX_TIMESTAMP()

UNIX_TIMESTAMP([date])

オプションの date 引数なしで呼び出されると、この関数は 1970-01-01 00:00:00 UTC からの経過秒数を符号なし整数として返します。date パラメータが渡された場合には、1970 年スタート時から date までの経過秒数を返します。次の最初のコードは値 946652400（2000 年 1 月 1 日までの秒数、日本時間）を返し、2 つめのコードは、それが実行されたときの Unix 時間を表す TIMESTAMP 値を返します。

```
SELECT UNIX_TIMESTAMP('2000-01-01');
SELECT UNIX_TIMESTAMP();
```

FROM_UNIXTIME()

FROM_UNIXTIME(unix_timestamp [, format])

関数がストリングか数値か、どちらのコンテキストで使用されているかに応じて、パラメータ unix_timestamp の値を YYY-MM-DD, HH:MM:SS か YYYMMDDHHMMSS.uuuuuu の形式で返します。オプションの format パラメータが指定されている場合、結果は表 8-11 の指定子によってフォーマットされます。次のコードはストリング "2000-01-01 00:00:00" と "Saturday January 1st 2000 12:00 AM" を返します。

```
SELECT FROM_UNIXTIME(946652400);
SELECT FROM_UNIXTIME(946652400, '%W %M %D %Y %h:%i %p');
```

索引

記号・数字

_	44
__	108
CLASS	54
DIR	54
FILE	54
FUNCTION	54
LINE	54
METHOD	54
NAMESPACE	54
-	44, 68, 69
正規表現	377
--	45, 68, 68
-=	45, 68
->	109, 172
,	85
;	38, 306, 312
CSS	412
for	84, 85
MySQL	172
:	68
JavaScript	357
switch	79
擬似クラス	440
::	110
!	47, 68, 68, 316
正規表現	378
!=	46, 68, 68, 70, 316
!==	68, 316
?	68, 80
JavaScript	339
?>	36
.	48, 68
正規表現	375, 381
メールアドレス	372
.=	45, 48, 68
.php	35
"	40, 49
'>	172
">	172
()	67, 68, 92
(array)	69
(double)	69
(int)	69
(object)	69
(string)	69
[]	
正規表現	377
配列	128
{}	
CSS	412
JavaScript	346
@	69
@import	410
*	44, 68
CSS	451
正規表現	374, 376
*/	38, 311
*=	45, 68
/	44, 68
正規表現	374, 381
/*	38, 311

索引

/*> 172
/= 45, 68
// 38, 308
    JavaScript 311
\ 49, 50, 258, 312
    正規表現 376
\n 50, 139
\r 50
\t 50
& 68
    XHTML タグ 160
    参照 98
&= 68
> 61
< 61
&& 47, 68, 316
# 258
% 44, 68, 136
    CSS 429
    MySQL 195
%= 45, 68
'' 66
^ 68
    CSS 450
    正規表現 377, 381
^= 68
+ 44, 68, 69
    JavaScript 316
    正規表現 375, 376
+= 45, 48, 68
++ 45, 68, 68
< 46, 61, 68, 316
<? 36
<?php 5, 36
<= 46, 68, 316
<< 68
    MySQL 167
<<= 68
<<< 51
<> 68
\<br /\> 64, 504
\<form\> 265
\<label\> 277
\<link\> 410

\<noscript\> 306
\<script\> 8, 305
\<style\> 8, 415
\</form\> 265
\</label\> 277
\</noscript\> 306
\</script\> 305
\</style\> 415
> 46, 61, 68, 316
>= 46, 68, 316
>> 68
>>= 68
= 45, 68, 69
== 46, 68, 69, 316
    JavaScript 331
=== 68, 70, 316
| 68
|| 47, 68, 316
    JavaScript 333
~ 68
$ 39, 97
    CSS 450
    JavaScript 323
    正規表現 381
$_COOKIE 60, 285
$_ENV 60
$_FILES 60, 155
$_GET 60, 269, 277
$_POST 60, 268, 269, 277
$_REQUEST 60
$_SERVER 60, 61, 287
$_SESSION 60, 296, 300
$GLOBALS 60
$this 108
2次元配列 42
2進数整数 136
16進数 136

A

A 142
a 142
AGAINST 198
Ajax 10, 392
    サーバーサイド 398

ALTER	173
AND	71
and	47, 68
Apache	9
arguments 配列	346
Array	357
array	122
AS	204
as	123
AUTO_INCREMENT	212, 254
AUTO_INCREMENT データ型	182
auto	456

B

b	136
background-origin	455
background-size	455
BACKUP	173
BINARY データ型	179
BLOB データ型	180
Boolean 値	63
Boolean モード	199
border-box	452
border-color	458
border-radius	459
box-sizing	451
break	78, 85
JavaScript	342

C

c	136
Cascading Style Sheets	5, 409
case	78
catch	335
CGI	5
CHANGE	185
CHAR データ型	178
checkdate 関数	143
class	103
clone	106
cm	428
COMMIT	226
Common Gateway Interface	5
compact 関数	131
concat	360
content-box	452
continue	87
JavaScript	343
copy 関数	147
count 関数	128
CREATE	173, 249
CREATE INDEX	188
crypt 関数	290
CSS	5, 8, 409
CSS セレクタ	416
CSS ルール	412
インポート	410
カスケード処理	423
カラー	435
クラス	411
CSS3	449, 451
境界	458
背景	455
CSV 形式	233

D

D	142
d	136, 142
DATE	181
DATE_ATOM	143
DATE_COOKIE	143
DATE_RSS	143
DATE_W3C	143
DATETIME	181
default	79
define 関数	54, 111
DELETE	173, 195, 253
DESCRIBE	173, 177, 185
die 関数	237
do...while	83
JavaScript	340
DOCTYPE 宣言	161, 161
Document Object Model	305, 320, 409
DOM	305, 320, 409
使用	324
DROP	173, 186, 251

E

- e 136
- each 関数 124
- EasyPHP 24
- echo 55
- Eclipse PDT 34
- else 75
- elseif 76
- em 429
- endswitch 79
- end 関数 133
- ex 429
- exec 158
- EXIT 173
- EXPLAIN 227
- explode 関数 129, 132
- extends 114
- Extensible Hypertext Markup Language 159
- Extensible Markup Language 159
- extract 関数 130

F

- F 142
- f 136
- FALSE 63
- fgets 関数 146
- file_exists 関数 144
- file_get_contents 関数 151
- FileZilla 31
- final 117
- Firebug 311
- FireFTP 31
- font-family 430
- font-size 412
- font-style 431
- font-weight 432
- fopen 関数 146
- for 84
- JavaScript 341
- forEach 360
- foreach...as 123
- fread 関数 146
- fseek 関数 149
- FTP 30

- FULLTEXT インデックス 191
- function 94, 345
- function_exists 関数 101

G

- G 142
- g 142
- GET 399
- get_post 関数 245
- getElementById 477
- global 98
- Glossword WAMP 24
- GRANT 173, 175
- GROUP BY 202

H

- H 142
- h 142
- HELP 173
- HSLA カラー 465
- HSL カラー 465
- HTML 4.01 161
- htmlentities 関数 61, 261
- HTML インジェクション 261
- HTTP 2
- HTTP 認証 286

I

- i 142
- ID 411
- CSS 419
- IDE 33, 35
- if 73, 75
- JavaScript 336
- in 428
- include 99
- include_once 100
- ini_set 関数 298, 301
- InnoDB ストレージエンジン 224
- input 265
- INSERT 173, 183, 184
- INSERT INTO 251
- Internet Explorer 323, 336
- is_array 関数 128

J

j	142
JavaScript	5, 7, 305
インライン	485
関数	345
デバッグ	309
JOIN...ON	204
join	361
jQuery	407
JScript	5

K

Komodo IDE	34

L

L	142
l	142
LAMP	13, 29
length	324
LIMIT	196
LAMP	29
list 関数	124
localhost	22, 28
LOCK	173
longdate 関数	56

M

M	142
m	142
MAMP	13, 24
MATCH	198
md5 関数	289
mktime 関数	140
mm	428
move_uploaded_file 関数	154
MySQL	6, 165
mysql_close 関数	242
mysql_connect 関数	237
mysql_fetch_row 関数	241
mysql_insert_id 関数	254
mysql_query 関数	239
mysql_real_escape_string 関数	245, 258
mysql_select_db	238
MySQL	
PHP	235
関数	205
コマンド	173
接続	237
設定（OS X）	27
mysqldump	229

N

N	142
n	142
NATURAL JOIN	204
NetBeans	34
new	68, 104
NOT	71
NULL	64, 72, 252

O

o	136
onerror	334
onreadystatechange	394
OOP	101
opacity	467
OR	71, 72
or	47, 68
ORDER BY	201
OS X	24
overflow	462

P

padding-box	452
pc	428
Perl	5
PHP	5
PHP 4.1.0	60
PHP 5	108
スコープ	111
PHP	
MySQL	235
関数	92
構造	37
コマンド	35
動的リンク	89

| isset 関数 | 268 |

入門 35
　　パーサー 36
　　バージョンの互換性 101
phpDesigner 34
PHPeclipse 34
PhpED 34
PHPedit 34
phpinfo 関数 92
phpMyAdmin 205
phpversion 関数 101
pop 362
POST 394
preg_replace 関数 384
PRIMARY KEY 190
print_r 関数 104
printf 関数 135
print 関数 55, 92
private 112
protected 112
prototype 353
pt 428
public 112
push 362
px 428

Q
QUIT 173

R
readyState 394, 396, 397
register_globals 268
RENAME 173
rename 関数 147
require 100
require_once 100
reset 関数 132
responseText 394
responseXML 394, 404
return 94
reverse 363
RGBA カラー 466
RGB カラー 466
ROLLBACK 226

S
S 142
s 136, 142
SEEK_CUR 149
SELECT 193, 252
select 275
SELECT COUNT 194
SELECT DISTINCT 194
self 111
session_regenerate_id 関数 301
session_start 関数 294
setAttribute 482
setcookie 関数 284
setInterval 関数 493
setTimeout 関数 491
SHOW 173
showtime 関数 494
shuffle 関数 129
SORT_NUMERIC 129
SORT_STRING 129
sort
　　JavaScript 363
　　sort 関数 128
SOURCE 173
SQL 7, 165
SQL インジェクション 259
SSH 30
STATUS 173
status 394
statusText 394
strrev 関数 93
Structured Query Language 7, 165
substr 348
switch 77
　　JavaScript 338

T
t 142
text-align 433
text-overflow 467
text-shadow 467
TEXT データ型 179
this 351, 486
TIME 181

TIMESTAMP	181
time 関数	56, 140
transform	470
TRUE	63
TRUNCATE	173
try	335
typeof	319

U

u	136
unlink 関数	148
UNLOCK	173
UNSIGNED	181
UPDATE	173, 253
URL	41
USE	173
UTF-8	170

V

var	319
VARCHAR データ型	179

W

W	142
w	142
WAMP	13
WAMPServer	24
インストール	15
そのほかの WAMP	24
Web	1
Web フォント	469
WHERE	195
while	82
JavaScript	340
Windows	14
with	333
word-wrap	468
wrap	271

X

X	136
x	136
XAMPP	24
XHTML	159
検証	163
XML	159, 402, 404, 406
XMLHttpRequest	392, 402
プロパティ	394
メソッド	394
xmlns 属性	161
XOR	71
xor	47, 68
XSS 攻撃	262

Y

Y	142
y	142
YEAR	181

Z

z	142
Zend Server	19, 29
Zend Studio	34

あ行

アイテム	121
アスタリスク	376
値	39, 94
JavaScript	347
readyState	397
オペランド	66
クッキー	285
式	63
ストリング	40
代入	45
配列	96
変数	41
連想配列	122
アップロード	152
アニメーション	495
アンダースコア	44
メソッドの記述	108
アンパサンド文字	160
暗黙的なキャスト	87
一方向関数	289
イベント	334, 487
イメージ処理	514
入れ子	95

インクリメント 45, 48, 68
　　JavaScript 316
インクルード 99
インジェクション 261
インスタンス 102
インストール 24
　　WAMP 15
インターネットメディアタイプ 155
インデックス 119, 121, 187, 188
　　FULLTEXT インデックス 191
　　追加 189
インデント 39
引用符 40
インライン 485
埋め合わせ 138
エスケープ 49
エスケープ文字 50
　　JavaScript 317
エラー 334
エンコーディングタイプ 152
演算子 44, 65
　　JavaScript 314, 329, 330
　　結合性 68, 330
　　優先順位 66, 68
応答 2, 284
大文字小文字 44
オブジェクト 91, 101, 102
　　JavaScript 321, 350, 352
　　インターフェイス 103
　　クローン 106
　　作成 104
オブジェクト指向プログラミング 101
オペランド 66
親クラス 115
オーバーライド 115
オープンソース 10

か行

改行 64
改行文字 139
開発サーバー 13
角かっこ 128
隠しフィールド 274
拡張子 5, 35

型付け 52, 87
かっこ 67, 92
カプセル化 102
カラー 435
　　CSS3 465
間隔 433
関係演算子 69
　　JavaScript 331
関係性 211, 221
関数 55, 91
　　JavaScript 345
　　MySQL 205
　　擬似関数 92
　　定義 93
擬似クラス 440
擬似要素 442
キャスト 69, 87
　　JavaScript 343
キャメルケース 346, 351
キャリッジリターン 50
キャレット 377
行 166
　　取得 241
境界 445
　　CSS3 458
キー 121, 190, 212
空白 39
クエリ 176, 187, 212, 235, 247
　　複雑なクエリ 256
　　プレースホルダ 260
区切り文字 130
クッキー 283
　　値 285
　　サードパーティクッキー 283
　　消去 286
　　設定 284
クライアント 9
クラス 91, 102
　　CSS 411, 420
　　JavaScript 350, 351
　　擬似クラス 440
　　宣言 103
　　プロパティの宣言 110
グラデーション 435

グローバル変数 58, 98, 99
　　JavaScript 319
継承 103, 114
結合 66
結合性 68, 330
権限 173
検証 155, 163, 367
厳密等価演算子 70
コマンド 35
　　MySQL 172, 173
コメント 37
　　CSS 413
　　JavaScript 308, 311
　　複数行 38
コロン
　　JavaScript 357
　　擬似クラス 440
コンストラクタ 107
　　JavaScript 351
コンマ 85

さ行

サニタイズ 61, 259, 262, 277, 279
サブクラス 115
三項演算子 66
　　JavaScript 339
算術演算子 44
　　JavaScript 314
参照 97
　　& 98
サンプル 37
サンプルコード 500
サードパーティクッキー 283
サーバー 2, 9
　　開発サーバー 13
　　サーバーサイド 398
式 63
　　JavaScript 327
時刻 140
　　MySQL 181
指数表記 136
システムコール 158
主キー 189, 212
条件 73

JavaScript 336
消毒 61
初期化 60
　　プロパティ 107
　　ループ 82
数値 41, 53
　　JavaScript 313
　　数値データ型 180
　　数値変数 65
　　リテラル 65
スコープ 56, 58
　　スコープ解決演算子 110
　　変数 99
スタイル 414
　　インラインスタイル 415
スタイルシート 410
　　外部スタイルシート 415
ストリング 66
　　JavaScript 316
　　タイプ 49
　　リテラル 65
　　連結 48
ストリング変数 65
　　JavaScript 312
スペース 39
スーパークラス 115
スーパーグローバル変数 60
正規化 213, 214, 216, 218
　　使用すべきでないとき 220
正規表現 355, 374
　　PHP 383
　　使用例 382
　　メタ文字 381
　　文字クラス 377
静的変数 59, 99
精度 137
整列 433
セキュリティ 258, 268, 277
　　セッション 299
セッション 294
　　固定化 300
　　終了 297
　　セキュリティ 299
　　セッションハイジャック 299

セミコロン ... 38, 172, 306, 311
　CSS ... 412
　for ... 84, 85
セレクタ ... 416, 417
　CSS ... 449
　ID セレクタ ... 419
　クラスセレクタ ... 420
宣言
　クラスのプロパティ ... 110
　定数 ... 111
　バグの原因 ... 110
送信データ ... 267
送信ボタン ... 277
ソルト ... 290
ソーシャルネットワーキング ... 499

た行

第1正規形 ... 214
第2正規形 ... 216
第3正規形 ... 218
代入 ... 47, 66
代入演算子 ... 45
　JavaScript ... 315
タイプ ... 49
タイプセレクタ ... 416
タイムアウト ... 298, 492
ダウンロード ... 37
タグ ... 160
多次元配列 ... 125
　JavaScript ... 358
タブ ... 50
段組み ... 463
ダンプ ... 229
　CSV 形式 ... 233
チェックボックス ... 271
定義 ... 94
定数 ... 53
　宣言 ... 111
　日付け ... 143
　マジック定数 ... 54
　リテラル ... 65
テキストエフェクト ... 467
テキストエリア ... 270
テキストボックス ... 270

デクリメント ... 45, 48, 68
　JavaScript ... 316
デストラクタ ... 108
デフォルト ... 79
　デフォルトアクション ... 339
デフォルト値 ... 269
デリミタ ... 130
データ
　更新 ... 253
　取得 ... 252
　消去 ... 253
　追加 ... 251
データ型 ... 178
　変更 ... 185
データベース ... 166
　設計 ... 211
テーブル ... 166
　結合 ... 202
　削除 ... 251
　作成 ... 176, 249
　消去 ... 186
　正規化 ... 220
　トランザクション ... 225
　バックアップ ... 231, 232
等価演算子 ... 69
　JavaScript ... 331
統合開発環境 ... 33
動的リンク ... 89
匿名性 ... 224
ドット
　正規表現 ... 375
　メールアドレス ... 372
トランザクション ... 224
　テーブル ... 225
トランジション ... 472

な行

二項演算子 ... 66
二重引用符 ... 40, 49
偽 ... 63
入力検証 ... 367
入力タイプ ... 269
ニューライン ... 50
ネスト ... 95

は行

背景	456
排他的ロック	151
配置	437
配列	41, 96, 119
JavaScript	313, 349, 356
エレメント	128
2次元	42
連想配列	121
パスワード	19, 289
バックアップ	229
計画	233
単一テーブル	231
テーブル	232
バッククォート	66
バックスラッシュ	49, 258
正規表現	376
バックスラッシュ文字	312
パディング	446
パラメータ	94
バリデーション	155
バージョン	101
ヒアドキュメント	51
比較演算子	45, 71
JavaScript	315, 332
引数	91
日付け	140
MySQL	181
ビット	66
一重引用符	40, 49
ファイル	
更新	148
ファイル名	144
モード	146
ロック	150
フィールド	166
フォント	430
Webフォント	469
フォントファミリー	431
フォーマット指定子	142
フォーム	265
入力検証	367
復元	229
不等価演算子	70
浮動小数点数	41, 136
プライバシー	283
プライマリキー	190
ブラウザ	3
プレースホルダ	259
プロパティ	102, 105, 483
初期化	107
静的な	113, 354
宣言	110, 110
変換	470
変換指定子	136
変数	39, 53
$this	108
JavaScript	312, 313, 328
オペランド	66
型（JavaScript）	318
グローバル	58, 98
参照	98
数値	41
スコープ	56, 99
ストリング	39
スーパーグローバル	60
静的な	59
4つのルール	44
ローカル	56
変数名	44
$	97
参照	97
ボックスシャドウ	462
ボックスモデル	443
ホワイトスペース	39
削除	371
ボーダー	445
ポート番号	18, 22, 41

ま行

真	63
マジッククオート	258
マジック定数	54
マルチカラム	463
マージン	443
明示的なキャスト	88
命名規則	312
メソッド	102

JavaScript	321, 350
静的な	113, 354
メタ文字	381
メールアドレス	372
文字クラス	377

や行

優先順位	66, 72
CSS	423
CSS セレクタ	424
JavaScript	329
ユニバーサルセレクタ	421
ユーザー	174
ユーザー名	289, 507
要求	2, 284
要素	119, 488
削除	490

ら行

ラジオボタン	273
ラベル	277
リクエスト	2
リストア	229, 232
リテラル	49, 64
JavaScript	328

リモート	30
リレーションシップ	221
ループ	73, 81, 82, 83, 84
JavaScript	342
レイアウト	443
レスポンス	2
列	166
インデックス	188
削除	186
追加	185
連想配列	121, 245
foreach...as	123
JavaScript	357
スーパーグローバル変数	60
ログイン	30, 236
ロック	150
論理演算子	46, 71
JavaScript	316, 332
MySQL	204
ローカル変数	56, 99
JavaScript	319

わ行

| 割り込み | 491 |